DIE GROSSEN PHYSIKER
ERSTER BAND

DIE GROSSEN PHYSIKER

ERSTER BAND
VON ARISTOTELES BIS KELVIN

Herausgegeben von
Karl von Meÿenn

VERLAG C.H.BECK MÜNCHEN

Mit 37 Abbildungen

Die Deutsche Bibliothek – CIP-Einheitsaufnahme

Die großen Physiker / hrsg. von Karl von Meÿenn. –
München : Beck.
ISBN 3-406-41151-7
NE: Meÿenn, Karl von [Hrsg.]

Bd. 1. Von Aristoteles bis Kelvin. – 1997
ISBN 3-406-41148-7

ISBN 3 406 41148 7 für diese Ausgabe
ISBN 3 406 41151 7 für beide Bände

Satz: Fotosatz Otto Gutfreund GmbH, Darmstadt
Druck und Bindung: Ebner Ulm
Gedruckt auf säurefreiem, alterungsbeständigem Papier
(hergestellt aus chlorfrei gebleichtem Zellstoff)
Printed in Germany

INHALT

Anhang

Karl von Meÿenn

DIE BIOGRAPHIE IN DER PHYSIKGESCHICHTE*

> The history of the world is but the biography of men. Thomas Carlyle (1841)

> ... the essence of the history of science is biographical and one wants to know the total person to whom a new theory is due if the genesis of his ideas is to be understood. These ideas do not always arise from objective nature but rather from the idiosyncratic viewpoint of unique individuals. L. Pearce Williams (1966)

Die Auswahl

In dem vorliegenden Werk werden in 50 biographischen Aufsätzen das Leben, das Werk und die Wirkung bedeutender Physiker von der Antike bis zur Gegenwart dargestellt. Bei der Auswahl ist es uns natürlich bewußt gewesen, daß die Beschränkung auf eine kleine Personengruppe mit einer großen Willkür verbunden ist. Die wissenschaftlichen Leistungen zahlreicher Gelehrter werden auf diese Weise vernachlässigt, deren Beitrag für die Entstehung der heutigen Kenntnisse grundlegend ist.[1] Dennoch ist dieses wohl die einzige Möglichkeit, die Fülle des Stoffes im Rahmen eines Werkes wie dem vorliegenden zu bewältigen. Wir besitzen ohnehin die Gabe, die Wissenschaften durch den Hang zur übertriebenen Materialanhäufung unzugänglich zu machen – wie Goethe einmal spöttisch im Hinblick auf seine Zeitgenossen bemerkt haben soll.[2] Eine Beschränkung auf eine reduzierte Personengruppe kann deshalb auch hier vorteilhaft sein und zu einem besseren Überblick über das Ganze verhelfen. Im bibliographischen Anhang findet der interessierte Leser jedoch weiterführende moderne wissenschaftshistorische Literatur, die ihm eine Erweiterung und Vertiefung seiner Kenntnisse erlaubt.

Die einzelnen Beiträge wollen das Ergebnis langwieriger historischer Forschungsarbeit in überschaubarer und leicht faßlicher Form einem größeren Leserkreis zugänglich machen. Wir haben versucht, als Verfasser jeweils solche Vertreter der Wissenschaftsgeschichte zu gewinnen, die sich bereits durch eigene Forschungen und Schriften auf dem betreffenden Gebiet hervorgetan haben. Es entspricht dem internationalen Geist der gegenwärtigen Forschung, an einem solchen Unternehmen möglichst viele Autoren aus unterschiedlichen Ländern zu beteiligen. So sind sieben

* Catherine Carson, Berkeley, und Jürgen Teichmann, München, danke ich für zahlreiche Verbesserungsvorschläge.

Beiträge von amerikanischen, drei von spanischen und je ein Beitrag von einem italienischen, einem russischen und einem dänischen Autor verfaßt. Die Übersetzung ins Deutsche wurde von freien Mitarbeitern und Mitarbeitern des Verlages übernommen.

Die erst in den Jahrzehnten nach dem letzten Weltkrieg etablierte Wissenschaftsgeschichte befindet sich gegenwärtig in einer Phase des Aufschwungs. Besonders in Amerika und in Großbritannien ist ein starkes Wachstum dieser Disziplin mit zunehmender Professionalisierung und Spezialisierung zu verzeichnen, wie ein Überblick über die gegenwärtige Buch- und Zeitschriftenliteratur zeigt.[3] Ungeachtet bedeutender Pionierleistungen auf diesem Gebiete und insbesondere dem der Physikgeschichte[4] haben die deutschen Wissenschaftshistoriker mit der modernen Entwicklung ihrer Disziplin nicht Schritt gehalten.[5] Das betrifft sogar solche Gebiete, für welche unsere Historiker eigentlich von der Natur der Sache her spezifische Voraussetzungen mitbringen.

Grundlegende historische Studien über Ereignisse, welche sich vorwiegend im deutschen Sprachraum abspielten – wie die Entwicklung der theoretischen Physik und der damit einhergehende institutionelle Ausbau der physikalischen Disziplinen im ausgehenden 19. Jahrhundert[6] – oder die Entstehung der Quantentheorie im ersten Drittel des gegenwärtigen Jahrhunderts – verdanken wir vornehmlich den angelsächsischen Historikern.[7] Ebenso verhält es sich mit fast allen umfangreicheren Biographien der hier porträtierten Physiker des 20. Jahrhunderts.[8]

Die Physik selbst ist in ihrer heutigen Gestalt ebenfalls eine noch relativ junge und sich durch ihre Methode wesentlich von ihren Vorläufern im Altertum und im Mittelalter unterscheidende naturwissenschaftliche Disziplin. Deshalb befinden sich in unserer Auswahl auch solche Repräsentanten aus früheren Jahrhunderten, die man aus dieser Warte nur mit Einschränkungen als *Physiker* bezeichnen kann.

In den beiden längeren Artikeln von Fritz Krafft wurden die Ursprünge und die Bildung der ersten physikalischen Vorstellungen überhaupt in grauer Vorzeit behandelt. Der moderne Naturforscher wird hier zwar viele seiner ihm geläufigen Begriffe wiedererkennen, aber auch wesentliche Unterschiede ihrer Bedeutung feststellen, die den Uneingeweihten leicht zu großen Fehlschlüssen verleiten können.[9]

Über die lange Zeit von der historischen Forschung gänzlich vernachlässigte Physik des Mittelalters besitzen wir inzwischen zunehmende Kenntnisse. Im Gefolge der großen Völkerwanderung waren die physikalischen Erkenntnisse der Antike eine Zeitlang in Vergessenheit geraten, und es bedurfte einer längeren Phase der Rückgewinnung, die um das Jahr 1000 mit einer Flut von Übersetzungen alter Handschriften einsetzte. Lektüre und Kommentierung besonders der Schriften des Aristoteles bildeten die Grundlage der Bildung an den damals entstehenden Domschulen und Universitäten. Gewisse Inkonsequenzen der aristotelischen Lehre auf dem Gebiete der empirischen Naturwissenschaften und ihre Widersprüche zur herrschenden Theologie wurden natürlich besonders von den logisch vorzüglich geschulten scholastischen und islamischen Denkern bald bemerkt. Sie führten zu Konflikten mit der Kirche, welche daraufhin die Behandlung bestimmter Anstoß erregender Sätze des Aristoteles 1277 durch ein Verbot untersagte.[10]

Die folgende Epoche ist durch zahlreiche Versuche gekennzeichnet, das aristotelische System in den strittigen Punkten so abzuändern, daß ein Konflikt mit der Kirche vermieden werden konnte. Diese Auseinandersetzungen führten zwar zu größerer begrifflicher Klarheit, aber nicht zu einer allgemein verbindlichen Naturbeschreibung. Der mittelalterliche Gelehrte verstand seine Wissenschaft deshalb lediglich als einen Erklärungsversuch, der mehr oder weniger mit den aristotelischen Auffassungen und mit den Lehren der Kirche im Einklang sein sollte, ohne damit den Anspruch einer konkreten Darstellung der Wirklichkeit zu verbinden. Der Gedanke einer einheitlichen rational-empirischen Naturbeschreibung kam erst im Zeitalter des Rationalismus auf. Deshalb wird der Leser des Beitrages von Rudolf Simek über die Physik des Mittelalters auch mit einer großen, der Vielfalt der damaligen Auffassungen entsprechenden Zahl von unterschiedlichen Naturauffassungen konfrontiert werden, die sich schwer unter einem einheitlichen Gesichtspunkt vereinigen lassen.[11]

In den weiteren Beiträgen des ersten Bandes werden in chronologischer Abfolge die herausragendsten Physiker der klassischen Periode von Copernicus bis Kelvin behandelt. Allein bei den sich der mechanistischen Naturauffassung widersetzenden romantischen Naturphilosophen sind wir abermals von der personenbezogenen Darstellungsweise abgewichen, weil ihre Vertreter fachübergreifend wirkten und verschiedene, nicht dem üblichen Schema der Physik anzupassende Auffassungen vertraten. Obwohl sie ohne eine hinreichende empirische Begründung nach einer inneren Verwandtschaft aller Naturkräfte und ihrer Polarität suchten und der von Frankreich ausgehenden Mathematisierung der Physik nur zögernd folgten, erwies sich ihr Einfluß auf die weitere Entwicklung der Disziplin von entscheidender Bedeutung.[12]

Unter den im zweiten Band behandelten Physikern finden wir mit Maxwell, Gibbs, Boltzmann, Lorentz, Thomson und Hertz die Vollender der klassischen Physik und dann mit Planck, Rutherford, Einstein und Bohr beginnend die Schöpfer des modernen physikalischen Weltbildes. Diese sich zunehmend von der Welt der unmittelbaren Sinneswahrnehmungen abwendende Physik des Unanschaulichen erforderte die Schaffung ganz neuartiger und uns fremdartig anmutender Begriffsbildungen – wie Quantensprünge, Welle-Teilchen-Dualismus, Unschärfe und Antimaterie –, die zu einer Erweiterung unseres Denkhorizontes führten und damit gewaltige verändernde Kräfte mit noch nicht überschaubaren Folgen zu mobilisieren begannen.

Innerhalb von zwei Jahrzehnten lag schließlich mit der von Born, Heisenberg, Pauli, Schrödinger und Dirac geschaffenen Quantenmechanik bereits eine neue Physik der Atomwelt vor, die an Geschlossenheit und Voraussagekraft der klassischen Mechanik und Elektrodynamik in jeder Hinsicht ebenbürtig war. Das eigentliche Problem dieser *modernen* Physik bildete jedoch die Übersetzung der neu geschaffenen Begriffe in die uns geläufige Umgangssprache. Und gerade in diesem Punkte gehen die Auffassungen der heutigen Physiker noch heute auseinander. Während die Schöpfer der Quantenmechanik und die Anhänger der sog. *Kopenhagener Schule* im allgemeinen eine dualistische *Sowohl als auch*-Auffassung vertraten, die prinzipiell einen in Raum und Zeit determinierten Ablauf des mikrophysikalischen Geschehens verbietet, hoffen andere Physiker noch immer, daß sie durch eine Erweiterung des physikalischen Begriffssystems wieder zum alten Ideal einer völlig deterministischen Naturbeschreibung zurückkehren können.

Wir können davon ausgehen, daß im Verlaufe dieses Disputs noch manche Überraschung auf uns wartet. Aber noch einschneidender als die Entschleierung weiterer Naturgeheimnisse dürften die davon ausgehenden geistesgeschichtlichen Ausstrahlungen sein. Ebenso wie einst, als nach der Formulierung der Newtonschen Mechanik die Gelehrten sich in verschiedene Lager aufspalteten und zu reger gedanklicher Verarbeitung der neu gewonnenen Standpunkte ansetzten, so sind jetzt aus den neu gewonnenen physikalischen Vorstellungen neben physikalischen auch zahlreiche philosophische, kulturelle und künstlerische Anregungen zu erwarten, die als verändernde Kräfte zunehmend in das menschliche Leben eingreifen.

Anschließend führen wir auch einige Vertreter der neuesten Physik vor. Diese haben insbesondere nach dem Kriege versucht, auch die Gesetze der jenseits der Atome und Kerne liegenden Welt der Elementarteilchen zu ergründen. Statt der uns im alltäglichen Denken so hilfreichen Anschauung und Vorstellungskraft mußten sie dabei vor allem auf die innere Logik der mathematischen Formalismen und die Ergebnisse planvoll konstruierter Großforschungsgeräte vertrauen. Dirac prägte den bekannten Spruch, daß die mathematischen Formeln meist viel intelligenter als ihre Erfinder seien.

Um aber auch den direkten Anschluß an die heutige physikalische Forschung zu gewinnen, hat Harald Fritzsch mit Murray Gell-Mann abschließend auch einen noch lebenden Physiker vorgestellt, auf den das Quarkmodell der Elementarteilchen zurückgeht, das der Quantenchromodynamik und dem Standardmodell als der umfassenden Beschreibung *aller* Elementarteilchen zugleich als Grundlage dient.[13]

Biographie und historische Bedeutung

Die Biographie gehört zu den ältesten Formen der historischen Überlieferung und sie stellt auch heute noch einen wichtigen Zweig der Geschichtsschreibung dar. Sie stellt die historischen Ereignisse aus der Perspektive einzelner, meist direkt an der Entwicklung beteiligter Personen dar und sucht die Verbindung zwischen kollektivem Geschehen und individuellem Handeln sichtbar zu machen; sie spielt in der Historiographie gewissermaßen die Rolle der Atomistik, indem das Verhalten einer Gesamtheit durch das Zusammenwirken einzelner Individuen erklärt wird, allerdings mit dem entscheidenden Unterschied, daß hier jedes Individuum in seiner Erscheinung einzigartig ist.

Gemäß der traditionellen Auffassung sollen Biographien in anspruchsvoller literarischer Form abgefaßt sein. *Genaue Wiedergabe der Fakten, Objektivität in der Wertung sowie Verzicht auf romanhafte Ausschmückungen gelten erst seit der Neuzeit als wesentliche Merkmale dieser sowohl von der Geschichts- als auch von der Literaturwissenschaft beanspruchten Gattung.*[14] Während man in der Vergangenheit jedoch die historischen Ereignisse zugunsten der literarischen Erfordernisse viel freizügiger *glättete*, wird heute einer durch Quellen zu belegenden Darstellungsform zunehmend der Vorrang gegeben.

Jakob Burckhardt setzte sich in seinen *Weltgeschichtlichen Betrachtungen* auch mit der problematischen Frage der *historischen Größe* auseinander. Trotz aller Willkür und Ambivalenz möchte er sie nur dem *einzigartigen und unersetzlichen* Manne zuerkennen, «ohne welchen die Welt uns unvollständig erschiene, weil bestimmte große Leistungen nur durch ihn innerhalb seiner Zeit und Umgebung möglich waren und sonst undenkbar sind; er ist wesentlich verflochten in den großen Hauptstrom der Ursachen und Wirkungen. Sprichwörtlich heißt es: *Kein Mensch ist unersetzlich.* – Aber die wenigen, die es eben doch sind, sind groß».[15] Burckhardt unterscheidet außerdem zwischen unterschiedlichen Formen historischer Größe, je nach den Gebieten, in denen sie in Erscheinung tritt. Den großen Forschern, Entdeckern, Künstlern, Dichtern und anderen Repräsentanten des Geistes weist er dabei eine Sonderstellung zu, denn «ihr Tun wirkt nicht auf das *Leben*, d. h. den Vor- und Nachteil der vielen; man braucht nichts von ihnen zu wissen und kann sie daher gelten lassen». Während die Künstler, Dichter und Philosophen «den inneren Gehalt der Zeit und Welt ideal zur Anschauung bringen und als unvergängliche Kunde auf die Nachwelt überliefern», sollen bloße Erfinder und Entdecker im gewerblichen Fach nicht wie jene «mit dem Weltganzen» zu tun haben. «Auch hat man das Gefühl, sie wären ersetzlich und andere wären später auf dieselben Resultate gekommen.»[16] Außerordentliche Bedeutung hingegen mißt Burckhardt den anerkannten Größen in den mathematischen und Naturwissenschaften bei: «Alles seitherige Denken ist erst frei geworden, seit Kopernikus die Erde aus dem Zentrum der Welt in eine untergeordnete Bahn eines einzelnen Sonnensystems verwiesen hat ... nur auf ihren Resultaten beruht eben alle weitere Betrachtung des Weltganzen, ja alles Denken überhaupt.»

Wilhelm Ostwald suchte in seinen *Studien zur Biologie des Genies* zu Beginn unseres Jahrhunderts die optimalen Bedingungen zu ergründen, unter denen sich eine Geistesgröße entfaltet. Bei dieser Gelegenheit rügte er die überkommene und von ihm für diesen Zweck als völlig unbrauchbar erachtete biographische Literatur. «Der blendende Eindruck, den Leben und Taten der großen Männer auf den gewöhnlichen Sterblichen machen, bewirkt, wie ein Blick in die Sonne oder nur einer in eine elektrische Lampe, eine mehr oder weniger andauernde Unfähigkeit, Einzelheiten zu erkennen. Erst wenn man die blendende Fülle... herabdämpft, erst dann tritt auch die Möglichkeit ein, Einzelheiten zu unterscheiden und Besonderheiten zu erkennen ... So hat es lange Zeit keine Physik der Sonne gegeben, als dieses Mittel nicht angewendet wurde, und es ist bekannt, welche populäre Entrüstung seinerzeit die Nachricht hervorgerufen hatte, daß die Sonne mit Flecken behaftet ist ... Und ebenso ist die entschlossene Anerkennung des Umstandes, daß auch die großen Menschen eben Menschen mit menschlichen Eigenschaften gewesen sind, die unumgängliche Voraussetzung für ihr wissenschaftliches Verständnis.»[17] Ostwald empfiehlt deshalb, zwischen den Zeilen der Schriften zu lesen und verstärkt die privaten Äußerungen der *großen Männer* zu beachten; er stellte auch mit Befriedigung fest, daß sich «das Bewußtsein von dem unvergleichlich größerem Werte solchen Materials gegenüber den üblichen Biographien mehr und mehr entwickelt ... Hier, wo der große Mann auf die kleinen Ereignisse des täglichen Lebens reagiert, wo gerade die Seiten seines Wesens zur Geltung kommen, die er mit seinen intellektuell weniger hochstehenden Mitmenschen sicherlich gemeinsam hat, hier ist der Punkt, wo wir ihn als Menschen verstehen lernen können».[18] Ostwald folgerte, daß eine jede Biographie um so wertvoller ist, je mehr persönliche Materialien sie bringt, sofern diese nur mit zureichender Genauigkeit wiedergegeben werden. «Hierbei muß allerdings noch die Forderung zugefügt werden, daß dieses Material in möglichster Reinheit und Genauigkeit dem Leser vorgelegt wird.»[19] Ostwald betonte noch, daß «Rücksichten persönlicher Art nicht mehr in Betracht kommen», nachdem der Forscher gestorben ist. «Gerade die Rücksichtslosigkeit, mit der sich die Freunde einander gegenüber geäußert haben, stellt einen unschätzbaren Wert dieser Äußerungen dar.»[20]

Plutarchs Parallelbiographien *Großer Griechen und Römer* gelten noch immer als die bedeutendsten Vorbilder für eine *literarische* Behandlung des Themas. Während Plutarch sich vorwiegend der Beschreibung von Personen des öffentlich-politischen Lebens widmete, wurden im Zeitalter der Renaissance durch Giorgio Vasari und andere Gelehrte auch Künstler und Ingenieure einer solchen Darstellung mit einbezogen.

Die Wahl und Intensität der biographischen Behandlung einer Forscherpersönlichkeit ist nicht immer durch ihren wissenschaftlichen Rang allein bestimmt. Oft vermögen zeitgeschichtliche Interessen oder auch Modeerscheinungen das allgemeine Interesse auf eine bestimmte Person oder Personengruppe zu lenken. Der Tübinger Historiker Axel von Harnack, der sich in den 50er Jahren die Frage *Wer soll eine Biographie erhalten?* vorlegte, schreibt:[21] «Die Biographie ist in diesem Jahrhundert in steigendem Maße im Aufkommen. In der Geschichts- wie Literaturwissenschaft rückt sie immer sichtbarer in den Vordergrund; im politischen Leben taucht sie als Kampf- und Werbemittel auf, indem sie sich auch unserer Zeitgenossen annimmt. Dem gegenüber tritt die Problem-Untersuchung zurück; man ist geneigt, den historischen Vorgängen einerseits und dem Lesebedürfnis breiter Schichten andererseits durch Biographien gerecht zu werden.» Jedoch nur der soll «eine Biographie von Rang und Umfang erhalten, wer eine nationale Kultur wesentlich mitbestimmt und Taten besonderer Art vollbracht hat». Mit entsprechender Umformulierung ließe sich diese Forderung auch auf die Wissenschaftsgeschichte übertragen.

Manchmal sind es aber auch mehr oder weniger zufällige – und keineswegs immer nur sachbezogene – Umstände, welche einen bestimmten Forscher zum Gegenstand des historischen Interesses machen. Hierzu kommt noch die unvermeidliche Tendenz eines jeden Biographen, die von ihm untersuchte Person jeweils im Lichte eigener Bewertungsmaßstäbe zu beurteilen.

Nur durch wiederholte Behandlung durch Historiker unterschiedlicher geistiger Herkunft kann so allmählich – unter Heranziehung anderer noch erhaltener Zeugnisse – ein immer präziseres und umfassenderes Bild der historischen Persönlichkeit entstehen, selbst dann noch, wenn sich der zeitliche Abstand zu den betrachteten Ereignissen ständig vergrößert.

Ein typisches Beispiel für eine derartige Entwicklung ist die wachsende Zahl der Newton-Studien und -Biographien der letzten Jahre, die durch die Veröffentlichung des bisher meist nur in verstreuten Archiven zugänglichen Nachlasses ausgelöst wurde.[22] Unser Wissen über Newton und seine Zeit hat Dank dieser intensiven Newton-Forschung wahrscheinlich stärker zugenommen als in den zwei Jahrhunderten, die seit seinem Tode verstrichen sind. Eine ähnliche Entwicklung erleben z. Z. die Einstein-Biographien. Auch hier spielt die Veröffentlichung neuen Quellenmaterials in den *Collected Papers of Albert Einstein* eine wesentliche Rolle.[23]

Ein weiteres Beispiel für solche quelleneditorisch bedingte Entwicklungen ist die unterschiedliche biographische Bearbeitung der beiden herausragendsten Schöpfer unseres quantentheoretischen Weltbildes. Während im Einklang mit der Veröffentlichung von Niels Bohrs handschriftlichem Nachlaß jetzt auch seine Biographie verstärkt bearbeitet wird,[24] sind bisher – in Übereinstimmung mit den spärlich verfügbaren Quellen – nur verhältnismäßig wenige Studien über Planck angefertigt worden,[25] obwohl Plancks Bedeutung für die Entwicklung der modernen Physik ohne Zweifel mit derjenigen von Einstein und Bohr vergleichbar ist.

Ganz allgemein läßt sich jedoch feststellen, daß die Eröffnung des Zugangs zu einem Nachlaß fast immer eine historische Neubewertung des bestehenden Bildes des betreffenden Gelehrten nach sich zieht. Da eine solche Einsicht in die Nachlässe häufig über eine längere Zeit versperrt ist, müssen auch die Biographien mancher Gelehrte immer wieder umgeschrieben werden.[26]

Häufig werden einem Wissenschaftler von der Allgemeinheit gewisse Eigenschaften und Verhaltensmuster zugeschrieben, denen der Biograph Rechnung tragen mußte. Besonders im Zeitalter der Renaissance wurde es üblich, die Biographie von Künstlern und Gelehrten mit Legenden auszuschmücken und ihnen besondere Fähigkeiten zuzuschreiben, die sie bereits in jugendlichen Jahren von den gewöhnlichen Sterblichen unterscheiden. Frühe Repräsentanten dieser Gattung sind Giorgio Vasaris *Lebensbeschreibungen der hervorragendsten italienischen Architekten, Maler und Bildhauer* [1550]. Sie dienten, wie Michael Segre hervorhebt, lange Zeit als Vorbild vieler biographischer Darstellungen, die z. T. sogar gewaltsame Änderungen der Lebensläufe vornahmen, sofern diese sich nicht in das vorgegebene Schema einpassen ließen.[27]

Es gibt darüber hinaus aber auch noch die vom Verfasser meist am Ende seines Lebens selbst verfaßte und bewußt stilisierte Selbstbiographie, welche den späteren Biographen oft vor unüberwindliche Interpretationsprobleme stellt. «Es ist eine allgemeine Erfahrung, daß ein Erzähler einschneidende Erlebnisse aus seinem Leben zu verschiedenen Zeiten in recht verschiedener Weise mündlich wiedergibt. Er ist dann geneigt, bei der endgültigen Fixierung der wirkungsvollsten Darstellung den Vorzug zu geben.»[28] Berühmte literarische Beispiele hierfür sind die 1728 veröffentlichte *Vita* des Benvenuto Cellini, Rousseaus *Confessions* (1740), Goethes *Dichtung und Wahrheit* (1811–1813) oder die Selbstdarstellung von Physikern des 20. Jahrhunderts, wie die von Oliver Lodge [1931] oder Millikan [1951]. Aber auch Heisenbergs im Stil eines platonischen Dialogs wiedergegebenen Erinnerungen in *Der Teil und das Ganze* (1969) und die Autobiographien anderer Physiker des 20. Jahrhunderts müssen natürlich ebenfalls weitgehend aus dieser Warte betrachtet werden.[29]

Die Aufklärung solcher mit oder ohne Absicht verfälschter Darstellungen bereiten dem Historiker besonders auch deshalb große Schwierigkeiten, weil eine einmal in Umlauf gesetzte Legende selbst wieder geschichtliche Ereignisse zu beeinflussen vermag und so historisch wirksam wird.

Die Neigung zur Erhaltung eines einmal aufgerichteten Mythos eines berühmten Mannes kann zuweilen sogar so weit gehen, daß seine Epigonen eher bereit sind, neues Quellenmaterial zu unterschlagen, als die bestehende Legende zu korrigieren.[30]

Ein bekanntes Beispiel für solche phantasievollen Ausschmückungen ist das Leben des französischen Mathematikers Évariste Galois. Als der erst 20jährige bei einem Duell ums Leben kam, soll er der Legende zur Folge noch in der Nacht vor seinem Tode seine genialen Ideen über Gruppentheorie niedergeschrieben haben, welche Generationen von Mathematikern beschäftigen sollten.[31] Doch weder die Ursache des Duells noch die rasche Niederschrift seines geistigen Vermächtnisses sind durch die Quellen belegbar.

Physiker vertreten häufig den Standpunkt, daß man auf Legenden und Anekdoten als ein geeignetes Hilfsmittel zur Weitergabe von wissenschaftlichen Erkenntnissen nicht verzichten sollte.[32] Die Wirkung solcher Mythen-Geschichten setzt gerade beim Hörer den Glauben an eine wahre Begebenheit voraus. Dieses Verfahren läßt sich nur durch den fragwürdigen Grundsatz *Der Erfolg heiligt das Mittel* rechtfertigen und ist deshalb auch in pädagogischer Hinsicht nicht zu empfehlen.

Dem Trend in der allgemeinen Geschichtsschreibung folgend wird jetzt auch das Leben des durchschnittlichen Gelehrten historisch erforscht.[33] Ein solcher Versuch in der Physikgeschichte wurde kürzlich von Russell McCormmach unternommen, der das Leben eines weniger erfolgreichen Physikers der Jahrhundertwende durch Zusammenfügung verschiedener authentischer Lebensläufe zu beschreiben versuchte.[34] Eine damit verwandte Form der biographischen Darstellung bilden die Kollektiv-Biographien, für die man im vergangenen Jahrhundert das Verfahren der Prosopographie entwickelt hat.[35]

Die Funktion der Scientific Community

Das Verhalten von Wissenschaftlern gegenüber anderen Zeitgenossen wird nicht allein durch ihre individuellen Eigenschaften, sondern auch durch die bestehenden Normen und organisatorischen Einrichtungen der *Scientific Community* bestimmt, die als ungeschriebenes Gesetz ihr Verhalten innerhalb der Gruppe regeln. Deshalb sind die gegenseitigen Beziehungen der Wissenschaftler nicht allein aufgrund ihrer Persönlichkeitsmerkmale erklärbar.

Als besonders wichtig für den wissenschaftlichen Fortschritt hatte Francis Bacon bereits in seinem *Novum Organum* von 1605 die Anerkennung wissenschaftlicher Leistungen hervorgehoben: «Wenn die Anstrengungen auf dem Gebiet der Wissenschaft nicht belohnt werden, dann genügt das, um ihre Entwicklung zu unterbrechen.» Die Belohnungen sind vorwiegend ideeller Natur. Wenn ein Effekt, ein Phänomen oder gar ein ganzer Zweig einer Wissenschaft den Namen seines Entdeckers trägt, so gilt das beispielsweise als eine besonders hohe wissenschaftliche Auszeichnung.

Wie der Soziologe Robert Merton feststellte, sind auch die Prioritätsstreitigkeiten keineswegs einfach durch Persönlichkeitsmerkmale einzelner Forscher zu verstehen. Sie resultieren vielmehr «aus der Institution Wissenschaft, die die Originalität zum höchsten Wert erhebt und damit die Anerkennung der Originalität zu einer wichtigen Sache macht. – Wird die Anerkennung der Originalität nicht gewährt, oder gerät sie in Vergessenheit, so verliert der Wissenschaftler sein wissenschaftliches Eigentum.»[36]

Quellen und andere biographische Hilfsmittel

Besonders die englischen Autoren des ausgehenden 18. Jahrhunderts begannen auch Briefe und andere zeitgenössische Zeugnisse für ihre Darstellungen heranzuziehen. Als allgemeines Vorbild diente die auf Tagebuch-Eintragungen, Konversationen, zahlreichen Briefen und noch zu Lebzeiten begonnene Material-Sammlung beruhende und 1791 veröffentlichte Biographie des englischen Literaturpapstes Samuel Johnson (1709–1784). Ihr Verfasser James Boswell war zwecks Sammlung von Belegen und Informationen in möglichst häufigen und engen Kontakt mit seinem Protagonisten getreten und hatte ihn aus diesem Grunde sogar zu einer gemeinsamen Reise zu den Hebriden überredet. Er rühmte sich, Johnson «vollständiger als irgendein Mensch des Altertums oder der Neuzeit je für die Nachwelt erhalten» zu haben. Aus den erst in den 20er Jahren aufgefundenen Manuskripten und Aufzeichnungen seiner Gespräche geht hervor, daß Boswell seine Aufgabe schon damals mit großer Gewissenhaftigkeit verrichtet hat.[37] Im Gegensatz dazu steht aber die ein halbes Jahrhundert danach von Thomas Carlyle publizierte monumentale *History of Friedrich II of Prussia, called the Great* [1858/65] noch ganz im Geiste der überkommenen Heldenverehrung.

Allgemeine systematische Konzepte für eine durch Quellen gesicherte und durch historisch-kritische Analyse fundierte Biographie wurden aber erst im 19. Jahrhundert entwickelt. Johann Gustav Droysen [1868] und Wilhelm Dilthey [1910] formulierten neue Maßstäbe der historischen Quellenkritik. In seinen methodischen Schriften forderte Dilthey:[38] «Die Dokumente, auf denen vornehmlich eine Biographie beruht, bestehen in den Resten, welche als Ausdruck und Wirkung einer Persönlichkeit zurückgeblieben sind. Eine eigene Stellung nehmen naturgemäß unter ihnen Briefe derselben und Berichte über sie ein. – Die Aufgabe des Biographen ist nun, aus solchen Dokumenten den Wirkungszusammenhang zu verstehen, in welchem ein Individuum von seinem Milieu bestimmt wird und auf dieses reagiert.» Dilthey gesteht zwar zu, daß jedes Leben, das kleine wie das mächtige, von historischem Interesse sei, doch eigentlich ist nur «der historische Mensch, an dessen Dasein dauernde Wirkungen geknüpft sind, in einem höheren Sinne würdig, in der Biographie als Kunstwerk fortzuleben».

Diese Auffassung wird im allgemeinen auch heute noch vertreten. Allen Beteiligten ist aber bewußt, daß erfolgreiche wissenschaftliche Leistungen nur durch Mitwirkung von Kollegen, Mitarbeitern, weiterem Hilfspersonal und anderen untergeordneten Mitgliedern der wissenschaftlichen Hierarchie zustande kommen können und deshalb eigentlich in den von Dilthey genannten *Wirkungszusammenhang* einbezogen werden müßten.

Unter den *Life and Letters*-Darstellungen im englischen Stil finden wir auch die ersten Biographien von namhaften Physikern. Diese Darstellung setzte bereits ein eingehendes Studium des brieflichen Nachlasses voraus, so daß der Autor deshalb viel näher mit den historischen Fakten in Berührung kam als seine Vorgänger, die sich im wesentlichen nur auf die publizierten Schriften und die mündliche Überlieferung gestützt hatten.

Der Sekretär der *Royal Society* H. Bence Jones publizierte 1870 *Leben und Briefe Faradays* in zwei Bänden, Robert Grave arbeitete vierzehn Jahre lang an seinem dreibändigen und über 2000 Seiten umfassenden Werk *The Life of Sir Rowan Hamilton*,[39] und der Heidelberger Mathematiker Leo Koenigsberger verfaßte um die Jahrhundertwende eine dreibändige Biographie von Hermann von Helmholtz,[40] die ebenfalls ausgiebigen Gebrauch von den hinterlassenen Dokumenten und Briefen machte. Neben diesen auf Quellen basierenden Werken veröffentlichten die Naturforscher selber oder ihnen nahestehende Personen auch Lebensbeschreibungen und Auszüge aus Tagebüchern. Wir erinnern hier nur an die erst hundert Jahre nach dem Tode ihres Verfassers publizierten geheimen Tagebücher des Samuel Pepys,[41] an Heinrich Hertz' *Erinnerungen, Briefe, Tagebücher*, die von seiner Tochter Johanna zusammengestellt und 1927 veröffentlicht wurden, und an die *Erinnerungsblätter*, die Franz Neumanns Tochter Luise 1904 herausgab.[42] Bei solchen von den Gelehrten selbst oder ihren unmittelbaren Verwandten besorgten Ausgaben kamen verständlicherweise im allgemeinen jedoch nur solche Dokumente zum Vorschein, die zu ihrem Ansehen und Ruhm beitrugen.

Ebenso wie jedes Experiment ein mühsam aufgerichtetes und sorgfältig ausgebautes wissenschaftliches Gedankengebäude zunichte machen kann, vermag auch das Auftauchen neuer Quellen und anderer historischer Relikte das lang gehegte Bild eines historischen Ereignisses wesentlich zu verändern oder gar zu zerstören. Wir wollen das durch folgende Beispiele aus der neueren historischen Forschung illustrieren.

Die seit langer Zeit von Wissenschaftlern und Wissenschaftshistorikern mißachteten und deshalb auch unbeachteten alchemistischen Studien Isaac Newtons wurden erst in jüngster Zeit bearbeitet. So vermochten sie noch 300 Jahre nach dem Erscheinen der *Principia* eine neue Sichtweise über ihre Bedeutung innerhalb seines Werkes einzuleiten. Die amerikanische Newton-Forscherin Betty Jo Teeter Dobbs bemerkte, daß Newtons «endgültigen Formulierungen über die Natur der Materie und der ihr innewohnenden Kräfte in natürlicher Weise aus seinen alchemistischen, theologischen, metaphysischen und beobachtenden Unternehmungen erwachsen» sind.[43] Gerade diese Beschäftigung hat ganz wesentlich zur Überwindung der widerstreitenden philosophischen Implikationen seines naturwissenschaftlichen Weltbildes beigetragen, mit denen sich die Gelehrten der damaligen Zeit konfrontiert sahen.

Noch aufschlußreicher sind Quellenstudien für die Geschichte der Physik des 20. Jahrhunderts geworden. Die spektakulären Anwendungen der modernen Atom- und Kernphysik haben hier vielfach zur Geheimhaltung der Forschung eingeladen. Aber auch die Personalakten, Bewertungen und Vorschläge für Preisverleihungen erfolgen meist unter Ausschluß nicht Berufener. Die historischen Tatsachen lassen sich in allen diesen Fällen nur bei nachträglichem Studium der schließlich freigegebenen Akten rekonstruieren. Weil die Sperrfrist für solche Dokumente oft viele Jahre andauert, ist eine Klärung der betreffenden historischen Umstände erst nach Ablauf dieser Wartezeit möglich.

Besonders spürbar ist diese Situation in der neuesten Physikgeschichte, die zuweilen bis an die unmittelbare Gegenwart heranreicht und die wissenschaftlichen Entscheidungen zu beeinflussen vermag.[44] Die durch die Kriegsforschung und die Verquickung von Wissenschaft und Politik besonders im Dritten Reich und in der Sowjetunion bedingte Parteilichkeit erzeugt hier eine verstärkte Versuchung zur Fälschung oder Verzerrung der historischen Fakten. Gerade hier bietet das Quellenstudium die einzige Möglichkeit unvoreingenommener Beurteilung. Großes öffentliches Interesse erregten die vor wenigen Jahren freigegebenen heimlich aufgezeichneten Abhörprotokolle der vorübergehend in Farm Hall internierten deutschen Atomphysiker. Sie regten nochmals die Diskussion der Frage an, ob deutsche Wissenschaftler Hitler tatsächlich zu einer Bombe verhelfen wollten oder ob sie ihren Bau bewußt verhindert haben.[45]

Den Vorrang, den die Quellen in der heutigen Physikgeschichte genießen, verdanken sie einem indirekt durch den letzten Krieg bedingten Umstand. Weil die anwendungsorientierte Forschung während des Krieges zu sehr in den Vordergrund getreten war, bemühte man sich in den 50er Jahren, die kulturelle Bedeutung der physikalischen Forschung wieder hervorzuheben. Die alten Werte einer allein auf uneigennützige Wahrheitssuche gerichteten Forschung sollten neu belebt werden.[46] Über diesen allgemeinen Trend, der schließlich auch zur Etablierung der Wissenschaftsgeschichte als akademisches Fach in Amerika führte, berichtete Kuhn in seinen Erinnerungen und Reflexionen:[47] «Die Vereinigten Staaten waren nach dem Zweiten Weltkrieg mit einem starken weitverbreiteten öffentlichen Bewußtsein von der Macht der Wissenschaft und ihres beispiellosen Beitrags zum Siege der Alliierten konfrontiert worden. Radar und Annäherungszünder waren die ersten größeren Anzeichen dieses Bewußtseins, welches die Beendigung des Kriegs durch die Atombombe noch wesentlich verstärkte. Die durch den Krieg beschleunigten Fortschritte beim Kunststoff und in der Medizin trugen zweifellos auch dazu bei. Man erwartete wahrscheinlich ähnlich entscheidende wissenschaftsgestützte Innovationen auch in Friedenszeiten, und man glaubte, es sei wesentlich, daß die Bürger die Wissenschaft verstehen müßten, wollte man die aus diesen Entdeckungen fließenden Neuerungen nutzen. In den Jahren unmittelbar nach dem Kriege wurde viel darüber diskutiert, was der instruierte Wähler über Wissenschaft wissen sollte, und man veranstaltete zahlreiche Wissenschaftskurse für Nichtwissenschaftler. Einer von ihnen war für meine Einführung in die Wissenschaftsgeschichte verantwortlich.»

Unter Thomas S. Kuhns Leitung kam nun auch die bisher umfangreichste systematische Quellensammlung zur Geschichte der modernen Physik zustande. Weil Anfang der 60er Jahre noch viele Begründer der Quantentheorie lebten, wollte man diese Gelegenheit nutzen, um durch direktes Befragen und Sammeln von Dokumenten die Quellen für eine historische Bearbeitung bereitzustellen. Das Ergebnis dieser Sammlung wurde in einem Archiv zusammengestellt und durch die Veröffentlichung eines Katalogs der Forschung zugänglich gemacht.[48] Diese im Laufe der Jahre noch ergänzte Sammlung hat seither infolge ihrer Reichhaltigkeit und ihres leichten Zugriffs unzählige Untersuchungen zur Geschichte der Physik des 20. Jahrhunderts und der Quantentheorie hervorgebracht und auch der wissenschaftshistorischen Forschung im allgemeinen viele Impulse erteilt.

Biographie und Physikgeschichte

Die Entwicklung der kritischen Biographik wurde im Zeitalter der Aufklärung durch Pierre Bayles *Dictionaire historique et critique* [1697] eingeleitet. Dieses zuerst 1697 erschienene und dann in mehreren wesentlich erweiterten Auflagen gedruckte Werk ist kein Wörterbuch im üblichen Sinne, sondern vielmehr eine Sammlung von Biographien wichtiger Persönlichkeiten von der Antike bis zum Ausgang des 17. Jahrhunderts. Dem Haupttext, in dem alle objektiv belegbaren Tatsachen zusammengestellt sind, ist ein noch umfangreicherer Anmerkungsteil beigefügt, in dem detailliertere Berichte und deren Glaubwürdigkeit im Lichte der unterschiedlichen Überlieferungen kritisch geprüft werden.

Aus dieser Perspektive konnte das Wissen der damaligen Zeit mit den Kenntnissen früherer Epochen und anderer Kulturbereiche verglichen und so – im Geiste des kritischen Zeitalters der Aufklärung – die Fragwürdigkeit der gängigen Auffassungen aufgezeigt werden. In Bayles *Dictionaire* wurden nicht nur die Leistungen, sondern auch ausführliche Nachrichten über das persönliche Leben der Gelehrten mitgeteilt. Nach dem Urteil des Philologen Fritz Schalk schienen Bayle «aufschlußreicher als die Reden und Traktate die Briefe Ciceros zu sein. Die Menschen interessierten ihn weit mehr noch als die Sachen».[49] Auf diese Weise wurde zwischen dem Werk und seinem Urheber eine engere Beziehung hergestellt, welche erstmalig auf einen Einfluß der äußeren Lebensbedingungen auf Form und Inhalte der Wissenschaften aufmerksam machte.

Mit Voltaires *Histoire de Charles XII.* [1731] setzt eine weitere Etappe einer Entwicklung ein, in der sowohl der literarische Stil als auch die historisch-biographische Methode der Geschichtsschreibung weiter vervollkommnet wurde. Das beschriebene Subjekt wurde zunehmend in das historische Zeitgeschehen eingebettet und aufgrund vorhandener Quellen beschrieben.

Solange die Wissenschaftsgeschichtsschreibung noch allein in den Händen der Naturforscher lag, beschränkte sich die historische Darstellung im wesentlichen auf solche Errungenschaften und Ereignisse, die an eigene Leistungen anknüpfen, zum besseren Verständnis der wissenschaftlichen Inhalte beitrugen oder die zum Zeitpunkt ihrer Niederschrift noch ein aktuelles Interesse beanspruchen konnten. Natürlich wollte man nicht über die Mißerfolge der Wissenschaft berichten.

In diesem Sinne erklärte Hermann von Helmholtz: «In meinen Abhandlungen habe ich natürlich den Leser darum nicht von meinen Irrfahrten unterhalten, sondern ihm nur den gebahnten Weg beschrieben, auf dem er jetzt ohne Mühe die Höhe erreichen mag.»[50] Ebenso erklärte der bekannte englische Physiker Paul Dirac fast ein Jahrhundert später in seinen Erinnerungen, daß «der forschende Physiker, der eine Entdeckung gemacht hat, vielmehr darum besorgt ist, sich auf dem neu gewonnenen Standpunkt zu behaupten und das vor ihm liegende Feld zu überblicken. Seine Frage lautet, wo gehen wir jetzt hin? Was sind die Anwendungen dieser neuen Entdeckung? Wie weit werden wir damit die Probleme aufklären können, die noch vor uns liegen? Welches werden die vorrangigen Probleme sein, die uns jetzt entgegentreten?» Deshalb wünsche der Physiker «lieber den Weg zu vergessen, auf dem er zu dieser Entdeckung gelangte. Er hat einen mühevollen Pfad zurückgelegt, war falschen Fährten gefolgt, und sein Wunsch ist es, nicht mehr daran zu denken. Er fühlt sich vielleicht sogar ein wenig beschämt und ist mit sich unzufrieden, daß er so lange brauchte. Er sagt zu sich selbst: wieviel Zeit habe ich auf diesem einen Weg vergeudet wo ich doch gleich sehen sollte, daß er zu nichts führt. Sobald eine Entdeckung gemacht ist, scheint sie im allgemeinen so selbstverständlich, daß man überrascht ist, daß niemand zuvor daran dachte. Aus dieser Warte wird niemand wünschen, sich an all die Arbeit zu erinnern, die zu der Entdeckung führte.»[51]

Aber nicht nur praktische Überlegungen oder das pädagogisch-erkenntnistheoretische Bedürfnis, sondern auch der Fortschrittsglaube und andere Konzessionen an den Zeitgeist haben bei historischen Darstellungen oft Pate gestanden und zuweilen sogar ein Abweichen von der historischen Wahrheit legitimiert.

Die Geschichte der Naturwissenschaft und insbesondere auch die der Physik kann auf unterschiedliche Weise dargestellt werden. Zur einfachen und wohl auch ältesten Form der Geschichtsschreibung gehört die chronologische Aneinanderreihung historischer Tatsachen. Auf diese Weise entsteht oft der Eindruck einer geradlinigen und zwangsläufigen Entwicklung, die wahre Problematik des komplexen historischen Geschehens geht meist verloren. Für diese Art der Vergangenheitsbewältigung hat der englische Historiker Herbert Butterfield (1900–1979) 1931 in einem vielbeachteten Werk – in Anlehnung an eine politische Bewegung der 60er Jahre des vergangenen Jahrhunderts, die Geschichte im Sinne einer allgemeinen Fortschrittsentwicklung zu deuten – die Bezeichnung einer *Whig history* geprägt.[52] Diese Form der Erfolgsgeschichtsschreibung beurteilt die Vergangenheit aus der Sicht ihres Nutzens für die Gegenwart und hebt infolgedessen nur diejenigen historischen Ereignisse hervor, die konstruktiv zu den gegenwärtigen Verhältnissen beigetragen haben.

Die Versuchung einer solchen Geschichtsbetrachtung ist so verlokkend, daß sie sich trotz aller Kritik bis auf den heutigen Tag erhalten hat. Deshalb ist es nicht erstaunlich, daß bis auf den heutigen Tag noch immer zahlreiche historische Werke entstehen, die dem Zauber einer solchen *Whig history* nicht widerstehen können.[53]

Das stark anwachsende Interesse an Galilei als *Märtyrer der Wissenschaft* seit Ende des vergangenen Jahrhunderts hat zwar die Herausgabe seines monumentalen Werkes als *Edizione Nazionale* und zahlreicher anderer biographischer und historischer Studien gefördert;[54] andererseits aber wurde sein *Fall* auch häufig in den Dienst weltanschaulicher und religiöser Meinungsverschiedenheiten gestellt, die Anlaß zur Verzerrung seiner Person und seiner Ideen gaben.[55]

Ein Beispiel hierfür ist die schon erwähnte Debatte der jüngsten Physikgeschichte. In einer größeren Anzahl historischer Publikationen wird immer wieder die Beziehung zwischen Wissenschaft und Nationalsozialismus behandelt. Besondere Aufmerksamkeit gilt dabei der Frage nach den Gründen, welche die Entwicklung einer deutschen Uranbombe verhindern halfen. Während die eine Partei dies auf Mißmanagement und organisatorische Schwäche der deutschen Physiker zurückführte, glaubte die andere Seite auch moralische Bedenken und bewußte Zurückhaltung der maßgeblich daran beteiligten Physiker geltend machen zu können.[56] Da die handelnden Personen sicherlich selbst dem inneren Konflikt von Macht und Moral ständig ausgesetzt waren und aus erklärlichen Gründen eine öffentliche Stellungnahme vermieden haben, wird sich eine solche Frage wahrscheinlich nie eindeutig klären lassen.

Eine weitere Schwierigkeit für die historische Behandlung stellt der erwähnte Wandel des Physikbegriffs selbst dar.[57] Aber nicht nur die Auffassungen haben sich geändert, sondern auch die Form der Überlieferung und die Natur der erhaltenen Quellen. Identische Ereignisse und Ideen werden zu verschiedenen Zeiten unterschiedlich wahrgenommen. Alexander von Humboldt hat in seinem *Kosmos* diesem Wandel des Naturempfindens im Laufe der Geschichte eine längere Studie gewidmet und gezeigt, wie selbst unsere Aufmerksamkeit für die uns umgebende Natur durch den Zeitgeist bestimmt ist.[58]

Wir müssen also nicht nur beachten, daß die alten Griechen beispielsweise ganz andere Vorstellungen über die Natur und die ihr zugrundeliegenden Gesetzmäßigkeiten besaßen; auch ihre Wahrnehmungsweise (welche Erfahrungen sind von Bedeutung und verdienen überhaupt festgehalten zu werden) unterschied sich von der unseren und die Form, in der diese Kenntnisse auf uns überkommen sind (z. B. durch nur einige wenige handgeschriebene Manuskripte oder auf dem Umwege vielfacher Übersetzungen).

Entsprechend diesen Veränderungen müssen sowohl die Forscher als auch ihre Leistungen im Kontexte ihrer Zeit, ihres Wissenschaftsverständnisses und aufgrund der überlieferten Quellen betrachtet werden. Deshalb werden an den Historiker der antiken und mittelalterlichen Physik ganz andersartige Anforderungen gestellt als an denjenigen, der sich mit der neuzeitlichen Naturwissenschaft befaßt. Während das Studium der aus dem Altertum überlieferten Texte philologische und umfangreiche literarische Kenntnisse erfordert, wird für das Studium der neueren Quellen vor allem auch eine Vertrautheit mit den formalen Hilfsmitteln der exakten Naturwissenschaft und Grundkenntnisse über die Inhalte der zeitgenössischen Physik und deren Begriffe notwendig sein.[59] Ein Historiker der sich beispielsweise ohne angemessene naturwissenschaftliche Vorbildung mit dem 19. Jahrhundert befassen möchte, «setzt sich der wirklichen Gefahr aus, sein Thema ganz zu verfehlen oder die Tatsachen völlig falsch auszulegen».[60]

Die traditionelle Biographie stand im Banne des moralisierenden Geniekultes und stellte die wissenschaftlichen Leistungen von einzelnen oder einzelner auserwählter Personengruppen einseitig auf Kosten anderer heraus.[61] Zahlreiche Biographien waren als Nachrufe einflußreicher Gelehrter entstanden, denen ihre Schüler und Epigonen ein würdiges

Denkmal setzen wollten.[62] Wieder andere verdankten ihren Ursprung dem erklärten Vorsatz, anhand von Beispielen Vorbilder für die Nachwelt zu schaffen und so das fortschrittliche Wachstum des Denkens und Wissens zu illustrieren. So verdienstlich diese Ziele auch sein mochten, sie entsprachen doch nicht den Forderungen einer auf Quellenstudien basierenden und von Methoden geleiteten Wissenschaft.

Andererseits ist aber gerade die biographische Behandlung ein ausgezeichnetes Mittel, um das Leben des einzelnen mit den allgemeinen historischen, kulturellen und wissenschaftlichen Entwicklungen einer Zeit zu verknüpfen und auf diese Weise das komplexe Wechselspiel von Individuum und gesellschaftlichem Umfeld sichtbar zu machen. In letzterer Zeit sind mehrere biographische Werke von Physikern des 20. Jahrhunderts entstanden, die der historischen Disziplin neue Maßstäbe gesetzt haben und diesem Zweige der historischen Betrachtung wieder zu mehr Ansehen verhalfen.[63]

Ungeachtet der wichtigen Aufgabe, die der Biographik innerhalb der Geschichtswissenschaft zufällt und der großen Anzahl bereits verfaßter Lebensbeschreibungen bedeutender Naturforscher, haben sich bisher nur wenige Autoren über ihre methodische Anwendung in der Wissenschaftsgeschichte geäußert. Bei den exakten Wissenschaften ist nämlich mehr als anderswo der Zusammenhang von Werk und Leben für den Außenstehenden oft nur schwer zu erkennen. Einem Vorschlag von A. Rupert Hall (1963) folgend hat man deshalb zwischen einer *externalistischen* und einer *internalistischen* Wissenschaftsgeschichte unterschieden, je nachdem, ob man einen Trennstrich zwischen den beiden Bereichen ziehen möchte oder nicht.[64]

Thomas L. Hankins, der Verfasser zweier mustergültiger Biographien von Jean d'Alembert [1970] und von William Rowan Hamilton [1980],[65] hat in einem interessanten Aufsatz auf diese Problematik der Biographie innerhalb der Wissenschaftsgeschichte hingewiesen:[66] «Die historische Biographie stellt den Wissenschaftshistoriker deshalb vor eine besondere Aufgabe, weil es so schwierig ist, die Wissenschaft mit den übrigen Tätigkeiten des menschlichen Intellekts in Einklang zu bringen ... Der Biograph eines Wissenschaftlers ist versucht, sich entweder mit dem persönlichen Leben seines Subjekts zu befassen oder aber sich den Einzelheiten seiner wissenschaftlichen Arbeit zuzuwenden. Es ist schwierig, diese beiden verschiedenen Aspekte in harmonischer Weise zu vereinigen.»

Viele Biographen neigen deshalb auch zu einer Trennung der Lebensbeschreibungen in einen wissenschaftlichen und einen biographischen Teil. Ältere Biographien und historische Werke, welche diesem Muster folgten und sich vor allem mit einer Aufzählung der wichtigsten Lebensdaten und Entdeckungen begnügten,[67] hatten dazu beigetragen, daß die Biographie als methodisches Verfahren bei den Historikern diskreditiert wurde.

Inzwischen haben sich aber unter den Historikern der jüngeren Generation neue Gruppierungen gebildet, bei denen auch der biographischen Methode wieder eine wichtige Rolle zufällt.[68] Während die einen Alexandre Koyrés ideeengeschichtlichen Ansatz bevorzugen, orientieren sich andere an Clifford Truesdells internalistischem Standpunkt, der sich am liebsten allein mit der Entwicklung der wissenschaftlichen Ideen befassen und möglichst keine Rücksicht auf die äußeren Umstände und die persönliche Struktur der betreffenden Forscher nehmen möchte. Eine andere Gruppe versucht, vor allem auch die äußeren Umstände – d. h. politische, kulturelle, gesellschaftliche und wirtschaftliche Faktoren, psychische Erlebnisse sowie philosophische und religiöse Zeitströmungen – für den Gang der Wissenschaft verantwortlich zu machen.

Auch die biographische Methode ist in diesen Kreisen wieder zu neuer Geltung gekommen, wie das Erscheinen und die Aufnahme verschiedener neuerer Wissenschaftlerbiographien zeigt. Als eine ihrer zentralen Aufgaben betrachtet diese *Renaissance* der Wissenschaftsbiographie der 80er Jahre die Aufklärung eines tieferen Zusammenhanges zwischen dem Leben und dem Werk eines Wissenschaftlers. Dazu reicht es nicht aus, allein die hinterlassenen Schriften, Papiere und anderen Werke eines Wissenschaftlers zu beschreiben und zu analysieren; es sollen auch seine Reaktionen auf seine nähere und weitere Umgebung und das allgemeine zeitgeschichtliche Geschehen mit in die historische Betrachtung einbezogen werden. Auf diese Weise erweist sich das Lebenswerk eines Forschers in viel stärkerem Maße als bisher durch das System der Forschungsfinanzierung, Begutachtung und Förderung, der Ressourcen, Kommunikation, gesellschaftlichen Anerkennung und der Beschaffung des Nachwuchses bestimmt. Das Individuum soll dabei nicht nur als ein autonomes, von dem Zeitgeschehen losgelöstes und im Burckhardtschen Sinne *unersetzliches* Phänomen, sondern zugleich auch als ein Träger des gesellschaftlichen Prozesses betrachtet werden.[69]

Im Werk eines Wissenschaftlers begegnen dem Historiker oft unverständliche Tatsachen und gegensätzliche wissenschaftliche Auffassungen, die ihm aus der Perspektive des Wissens allein unlösbar erscheinen. «Bei einem Individuum», sagt Hankins im Hinblick auf seine eigenen Erfahrungen,[70] «finden wir seine wissenschaftlichen, philosophischen, gesellschaftlichen und politischen Ideen in einer einzigen Verpackung vor. Dieses Paket wird wahrscheinlich auch Widersprüche, Sackgassen und Belanglosigkeiten enthalten. Oft wird es uns so vorkommen, als besäße das Individuum in seinem Kopf zwei völlig verschiedenartige Provinzen (meist gerade an denjenigen Stellen, wo wir nach einer Verbindung suchen); aber so ist die Perversität der menschlichen Natur und es ist ehrlicher, sie zu akzeptieren, als zu versuchen, das Wachstum der Wissenschaft einer glatt aufsteigenden Kurve anzupassen. Wenn die Biographie aufrichtig ist, können wir von ihr eine Menge über die Wirkungsweise der Wissenschaft erfahren und vor zu raschen Verallgemeinerungen bewahrt bleiben.»

Ein vernachlässigtes Kapitel in der bisherigen wissenschaftshistorischen Literatur ist noch immer die Integration psychischer Faktoren, wie sie bereits in Stefan Zweigs historischen Porträts vorgeführt sind. Zu einer vollständigen Beschreibung der das Individuum und damit seine Wissenschaft formenden Kräfte müßte neben den *inneren wissenschaftlichen Zwängen* und den *sozialen Randbedingungen* auch noch seine *psychische Bedingtheit* in die Analyse des historischen Prozesses einbezogen werden. Weil in den meisten Fällen der Zugang zu den dazu erforderlichen Quellen durch ein Abschirmen der Privatsphäre verwehrt ist, kann ein solches Unternehmen nur unter außergewöhnlichen Umständen ausgeführt werden. In der Regel müssen wir deshalb weiterhin mit Biographien im herkömmlichen Stil auskommen, obwohl diese Unvollständigkeit der gestaltenden Faktoren zwangsläufig nur eine unvollkommene Beschreibung der historischen Persönlichkeit zu liefern vermag.

Fritz Krafft

DIE VORSOKRATIKER I: DIE SUCHE NACH DEN PRINZIPIEN (6. und 5. Jahrhundert v. Chr.)

Viele der Grundbegriffe der Physik – und hier nicht nur solche, die aus der Beschreibung naiver Erfahrungen der Außenwelt übernommen sind, wie Bewegung oder Kraft – entstammen der griechischen Naturphilosophie. Hierzu zählen insbesondere das begriffliche Umfeld von Materie, Stoff, Korpuskel und Atom, aber auch so grundlegende Vorstellungen wie *Natur, Kosmos, Wesen, Sein* usw.

Die systematische Zusammenfassung von Wissen zu Wissenschaft *(epistéme/ἐπιστήμη)* sowie das logisch-deduktive Ableiten von Aussagen aus anerkannten, *a priori* gesetzten oder *a posteriori* gewonnenen Prämissen ist ebenfalls eine Erfindung der Griechen gewesen; und es gibt Wissenschaft nur in Kulturen und bei Völkern, die diese «Erfindung» unmittelbar oder durch Vermittlung einer anderen Kultur von den Griechen übernommen haben. Das gilt sogar in noch stärkerem Maße von der Naturwissenschaft oder einzelnen Naturwissenschaften; denn die Natur als solche ist ebenfalls eine Entdeckung, wenn nicht gar Erfindung der klassischen Griechen, die es in dieser Form in anderen Kulturkreisen deshalb auch nicht gibt.

Der griechische Naturbegriff

Im griechischen Begriff *phýsis (φύσις)* ist schon frühzeitig ein bestimmtes Vorstellungsumfeld sprachlich fixiert worden.[1] Ihm liegt derselbe Wortstamm zugrunde wie *phytón (φυτόν* = Pflanze, *Gewächs)*, aber auch wie dem Verb *phýein (φύειν)*, das soviel bedeutet wie «hervorbringen» und im Passiv *phýesthai (φύεσθαι)* soviel wie «hervorgehen» und «wachsen». Die Gesamtnatur, die Welt, wurde von den Griechen entsprechend dieser Grundbedeutung als eine organische Einheit ähnlich einem pflanzlichen Gewächs, als ein eigendynamisches Lebewesen aufgefaßt. Das Universum galt Griechen und Römern stets als beseelt wie jedes andere *gewachsene* Lebewesen; *phýsis* ist so etwas wie das Hervorbringen und die Herkunft in einem, und das jeweils in organologischem Sinne; der aus sich heraus die natürlichen Dinge hervorbringende Ursprung, der Lebensquell (auch im Sinne von «Mutter Natur»), und zwar sowohl für ein einzelnes Ding als auch in abstrahierender Zusammenfassung der Naturen aller einzelnen Dinge für alle Dinge. Dabei sollen Konstitution,

Verhalten usw. jedes einzelnen Dinges bzw. aller Dinge von diesem Ursprung her geprägt und bestimmt sein.[2]

Den Griechen ist diese Grundbedeutung von ‹Natur› stets bewußt geblieben. Das zeigt sich auch daran, daß die Römer im ersten vorchristlichen Jahrhundert den Begriff *phýsis* nicht einfach zusammen mit der Wissenschaft von der Natur als Fremdwort übernahmen, sondern ihn in ihre Sprache übersetzten und dazu ein Substantiv benutzten, dessen Wortstamm **na-* fast das gleiche Wortfeld umfaßt wie der griechische **phy- (*φυ-)* und dem Verb **nascere/nasci/natus* zugrunde liegt, das ebenso wie *phýein/phýestai* soviel bedeutet wie: erzeugt werden, geboren werden, entspringen, hervorgehen, wachsen. Der lateinische Begriff *natura* bezeichnet also sinngleich mit *phýsis* ebenfalls Ursprung, Herkommen in biologisch-organologischem Sinne, das Entspringen, den Lebensquell.[3]

Diese Natur als Bezugsrahmen der Naturwissenschaft ist etwas höchst Abstraktes; sie läßt sich nirgendwo direkt greifen. Sie ist ein Begriff, der durch sukzessive Abstraktionsschritte auf induktivem Wege gewonnen wurde als dasjenige, das hinter dem konkreten Einzelding und Einzelvorgang steht, das aber deshalb andererseits auch das Wesen dieses Einzeldinges und Einzelvorganges ausmacht und bewirkt, daß etwas so ist, wie es ist, beziehungsweise zu dem wird («wächst»), was es sein soll – der «Erwachsene» etwa als Ziel des Kindes –, und daß ewas so abläuft, wie es abläuft.

Diese universelle Natur ist nicht die Schöpfung in heidnischem – etwa platonischem oder stoischem – und christlichem Sinne; sie ist vielmehr die der Schöpfung zugrundeliegende, aber gleichzeitig auch in ihr realisierte Schöpfungs-*Planung*. Sie ist sozusagen Schöpfung und Schöpfer in einem und tritt deshalb etwa auch dort, wo es die Vorstellung von einem Schöpfergott nicht gibt, in personifizierter Form auf, als handelnde, ordnende, bewahrende und überwachende Person Natur: Die Natur heilt; die Natur gleicht aus; die Natur wehrt sich usw. So brauchten die aufgeklärten klassischen Griechen sich die «natürliche» Welt denn auch nach Platon nicht mehr notwendig als von einem oder mehreren Göttern erschaffen vorzustellen, wie es die stoischen und neuplatonischen Philosophen, aber auch wieder die christlichen Naturwissenschaftler des Mittelalters und der Neuzeit bis ins 19. Jahrhundert taten.

Ursprung und natürliche Ursache

Wesentlicher Gehalt dieses Natur-Begriffs ist das Gleichbleibende und Unveränderliche im Wandel des natürlichen Geschehens – und damit auch dasjenige, was rational erfaßbar und nachvollziehbar ist, weil es dem Willen und damit der Willkür von Göttern entzogen ist. An die Stelle

Atlas trägt das Himmelsgewölbe

älterer übernatürlicher, willkürlicher Prinzipien (später letztlich auch des göttlichen Wunders) müssen also nicht-göttliche, und das heißt: von Gott (den Göttern) nicht oder nicht mehr abhängige, eben «natürliche» Prinzipien als Verursacher und damit als Ursachen des natürlichen Geschehens treten.

Hinterfragt man die unmittelbare, konkrete «natürliche» Ursache eines bestimmten Vorganges oder Dinges nach deren Ursache oder Ursachen und wiederum nach den Ursachen dieser Ursachen, so gelangt man schließlich zur höchsten und ersten Ursache, die gleichzeitig die Zusammenfassung sämtlicher Zwischen-Ursachen ist. Diese erste Ursache ist so entweder in zeitlichem Sinne als Ur-Anfang mit dem Weltbeginn gleichzusetzen, also mit der Weltschöpfung und/oder dem Weltschöpfer, oder sie ist, wenn man sich von den anfänglichen genealogischen Vorstellungen freimacht, in logisch-kausalem Sinne permanent gegenwärtige erste (Ur-) Ursache. Es ist die abstrakte allgemeine Natur als Zusammenfassung sämtlicher partieller Naturen, die durchaus mit dem Weltschöpfer identisch gedacht werden kann.

Der entscheidende Ansatzpunkt für diese sukzessiven Abstraktionsschritte, die jeweils unter einem besonderen, (inter-)subjektiv ausgewählten Aspekt erfolgen, die alle anderen Erscheinungs- und Wesensformen des Dinges und seiner unmittelbaren Ursachen außer acht lassen, ist der Ausschluß jeglicher Willkür zwischen dem konkreten Einzelding oder -vorgang und seiner unmittelbaren Ursache auf der einen Seite und der universellen ersten Ursache oder «Natur» auf der anderen Seite. Statt dessen muß angenommen werden, daß der immer wiederkehrende Anfang auch *Ur*sprung und *Ur*sache für das ist, was ihm (unter gleichen Bedingungen) stets und immer folgt – ursprünglich und noch bei Thales von Milet: stets und immer gleichzeitig mit ihm auftritt –, woraufhin aus dem einmaligen Auftreten einer Ursache-Wirkung-Relation geschlossen werden kann, daß diese Relation *stets und immer* gültig, also notwendig ist, ohne daß Götter durch Opfer veranlaßt werden müssen, immer wieder Gleiches zu tun oder zu bewirken.[4]

Durch Abstraktion erkennbar ist aber allein etwas gleichbleibend Wiederkehrendes – und sei es der permanente Wandel nach gleichen Regeln –, auf das das konkrete Einzelne gedanklich reduziert werden muß, damit es auf entsprechender Abstraktionsebene mit anderem gleichgesetzt werden kann. Alle anderen Erscheinungs- und Wesensformen eines Dinges oder Vorganges können daraufhin auf dieser Abstraktionsebene (und damit von der sich ihrer bedienenden Wissenschaft) prinzipiell nicht mehr erfaßt werden. Das durch reduzierende Abstraktion zu gewinnende gleichbleibend Wiederkehrende ist damit notwendig etwas, das dem konkreten Einzelding oder -vorgang zeitlich vor- oder logisch übergeordnet ist, das «vorher» oder «zuerst» da war. Die Griechen nannten es die *arché (ἀρχή),* den Anfang, das Erste, beziehungsweise *aitía/aítion (αἰτία, αἴτιον),* das Schuldige; die Römer übersetzten diese Begriffe mit *principium* (Anfang) und *causa* (Grund, Ursache). Diese Wörter sind dann wiederum mit ihren Begriffsinhalten meist als Lehn- oder Fremdwörter mit der Übernahme von Philosophie und Wissenschaft in die modernen Sprachen eingegangen.

Abstraktion und Substantivierung

Die Griechen besaßen erstmals in der Geschichte der Menschheit – jedenfalls soweit Quellen und Zeugnisse einen solchen Schluß zulassen – in ausreichendem und dann auch gleich in ungewöhnlich hohem Maße das Vermögen zu Abstraktionen, wie sie für das Aufsteigen zu immer früheren und allgemeineren Ursachen bis hin zu den allgemeinen Prinzipien, wie etwa Naturgesetzen, erforderlich sind. Sie haben erstmals diese Schritte vollzogen und sich dazu schon früh ein sprachliches Hilfsmittel geschaffen, mit dem man solche durch Abstraktion gewonnenen Ursachen und allgemeinen Begriffe zu konkreten Dingen machen kann, über die Aussagen getroffen werden und die hinterfragt werden können.

Dieses Hilfsmittel ist der generelle bestimmte Artikel, mit dem eine Eigenschaft (ein Adjektiv) oder eine Tätigkeit (ein Verb) sprachlich zu einem Substantiv und Ding gemacht werden kann.[5] Solche Substantivierungen setzen in der philosophisch-wissenschaftlichen Sprache dem Denken erst feste Gegenstände, über die Aussagen zu machen sind, neue bestimmte, aber allgemeine (abstrakte) Dinge, die nicht mehr als Einzelding oder an einem Einzelding auftreten, die es also konkret gar nicht gibt, sondern die nur in allgemeinerem Sinne auf einer durch Abstraktion gewonnenen Seinsebene wirklich sind: *das* Kalte, *das* Warme, *die* Wärme; *die* Luft, *das* Feuer, *das* Wasser, *die* Erde, *das* Stoffliche, *die* Materie; *das* Wachsen, *das* Gewächs, *das* Sich-Bewegen, *das* Lebewesen, *das* Leben, *die* Natur.

Diese Abstraktionsstufe ist im fünften vorchristlichen Jahrhundert von den Griechen erreicht worden, wie das Auftreten eben des generellen bestimmten Artikels in den literarischen Dokumenten zeigt. Eine Wissenschaft von der Natur als dem hinter dem konkreten Einzelding und Einzelvorgang Stehenden und von der Natur als den sie verursachenden und bedingenden einheitlichen und allgemein gültigen Prinzipien, also rationales Erklären des verschiedenartigen Geschehens aus gleichen, rational gewonnenen Prinzipien, war selbst den Griechen eigentlich erst seitdem möglich.

Der Atombegriff

Es ist die Zeit, in der von Leukippos und Demokritos Begriff und Vorstellung des Atoms geschaffen wurden, ein höchst abstrakter Begriff auf der Basis weitestgehender Reduktion. Er setzt voraus, daß sämtliches Geschehen auf das Materielle reduziert wurde, dieses Materielle selbst auf das Raum-Einnehmen und das Körper-Sein, von dem wiederum allein der Aspekt der Teilbarkeit gewählt wurde, der ihrerseits willkürlich eine Grenze gesetzt wurde, da die Teilbarkeit von Körperlichem etwas Nicht-Körperliches voraussetzt, längs dem geteilt werden kann, und anderenfalls alles aus Nicht-Körperlichem (Leere) bestünde.

Zugrunde liegt dem Begriff das Verb *témnein (τέμνειν* = schneiden, teilen); das Adjektiv *á-tomos (ἄ-τομος)* bedeutet «ungeschnitten» (etwa bei einer Wiese), «nicht (mehr) schneidbar», «nicht (weiter) teilbar», wofür dann auch das Wort *a-dihaíretos (ἀ-διαίρετος)* verwendet wird. Bezeichnet wird damit bei Demokritos – wohl auch schon bei Leukippos – und in der Tradition das Körperliche am Ende der Teilung (die Körperchen oder Korpuskeln), genannt «die ersten Körper» *(ta próta sómata / τὰ πρῶτα σώματα)* oder «die unteilbaren Körper» *(ta átoma sómata / τὰ ἄτομα σώματα* oder *ta adihaíreta sómata / τὰ ἀδιαίρετα σώματα),* und zwar in zunehmendem Maße ohne das Bezugswort *sómata: ta átoma, ta adihaíreta.*[6] Gemeint sind damit: *die* Atome, die Atome an sich (schlechthin) im Sinne des generellen (bestimmten) Artikels, und nicht: *diese bestimmten* Atome – in diesem speziellen Sinne tritt der bestimmte Artikel bereits bei Homeros auf.

Dieser Begriff setzt nun aber gewaltige reduktionistische Abstraktionen und deren allgemeine Akzeptanz voraus, vor allem den Versuch einer Erklärung der Welt und ihres Wandels allein aus ihrem stofflichen Inhalt. – Wie ist es dazu gekommen?

Die Nachrichten über Thales von Milet

In der Regel wird Thales von Milet als derjenige angesehen, der erstmals den Gedanken geäußert hätte, das Wasser sei der Urgrund und Ursprung aller Dinge. Doch wird eine solche rationale, mythische Vorstellungen ablösende Auffassung von der Welt kaum plötzlich und ohne geistige Vorbereitung entstanden sein, hat sie doch immerhin das nachfolgende Denken vom Aufbau der Welt und der Dinge in ihr bis in unsere Zeit hinein geprägt. Eine solche Vorstellung muß vielmehr gedanklich und sprachlich vorbereitet gewesen sein, sie muß auch an die Vorstellungswelt der Zeitgenossen angeknüpft haben, weil sie sonst kaum hätte verstanden und aufgenommen werden können. Außerdem fragt sich, in welchem

Sinne Thales denn von einem stofflichen Prinzip gedacht haben könnte und ob er überhaupt als der Begründer einer stofflich ausgerichteten Naturphilosophie und damit des naturwissenschaftlichen Denkens angesprochen werden kann.

Prüft man die Nachrichten aus der Antike über Thales und seine Lehre näher,[7] so stellt sich heraus, daß Thales als der erste Philosoph und als der Begründer einer materialistischen Naturdeutung eine nachträgliche Konstruktion ist, die auf einer Fehldeutung der maßgeblichen Quelle beruht. In der *Metaphysik* des Aristoteles aus der Mitte des vierten vorchristlichen Jahrhunderts – als eine Schrift des Thales schon nicht mehr überliefert war, vielmehr nur kurze Sätze noch daraus bekannt waren – heißt es nämlich, möglichst wörtlich übersetzt:

«Die meisten von denen, die zuerst philosophierten, glaubten, daß die *Prinzipien (archaí / ἀρχαί)* aller Dinge nur stofflicher Art seien; denn woraus alle Dinge bestünden, aus welchem als erstem sie entstünden, in welches als letztes sie vergingen, wobei die *Substanz* bleibe und nur ihre Eigenschaften sich änderten, dieses sei, wie sie sagen, ein *Element (stoicheíon / στοιχεῖον)* und die *arché (ἀρχή)* der Dinge; und deshalb glauben sie, daß nichts entstehe und vergehe, da eine so beschaffene ‹Natur› stets erhalten bleibe. Aber über Zahl und Art einer solchen *arché* sagen nicht alle dasselbe, vielmehr sagt Thales, der Begründer einer solchen Art zu philosophieren, es sei das Wasser, indem er vielleicht die Beobachtung, daß als aller Dinge Nahrung das Feuchte zu finden sei und daß selbst das Warme aus diesem entstehe, zu dieser Überzeugung kam [...], außerdem aber dadurch, daß aller Dinge Samen eine feuchte Natur habe, daß Wasser also der natürliche Ursprung für die feuchten Dinge sei.»[8]

Aristoteles referiert und vermutet in diesem Text etwas, das er dann aus seinem Denken, von seinen Fragestellungen her erklärt und daraufhin in seiner eigenen Terminologie mitteilt. Er unterstellt dabei anachronistisch, daß der sehr viel ältere Thales bereits in seinen *termini* gedacht habe. – Die wichtigsten Begriffe dieser Terminologie sind hier:

- Materie: *hýle (ὕλη)/materia*, was eigentlich Bauholz, Baumaterial bedeutet, das stoffliche Prinzip, an dem Veränderungen erfolgen, aus dem alle Dinge entstehen und in das hinein sie wieder vergehen, das als solches aber erhalten bleibt. Es war ein langer gedanklicher Weg bis zu diesem Begriff und seinem aristotelischen Inhalt, der zur Zeit des Thales erst seinen Anfang nahm und die erstmals von Empedokles vorgenommene Unterscheidung von materiellem/stofflichem und bewegendem Prinzip voraussetzt.
- Element: *to stoicheíon (τὸ στοιχεῖον) / elementum*, was eigentlich Buchstabe bedeutet. Der Begriff wurde in dieser Form von den Atomisten geprägt: Wie die Schrift sich aus einer begrenzten Anzahl immer wieder gleicher Bestandteile zusammensetze, so die dingliche Welt aus immer wieder gleichen, unveränderlichen elementaren Atomen (vgl. Anm. 77).

- Substanz: *to hypokeímenon (τὸ ὑποκείμενον)/substantia* bzw. *subjectum* (das einer Satzaussage zugrundeliegende «Subjekt»), das bleibend Zugrundeliegende, *mit* dem nichts, *an* dem aber alles geschieht; es handelt sich um eine Wortprägung des Aristoteles mit spezifisch aristotelischem Inhalt.
- Prinzip: *arché/principium*, eigentlich: der Anfang. Der Begriff soll erstmals von Anaximandros verwendet worden sein.[9]

Im Gegensatz zu den dieser Begrifflichkeit zugrundeliegenden Fragestellungen des Aristoteles erklärte Thales die Phänomene dem Problemkreis einer *Periegesis* entsprechend einzeln und für sich, ohne in ihnen oder in ihren Erklärungen einen inneren Zusammenhang, ein System, zu suchen oder auch nur zu vermuten, wie es Aristoteles unterstellte – und wie es dann bei Anaximandros von Milet wenigstens ansatzweise erstmals anzutreffen sein wird. Dieser hatte sich mit den Meinungen seines älteren Landsmannes allerdings kritisch auseinandergesetzt, während seine Vorstellungen ihrerseits von dem ebenfalls in Milet wirkenden Anaximenes kritisch weitergedacht worden waren. Dessen Gedanken waren dann in das Werk Hekataios' von Milet eingegangen, das Herodotos in seinen vor 430 v. Chr. entstandenen *Historien* kritisch benutzt hatte; und dieses Werk ist von den genannten Schriften als einziges erhalten. Aufgrund dieser engen Kommunikationskette, die erst nach dem Entstehen von Literatur die Grenzen der kleinasiatischen Griechen-Metropole Milet überschritt, lassen sich bestimmte gedankliche Verbindungen zwischen den verschiedenen Vorstellungen ziehen, welche die Genannten über das Entstehen der Erde hatten:

Erklärungen zur Entstehung der Erdoberfläche

Thales hatte ebenso wie Hekataios und Herodotos Ägypten bereist, ein die Griechen stets faszinierendes Land, in dem mit den Worten des Herodotos das meiste genau umgekehrt wie sonst – das heißt: wie in Griechenland – sei.[10] Herodotos erklärte nun,[11] daß Unterägypten auch oberhalb des Nildeltas vormals Meer gewesen und erst nach und nach durch Nilschlamm aufgeschwemmt worden wäre. Das ließe sich noch an den Salzausscheidungen und am Muschelkalkstein der Pyramiden erkennen. Zusätzlich suchte er aber auch nach weiteren empirischen Bestätigungen: Er holte vor der Küste Ägyptens Schlamm vom Meeresboden herauf und identifizierte ihn als (Nil-)Schlamm, woraus er schloß, daß hier der Meeresboden durch Aufschwemmung immer noch ansteige. Bestätigt fand er dies auch durch das Steigen des Nilpegels in den Angaben der königlichen Annalen,[12] wobei ihm allerdings entgangen war, daß zwischenzeitlich ein neuer Pegel eingerichtet worden war.

Die gleichen Erscheinungen und geologischen Phänomene, die Herodotos das «Entstehen» Ägyptens als allmähliche Anschwemmung von Nilschlamm deuten ließen, hatte Anaximandros jedoch umgekehrt mit dem Fallen des Meeresspiegels erklärt. Aristoteles berichtet in seinen *Meteorologika*,[13] daß nach Anaximandros «ursprünglich der ganze Raum um die Erde herum feucht gewesen sei». Diese Feuchtigkeit (Wasser) werde von der Sonne allmählich ausgetrocknet, wobei der verdunstende Teil der Feuchtigkeit die meteorologischen Erscheinungen bewirke, der gegenwärtig noch verbliebene Rest die Meere bilde. Die Meere würden aber immer weniger, bis schließlich bei vollständiger Trockenheit das Ende erreicht sei. – Da die Erde (die Erdscheibe) von der sie umgebenden Feuchtigkeit nicht beeinflußt werden soll, kann das durch die Verdunstung der Feuchtigkeit erreichte Ende aber nicht sie betreffen, und somit kann dieser Vorgang für Anaximandros auch nichts mit dem Entstehen der Erde als Erdkörper zu tun haben.

Genau dieselben Erscheinungen erklärte nun Thales nicht mit einem Sinken des Meeresspiegels oder einem lokalen Aufschwemmen von Erde, sondern mit dem allmählichen Auftauchen, mit einem Steigen der gesamten Erdscheibe aus der «Feuchtigkeit», dem Meere. Er verglich den Vorgang mit dem allmählichen Heben eines schwerbeladenen Lastschiffes, während es entladen wird. Die Erdscheibe schwimme auf dem Wasser wie ein Schiff.[14] Das zeige sich auch an dem Schwanken der Erde bei einem Erdbeben, bei dem gleichzeitig starke Winde aufträten und neue Quellen entstünden, was Thales mit dem Schwanken und Leckschlagen eines Schiffes bei Sturm gleichsetzte.[15] – Auch diese Analogie zwischen Erscheinungen auf der Erde und einem leckschlagenden Schiff im Sturm sowie einem Lastschiff während des Entladungsvorganges hat also mit einem «Entstehen» der Erde aus Wasser in dem landläufigen, auch von Aristoteles schon unterstellten Sinn nichts zu tun. Es ist auch eine in der Antike weit verbreitete Vorstellung gewesen, daß die Erdscheibe auf dem Meere schwimme, was dann insbesondere für einzelne Inseln auch lange beibehalten wurde.[16]

Das alles macht es sehr unwahrscheinlich, daß Aristoteles mit der nur erschlossenen Annahme recht hatte, Thales habe die Erde aus dem Wasser «entstehen» lassen; zumindest kann es Thales nur in dem Sinne gesagt haben, daß die Erde aus dem Wasser auftauchte. Es scheint auch, daß erst die Kritik an einem solchen Werk wie der *Periegesis* des Thales, die Einzelphänomene auf den Stationen eines Handelsweges (durch Analogien) deuten will, durch das Hinterfragen eines Anaximandros eine entsprechende systematische Basis erreichen konnte.

Anaximandros' Kosmologie als Widerstreit der Gegensätze

Anaximandros[17] erklärte zwar die angeführten geologischen Erscheinungen auf der Erdoberfläche, ähnlich wie Thales, mit dem Auftauchen der Erde aus dem Wasser, begründete die thaletische Analogie des Auftauchens jetzt aber, nämlich mit dem Verdunsten des sie ursprünglich vollständig umgebenden Wassers; und er bezog diese Begründung in das Gesamtgeschehen der Weltwerdung ein, indem er aus dem verdunstenden Teil der Feuchtigkeit die meteorologischen Erscheinungen wie Winde, Wolken, Niederschläge, aber auch Sonnen- und Mondwenden, ja sogar Sonne und Mond selbst entstehen ließ. Aus demselben feuchten Dunst sollen auch die einzelnen Seelen der Lebewesen bestehen. Da ursprünglich alles auf der Erde mit Wasser bedeckt gewesen sein soll, kann es anfangs keine Landtiere gegeben haben; und so erklärte Anaximandros, alle tierischen Lebewesen einschließlich des Menschen seien zuerst in Wassertieren gewesen und herangewachsen – wie es heute noch etwa bei dem Menschen anzutreffen sei – und hätten sich erst nach dem Trockenwerden der Erde an Land begeben und ihre stachelige Schale abgeworfen.[18] Das Leben auf der Erde höre deshalb auch auf, wenn alle Feuchtigkeit durch Verdunstung aufgebraucht sei. Der gegenwärtige Kosmos als derzeitiger Zustand der Welt gehe dann ganz zugrunde und ein neuer entstehe – auf die gleiche Weise und an derselben Stelle um die davon nicht betroffene Erdscheibe herum.

Dieses periodische kosmische Geschehen soll nun nach einer gewissen Gesetzlichkeit ablaufen – indem ein entstehendes Ding sich jeweils dadurch schuldig mache, daß es an die Stelle eines anderen trete und aus diesem entstehe, und dieses Verschulden geahndet werde durch den Untergang des Dinges, der wiederum darin bestehe, daß ein neues Ding aus diesem und an seiner Stelle entstehe – und sich dadurch wieder schuldig mache usw. Als jedermann einleuchtende Beispiele hierfür wurden genannt: der Wechsel von Tag und Nacht, von Sommer und Winter, von Leben und Tod, Wachen und Schlaf. Das Grundgeschehen des Kosmos selbst bestünde im Kampf zwischen Feuchtigkeit (Wasser) und Feuer, die anfangs von allen Seiten die Erdscheibe umgeben hätten – innen das Wasser, außen das Feuer.

Diese Beschreibung von kosmischer Gesetzlichkeit arbeitet mit den aus dem Bereich von Recht und Moral stammenden Begriffen *díke (δίκη)* und *tísis (τίσις)* – die man etwa mit «Recht und Sühne» übersetzen kann. Diese Begriffe würde man in einer Beschreibung der toten Natur aber eigentlich nicht erwarten, da sie aus der Sphäre menschlichen Sozialverhaltens stammen. Ihre Benutzung zeigt uns deshalb, daß

1. für Anaximandros die im späteren Sinne leblosen natürlichen Dinge offenbar noch nicht ganz unbelebt gedacht sein können, sondern noch

von einer Art lebendiger Göttlichkeit, wie man es in den Göttergenealogien des Mythos und noch in der *Theogonia* des Hesiodos antrifft; auch Thales behauptete noch, «alles ist voll von Göttern»;[19]

2. die Begriffe auch kaum für die – doch schon mehr am Dinglichen orientierte – Beschreibung des Kosmos oder vielmehr des kosmischen Geschehens geprägt und eingeführt worden sein können, wie sie Anaximandros verwendet.

Hesiodos' Kosmologie als Widerstreit der Göttergenerationen

Bekannt ist auch, daß erstmals Hesiodos den abstrakten Begriff «Recht» *(díke)* dachte und prägte; und dieses Recht galt ihm nicht nur unter den Menschen, sondern auch unter den ja anthropomorph gedachten Göttern. Die einzelnen Göttergeschlechter hatten nach Hesiodos dadurch ihre Macht verloren, daß deren Stammväter die eigenen Nachkommen nicht zur Macht kommen, sich nicht entfalten ließen, und daß letztere sich dafür jeweils rächten, indem sie ihrerseits jene entmachteten, wodurch sie sich wieder schuldig machten usw. Nach Hesiodos kommt es zu folgender sukzessiver Generationenfolge:

1. *Chaos.*
2. *Eros – Gaia (+ Uranos) – Tartaros* (männlich – weiblich – neutral/sächlich): Uranos verbirgt die gemeinsamen Kinder in der Mutter Gaia (Erde). In theogonisch-kosmogonischem Sinne heißt dies: Der Kosmos konnte sich nicht entfalten. Es kommt jedoch zu einer Verschwörung durch Gaia unter der Führung des Sohnes Kronos, die zur Entmannung von Uranos führt. Dieser ist dadurch nicht nur entmachtet, sondern auch verhindert, neue Nachkommen zu zeugen. Der jüngste, Kronos, wird zum Haupt der neuen Generation.
3. *Kronos – Rheia:* Damit ihm nicht Gleiches geschehe, wie er seinem Vater antat, verschlingt Kronos seine Kinder sofort nach der Geburt; er verbirgt sie also in sich selbst – macht sich aber natürlich dadurch ebenfalls schuldig. Es kommt wieder zu einer Verschwörung durch die Stammutter der Kroniden. Statt ihres Kindes Zeus setzt Rheia Kronos einen in Windeln gewickelten Stein vor und verbirgt das Kind auf dem Berg Ida auf Kreta, wo Zeus heranwächst – um sich später seinerseits am Vater für dessen Schuld an seiner Generation zu rächen. Indem er durch Versprechungen späterer Machtpositionen oder Wiedereinsetzung in alte Ämter den Großteil der älteren Generation der Uraniden und Kroniden auf seine Seite bringt, kann er in einer gewaltigen Götterschlacht («Kampf der Titanen») den Sieg über seinen Vater erringen. Die alten Götter, die sich auf seine Seite geschlagen hatten, werden in ihre Ämter und Positionen wieder eingesetzt – hierzu gehören aus der Frühzeit der Theogonie etwa Meer,

Berge, Tag und Nacht, Sonne, Mond usw. Der Kosmos entfaltet sich also neu.

4. *Zeus – Metis* («Gedächtnis»): Nach dem Sieg über Kronos, der dadurch entmachtet wird, werden alle besiegten Gegner in den neutralen Tartaros gesperrt und damit an der Ausübung ihrer Macht gehindert; töten und damit völlig ausschalten kann man unsterbliche Götter ja nicht. Dadurch macht Zeus sich aber auch seinerseits schuldig – und ein neuer Sukzessionsakt droht.

Soweit gibt es in orientalischen Theogonien Vorbilder für eine sukzessive Machtfolge unter Göttern, so daß Hesiodos sich darin sicherlich ihm bekannten Mythen angeschlossen hat. Er führt jedoch einen neuen Kunstgriff ein und läßt Zeus etwa folgende Überlegung anstellen, um dem gleichen Schicksal zu entgehen: Uranos hatte seine Kinder in seiner Frau und deren Mutter, in Gaia, der Erde, verborgen; er war also auf ihre Solidarität angewiesen, was so lange gutging, wie bei ihr diese Solidarität gegenüber der zum eigenen Nachwuchs überwog. Kronos hatte deshalb seine Kinder nach der Geburt durch Verschlingen in sich selbst verborgen; das setzte aber voraus, daß deren Mutter Rheia ihm die Kinder nach der Geburt auch wirklich auslieferte, also auch mit ihm solidar ging. Da auf Dauer offenbar beides nicht gewährleistet war, mußte Zeus also beides vermeiden. Er verschlang deshalb nicht nur sein erstes Kind, sondern dieses auch noch vor dessen Geburt und mitsamt der Mutter Metis. Weitere legitime, also gleichgestellte Nachkommen sind damit von vornherein ausgeschlossen, und Zeus gebiert seine Tochter Athene selbst. Sie ist deshalb ihm auch sehr ähnlich und wird zur Göttin der Weisheit und Wissenschaft. Das heißt aber gleichzeitig auch, daß die Entwicklung des Kosmos mit ihrer Geburt abgeschlossen ist, da keine neuen Götter mehr entstehen, und daß Zeus, der Gott des Geistes, als der mächtigste der herrschenden Götter die rationale Ordnung des durch sie repräsentierten Kosmos gewährleistet. Die dunklen Mächte sind ausgeschaltet. Dadurch ist der Kosmos aber auch rational erfaßbar geworden, weil der Willkür und der Erweiterung enthoben – und im Endeffekt heißt das: Es kann Naturwissenschaft betrieben werden, was im Anschluß hieran dann auch geschah.

Nun nannte Uranos nach einer von Hesiodos angeführten falschen Etymologie seine Nachkommen deshalb Titanen, weil sie einmal *tísis* (Vergeltung, Rache) für ihren Frevel an ihm ereilen werde; was dann durch Zeus geschehen sollte. Hier bei Hesiodos wurde also das von Anaximandros verwendete Begriffspaar geprägt, hierher gehört es im eigentlichen Sinne. Die hesiodischen Götter hatten innerhalb der Theogonie noch die anthropomorphen Züge, die ihr Handeln nach menschlichen Maßstäben beurteilen ließen. Indem Anaximandros die die Dinge repräsentierenden Götter gänzlich durch die – deshalb noch göttlichen – Dinge selbst ersetzte, erhielt die Rechtlichkeit von Schuld-und-Sühne den Charakter einer Gesetzlichkeit des natürlichen Geschehens, einer Art Erhaltungsgesetz für das kosmische Geschehen.

Der Titel des Werkes von Hesiodos lautet zwar *Theogonia*, also «Entstehen der Götter», aber er sagt zu Beginn dieses Lehrgedichtes über das Entstehen der Götter, die Musen hätten ihm den Auftrag gegeben, über all das zu sprechen, «was sowohl ist, sein wird, als auch war» – also über das Unvergängliche, über das Sein an sich, wie später Parmenides sagen wird, wozu Hesiodos' Sprache noch nicht fähig war. Dieses unvergängliche Seiende, das war, ist und sein wird und das außerhalb menschlichen Einflusses steht, wurde auch von den Griechen *vor* Hesiodos wie von ihm selbst als Götter bezeichnet. Die Überlieferung hatte diese Götter größtenteils als anthropomorphe Personen durch Mythen untereinander verbunden, die Hesiodos in seiner «Geschichte der Götter» nicht hätte übergehen können, ohne unverständlich zu werden. Aber die wenigsten seiner Götter sind noch dieser Art; im wesentlichen stellen sie wenig ausgeprägte Göttergestalten oder gar gänzlich neue Wesen dar, durch Vergöttlichung verdinglichte Hypostasen von Naturgewalten oder Abstraktionen aus menschlichen Handlungs- und Verhaltensbereichen, wie Recht, Streit, Liebe usw. In der Darstellung sind zwar alle Gottheiten mehr oder weniger Hypostasen und Personen, aber im theogonischen System herrscht eindeutig der hypostatische Charakter vor, der ja auch überhaupt erst ermöglichte, diese Naturgewalten in eine dingliche Beziehung zueinander zu setzen.

Hesiodische Begriffe in anaximandrischem Gewand

Man kann Hesiodos zwar nicht den Glauben an Götterpersonen gänzlich absprechen, doch trat dieser Glaube schon stark zurück gegenüber dem an die Göttlichkeit der Dinge und der Naturgewalten selbst, der bei Anaximandros dann ganz an dessen Stelle trat. Nur so erklärt es sich auch, daß Hesiodos nicht, wie es in anderen Theogonien geschah, als die erste Gottheit und den Stammvater aller Götter den höchsten Gott Zeus oder das Haupt eines früheren Geschlechtes wählte, sondern ein von allem befreites, neutrales und höchst abstraktes Prinzip, das Chaos *(τὸ χάος)*.

Chaos ist eigentlich das Gähnen, das Klaffen, ein Begriff, der schon vom Wort her – man denke an ein klaffendes Loch, einen gähnenden Abgrund – eine räumliche Begrenzung erfordert, die allerdings nur schwer zu erreichen ist. So sagt Hesiodos auch, daß ein Meteorstein die Grenzen des Chaos nicht einmal nach einem Jahr erreichen könne, das doch sonst alles zu einem Ende bringe.

Dieselbe Bedeutung hat dann auch der zentrale Begriff bei Anaximandros, das *ápeiron (ἄπειρον)*. In späterer Zeit erhielt das Wort die Bedeutung «un-endlich». Es ist ein (hier substantiviertes) Adjektiv, gebildet aus dem *α*-privativum und einem Wortteil, der verwandt ist mit *péras (πέρας),* was Grenze, Ziel, Bestimmung (entsprechend dem lateinischen «Definition») bedeutet; *ápeiron* ist gleichzeitig dasjenige, «dessen Grenzen man nicht erreichen kann», und dasjenige, «das [noch] in jeder Beziehung unbestimmt ist»; *ápeiron* ist einfach der prosaische Begriff für das poetische *chaos* und faßt die Beschreibung des Chaos bei Hesiodos zusammen.[20] Es kann auch schon deshalb ebensowenig wie das Chaos als das Unendliche gedacht sein, weil sich beidemal in dessen Mitte die Erde befinden soll, das Unendliche aber keine Mitte besäße. Ebenso wie das Chaos ist auch das Apeiron göttlich; es erhält dieselben Eigenschaften («ohne Tod und ohne Verderben/Alter»[21]), die das griechische Epos mit eben diesen Worten stereotyp seinen Göttern zuschrieb.

Dieselben Zusammenhänge gelten für das anaximandrische Prinzip der ewigen Bewegung entsprechend dem hesiodischen Eros, das er *to gónimon (τὸ γόνιμον)* nennt. Es ist die Fähigkeit des noch unbestimmten Apeiron, etwas Bestimmtes auszuscheiden, etwa das Warme und Kalte, das Himmelsfeuer und die Feuchtigkeit, das Gegensatzpaar, aus dem sich jeweils der Kosmos bilde, wobei der Entwicklungsprozeß vom Beginn des Überwiegens des Wassers bis zum Ende des Überwiegens des Feuers aus der Spannung dieser Gegensätze gemäß dem Prinzip von Schuld und Sühne resultiere.

Dieses Ausscheiden benennt Anaximandros mit dem Verb *apokrínein (ἀποκρίνειν),* was auch «gebären» heißt und nur ein anderes Wort für das poetischere Verb *tíktein (τίκτειν)* ist, das Hesiodos für den Geburtsakt seiner anthropomorphen Götter benutzte. Anaximandros verwendete also Begriffe aus den gleichen Wortfeldern wie die hesiodischen, mehr poetischen Wörter. Er schloß sich damit zwar direkt an diesen an,[22] mit der Abstrahierung auf den Prozeß wird aber gleichzeitig seine stärkere Verdinglichung der bei Hesiodos noch mehr personifizierten Natur dokumentiert.

Insgesamt ergeben sich damit als Wurzeln und Quellen anaximandrischer Natur- und Weltauffassung einerseits die systematisch-genealogische und kosmogonische Deutung und die Ordnung des hesiodischen Götterapparates, andererseits die rationalistische Erklärung einzelner Phänomene bei Thales: Nach Anaximandros wird mittels des Prinzips der ewigen Bewegung *aus* dem Apeiron, dem in jeder Beziehung noch «Unbestimmten», und *in* dem Apeiron Gegensätzliches, also dann bereits Bestimmtes, ausgeschieden: warm-kalt/trocken-feucht/hell-dunkel, das sich in der stofflich und qualitativ bestimmten Form des Wassers und Feuers ausbildet, die sich um die vom Entstehungs- und Veränderungsprozeß ausgenommene Erdscheibe herum ansammeln – zu unterst das Wasser, um dieses herum das Feuer. Diese Gegensätze geraten in Kampf miteinander und vernichten sich gegenseitig: Das Feuer verdampft und verdunstet das Wasser, das Wasser löscht das Feuer. Hierfür müssen sie einander Strafe zahlen, weil sie sich auf Kosten des anderen ausbreiten.

Der Kosmos des Anaximandros

In den Kampf mit periodisch wechselnder Vormacht der beiden Gegensätze Wasser und Feuer versuchte Anaximandros auch das gesamte Geschehen auf der Erde und um die Erde herum einzubeziehen und daraus zu erklären – einschließlich der Entstehung der Gestirne, deren Erscheinungsbild auf der Erdscheibe im Zentrum auf dem wie durch einen Blasebalg aus entsprechenden Löchern in riesigen, aus Nebel gebildeten Schläuchen austretenden, von ihnen eingeschlossenen Feuer beruhen soll, wobei auf der Kombination der (täglichen) Rotation dieser zur Erde konzentrischen Nebelschläuche und dem (monatlichen bzw. jährlichen) Schwanken ihrer Rotationsrichtung die auf der Erde erscheinenden Wege von Sonne und Mond resultieren sollen. – Diese Erklärungsweise wurde später von Platon, Eudoxos und Aristoteles in die mathematische Astronomie eingeführt und letztlich von der gesamten vorkeplerschen Astronomie beibehalten.

Konsequent weiter gedacht, käme das biologisch gedeutete Ausscheiden aus dem noch in jeder Beziehung unbestimmten Apeiron allerdings einer ständigen Schöpfung aus dem Nichts gleich; denn bei Anaximandros war anscheinend auch nirgends gesagt, daß die vom Apeiron ausgeschiedenen und damit bestimmten und stofflich gewordenen Gegensätze auch wieder vom Apeiron eingesogen werden würden.[23] Die Gegensätze verzehrten sich vielmehr gegenseitig und träten jeweils an die Stelle des vernichteten Gegenparts. Da dieser Prozeß zeitlich seit dem Anfang nicht begrenzt gewesen sein soll, würden also vom Apeiron in Ewigkeit immer aufs neue die Gegensätze ausgesondert, sobald der eine dieser beiden vom anderen gänzlich vernichtet worden wäre.

Die Weltentstehung als solche galt aber seit Hesiodos als abgeschlossen, und Endgültigkeit galt auch für die Ordnung dieser Welt als *Kosmos,* für die Gesetzlichkeiten des natürlichen Geschehens. Anaximandros hatte daraufhin ja angenommen, daß nicht der sinnlich wahrnehmbare, dingliche Bestand der Welt ein für allemal gegeben wäre, sondern nur das, woraus die Dinge (mit Ausnahme der Erde selbst) entstünden, und jene Gesetzlichkeit, nach der diese auseinander entstünden und ineinander vergingen: «Aus welchen die seienden Dinge entstehen, in die hinein vergehen sie auch nach der Schuldigkeit; denn sie geben einander Recht und Vergeltung für das Unrecht nach der Ordnung der Zeit.»[24]

Das Prinzip Luft: Anaximenes' Ansätze zum Materie-Begriff

Anaximandros' jüngerer Landsmann Anaximenes übernahm zwar die Vorstellung von einer Gesetzlichkeit, doch war diese bei ihm von anderer Art, und sie umfaßte das Entstehen und Vergehen sämtlicher Dinge – erstmals unter Einschluß der Erde (Erdscheibe), die Anaximandros noch wie Hesiodos und Thales als unveränderlich und stets gegeben angesehen und aus dem Entstehen und Vergehen ausgenommen hatten – sowie deren Veränderung: Auch die Erde müsse denselben Prinzipien genügen wie die anderen Dinge; ihr Entstehen könne kein prinzipiell anderes gewesen sein, wenn die Natur denn eine Einheit darstellen solle.

Anaximenes bedurfte folglich eines Gegensatzes, der einerseits wie bei Anaximandros in irgendeiner Form die Gesetzmäßigkeit des Entstehens und Vergehens der Dinge (einschließlich der Erde) bedingen und andererseits in den konkreten Dingen selbst verkörpert und vorhanden sein sollte, ohne allerdings schon die Dinge selbst auszumachen, wie bei Anaximandros. Das Apeiron des Anaximandros, das einzige Prinzip, aus dem sich alles Konkrete absondere, wurde so bei Anaximenes zu dem einzigen Prinzip, das zwar in allem ent- und erhalten bleibe, dessen Zustand und Erscheinungsbild sich aber jeweils ändere. Weil es seinen Zustand ändern können sollte, mußte das Prinzip schon von Anfang an, also als Prinzip, einen Zustand besitzen, es mußte bereits in gewisser Weise vorbestimmt sein – wenn auch nur so weit, daß alle anderen Arten der Bestimmung noch möglich blieben. Das Prinzip mußte eine Eigenschaft darstellen, die in allen Dingen und bei allen Zustandsänderungen vorhanden war und selbst nicht verändert wurde. Die Abstraktion hinsichtlich des Gemeinsamen aller Zustände und Dinge, des in allen Zustandsformen Enthaltenen, führte so zu der Vorstellung von einem als solchem bestimmten Träger sämtlicher Zustände, Zustandsänderungen und Eigenschaften, einem ihnen «Zugrundeliegenden», wie es später Aristoteles nennen sollte, das nur seinen Zustand, in dem es jeweils auftritt, und sein Erscheinungsbild ändert.

Anaximenes konnte jedoch den Abstraktionsschritt noch nicht zu Ende führen. Nicht schon die Materie an sich, der Stoff an sich war für ihn dieses gemeinsame Prinzip, sondern es war vorerst noch ein bestimmtes Stoffliches – aber notwendig ein solches, das, ohne sich selbst grundlegend zu verändern, bereits vielfältige Zustandsänderungen erleiden kann: Er sah das «Luftartige» als dieses gemeinsame Prinzip, die Luft, die auch als Luft schon die verschiedensten Qualitäten annehmen kann, ohne dabei den Charakter der Luftartigkeit zu verlieren: Sie kann kalt oder warm sein, feucht oder trocken, dicht – wie in Nebel und Wolken – oder dünn und verteilt, so daß man sie gar nicht direkt wahrnehmen kann; sie kann sich in heftiger Bewegung befinden, die man als Wind wahrnimmt, oder scheinbar ruhen, so daß man sie auch mit dem Tastsinn nicht zu fühlen vermag usw. Entsprechend gab Anaximenes dem anaximandrischen «noch völlig Unbestimmten» die Grundeigenschaft und den Grundzustand des «Luftartigen», das darüber hinaus aber keinerlei andere Bestimmung besäße, und übernahm dazu den anaximandrischen Begriff des *ápeiron,* den er zum bloßen Attribut der Luft beziehungsweise der Luftartigkeit machte: *apeíron aér (ἀπείρων ἀήρ).* So berichtet denn auch Simplikios aus der *Physikgeschichte* des Theophrastos über das Prinzip des Anaximenes:

«Auch Anaximenes hält die zugrundeliegende Natur (Substanz) für eine einzige und für unermeßlich (*ápeiron* [sic!]), wie Anaximandros, läßt sie aber nicht unbestimmt *(ahóriston / ἀόριστον)* wie jener, sondern bestimmte sie, indem er die Luft als diese erklärte; sie unterscheide sich aber in den Dingen durch Lockerheit und Dichtigkeit. Verdünnt werde sie Feuer, verdichtet aber Wind, dann Wolke, weiter verdichtet Wasser, dann Erde, dann Steine, und das andere entstehe aus diesen.»[25]

Diese Vorstellung beruht zum Teil auf der Kenntnis von den verschiedenen Aggregatzuständen des Wassers als flüssigen Wassers, festen Eises und luftartigen Dampfes. Die Wolken bestehen aus Wasserdampf, der sich in Niederschläge verwandelt. Diese aus der Erfahrung gegebene Verwandlungsreihe wurde von Anaximenes nach beiden Seiten um eine Stufe ergänzt, um alle Erscheinungsformen einbeziehen zu können. Verdünnte Luft ergibt danach Feuer, verdichtete Erde (Eis) Stein. Von der Luft als dem natürlichen Substrat, das schon offenkundig die Möglichkeit der Zustandsänderung als über die Materialität hinausgehender Bestimmtheit verkörpert, heißt es weiter bei Hippolytos: «Wenn die Luft ganz gleichmäßig verteilt sei, sei sie unsichtbar; sie offenbare aber ihr Dasein durch Wärme und Kälte und durch Feuchtigkeit und Bewegung. Sie sei nämlich ständig in Bewegung; denn was sich verändere, könne sich nicht verändern, ohne sich zu bewegen.»[26]

Verbindet man beide Berichte, so ergibt sich folgendes Schema:

Feuer
↑ Verdünnung Wärme Trockenheit Bewegtheit
Luft
Winde
Wolken
Wasser
Erde
↓ Verdichtung Kälte Feuchtigkeit Unbewegtheit
Stein

Speziell zu den meteorologischen Phänomenen heißt es dann in dem zitierten Bericht an späterer Stelle: «Winde entstünden, wenn die zuvor verdichtete Luft durch Stoß in Bewegung gerate. Zusammengeballt und mehr verdichtet entstünden Wolken, und so verwandele sie sich in Wasser. Hagel entstehe, wenn das aus den Wolken niedergehende Wasser gefriere, Schnee dagegen, wenn ebendieses mehr Feuchtigkeit enthalte und dann Festigkeit annehme.» Es folgen einige Phänomene, die bloße optische oder andere Begleiterscheinungen an bestimmten Naturkörpern sind und nicht eigene Entitäten, Wesenheiten: «Der Blitz dagegen entstünde, wenn die Wolken durch die Gewalten der Luftströmungen zerrissen würden; denn dann entstünde ein heller und feuriger Strahl [weil die Luft dort, so kann man ergänzen, sehr verdünnt wird]. Der Regenbogen entstünde, wenn die Sonnenstrahlen auf zusammengeballte Luft träfen; Erdbeben dagegen, wenn die Erde stärkere Wandlungen infolge von Erwärmung und Abkühlung erführe.»[27]

Hylozoistische Bewegungslehre

Diese Berichte machen zum einen deutlich, daß für Anaximenes jegliche Veränderung mit Bewegung verbunden war, oder: daß von ihm Veränderungen als Bewegungen aufgefaßt wurden. Veränderung galt also nur als eine Form von Bewegung; Bewegung erschiene gleichzeitig oder ausschließlich als Veränderung, beide wären gleichzusetzen. Auch das, was später als (Orts-)Bewegung bezeichnet wurde, galt nur als eine spezielle Form von Veränderung.

Bei den milesischen Naturphilosophen, den Hylozoisten unter den frühgriechischen Denkern, kann zwar unter ‹Bewegung› auch Ortsbewegung verstanden werden, sie galt aber nie ausschließlich als solche. Ortsbewegung blieb mit anderen Bewegungsformen, die man zum besseren Verständnis deshalb generell etwa als ‹Veränderungen› bezeichnen sollte, eng verbunden. Aristoteles und mit ihm die Folgezeit bis ins 18. Jahrhundert sollten später vier Bewegungsformen unterscheiden, in denen sich etwas verändern kann; die Ortsbewegung war auch dann nur eine von diesen, und alle Bewegungen mußten auf denselben Prinzipien beruhen. Hier bei Anaximenes waren diese späteren Bewegungsformen aber noch nicht getrennt, sie traten für ihn stets gemeinsam auf und hatten daraufhin auf ein einheitliches Prinzip zurückgeführt werden können. Folglich bewirkte eine Zustandsänderung für Anaximenes gleichzeitig eine Veränderung solcher qualitativer Merkmale, die als mit den jeweiligen Zustandsformen verbunden galten.

Ebenso wie die anderen deshalb so genannten Hylozoisten, Anaximandros und Thales, hielt Anaximenes die Bewegungs- (und Veränderungs-) fähigkeit noch für eine Grundeigenschaft des Seienden, das für ihn deshalb selbst gedanklich oder durch Abstraktion noch nicht in Bewegendes und Stoffliches trennbar war. Stoff war für diese Zeit noch notwendig «bewegter Stoff», «bewegungsfähiger Stoff». Anaximenes hatte ja auch ausdrücklich gesagt, die Luft sei ständig in Bewegung; denn was sich verändere, könne sich nicht verändern, ohne sich zu bewegen.

Damit gab er jedoch erstmals überhaupt eine Begründung für die Bewegtheit des Stoffes, die Anaximandros einfach vorausgesetzt und unhinterfragt hingenommen hatte, während Thales noch wie Hesiodos die Bewegung *aller* Dinge den in ihnen steckenden und durch sie wirkenden Göttern zugesprochen hatte[28] – was Aristoteles aus seinem Denken heraus als Beseeltheit deutete.[29] Anaximenes wollte allerdings in diesem Zusammenhang nicht nach den Bewegungs*ursachen* fragen. Er sah, daß die Luft sich ständig bewegt und verändert, setzte beides als verschiedene Erscheinungsformen ein und desselben Vorganges gleich und sagte: Die Luft ist ständig in Bewegung, auch wenn uns diese Bewegung nicht als eine örtliche Versetzung, sondern als Veränderung einer ihrer Eigenschaften – oder vielmehr: aller ihrer Eigenschaften – erscheint. Da die Luft sich ständig verändert, was durch die Beobachtung gegeben sei, ist sie auch ständig in Bewegung; und sie muß in ständiger Bewegung sein, weil sie sich ständig verändert – wenn man diese Bewegung auch nicht direkt wahrnimmt.

«Das Erscheinende ist das Schaubild des Nicht-Sichtbaren»

Wenn Anaximenes sagte, daß verdichtete Luft kalt sei, dünne und lockere dagegen warm,[30] so ließ sich für ihn zum anderen an den *wahrnehmbaren* Qualitätenpaaren warm/kalt, feucht/trocken, bewegt/unbewegt der nichtwahrnehmbare Dichtezustand der Luft ablesen. Für den Fall der Qualität kalt und warm der verdichteten oder verdünnten Luft untermauerte Anaximenes seinen Schluß erstmals durch so etwas wie ein physikalisches Experiment: Blase man nämlich die Luft mit zusammengepreßten Lippen durch eine spitze Mundöffnung aus, verdichte man sie also, so sei sie kalt, hauche man sie dagegen mit weit geöffnetem Munde aus, so sei sie warm.[31]

Obgleich die Deutung des Experiments falsch ist, zeigt sie, daß Anaximenes hiermit ein wesentliches Erkenntnismittel jeglicher Wissenschaft von der Natur entdeckt hatte, nämlich die Möglichkeit, aus in irgendeiner Form wahrnehmbaren Eigenschaften auf das gleichzeitige Vorhandensein nicht wahrnehmbarer Eigenschaften oder Zustände zu schließen, die mit ihnen verbunden auftreten. Bewußt zum Prinzip erhoben wurde dieses Erkenntnismittel allerdings erst um die Mitte des fünften vorchristlichen Jahrhunderts und begegnet uns seitdem als die berühmte Maxime des Anaxagoras: «Das Erscheinende ist das Schaubild des Nicht-Offenbaren», des Nicht-Sichtbaren *(ópsis adélon ta phainómena / ὄψις ἀδήλων τὰ φαινόμενα).*[32] Für Anaximenes ergab sich diese Anwendungsmöglichkeit aus der Erfahrung oder Entdeckung, daß bestimmte Eigenschaften oder Zustände der Luft stets gleichzeitig auftreten, diese also eine gemeinsame Ursache, ein gemeinsames Prinzip haben müssen, dessen Dichte sich nur wandle – eben die Luft. Damit erschloß er gleichzeitig eine mehr physikalisch orientierte Erklärungsweise für die von Anaximandros erkannte Wandelbarkeit der Dinge auseinander, die nicht über das an den Dingen selbst Beobachtete und Beobachtbare hinauszugehen brauchte – wozu Anaximenes die Wandelbarkeit auseinander unter Beibehaltung dessen, was sich wandelt, in eine Wandelbarkeit ineinander umdachte und damit noch vor der eleatischen Ontologie methodisch zum Ansatz eines Erhaltungsprinzips für die Materie kam.

Auch Erde ist eine bestimmte Zustandsform von «Luft»

Wenn es in einem anderen Fragment des Anaximenes heißt: «Sobald sich die Luft verdichtete, sei zuerst die Erde entstanden, von ganz flacher Gestalt. Daher schwimme sie auch begreiflicherweise auf der Luft»,[33] so scheint bereits die aus späteren Fragestellungen erwachsene Kritik an Thales' Auslassen einer Erklärung für das Verharren der Erde anzuklingen – die auf dem Wasser schwimme, über dessen Verharren nichts gesagt werde.[34] Anaximandros hatte sich erstmals diesbezüglich geäußert und behauptet, die Erde verharre deshalb in der Mitte des Apeiron, weil sie von allen Seiten (des Himmels) gleichweit entfernt sei.[35] Anaximenes sprach sich dagegen (wieder) für einen konkreten, stofflich bedingten Halt der Erde in der Mitte aus, dessen Vorhandensein nicht wie bei Thales unhinterfragt blieb: Da die Erde *in* der Luft entstehe und *aus* Luft bestehe, müsse sich auch unter ihr solche Luft befinden, genau wie über ihr, wenn auch jeweils in anderem Zustand. Die Erde schwimme also in der Luft und schwebe gleichzeitig über und auf Luft – so wie ein Blatt. Die Erde *muß* deshalb für Anaximenes eine sehr flache Gestalt haben und sehr groß sein, um von der Luft im Schwebezustand gehalten werden zu können, was hinwiederum aus der Herkunft und der Luftsubstanz der Erde erschlossen worden war.[36]

War die flache Gestalt der Erdscheibe bei Hesiodos, Thales und Anaximandros noch ein Relikt aus der alten Vorstellung, daß die Erde flach sei, weil sie sich nur in einer Ebene erstrecke und man niemals schräg auf ihr stehe, wenn man auch noch so weite Strecken zu Lande oder zu Wasser auf ihr zurücklege, so gab Anaximenes für die sich aus dieser naiven Vorstellung ergebende Gestalt erstmals eine physikalische Begründung, und zwar aus dem Systemzusammenhang seiner Physik heraus, gestützt durch eine als analog aufgefaßte Erscheinung im sinnlich zugänglichen Bereich. Auch das ist neu bei ihm: Sogar das als selbstverständlich Geltende bedarf einer begründenden Erklärung, die sich widerspruchsfrei in den Gesamterklärungsversuch einzufügen hat. Die Erde kann nach Anaximenes gar keine andere Gestalt besitzen; sie muß so flach sein, damit (nicht: weil) sie auf der Luft schweben kann, was als Folge ihre Genese angesehen wird.

Ein Relikt aus den Vorstellungen des Hesiodos und Anaximandros blieb allerdings insofern noch erhalten, als auch Anaximenes die Erde als erstes aus der Luft entstehen ließ, obgleich ein sukzessiver Verdichtungsprozeß innerhalb seiner Vorstellungen eigentlich angebrachter gewesen wäre. Die Erde blieb somit auch für Anaximenes Bezugspunkt für alle anderen sich aus der Luft bildenden Dinge.

Es wurde schon bemerkt, daß nach Anaximenes Wärme und Kälte eine Begleiterscheinung der Verdünnung und Verdichtung sein sollten. Entsprechend sollen Erdbeben aus regionalen Ausdehnungen und Schrumpfungen des Erdkörpers resultieren, die durch Erwärmung und Abkühlung entstünden – nach einem anderen Fragment aber auch dann, «wenn die Erde durchnäßt und wenn sie ausgetrocknet würde, Risse bekäme und von den dann losgerissenen Erdmassen, die [in die Tiefe] stürzten, erschüttert würde. Daher entstünden die Erdbeben sowohl in Zeiten der Dürre wie umgekehrt in Zeiten übermäßiger Regengüsse.»[37]

Dieser aristotelische Bericht zeigt also, daß die gleichzeitig auftretenden Eigenschaften offenbar jeweils noch um eine weitere vermehrt werden müssen: Verdichtung, Kälte und Feuchtigkeit treten gleichzeitig auf und gehören zusammen, ebenso Verdünnung, Wärme und Trockenheit; hinzu kommen Ruhe oder Bewegung. Die Luft werde wahrnehmbar durch ihre vier Eigenschaften warm/kalt, feucht/trocken, verdünnt/verdichtet sowie bewegt/unbewegt; und nur in diesen Eigenschaften äußerten sich die unterschiedlichen Zustandsformen der Luft in den verschiedenen Dingen, die alle Luft seien und Luft blieben; denn ihr Entstehen und Vergehen soll ja nur eine Zustandsänderung der Luft sein, aus der sie bestehen und die nach ihrem Vergehen in anderer Zustandsform weiterbesteht. Die Luft beziehungsweise das Luftartige ist also der Träger dieser verschiedenen Eigenschaften, sie ist dasjenige, an dem diese Eigenschaften in den verschiedenen Formen auftreten *können,* wenn auch gleichzeitig immer nur in einem bestimmten Grad zwischen den Extremen.

Alles ist und bleibt «Luft»

Man sagte später,[38] Anaximenes lasse alles *aus* Luft *ent*stehen und *in* Luft *ver*gehen – in demselben Sinne, wie Aristoteles es von Thales und dem Wasser behauptet hatte. Diese Anschauungsweise setzt natürlich anachronistisch die spätere Vier-Elementen-Lehre oder wenigstens eine Mehr-Elementen-Lehre im aristotelischen Sinne voraus, nach der sich die Elemente mit prinzipiell verschiedenen Eigenschaften *in*einander *ver*wandeln und *um*wandeln, wenn die Eigenschaften sich auf irgendeine

Weise wandeln, nach der also mehrere qualitativ voneinander zu unterscheidende Grundstoffe jeweils ganz bestimmte Eigenschaften besitzen. Für Anaximenes gab es aber nur den einen Stoff «Luft» mit wandelbaren Eigenschaften: Die Dinge sollen nicht aus Luft *entstehen* und wieder zu Luft *werden*, sondern sie *seien* und *blieben* stets und immer Luft.

So sagt denn auch der große griechisch-römische Arzt Galenos hierzu: «Ich erkläre den Menschen nicht schlechthin für Luft, wie Anaximenes es tat.»[39] Und bei Aëtios heißt es ähnlich: «Anaximenes irrt, wenn er meint, daß die Lebewesen aus einfacher und einförmiger Luft und Lufthauch gebildet seien»[40] – sie müßten vielmehr aus mehreren heterogenen Stoffen bestehen. So lassen sich denn auch andere Berichte über Lehren des Anaximenes verstehen. Bei Hippolytos heißt es etwa zum Entstehen der Gestirne: «Die Gestirne seien aus der Erde entstanden, und zwar dadurch, daß die Feuchtigkeit von dieser emporgestiegen wäre. Sowie diese sich verdünnt hätte, sei Feuer entstanden, aus dem Feuer aber, das in die Höhe gestiegen sei, hätten sich die Gestirne gebildet.»[41]

Von anderer begrifflicher Ebene aus beschrieb Theon von Smyrna diesen Vorgang so, daß Anaximenes lehre, «daß Sonne, Mond und die übrigen Gestirne den Ursprung ihres Entstehens von der Erde hätten. Er erklärte also die Sonne für Erde; diese wäre jedoch infolge ihrer raschen Bewegung erhitzt worden und in diesen Brennzustand geraten»,[42] während Anaximenes selbst davon ausging, daß von der Erde, die sich ja zuerst gebildet habe, losgelöste feste Luft aufgrund extremer Verdünnung trocken, heiß (feurig) und schnellbewegt – und insofern zu einem Gestirn wurde. Alles sei und bleibe Luft, die nur aufgrund jeweils unterschiedlicher Eigenschaften anders erscheine.

Damit wurde Anaximenes zum Begründer der Vorstellung von physikalischen Erhaltungssätzen. So erklärte er auch seine Luft wie Anaximandros das *Apeiron* als *den* Gott; denn als Gott wäre sie unvergänglich und unveränderlich und müßte folglich auch stets als Luft erhalten bleiben – wenn auch nicht notwendig als Luft desselben Zustandes.[43] Die Erhaltungssätze der späteren griechischen Naturwissenschaft, auf denen diejenigen der neuzeitlichen basieren oder nach denen sie gebildet worden sind, haben also einen religiösen Ursprung. Daß die gesamte Natur eine Gottheit sei, steht hier bei Anaximenes sogar noch deutlicher, da alle Dinge Luft *sein* sollen, also diese Gottheit, während bei Anaximandros nur alle Dinge ihren Ursprung im göttlichen Apeiron haben sollten. Ihm fehlte allerdings noch der *Begriff* Materie, der sein Anliegen den späteren Autoren verständlicher gemacht hätte, und er bezeichnete diese noch mit dem Namen für eines der späteren Elemente. Im Rahmen einer Mehr-Elementen-Lehre bedeutete Anaximenes' Aussage, daß die Sonne oder ein anderes Gestirn den Ursprung ihres Entstehens von der Erde hätten, aber, daß sie notwendig auch «erdig», also «Erde» gewesen sein müßten, die sich zu «Feuer» gewandelt hätte.

Auch die Seele sei luftartig – wie schon bei Anaximandros und später wieder bei den Stoikern. Die Seele *(psyché / ψυχή)* ist aber dasjenige, was den toten Körper beseelt, ihn bewegungs- und wahrnehmungsfähig macht; sie ist das bewegende Prinzip. Daraus folgt für Anaximenes: Luft ist in der Lage, andere Luft zu bewegen, wenn sie in dem Zustand ist, den wir am Lebewesen als Seele bezeichnen. Sie galt auch ihm als das Lebens- und Bewegungsprinzip im Lebewesen – das beim Tode ausgehaucht würde. Aber auch das gesamte Universum galt ihm als ein Gott oder vielmehr als der Gott, also als ein organologisches und beseeltes lebendes Wesen, wie denn auch in einem der wenigen wörtlich erhaltenen Fragmente für Anaximenes bestätigt wird: «Wie unsere Seele, die Luft ist, uns regiert, so umfaßt auch den ganzen Kosmos Hauch und Luft.»[44]

Es gab für ihn auch keinen prinzipiellen Unterschied zwischen Gesamtkosmos, Mensch, Tier oder Pflanze. Alle seien beseelte Lebewesen, alle bestünden aus verschiedenen Zuständen der Luft, von denen ein bestimmter als bewegend und lebenspendend angesehen wurde. Es gab für den Hylozoisten Anaximenes denn auch noch keinen prinzipiellen Unterschied zwischen bewegender Ursache und bewegtem Stoff; beides sei Luft, wenn auch in unterschiedlichem Zustand. Doch läßt sich in der Differenzierung von Zustandsformen natürlich bereits der Anfangsschritt in die Richtung finden, die zwischen *Kraft* und *Stoff*, zwischen aktiven und passiven Prinzipien unterscheiden sollte.

Fritz Krafft

DIE VORSOKRATIKER II: UNVERÄNDERLICHE ELEMENTE UND ATOME (5. Jahrhundert v. Chr.)

Die Trennung von aktiven und passiven Prinzipien erfolgte erstmals bei Empedokles, sollte dann aber von den Atomisten wieder aufgegeben werden, deren Atome ihnen als von sich aus bewegt galten. Im wesentlichen stellt die Atomistik jedoch eine Lösung des parmenideischen Problems, daß das Sein unveränderlich sein müsse, auf der Grundlage des Relativismus von Anaximenes dar. In diesem Zusammenhang ist deshalb von einiger Bedeutung, daß Leukippos, der Begründer der antiken Atomistik, ebenfalls aus Milet stammte, der Heimat und Wirkungsstätte des Anaximenes, wenn er auch erst etwa 40 Jahre nach dessen Tod geboren wurde. Aber er war von Milet aus nach Elea in Unteritalien gezogen, wo er in der von Xenophanes gegründeten Schule des Parmenides völlig neuartige Eindrücke empfing.

Die Wurzeln der eleatischen Ontologie

Xenophanes von Kolophon, der wie Hesiodos als Rhapsode durch die griechischen Lande zog, bis er sich im Jahre 478 in Elea niederließ, hatte den im neu gestalteten Zeus angelegten Monotheismus rationaler Prägung bei Hesiodos unter dem Einfluß des relativistischen Hylozoismus eines Anaximenes weiter abstrahiert und vergeistigt: Ein Wesen, das in seiner Macht eingeschränkt sei, könne nicht Gott genannt werden; mehrere Götter nebeneinander müßten sich aber notwendig gegenseitig beschränken, also könne es nicht mehrere Götter geben. Gott könne darüber hinaus weder aus etwas Schwächerem hervorgegangen sein – denn woher hätte das Mehr über das Schwächere hinaus kommen können, wenn nur das Schwächere vorher vorhanden gewesen wäre; noch könne es aus etwas Stärkerem hervorgegangen sein – Gott sei nämlich das Stärkste. Folglich gebe es nur einen Gott, und dieser eine Gott könne weder anthropomorph gedacht werden (wie es die griechische Mythologie tat), noch tiergestaltig (wie es beispielsweise die ägyptische Mythologie tat). Gott sei vielmehr das alles Durchdringende, das mit seinem gesamten Wesen sehe, höre, wahrnehme und denke, also keiner besonderen Sinnesorgane bedürfe wie der Mensch und ein Tier; so lenke er auch ohne besondere Organe mittels einer auf seiner Einsicht in alles beruhenden Entscheidung durch sein Denken das gesamte Geschehen der Welt.

Bildnis des Empedokles von Luca Signorelli (ca. 1450–1523)

Gott wurde damit jenseits aller Vorstellungen angesiedelt, die aus der sinnlichen Welt stammen; und darin sind dann bereits die Grundideen der parmenideischen Seinslehre enthalten: Es gibt nur einen Gott, und dieser einzige Gott ist unveränderlich. Was bei Anaximenes als allem gemeinsames Prinzip erkannt worden war, wird hier von der Luftartigkeit gelöst, das heißt von der Stofflichkeit, welche die veränderlichen Zustände bedingt und ausmacht. Allein das Gleichbleibende bleibt erhalten, das deshalb aber nicht mehr jenes umfassen kann, was die Veränderlichkeit enthält und bedingt, und somit *un*stofflich, *im*materiell sein muß: Der einzige Gott kann nach Xenophanes nicht Luft sein; um zu ihm vordringen zu können, muß vielmehr von der Luftartigkeit, also der Stofflichkeit der Luft, abstrahiert werden. Was übrigbleibt, ist das alles durchdringende Empfinden und Denken. Entsprechend den Vorstellungen von der Göttlichkeit des *Apeiron* beziehungsweise der Luft sei dieses Empfinden und Denken dann gleichzeitig auch das Lenken des Weltgeschehens.

Diese Lehre wurde von Xenophanes mitsamt den sie voraussetzenden milesischen Naturphilosophien und dem hesiodischen Gedankengut, die sie weiterdenkt, in Elea dem jungen Parmenides vermittelt. Zudem hatte die Betonung der Veränderlichkeit in der Welt bei den Milesiern ihre konsequente Weiterbildung in der Auffassung des Herakleitos von Ephesos gefunden, daß nichts in der Welt Bestand habe, daß vielmehr alles ständiger Veränderung unterworfen sei – wobei der bei Anaximenes auf den stofflichen Bereich beschränkte Relativismus konsequent erweitert wurde: In dem Augenblick, in dem man von einem Ding eine Aussage getroffen habe, sei dieses Ding schon wieder ein anderes, so daß die Aussage nicht mehr zutreffe. Sei eine Erkenntnis ausgesprochen, treffe sie schon nicht mehr zu. Man hat diese Lehre später – belegen läßt es sich erstmals bei Platon – in dem Schlagwort *pánta rhei* (*πάντα ῥεῖ*, «alles ist in Fluß») zusammengefaßt. Dabei spricht das bekannte und schon Platon faszinierende und in seinem Dialog *Kratylos* (402 A) zitierte Fragment für sich selbst: «Zweimal kann man nicht in denselben Fluß hineintreten»;[45] und ähnlich: «In dieselben Flüsse steigen wir und steigen wir nicht; wir sind, und wir sind nicht.»[46] Träte man nämlich in denselben Fluß, so täte man es nur scheinbar, wenn es an derselben Stelle des Ufers geschähe; denn das Flußwasser wäre weitergeflossen. Man täte es aber auch dann nur scheinbar, wenn man in dasselbe Wasser träte; denn zum einen hätten sich die Wassermassen inzwischen gegeneinander verschoben, und zum anderen befände sich dann nicht dasselbe Wasser an derselben Stelle des Flußbettes. Der Fluß wäre also nie derselbe, er ist und ist gleichzeitig auch nicht: «Wir sind, und wir sind nicht!», formulierte Herakleitos die Relativität kontradiktorisch, damit sie überspitzt noch deutlicher würde. Hiernach gibt es also nicht dasselbe, das ist, war und sein wird, wie Hesiodos es ausgedrückt hatte, sondern das, was ist, wird nicht sein und war nicht, und das, was war, ist nicht usw.

Das Sein des Parmenides

Die als Reaktion gegen diesen extremen Relativismus, der keinerlei wahre Aussage zuließe, auf der Basis der xenophanischen Gotteslehre entstandene Seinslehre (Ontologie) des Parmenides bildete dann auch einen tiefen Einschnitt im Denken der frühen Griechen. Der Eleat wandte sich gerade gegen das in der Überspitzung überdeutlich hervortretende Relativistische. Nichts sei, das gleichzeitig *ist* und *nicht ist.* Nichts könne gleichzeitig sein und nicht sein; denn wenn es *nicht* ist, dann *ist* es auch zugleich nicht. Der Begriff des Seins wird dabei also ein anderer als bei Herakleitos, bei dem das *ist* noch weitgehend reine Kopula war, so daß es eigentlich eines Prädikativums bedarf, von dem aufgrund dieser Verknüpfung in einem Satz ausgesagt wird, daß es für das Subjekt des Satzes gilt oder nicht gilt: Der Mann ist groß – der Mann ist ein Rhapsode – der Fluß ist nicht derselbe usw. Solch überspitzte Formulierungen wie das «wir sind und wir sind nicht», in denen die Kopula bereits isoliert wurde und in denen dieser Kopula etwa in der Bedeutung von «Existieren» schon der Sinn einer Aussage selbst zugemessen wurde, führten jedenfalls zu dem parmenideischen Seinsbegriff und der damit verbundenen strengen Scheidung von Sein und Nicht-Sein.

Wie Xenophanes' einziger Gott war das Sein – oder besser: das Seiende – für Parmenides etwas, das aller gewohnten Sichtbarkeit und sinnlichen Erfahrbarkeit, aller Gegenwärtigkeit entrückt ist.[47] Denn im Gegensatz zur sinnlich wahrnehmbaren Welt, die der Veränderung unterworfen ist, wie die Milesier lehrten, muß es *stets* göttlich, also gleichbleibend im Sinne des Xenophanes sein. Das Sein war folglich anderswo als das, was der Mensch mit der gewohnten sinnlichen Wahrnehmung erfassen kann, wenn es auch noch als körperlich aufgefaßt wurde – und das heißt: als «etwas ausfüllend». Als etwas Nicht-Gegenwärtiges sei es nur mit derjenigen Fähigkeit zu erfassen, die etwas Nicht-Gegenwärtiges, etwas, das fern ist, nahe zu bringen vermöge, mit der Vorstellungskraft, die der Grieche *nous* (*νοῦς*, Geist) nannte.

Geist und Sein gehören wie das Auge und die sichtbaren Dinge zusammen, und nach einer uralten Anschauung kommt das Erkennen und Erfassen in jeglicher Form nur dadurch zustande, daß Gleiches Gleiches erkennt, daß das Auge von der gleichen feurigen Beschaffenheit sein muß wie das allein sichtbare Feuer des Lichtes, daß erkennendes Subjekt und erkanntes oder wahrgenommenes Objekt gleichsam identisch oder doch von derselben Art sein müssen.[48] So sind auch für Parmenides Geist und Sein identisch. Sie sind dasselbe, wie es in einem wörtlichen Fragment seines Lehrgedichtes ausdrücklich heißt: «Denn dasselbe ist Denken und Sein.» *(to gar autó noeín estín te kai eínai / τὸ γὰρ αὐτὸ νοεῖν ἐστίν τε καὶ εἶναι.)*[49] Daraus folgt, daß das *Nicht*-Seiende auch gar nicht gedacht werden kann. Es läßt sich, mit anderen Worten, kein gleichbleibendes Urteil, keine bestimmte feste Aussage über das Nicht-Seiende treffen.

Das Sein[50] des Parmenides ist ein Raumerfüllen, das Seiende ein Raumerfüllendes und somit Stoffliches. Diese Funktion des Raumerfüllens ist aber für alles Seiende die gleiche; es gibt keine verschiedenen Arten des Ausfüllens von Raum: Er wird ausgefüllt oder wird nicht ausgefüllt. Daher gibt es für Parmenides auch nur das *Eine,* das eine einheitliche, unterschiedslose Sein, das deshalb auch keiner Veränderung, keinem Entstehen und keinem Vergehen ausgesetzt sein kann – entsprechend dem xenophanischen Gott. Das Nicht-Ausgefüllte, die Körperlosigkeit, wäre nämlich das *Leere (to kenón / τὸ κενόν),* das damit gleichzeitig das Nicht-Seiende, Nicht-Sein wäre, so daß es dieses nicht geben könnte; während das Sein als das alles ausfüllende Reale, als eine körperliche Einheit gedacht wurde.

Dem Gesamtsein gab Parmenides deshalb auch die Form der alles umfassenden wohlgerundeten Kugel; und dieses Sein mußte als solches ungeworden und unveränderlich, damit auch unvergänglich sein, also ewig und gleichbleibend. Allein dieses Sein, die Gemeinschaft alles Seienden, wäre denkbar, also erkennbar. Nur von diesem Sein ließen sich somit allgemeingültige und überhaupt Aussagen machen.

Das Nichtsein von Vielheit, Veränderung und Bewegung

Einzeldinge, Individuen, könnten folglich nicht gedacht werden, über sie ließen sich überhaupt keine gültigen Aussagen machen, gehörten sie doch dem Bereich der gewohnten sinnlichen Erfahrbarkeit, der Gegenwärtigkeit an. Die diskrete Gesondertheit der Einzeldinge, ihre Vielheit und Mannigfaltigkeit, könnte nur aus der Trennung durch einen unausgefüllten Raum zwischen ihnen, also aus einer Leere, resultieren. Ist diese Leere aber nicht-seiend und damit nicht real, so kann demnach auch die nur aus ihr resultierende Vielheit der Einzeldinge und ihre Bewegung und Veränderung nicht real sein – sie kann nicht gedacht werden. Die sinnliche Erfahrbarkeit dieser einzelnen Dinge, das, was sie zu einzelnen sinnlichen Dingen macht, müßte demnach bloßer Schein und Trug sein. Allein seiend und deshalb erkennbar wäre das eine, unveränderliche, ungewordene und unvergängliche, allerdings raum-erfüllende und somit noch körperliche Sein. In voller Konsequenz hieße das natürlich, daß von der sinnlich wahrnehmbaren Welt und ihren Veränderungen und Bewegungen keine sicheren, ja überhaupt keine Aussagen gemacht werden könnten, weil diese Welt nicht real wäre, das heißt, nicht widerspruchsfrei gedacht werden könnte. Parmenides zog denn auch eben diese Konsequenz ganz bewußt im zweiten Teil seines Lehrgedichtes, in dem von der *dóxa (δόξα),* von dem bloßen Meinen, vom Schein und Trug der sinnlich wahrnehmbaren Welt und ihren

Veränderungen und Bewegungen die Rede ist, während der erste Teil die Auffahrt des Denkens und des Geistes zur Wahrheit darstellt.

Nun gibt es doch aber in der Welt die Veränderlichkeit, welche die früheren Denker als die Wirklichkeit angesehen hatten, und die veränderlichen Dinge sind doch irgendwie vorhanden, also real. Den geradezu von der Anschauung, vom Sehen lebenden Griechen mußte die parmenideische Lösung der Widersprüche in früheren Systemen und Anschauungen gewaltsam und erzwungen, ja unglaubwürdig erscheinen. Sie war aber nichtsdestoweniger für das damalige, noch nicht durch das sophistisch-sokratische Disputieren geübte und begrifflich verfeinerte Denken in sich schlüssig. Schon Aristoteles hatte denn auch feststellen müssen, daß die parmenideische Ontologie nicht als unschlüssig widerlegt werden könne, sondern nur dadurch, daß man ihre Prämissen als falsch und unangebracht erweise, und dasselbe gelte auch für die später so genannten Paradoxien des Zenon von Elea, eines jüngeren Landsmannes und Schülers von Parmenides.

Mit diesen Paradoxien hatte Zenon die Schlüssigkeit und Richtigkeit der Seinslehre seines Lehrers erweisen wollen – wiederum durch eine indirekte Beweisführung, die für seine Zeit nicht widerlegbar war: daß nämlich das im Sinne des Parmenides Nicht-Seiende, daß diskrete Vielheit, Veränderlichkeit und Bewegung nicht widerspruchsfrei denkbar und folglich nicht-seiend wären. Es bedurfte des ganzen Scharfsinns eines Aristoteles, um mit seinem differenzierteren Begriffsapparat Zenons Paradoxien zu widerlegen und damit Bewegung und Vielheit als etwas durchaus Denkbares, also Reales, darstellen zu können. Seine Gegenbeweise gelten noch heute unter Kennern als die besten.[51]

Die bekannteste von Zenons Paradoxien ist die des Wettlaufs zwischen dem schnellen Achilleus und einer langsamen Schildkröte, die Achilleus nie erreichen und überholen könne, wenn sie einmal einen Vorsprung erhalten habe. Setzten sich dann nämlich die beiden ungleichen Läufer gleichzeitig in Bewegung, so hätte die Schildkröte jeweils immer schon ein weiteres Stück des Weges zurückgelegt, wenn Achilleus den jeweils gleichzeitig verlassenen Ausgangspunkt der Schildkröte erreicht hätte. Zenon wies mit diesen Paradoxien für seine Zeit unwiderleglich nach, daß Achilleus die Schildkröte niemals erreichen werde, obwohl natürlich jedermann zu wissen meinte, daß er sie sehr schnell überholt haben würde. Aber eben deshalb galt damit gleichzeitig als bewiesen, daß Bewegung, wie man sie wahrnimmt, nicht widerspruchsfrei denkbar ist. – Der spätere Gegenbeweis des Aristoteles ging davon aus, daß Bewegung als ein Kontinuum aufgefaßt werden müsse, nicht dagegen als eine Aneinanderreihung diskreter, abzählbarer Streckenstücke, die Zenon tatsächlich auch zählte.[52]

Für das fünfte vorchristliche Jahrhundert war Bewegung (und ähnlich die diskrete Vielheit) damit als nicht real erwiesen. Der Begriff des Seins war von nun an mit Unvergänglichkeit und Unveränderlichkeit verknüpft, und allein dieses Sein wurde als denkbar und damit als erkennbar erwiesen und aufgefaßt.

Unveränderliches Sein und scheinbare Veränderlichkeit

Das Sein besaß für Parmenides folgende Eigenschaften, die mit dem Sein gleichgesetzt werden können, weil sie als allein mit ihm verbunden gelten:

Sein = Einheit (eins)/unteilbar
= unentstanden
= unvergänglich
= unveränderlich
= denkbar (das heißt: nicht wahrnehmbar).

Wollte man hiernach den Bereich der dinglichen und sinnlich wahrnehmbaren Welt mit in den Bereich der Realität, in den Bereich des Seins, des Erkennbaren einbeziehen, so mußte man auch der sinnlich wahrnehmbaren Welt der Veränderlichkeit die wesentlichen Attribute des unveränderlichen parmenideischen Seins zuweisen, so widersprüchlich das auch klingen mag. Selbst die sinnlich wahrnehmbaren Dinge mußten als unentstanden, unveränderlich und unvergänglich erwiesen werden: Entstehen, Vergehen und Veränderung durfte es danach auch in diesem Bereich nicht geben. Das, was man bis dahin so bezeichnet hatte, mußte als scheinbar, als nur so erscheinend erwiesen werden. Außerdem mußte auch dieses, selbstverständlich wie bei Parmenides stoffliche und körperliche, das Leere ausfüllende ‹Sein› einheitlich und nur denkbar sein.

Die Naturphilosophie des fünften Jahrhunderts bedurfte also eines alles umfassenden stofflich-materiellen, unentstandenen, unvergänglichen Seienden, mit dem die sinnlich wahrgenommene Vielfalt, Vergänglichkeit und Veränderlichkeit der dinglichen Welt als bloß scheinbar erwiesen werden konnte, um die in sich schlüssige Ontologie des Parmenides mit der sinnlichen Erfahrung in Einklang bringen zu können. Dieses Seiende mußte zwar gleichzeitig allein denkbar, aber irgendwie auch gegenwärtig, das heißt zumindest in einer Anhäufung auch sinnlich wahrnehmbar sein; und es mußte noch in irgendeiner Weise eins (einheitlich) sein.

Die wichtigsten Lösungsversuche auf naturphilosophischem Gebiet des fünften vorchristlichen Jahrhunderts sind jene des Empedokles von Akragas, des Anaxagoras und der Atomisten Leukippos und Demokritos. Auf höherer Reflexionsstufe und mit gegenüber der von Parmenides verfeinerten Ontologie folgten dann die Lösungen von Platon und Aristoteles, die ihrerseits sämtliche umfassenden Systeme naturphilosophischer und naturwissenschaftlicher Art bis in unsere Tage in den Grundstrukturen beeinflußt haben.

All den diesbezüglichen antiken Bemühungen gemeinsam ist der Versuch, den parmenideischen Widerspruch zwischen nur denkbarem, gleichzeitig aber auch gegenwärtigem, also sinnlich wahrnehmbarem Sein dadurch aufzuheben, daß man ihn als scheinbar auf einer begrifflich anderen Stufe überbrückte. Die Einheit wurde nicht mehr, wie bei Parmenides, als Einzigkeit aufgefaßt, sondern als Einheitlichkeit, als Gleichzeitigkeit und Gleichartigkeit von einheitlichen Einheit*en*; und die sinnliche Wahrnehmbarkeit dieser Welt galt als Resultat einer wie auch immer gearteten Zusammenballung oder Zusammenfügung solcher nur denkbarer, aber dennoch gegenwärtiger Einheiten. Diese Einheiten seien aber nicht prinzipiell «nur denkbar»; sie seien prinzipiell vielmehr auch wahrnehmbar. Sie entzögen sich als Einheit nur der sinnlichen Wahrnehmbarkeit aufgrund ihrer Kleinheit, die sie weit unterhalb der Auflösungsgrenze menschlicher Sinnesorgane liegen lasse.

Die gegenwärtige, sinnlich wahrnehmbare, uneinheitliche und Veränderungen unterworfene, also im strengen parmenideischen Sinne nichtseiende dingliche Welt wurde dadurch als ein einheitliches, unveränderliches, letztlich nur denkbares Sein erwiesen, daß alle seine Eigenschaften, die den Eigenschaften des parmenideischen Seins widersprachen, als nur der sinnlichen Wahrnehmung *so erscheinende,* als scheinbar erklärt wurden. Alle Eigenschaften und Zustände der scheinbar veränderlichen Welt sollten deshalb aus der unterschiedlichen und sich wandelnden Anordnung und Zusammenstellung von solchen einheitlichen und unveränderlichen, allein wegen ihrer Kleinheit nur denkbaren, stofflich-materiellen Seinseinheiten resultieren. Nicht das Seiende selbst verändere sich, sondern nur seine Anordnung und Zusammenstellung.

Aufgrund solcher Kunstgriffe blieb im fünften Jahrhundert der damals noch nicht zu differenzierende Seinsbegriff des Parmenides bewahrt, wobei die Versuche, den parmenideischen Widerspruch aufzulösen, sich grundsätzlich nur in der Annahme oder Ablehnung der Existenz der gemäß Parmenides nicht-realen Leere und in der Anzahl gleicher Seiender unterschieden.

Die Elemente des Empedokles von Akragas

Der erste Lösungsversuch stammt von Empedokles von Akragas (heute Agrigento) auf Sizilien, der in seiner engeren und weiteren sizilianischen Heimat und im griechischsprachigen Unteritalien als Politiker, Redner, Arzt, Sühnepriester und Magier wirkte. Von seinen vielen Schriften, die in der Form von Lehrgedichten im epischen Versmaß verfaßt und von ihm wohl auch bei entsprechenden Anlässen vorgetragen wurden – hierunter auch solche medizinischen Inhalts –, sind nur Fragmente aus den beiden *Über die Natur (Períphýseos / Περὶ φύσεως)* und *Entsühnungen* erhalten.[53]

Empedokles nahm an, daß es vier verschiedene Arten von qualitativ und wohl auch strukturell gleichen, aber quantitativ nicht von vornherein bestimmten, wenn auch einzeln nicht wahrnehmbaren, also nur denkbaren, unveränderlichen Seinspartikeln gebe, entsprechend den vier Naturstoffen Erde, Wasser, Luft und Feuer. Ob sich die Partikel dieser vier Grundstoffe jeweils wieder aus kleineren, einheitlichen Splitterchen zusammensetzen sollten, wie ein antiker Bericht nahezulegen scheint, ist nicht mehr eindeutig festzustellen. Dagegen spräche allerdings schon, daß Empedokles den vier Elementen noch alte mythische Namen von Gottheiten beilegte. In einem wörtlichen Fragment von drei Verszeilen, die seine Elementenlehre eingeleitet haben sollen und aus denen man noch den engen Bezug zum mythisch-theogonisch orientierten Denken eines Hesiodos heraushört,[54] heißt es nämlich: «Höre zuerst von den vier Grundwurzeln *(rhizómata / ῥιζώματα)* aller Dinge: von Zeus, dem schimmernden, von Hera, der Leben verleihenden, und Hades und Nestis, die aus ihren Tränen sterblichen Quell entspringen läßt.»[55]

Nur lokalisierte Empedokles die mythisch-genealogischen Urgründe alles Seienden nicht mehr, wie Hesiodos, an einer bestimmten Stelle im Kosmos als dessen Grenzen, sondern er ließ sie – hierin der Tradition milesischer Naturphilosophie folgend – in zeitlichem und ursächlichem Sinne stets und überall gegenwärtige Prinzipien sein; und er bezeichnete diese Wurzeln und Quellen auch als «ungeworden» *(agéneta / ἀγένητα)*, worin sich besonders das Neue gegenüber einer *genealogischen* Theogonie zeigt, von der ja gerade das *Entstehen* und *Werden* der Götter (der göttlichen Ursprünge) dargestellt wird. Deren Denkweise hat Empedokles, wenn auch noch unter Beibehaltung ihrer Sprech- und Vorstellungsweise, damit überwunden – gezwungen durch die eleatische Ontologie, nach der das Seiende ungeworden ist.

Nachdem Anaximenes den biologischen Entstehungsprozeß bei Anaximandros durch einen mehr physikalischen Veränderungsprozeß ersetzt hatte, war Empedokles aufgrund der Unwiderlegbarkeit der eleatischen Ontologie gezwungen, diesen physikalisch gedachten Prozeß in einen rein mechanischen Mischungs- und Trennungsprozeß umzudenken. *Ein* einheitliches Sein, das heißt qualitativ gleiche und gleichbleibende Seinspartikel, hätte die Mannigfaltigkeit der natürlichen Stoffe aber nicht erklären können; eine Mehrzahl gleicher Stoffe mußte herangezogen werden. Die *Vier*zahl als solche scheint dann durch die epische Tradition veranlaßt, wenn nicht vorgegeben gewesen zu sein. Grundsätzlich hätten natürlich zwei unterschiedliche Stoffarten hierzu ausgereicht.

Entstehen und Vergehen dieses im Vergleich zum parmenideischen Sein nur in kleine Einheiten zerstückelten, nicht mehr einen, sondern einheitlichen (eigentlich: vierheitlichen) Seienden sei nicht möglich; und so sagt auch Empedokles, wie Anaxagoras und die älteren Atomisten, mehrmals ausdrücklich, es gebe überhaupt kein Entstehen und Vergehen, keinen

Tod und keine Geburt. Was die Menschen so nennten – und auch er selbst so nannte, um verständlich zu bleiben –, sei lediglich das Mischen und Entmischen unvergänglicher und unveränderlicher Partikel; «denn es ist unmöglich, daß etwas aus dem gar nicht Vorhandenen entsteht, und ebenso ist es unmöglich und unerhört, daß etwas, was vorhanden ist, schlechthin zugrunde gehen könnte. Immer wird es nämlich da sein, wohin es einer jedesmal auch stellt.»[56]

Aus den ungewordenen und deshalb auch unveränderlichen Partikeln der vier Grundstoffe Erde, Wasser, Luft und Feuer sollen sich nun nach Empedokles alle in der Natur vorkommenden Stoffe als Mischung zusammensetzen. Sie sollen jeweils «eine Vereinigung sein, wie eine Mauer, die aus Ziegelsteinen zusammengefügt ist. Und diese Mischung wird aus den Elementen bestehen, die als solche unverändert bleiben, aber in kleinen Teilchen nebeneinandergefügt sind» – wie Aristoteles, wahrscheinlich mit einem empedokleischen Bild, beschreibt.[57] Auch Galenos führt ein solches Beispiel aus der empedokleischen Schrift an:

«Empedokles meinte, daß aus den vier unveränderlichen Elementen die Natur der zusammengesetzten Stoffe hervorgehe, indem die ersten [Teilchen] so miteinander vermischt wären, wie wenn jemand Rost und Kupfererz und Zinkerz und Vitriolerz [also irgendwelche metallischen Minerale] ganz fein zerriebe und zu Pulver machte und miteinander mischte, so daß er nichts von ihnen ohne einen Teil eines anderen in die Hand nehmen könnte.»[58]

Empedokles dachte sich die vorhandenen natürlichen Stoffe als eine jeweils rein mechanische Mischung (ein Gemenge) aus den vier Grundstoffen, deren einzelne Partikel so klein seien, daß sie nicht gesondert wahrgenommen werden könnten; sie seien dasselbe,[59] insofern sie aus denselben Grundstoffen bestünden: «Dasselbe sind Haare und Blätter und der Vögel dichtes Gefieder und Schuppen, die auf den kräftigen Gliedern entstehen.»[60] Sehr anschaulich wird diese Vorstellung in erhaltenen Versen beschrieben:

«Wie wenn Maler bunte Gemälde als Weihgeschenke verfertigen, Männer, die in ihrer Kunst dank ihrer Klugheit wohl bewandert sind – wenn diese die vielfarbigen Gifte *(phármaka / φάρμακα)* mit ihren Händen genommen und harmonisch gemischt haben, indem sie vom einen mehr, vom anderen weniger nehmen [das bedeutet: die Farben mischen], dann lassen sie daraus Gestalten entstehen, die allem möglichen gleichen: Bald entwerfen sie Bäume, bald Männer und Frauen, bald wilde Tiere und Vögel und Fische des Wassers, bald auch lang lebende Götter [!], die hochgeehrt sind – so ist auch die Quelle *(pegé / πηγή)* der irdischen Dinge, so viele uns in ihrer unendlichen Fülle bekanntgeworden sind, nirgendwo anders als in ihnen [sc. den Grundwurzeln] zu suchen. Laß Dir darüber durch keinerlei Trug den Verstand benebeln; und merke Dir das genau. Du hast ja von einem Gotte die Kunde vernommen.»[61]

Empedokles versuchte gleichzeitig, die Mengenverhältnisse mancher solcher Mischungen (ähnlich wie beim Farbenmischen) zu bestimmen, also auf der Basis seiner Elementenlehre und mechanischen Anlagerungstheorie so etwas wie eine chemische Analyse und Synthese durchzuführen – natürlich mit dieser Lehre und seiner Zeit angemessenen Mitteln. Die Panzer und Schalen von Meerestieren (Schildkröten, Muscheln, Schnekken) zum Beispiel sollen entsprechend ihrer Festigkeit einen großen Anteil Erde enthalten: «Da kannst du die Erde zuoberst auf der Haut lagern sehen.»[62] Blut und andere tierisch-organische Weichteile bestünden dagegen etwa zu gleichen Teilen aus Erde, Wasser, Luft und Feuer, während für die harten Knochen eine Mischung von ganz bestimmten Mengenverhältnissen gelten sollte: «Die anmutige Erde aber empfing in mächtigen Tiegeln von den acht Teilen zwei vom Glanze der Nestis und vier vom Gotte des Feuers [Hephaistos]; da entstanden die weißen Knochen, die durch den Leim der Harmonie wunderbar zusammengefügt wurden.»[63]

Verglichen wird der Vorgang des Mischens der Grundstoffe zu den natürlichen Stoffen mit künstlich eingeleiteten Vorgängen der zeitgenössischen chemischen Technik. Überhaupt nahm Empedokles – das zeigen auch andere Fragmente – seine gleichnishaft illustrierenden Beispiele gern aus der Welt der Technik seiner Zeit. Er scheint allerdings noch nicht darüber reflektiert zu haben, ob die Natur die menschliche Kunst und Technik oder der Mensch mit seiner Technik die natürlichen Prozesse nachahmt. Wie für Anaximandros scheint auch für ihn noch nicht die seit Platon und Aristoteles und bis ins 17. Jahrhundert für physikalisches Denken entscheidende ontologische Barriere zwischen den beiden Bereichen zu bestehen. Es wird nur von dem jedermann Bekannten – und das ist hier der technische Prozeß, die technische Anwendung von Werkzeugen und Geräten, die dem Zuhörer oder Leser aus der eigenen Benutzung geläufig sind – auf vermeintlich *Analoges* in dem noch nicht Bekannten geschlossen, hier auf den natürlichen Vorgang und das Verhältnis der Mischung der Elemente, an anderen Stellen etwa auf die Funktionsweise der Atmung oder der Lichtausbreitung, wobei die empedokleische Anwendung dieser Bilder sicherlich vom homerischen Gleichnis her beeinflußt ist, die er als Rhapsode ja auch vorzutragen hatte. Der erläuternde Analogieschluß überspringt dabei noch die spätere ontologische Barriere zwischen Kunst (Technik) und Natur. Deshalb rührt sicherlich auch das bestimmte Zahlenverhältnis in der Mischung der Knochensubstanz von Erfahrungen der chemischen Technik her, etwa der Keramik- und Glasherstellung, und hat von sich aus kaum etwas mit älteren und gleichzeitigen Zahlenspekulationen der Pythagoreer zu tun. Das numerische Verhältnis von 4 : 2 : 2 der Elemente Feuer, Wasser und Erde für die Knochensubstanz gibt in dieser Richtung auch ebensowenig eine Handhabe wie die Angabe bei Theophrastos,[64] daß Empedokles die Mischungsverhältnisse für eine ganze Reihe von Substanzen aufgezählt habe. Dennoch scheint die Vorstellung, daß der Zusammenhalt dieser Mischung durch «das Band/den Leim der Harmonie» gewährleistet sei, von der Idee her pythagoreischen Ursprungs zu sein.

Empedokles' Porenlehre (Kohäsion und Wahrnehmung)

Aufgrund der Forderungen der eleatischen Ontologie hatte aber sowohl die biologisch-organologische Individualität bei Anaximandros aufgegeben werden müssen als auch der durch die Einheitlichkeit des sich verändernden Grundstoffes Luft gegebene Zusammenhalt aller Dinge gemäß Anaximenes, wobei sich die Individualität der Einzeldinge bei letzterem aus dem unterschiedlichen Dichtezustand der Luft ergeben hatte. Daraufhin wurden die Kohäsion (der Zusammenhalt) und die Dauerhaftigkeit einer Mischung sowie das Zustandekommen und die Wiederauflösung dieser Mischung zu Problemen, die einer neuartigen Lösung bedurften. Das Problem der Kohäsion löste Empedokles durch seine Porenlehre, die gleichzeitig eine erste *einheitliche* Deutung der Wahrnehmung bot. Aristoteles berichtete hierüber:

«Die einen Physiker glauben, daß jedes Ding Veränderungen erfahre, indem durch gewisse Poren das letztlich Wirkende in es eindringe, und daß wir auf diese Weise auch sehen und hören und all die anderen Sinnesempfindungen hätten, und daß man durch Luft und Wasser und die durchsichtigen Substanzen sehen könne, weil sie Poren enthalten, die infolge ihrer Kleinheit unsichtbar, aber dicht und reihenweise angeordnet seien – und dieses sei bei durchsichtigeren Substanzen in höherem Maße der Fall. Gewisse Physiker haben also eine solche Ansicht von gewissen Stoffen aufgestellt, wie auch Empedokles, nicht nur von den wirkenden und leidenden Substanzen, sondern er erklärt auch, daß Stoffe sich miteinander mischen, deren Poren einander symmetrisch sind.»[65]

Die Poren sollen also auch den Zusammenhalt einer Mischung gewähren, indem sie entweder wie Nut und entsprechende Aussparung oder wie Mutter und Schraube passen; sie sollen einander «zugemessen» (symmetrisch) sein, so daß sie zusammenhielten, während nicht zueinander passende keinen Zusammenhalt ermöglichten – wie bei Wasser und Öl.[66]

Die von den Poren gebildeten Hohlräume sollen nun aber nicht vollkommen leer sein; denn Empedokles leugnet mit Parmenides die Existenz einer Leere. Sie sollen mit einer feineren Substanz erfüllt sein. Der spätantike christliche Peripatetiker des sechsten nachchristlichen Jahrhunderts Ioannes Philoponos meinte bei seiner Kommentierung der oben wiedergegebenen Aristotelesstelle, Empedokles denke hier wohl an Luft. Dann könnte sich diese Theorie aber nur auf solche Substanzen beziehen, die dichter als Luft erscheinen, also auf Festes oder Flüssiges; denn auch die Luft müßte als durchsichtiger Körper solche Poren besitzen. Also kann diese Deutung nicht richtig sein.

Hier scheint der empedokleische Erklärungszusammenhang aus späterer Sicht an eine Grenze gestoßen zu sein: Die Poren von gröberen Partikeln könnten zwar jeweils von feineren Partikelchen angefüllt sein; dann müßte sich in den Poren dieser Splitterchen aber wiederum ein noch feinerer Stoff befinden – ohne daß Empedokles gesagt zu haben scheint, welcher Art deren Stofflichkeit sein sollte.

Liebe und Streit als aktive Prinzipien

Einen Schritt weiter sollte hier jedoch Empedokles' Lösungsversuch des Problems führen, wie die Partikel zusammenkommen sollen zu den Mischungen, die ihrerseits durch das «Band der Harmonie» zusammengehalten werden und jene Poren bilden, die eine Vermengung dieser Mischsubstanzen mit anderen ermöglichen, und wie sich diese wieder trennen sollen. Auf jeden Fall müßten ja die von allen Körpern entsandten Ausströmungen zumindest einen Teil der die Poren bildenden Hohlräume einnehmen, weil sie durch diese in die Körper eindringen und sie durchdringen sollen. Jede Sinneswahrnehmung soll nämlich nach Empedokles auf solchen in die entsprechenden und passenden Poren der verschiedenen Sinnesorgane eindringenden Ausflüssen (*apórhoiai/ἀπόρροιαι,* später: *effluvia*) beruhen. Diese Ausflüsse sollen dann von gleichartigem Stoff in ihnen und im Blut als Sensorium wahrgenommen und erkannt werden – wieder entsprechend dem Grundsatz, daß Gleiches Gleiches erkenne.

Aber noch etwas anderes soll von außen in das Blut eindringen und so im Denken und in der Entscheidung zur auslösenden Wirkung kommen: *philía (φιλία)* und *neíkos (νεῖκος),* Liebe und Streit, zwei kosmische Mächte, die nach Empedokles das gesamte Universum durchdringen und beherrschen. Sie sollen überhaupt erst das Zusammenkommen und Trennen der einzelnen Elementpartikel, ihre Mischung zu den in der gegenwärtigen Welt vorhandenen natürlichen Stoffen und die Auslösung der Mischung zu getrennten Zusammenballungen gleichartiger Partikel bewirken; seien doch die Partikel der vier Grundstoffe als Seiendes im Sinne des Parmenides unveränderlich und damit auch selbst unbeweglich. Folglich bedürfe es eines aktiven, anregenden Prinzips, um die passiven Partikel in Bewegung zu versetzen, eines Prinzips, das natürlich ebenfalls unveränderlich sein müsse. Liebe und Streit wurden denn auch als *göttliche* Mächte angesehen: Sie seien überall und jederzeit wirksam. Nur überwiege einmal die Liebe und ein anderes Mal der Streit, wobei auf dieser wechselweisen Wirkung das gesamte als solches erscheinende Geschehen in der Natur beruhe.

Liebe und Streit sind für Empedokles die bewegenden, aktiven Prinzipien neben den unveränderlichen, passiven Elementarpartikeln der vier Urstoffe Erde, Wasser, Luft und Feuer. Sie sollen aber ebensowenig wie das Sein des Parmenides bereits von rein geistig-seelischer Natur sein. Sie wurden noch nicht als unstoffliche Wesen gedacht. Sie sollten zwar nicht aus den Partikeln der Urstoffe bestehen, nichtsdestoweniger aber stofflicher Natur sein – weshalb sich für Empedokles auch noch gar nicht das Problem stellte, was denn die Hohlräume einnehmen könnte, wenn es keine Leere gäbe. Da Liebe und Streit überall wirken sollen, müssen sie auch überall sein; und das heißt doch wohl, da nicht mehrere raumerfüllende Seiende ein und denselben Raum einnehmen könnten, daß sie es sein müssen, die sich in allen (von den Elementpartikeln gebildeten) Hohlräumen befinden sollen!

Auf der Grundlage dieser Theorien entwickelte Empedokles dann eine in sich geschlossene, alle bekannten Erscheinungen umfassende Kosmogonie und Kosmologie. Dabei bewirke die Liebe die Vereinigung des Gleichen, der Streit die Trennung des Gleichen und somit die Mischung des Ungleichen. Beides seien stets gegenwärtige Prinzipien, was aber offenbar nicht heißen soll, daß beide auch stets überall gleichermaßen vorhanden seien, also zur Wirkung kämen; denn das schlösse die Möglichkeit einer abwechselnden Mischung und Trennung und damit einer Entfaltung des Kosmos aus, die die Fragmente aber hinlänglich für Empedokles bezeugen. Das bestätigt, daß diese Prinzipien durchaus körperlich-stofflich gedacht wurden, so daß nicht beide denselben Raum einnehmen und daraufhin gleichzeitig und gleichstark wirken könnten, was ihre Wirkung aufhöbe und sie überflüssig machte. Trotz der Trennung zwischen aktivem und passivem Seienden ist der Dualismus wegen Mangels verschiedener Seins*arten* also noch nicht strikt durchgeführt.

Anaxagoras von Klazomenai

Das geschah in aller Konsequenz erst bei Anaxagoras aus Klazomenai, ebenfalls an der griechisch besiedelten Westküste Kleinasiens gelegen. Er soll die Philosophenschule von Milet besucht haben, bevor er um das Jahr 462 in das noch vorwiegend altgläubige Athen übersiedelte und hier mit seinen aufgeklärten Ideen schnell Anhänger, Freunde und Schüler insbesondere innerhalb der jungen Generation der gebildeten Oberschicht der politisch und kulturell aufstrebenden Metropole fand, zu denen der Tragiker Euripides ebenso zählte wie der athenische Staatsmann Perikles, den man eigentlich auch mit einer gegen Anaxagoras angestrengten Anklage wegen Gottlosigkeit, wie sie später gegen Sokrates wiederholt wurde, hatte treffen wollen. Die Anklage wurde begründet mit seinen Ansichten über die Gestirne als von der Erde losgerissene erglühte Gesteinsmassen. Anaxagoras mußte daraufhin Athen verlassen und begab sich im Jahre 432 nach Lampsakos am Hellespont.

Von Anaxagoras' schriftlicher Fixierung seiner Lehren unter dem altbewährten Titel *Über die Natur (Perí phýseos)* sind wiederum nur Bruchstücke erhalten. Es handelte sich um eine Prosaschrift, die bereits der Literaturphase angehört. Sokrates erwähnte während seines Prozesses, daß man sie für weniger als eine Drachme am Theater kaufen könne.[67]

Anaxagoras stand ganz innerhalb der eleatischen Tradition empedokleischer Prägung, wenn er etwa schrieb: «Die Wörter Entstehen und Vergehen gebrauchen die Griechen nicht richtig; denn kein Ding entsteht oder vergeht, sondern aus Vorhandenem findet eine Mischung wie andererseits eine Trennung statt. Und so müßten sie wohl mit Recht das Entstehen als ein Sich-Mischen und das Vergehen als ein Sich-Trennen bezeichnen.»[68] Auch zwei andere Fragmente besagen: «Man muß erkennen, daß die Gesamtheit der Dinge weder mehr noch weniger wird (denn es ist undenkbar, daß es mehr als alles gibt), sondern alles stets gleich bleibt.» Entstehe doch nichts aus dem Nichts, «denn wie könnte aus Nichthaar Haar und aus Nicht-Fleisch Fleisch werden».[69]

Die Elementenlehre des Anaxagoras: Alles ist in allem enthalten

Wie Empedokles nahm Anaxagoras statt des einen eleatischen Seins eine Mehrheit von ungewordenen und unvergänglichen sowie unveränderlichen Seienden an. Auch er zerstückelte unter Beibehaltung der Eigenschaften das einheitliche einzige Sein der Eleaten, um so die Vielfalt und Vielheit des sinnlich Wahrnehmbaren zu erhalten, die aus der Mischung qualitativ unveränderlicher Teilchen hervorgingen. Diese Teilchen seien gemäß der Forderung des Parmenides bloß denkbar, allerdings wieder nur wegen ihrer Kleinheit, die sie als einzelne der Wahrnehmbarkeit entzöge.

Hatte Empedokles dann jedoch die verschiedenen in der Natur vorkommenden Stoffe aus der Mischung der Partikel von vier Grundstoffen bestehen lassen, so ging Anaxagoras den umgekehrten Weg und ließ die für Empedokles elementaren Naturstoffe Erde, Wasser, Luft und Feuer ihrerseits jeweils aus einer Mischung aller Grundstoffe bestehen. Die Mannigfaltigkeit der natürlichen Stoffe sei nämlich durch die entsprechende Mannigfaltigkeit der Grundstoffe selbst gegeben, die ihrerseits allerdings nicht auf sich konzentriert rein vorkämen. Vielmehr sei alles in allem enthalten, und – wie es in einem Fragment heißt: «Kein Ding ist von gleicher Art wie ein anderes, sondern wovon am meisten in ihm enthalten ist, das als das am deutlichsten erkennbare ist und war jedes einzelne Ding.»[70]

Wie die von Anaxagoras als bestätigende Beispiele herangezogenen Beobachtungen zeigen, ist er offenbar vom Stoffwechsel und Wachstum im organischen Bereich her zu dieser Anschauung gekommen. Blätter, Holz und Rinde, Muschelschalen, Sehnen, Knochen, Mark und Blut müßten aus der aufgenommenen Nahrung entstehen; denn ohne Nahrungsaufnahme gebe es kein Wachstum, und Nahrungsentzug bedeute gleichzeitig die Einleitung des Todes. Da aber auch die Nahrung aus unveränderlichen Teilchen bestehen und gemischt sein müsse, weil sie seiend im Sinne des Parmenides sei, müßten alle diese verschiedenartigen Stoffe bereits in der Nahrung enthalten sein – und noch weitere Stoffe, die von den Organismen unverwertet wieder ausgeschieden würden. Zieht man dann, wie Anaxagoras es tat, auch die Pflanzen und Bäume mit heran, die sich ausschließlich von Wasser zu ernähren scheinen – wie man noch im 17. Jahrhundert unter Beweis stellen wollte –, das heißt nach Empedokles mit einem Grundstoff fast ohne alle Beimengungen anderer Grundstoffe, so wird verständlich, warum für Anaxagoras auch dieser Stoff als eine Mischung aus verschiedenen Stoffen angesehen werden mußte; noch fehlte ja die Vorstellung von relativ stabilen Molekülen, die sich ihrerseits in die Grundstoffe zerlegen und wieder aus ihnen synthetisieren lassen. Erst Aristoteles wird eine solche Vorstellung entwickeln, und zwar in direkter Auseinandersetzung mit den Vorstellungen des Anaxagoras.

Anaxagoras meinte dann allerdings nicht, daß die Nahrungsstoffe eine Mischung aus *mehreren* verschiedenen, qualitativ und quantitativ unveränderlichen Stoffteilchen darstellten, sondern er führte diese Überlegung konsequent zu Ende und behauptete: Alles ist in allem enthalten! Jeder Stoff wäre eine Mischung aus allen Stoffen! Die in der Natur vorkommenden Stoffe erschienen einem nur als diejenigen Stoffe, von denen in ihrer Mischung ein jeweils überwiegender Anteil vorhanden wäre: Im Gold überwögen die Goldteilchen, im Fleisch die Fleischteilchen usw. So besagen zwei Fragmente: «Unter diesen Umständen muß man glauben, daß in allen sich vereinigenden Stoffen viele Stoffe und Stoffe jeder Art enthalten sind, und Samen von allen Dingen, die Gestalten, Farben und Geschmäcke jeder Art haben.» – «... und da gleichviel Teile vom Großen und Kleinen vorhanden sind, dürfte auch aus diesem Grunde jedes in jedem enthalten sein. Es kann aber auch nicht etwa etwas für sich gesondert vorhanden sein, sondern alles hat an allem Anteil.»[71] Und da auch im kleinsten Stückchen Nahrung alles enthalten sein müßte, könnte es auch für jede einzelne Stoffart keine untere Grenze der Teilchengröße geben; «denn von dem Kleinen gibt es kein allerkleinstes, sondern immer noch kleineres; ist es doch unmöglich, daß das Seiende durch Teilung aufhört zu sein ...»[72]

Wie Seiendes nicht aus dem Nichts entstehen könne, könne es aber auch nicht zu Nichts werden. Alle Stoffe seien somit bis ins Unendliche teilbar und geteilt. Anaxagoras bediente sich hier einer Argumentation Zenons, gegen die sich Leukippos wenden und die dann von Aristoteles widerlegt werden wird, indem er aufweist, daß darin nicht zwischen der nur überall möglichen unendlichen Teilbarkeit einerseits und einer tatsächlich durchgeführten unendlichen Teilung andererseits, die nicht möglich sei, unterschieden werde; auch könnten nicht unendlich viele Stoffe in einem endlichen Volumen enthalten sein, so daß schon die Prämisse, alles sei in allem enthalten, falsch sei. Die frühen, eigentlichen Atomisten entzogen sich dieser Kritik, indem sie die Endlichkeit des von allem eingenommenen Volumens bestritten und ein unendlich ausgedehntes Universum annahmen – und sie mußten dies auch schon deshalb tun, weil sie gegenüber Anaxagoras auch noch von einer endlichen Minimalgröße der Teilchen ausgingen. Doch für Anaxagoras war noch alles in allem enthalten und der Kosmos von endlicher Größe, weshalb er meinte, unendlich kleine Teilchen annehmen zu müssen.

Der Weltgeist als das aktive Prinzip

Ebenso wie Empedokles nahm auch Anaxagoras an, daß am Anfang der Welt alles so miteinander vermischt war, daß nichts voneinander zu unterscheiden war. Seine Schrift begann mit den Worten: «Beisammen waren alle Dinge (ursprünglich), grenzenlos an Menge wie an Kleinheit; denn auch die Kleinheit war grenzenlos. Und solange alle beisammen waren, war infolge ihrer Kleinheit keins von ihnen erkennbar.»[73] Da für Anaxagoras ursprünglich aber alles ununterschieden und ununterscheidbar beisammen gewesen und auch gegenwärtig noch alles in allem enthalten sein sollte, könnte die Sonderung nicht dadurch eingetreten sein, daß Gleiches zu Gleichem strebte, wie es die empedokleische Liebe bewirkte, die zudem noch der entgegengesetzten Macht des Streites bedurfte, wobei dann aber die Entstehung gerade des gegenwärtigen Kosmos letztlich auf Zufall beruhen sollte – da Empedokles noch nicht an einen den Einsatz von Liebe und Streit steuernden übergeordneten Plan gedacht hatte. Wohl deshalb setzte Anaxagoras an die Stelle des Zufalls einen planenden Geist.

Die Tätigkeit des Geistes besteht aus Erkennen durch Unterscheiden. «Unterscheiden» und «abscheiden» heißt griechisch *krínein (κρίνειν);* jemand, der diese Tätigkeit ausübt, ist ein *kritikós (κριτικός).* Ein «kritischer» Geist unterscheidet und scheidet also. Und durch ein solches «kritisches» Scheiden und Sondern soll der anaxagoreische Weltgeist *(nous)* an einer Stelle in die ursprünglich ununterscheidbare, vollkommene Mischung aller Stoffe eingegriffen haben. Damit hätte er einen kleinen Wirbel verursacht, der seinerseits die benachbarten Partikel mit sich gerissen und sich dadurch immer weiter ausgebreitet hätte, was zu immer umfassenderer Aussonderung der einzelnen Stoffe geführt hätte. Anaxagoras schrieb dazu: «Und nachdem der Geist begonnen hatte, die Bewegung zu verursachen, erfolgte die Ausscheidung von allem, was so in Bewegung versetzt wurde, und all das, was der Geist in Bewegung versetzt hatte, wurde voneinander geschieden. Dadurch, daß sie bewegt wurden und sich voneinander schieden, bewirkte die daraus entstehende Wirbelbewegung eine noch viel stärkere Scheidung der Stoffe voneinander», «... wobei diese Stoffe sich infolge der Wucht und Schnelligkeit so herumdrehen und voneinander scheiden; denn die Schnelligkeit verursacht Wucht [Gewalt, *bía* / *βία*].»[74]

Unklar ist, welche Rolle der Weltgeist für Anaxagoras bei der Entstehung der ersten Lebewesen gespielt haben und bei der Geburt der nachfolgenden spielen soll. Die Berichte besagen lediglich, Anaxagoras habe angenommen, daß die Luft Keime von allem enthalten habe und daß diese zusammen mit dem Regenwasser auf die Erde gefallen wären und dort Pflanzen und Lebewesen erzeugt hätten. Es hat auch allen Anschein, als ob Sokrates, Platon und Aristoteles mit ihrer Kritik recht gehabt haben, wenn sie beklagten, daß Anaxagoras mit dem planenden und bewegenden Weltgeist zwar den richtigen Weg zum Weltverständnis eingeschlagen hätte, daß er aber am Beginn dieses Weges stehengeblieben wäre, indem er den Weltgeist nur den Anstoß zur Kosmogonie hätte geben lassen, diese aber danach ohne ein weiteres Einwirken seinerseits ablaufen lasse – wie ein Automat, also rein mechanisch. Allerdings wußte der Geist nach Anaxagoras, was aus der anfänglich von ihm verursachten Wirbelbewegung einmal entstehen würde – bis hin zur Entwicklung menschlicher Kultur. Anaxagoras ging in einem Gedankenexperiment sogar so weit zu behaupten, daß die Welt des Kosmos immer wieder auf dieselbe Weise als dieselbe entstehen würde. Ein solcher *vorausgedachter* und immer wieder gleicher Ablauf der Kosmogonie würde gleichzeitig aber einen periodischen Auf- und Abbau des Kosmos ausschließen, den übrigens auch Empedokles nicht angenommen hatte (mit dieser Vorstellung hat Anaximandros also nicht nachgewirkt); und den Zufall hatte Anaxagoras ja ausdrücklich ausgeschlossen.

Daß Anaxagoras die Welt dualistisch deutete, bezeugt dann ein längeres wörtliches Fragment, in dem er seine Vorstellungen von diesem Weltgeist und dessen Wirken wiedergibt:

«Das andere hat an allem Anteil, der Geist aber ist unbegrenzt und autark und mit keinem Ding vermischt; denn wenn er nicht für sich, sondern mit anderem vermischt wäre, dann hätte er, wenn er mit nur einem vermischt wäre, gleichzeitig an allem Anteil. Ist doch in allem ein Teil von allem enthalten [...]. Die mit ihm vermischten Dinge würden ihn dann nur hindern, so daß er über kein Ding in derselben Weise herrschen könnte, wie wenn er allein für sich wäre.

Er ist aber das feinste und reinste von allen Dingen, und er besitzt von jedem Ding jede Erkenntnis und hat die größe Kraft. Über alles, was eine Seele hat, größeres und kleineres, hat der Geist Gewalt; und auch über die gesamte Wirbelbewegung hat der Geist Gewalt, so daß er ihr den Anstoß gab. [...] Teile gibt es aber viele von vielen Stoffen. Vollständig schied sich allerdings nichts vom anderen oder trennte sich von ihm, außer dem Geist. Jeder Geist ist nun von gleicher Art, ein größerer wie ein kleinerer; kein anderes Ding aber ist von gleicher Art wie ein anderes, sondern wovon am meisten in ihm enthalten ist, das ist und war jedes einzelne Ding aufs deutlichste.»[75]

Bedenkt man, daß nach Anaxagoras eine Kosmogonie und anschließende Kulturentwicklung immer wieder so hätten ablaufen sollen, wie sie abgelaufen sind, so erlauben gerade diese Sätze einen Vergleich mit der neueren kosmogonischen Theorie eines Immanuel Kant, für den Gott auch nur den Anstoß gab durch die Erschaffung der gravitierenden Materieteilchen. Hiernach sollte sich aus der fast homogen über den Raum verteilten, gemischten Materie ohne weiteres Zutun Gottes der Kosmos bilden, der sich immer wieder und auch an anderen Stellen so bilden würde – allerdings für Kant aufgrund der (Newtonschen) Naturgesetze, die Gott den Materieteilchen bei der Erschaffung eingeprägt hätte. Anaxagoras und seiner Zeit fehlte noch diese Vorstellung von universellen Naturgesetzen, die alles determinieren; daß er die Kulturentwicklung mit in den vom Weltgeist vorgedachten Verlauf des natürlichen Geschehens einbezog, zeigt das deutlich. Aber an etwas Ähnliches zumindest im Effekt scheint er gedacht zu haben mit seinem alles planenden, erkennenden und vorausdenkenden Weltgeist, der den Ablauf des Geschehens nicht selbst zu lenken und zu überwachen brauche. Er hat dies jedoch nicht zu artikulieren vermocht und nicht gesagt, wer oder was statt des Weltgeistes dann die Lenkung übernommen hätte, die später den Naturgesetzen übertragen wurde. Platon und Aristoteles griffen deshalb wieder auf ein auch stets wirkendes göttliches Prinzip zur Erhaltung des bestmöglichen Kosmos zurück. Ein solches hat aber auch innerhalb der Atomistik von ihren Grundlagen her fehlen müssen.

Die Begründung der Atomistik: Leukippos und Demokritos

Leukippos, der Begründer einer Atomistik, war in Elea Schüler des Zenon, bevor er um 450 im thrakischen Abdera, der Heimatstadt seines späteren Schülers Demokritos, eine eigene Schule gründete. Die Lehren seiner älteren Zeitgenossen Empedokles und Anaxagoras waren ihm, wie gelegentliche Kritik zeigt, bekannt; doch scheint ihm erst sein Lehrer Zenon von Elea den entscheidenden Anstoß zur Atomlehre gegeben zu haben. Zenon war durch seine scharfsinnigen Beweise gegen die Vielheit und die Bewegung der Dinge, die er mit Hilfe seines Prinzips der bis ins Unendliche fortgeführten Dichotomie, der fortwährenden Zweiteilung der Körper, Strecken und Zeiten, geführt hatte, zur Vorstellung unendlich kleiner stofflicher Seinsteilchen vorgedrungen; und unter dem Einfluß dieser Argumentation hatte schon Anaxagoras den Begriff des Unendlich-Kleinen zur Grundlage einer Stofflehre gemacht. Leukippos dagegen verwahrte sich gegen die Möglichkeit einer unendlichen Folge von tatsächlich durchführbaren Halbierungsschritten, die besagen würde, daß letztlich unendlich viele Teilchen einen endlichen Raum müßten einnehmen können. Endlich viele Teile würde man dagegen erhalten, wenn die Teilbarkeit begrenzt wäre. Und so nahm er an, daß etwas Nicht-weiter-Teilbares, etwas Unteilbares, das «Atom», die stoffliche Grundlage alles Seienden bilden müsse.

Ganz im Sinne der parmenideischen Argumentation, daß das Seiende nur durch Nicht-Seiendes getrennt werden könne, ging Leukippos davon aus, daß das Volle, das Raumausfüllende und Seiende, nur entlang von Hohlräumen geteilt und getrennt werden könne. Hatte Parmenides aus der Nicht-Existenz der Leere als des Nicht-Seienden gefolgert, daß es keine Trennung und damit keine Vielheit des Seins geben könne, so setzte Leukippos aber im Sinne der mathematischen Dichotomien des Zenon die Teilbarkeit voraus. Prämisse und Folge werden damit umgekehrt: Die wahrnehmbare Vielheit und Teilbarkeit im sinnlichen Bereich wird als real aufgefaßt. Unter der Annahme von einheitlich Seiendem – hierin folgte Leukippos als einziger Parmenides strikt – folgt daraus notwendig die Existenz einer Leere zumindest in den jeweiligen Zwischenräumen. Wäre eine Zerlegung der Stoffe dann aber bis ins Unendliche möglich, wie es Zenon in seinen Argumentationen voraussetzte, müßten alle stofflichen Dinge letztlich aus aneinanderstoßenden Hohlräumen bestehen, damit sie überall geteilt werden könnten, so daß außer diesen Hohlräumen, außer der Leere, überhaupt nichts, insbesondere nichts körperlich-dinglich Festes existierte. Alles müßte vielmehr gänzlich leer von körperlicher Substanz sein. Zenons bis ins Unendliche durchzuführende Dichotomie, die völlig abstrakt, das heißt rein *mathematisch* gedacht war, erwies sich also als dann nicht durchführbar, wenn man sie konsequent auf die dingliche Wirklichkeit, also *physikalisch* anwendete. Es müßten folglich, physikalisch gesehen, diejenigen Teilchen der Materie, durch die ein Körper den materiellen und dinglichen Zusammenhalt erfährt, völlig frei von irgendwelchen Hohlräumen, völlig frei von Leerem sein. Das bedeutet aber, sie müßten «ganz voll» und daher nicht weiter zerlegbar sein und somit auch in jeder Hinsicht unverletzlich und unveränderlich. Andererseits setzt die makroskopische Teilbarkeit, kann man weiter schließen, zwischen den Atomen eine Leere voraus.

Veränderung besteht vorwiegend aus Entstehen und Vergehen, aus Wachsen und Schwinden sowie aus qualitativen Veränderungen wie von warm zu kalt, von feucht zu trocken, von hell zu dunkel usw. All diese Veränderungen, die im Sinne des Parmenides als nicht real, weil nicht denkbar angesehen wurden und deshalb beim Sein nicht anzutreffen wären, könnten somit auch den seienden und unveränderlichen Atomen nicht zukommen – und da sie ihnen nicht zukämen, könnten die Atome auch nicht qualitativ unterschiedlich sein. – Mit dieser Überlegung folgt Leukippos der parmenideischen Idee vom einheitlichen Sein am konsequentesten. Nur war natürlich eine Zersplitterung des einen Seins, wie Empedokles und Anaxagoras schon gezeigt hatten, unumgänglich, um Veränderung und Vielheit der makroskopischen Dinge überhaupt gewährleisten zu können.

Reduktion der Qualitäten auf Quantitäten

Leukippos und Demokritos hielten aber die Sinnenwelt nicht, wie Parmenides, für eine Scheinwelt, sondern waren davon überzeugt, daß nicht nur das, was gedanklich erfaßt wird (die Atome), sondern auch das, was wahrgenommen wird, auf Wirklichkeit beruht, wenn auch das Erkennen dieser verschiedenen Wirklichkeiten unterschiedlich sicher wäre.[76] Die Sinnenwelt weist neben den Veränderungen auch zahllose Verschiedenheiten in den Eigenschaften wie Farbe, Geschmack, Temperatur usw. auf. Folglich mußte es für die beiden Atomisten auch zahllose, also unendlich viele verschiedene Arten von Atomen geben! Nur konnten diese unterschiedlichen Eigenschaften der Sinnenwelt nicht auf unterschiedlichen Qualitäten der Atome selbst beruhen, da diese im Sinne des Parmenides qualitativ einheitlich sein sollten. Die erscheinenden oder vielmehr: die vom Wahrnehmenden empfundenen qualitativen Unterschiede und Veränderungen mußten also durch etwas anderes hervorgerufen und damit auf etwas anderes reduziert werden.

Leukippos wählte hierzu den Bereich des Quantitativen. Für ihn unterschieden sich die Atome lediglich durch drei quantitativ erfaßbare Relationen, zum ersten durch ihre Form und Gestalt (wie die Buchstaben A und N), zum zweiten durch ihre Lage zueinander (wie die Buchstaben N und Z oder M und Σ) und zum dritten durch die Anordnung und Gruppierung von mehreren Atomen (wie die Buchstabenfolgen AN und NA).[77] Demokritos ergänzte später noch den Unterschied in der Größe, wobei er an eine Spannweite von der endlichen Minimalgröße bis zur Größe ganzer Himmelskörper dachte. – Alle qualitativen Eigenschaften und Veränderungen wurden also von den Atomisten einheitlich auf quantitativ erfaßbare Unterschiede der Atome zurückgeführt. Die Atome wären nicht grün, warm, bitter usw., sondern sie besäßen eine Form oder ergäben eine Struktur, die beim wahrnehmenden Erkenntnisvermögen den (subjektiven!) Eindruck dieser Eigenschaften hinterließen.

Wie Entstehen und Vergehen eines Dinges auf dem Zusammentreten und Auseinandergehen der Atome beruhten – hierin stimmten die Atomisten mit Empedokles und Anaxagoras überein –, so beruhe auch die Veränderung eines solchen Dinges ausschließlich auf einer sich verändernden Anordnung und Lage dieser Atome.

Existenz der Leere

Da die Atome auch in der Gestalt unveränderlich, also insgesamt undeformierbar sein sollen, sei eine solche Veränderung der Anordnung und Lage von Atomen aber überhaupt nur aufgrund der Annahme eines Leeren begreiflich und vorstellbar. Jede Veränderung erfolgt danach so, daß die miteinander verhakten Atome aufgrund des zwischen ihnen befindlichen Leeren dadurch getrennt werden, daß in diese Hohlräume eines Körpers fremdartige Stoffe, wiederum als Atome, eindringen und das ursprüngliche Atomgefüge zersprengen. Auf die gleiche Weise stellen sich die beiden Atomisten auch das Wachstum vor, insofern in die kleinsten Hohlräume des betreffenden Organismus weitere gleichartige Atome eindringen und ihn so ausdehnen sollen.

Prinzipien der wahrnehmbaren Welt wären also sowohl das Volle, die zahllosen unsichtbar kleinen und deshalb nur denkbaren Atome, als auch die Leere zwischen ihnen als zweite Grundvoraussetzung für die atomistische Welterklärung, weil ohne sie, ohne das Nicht-Atomare, weder Bewegung noch diskrete Vielheit der Körper begreiflich wäre. Auch die Verdichtung und Verdünnung gewisser Körper – etwa das Kondensieren von Wasserdampf oder das Verdampfen von Wasser – sei ebenso nur unter dieser Voraussetzung erklärlich wie das Wachstum usw.

Die Leere, die Leukippos im Gegensatz zum Vollen, dem Raum-Erfüllenden und Seienden, und im Anschluß an Parmenides auch das «Nicht-Seiende» nennt, ist oder existiert seiner Meinung nach damit genausogut wie das Volle, das Seiende. Die älteren Atomisten führen sogar eine Beobachtung zur Bestätigung der Existenz des Leeren an, die über die soeben nachvollzogenen Überlegungen hinausgeht: Man könne ein Gefäß so mit Asche füllen, daß auch mit Gewalt kein weiterer fester Körper darin Platz finde; dennoch könne man dann noch einmal fast dieselbe Menge an Flüssigkeit einfüllen wie in das leere Gefäß. Asche müsse also sehr viele Hohlräume enthalten; gäbe es diese Leere nicht, müßten in diesem Falle ja zwei Körper denselben Raum einnehmen, was unmöglich sei.[78]

Leukippos machte hiermit einen entscheidenden Schritt über Parmenides hinaus, für den das Nicht-Seiende auch nicht real existent war; und wenngleich auch für ihn das Volle, das Erfüllende, nämlich die Atome, das im eigentlichen Sinne Seiende waren, so galt ihm doch nichtsdestoweniger auch das Nicht-Seiende, das Leere, als von realer Wirklichkeit. Die Konsequenz, die Leukippos aus der parmenideischen Seinslehre einerseits und der diskreten Vielheit und Veränderlichkeit der sinnlich wahrnehmbaren Welt andererseits zog, nämlich seine im eigentlichen Sinne nach Parmenides als seiend und raumerfüllend gedachten, unverletzlichen und somit auch undeformierbaren Atome, zwang ihn gerade wegen dieser in enger Anlehnung an Parmenides gewählten Eigenschaften der Atome zu der Annahme einer Existenz der Leere, einer nicht-atomaren Natur *neben* den Atomen. Die aus der parmenideischen Seinslehre gezogene Konsequenz zieht also diese zweite Konsequenz nach sich, obwohl sie an sich zu einem Widerspruch führt; denn etwas Nicht-Seiendes wird damit als seiend (existent) bezeichnet. Vielleicht hängt mit dem Unbehagen daran zusammen, daß Demokritos das Seiende, die Atome, unterschiedlich benennt und in einem künstlichen Wortspiel auch das «Ichts» nennt, wie Simplikios aus der Schrift *Über Demokritos* des Aristoteles berichtet:[79] Seine Begriffe für das Leere seien *kenón (κενόν), apeíron (ἀπείρων)* und *oudén (οὐδέν),* für das Volle (die Atome) *nastón (ναστόν), on (ὄν)* und *den (δέν)* – indem er das *οὐ-* (= nein) von *οὐ-δέν* (= keines) wegließ (im Deutschen etwa: k-eines/eines).

Der Widerspruch war dann aber auch einer der Gründe dafür, daß die Atomlehre in der Antike nicht eigentlich zur Wirkung kommen konnte; denn ihre Prämissen sind für diese Zeit zumindest ganz verschiedenen Bereichen entnommen, nämlich einmal dem des Denkens, des Seins im Sinne des Parmenides und Leukippos, und einmal dem der Anschauung, dem des Nicht-Seienden im Sinne des Parmenides. Auch Leukippos selbst bezeichnete ja diese aus der Anschauung gezogene Konsequenz, das Leere, als nicht-seiend. Später, als gerade aus dieser Differenzierung des Existierens von Körpern und Nicht-Körpern, des Seienden und des Nicht-Seienden, der Begriff des Seins selbst differenziert wurde und auch Nicht-Körperliches umfaßte, ja dieses Unkörperliche bei Platon geradezu wieder als das eigentlich Seiende aufgefaßt wurde, waren es andere Gründe, die gegen die Annahme einer Leere und damit auch von Atomen führten.

Die Leere galt den Atomisten nun aber nicht wie die animistischen Kräfte Liebe/Streit beziehungsweise der Geist bei seinen Vorgängern Empedokles und Anaxagoras als ein aktives, bewirkendes Prinzip, allerdings auch nicht als ein passives Prinzip, mit dem etwas geschieht, sondern lediglich als eine *conditio sine qua non,* als etwas für die abgeleitete Existenz der Atome als des Seienden Notwendiges, wenn die überall wahrgenommene Bewegung und Veränderung, die ihrerseits auf die Bewegung von unveränderlichen Atomen zurückgeführt wird, wirklich und gegeben sein soll.

Beweglichkeit der Atome

Da die Bewegung der Dinge in der sichtbaren Welt niemals aufhöre – das hatten die Milesier und Herakleitos eindringlich gezeigt –, müßten sich auch die als solche unveränderlichen und deshalb auch unentstandenen Atome ihrerseits in ständiger Bewegung befinden. Diese Bewegung der Atome sei folglich anfangs- und endlos sowie, da sie die Atome selbst nicht verändern könnte und dürfte, ausschließliche Ortsbewegung. Stoffliche Atome und Bewegung seien, da Bewegung immer an einen Körper, der sich bewegt, gebunden sei und es neben den Atomen keinen Körper gebe, voneinander untrennbar. Die Atome besäßen neben ihrer Festigkeit, Undurchdringlichkeit und Unteilbarkeit als wesentliche weitere Eigenschaft die Beweglichkeit; sie wären von vornherein *bewegte* Atome.

Die Einheitlichkeit des Seins wurde von den Atomisten als oberste und nicht antastbare Prämisse für die Atome aus der eleatischen Ontologie übernommen. Da es demnach keine unterschiedlichen Seinsformen geben durfte, mußte das Bewegungsprinzip unterschiedslos dem Sein selbst zugeordnet werden und gleichzeitig der Dualismus zwischen aktiv bewegendem und passiv bewegtem Sein bei ihren Vorgängern in den Atomen selbst aufgehoben werden: Ausschließlich bewegende Prinzipien waren schon deshalb ausgeschlossen, weil es dazu spezieller Atome bedurft hätte, die nicht hätten körperlich sein dürfen.

Selbstverständlich sollte es Atome geben, die in Lebewesen als Geist- und Empfindungs-, also auch Seelen-Atome zur Wirkung kommen – die Atomisten dachten dazu an besonders feine und bewegliche, etwa kugelförmige Atome –, doch hätten diese sich nicht grundsätzlich von den übrigen Atomen unterscheiden können, da sie auch nur durch ihre eigene Bewegung anderen, weniger beweglichen Atomen durch Stoß oder Schub hätten zusätzliche Bewegung mitteilen können. Ein besonderes Moment der Welterklärung und Weltentstehung, das als erstes Bewegendes hätte wirken sollen, wie der Weltgeist des Anaxagoras, wurde damit ebenfalls überflüssig: Die Atome von Leukippos und Demokritos sind von vornherein bewegte, nämlich sich bewegende Atome – und nur sekundär daraufhin auch durch Stoß bewegende Atome, wie in den anaxagoreischen Wirbeln.

Da unterschiedliche Bewegungen wahrgenommen werden, das Bewegungsprinzip aber einheitlich sein sollte, mußten die (Eigen-)Bewegungen der Atome als regellos, als ungeordnet, vielfältig und uneinheitlich, insgesamt als planlos aufgefaßt werden. Nicht eine bestimmte Art von Ortsbewegung, ihre Richtung oder Schnelligkeit, sondern die von solchen Unterschieden abstrahierte Bewegung als solche verblieb als Einheitliches; sie wurde das einheitliche, den Atomen zugehörige Prinzip.

Atomistische Welterklärung

Die Atome von Leukippos und Demokritos sind daraufhin, jedes für sich genommen, ein vollkommenes Abbild des parmenideischen Seins, wenn auch unendlichfach vervielfältigt oder zersplittert und wenn überhaupt, dann nur in der äußeren Form unterschieden, die nicht das Sein selbst betrifft. Sie bilden also nur infolge ihrer Gleichheit eine übergeordnete Einheit im Sein, keine individuelle Einheit im Sinne von Einzigkeit, wie bei Parmenides.

Nach Leukippos erklären sich die Vorgänge in der sinnlichen Welt aus den bewegten Atomen dann folgendermaßen: «Die Atome, die in dem grenzenlosen Leeren voneinander getrennt sind und sich nur durch Gestalt, Größe, Lage und Anordnung unterscheiden, bewegen sich im Leeren (Raum) und stoßen, wenn sie aufeinandertreffen, zusammen. Die einen prallen voneinander ab, hierhin und dorthin, wie es sich gerade trifft, andere dagegen verflechten sich miteinander infolge der Symmetrie ihrer Form, ihrer Größe, ihrer Lage und Anordnung und bleiben zusammen. Auf diese Weise erfolgt die Entstehung der zusammengesetzten Körper.»[80]

Nach Leukippos (und Demokritos) sind also nicht alle Atome jeweils zu komplexeren Körpern vereinigt – und sei es auch nur für eine kurze Zeit –, sondern es bliebe stets ein wegen der Unendlichkeit des Raumes (der Leere) doch wohl beträchtlicher Teil von ihnen in ungebundener, selbständiger Bewegung. Nicht einmal die verbundenen Atome sollen ein einheitliches, physikalisches Gebilde darstellen, sondern ihre individuelle Bewegung soll selbst dann, wenn sie zu einem höheren Verband zusammengeschlossen sind, erhalten bleiben; ihre Unveränderlichkeit ist ja eine Grundforderung der Atomistik. Nur erfolge ihre Bewegung dann nicht ungehindert und unbeeinflußt, vielmehr bewege sich jedes einzelne Atom in dem durch die Nachbaratome begrenzten Raum und stoße dabei häufig mit jenen Nachbaratomen zusammen, was den Bewegungen – modern ausgedrückt – die Form schneller Schwingungen verleihen soll. Jedes Atom soll also in einem Atomverband seinen individuellen Charakter bewahren, der sich in seiner Form und Bewegung äußere.[81]

Nimmt man, wie die Atomisten, eine unendliche Anzahl von Formen als Atomarten an, die von jeweils unendlich vielen Atomindividuen innerhalb eines unendlichen Raumes eingenommen werden, so folgt daraus zwangsläufig die Vorstellung, daß es auch unendlich viele verschiedene Welten in den unterschiedlichsten Entwicklungsphasen und in unterschiedlichsten Zusammensetzungen gebe. Hippolytos, ein christlicher Gelehrter des zweiten Jahrhunderts nach Christus, gibt die diesbezüglichen Lehren des Demokritos, die er für absurd hält, folgendermaßen wieder:

«Es gebe unzählige Welten, die sich durch ihre Größe unterschieden, in manchen gebe es weder Sonne noch Mond, in anderen seien diese größer als in unserer Welt und in wieder anderen zahlreicher. Es seien aber die Abstände der Welten voneinander ungleich; und in der einen Gegend des Universums gebe es mehr Welten, in einer anderen weniger, und die einen befänden sich noch im Wachsen, andere auf der Höhe ihrer Entwicklung, und wieder andere seien schon wieder im Schwinden begriffen; und an der einen Stelle entstünden welche, während sie an einer anderen vergingen, und zwar gingen sie zugrunde, indem sie zusammenstießen. Es gebe allerdings einige Welten, in denen es keine Tiere und Pflanzen und keinerlei Feuchtigkeit gebe.»[82]

Das sollte aber, wie diese Bemerkung zeigt, die Regel sein. Unverändert erhalten blieben allein die ungewordenen und stets von sich aus bewegten Atome, unendlich an Zahl, Größe und Gestalt, die sich nur aufgrund der blinden Notwendigkeit ihrer Bewegung verschieden gruppierten, mischten und wieder trennten.

Das Fehlen von Ordnungsprinzipien

Aber Leukippos und Demokritos vermochten mit ihrer unendlichen Fülle von Formen und unendlichen Anzahl von Größen mit jeweils unendlich vielen Atomen ohne ein bewegendes und ordnendes Prinzip nicht zu erklären, daß zumindest hier auf unserer Erde ein Mensch immer wieder ein Mensch wird, daß alle Menschen, Tiere, Pflanzen und Minerale sich im wesentlichen immer wieder gleichen, daß bei ihrem Entstehen also eine irgendwie bestehende Planung und Ordnung herrscht: Wieso setzen sich bei der unendlichen Vielfalt der unveränderlichen Atome diese immer wieder zu denselben Arten von Lebewesen, ja auch nur den gleichen Stoffen wie Wasser, Luft, Sand, Gestein, Feuer, Blut usw. zusammen? Die antiken Atomisten stellten sich zwar vor, daß die Atome durch einander «zugemessene» positive und negative Formen oder mittels Haken und Ösen aneinander haften bleiben, wenn sie zusammengekommen sind; aber das Ineinanderpassen der verschiedenen Atomformen reicht nicht aus, das Zusammentreten immer wieder gleicher Atomformen zu erklären, weil es unendlich viele Formen geben soll. Epikuros versuchte später, die Konstanz der Arten in der Mannigfaltigkeit der sichtbaren Dinge, also in den Atomzusammenballungen, dadurch plausibel zu machen, daß er im Gegensatz zu den älteren Atomisten die Anzahl der Atomformen beschränkte. Insofern ist es nur eine Teilerklärung, wenn Leukippos und Demokritos für die Gleichartigkeit der natürlichen Stoffe auf das uralte Prinzip zurückgreifen, daß Gleiches zu Gleichem strebe:

«Auch Tiere gesellen sich zu stammesgleichen Tieren, wie Tauben zu Tauben, Kraniche zu Kranichen, und ebenso bei den anderen unvernünftigen Wesen. So ist es auch bei den unbeseelten Dingen, wie man es beim

Aussieben von Samenkörnern und bei den Kieselsteinen im Bereich der Meeresbrandung sehen kann; denn dort ordnen sich infolge des Wirbels, der durch das Sieben entsteht, für sich gesondert Linsen zu Linsen, Gerste zu Gerste und Weizen zu Weizen, hier aber werden infolge der Brandung die länglichen Kiesel zur selben Stelle wie die anderen länglichen getrieben, und die runden zu den runden, als ob die Ähnlichkeit in den Dingen hierbei etwas sei, das eine Anziehungskraft ausübe.»[83]

Denn selbst wenn die später als homogen gedachten natürlichen Stoffe, wie Wasser, Blut, Holz, Erde usw., als aus einer Atomart bestehend aufgefaßt werden sollten, was unwahrscheinlich ist, so gälte dieses nicht für komplexe Gebilde wie Organismen.

Die unendliche Formenmannigfaltigkeit der Atome war aber zumindest für Demokritos eine Folge der Leugnung einer oberen Grenze der Größe der Atome gewesen. Nach der Grundanschauung der Atomisten mußten alle Formunterschiede auf kleinen quantitativen Schritten (der Gestalt, der Größe usw.) beruhen; jede Form ist daraufhin von jeder anderen, auch noch so ähnlichen durch einen endlichen Schritt getrennt und kann deshalb klar von ihr unterschieden werden. Jeder gegebenen Größe kann aber nur eine endliche Zahl scharf unterschiedener Formen zugeordnet werden. Sobald alle möglichen Formen erschöpft sind, können neue Arten von Atomen nur durch eine Vergrößerung des Volumens zustande kommen, und zwar auch hier durch eine jeweils schrittweise Vergrößerung bis ins Unendliche. Demokritos nahm deshalb beispielsweise an, daß es auch einatomige Gestirnskörper von der Größe der Erde und Sonne gebe. Dabei scheint er allerdings nicht die Konsequenz bedacht zu haben, daß es dann auch ein unendlich großes Atom geben müßte, das aber selbst in einem unendlich ausgedehnten Raum die Existenz anderer Atome neben sich, seien sie auch noch so klein, ausschlösse, ganz zu schweigen davon, daß es auch solche unendlich großen Atome in unendlicher Zahl geben müßte. Vielleicht hatte Demokritos aber auch bezüglich der Maximalgröße eine Grenze gesetzt, von der nur die Überlieferung nicht berichtet.

Insgesamt ist in der Antike jedenfalls gegen die Atomistik vorgebracht worden, daß die auf blindem Zufall beruhende Zusammenballung und Trennung von Atomen ohne ein Ordnungsprinzip nicht ausreiche, das natürliche Geschehen in seiner Gleichartigkeit zu erklären. Um das immer wieder gleiche Geschehen gewährleisten zu können, bedürfe es irgendwelcher Ordnungsprinzipien, übermaterieller oder gar übernatürlicher Vorbilder, der Ideen Platons etwa, und eines göttlichen, vorsorgenden Planes, der über den Dingen stehen oder in sie eingeprägt sein müsse, oder – wie es die neuzeitliche Physik nach Newton ausdrücken sollte – einer allgemeinen Naturgesetzlichkeit, wobei ursprünglich auch diese als von Gott den Materieteilchen eingeprägt galt. Schon Leukippos hatte zwar in dem einzigen wörtlich erhaltenen Fragment angeblich aus einer

Schrift, die den Titel *Vom Geist* trug, gesagt: «Keine Sache geschieht grundlos *(máten/μάτην)*,[84] sondern alles infolge eines Grundes *(ek lógou/ ἐκ λόγου)* und unter dem Druck der Notwendigkeit *(hyp' anánkes/ὑπ' ἀνάγκης)*.»[85] Aber das bezieht sich nur auf die unmittelbare Verursachung durch ein zufällig einwirkendes Atom, dessen Einwirken dann allerdings eine notwendige Folge bewirke; und der Zufall, der dieser Notwendigkeit vorangeht, entspricht dann in seiner Wirkung und Erkennbarkeit dem nicht vorhersehbaren göttlichen Eingriff durch ein Wunder, das sich der rationalen Einsicht entzieht.

Aber daraufhin benötigen die Atomisten und mit besonderer Betonung dann Epikuros auch weder Götter als übernatürliche Wesen noch immaterielle Seelen neben den bewegten Atomen, aus deren Bewegung schon das Geschehen resultieren sollte; auch Götter könnten nichts anderes sein als Atomballungen. Die Atomisten waren damit reine Materialisten – und wurden insbesondere deshalb auch von den griechischen und mittelalterlichen Kirchenvätern abgelehnt und aufs heftigste bekämpft. Gerade ihre Absicht, hiermit dem Menschen die Furcht vor den Göttern zu nehmen, galt diesen als Blasphemie. Die Bekämpfung der Ansichten der Atomisten durch die christlichen und muslimischen Denker des Mittelalters hatte nun aber zur Folge, daß deren polemische Kritik die Kenntnis von der Atomlehre über die Zeiten bis zu ihrer Erneuerung im 17. Jahrhundert wenigstens in groben Zügen am Leben erhielt. Auf physikalischer Ebene wurden dabei die Argumentationen Platons und Aristoteles' benutzt und erweitert.

Fritz Krafft

ARISTOTELES
(384–322)

Die Physik des Aristoteles unterscheidet sich zwar weitgehend von der neuzeitlichen und vor allem der modernen Physik als grundlegender Teildisziplin der Naturwissenschaft, aber nicht in ihrer Wissenschaftlichkeit, sondern weil sie ganz andere Fragen an die Natur stellte. Mit ihren Fragestellungen und Lösungen im Rahmen einer sämtliche Bereiche menschlichen Handelns und Erkennens umfassenden Gesamtphilosophie hat sie aber immerhin fast 2000 Jahre das abendländische Denken über die Natur bestimmt und geprägt. Ihre Grundfragestellungen werden gegenwärtig zur Ausfüllung der immer bewußter werdenden Defizite neuzeitlicher, reduktionistisch-positivistischer und in viele Einzeldisziplinen zerfallener Naturwissenschaften – deren Anfänge noch keine 400 Jahre zurückliegen – Stück für Stück wieder aktiviert. Die aristotelischen Lehren, die seit dem ausgehenden 16. Jahrhundert nach und nach aufgegeben worden waren, hatten in der Antike und in der Scholastik des Mittelalters arabischer und lateinischer Prägung manche Modifizierungen erfahren, die dazu hatten dienen sollen, sie zu einem geschlossenen und in sich schlüssigen System auszubauen – das dann allerdings statt systematischer andersartige Schwächen aufwies, die es von empirischer Seite anfälliger werden ließen.

Leben und Werke

Aristoteles entstammte einer traditionsreichen Ärztefamilie und wurde im Jahre 384 v. Chr. in Stageira auf der Halbinsel Chalkidike geboren. Sein Vater Nikomachos war Leibarzt des makedonischen Königs Amyntas. Auch Aristoteles sollte denselben Beruf ergreifen und wurde zur Weiterbildung in die kulturelle Metropole Athen geschickt, wo er mit 17 Jahren in die Platonische Akademie eintrat, der er dann 20 Jahre als Schüler und Lehrer angehörte. Da Platon nicht ihn zu seinem Nachfolger bestimmt hatte, weil er sich während seiner Schulzugehörigkeit offensichtlich schon zu weit von den Grundlehren Platons entfernt hatte, folgte Aristoteles 347 dem Angebot seines Mitschülers Hermeias, des Tyrannen von Atarneus und Assos im Nordwesten Kleinasiens, und ging an den Hof von Assos, verlegte aber bereits 345 seinen Wohnsitz nach Mytilene auf Lesbos, der Heimat des Theophrastos, mit dem er hier auf Lesbos hauptsächlich das empirische Material für seine biologischen Schriften sammelte.

Aristoteles (384–322)

Im Jahre 342 folgte er einem Ruf Philipps II. von Makedonien an dessen Hof in Pella, wo er als Erzieher des jungen Prinzen Alexander wirkte, der nach der Ermordung Philipps 336 König von Makedonien wurde und als Alexander der Große in die Geschichte einging. Aristoteles war allerdings ein Gegner der unter Alexander verstärkt einsetzenden Großmachtpolitik Makedoniens, und insbesondere war er ein Gegner des orientalischen Prunks und Gepränges, mit dem Alexander sich umgab und das ihm viele Feinde unter den Griechen schuf. Er begleitete deshalb trotz Aufforderung 334 nicht den Eroberungszug Alexanders, sondern begab sich nach Athen, wo er mit Unterstützung des makedonischen Statthalters Antipater eine eigene Schule neben der Akademie gründete und betrieb. Wie im Falle der *Akademie* wurde diese Schule nach dem Lokalheiligen benannt; später wurde dieses *Lykeion* auch wegen der Wandelhalle, in der die Unterrichtsgespräche stattfanden, *Peripatos* genannt, ihre Schüler und Anhänger *Peripatetiker*. Das Lykeion war eine straff organisierte Unterrichts-, besonders aber auch Forschungsstätte.

Wegen seiner engen Beziehungen zum makedonischen Königshof wurde Aristoteles nach Bekanntwerden des Todes Alexanders (323) besonders von den national und altgläubig eingestellten Kreisen Athens unter der Führung des brillanten Redners Demosthenes angefeindet. Einem nach bewährtem Muster gegen ihn angestrengten Prozeß wegen angeblicher Gotteslästerung entzog sich Aristoteles rechtzeitig durch die Übersiedlung auf das Landgut seiner Mutter in Chalkis auf Euboia – «um den Athenern nicht Gelegenheit zu geben, sich ein weiteres Mal an der Philosophie zu versündigen», wie er in Anspielung auf den Ausgang des Prozesses gegen Sokrates sagte. In Chalkis erkrankte er jedoch bald an einem Magenleiden und starb nach wenigen Monaten im Jahre 322. Die Nachfolge in der Leitung des Peripatos hatte er testamentarisch seinem Schüler und Freund Theophrastos von Eresos übertragen.

Aristoteles hat eine Fülle von Schriften zu fast allen Bereichen damaliger Philosophie und Wissenschaft hinterlassen, die durch seine Differenzierungen und getrennten Behandlungen überhaupt erst zu Einzeldisziplinen geworden waren: Logik sowie Wissenschaftslehre und -methodik (-theorie), Metaphysik, Physik, Mechanik, Zoologie, Psychologie, Botanik (vor allem aufgrund der Arbeiten seines Schülers Theophrastos), Ethik, Rhetorik, Politik, Philosophie- und Wissenschaftsgeschichte. Während jedoch die zur Veröffentlichung bestimmten kleineren Dialoge allgemeineren philosophischen Inhalts, meist aus der Frühzeit seines Wirkens noch an der Akademie, verlorengingen und nur aus wenigen Fragmenten bekannt sind, ist ein großer Teil von seinen mehr oder weniger abschließend redigierten Vorlesungsmanuskripten beziehungsweise Vorlesungsmit- und -nachschriften erhalten. Wenn auch die antiken Aristoteles-Biographien und -Bibliographien noch viele weitere Schriften anführen, so reichte doch die im ersten vorchristlichen Jahrhundert von dem Peripatetiker Andronikos von Rhodos in dem erhaltenen Umfang zusammengestellte Ausgabe der Hauptwerke aus, um eine die stoische Philosophie und Naturwissenschaft zurückdrängende Aristoteles-Renaissance einzuleiten – eine Renaissance, die nicht nur, neben dem Neuplatonismus, die abendländische und arabische Philosophie der Folgezeit, sondern insbesondere auch die Naturwissenschaft bis tief in die Neuzeit und teilweise bis in die Gegenwart prägte und beeinflußte.

Inhalt und Aufgabe der Naturwissenschaft

Für Aristoteles war das, was dem wahrnehmenden Menschen aus der materiellen Welt klar und deutlich entgegentritt, nicht etwas Einfaches, sondern das Produkt eines Zusammenfließens von Einfachem, wenn auch nicht von Einfachem einerlei Art – das unterscheidet seine Vorstellungen von denen der Atomisten und auch aller anderen Vorgänger. Er wollte auch deren verschiedene Lehren von dem Einfachen zu einer einzigen vereinigen.

Methodisches Wissen, das hatte man allmählich erkannt, gibt es nur durch die Kenntnis der ersten und einfachen Prinzipien, die von der Seite der Natur her die Objekte der Sinneswahrnehmung hervorbringen. Je nachdem, was man dann als Natur auffaßt, das sinnlich Wahrnehmbare oder das nur Denkbare, sind diese Prinzipien an den sinnlich wahrnehmbaren Dingen selbst abzulesen oder nicht, ist eine Naturwissenschaft vornehmlich empirisch-induktiv oder idealistisch-deduktiv, wie bei Platon, orientiert. Für Aristoteles geht der allein angemessene Weg der Physik als der Wissenschaft von der Natur von den sinnlich jeweils als ein Ganzes wahrnehmbaren Objekten aus, führt aber zu demjenigen hin, aus dem diese Objekte ursprünglich zusammengesetzt sind. Aufgabe der Wissenschaft sei es danach, in dem sinnlich gegebenen Ganzen die Elemente und Prinzipien aufzufinden, durch welche es bestimmt wird. Damit beruht Naturwissenschaft auch für Aristoteles auf der Beantwortung der parmenideischen Frage nach dem Seienden, und sie entstand aus und an der Kritik an früheren Antworten auf diese Frage.

Nach Aristoteles können diejenigen Naturphilosophen nicht recht haben, die nur das Körperliche als seiend auffassen; denn sie müßten alles Seelische und Geistige als nichtseiend und nicht-existent auffassen, weil es zur Zeit des Aristoteles nicht mehr möglich war, Seelisches und Geistiges als körperlich aufzufassen. Gerade der Versuch der Atomisten, auch diese Art von Seiendem als Atome, die qualitativ nicht von denen der festen und massiven Stoffe unterschieden sind, zu deuten und alle geistigen und seelischen Regungen aus bloßen örtlichen, zudem planlosen Bewegungen resultieren zu lassen, hatte die Absurdität eines reinen Materialismus vor Augen geführt und die Präzisierung des Dualismus bei Empedokles und Anaxagoras vorangetrieben. Seinen Höhepunkt hatte dieser Dualismus bei Platon erfahren, der jedoch insofern einen Schritt zu weit gegangen war, als er allein das Nichtkörperliche, das *nur* Denkbare, die Ideen, für wirklich seiend hielt, also die allgemeinen Begriffe, während er die allein mit den Sinnen wahrnehmbaren Einzeldinge als nicht seiend und damit als unerkennbar auffaßte. Aristoteles dagegen stellte der *Natur*wissenschaft gerade die Erklärung und das Wissen von den sinnlich wahrnehmbaren Dingen zur Aufgabe.

Aristotelische Induktion: Sein – Denken – Sprache

Sprache und Denken beziehen sich – darin ist Aristoteles stets Jünger des Parmenides und Platons geblieben – auf das Sein oder vielmehr auf das Seiende. Was man denken kann, *ist* auch, und umgekehrt: was ist, kann auch gedacht werden. Für Aristoteles ist somit Logik gleichzeitig Seinslehre, Ontologie; aber auch die Sprache, der sich das Denken bedient, ist damit gleichzeitig Ontologie. Aus der Sprache ist hiernach das Sein zu erkennen, aus der sprachlichen Struktur die Seinsstruktur.[1] Da aber nach Aristoteles auch die sinnliche Erfahrung prinzipiell dem Sein zugehört, kann auch das in und aus der Sprache erkannte Sein an der Erfahrung geprüft werden: Empirische Erfahrung, Sprache, Denken, Sein sind für ihn gleichberechtigte und einander ergänzende Bereiche, sind nur unterschiedliche Aspekte des einen Bereiches Natur/Sein. Für Aristoteles können deshalb auch der Sprache entnommene Argumente der «Hinführung» (*eisagogé/εἰσαγωγή*, lateinisch *inductio*) zu einem Problem dienen. So leitete er die Dreidimensionalität der dinglichen Welt aus der Existenz des Duals[2] neben dem Singular und Plural in der griechischen Sprache ab, da das All alles umfasse und man «alle» erst für eine Anzahl ab drei sagen könne.[3] So leitet er das Urwissen um die Eigenschaften seines Äthers *(aithér/αἰθήρ)* aus diesem Wort für die grell-strahlende hohe Himmelsluft ab, die man so genannt habe, um auszudrücken, daß sie «stets laufe», dahinziehe (*ἀεὶ θεῖ* = «er läuft ewig»).[4]

Differenzierung des Seins-Begriffs (Kategorien)

Was bedeutet nun aber für die Naturlehre des Aristoteles, daß Erfahrung, Denken, Sprache und Sein dieselbe Seins- und Erkenntnisstufe bilden sollen? Wird die Erfahrung und das sinnlich wahrnehmbare Sein eingeschlossen, so ist damit ja gleichzeitig die Veränderlichkeit einbegriffen – die Bewegung im materiellen Bereich, die für Parmenides und Platon ausdrücklich außerhalb der Erkenntnismöglichkeiten gelegen hatte. Soll also, wie Aristoteles fordert, das Sein im sinnlich wahrnehmbaren Bereich angesiedelt sein, so muß folglich auch die Veränderung und Bewegung als seiend erwiesen, also auf Seiendes reduziert und zurückgeführt werden. Aristoteles gelang es denn auch erstmals, die Begriffe Sein und Bewegung/Veränderung zu verbinden und durch diese Verbindung das Werden und Vergehen einer Erklärung zuzuführen.

Erste Voraussetzung dafür sind die sogenannten Kategorien oder Aussageformen. Schon Parmenides war bei seinem Seinsbegriff vom sprachlichen Satz ausgegangen und hatte die darin ausgedrückte Seinsverknüpfung als das einzig Seiende angesehen, da es als Gedachtes unveränderlich sei. Aber für ihn war Sein gleich Sein. Erst Aristoteles entdeckte nach einigen Vorarbeiten Platons die Verschiedenartigkeit und den unterschiedlichen Wert dieses in einem Satz durch die Kopula «ist» ausgedrückten Seins. Die Kopula «ist» drückt in dem Satz «Sokrates ist ein Mensch» eine andere Seinsart aus als in dem Satz «Sokrates ist klein» oder «Sokrates ist laufend» (für «Sokrates läuft»); und eine noch wieder andere

Bedeutung hat das «ist» in dem Satz «Sokrates ist» – was bedeuten soll: «Sokrates existiert», «Sokrates ist seiend». Diese verschiedenen Aussageformen des Wortes *εἶναι*/sein faßte Aristoteles als verschiedene Seinsarten auf und klassifizierte sie in zehn Gruppen, von denen die wichtigste das Seiende als solches, die Substanz oder das Wesen *(ousía/οὐσία)*, sei. Diese allein sei nämlich für sich und isoliert von den anderen Kategorien aussagbar, wie in dem Satz «Sokrates ist». Dagegen könnten die anderen neun Kategorien nur von dieser ersten Kategorie ausgesagt werden: Sokrates ist klein, ist 1.60 m groß usw. als Quantität, Sokrates ist weiß, ist gebildet usw. als Qualität, Sokrates ist laufend als Kategorie des Tuns usw.

Auch für Aristoteles ist allerdings im Rahmen der ersten Kategorie, die an und für sich und nicht an etwas anderem, im Satz etwa als *Subjectum*, auftritt, nur das Allgemeine erkennbar und daher der eigentliche Gegenstand der Wissenschaft; denn das sinnlich Wahrnehmbare sei wandelbar, so daß das Wesen der Dinge hinter dem Wahrnehmbaren, hinter den Phänomenen aufzusuchen sei. Das Allgemeine soll aber nicht, wie Platons Ideen, seine Realität für sich und abgesondert von dem Einzelnen besitzen, fern von allen Bestimmungen der Einzeldinge; sei doch gerade dasjenige, was den Einzelwesen einer Art gemeinsam sei, was also *stets* am Einzelnen hafte. «Für sich bestehende Substanz» könne dagegen allein ein Einzelwesen sein; denn Substanz ist jenes, was nur Subjekt für sich ist, nicht aber als Prädikat von irgendeinem anderen Ding ausgesagt werden kann.

Hier tritt wieder eine ähnliche Argumentation wie bei Parmenides auf. Beide gingen zur Bestimmung ihres Seinsbegriffs von der einfachen Urteilsbildung aus. Während jedoch Parmenides die allein im Denken durch die Kopula ‹ist› mögliche *Verknüpfung* als solche, also die Einheit als das Seiende ansprach, war für Aristoteles dasjenige das eigentlich Seiende, von dem die prädikativen Seinsformen ausgesagt werden. Also war für ihn das *Subjekt* des Urteils das Seiende – und zwar in erster Linie das konkrete Einzelding und erst in zweiter Linie, als zweite Substanz *(ousía)*, der allgemeine Begriff, das Abstraktum. So bliebe zwar allein das Allgemeine erkennbar, doch käme die Realität des eigentlich Seienden dem mit den Sinnen erfaßbaren Einzelding zu, dem Da-Seienden *(τόδε τι)*. Die erste Kategorie, das Wesen, wird also aufgeteilt in:

Erste Substanz: Da-Seiendes, Individuum *(tóde ti/(τόδε τι)*

Zweite Substanz: Allgemeines/Art bzw. Gattung *(eídos/(εἶδος)*

Es fragt sich dann natürlich, wie dieses Einzelding für Aristoteles zu dieser Realtität gelangte, wodurch es ein Bestimmtes wurde.

Form und Materie

Das Allgemeine, welches das Einzelwesen zu dem macht, was es ist, welches das Einzelwesen bestimmt, nannte Aristoteles *eídos.* Man übersetzt den Begriff gewöhnlich im Anschluß an die lateinische Übersetzung *forma* mit «Form»; *eídos* ist vom selben Wortstamm gebildet wie Platons Begriff Idee, die sogar gelegentlich von ihm mit diesem Wort bezeichnet wurde. Beide Wörter hängen mit den Verben *ideín/eidénai (ἰδεῖν/εἰδέναι)* zusammen, die soviel wie «sehen», «wissen» bedeuten. *Eídos* ist demnach einerseits das Aussehen und dasjenige, was dieses Aussehen verursacht und es wißbar macht, das «Wesen», die «Natur» des Dinges (bei Lebewesen ist es für Aristoteles die Seele) – andererseits aber auch der klassifikatorische Begriff für Art oder Gattung, also der gleiche Individuen zusammenfassende Allgemeinbegriff, wofür der lateinische Begriff *species* steht.

Dasjenige, was von diesem Aussehen, dieser Form bestimmt wird, ist der formbare Stoff (*hýle/ὕλη,* lateinisch *materia*). Dieser formbare Stoff an sich ist zwar nicht wirklich, er ist als solcher und für sich nicht existent, er ist aber auch nicht etwas Nichtseiendes schlechthin, sondern er ist die Möglichkeit des Geformtwerdens, die Formbarkeit als solche. Sein Existenzwert beruht auf der Fähigkeit, wechselnde Formen anzunehmen, und er tritt in die Wirklichkeit erst durch die Bestimmung aufgrund einer Form. Die Materie tritt immer in und mit irgendeiner Form auf; sie ist als solche nur gedanklich abstrahierbar: Die Materie ist also immer in irgendeiner Form *wirklich*; dann ist sie aber auch für eine andere Form, die sie gerade nicht einnimmt, *möglich.*

Entstehung, Bewegung und Veränderung als Übertritt der Möglichkeit in die Wirklichkeit

Durch diesen inhärenten Gegensatz von Wirklichkeit *(enérgeia/ἐνέργεια)* und Möglichkeit *(dýnamis/δύναμις)* löst Aristoteles die Schwierigkeit, daß das Seiende entweder aus bereits Seiendem oder aus Nichtseiendem entstehen müßte, was beides nicht möglich sei. Vielmehr entstehe das Seiende aus einem Etwas, das beziehungsweise *ist* und beziehungsweise *nicht ist;* aus etwas, das der Wirklichkeit nach stets irgend etwas ist, damit aber noch nicht dasjenige wirklich ist, zu dem es werden kann. Allerdings ist es dasjenige, was aus ihm wird und zu dem es wird, bereits der Möglichkeit nach, wenn auch noch nicht tatsächlich.

Das Werden und jegliche Veränderung als Werden von neuen, vorher möglichen Eigenschaften werden so durch den Gegensatz von Möglichkeit und Wirklichkeit des Seins als erkennbar gewonnen: Dem Gegensatz

Möglichkeit/Wirklichkeit entsprechen Materie *(hýle)* einerseits und Form *(eídos)* andererseits. Auf der Spannung zwischen diesen beiden habe sich eine Naturwissenschaft aufzubauen; und folglich ist es die Aufgabe dieser Naturwissenschaft, den jeweiligen Übergang von der Möglichkeit zur Wirklichkeit zu untersuchen, wie er einem in der sinnlich wahrnehmbaren Welt begegnet. Ein solcher Übergang von der Möglichkeit zur Wirklichkeit heißt «Bewegung» *(kínesis / κίνησις)*, und zwar Bewegung nicht ausschließlich im Sinne von Ortsbewegung (dann spricht Aristoteles von *phorá / φορά*), sondern Bewegung im Sinne von allgemeiner Veränderung – einschließlich Ortsbewegung, die deshalb auch als Veränderung des Aufenthaltsortes A in den Ort B definiert wird.

Die notwendige Folge einer Klassifizierung der Seinsarten[5] ist der Umstand, daß Veränderungen jeweils nur *innerhalb* ein und derselben Kategorie möglich sind. Es könne also nur aus «weiß» «schwarz» werden, aus «ungebildet» «gebildet» usw., aber nicht etwa «weiß» aus «drei Meter lang». Eine Veränderung erfolge dann immer von einem Gegensatz zum anderen oder zu einem Dazwischenliegenden. Bei den genannten Veränderungen weiß/schwarz, groß/klein usw. verschwindet das eine beim Entstehen des anderen: «schwarz» ersetzt «weiß», «groß» ersetzt «klein»; es ändere sich die Farbe oder die Größe. Dabei sei «weiß» als eine Extremfarbe der Möglichkeit nach jede andere Farbe, etwa «rot»; werde diese Farbe «rot», die das «weiß» der Möglichkeit nach sei, verwirklicht, so verschwinde das vorherige «weiß» als wirkliches; es bestehe jetzt (wie jede andere Farbe) nur noch der Möglichkeit nach, das «rot» könnte also wieder in «weiß» zurückverwandelt werden. Weiß und Schwarz sind nach Aristoteles die extremen Gegensätze, zwischen denen alle übrigen Farben liegen.[6]

Veränderung als Wechsel nicht-wesentlicher Eigenschaften eines Zugrundeliegenden

Eine Veränderung innerhalb einer der Kategorien *außer* der Ersten Kategorie erfolge allerdings nie *an und für sich*, sondern stets *an etwas*. Es müsse etwas bleiben, *an* dem die Veränderung erfolgt, das als solches aber unverändert bleibt – etwas, das zum Beispiel vorher weiß gewesen und jetzt rot sei; denn auch die Qualität Farbe (weiß/schwarz) gebe es ebensowenig an sich und abgetrennt von den wirklichen Dingen wie die in den anderen als der Ersten Kategorie zusammengefaßten Eigenschaften. Alle Seinsarten der zweiten bis zehnten Kategorie könnten jeweils nur von der Ersten Kategorie ausgesagt werden, von dem einzelnen seienden und sinnlich wahrnehmbaren individuellen Ding, zum Beispiel Sokrates, sowie von Allgemeinbegriffen, die solche gleichen Individuen zusammenfassen, zum Beispiel Mensch.

Auch in seiner Lehre von der Veränderung oder Bewegung geht Aristoteles von der Struktur der Sprache aus.[7] Wie der Satzgegenstand bei veränderter Aussage erhalten bleibe, sei auch im Bereich natürlicher oder gewaltsamer Veränderungen ein Zugrundeliegendes (*hypokeímenon/ ὑποκείμενον,* lateinisch: *subjectum*) erforderlich, *an* dem diese Veränderung stattfinde, das aber als solches, als Substanz, erhalten bleibe. Veränderungen setzen also auch für Aristoteles etwas Bleibendes voraus, an dem die Änderung erfolgt; und Veränderungen erfolgen stets innerhalb derselben Kategorie und Gattung. So könne ein weißer Mensch braun werden; aber es könne nicht auf derselben Stufe ein weißer Mensch gebildet werden, weil nicht aus der Eigenschaft «weiß» «gebildet» werde, sondern aus einem ungebildeten «weißen Menschen» ein gebildeter «weißer Mensch». Das *subjectum* ist in diesem Fall der «weiße Mensch».

Hierbei sei «weiß» aber keine notwendige Eigenschaft, weil dasselbe in diesem Fall sowohl für Mensch als auch für «weißer Mensch» gelte. Weiß ist der Mensch nur akzidentell, nur mitfolgend und nebensächlich (*katá symbebekós/κατὰ συμβεβηκός,* lateinisch *per accidens*). Ebenso sei «gebildet» eine akzidentelle Eigenschaft, da ein Mensch ja auch ungebildet sein könne, ohne damit sein Menschsein zu verlieren. Überhaupt könnten sich nur akzidentelle Eigenschaften verändern, wesensgemäße (*ídion/ ἴδιον,* lateinisch *proprium*) dagegen nicht. So sei der Mensch immer sterblich, er könne nie unsterblich werden. Sterblich sei für ihn also eine wesensgemäße Eigenschaft; und eine wesensgemäße Eigenschaft könne sich nicht verändern, ohne daß sich die Substanz selbst verändere. Das bedeutet aber, daß sich nicht diese Eigenschaft verändern könne, sondern die Substanz und *mit* ihr diese Eigenschaft: Wird ein sterblicher Mensch unsterblich, so bleibt er kein Mensch, sondern wird ein Gott. Wesensgemäße Eigenschaften können deshalb der Definition eines Dinges dienen, weil sie notwendig und stets an ihm auftreten, sein Wesen ausmachen.

Die vier Prinzipien (causae)

Ein anderes, anschaulicheres und von Aristoteles immer wieder verwendetes Beispiel, an dem die Veränderungs- oder Bewegungslehre entwickelt wurde, besagt, daß aus Steinen und überhaupt aus Baumaterial ein Haus wird. Das Baumaterial ist so beschaffen, daß aus ihm – wenn noch weitere Voraussetzungen erfüllt sind – ein Haus werden kann. Erste Voraussetzung dafür, daß aus irgend etwas ein Haus wird, ist also, daß die Möglichkeit besteht, daraus ein Haus zu bauen. Diese Möglichkeit ist in dem Begriff Baumaterial schon enthalten; es ist das Material, aus dem man etwas bauen kann. Baumaterial heißt im Griechischen *hýle (ὕλη). Hýle* bedeutet eigentlich Wald, Holz, entwickelt sich aber schon vor Aristoteles über die Bedeutung Bauholz zu der allgemeineren

Bedeutung Baumaterial. Der entsprechende lateinische Begriff mit dem gleichen Wortfeld ist *materia.*

Der Prozeß der Entstehung eines Hauses gehe demnach so vor sich, daß etwas, das schon der Möglichkeit nach, potentiell *(dynámei/δυνάμει, potentia),* ein Haus sein könne, es auch wirklich, aktuell *(enérgeia/ἐνέργειᾳ, actu),* werde. Das Baumaterial *(hýle, materia)* eines Hauses müsse daher potentiell das Haus schon enthalten, es müsse fähig sein, zu einem Haus zu werden: Aus dem Baustoff, der Materie, für ein Haus kann nicht ein Baum oder Umhang werden, sondern nur ein Haus.

Den Begriff *hýle* übertrug Aristoteles dann auch auf alle anderen Dinge, indem er das, aus dem materiell durch Veränderung der Form(en) etwas entsteht, gleichsam als seinen Baustoff ansprach. Und so entspricht die *hýle (materia)* eines Dinges dem Zugrundeliegenden *(hypokeímenon, subjectum)* der Kategorienlehre; sie bleibe ebenso wie dieses als solche unverändert erhalten. Die *hýle* des Hauses sei das dem Haus Zugrundeliegende, das aber noch nicht wirklich (aktuell) die Form des Hauses hat, sondern nur der Möglichkeit nach (potentiell). Tatsächlich sei sie ein *noch ungeformtes Haus.* Neben das Stoffprinzip *hýle* als *causa materialis* trete somit das Formprinzip *eídos* als *causa formalis,* in dem sich die Veränderung ausdrücke und das der Möglichkeit die Realität verleihe (insofern die Materie hinsichtlich der angestrebten neuen Form zuvor noch formlos gewesen sei). Dieses Formprinzip besteht für Aristoteles deshalb eigentlich aus dem Gegensatzpaar Form–Formlosigkeit *(eídos* oder *morphé/μορφή,* lateinisch *forma – stéresis/στέρησις,* lateinisch *privatio* = Beraubung).

Neben die beiden Prinzipien der Materie und der Form, die der Materie erst die reale Wirklichkeit verleihe, stellte Aristoteles zwei weitere Prinzipien, die den Übergang der Möglichkeit zur Wirklichkeit in einer Form gewährleisten sollten, die also erforderlich sein sollten, damit etwas wird oder sich verändert: Es sind dieses das bewegende, verursachende Prinzip, die *causa movens* oder *causa efficiens* (der Beweger, der Motor; griechisch *to kinoún/τὸ κινοῦν*) – auf welche die moderne Naturwissenschaft seit Immanuel Kant die Kausalität reduziert –, und das, weshalb und wozu etwas zu etwas verändert/bewegt wird, die Zweckursache, die *causa finalis (télos/τέλος).* Der Zweck, das Ziel, hat für Aristoteles große Bedeutung. Nichts sei nur so und für sich da, ohne einen Zweck zu erfüllen.[8] Alle vier Ursachen, Materie, Form, Beweger und Zweck, kommen – natürlich in jeweils spezifisch eigentümlicher Ausprägung – in jedem Einzelding und Einzelprozeß zusammen; und sie machen das Einzelding und den Einzelprozeß erst aus, sie bestimmen sie und erzeugen sie.

Aristoteles unterteilt entsprechend seinen Kategorien in vier Arten von Veränderungen,[9] denen jeweils eine Art von *hýle* entspreche, an der diese Veränderungen möglich sein sollen:

1. *materia generans*	Werden und Vergehen	*hýle genneté kai phtharté (ὕλη γεννητὴ καὶ φθαρτή)*
2. *materia quantitatis*	Wachsen und Schwinden	*hýle kat' aúxesin kai phthísin (ὕλη κατ' αὔξησιν καὶ φθίσιν)*
3. *materia qualitatis*	Qualitative Veränderungen	*hýle kat' alloíosin (ὕλη κατ' ἀλλοίωσιν)*
4. *materia localis*	Ortsveränderung	*hýle topiké (ὕλη τοπική)*

Hierbei ist die Reihenfolge keineswegs willkürlich. Eine *materia* oder Möglichkeit der Veränderung schließt jeweils die folgenden mit ein.[10] Ein Ding, das entstehen und vergehen kann, also die erste *hýle* besitzt (wie etwa alle lebenden Wesen), kann folglich auch wachsen, verschiedene Eigenschaften annehmen und sich natürlich auch örtlich bewegen oder örtlich bewegt werden. Wollte man nun aber ein Gleiches auch für die folgenden *materiae* ausführen, so sähe man, daß die Aufteilung in vier Arten nur aufgrund der vier Arten von Veränderungen konstruiert ist und ohne reale Entsprechung bleiben sollte. Aristoteles führt auch keine Beispiele dafür an.

Aber die vierte *hýle* hat wieder konkrete Bedeutung; denn die ätherischen Himmelskörper sollen diese *materia localis* besitzen. Sie verändern sich also nur örtlich – wobei sie sogar aufgrund konzentrischer Rotationen kreisen, also ohne den eingenommenen Raum zu wechseln –, nicht dagegen qualitativ oder quantitativ, und sie können nicht entstehen oder vergehen, weil sie zu all dem gar nicht die Möglichkeit *(materia)* besitzen. Die Gestirne sind somit ewig und unveränderlich; sie können sich nur örtlich bewegen – durch jeweils eigene Intelligenzen als Beweger, teleologisch veranlaßt vom Ersten Beweger. Dieser Erste Beweger soll selbst nicht beweglich sein, nicht einmal dem Orte nach, weil er dann auch seinerseits eines Bewegers bedürfte, wie dieser selbst, usw. Er besitzt also nicht einmal die vierte *hýle,* sondern ist reines *eídos,* reine *forma* (reiner Geist) – und nimmt insofern auch keinen Raum ein.

Aristoteles' Schwere- und Bewegungstheorie

Jede Veränderung/Bewegung bedürfe eines Bewegers, einer Wirkursache *(causa efficiens).*[11] Für eine seiner Natur zukommende, ihm naturgemäße Bewegung hat ein Körper diesen Beweger *in sich selbst*: Im Falle von beseelten Körpern sei die *causa efficiens* die eigene Seele; ein Stein falle und Feuer steige aufgrund der jeweils eigenen inneren Tendenz zum ihm naturgemäßen Ort hin usw. Der Anstoß zu einer einem Körper nicht gemäßen, ihm aufgezwungenen, weil ihm naturwidrigen Bewegung komme dagegen stets von außen und werde von einem anderen Körper durch direkten Kontakt übertragen. Es soll also naturgemäße *(katá phýsin, secundum naturam)* und nicht-naturgemäße, naturwidrige, gewaltsame, künstliche *(pará phýsin, contra naturam)* Bewegungen/Veränderungen geben. Ist einem Körper eine Bewegung naturgemäß, so ist die ihr entgegengesetzte naturwidrig und sind alle anderen aus diesen zusammengesetzt.

Wie sein Lehrer Platon ging auch Aristoteles bei der Ableitung der Anzahl der Elemente von den zwei extremen Elementen Erde und Feuer aus. Da er jedoch die Natur nicht als mathematische Verknüpfung verschiedener Zahlenverhältnisse, sondern als Veränderungs- und Bewegungsvorgänge ansah, kam er von dem Phänomen der extremen Ortsbewegungen der Elemente zu diesem Ausgangspunkt: Unbestritten bewege sich jeder feste Körper, also Erde und Teile aus Erde, von sich aus nach unten. Wenn sich aber etwas naturgemäß und daher spontan nach unten bewege, müsse es notwendig auch etwas geben, das von sich aus die entgegengesetzte Bewegung ausführe; denn *jede* Veränderung erfolge von einem Gegensatz zum anderen, und damit auch die Ortsbewegung. Die der Abwärtsbewegung entgegengesetzte Bewegung sei die Aufwärtsbewegung; eine solche Bewegung nach oben führe unstrittig das Element Feuer aus: Erdiges falle nach unten, Feuer und Flamme stiegen nach oben. Da dies stets der Fall sei, müßten diese spontan und ohne Zutun von außen erfolgenden Bewegungen die diesen Elementen eigentümlichen, ihre natürlichen und naturgemäßen Bewegungen sein.

Unten und oben definierte Aristoteles als im Weltmittelpunkt beziehungsweise an der Peripherie der sublunaren Welt. Eine Abwärtsbewegung sei also eine Bewegung zum Weltmittelpunkt hin, eine Aufwärtsbewegung eine solche zur Peripherie hin; und zwar erfolgten alle diese natürlichen Bewegungen, da es einfache Bewegungen seien, jeweils geradlinig, also radial zum beziehungsweise vom Welt- und Erdmittelpunkt.

Der Antrieb für die spontanen Bewegungen nach oben und nach unten befinde sich *in* dem jeweiligen materiellen Körper als Wirkung seiner Form und mache sich als Bewegungstendenz bemerkbar, so daß man das Fallen oder Steigen eines solchen Körpers nur dadurch verhindern könne, daß man ihn gewaltsam durch ein Hindernis davon abhalte, gegen das er dann drücke. Die Tendenz lasse sich also im Falle der Schwere mittels einer Waage als Gewicht quantitativ bestimmen.[12] Schwer und leicht sind deshalb für Aristoteles nicht einem Körper zukommende besondere Eigenschaften, sondern resultieren aus der Bewegungstendenz des Körpers zu dem ihm naturgemäßen Ort in der Welt. Das, was einen Körper schwer oder leicht erscheinen lasse, sei diese seine Bewegungstendenz zu dem ihm natürlichen Ort, nach dessen Erreichen der Körper ruhe und folglich gewichtslos sei.

Der Grad der Schwere/Leichtigkeit soll dann einerseits vom Volumen und andererseits vom Anteil der schweren Elemente im Körper abhängen – also von seinem spezifischen Gewicht, allerdings bezogen auf die Mischung von schweren und leichten Anteilen. Leicht bedeutet dabei nicht: weniger schwer (so daß bei Hinzufügung eines leichten Körpers zu einem schweren das Gesamtgewicht erhöht würde), sondern: mit einer der Schwere entgegengesetzten Eigenschaft versehen, sozusagen mit negativer Schwere[13] – so daß die negative Schwere des beigemischten leichten Anteils einen entsprechenden Teil der positiven Schwere der schweren Anteile kompensiere, woraufhin das Gesamtgewicht geringer werde, und umgekehrt.

Bezüglich ihrer natürlichen Bewegung werden die beiden auf anderem Wege zusätzlich gewonnenen Elemente jenen aus der Bewegungsrichtung abgeleiteten zugeordnet. Eine natürliche geradlinige Bewegung könne sich ja nur umkehren, sie könne nur nach oben *oder* nach unten erfolgen. Die natürliche Anordnung im Kosmos zeige, daß Wasser sich nach unten bewege, Luft nach oben. Wasser sei somit schwer, Luft dagegen leicht. Allerdings sei Wasser gegenüber der Luft relativ schwer und gegenüber der Erde relativ leicht; Luft sei relativ schwer gegenüber dem Feuer und relativ leicht gegenüber dem Wasser. Entsprechend ordneten sie sich übereinander an: Die beiden mittleren Elemente seien im Gesamtgefüge des Kosmos schwer *und* leicht (sie hätten relatives Gewicht), die äußeren dagegen schwer *oder* leicht (sie hätten absolutes Gewicht). – Jedenfalls erschloß Aristoteles diese Anordnung aus der Schichtung der Elemente in der Welt, die innerhalb seiner Physik dann eine *Folge* der daraus erschlossenen Eigenschaften der Einfachen Körper war: Die Weltmitte nehme die Erde als Erdkugel ein; um sie herum schlössen sich konzentrisch und lückenlos in dieser Reihenfolge die Elemente Wasser, Luft und Feuer als Kugelschalen (Sphären) an.

Wenn von entgegengesetzten Bewegungen, wie es die Bewegungen nach oben und nach unten seien, eine für einen Einfachen Körper natur*gemäß* sei, so müsse es für denselben Körper auch eine natur*widrige* Bewegung geben, die der naturgemäßen mehr oder weniger entgegengesetzt sei und vom Körper nicht spontan ausgeführt werden könne, ihm vielmehr aufgezwungen werden müsse: Man könne einen Stein hochheben, ihn, da er zum größten Teil aus schwerer Erde bestehe, *gegen* seine Natur nach oben bewegen; aber sobald man ihn loslasse, bewege er sich wieder naturgemäß, also nach unten – was auch für einen geworfenen Stein gelte, sobald die Antriebskraft erloschen sei.[14] In seiner natürlichen Abwärtsbewegung könne den Stein weder Luft noch Wasser aufhalten, da er schwerer als diese sei und sich folglich weiter nach unten als diese Elemente bewege.

Die natürliche Abwärts- und Aufwärtstendenz der Elemente und damit die daraus resultierende Schwere und Leichtigkeit sollen also *innere*

Eigenschaften der Elemente und damit auch der aus ihnen zusammengesetzten Körper sein.[15] Daraus folgt, daß die Schwere und Abwärtstendenz von der Menge der in einem Körper vorhandenen schweren Materie, die diese Tendenz besitzt, abhängen muß; und somit fallen für Aristoteles gleichgeformte größere absolut schwere Körper schneller als kleinere. Damit traf er die tatsächlichen Verhältnisse in der Welt unserer Erfahrung übrigens besser als Galilei mit seiner idealistischen Physik eines gleichschnellen Falls im (zusammenhängenden) Vakuum, dessen Existenz er zudem noch leugnete. Allerdings hat Aristoteles selbst über das genaue Verhältnis nichts gesagt – die Scholastik sollte daraus ein 1:1-Verhältnis machen.[16] Wegen der Berücksichtigung der Form des fallenden Körpers und des Mediums kann das für Aristoteles aber auf keinen Fall gelten.

Die Eigenschaften der vier ineinander wandelbaren (irdischen) Elemente

Die Elemente haben für Aristoteles neben ihren naturgemäßen und eigentümlichen räumlichen Bewegungen beziehungsweise Bewegungstendenzen auch noch verschiedene andere Qualitäten, die ihnen jeweils eigentümlich seien. Hier schließt er sich der Tradition der älteren Elementenlehren an, die er ja auch nur kritisch zusammenzufassen beabsichtigte. Selbst die Gegensatzpaare trocken/feucht und warm/kalt finden sich in entsprechender Kombination bereits bei Anaximandros. Diese empirisch feststellbaren Eigenschaften wurden auch schon vor Aristoteles mehr oder weniger vollständig zu folgenden Kombinationen verbunden:

Erde	trocken + kalt			
Wasser		kalt + feucht		
Luft			feucht + warm	
Feuer				warm + trocken

Allerdings sind vor Aristoteles diese Verknüpfungen geschlossen nicht nachweisbar. Spezifisch aristotelisch ist dann auch die aus diesen Qualitäten abgeleitete Existenz von genau vier Elementen – wenn nämlich alle Kombinationen der vier Qualitäten unter der Bedingung erlaubt sind, daß Gegensätze nicht gleichzeitig an ein und demselben Einfachen Körper auftreten können, wo sie sich aufheben würden:

Die Erde besitze neben der ihr eigentümlichen Bewegungstendenz nach unten (Schwere) auch eine eigentümliche qualitative Eigenschaft: sie sei kalt. Das Feuer besitze nicht nur die der Bewegung der Erde entgegengesetzte eigentümliche Tendenz nach oben, sondern auch die der der Erde entgegengesetzte eigentümliche Qualität warm. Nun könnten sich aber nur akzidentelle Eigenschaften an einem Träger wandeln, ohne daß der Träger sich wandle, während bei der Wandlung einer eigentümlichen Qualität sich notwendig die Substanz als der Eigenschaftsträger selbst wandle und umschlage. Wandle sich also die eigentümliche Eigenschaft warm des Elementes Feuer in kalt, so sei die Substanz (hier das Feuer) selbst betroffen; sie wandele sich ihrerseits und schlage zu Erde um. Es gebe kein kaltes Feuer.

Hätten Erde und Feuer nur diese beiden zueinander gegensätzlichen eigentümlichen Eigenschaften warm/kalt, so wäre die Existenz anderer Elemente unmöglich – zumindest könnte die Welt dann keine Einheit bilden. Erde und Feuer sind für Aristoteles jedoch darüber hinaus beide trocken. Da trocken auch eine eigentümliche Qualität dieser Elemente sein und trocken wie jede Qualität einen Gegensatz besitzen soll, nämlich feucht, müsse auch die Möglichkeit bestehen, daß sich diese Eigenschaft trocken in ihr Gegenteil feucht wandele. Dieser Gegensatz müsse dann auch eine eigentümliche Qualität sein, so daß sich beim Wandel der Eigenschaft trocken in feucht ebenfalls die Substanz wandeln, die ursprüngliche Substanz also in eine neue Substanz umschlagen müsse:

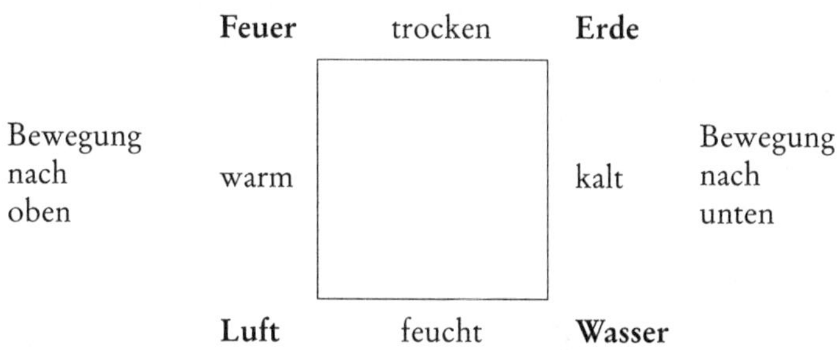

Auch die Eigenschaften der Elemente wandelten sich aufgrund des Einwirkens einer bewegenden Ursache in ihr jeweiliges Gegenteil: Das wirklich (aktuell) Warme sei ja der Möglichkeit nach (potentiell) kalt und umgekehrt. Da diese Qualitäten den Elementen eigentümliche seien, könne ein Element beim Umschlagen einer dieser Eigenschaften nicht als solches erhalten bleiben, es müsse sich in ein anderes Element wandeln, und zwar in dasjenige, dem die neue Qualität eigentümlich sei – mit der Folge, daß auch die Eigenschaft schwer/leicht, die Bewegungstendenz, entsprechend in diejenige umschlage, die dem neuen Element, der neuen Form der Materie, naturgemäß zukomme.

Zur Wandlung eines Elementes in ein anderes brauche aber nur eine der eigentümlichen Eigenschaften umzuschlagen.[17] Aus Feuer werde beim Umschlag seiner Eigenschaft trocken in feucht, unter Beibehaltung seiner Eigenschaft warm, Luft; das kalte und feuchte Wasser werde beim Umschlagen des Feuchten in das Trockene zu Erde (festem Eis), die Eigenschaft kalt bleibe dann erhalten. Schließlich bestehe die Möglichkeit, daß

Feuer zu Erde werde (Meteore), wenn die Eigenschaft trocken erhalten bleibe, aber warm zu kalt werde. Es komme auch eine Wandlung aufgrund des Umschlags beider eigentümlichen Eigenschaften vor. So könne durchaus Luft zu Erde werden – etwa bei der Entstehung von Hagel.

Geozentrik als Folge der Bewegungs- und Elementenlehre

Der Wandel der Elemente ineinander darf nach Aristoteles keinen Anfang und kein Ende haben; denn anderenfalls bestünde die Möglichkeit, daß die gesamte Materie einmal die Form des Feuers oder eines der anderen Elemente einnähme. Es herrsche vielmehr ein ständiger Kreislauf, der jeweils zum Ausgleich der unterschiedlich ausgedehnten Elemente innerhalb des durch die unveränderliche Mondsphäre vorgegebenen Raumes führe und die zeitliche Unbegrenztheit dieser Veränderungen gewährleiste. Da aber prinzipiell die Möglichkeit bestehe, daß einmal keine elementare Erde aktuell existiere, könne nicht, wie bei Platon, der Erdkörper beziehungsweise das Zentrum des Erdkörpers Ziel der Schwerebewegung nach unten sein, obgleich natürlich überall auf der Erde die schweren Körper senkrecht zur Erdoberfläche fielen, als ob das Zentrum des Erdkörpers als Ziel der Fallbewegungen fungiere. Tatsächliches Ziel der Schwerebewegung sei vielmehr das Zentrum der Welt als der natürliche Ort der schweren Körper, *so daß* diese sich konzentrisch um dieses als Kugel (Erde) beziehungsweise Kugelschale (Wasser) anordneten.

Die Geozentrik mit Kugelform, Zentralstellung und Ruhe der Erde wurde so eine systemimmanente und systemkonforme *Folge* der in die Aristotelische Physik integrierten Schweretheorie, konnte also auch nicht im Rahmen dieser Physik überwunden werden. Vielmehr erforderte die Bewegung der Erde als Planet eine neuartige Schweretheorie, wie sie von Nicolaus Cusanus und Nicolaus Copernicus dann auch entwickelt werden sollte.

Die Kugelform der Erde war bereits von älteren Pythagoreern spekulativ erschlossen und in der Folgezeit empirisch bestätigt worden durch Beobachtungen von Mondfinsternissen, bei denen der Erdschatten im Gegensatz zu den Mondphasen stets kreisförmig begrenzt ist, durch das allmähliche Auftauchen eines sich der Küste nähernden Schiffes über dem Horizont und die Existenz zirkumpolarer Sterne. Aristoteles selbst wies auch auf die relativ geringe Größe dieser Kugel hin, die sich darin zeige, daß etwa in Ägypten und Griechenland andere Fixsterne gesehen würden und daß für diese Gegenden andere Begrenzungskreise für die zirkumpolaren Sterne gälten.

Das fünfte, himmlische Element Äther

Auch die Steigbewegung der leichten Körper erfolge jeweils senkrecht zur Erdoberfläche. Da eine Bewegung stets eines Zieles bedürfe, könne diese Steigbewegung aber nicht als Bewegung vom Zentrum weg aufgefaßt werden; sie sei vielmehr eine Bewegung nach oben, und dieses Oben als der natürliche Ort der leichten Körper müsse deshalb überall gleichweit von der zur Weltmitte konzentrischen Erdkugeloberfläche entfernt sein. Ziel und natürlicher Ort des absolut leichten Feuers und folglich auch Begrenzung des Bereichs der irdischen vier Elemente sei also dessen zur Weltmitte konzentrische Peripherie. Da dieser Ort nicht wie das Unten (Weltzentrum) als Treffpunkt der Bewegungen aus allen Richtungen selbst bestimmt wird, bedürfe er einer materiellen Begrenzung, die Aristoteles durch die Mondsphäre gegeben sah.

Jede Ortsbewegung ist eine Veränderung des Am-Orte-A-Seins in ein Am-Orte-nicht-A-Sein, also des Ortes A in den Ort Nicht-A, etwa von A nach B. Demnach ist auch für die Aufwärtsbewegung ein Nicht-A erforderlich, wenn A der Weltmittelpunkt oder ein erzwungener Ausgangspunkt dazwischen ist. Als diesen Ort Nicht-A und Grenze der Aufwärtsbewegung nimmt Aristoteles die Peripherie an. Nur woraus soll diese notwendig konzentrisch-kugelförmige Begrenzung mit der Weltmitte als Zentrum bestehen? Aristoteles argumentiert folgendermaßen:[18] Dieser die Aufwärtsbewegung als Ziel begrenzende Körper könne nicht aus einem der schweren Elemente bestehen, da dessen Teile sich dann naturgemäß nach unten bewegen würden. Auch gäbe es nichts, was sie dort gewaltsam festhalten könnte – ganz abgesehen davon, daß gewaltsam Verursachtes nicht von Dauer sein könne. Der Begrenzungskörper könne aber auch nicht durch eines der leichten Elemente gebildet werden, da diese sich naturgemäß nach oben bewegten – wenn es dafür natürlich auch kein Ziel gäbe –, so daß die Welt einer ständigen Expansion unterläge, was stets nicht erlaubte Leere entstehen ließe usw. Also müsse die Grenze aus einem Körper bestehen, der weder schwer noch leicht sei, auf den die Bewegungsformen, aus denen Schwere und Leichtigkeit folgen, nicht zuträfen, dessen naturgemäße Bewegung somit weder zu einer Annäherung an den noch zu einer Entfernung von dem Mittelpunkt führe.[19] Das Erfordernis eines überall gleichen Abstandes vom Mittelpunkt für diese Bewegung ergebe also eine Bewegung um den Mittelpunkt herum: Der konzentrisch begrenzende Körper sei notwendig ein kreisbewegter, rotierender konzentrischer Kugelschalen-Körper. Da jede einfache Bewegungsform – und die Kreisbewegung sei eine einfache Bewegung – einem Einfachen Körper (Element) zukomme, müsse dieser kreisbewegte Körper auch ein Einfacher Körper, ein Element sein. Aristoteles nennt ihn Äther und erhält so als eine Eigenschaft dieses Einfachen Körpers Äther die Kreisbeweglichkeit.

Gäbe es nun zu einer solchen Kreisbewegung einen Gegensatz, so müßte es daraufhin wie bei den geradlinig bewegten Körpern auch mindestens zwei unterschiedliche kreisbewegte Einfache Körper geben. Aristoteles gab sich deshalb große Mühe nachzuweisen,[20] daß es zu einer Kreisbewegung keine entgegengesetzte Bewegung gebe, indem er aufwies, daß dieses nicht widerspruchsfrei zu denken wäre, wenn man von seiner Definition von Bewegung als Wechsel des Ortes A in den Ort Nicht-A (B) ausginge. So argumentierte er etwa folgendermaßen:

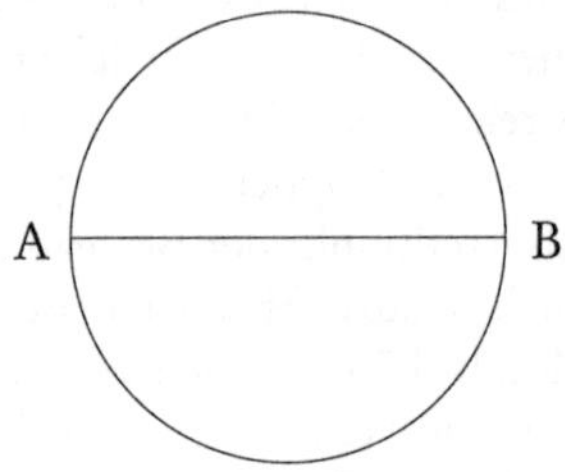

Bezeichnen wir die beiden entgegengesetzten Punkte eines Kreisdurchmessers mit A und B. Dann werde die Bewegung von A nach B durch die Bewegung von B nach A in derselben Richtung fortgesetzt, beide wären also nicht gegensätzlich, obgleich sie von entgegengesetzten Punkten aus zu entgegengesetzten Punkten hin erfolgten. Erfolgten die beiden Bewegungen von A aus in entgegengesetzte Richtung nach B, so könnten diese nur scheinbar entgegengesetzten Bewegungen deshalb nicht entgegengesetzt sein, weil beide von A nach B erfolgen, was gemäß der Definition von Bewegung aber dieselbe Bewegung wäre. Entgegengesetzte Kreisbewegungen seien folglich nicht widerspruchsfrei denkbar und somit nicht real, nicht seiend. Im zweiten Fall würden die Bewegungen sich zu einer einzigen längs des Durchmessers zusammensetzen.

Der so abgeleitete fünfte Einfache Körper, das fünfte Element *(quinta essentia),* der Äther, soll keine weiteren Eigenschaften besitzen als die Kreisbeweglichkeit; er könne deshalb auch keine anderen Veränderungen erleiden. Selbst die Kreisbewegung erführe keinerlei Veränderung, da es keinen Gegensatz zu ihr gebe, der sie der Möglichkeit nach sein könne und welche Möglichkeit verwirklicht werden könne. Die Kreisbewegungen, die jeweils von einem Ätherkörper von Natur aus durchgeführt würden, seien vielmehr gleichförmig. Insgesamt sollen daraufhin für den Äther völlig andere Gesetze gelten als für die vier irdischen Elemente: Der Äther und die aus ihm bestehenden, notwendig durch konzentrische Kugelschalen begrenzten Körper sind unveränderlich, diese dagegen veränderlich. Die Welt als ganze ist also dualistisch geteilt.

Aristoteles' Dualismus von supra- und sublunarer Welt

Die Grenze zwischen ihren beiden Teilen bilde die Mondsphäre oder vielmehr deren innere Begrenzungsfläche. Der obere, unveränderliche Teil des Universums wurde deshalb auch supralunar, der untere, veränderliche sublunar genannt. Die Gestirne beziehungsweise Gestirnssphären der oberen, supralunaren Welt sollen aus einer anderen stofflichen Substanz bestehen als die Erde und die Körper um die Erde herum. Hier träten nämlich Veränderungen auf, hier erfolgten die natürlichen einfachen Bewegungen geradlinig und ungleichförmig; dort sei alles unveränderlich, dort erfolgten die Bewegungen auf konzentrischen Kreisen oder vielmehr durch Rotation von konzentrischen Äthersphären und seien ebenfalls unveränderlich, also gleichförmig. – Die ungleichförmigen Bewegungen, die sogenannten Anomalien, der Planeten am Himmel könnten deshalb von ihnen nicht selbst und nicht direkt ausgeführt werden. Diese Bewegungen träten vielmehr jeweils als Resultante mehrerer ineinandergeschachtelter gleichförmig rotierender Sphären auf, *scheinen* also nur ungleichförmig zu sein. Um das zu seiner Zeit bekannte Erscheinungsbild der Planeten physikalisch darstellen zu können, bedurfte Aristoteles daraufhin insgesamt 55 einzelner Äthersphären.[21]

Außerhalb der letzten Himmelssphäre, der Fixsternsphäre, gäbe es Nichts! – keinen Körper und somit keine Bewegung, daraufhin aber auch keine Leere, weil Leere dasjenige wäre, was einen Körper aufnehmen könnte. Das Universum ist für Aristoteles also begrenzt, und zwar notwendig kugelförmig, weil durch einen Ätherkörper begrenzt. Der gesamte sublunare Raum bis zu den Gestirnssphären ist durch die vier irdischen Elemente und die aus ihnen bestehenden Mischkörper lückenlos gefüllt. Die Elemente könnten schon deshalb nicht wie für Empedokles und Platon aus festgeformten Partikeln bestehen;[22] jeder Körper, ob einfach oder gemischt, bilde vielmehr ein Kontinuum, einen zusammenhängenden Körper, der überall teilbar sei, aber keine Leere enthalte. Ein Kontinuum stoße jeweils an ein anderes (bzw. mehrere andere), so daß gar keine verbotene Leere entstehen könne.

Die materia prima

Aus den Prinzipien der aristotelischen Bewegungslehre ging hervor, daß bei einer Veränderung stets ein Zugrundeliegendes erhalten bleiben muß, an dem sich die Veränderung vollzieht, und daß Veränderung jeweils nur die Veränderung einer Eigenschaft der Form *an* einem zugrundeliegenden Unveränderlichen ist. Dieses unveränderliche *hypokeímenon* nannte Aristoteles *hýle (materia);* es sei gleichzeitig Materialprinzip. *Materia* der körperlichen Dinge seien die Einfachen Körper (Elemente). Da jedoch auch diese sich ineinander wandeln, müßte allen vier Elementen dasselbe Unveränderliche zugrunde liegen, müßten sie ihrerseits dieselbe *hýle* besitzen. Aristoteles nennt diese *hýle* als die (Form-)Möglichkeit schlechthin die Erste Materie (*próte hýle*, lateinisch *materia prima*), da sie der Materie der natürlichen Stoffe, die aus den Elementen bestehe, ihrerseits zugrunde liege.

Allerdings könne eine *hýle* niemals ohne Form auftreten, also nur der Möglichkeit nach irgend etwas sein; sie sei vielmehr stets schon irgend etwas wirklich (aktuell) und nur etwas anderes potentiell. Folglich sei diese *prima materia* nicht als solche für sich existent, sondern nur auf analytischem Wege gedanklich zu gewinnen und dann zu abstrahieren. Sie trete immer bereits in und mit einer bestimmten Form auf, besitze aber die Möglichkeit, auch in jeder anderen durch die Eigenschaften der Elemente vorgegebenen Form aufzutreten, also ihre Eigenschaften entsprechend zu wandeln oder in ihren Eigenschaften gewaltsam verändert zu werden – etwa durch Erhitzen von Wasser.

Diese Erste Materie ist die äußerste Abstraktion der in dem obigen Schema an erster Stelle genannten *materia generans.* Werden und Vergehen und die sonstigen Veränderungen, die daraus folgen, ergäben sich dadurch, daß diese *hýle* aktuell und/oder potentiell Eigenschaften besitze, zu denen es jeweils einen Gegensatz gebe, in den sie sich wandeln könnten. – Die Alchimie gibt später vor, mittels bestimmter Manipulationen diese eigenschaftslose (und deshalb schwarze) *materia prima* herstellen zu können, um sie dann mit den gewünschten Eigenschaften fermentativ zu veredeln.

Die minima naturalia

Alle Dinge und Stoffe, die Veränderungen unterliegen, sollen aus einer Mischung der vier irdischen Elemente oder aus einem dieser Elemente selbst bestehen. Wie aber schon die allen Elementen gemeinsame *hýle* nahelegt, soll auch die Mischung dieser Elemente jeweils ein homogenes Kontinuum bilden und nicht aus nebeneinanderliegenden einzelnen, körperlich getrennten Elementpartikeln bestehen, wie es Platon, Empedokles, Anaxagoras und die Atomisten angenommen hatten. Teile man einen Knochen, so könne man dies an ganz beliebigen Stellen tun und erhalte stets wieder homogene Knochensubstanz – jedenfalls wenn man bei der tatsächlich unternommenen Teilung nicht eine gewisse Minimalgrenze unterschreite, unterhalb der dann nicht mehr Knochen, sondern die Elemente als solche anzutreffen wären; allerdings auch ihrerseits als *Kontinua,* das heißt wiederum überall unterteilbar.

Diese Vorstellung von später so genannten *minima naturalia* entsteht bei Aristoteles in der Auseinandersetzung mit der Lehre des Anaxagoras, daß sämtliche Körper bis ins Unendliche unterteilt werden könnten und dennoch in jedem auch noch so kleinen Teilchen sämtliche unendlich vielen Materiearten enthalten seien. Die *minima (eláchista/ἐλάχιστα)* des Aristoteles, für die im Laufe des Mittelalters und der frühen Neuzeit eine eigene Lehre entwickelt wurde, die neben organischen auch unorganische und schließlich sogar elementare Körper umfaßte, sind etwas anderes als Atome: Sie haben keine feste Gestalt, eine Leere zwischen ihnen fehlt, sie sind qualitativ unterschieden, und sie sind homogene Mischkörper. Deshalb konnte die Atomistik zu Beginn der Neuzeit auch nur im Mantel dieser, meist fälschlich Atome genannten *minima naturalia* eingeführt werden, weil nämlich die Problematik chemischer Verbindungen und Analysen einer theoretischen Lösung bedurfte.

Die Chemie des Aristoteles

Die in der Natur vorkommenden Körper sollten auch für Aristoteles weitestgehend Mischkörper sein, so etwas wie chemische Verbindungen der vier irdischen Elemente; wobei mit diesen Elementen nicht Erde, Wasser, Luft und Feuer als solche gemeint waren, wie sie in der natürlichen Umwelt anzutreffen sind und die selbst Mischungen darstellen, sondern so etwas wie qualitativ unterschiedene Formen der *materia prima*, die in den Mischkörpern wiederum eine neue (Misch-)Form erhält; denn eine chemische Verbindung aus den vier Elementen war für Aristoteles im Gegensatz zu allen Vorgängern mehr als eine bloße Mischung oder Vermengung von in sich selbst gleichbleibenden unveränderlichen Partikeln, nämlich «das Einswerden der veränderten, reagierenden Stoffe». Es entstünde ein neuer Stoff mit einer neuen spezifischen Seinsform, deren Eigenschaften nicht einfach aus der Summe der Eigenschaften der vorher getrennten Komponenten bestehen sollten. Die elementaren Komponenten sollten somit nicht unverändert in das neue Ganze eingetreten sein, sie hätten vielmehr eine sie dafür vorbereitende innere Veränderung durchgemacht. Die Art dieser Veränderung würde dabei naturgemäß durch das einzugehende Ganze bestimmt, durch den Zweck und das Ziel des Zusammentretens. Das führte wieder zu der Annahme, daß diejenigen Komponenten, die in der Lage wären, ein bestimmtes Ganzes durch das Reagieren miteinander zu formen, von Natur aus die Möglichkeit besitzen müßten, sich miteinander zu einem andersartigen Ganzen zu vereinen. Durch äußere Einflüsse, durch eine bewegende Ursache, würde diese Möglichkeit dann zur Wirklichkeit, indem aus den Komponenten das Ganze entstünde. Es müßte also ein bestimmter Zusammenhang *vor* der Vereinigung und den Eigenschaften des späteren

Ganzen bestehen, da eine jede einzelne Eigenschaft sich nur graduell in Richtung auf ihren Gegensatz verändern können sollte. Folglich ließe sich nicht alles mit allem mischen. Im Ganzen müßte aber auch etwas von den Eigenschaften der einzelnen Komponenten gefunden werden.

Ganz anders als seine Vorgänger und besonders als die Atomisten fordert Aristoteles also, daß die reagierenden Stoffe in der Verbindung aufeinander einwirken und deshalb eine innere Veränderung durchmachen und daß die synthetisierte Mischung sich auch von den Ausgangsstoffen vor der Reaktion unterscheidet. Ohne eine dieser Vorstellung entsprechende Theorie ist auch die moderne Molekülvorstellung nicht denkbar. Natürlich gibt sie eine ganz andere Erklärung; aber im Prinzip entspricht sie mehr der aristotelischen Ansicht als der der antiken und frühneuzeitlichen Atomisten, für die eine chemische Verbindung eine bloße Vermengung beweglicher und in Bewegung bleibender, aber unveränderlicher Atome war.

Aristoteles arbeitete auch hier wieder mit der Differenzierung zwischen aktuellem und potentiellem Sein der Ausgangsstoffe, deren spezifische Form in der Mischung potentiell erhalten bleibe und bei der Analyse – also bei der Aufhebung der übergeordneten Form der Mischung – wieder aktualisiert werde.

Wirkung des Aristoteles in Spätantike und Mittelalter

Die durch die Neuausgabe der aristotelischen Schulschriften durch Andronikos von Rhodos im ersten vorchristlichen Jahrhundert ausgelöste Aristoteles-Renaissance verdrängte seitdem insbesondere auf naturphilosophischem Gebiet im griechischen Kulturbereich weitgehend alle anderen Lehrgebäude oder prägte sie doch entscheidend um – wie den Platonismus zum Neuplatonismus und die stoische Naturphilosophie. Eine gewisse Reaktion gegen den mit der aristotelischen Naturlehre verbundenen rationalen Determinismus, der in der Stoa dadurch, daß für ihn die göttliche Vorsehung verantwortlich gemacht wurde, nur in eine andere Ursachen-Ebene versetzt worden war, war dann allerdings in der Entstehung und breiten Wirkung östlich beeinflußter, mystisch-irrationaler Lehren zu erkennen. Diese prägten nicht nur das allgemeine Denken des Späthellenismus und brachten Denkrichtungen wie die Gnostik und den Hermetismus hervor, sondern hinterließen auch Einflüsse im Neuplatonismus und bei den Neupythagoreern, und ließen die Astrologie in griechisch-römisches Denken eindringen und die Alchimie als eigenartige Synthese solcher Denkweisen mit chemischen Praktiken und griechischer Naturphilosophie entstehen.

Grundlage blieb aber auch hierfür jeweils die aristotelische Wissenschaft von der Natur. Diese war durch ihre antiken Kommentatoren nur geringfügig modifiziert worden. Zu deren bedeutendsten zählen Alexandros von Aphrodisias, der im 2./3. Jahrhundert n. Chr. in Athen wirkte, der neuplatonische Christ Ioannes Philoponos, der im 6. Jahrhundert in Alexandria wirkte, seit der Gründung des dortigen *Museion* durch den ersten Ptolemäer Hochburg von Wissenschaft und Forschung in der antiken Welt, und der letzte griechische Aristoteliker Simplikios, der durch die von Kaiser Justinianus verfügte Schließung der Platonischen Akademie in Athen im Jahre 529 veranlaßt wurde, nach Syrien zu gehen, wo er die syrisch-arabische Tradierung aristotelischer Schriften und Lehren initiierte. Zu ihnen zählt aber auch Anicius Manlius Torquatus Severinus Boethius, der kommentierte lateinische Übersetzungen der logischen Schriften des Aristoteles anfertigte, so daß diese direkt auf das lateinische Mittelalter wirken konnten und hier mit der Scholastik eine spezifische Argumentationsform für die Auseinandersetzung mit den christlichen Glaubenssätzen entstehen ließen. Erst relativ spät wurden hier die naturwissenschaftlichen Lehren des Aristoteles einbezogen, nachdem sie seit der Übersetzertätigkeit des 12. Jahrhunderts über die arabische Traditionskette – vor allem Averroes, Avicenna – wieder zugänglich geworden waren. Insbesondere Albertus Magnus und Thomas von Aquino formten daraufhin die Lehren des Aristoteles durch geringfügige Modifizierungen unter Berücksichtigung der fundamentalen Glaubenssätze des Christentums – vorbereitet durch jüdische und muslimische Kommentatoren – zum sogenannten Christlichen Aristotelismus um.

Trotz neuplatonischer, averroistischer, thomistischer und allgemein scholastischer mehr oder weniger tiefreichender Entfremdungen blieben die aristotelischen Lehren, die man seit dem 16. Jahrhundert im Renaissance-Humanismus wieder in ihrer ursprünglichen Form erfassen wollte, Richtschnur und Leitbild naturwissenschaftlichen und naturphilosophischen Denkens, innerhalb der biologischen Disziplinen sogar bis ins beginnende 19. Jahrhundert.

Der Wandel des Physik-Begriffs

Innerhalb der Physik waren dagegen im Laufe des 17. Jahrhunderts einzelne Lehrinhalte schon so weit durch andere ersetzt worden, daß man nicht mehr von einer Dominanz Aristotelischer Physik sprechen kann, obgleich ein ähnlich umfassendes wissenschaftliches System noch nicht einmal für eine einzelne Disziplin wie die neue Physik entwickelt worden war und obgleich Aristotelische Physik weiterhin an den Universitäten gelehrt wurde, an den katholischen bis weit in das 18. Jahrhundert auch als naturwissenschaftliche *physica speculativa.*

Diesem Weiterleben war entgegengekommen, daß schon für Aristoteles eine wissenschaftstheoretische und -methodische Trennung von (stets empirischer) *Natur*wissenschaft (Physik) und Mathematik gegolten hatte. Im Gegensatz zu Platon hatte er eine gesonderte Existenz von Ideen ebenso abgelehnt wie eine mathematische Struktur des Seins. Mathematik sei nur denkbar. Das hatte zwar auch Platon schon gesagt, er hatte dann aber allein diesen denkbaren Bereich als seiend und als die Natur erachtet, während Aristoteles gerade den wahrnehmbaren Bereich als die seiende Natur auffaßte, so daß die Mathematik als andere Seinsform zur Erkenntnis der *natürlichen* Zustände und Vorgänge der Natur und insbesondere der materiellen Natur nichts beizutragen vermöge. Als logisches Konstrukt könne sie allein der Beschreibung bestimmter, nebenbei auftretender, akzidenteller, aber nicht das Wesen der Dinge betreffender Eigenschaften und Phänomene dienen, nicht aber der Erkenntnis, Erfassung und Begründung der Dinge und Vorgänge selbst und an sich, ihres eigentlichen Seins und Wesens. Aristotelische Naturwissenschaft – Physik im alten, umfassenden Sinne – war deshalb stets nicht nur empirisch, sondern notwendig auch rein qualitativ gewesen.

So diente Aristoteles die mathematische Astronomie des Eudoxos lediglich zur Bestimmung der Anzahl der für die Gestirnsbewegungen im Universum erforderlichen Intelligenzen als Beweger, während die Mathematik zur Physik der Gestirne nichts beizutragen hätte. Entsprechend diente auch in der Folgezeit die mathematische Astronomie allein der Beschreibung und Vorherberechnung der himmlischen Phänomene, nicht ihrer Begründung und Erklärung; der Titel des Hauptwerkes von Ptolemaios lautet *Mathematische Zusammenstellung (Sýntaxis mathematiké/ Σύνταξις μαθηματική),* und noch ganz im Sinne dieser Tradition wollte Isaac Newton allein die *Principia mathematica philosophiae naturalis* bestimmen, jetzt im Gegensatz zur vorcopernicanischen Astronomie allerdings davon überzeugt, daß diese auch die physische Realität wiedergeben. Die daraus entstehende *Himmelsmechanik* des 18. Jahrhunderts hätte in der Antike einen Widerspruch in sich selbst dargestellt, da die Mechanik sich stets auf künstlich, gewaltsam und gegen die Natur eines Körpers verursachte – und deshalb durch die mathematischen Künste beschreibbare – kinematische Abläufe bezogen hatte. Aus der Beschränkung auf diese Sehweise und die Beschreibung der Aristoteles als akzidentell geltenden, sekundären Eigenschaften, aus der Reduktion auf die Frage nach dem *wie* statt nach dem *warum,* sollte die neuzeitliche Art der Naturwissenschaft entstehen, wobei sie auf Ansätze im Bereich der Mechanik aus der Antike – auch bei Aristoteles selbst – zurückgreifen konnte und auch zurückgriff.

Die Errungenschaften der gleichzeitigen, auf die zu diesem Zwecke idealisierte wahrnehmbare Natur bezogenen Angewandten Mathematik mußten deshalb von der Aristotelischen Physik der Neoscholastik des 17. Jahrhunderts nicht geleugnet werden – ebensowenig wie in der Antike entsprechende reduktionistische Ansätze etwa bei Archimedes geleugnet wurden. Deren Ergebnisse galten aber bis ins 17. Jahrhundert nicht als *Physik,* hatte Archimedes doch dazu ebenfalls eine idealisierte Partial-Natur mit axiomatisch, also *a priori* gesetzten Prämissen konstruieren müssen,[23] die im Sinne antiken Denkens nicht der Natur entsprachen, deren Prinzipien die Wissenschaft von der Natur vielmehr nur *a posteriori* zu gewinnen habe. Diese Einstellung hatte allerdings auch eine Wechselwirkung zwischen Natur*wissenschaft* (Physik) und Technik (mechanischen Künsten) verhindert,[24] wie sie dann nach Ansätzen im 17. Jahrhundert seit dem 19. Jahrhundert verstärkt einsetzte und unser modernes wissenschaftlich-technisches Denken und Handeln prägt.

Ivo Schneider

ARCHIMEDES
(um 283–212)

Die dürftigen Quellen über das Leben des historischen Archimedes

Es ist ebenso seriös wie angesichts der mindestens 100jährigen Tradition philologischer Forschung enttäuschend, festzustellen, daß man über das Leben des historischen Archimedes fast nichts Gesichertes weiß. Immerhin steht fest, daß Archimedes 212 v. Chr. bei der Einnahme von Syrakus durch den römischen Konsul Marcellus ums Leben kam. Auch wenn die etwa 14 Jahrhunderte danach gemachte Angabe des byzantinischen Historiographen Tzetzes, daß Archimedes als genau 75jähriger starb, als unsicher angesehen werden muß, ist Archimedes nach Aussage des etwa 700 Jahre älteren Proklos um 283 v. Chr. geboren und damit als etwa 70jähriger gestorben. Immerhin weiß man damit über Archimedes bereits mehr als über die anderen, mit ihm konkurrierenden großen Mathematiker der Antike, Eudoxos, Apollonios und Euklid, wobei bei letzterem nicht einmal feststeht, ob er vor oder nach Archimedes gelebt hat.

Es gibt eine Fülle von weiteren Berichten und Angaben über Archimedes aus der Antike, von denen die meisten die Ereignisse um die Einnahme von Syrakus betreffen. Das relativ große Interesse, das die Antike der Gestalt von Archimedes im Zusammenhang mit der Belagerung und Einnahme von Syrakus entgegenbrachte, hat mit dem Bedürfnis nach einer Erklärung für die lange Belagerungszeit zu tun, das mit dem technischen Erfindungsreichtum des greisen Syrakusaners befriedigt wurde. Bei der Auswertung der antiken Hinweise auf Archimedes und Berichte über ihn muß man allerdings zwei Schwierigkeiten berücksichtigen: Einmal beziehen sich solche Informationen auf einen Archimedes, der, wie der von Plutarch gezeichnete Archimedes, nicht unbedingt mit dem historischen Archimedes identisch sein muß. Außerdem ist nur ein Teil der Werke des Archimedes erhalten, der ausschließlich mit den Aktivitäten des Mathematikers Archimedes zu tun hat. Es kann aber als gesichert gelten, daß Archimedes für den Geschützpark und die Befestigungsanlagen von Syrakus – nicht nur während der Belagerung durch die Römer von etwa 212 bis 210 v. Chr., sondern schon lange vorher während der Regierungszeit von König Hieron II. – verantwortlich war und damit zumindest einen Teil seines Lebens mit der Lösung praktischer technischer Probleme verbrachte.

Es ist wahrscheinlich, daß Archimedes in der Stellung eines in unmittelbarer Umgebung des Königs tätigen Beraters und Würdenträgers (*syn-*

Archimedes (um 283–212) wird bei der Eroberung von Syrakus 212 v. Chr. von einem römischen Soldaten niedergestochen

genés kai phílos/συγγενὴς καὶ φίλος) auch für Bereiche wie den Schiffs- und Ackerbau, hier vor allem für die Bewässerungstechnik, tätig war. Es ist eher unwahrscheinlich, daß sich der von Plutarch berichtete Stapellauf eines Schiffes, den Archimedes allein mit Hilfe einer Maschine vollzogen haben soll, auf die *Syrakosía (Συρακοσία)* bezieht, das von Hieron II. in Auftrag gegebene größte Schiff der Antike, mit dessen Bau Archimedes verschiedentlich in Verbindung gebracht wurde. Gesichert ist jedenfalls, daß Cicero noch die von Marcellus nach Rom gebrachten beiden archimedischen Planetarien gesehen hat. Diese Planetarien stehen ebenso für ein nur noch in Spuren bei Archimedes und Eratosthenes nachweisbares Forschungsprogramm zur Vermessung von Himmel und Erde im Rahmen einer Verbindung von praktischer und theoretischer Astronomie wie für den Techniker und Ingenieur Archimedes. Immerhin würden sich die weniger gut verbürgten praktischen Tätigkeiten von Archimedes im Schiffsbau und in der Landwirtschaft sehr gut in das Netz von politischen, wirtschaftlichen und militärischen Interessen Hierons II. einfügen.

Über seine Herkunft haben wir nicht mehr als Archimedes' Hinweis im *Sandrechner* auf seinen Vater, den Astronomen Phidias, den er neben Eudoxos von Knidos und Aristarch von Samos nennt. Am Anfang seines

Werdegangs zu einem der größten Vertreter antiker Mathematik, Naturwissenschaften und Technik stand wahrscheinlich die Erziehung durch seinen Vater, die ihn mit den damaligen Kenntnissen in Mathematik und Astronomie vertraut machte, und eventuell eine Ausbildung an einem der antiken Zentren für diese Gebiete, wobei man Archimedes immer mit der Schule in Alexandria in Verbindung gebracht hat. Diodorus Siculus bestätigt einen mindestens einmaligen Aufenthalt des Archimedes in Ägypten. Dabei bleibt offen, ob Diodorus noch aus längst verlorenen Quellen, wie der von Eutokios benutzten Archimedesbiographie eines Herakleides, schöpfen konnte oder ob er einfach aus dem Umstand, daß Archimedes seine wichtigsten mathematischen Schriften an die in Alexandria tätigen Gelehrten Dositheos und Eratosthenes gerichtet hatte, folgerte, daß Archimedes in Alexandria gewesen sein mußte.

Aber auch Diodorus scheint bei dem von ihm behaupteten Ägyptenaufenthalt von Archimedes weniger an eine Ausbildung als an andere Zwecke, etwa eine Beratung der Ptolemäer in Bewässerungsfragen, gedacht zu haben, wozu Archimedes auch nach dem ägyptischen Historiker al-Quifti nach Ägypten gekommen war. Immerhin ist aufgrund der erwähnten Verbindungen von Archimedes zu Mitgliedern der Schule in Alexandria und auch aufgrund der guten Beziehungen zwischen Hieron II. und den Ptolemäern eine Ausbildung oder zumindest ein Aufenthalt in Alexandria nicht auszuschließen.

Für die erhaltenen Schriften läßt sich bestenfalls eine relative Reihenfolge angeben. Sie lassen außer den in den erhaltenen Begleitbriefen zu findenden Angaben keine Aussagen über die Lebensumstände von Archimedes zur Zeit ihrer Abfassung zu. Sicher ist andererseits, daß die letzten Lebensjahre für Archimedes äußerst unruhig waren. Sie brachten eine von Hannibals militärischen Erfolgen ausgelöste erhebliche Schwächung Roms und den daraus erwachsenen Aufstand von König Gelon gegen seinen Vater Hieron II., den mutmaßlich von Hieron veranlaßten Tod Gelons, dem der von Hieron selbst folgte, die Ablösung einer romfreundlichen durch eine romfeindliche Politik von Syrakus unter dem Enkel Hierons, Hieronymos, die Ermordung von Hieronymos und der übrigen königlichen Familie sowie schließlich den Krieg mit Rom. Ein Indiz für Archimedes' persönliche Betroffenheit durch diese Ereignisse liefert die Widmung seines *Sandrechners* an König Gelon, der den mathematischen Interessen von Archimedes offenbar mehr Verständnis entgegenbrachte als sein allein an praktischen Anwendungen interessierter Vater. Der für das abtrünnige Syrakus mit seiner Einnahme endende Krieg mit Rom beendete auch das Leben von Archimedes, der nach den erhaltenen Berichten von einem plündernden römischen Soldaten ermordet wurde.

Die mechanischen und mathematischen Schriften

Bei einer Würdigung des mathematischen Werkes von Archimedes ist zunächst zu berücksichtigen, daß nur ein Teil seiner Arbeiten von der Antike tradiert wurde. Spuren einiger der nicht überlieferten Archimedischen Schriften finden sich in den Werken anderer antiker Autoren, insbesondere bei Heron. Für das Verständnis seines Werdegangs liefern die rekonstruierbaren Schriften und eine zumindest relative Chronologie der erhaltenen Arbeiten des Archimedes Hinweise.

Die wichtigste Gruppe der nicht bzw. nur teilweise tradierten Arbeiten stellen die mechanischen Schriften dar, von denen einige aus der *Mechanik* von Heron wenigstens in Umrissen rekonstruiert werden können. Für die Aufeinanderfolge der meisten erhaltenen und der rekonstruierten mathematischen Schriften kann man zusätzlich zu den von Archimedes selbst gemachten Angaben, die sich in den erhaltenen Begleitbriefen zu einigen Schriften oder in den eigentlichen Texten finden, die Entwicklung einer mathematischen Fachterminologie bei Archimedes heranziehen. Das Ergebnis solcher Überlegungen ist, daß Archimedes in einer ersten, mutmaßlich für den Zeitraum von 260 bis 240 v. Chr. anzusetzenden Phase die Hauptideen für seine späteren Arbeiten entwickelt und einen Teil seiner erst später ausgearbeiteten Ergebnisse in unbewiesener Form dem Astronomen und Mathematiker Konon von Samos, der am Hof von Ptolemaios Euergetes III. in Alexandria tätig war, sowie wohl auch anderen Mathematikern vorgelegt hat. Er hat dann spätestens nach Konons Tod um 240 v. Chr. begonnen, diese Ergebnisse zum Teil in modifizierter Form mit den zugehörigen Beweisen niederzuschreiben. Für die Abfolge der Ausarbeitung eines Teils seiner Ergebnisse, nicht aber für deren Entstehung geben die noch erhaltenen Einleitungs- bzw. Begleitschreiben von Archimedes an Dositheos, der nach Konons Tod an dessen Stelle als Mittelsmann zu den alexandrinischen Mathematikern getreten war, sowie ein Brief an Eratosthenes Hinweise.

Die Elemente der Mechanik

Am Anfang der mechanisch-mathematischen Schriften stand mutmaßlich ein größeres Werk mit dem Titel *Elemente der Mechanik.* Über seinen Inhalt, Umfang und Aufbau gibt es verschiedene Deutungen, von denen die folgende eine vermittelnde Synthese darstellt. Die *Elemente der Mechanik* bestanden aus mehreren Teilen. Einer davon enthielt Sätze über den Schwerpunkt von Körpern und über den Schwerpunkt ebener Figuren, die den Übergang von Schwerpunktbestimmungen für Körper zu solchen von Flächen und anderen geometrischen Gebilden vorbereiteten.

Die Schrift *Über das Gleichgewicht ebener Flächen,* zumindest deren erstes Buch, wird verschiedentlich als ein Überrest der *Elemente der Mechanik* eingeschätzt. Ein *Über Stützen* betitelter weiterer Teil der *Elemente der Mechanik* brachte im Rahmen einer Statik von Konstruktionen, die, wie die griechischen Tempel, aus von senkrechten Säulen getragenen waagrechten Balken bestehen, die Ableitung des Hebelgesetzes. Ein dritter Teil enthielt unter dem Titel *Über Waagen* Aussagen über verschiedene Arten von gleich- und ungleicharmigen Waagen. In den *Elementen der Mechanik* dürften auch einfache Maschinen wie Rolle, Keil und Schraube behandelt worden sein.

Abhandlungen über Parabelquadratur, Spiralen, Kugel und Zylinder

Unter den erhaltenen mathematischen Arbeiten über Schwerpunkts- und Inhaltsbestimmungen ist die *Parabelquadratur* die älteste. In ihr zeigt Archimedes, «daß der Inhalt jedes Parabelsegments um ein Drittel größer ist als das Dreieck, das mit ihm gleiche Höhe und Grundlinie hat». Archimedes teilte Dositheos in dem die Arbeit einleitenden Begleitschreiben mit, daß er die Lösung des Problems der Quadratur eines Parabelsegments «zuerst durch Methoden der Mechanik und dann durch Methoden der reinen Geometrie gefunden habe». In diesem Sinn gibt Archimedes auf der Basis einer aus den *Elementen der Mechanik* entwickelten Theorie einen «mechanischen» und einen auf der Exhaustionsmethode beruhenden geometrischen Beweis für die obige Aussage über den Inhalt eines Parabelsegments. Erst aus dem Begleitbrief zu der sehr viel später abgefaßten *Spiralenabhandlung* wird klar, daß Archimedes schon vor der Niederschrift der *Parabelquadratur* im Besitz der meisten Sätze war, die in den erst nach der *Parabelquadratur* an Dositheos geschickten Abhandlungen enthalten sind. Offenbar hatte sich Archimedes, als er von der Nachricht über Konons Ableben überrascht wurde, gerade mit der Frage nach der Quadrierbarkeit krummlinig begrenzter Flächen befaßt, wobei er sich, nachdem Versuche anderer Mathematiker mit Kreisen und Ellipsen bzw. deren Segmenten allgemein als gescheitert angesehen wurden, mit dem Parabelsegment beschäftigte.

Nach einer Pause, über deren Dauer Archimedes keine Angaben hinterließ, schickte Archimedes dem Dositheos das erste Buch der Schrift *Über Kugel und Zylinder,* in dem Archimedes den Beweis der folgenden Sätze ankündigte:

Die Oberfläche der Kugel ist viermal so groß wie die Fläche ihres größten Kreises. Die gekrümmte Oberfläche des Kugelsegments ist gleich der Fläche eines Kreises, dessen Radius die Verbindungslinie des Segmentscheitels mit einem Punkt des Begrenzungskreises des Segments ist. Der Zylinder, dessen Grundfläche einem Großkreis einer Kugel und dessen Höhe dem Durchmesser der Kugel gleich ist, ist sowohl in bezug auf sein Volumen als auch in bezug auf seine Oberfläche eineinhalbmal so groß wie die Kugel.[1]

Im zweiten Buch von *Über Kugel und Zylinder* befaßte sich Archimedes offenbar auf Ersuchen von Dositheos mit der Lösung derjenigen der Jahre zuvor dem inzwischen verstorbenen Konon vorgelegten Probleme, die auf der Grundlage der Sätze des ersten Buches von *Über Kugel und Zylinder* behandelt werden können. Dazu gehörte z. B. eine gegebene Kugel durch eine Ebene so zu schneiden, daß im ersten Fall die entstehenden Kalotten und im zweiten Fall die entstehenden Segmente ein gegebenes Verhältnis haben. Dabei stellt der zweite Fall eines der seltenen Beispiele für ein kubisches Problem in der griechischen Mathematik dar.

Eine weitere Gruppe der Konon vorgelegten Probleme betraf Eigenschaften der heute so bezeichneten Archimedischen Spirale, deren Erzeugung Archimedes wie folgt erklärte:

Wenn ein Halbstrahl sich innerhalb einer Ebene um seinen Endpunkt mit gleichförmiger Geschwindigkeit dreht, bis er wieder in seine Ausgangsstellung zurückkehrt, gleichzeitig aber ein Punkt auf diesem Halbstrahl sich mit gleichförmiger Geschwindigkeit vom Endpunkt des Halbstrahls aus bewegt, so wird der Punkt eine Spirale beschreiben.[2]

Von den 28 Sätzen der Dositheos übersandten *Spiralenabhandlung* schaffen die ersten elf die elementaren Voraussetzungen zum Beweis der in den nächsten neun Sätzen behandelten Eigenschaften der Spirale und ihrer Tangenten sowie der in den abschließenden acht Sätzen durchgeführten Inhaltsbestimmungen. Der die erste Gruppe abschließende Satz 20 besagt in moderner Sprechweise, daß die Länge der Polarsubtangente einer Spiralentangente gleich dem Kreisbogen $r\varphi$ ist, wobei r gleich der Länge des die Spirale erzeugenden Halbstrahls im Berührpunkt und φ der Drehwinkel des Halbstrahls vom Ausgangspunkt bis zum Berührpunkt ist. Damit ist gezeigt, daß die Kreisrektifikation und nach Satz 1 der *Kreismessung* gleichzeitig die Kreisquadratur auf die Konstruktion der Spiralentangente zurückgeführt werden kann, wobei zumindest Näherungskonstruktionen für die Spiralentangente handlicher erscheinen. Die wichtigste Aussage im zweiten Teil besagt, daß der Inhalt eines Spiralensektors beim ersten Umlauf des erzeugenden Halbstrahls gerade gleich einem Drittel des zugehörigen Kreissektors ist.

Schon Archimedes hat die Sonderstellung der *Spiralenabhandlung*, deren auf uns gekommene Fassung, im Gegensatz zu den meisten anderen schon in der Antike stark überarbeiteten Archimedischen Schriften, als weitgehend authentisch gilt, unter den anderen an Dositheos gesandten Schriften angedeutet.

Von den Konon vorgelegten Problemen blieb nach der Edition von *Über Kugel und Zylinder* und der *Spiralenabhandlung* nur noch eine Gruppe übrig, die den Inhalt von aus Kegelschnitten gebildeten Rotationskörpern betraf. Offenbar hatte Archimedes Konon nur Aufgaben über Rotationsparaboloide vorgelegt und in der für Dositheos bestimmten Ausarbeitung *Über Paraboloide, Hyperboloide und Ellipsoide* Aussagen über den Inhalt der Segmente von Rotationshyperboloiden und Rotationsellipsoiden hinzugefügt. Allgemein geht es bei den meist ziemlich komplexen Aussagen um einen Vergleich der Inhalte eines Segments der betrachteten Rotationskörper mit einem Kegel gleicher Grundfläche und Höhe. So zeigt Archimedes, daß das Verhältnis eines Paraboloidsegments zu einem Kegel gleicher Grundfläche und Höhe gleich 3:2 ist; entsprechende Aussagen über das Hyperboloid- und Ellipsoidsegment sind komplizierter, weil in sie die Parameter eingehen, welche die zugrundeliegende Hyperbel beziehungsweise Ellipse charakterisieren.

Sandrechner, Kreismessung, Abhandlung über schwimmende Körper und die Methodenschrift

In der hier vorgestellten Abfolge der Schriften des Archimedes fehlen noch der *Sandrechner* und die *Kreismessung* sowie die den «mechanischen» Schriften zuzurechnenden beiden Bücher *Über schwimmende Körper* und die *Methodenschrift,* die beide aus terminologischen Gründen den jüngsten Arbeiten von Archimedes zugerechnet werden. Die *Methodenschrift* enthält darüber hinaus mit zwei Ausnahmen nur Sätze, die bereits in den vorher genannten Schriften, so in *Über Paraboloide, Hyperboloide und Ellipsoide,* bewiesen worden waren, muß also als nach dieser Schrift abgefaßt angesehen werden. Außerdem ist die *Methodenschrift* nicht an Dositheos, sondern an Eratosthenes gerichtet, der vermutlich als Nachfolger von Konon und Dositheos die Verbindung zwischen Archimedes und den alexandrinischen Mathematikern fortsetzte. In dieser Schrift wollte Archimedes über eine von ihm entwickelte «mechanische» Methode informieren, mit deren Hilfe er die meisten seiner früher mitgeteilten Ergebnisse gefunden hatte.

Die Grundidee dieser Methode besteht in einem Vergleich der Volumina zweier homogener Körper, von denen der eine mit seinem ganzen Gewicht auf das eine Ende eines Waagebalkens wirkt und dem anderen mit seinem auf die gesamte Länge der anderen Seite des Waagebalkens verteilten Gewicht das Gleichgewicht hält. Archimedes stellt sich den Körper durch Parallelschnitte in unendlich viele ebene und nicht weiter teilbare, also indivisible Elemente zerlegt vor, die hintereinander der Ausdehnung des Körpers entsprechend auf die Länge einer Seite des Waagebalkens verteilt werden. Jedes dieser indivisiblen Elemente des Vergleichskörpers wirkt also mit einer anderen Hebelarmlänge und hält jeweils einem indivisiblen Element des am Ende der anderen Seite des Waagebalkens aufgehängten Körpers, dessen Volumen bestimmt werden soll, das Gleichgewicht. Da die Summe der Drehmomente all dieser indivisiblen Elemente gleich dem Drehmoment des in seinem Schwerpunkt wirkenden Gesamtgewichts des aus den Indivisiblen zusammengesetzten Körpers ist, kann man bei Kenntnis des Gewichts bzw. Volumens und der Lage des Schwerpunkts dieses Körpers mit Hilfe des Hebelgesetzes das Gewicht beziehungsweise Volumen des in einem Punkt aufgehängten Körpers bestimmen.

Diese Methode läßt sich auch zum Vergleich von Flächen heranziehen, wenn die zu vergleichenden Körper Prismen beziehungsweise Zylinder gleicher Höhe sind und damit das zu ermittelnde Volumenverhältnis dem Verhältnis der Grundflächen gleich ist. Die mechanische Methode setzt bereits die Kenntnis des Volumens und der Lage des Schwerpunkts einfacher Körper voraus, die als Vergleichskörper zur Bestimmung des Volumens weniger einfacher Körper dienen können. So werden in der *Methodenschrift* die Lagen des Schwerpunkts einer geraden Strecke, des Dreiecks, des Parallelogramms, des Kreises, des Zylinders, des Prismas und des Kegels ohne Beweis angegeben, weil sie bereits in einer früheren Schrift, mutmaßlich den *Elementen der Mechanik,* veröffentlicht worden waren. Unter solchen Voraussetzungen kann Archimedes im ersten Beispiel mit der mechanischen Methode die Fläche eines Parabelsegments und im zweiten Volumen und Oberfläche einer Kugel bestimmen.

Ähnlich wie die *Methodenschrift* setzen die beiden Bücher *Über schwimmende Körper* Kenntnisse aus den *Elementen der Mechanik* voraus, auf die in Satz 2 des zweiten Buches ausdrücklich verwiesen wird. In dieser Schrift geht es vor allem um die Bedingungen hinsichtlich der Abmessungen und dem Verhältnis der Dichten, unter denen ein aus dem Gleichgewicht geratenes und in einer schweren Flüssigkeit schwimmendes Segment eines Rotationsparaboloids von selbst in eine stabile Lage zurückkehrt. Der gegenüber der mechanischen Methode verallgemeinerte Gleichgewichtsbegriff und die vergleichsweise sehr anspruchsvollen Schwerpunktbestimmungen in dieser Schrift lassen sie in Übereinstimmung mit der in ihr verwendeten Terminologie als eine sehr späte Arbeit erscheinen, die erst nach den an Dositheos gesandten verfaßt wurde.

Anders verhält es sich mit dem *Sandrechner* und der *Kreismessung,* für deren Entstehungszeit fast keine Anhaltspunkte existieren. Aufgrund von Beziehungen ihrer Sätze zu denen von Buch I der Schrift *Über Kugel und Zylinder* könnte man die Abfassung der *Kreismessung* in zeitlicher Nähe zu dieser Schrift ansetzen; ein solcher Ansatz ist allerdings keinesfalls zwingend. Das Fehlen jedes Hinweises auf eine eigene Bearbeitung im Zusammenhang mit der Bemerkung von Archimedes in der Einleitung zur *Parabelquadratur,* daß frühere Mathematiker die Konstruktionsmöglichkeit einer einem gegebenen Kreis oder Kreissegment inhaltsgleichen, geradlinig begrenzten Fläche zu zeigen versucht hatten, könnte zunächst auf eine Abfassung der *Kreismessung* nach der *Parabelquadra-*

tur schließen lassen, zumal der erste Satz der *Kreismessung* ja die Kreisfläche als einem rechtwinkligen Dreieck inhaltsgleich behauptet, dessen Katheten dem Radius und dem Umfang des Kreises gleich sind. Damit wäre für die Kreisfläche, wie gefordert, eine inhaltsgleiche, geradlinig begrenzte Figur konstruiert, wenn es gelänge, den Kreisbogen zu rektifizieren. Der dritte und letzte Satz der *Kreismessung*, die uns, wie heute bekannt ist, nur in einer gekürzten Fassung vorliegt, besagt aber:

> Der Umfang eines jeden Kreises ist dreimal so groß wie der Durchmesser und noch um etwas mehr, nämlich um weniger als ein Siebtel und um mehr als zehn Einundsiebzigstel des Durchmessers.[3]

Die Sätze der *Kreismessung* konnten also nur bedeuten, daß sich Archimedes selbst der in der *Parabelquadratur* erwähnten Gruppe derjenigen zurechnete, die die Kreisquadratur als nicht gelöst ansahen. Insofern ist auch nicht auszuschließen, daß die *Kreismessung* bereits vor der *Parabelquadratur* abgeschlossen war. Dabei ist zu berücksichtigen, daß die uns erhaltene, mutmaßlich im 5. Jahrhundert entstandene Fassung der *Kreismessung* gegenüber dem ursprünglichen Archimedischen Text geradezu verstümmelt wurde.

Für den *Sandrechner* kann man aufgrund der Benutzung einer Abschätzung der Kreiszahl, die in Satz 3 der *Kreismessung* enthalten ist, nur eine Abfassung nach der *Kreismessung* vermuten. Die Widmung der Schrift an König Gelon, der von seinem Vater nach 240 v. Chr. zum Mitregenten gemacht wurde, gibt keine weiteren Anhaltspunkte, weil nahezu alle bekannten Archimedischen Schriften später abgefaßt wurden.

Der Inhalt des *Sandrechners* fällt ganz aus dem Rahmen der übrigen bekannten Schriften. Archimedes führte darin ein Zahlensystem auf der Basis von 10^8 ein, um damit die Anzahl der in einer Kugel enthaltenen Sandkörner abschätzen zu können, deren Durchmesser gleich dem Abstand Erde–Sonne sein sollte. Für eine solche Abschätzung benötigte Archimedes im Rahmen des hier sichtbaren Programms, den Kosmos zu «vermessen» im Sinn einer Rückführung der Distanzen im Planetensystem auf den Erddurchmesser und des Erddurchmessers auf ein menschlicher Vorstellung und Messung zugängliches Maß, eine möglichst gute Bestimmung des scheinbaren Sonnendurchmessers. Dafür gab Archimedes im *Sandrechner* die Konstruktion einer Dioptra an, bei der, anders als bei allen anderen Beobachtungsinstrumenten der Antike, auch die Pupillenöffnung berücksichtigt wird. Die von Archimedes im Zusammenhang mit der Konstruktion seiner Dioptra angestellten Überlegungen stellen ein interessantes Zeugnis für den umsichtigen Praktiker Archimedes dar, der dem von Plutarch entworfenen Archimedesbild völlig widerspricht. Im selben Zusammenhang enthält der *Sandrechner* den ausführlichsten Bericht der Antike über das heliozentrische System des Aristarch, weil Archimedes zeigen will, daß er auch die Sandzahl in dem wesentlich größeren Kosmos des Aristarch mit seinem Zahlensystem abzuschätzen vermag. Dabei ist der Kosmos des Aristarch eine von der Fixsternsphäre begrenzte Kugel mit der Sonne als Mittelpunkt, wobei sich der Radius dieser Fixsternkugel zum Abstand Erde–Sonne verhält wie dieser Abstand zum Erdradius.

Die an König Gelon gerichteten, den *Sandrechner* abschließenden Worte berühren noch einmal das Programm des Archimedes, «über die Abstände und die Größenverhältnisse der Erde, der Sonne, des Mondes und des ganzen Weltalls» nachzudenken, das Eratosthenes, einer der Korrespondenten von Archimedes, durch eine ziemlich genaue Vermessung des Erdmeridians und damit des Erdradius sowie die Einführung einer Olympiaden-Chronologie ergänzte.

In der zeitlich mit der *Methodenschrift* und den beiden Büchern *Über schwimmende Körper* abschließenden Entwicklung der Werke des Archimedes sind vier kleinere Arbeiten nicht berücksichtigt. Es handelt sich dabei um die unter dem Titel *Stomachion* tradierte Beschreibung eines Zusammensetzspiels aus Teilen, die durch geradlinige Schnitte aus einem Rechteck entstanden, um das sogenannte *Rinderproblem*, das auf die Lösung eines homogenen Gleichungssystems aus 7 Gleichungen für 8 Unbekannte führt, wobei zwei zahlentheoretische Bedingungen die Lösungsmenge einschränken, sowie um zwei nur in arabischer Übersetzung erhaltene Arbeiten mit den Titeln *Lemmata* und *Über einander berührende Kreise*, die sich überwiegend mit Sätzen über Kreisberührungen befassen. Diese speziellen Arbeiten charakterisieren ausschließlich den Mathematiker Archimedes, d. h. lassen auch indirekt keine Schlüsse auf die Aktivitäten des Physikers, Astronomen und Ingenieurs Archimedes zu.

Für den als Optiker schon mit dem *Sandrechner* vorgestellten Physiker Archimedes gilt allgemein, daß er – ähnlich wie der dem Aristotelischen Dogma von der Unvergleichbarkeit von Krumm und Gerade in den Arbeiten über Inhaltsbestimmungen und Rektifikationen widersprechende Mathematiker Archimedes – die Natur (Physis, *φύσις*) als Erkenntnisgegenstand des Physikers anders auffaßte als Aristoteles. Aristoteles erschienen nur Aussagen über eine sich selbst überlassene Natur sinnvoll, die beobachtet wird, ohne daß ihre Abläufe durch Eingriffe von außen, wie sie Experimente darstellen, verändert werden. Für Archimedes war der Bereich der Natur viel weiter als für Aristoteles; er schloß den Bereich des Manipulierbaren, des durch eine Setzung Festgelegten, mit ein. So leitete er das erste Buch von *Über schwimmende Körper* mit der die «Natur» von Flüssigkeiten betreffenden Forderung ein,

> daß von gleich gelegenen und zusammenhängenden Teilen die stärker gedrückten die weniger gedrückten vor sich her treiben, und daß jedes Flüssigkeitsteilchen von der über ihm gelegenen Flüssigkeit in lotrechter Richtung gedrückt wird, wenn die Flüssigkeit nicht durch ein Gefäß oder andere Umstände gedrückt wird.[4]

Diese Voraussetzung erlaubte ihm, in den Sätzen 5 bis 7 den von in Flüssigkeiten getauchten Körpern erfahrenen Auftrieb als dem Gewicht der verdrängten Flüssigkeit gleich nachzuweisen und im zweiten Buch Bedingungen für stabiles, labiles und indifferentes Gleichgewicht für schwimmende Rotationsparaboloid-Segmente anzugeben. Für den Physiker Archimedes war, wie Eutokios in seinem Kommentar zu dieser Schrift andeutet, die von Aristoteles auf der Grundlage verschiedener «natürlicher» Örter für das Schwere und das Leichte getroffene Unterscheidung zwischen schweren und leichten Körpern sinnlos geworden, weil die vom Erdmittelpunkt weg gerichtete Bewegung von relativ leichteren Körpern als ein Auftriebsphänomen in einem dichteren Medium gedeutet werden muß. Offenbar wollte Archimedes auch die von Aristoteles getroffene Unterscheidung zwischen einer sublunaren und supralunaren Sphäre aufheben. Archimedes hatte ja auf der Grundlage des Begriffs des Gleichgewichts das Hebelgesetz abgeleitet, das nach dem von der Antike kolportierten Satz des Archimedes, «Gib mir einen Platz und ich werde die Erde bewegen», auch auf die Erde als Ganzes anwendbar und damit für den gesamten Kosmos gültig sein sollte.

Der Planetarienbauer Archimedes

Den sichtbarsten Ausdruck fand das den Physiker und Astronomen Archimedes charakterisierende Denken in kosmischen Dimensionen in der Schöpfung von mechanischen Planetarien. Cicero hat noch zwei Jahrhunderte nach Archimedes' Tod zwei solcher Archimedischer «Sphären» gesehen, die die Bewegungen von Sonne, Mond und Planeten bezüglich der Fixsternsphäre während eines Tages sowie die Mondphasen und Finsternisse zeigten. Nicht nur in Ciceros Augen stellten die Archimedischen Planetarien trotz der Großtaten des Verteidigers von Syrakus die größte technische Leistung von Archimedes dar. Archimedes soll nach dem über Pappus erhaltenen Zeugnis des Karpos von Antiocheia ein Werk zur Herstellung solcher Planetarien, eine *sphairopoiía (σφαιροποιία)*, verfaßt haben. Selbst wenn ein solches Werk das Ergebnis einer späteren Zuweisung sein sollte, also nie existiert hat, existierte sein Inhalt im Kopf des Schöpfers der gut bestätigten Planetarien. Er umfaßte neben dem hier angesprochenen physikalischen und astronomischen Wissen über die Bewegungen im Kosmos mathematische und technische Kenntnisse zur Herstellung der für den Betrieb der Planetarien erforderlichen Seil- oder Zahnradgetriebe. Die feinmechanische Ausführung des Zahnradgetriebes in dem aus dem ersten vorchristlichen Jahrhundert stammenden Antikythera-Instrument, das zu Beginn unseres Jahrhunderts gefunden wurde und das man als ein in der Tradition der Archimedischen Planetarien stehendes Instrument gedeutet hat, hat die Vorstellungen über die Leistungsfähigkeit griechischer Instrumentenmacher und der dahinterstehenden theoretischen Kenntnisse vollständig verändert.

Die Brennspiegellegende

Für die Wirkungsgeschichte von Archimedes sind zwei Aspekte zu beachten: einmal der schwer nachweisbare, vor allem psychologisch wirksame Einfluß des zum Übermenschen stilisierten Archimedes und zum anderen die direkten und indirekten Auswirkungen der tradierten Archimedischen Schriften auf die nachfolgende Entwicklung von Mathematik und Naturwissenschaften.

Typisch für den ersten Aspekt sind die Folgen einer heute als Legende entlarvten Benutzung von Brennspiegeln durch Archimedes bei der Abwehr der römischen Belagerungsflotte. Anthemius von Tralleis, einer der beiden Architekten der Hagia Sophia, hatte bei dem Versuch der Konstruktion eines Apparats zur Entzündung durch Sonnenlicht auf größere Entfernung zwei Gründe aufgeführt, die die Unmöglichkeit einer solchen Konstruktion dartun sollten, und im Anschluß daran bemerkt:

> Da es aber nicht möglich ist, den Ruhm des Archimedes anzutasten, von dem übereinstimmend berichtet wird, daß er die feindlichen Schiffe mit Hilfe der Sonnenstrahlen verbrannte, muß vernünftigerweise auch dieses Problem lösbar sein.[5]

Ähnlich wie Anthemius, der sich dann an die Konstruktion eines Facettenspiegels machte, fühlten sich später verschiedene Araber durch das Vorbild des Archimedes ermutigt, an die Existenz einer Lösung vor allem bei schwierigen technischen Problemen zu glauben und damit diese selbst vorzubereiten.

Die archimedischen Schriften in der Spätantike, in Byzanz, bei den Arabern und im Abendland

Die eigentliche Wirkungsgeschichte des Archimedischen Werks setzt trotz gelegentlicher Hinweise auf Archimedes in den Arbeiten der drei alexandrinischen Mathematiker Heron, Pappus und Theon erst in Byzanz ein. Vor dem Hintergrund eines neu erwachten Interesses an einer guten mathematischen Ausbildung bemühte man sich im spätantiken Byzanz um eine Zusammenstellung der überlieferten Schriften des Archimedes. So wurden im 6. Jahrhundert die *Kreismessung* sowie die beiden Bücher *Über Kugel und Zylinder* zusammen mit den Kommentaren des Eutokios von Askalon von dem anderen Erbauer der Hagia Sophia, Isidoros von Milet, herausgegeben. In der zweiten Hälfte des 9. Jahrhunderts ließ Leo, der Rektor der 863 gegründeten Universität am

Magnaura-Palast in Byzanz, systematisch alle damals noch erreichbaren Archimedischen Schriften sammeln und edieren.

Mit der Edition der von Heiberg so bezeichneten Handschrift A durch Leo ist eine der wichtigsten Phasen in der Textüberlieferung von Archimedes erfaßt; die sich an diese Sammlung anschließende Überlieferung Archimedischer Texte erfolgt vor allem durch Übersetzungen, deren wichtigste die ins Arabische und Lateinische sind. So standen für die lateinische Übersetzung der Werke des Archimedes durch Wilhelm von Moerbeke von 1269 nicht nur der Kodex A von Leo, sondern ein aus derselben Zeit stammender Kodex B zur Verfügung, der u.a. die in A nicht enthaltene Schrift *Über schwimmende Körper* aufwies.

Arabische Übersetzungen Archimedischer Schriften waren schon ab dem 9. Jahrhundert verfügbar und wurden offenbar z.T. in verbesserter Form bis mindestens ins 13. Jahrhundert herausgegeben, wobei die Übernahme des arabischen Archimedes im Abendland bereits im 12. Jahrhundert mit einer – wahrscheinlich von Gerhard von Cremona stammenden – lateinischen Übersetzung der arabischen Fassung der *Kreismessung* einsetzt. Im Gegensatz zu der späteren lateinischen Übersetzung des Gesamtwerks aus dem Griechischen durch Wilhelm von Moerbeke wurde die lateinische Übersetzung der *Kreismessung* im 13. und 14. Jahrhundert häufig benutzt, paraphrasiert und die Beweise vor dem Hintergrund des scholastischen Interesses an der Vergleichbarkeit von Krumm und Gerade sowie aus didaktischen Gründen verändert.

Von Gerhard von Cremona stammt auch eine unter dem Titel *Verba filiorum (Äußerungen der Brüder)* bekannte lateinische Übersetzung eines geometrischen Traktats, der von den Banū Mūsā, drei Brüdern aus dem Bagdad des 9. Jahrhunderts, verfaßt worden war. Der Einfluß der stark an Archimedes orientierten *Verba filiorum*, der im 13. Jahrhundert bei Jordanus Nemorarius und in der *Practica geometriae (Geometrische Praxis)* des Leonardo von Pisa spürbar wird, reicht bis zu Regiomontan und der *Summa de Arithmetica, geometria, proportioni et proportionalita (Gesamtheit des arithmetischen-geometrischen Wissens über Proportionen und Proportionalität)* des Luca Pacioli von 1494.

Die Wirkung verschiedener anderer Übersetzungen von Einzelschriften des Archimedes zwischen dem 13. und dem 16. Jahrhundert war verhältnismäßig gering. Immerhin könnte die von Tartaglia besorgte italienische Ausgabe von *Über schwimmende Körper* Ausgangspunkt eines 1553 von Benedetti formulierten Fallgesetzes sein, wonach ein Körper mit einer Geschwindigkeit fällt, die der Differenz zwischen seiner Dichte und der Dichte des Mediums proportional ist. Dasselbe Fallgesetz findet sich noch in der um 1590 entstandenen Galileischen Frühschrift *De motu (Über die Bewegung)*.

Eine wirkliche Archimedes-Renaissance wurde allerdings erst im 16. und noch stärker im 17. Jahrhundert spürbar, als es verschiedenen Mathematikern als höchstes Ziel galt, sich den Beinamen eines «neuen» Archimedes oder eines Archimedes der eigenen Region zu erwerben. Wesentliche Voraussetzung für den erneuten Anstieg des Archimedes-Interesses war die Verfügbarkeit einer allgemein anerkannten und damit zitierfähigen Archimedesausgabe. Die geringe Verbreitung der Moerbeke-Übersetzung hatte eine solche Voraussetzung nicht zu schaffen vermocht. Schon um 1450 hatte deshalb Papst Nikolaus V. eine neue lateinische Übersetzung in Auftrag gegeben, die Jakob von Cremona ausschließlich auf der Grundlage von Kodex A erstellte. Eine Abschrift dieser Übersetzung wurde von Regiomontan 1468 nach Deutschland gebracht; sie bildete die Grundlage für die lateinische Übersetzung der in Basel 1544 gedruckten griechisch-lateinischen Erstausgabe des auf Kodex A beruhenden Textes. Mit der gedruckten Werksausgabe von 1544, zu der im 16. Jahrhundert noch mindestens sechs weitere Archimedesteilausgaben kamen, waren die wichtigsten Schriften des Archimedes mit Ausnahme der *Methodenschrift* und von *Über schwimmende Körper* in einer einheitlichen Form sowie in einer für ihre effektive Verbreitung ausreichenden Anzahl von Exemplaren verfügbar geworden.

Eine Reihe von Faktoren trug zu einer besonders günstigen Aufnahme der Werksausgabe von 1544 bei. In der vom Zeitalter der Entdeckungen, der Reformation und der Humanisten ausgelösten Umbruchstimmung war insbesondere das die alten Strukturen stützende scholastische System mehr und mehr in Frage gestellt worden. Instinktiv spürten vor allem die Vertreter der wissenschaftlichen Revolution von Galilei bis Newton, daß Archimedes eine Gegenposition zum Aristotelismus repräsentierte. Sie übernahmen von Archimedes die Beschränkung auf die mathematische Beschreibung des Verhaltens von Modellen, die der Erfahrung oder, wie im Gedankenexperiment, der Vorstellung davon möglichst gut angepaßt waren, und kamen damit zunächst beim freien Fall und beim Wurf zu Aristoteles völlig widersprechenden Ergebnissen.

Andere Faktoren für ein wiedererwachendes Archimedes-Interesse sind in der mathematischen Entwicklung und ihrer Wechselwirkung mit den wieder zugänglichen Schriften des Archimedes zu finden. Die ein Jahr nach der Baseler Werksausgabe in Nürnberg erschienene *Ars Magna (Große Kunst)* von Cardano hatte zum ersten Mal im Druck – als Höhepunkt einer etwa mit Leonardo von Pisa im frühen 13. Jahrhundert einsetzenden Entwicklung der cossistischen Algebra – die algebraische Lösung von kubischen und biquadratischen Gleichungen vorgestellt. Da aus der Antike nur geometrische Lösungen von einigen wenigen kubischen Problemen bekanntgeworden waren, konnten die von Cardano veröffentlichten algebraischen Lösungen als ein Beispiel für die Möglichkeit und gleichzeitig als Ermutigung verstanden werden, über die Ergebnisse der bislang als unübertrefflich angesehenen großen griechischen Mathematiker hinauszugelangen. Vor dem Hintergrund eines solchen neuen abendländischen mathematischen Selbstbewußtseins erschienen die als anspruchsvollste griechische Mathematik eingeschätzten Schriften des Archimedes, insbesondere über Inhaltsbestimmungen, als der geeignete Testfall.

Archimedes' Einfluß auf die Entstehung der Infinitesimalrechnung

Tatsächlich läßt sich ein Entwicklungsstrang feststellen, der von den Archimedischen Arbeiten über Schwerpunkts- und Inhaltsbestimmungen zur Schöpfung des Infinitesimalkalküls durch Newton und Leibniz führt. Für die europäischen Mathematiker des 16. und 17. Jahrhunderts waren die dazu gehörigen Arbeiten der Araber, vor allem von Ibn al Haiṯham, noch nicht zugänglich; aber mit der schon vor der Werksausgabe von 1544 einsetzenden, gelegentlich über Archimedes hinausführenden Bearbeitung des Archimedischen Werks durch den sizilianischen Abt Maurolico setzt eine mehr oder minder zusammenhängende, im Infinitesimalkalkül kulminierende Entwicklung ein, die von Mathematikern wie Federigo Commandino, Simon Stevin, Johannes Kepler, Bonaventura Cavalieri, Pierre Fermat oder Christiaan Huygens getragen wurde. Alle Genannten waren wie Kepler, der seine *Nova Stereometria doliorum vinariorum (Neue Faßmessung)* von 1615 mit einem Kapitel «Stereometria Archimedea» beginnt, von Archimedes selbst oder von Archimedesbearbeitungen ausgegangen. Leibniz, der Schöpfer der für die Entwicklung der Analysis im 18. Jahrhundert verbindlichen Form des Kalküls, hat in verschiedenen Briefen auf Archimedes als den ersten Vertreter einer «Arithmetica infinitorum» oder einer «Geometria indivisibilium» hingewiesen.

Für das Selbstverständnis der mit dem raschen, vor allem formalen Ausbau der neuen analytischen Methoden beschäftigten Mathematik des 18. Jahrhunderts spielte Archimedes keine Rolle mehr. Erst mit der am Ende des 18. Jahrhunderts beobachtbaren Romantisierung der Antike und den sich häufenden Schwierigkeiten einer weitgehend formal betriebenen Analysis setzte in der Mathematik eine Rückbesinnung auf die mathematische Strenge der Antike ein, wie sie insbesondere in den Schriften des Syrakusaners sichtbar wird. Stellvertretend für seine Zeit machte der später zum «princeps mathematicorum» (Fürst der Mathematiker) stilisierte Carl Friedrich Gauß den «rigor antiquus» (die Strenge der Alten) eines Archimedes erneut zum Maßstab mathematischer Strenge. Die Dauer der Wirksamkeit des Archimedischen Werkes kann damit auf mehr als zwei Jahrtausende veranschlagt werden; das rein historische Interesse an seiner Person und seinen Arbeiten erscheint bis heute ungebrochen.

Rudolf Simek

DAS PHYSIKALISCHE WELTBILD IM MITTELALTER
(7.–14. Jahrhundert)

Von mittelalterlicher Physik zu sprechen, ist nicht ganz unbedenklich, da die mittelalterliche Terminologie von der modernen wie der antiken beträchtlich abweicht. Das Mittelalter kennt zwar den Begriff Physik (lat. *physica*), die mittelalterliche universitäre Wissenschaftseinteilung hat aber keinen Systemplatz für dieses Fach, da im Quadrivium der Sieben Freien Künste – also dem «naturwissenschaftlichen» Zweig der universitären *Artes* – nur Astronomie, Mathematik, Geometrie und Musik angeführt werden. Weder die Physik im heutigen Sinn noch die im Mittelalter häufig bearbeitete Naturkunde haben im offiziellen Curriculum einen eigenen Ort.

Mittelalterlichen Wissenschaftseinteilungen war diese Verkürzung durch das System der *Septem Artes* bewußt, und man hat daher sehr wohl versucht, die Physik unterzubringen – üblicherweise neben Logik und Ethik als eine der drei Unterabteilungen der Philosophie. In diesem Sinn umfaßte die Physik alle heute als «naturwissenschaftlich» bezeichneten Fächer, also die physische Welt insgesamt und somit auch prinzipielle Fragen der Kosmologie, der Astronomie und selbst der Geographie. Diese aus heutiger Sicht eher willkürlich scheinende Zuordnung wird aber in einer Definition der Physik bei Hugo von St. Viktor klarer, der die Physik – nach der Mathematik – im *Didascalion (Die Lehre)*, Kap. 17, folgendermaßen beschreibt: «Die Physik erforscht und bedenkt die durch ihre Wirkungen erkennbaren Gründe der Dinge, und die durch bestimmte Gründe abgeleiteten Wirkungen: Weswegen die Erde bebt und die hohe See anschwillt, weswegen Pflanzen wachsen und Tiere durch ungezügelten Willen und Unmut sich bewegen, und woher alle Arten von Gewächsen und Steinen und Gewürm stammt.»[1]

Wenn also mittelalterliche Klassiker der Physik besprochen werden, dann kann dies nicht nur von einer neuzeitlichen Definition des Faches her geschehen, die sich mit den heute zur Physik zählenden Teildisziplinen wie Mechanik, Optik und Kinematik beschäftigen könnte, sondern muß auch auf die mittelalterliche Bedeutung des Wortes Physik eingehen und somit Kosmologie und Astronomie umfassen. Mittelalterliche Klassiker der Physik sind einerseits jene Autoren, die durch ihre Einbindung in das traditionelle Weltbild in ihren Aussagen besonders wirksam waren, andererseits jene, die an der Vermittlung des Aristotelismus ab dem 13. Jahrhundert teilhatten und etwa in den Bereichen Mechanik, Optik, Geophysik oder Magnetismus innovativ waren und somit die Grundlagen der neuzeitlichen physikalischen Wissenschaft schufen.

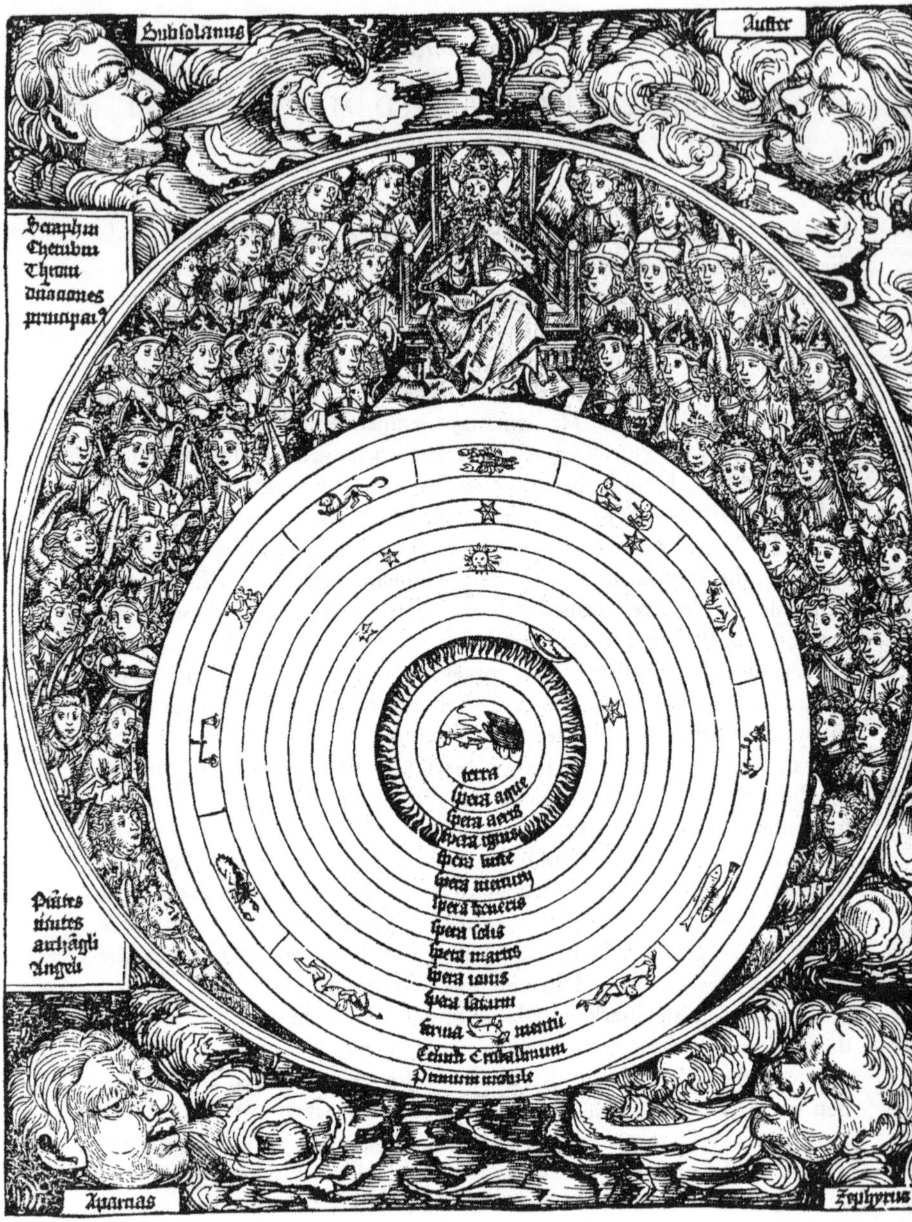

Geozentrisches Weltsystem aus der Schedelschen Weltchronik, 1493.

Die Physik in der mittelalterlichen Enzyklopädik

Vor der ab dem 12. Jahrhundert zunehmenden theoretischen Beschäftigung mit der Natur und ihren Phänomenen finden sich nur relativ selten Werke, die sich systematisch mit allen Aspekten der unbelebten Natur beschäftigten, vielleicht auch deshalb, weil seit Plinius im 1. Jahrhundert n. Chr. «Naturgeschichte» in erster Linie mit Zoologie und Botanik gleichgesetzt wurde. Naturkundliche Traktate stehen daher in enger Verbindung mit der enzyklopädischen Literatur, wobei vor allem Isidors *Etymologiae* (seltener Martianus Capella und der Kommentar des Macrobius zu Ciceros *Somnium Scipionis [Scipios Traum]* vom Anfang des 5. Jahrhunderts) aus geschrieben wurden. Dieser spanische Bischof kann mit seinen beiden Werken *Etymologiae* und *De natura rerum (Über die Natur der Dinge)* an erster Stelle als «Klassiker» für fast alle Wissensgebiete im Mittelalter gelten, wie irrelevant seine Informationen vom heutigen – und selbst vom hochmittelalterlichen – Standpunkt aus auch wirken mögen; für über 600 Jahre war er die erste Autorität für einfache Kleriker wie für Wissenschaftler.

Als Quellen der hochmittelalterlichen Gelehrten kamen die verschiedenen Werke des ersten westeuropäischen «Naturwissenschaftlers» hinzu, des englischen Mönchs Beda, den man wegen seiner zahlreichen Schriften, in denen er antike Wissenschaft mit mittelalterlichem christlichem Glauben verband, *venerabilis* (verehrungswürdig) nannte, obwohl er nie heiliggesprochen wurde. Er bezog zwar noch viele seiner Informationen aus Isidor und Plinius, war aber wesentlich kritischer und detaillierter als Isidor. Seine knappen, aber sehr inhaltsreichen Schriften *De natura rerum (Über die Natur der Dinge), De temporibus (Über die Zeiten)* und *De ratione temporum (Über die Ordnung der Zeiten)* waren für die Naturwissenschaft und die Historiographie der folgenden Jahrhunderte von grundlegender Bedeutung, wie schon allein die Zahl von über 125 erhaltenen Manuskripten von *De natura rerum* bezeugt.[2]

Von den naturwissenschaftlich orientierten Traktaten in der enzyklopädischen Tradition befassen sich nur wenige neben der Astronomie noch mit anderen Teilbereichen der Physik im weitesten Sinn: mit Geologie,[3] Optik,[4] noch seltener mit Meteorologie und Mechanik.[5] Es finden sich aber dennoch einige spezielle theoretische Werke zu den verschiedenen Teilbereichen der Naturwissenschaften, selbst wenn diese noch ganz in der Tradition mittelalterlicher enzyklopädischer Wissensvermittlung standen. Kurze Kapitel über physikalische Phänomene wurden ab dem 12. Jahrhundert häufiger in naturwissenschaftlich orientierte Enzyklopädien aufgenommen, so in die kurze Enzyklopädie *De imagine mundi (Über das Bild der Welt)* des Honorius von Autun oder in das im wesentlichen naturwissenschaftliche Traktat *De philosophia mundi (Über die*

Philosophie der Welt) des Wilhelm von Conches. Doch trotz der schon ab dem 12. Jahrhundert einsetzenden Rezeption aristotelischer Schriften beruhen viele einschlägige Traktate eher auf Beda. Die Bereiche Mechanik, Kinematik und Geologie werden vor dem Einsetzen der Aristotelesrezeption kaum berührt.

Wo die enzyklopädische Literatur überhaupt Informationen über Naturphänomene enthält, werden diese entweder recht willkürlich den nur relativ kurzen Abschnitten über die Welt oder die Erde zugeordnet (vgl. Isidor, *Etymologiae,* Buch XIII, XIV, XVI), oder sie wurden nach den vier Elementen Erde, Wasser, Luft und Feuer gegliedert, aus denen sich der sogenannte sublunare Bereich zusammensetzte.[6] In der Astronomie war das aus der Antike stammende ptolemäische Kosmossystem in seiner einfachen Form (mit acht Sphären) das ganze Mittelalter hindurch gültig, nachdem es durch das aus dem 8. Jahrhundert stammende Werk *De natura rerum (Über die Natur der Dinge)* des Beda *venerabilis* wissenschaftlichen Rang erlangt hatte, wobei Bedas ikonographische Umsetzung im sogenannten Weltallbild sicherlich keine geringe Rolle spielte; es enthielt in seinem Zentrum eine symbolische Darstellung der Erde, umgeben von acht konzentrischen Kreisen, welche die Namen der sieben Planeten und des Firmaments trugen. Das Weltallbild ebenso wie das ptolemäische System blieben bis in die Neuzeit hinein die gängigen Erklärungsmodelle für den Bau des Kosmos, selbst wenn schon ab dem 12. Jahrhundert Zweifel an seiner Richtigkeit geäußert wurden und bereits bei Martianus Capella und Macrobius die aus dem 4. Jahrhundert v. Chr. stammende Erklärung des Herakleides von Pontikus von der Heliozentrik[7] der Planeten Merkur und Venus zu finden war. Diese Erklärung wurde allerdings erst wieder Anfang des 12. Jahrhunderts von Wilhelm von Conches aus der Schule der Chartristen – er war Lehrer in Paris und Erzieher des englischen Königs Henry II. Plantagenet – in seiner *Philosophia mundi (Philosophie der Welt)* aufgegriffen und findet sich in der Folge auch bei Daniel von Morley, der im Auftrag von Bischof John von Oxford um 1290 nach astronomischen Studien in Toledo seinen *Liber de naturis inferiorum et superiorum (Buch über die Naturen der unteren und der oberen Dinge)* verfaßte.[8]

Neue Erklärungen wie diese fanden aber noch keine Aufnahme in das verbreitetste astronomische Lehrbuch des Mittelalters, nämlich den *Liber de sphaera* oder *De sphaera mundi (Buch über die Weltkugel)* des Johannes de Sacrobosco, entstanden zu Anfang des 13. Jahrhunderts, sowie dessen deutsche Übersetzungen, und sie fehlt auch in dem nicht ganz so erfolgreichen gleichnamigen Handbüchlein des Robert Grosseteste. Dieser *Liber de sphaera* des Johannes, den der nordenglische Gelehrte zu Anfang des 13. Jahrhunderts (vor 1220) verfaßte, als er an der Universität Paris lehrte, war trotz der Knappheit der Darstellung ein unbestreitbarer Klassiker mittelalterlicher Sachliteratur. An lateinischen Handschriften dürften noch einige hundert erhalten sein, in der Frühdruckzeit – als die astronomischen Angaben schon längst nicht mehr auf der Höhe der Forschung waren – erlebte es zwischen 1472 und 1647 65 Ausgaben; die Zahl der lateinischen Kommentare dürfte über 80 betragen,[9] und das Werk wurde ganz oder teilweise in verschiedene Volkssprachen übersetzt. Ins Mittelhochdeutsche wurde es gleich dreimal übersetzt, darunter vor 1350 von dem gelehrten und rührigen Regensburger Domherrn Konrad von Megenberg als *Deutsche Sphaera,*[10] während er als Leiter der Stephansschule in Wien wirkte. Weniger verbreitet waren andere kurze Astronomielehrbücher für den Gebrauch an Universitäten oder in den einzelnen Orden, etwa das schon erwähnte, fast gleichzeitig vom Franziskaner Robert Grosseteste (ab 1235 Bischof von Lincoln) verfaßte Werk *De sphaera.*[11] Ein weiterer englischer Verfasser eines Astronomielehrbuchs war ebenfalls Franziskaner, nämlich John Peckham, der seinen *Tractatus sphaerae,* lange bevor er Erzbischof von Canterbury wurde, schrieb und ihn ebenfalls auf die praktische Verwendung in den Ordensschulen zuschnitt; die Schrift blieb allerdings nicht nur wegen seiner strengen Konservativität ohne Breitenwirkung.[12]

Anhand der Astronomie läßt sich besonders gut das Beharrungsvermögen der mittelalterlichen Naturwissenschaft zeigen: Noch im 13. und 14. Jahrhundert wurde gleichzeitig mit neu zu findenden astronomischen Erkenntnissen und der immer intensiver werdenden Aristotelesrezeption weiterhin Gedankengut im enzyklopädischen Schrifttum tradiert, welches weitgehend unbeeinflußt von allen an den Universitäten kursierenden Neuerungen blieb. Dazu zählen u. a. die wichtigsten Naturenzyklopädien des 13. und 14. Jahrhunderts, nämlich das Werk *De proprietatibus rerum (Über die Beschaffenheit der Dinge)* des Bartholomaeus Anglicus, der *Liber de natura rerum (Buch über die Natur der Dinge)* des Thomas von Cantimpré und seine deutsche Bearbeitung durch Konrad von Megenberg unter dem Titel *Buoch von den naturleichen Dingen.* Alle drei Werke waren äußerst populär und sind schon deshalb als Klassiker zu bezeichnen, aber auch das enthaltene Gedankengut ist bezeichnend für den Stand der wissenschaftlichen Informationen außerhalb der bedeutendsten Universitäten und daher eine wichtige Quelle für die populären Ansichten von physikalischen Gegebenheiten. Keiner der drei Autoren ist ein überzeugter Anti-Aristotelist und Anti-Averroist wie etwa John Peckham,[13] aber dennoch spielt der Aristotelismus in ihren Werken eine geringe Rolle. Am verständlichsten ist dies noch beim ältesten der drei Autoren, dem englischen Franziskaner Bartholomaeus Anglicus, dessen umfangreiche Enzyklopädie *De proprietatibus rerum* schon um 1230 entstanden sein dürfte; so wenig wir über sein Leben wissen, außer daß er in Oxford, Paris und Magdeburg tätig war, so einflußreich war sein Werk, welches vom 13. bis ins 15. Jahrhundert hinein ins Italienische, Französische, Provençalische, Spanische, Niederländische, Englische und teilweise auch ins Deutsche übersetzt wurde.[14]

Höchstens eine Generation später entstand der *Liber de natura rerum (Buch über die Natur der Dinge)* des französischen Augustinerchorherren und späteren Dominikaners Thomas von Cantimpré, eines Schülers von Albertus Magnus, der auf der formalen Seite durchaus innovativ wirkt – er bringt in den naturkundlichen Passagen eigene Beobachtungen ein, die er hinter dem Pseudonym *Experimentator* verbirgt –, der aber ebenfalls weitgehend traditionelles enzyklopädisches Wissensgut rezipiert.[15] Auch seine Enzyklopädie war äußerst populär und wurde insgesamt dreimal ins Deutsche übersetzt, nämlich im 14. Jahrhundert durch Konrad von Megenberg, im 15. Jahrhundert durch Peter Königschlacher und Michael Baumann.[16] Die wirksamste Übertragung der drei war die durch Konrad von Megenberg, den Autor der erwähnten *Deutschen Sphaera*, der mit seinem *Buoch von den naturleichen Dingen* (ediert als *Buch von der Natur*) das erste deutsche Naturbuch schuf.[17] Der Regensburger Domherr und vormalige Leiter der Wiener Stephansschule war keineswegs ein unkritischer Geist, was durch die zahlreichen von ihm vorgenommenen Änderungen an Thomas' Werk bezeugt wird, aber er stand in der enzyklopädischen Tradition und war an theoretischen Überlegungen nicht allzu interessiert.

Ein Beispiel dafür ist seine Behandlung der Erdbeben, denen er ein ganzes langes Kapitel widmet.[18] Darin wendet er sich ausdrücklich gegen das «Riesenmärchen», daß ein fischartiges Lebewesen (wie der Leviathan oder die Midgard-Schlange, er nennt es Celebrant) Erdbeben hervorrufen könne, sondern referiert alle gängigen Theorien des Vulkanismus als Ursache, wobei er sich ausdrücklich auf Avicenna – dessen geologisches Werk seit dem 12. Jahrhundert in lateinischer Übersetzung vorlag[19] – und Albertus Magnus[20] berufen kann; dazu führt er noch die angeblichen Vorzeichen für Erdbeben an, sein eigentliches Interesse gilt jedoch einer ganzen Reihe von historischen Erdbeben, vorwiegend aus dem österreichischen Raum, die er als Beispiele beibringt und die den Großteil des Kapitels einnehmen.

Die Vermittlung der aristotelischen Physik ins Hochmittelalter

Vorauszuschicken ist aller theoretischen Beschäftigung mit Physik im Mittelalter, daß die hier zu behandelnden innovativen Tendenzen durchwegs auf Aristoteles zurückgehen, womit nur jene Autoren sich zu Klassikern der Physik im Mittelalter entwickelten, die entweder Aristoteles vermittelten oder aus der Aristotelesrezeption heraus selbst tätig wurden. Da die Vermittlung der Aristotelischen Schriften aber hauptsächlich über das Arabische lief, ist an erster Stelle der mittelalterlichen Klassiker ein arabischer Verfasser zu nennen, nämlich Alhazen, der stellvertretend für die arabischen Bewahrer und Vermittler antiker Wissenschaft an das Lateinische Mittelalter stehen mag. Daneben darf aber nicht der Stellenwert übersehen werden, welchen die Übersetzer selbst an der Vermittlung des aristotelischen Corpus ins Lateinische hatten, das bald nach 1200 zum Großteil, um 1270 zur Gänze auf Latein vorlag. Einer der ersten Übersetzer aus dem Arabischen war Adelard von Bath, der u. a. die Elemente des Euklid ins Lateinische übertrug, der wichtigste zweifellos Gerhard von Cremona, welcher u. a. die *Physik, De Caelo (Über den Himmel)* sowie die *Analytica posteriora (Zweite Analytik)* des Aristoteles übertrug. Fast ebenso eifrig war Jakob von Venedig, der ebenso wie Wilhelm von Moerbeke direkt aus dem Griechischen ins Lateinische übersetzte; zu Wilhelms Zeiten lagen aber die Werke des Aristoteles schon in Übersetzungen aus zweiter Hand vor, welche durch seine direkten Übersetzungen revidiert wurden.

Alhazen (um 965–um 1039)

Alhazen, die latinisierte Form des Namens Ibn al Haiṯham, war ein Gelehrter aus Basra, der in Kairo wirkte. Wie andere arabische Verfasser aus der Blütezeit der arabischen Kultur in den Jahrhunderten zwischen 800 und 1200 betätigte er sich zunächst als Kommentator zu Schriften antiker Autoren, in seinem Fall Aristoteles und Galen. Er entwickelte aber auf etlichen Gebieten auch originäre Forschungen, so in der Astronomie, Mathematik und Medizin, besonders aber in der Optik. Sein auf mathematischer Physik und zahlreichen Experimenten beruhendes Werk wurde nach der gegen Ende des 12. Jahrhunderts entstandenen Übersetzung ins Lateinische das Standardwerk der abendländischen Optik; 1269 wurde es von Witelo erneut übersetzt. Alhazen bot in seinem Werk eine erweiterte Theorie der aristotelischen Optik und vertrat die Ansicht, daß sowohl Licht als auch Farbe ihre Form durch das Auge vermitteln, und nicht nur Farbe allein; darüber hinaus war er eine wichtige Quelle für die als *perspectiva* bezeichnete Tradition mittelalterlicher Optik, bei der die mathematische und physikalische Untersuchung optischer Erscheinungen im Vordergrund standen.

Wenn Alhazen auch vielleicht der wirksamste und früheste der arabischen Aristoteles-Kommentatoren war, so doch keineswegs der einzige. Bis zum Ende des 12. Jahrhunderts sind noch besonders Avempace (Ibn Bājja), Algazel (Abū Hāmid Muhammad al-Ghazzāli) und besonders der aus Cordoba stammende Jurist, Mediziner und Physiker Averroes (Abū-l-Walid Muhammad Ibn Ahmad Ibn Muhammad Ibn Rushd) hervorzuheben;[21] Averroes hatte die aristotelischen Ansichten in letzter Konsequenz angewendet und begründete in der Scholastik ab der Mitte des 13. Jahrhunderts eine Schule extremer Aristotelisten, die als Averroisten bezeichnet werden – vor allem Siger von Brabant und Boethius von Dacien

– und deren Lehren es vorwiegend waren, die der Bischof von Paris 1277 verurteilte.[22]

Theoretische Überlegungen zur Physik im Mittelalter

Anders als bei den Autoren der enzyklopädischen Tradition führte in der Scholastik die Rezeption der aristotelischen Werke, besonders der *Physik* und von *De caelo et mundo (Über Himmel und Erde),* in Verbindung mit den wissenschaftstheoretischen Schriften des Aristoteles, hier in erster Linie der schwierigen *Zweiten Analytik,* bei einer Reihe von Autoren zu einer eigenständigen Beschäftigung mit physikalischen Fragen. Die folgende Auswahl ist zwar nicht zufällig, kann aber dennoch nicht alle bedeutenden Forscher berücksichtigen.

Robert Grosseteste
Der Verfasser des in nur elf Handschriften erhaltenen und damit nicht sehr weit verbreiteten Astronomielehrbuchs *De sphaera (Über die Weltkugel)* ist auf anderen Gebieten der Physik wesentlich innovativer tätig gewesen. Er zählt zur ersten Generation der Aristoteles-Kommentatoren an der Schwelle zum 13. Jahrhundert und hat wenigstens zu vier Schriften des Aristoteles Kommentare hinterlassen, darunter zur *Physica,* weiter aber auch über 30 philosophische, theologische und naturwissenschaftliche Arbeiten, von denen nicht alle erhalten sind.[23] Er wurde um 1168 geboren und erhielt seine Ausbildung vermutlich in Oxford; schon vor 1189 wird er in einem Dokument aus Lincoln als Magister bezeichnet, vor 1214 dürfte er einige Jahre in Paris studiert haben, wo er 1214 als Doktor der Theologie erwähnt wird. Zwischen 1214 und 1231 war er einer der ersten Kanzler der Universität Oxford, ab 1232 Professor der Franziskaner in Oxford, und 1235 wurde er zum Bischof von Lincoln gewählt, daher auch der Beiname Lincolniensis in den Handschriften. Er starb 1253 hochbetagt in Buckden, Huntingdonshire. Während seiner Professur in Oxford lernte er Griechisch und übersetzte u. a. Aristoteles' *De caelo (Über den Himmel)* ins Lateinische.

Grosseteste verfaßte etliche didaktische Werke, wovon das nach 1230 entstandene *Hexaemeron (Das Sechstagewerk)* am bedeutendsten ist; seine naturwissenschaftlichen Hauptwerke beschäftigen sich neben den Aristoteles-Kommentaren vorwiegend mit Optik, zu der er die Schriften *De iride (Vom Regenbogen), De colore (Von der Farbe), De luce (Vom Licht), De motu corporali et luce (Von der dinglichen Bewegung und vom Licht), De lineis angulis et figuris (Von den Winkeln und Figuren)* verfaßte, aber auch mit Akustik *(De generatione sonorum/Über die Entstehung der Töne)* und wiederholt mit Astronomie. In seinem Kommentar zur *Zweiten Analytik* maß er der mathematischen Seite an der Erklärung physikalischer Erscheinungen größte Bedeutung zu, wobei er im Gegensatz zu dem um etwa eine Generation jüngeren Albertus Magnus stand, welcher in den Naturwissenschaften (auch) von der Mathematik unabhängige Lösungen postulierte.

Albertus Magnus

Albertus Magnus, geboren um 1193, stammte aus einer adeligen Familie in Lauingen, studierte in Padua und trat 1223 oder 1229 den Dominikanern bei. Nach Studien in Köln lehrte er ab 1233 an verschiedenen Ordensschulen Deutschlands, nach 1240 ging er nach Paris. Er lehrte dort als Magister und erwarb das Doktorat der Theologie, bis er 1248 nach Köln zurückberufen wurde, um dort am Studium generale zu unterrichten, wo auch Thomas von Aquin zu seinen Schülern zählte. Von 1254 bis 1257 war er Ordensprovinzial der Provinz Teutonia und von 1260–62 Bischof von Regensburg; ab 1264 lebte er in Würzburg, ab 1267/68 in Straßburg; den Rest seines Lebens verbrachte er vorwiegend in Köln, wo er 1280 starb. Einen Ruf an die Universität Paris 1269 lehnte er aus Altersgründen ab, allerdings nahm er noch 1274 am Konzil von Lyon teil und ist 1277 in Paris als Fürsprecher für die Heiligsprechung seines Schülers Thomas von Aquin dokumentiert. 1941 wurde er von Pius XII. zum Patron der Naturwissenschaften ernannt.

Obwohl Theologe, wurde Albertus Magnus in seiner Pariser Zeit um einen Kommentar zur Physik des Aristoteles gebeten, den er zu einem eigenständigen Lehrgebäude der Naturphilosophie auf aristotelischer Grundlage ausbaute,[24] was ihm auch die Kritik der Averroisten eintrug. Wie sein Schüler Thomas von Aquin faßte Albertus jedoch die Physik des Aristoteles als Buch über die Grundlagen der Naturphilosophie auf, wie die *Zweite Analytik* ihre Methodenlehre war. In den anderen Werken des Aristoteles sah er nur Detailanwendungen, wie etwa in *De caelo (Über den Himmel)* für die Astronomie. Die Weite seiner wissenschaftlichen Forschung zeigt u. a. auch Alberts weithin alleinstehendes mineralogisches Werk *De mineralibus et rebus metallicis (Über Mineralien und Metalle)*.

Roger Bacon

Bacon war Schüler von Robert Kilwardby und geistiger Nachfolger von Robert Grosseteste. Er wurde vermutlich in Ilchester, Dorset, geboren, studierte in Paris, hielt dort um 1237 Vorlesungen über naturkundliche Werke des Aristoteles und ging um 1247 nach Oxford. Um 1257 trat er den Franziskanern bei, wurde jedoch schon um 1260 nach Paris strafversetzt, wo zwischen 1266 und 1268 seine Hauptwerke entstanden: *Opus majus (Das große Werk), Opus minus (Das kleine Werk), Opus tertium (Das dritte Werk)*. Ab ca. 1277/79 bis ca. 1292 (kurz vor seinem Tod) stand der *Doctor mirabilis (Der wunderbare Lehrer)* wegen wiederholter

Angriffe auf Dominikaner und Franziskaner unter Arrest, wegen seiner unorthodoxen Ansichten – unter anderem zur Alchimie, vielleicht auch Astrologie – wurde er von seinem Ordensgeneral ausdrücklich verurteilt.

Roger Bacon teilte mit Robert Grosseteste die Ansicht, daß nur die Mathematik aufgrund ihrer Perfektion den Schlüssel zu den anderen Wissenschaften bilden könne, wobei er auch in Geometrie und Astronomie wahre Ausformungen der Mathematik sah.[25] Bacon war aber – abgesehen vom notorischen Widerspruchsgeist seines Charakters – seinen orthodoxeren Zeitgenossen auch wegen seines Hanges zu Experimenten verdächtig; bei ihm findet sich übrigens erstmals die Bezeichnung Experimentalwissenschaften *(scientia experimentalis)* für die heute als Naturwissenschaften bezeichneten Fächer, und er prägte den Begriff des «Naturgesetzes», der im Mittelalter vorher nicht auftritt.[26]

Thomas Bradwardine

Zwischen 1290 und 1300 vermutlich in Hartfield, Sussex, geboren, besuchte Bradwardine die Universität Oxford, wo er ab 1321 dem Merton College angehörte und in den darauffolgenden Jahren der führende Kopf einer Gruppe von Scholastikern war, die sich hauptsächlich mit Fragen der Mathematik und Physik auseinandersetzten; zu der Gruppe gehörten neben Thomas Bradwardine u. a. William von Heytesbury, John Dumbleton und Richard Swineshead. 1333, als er Chorherr der Kathedrale in Lincoln wurde, besaß er das Baccalaureat der Theologie, zwischen 1337 und 1340 erwarb er das Magisterium. Ab 1337 war er Kanzler an der St. Pauls-Kathedrale in London, bald auch Kaplan Eduards III., den er 1346 zur Schlacht von Crécy nach Frankreich begleitete. Nach einer ersten mißglückten Wahl 1348 wurde er 1349 endgültig zum Erzbischof von Canterbury gewählt, starb aber bereits einen Monat nach dem Empfang des Palliums in Avignon, wieder nach England zurückgekehrt, in Lambeth an der Pest.

Der in der scholastischen Literatur auch als *Doctor profundus* bezeichnete Gelehrte versuchte – wie schon Grosseteste und Bacon und seine Nachfolger im Kreis am Merton College – in den meisten seiner Schriften, die Mathematik als Schlüssel zur Physik und Naturphilosophie zu etablieren, wobei Bradwardines Interesse stärker der Naturphilosophie galt, während sich seine Nachfolger eher den rein mathematischen Problemen widmeten. Sein wesentlichster Beitrag zur Physik war sein *Tractatus de Proportionibus* von 1328, in welchem er eine neue Theorie über Bewegung und Geschwindigkeit aufstellte – auch Merton-Theorem genannt –, die sich auch in den Schriften seiner jüngeren Kollegen wiederfindet.[27] Die darin entwickelte Mechanik beeinflußte u. a. Nikolaus Oresme. Daneben war Bradwardines *Geometria speculativa* so beliebt, daß sie noch ab 1495 drei Auflagen im Druck erlebte. Thomas verfaßte neben den naturwissenschaftlichen auch theologische und logische Arbeiten, darunter die Schrift *De insolubilibus.*

Johannes Buridanus

Johannes Buridanus, in Béthune im Artois geboren, ist als Schüler von Ockham, später als Lehrer an der Universität Paris, 1328 und 1340 als Rektor dieser Universität belegt; er muß somit *Magister artium* gewesen sein. Über sein Leben wissen wir sonst fast nichts, obwohl er zwischen 1329 und 1358 mehrfach dokumentarisch erwähnt wird; danach ist nichts mehr über ihn bekannt, und er könnte 1358 der Pest zum Opfer gefallen sein. Buridans umfangreiche Schriften beziehen sich zum Großteil auf die Werke des Aristoteles, aber nicht nur auf die Physik *(De caelo, Physica)*, sondern auch auf die Ethik, Politik und Rhetorik; dazu kommen Schriften zur Logik, nämlich die *Summulae de dialectica (Die Sümmchen von der Dialektik)*, die *Sophismata (Die Trugschlüsse)* und die *Consequentiae (Die Folgerungen)*. Die beiden letzten Werke begründeten Buridans Nachruhm als Logiker – popularisiert durch das in seinen bewahrten Schriften nicht enthaltene Exempel von Buridans Esel –, während er sich seinen Ruf in der Physik mit der Impetustheorie und der Diskussion der Möglichkeit der Erdrotation erwarb;[28] zwar verwarf er in der Praxis die Erdrotation, aber seine Darlegungen zur Relativität der Bewegung beeinflußten in der Folge Galilei.

Nikolaus Oresme

Der in der Nähe von Caen geborene Normanne tritt 1348 an der Universität Paris als Magister auf, vor 1356 muß er das Doktorat der Theologie erworben haben. Später wurde er, inzwischen Großmeister des *Collège de Navarre* der Universität Paris, zum Erzieher des französischen Dauphins, des späteren Karls V., ernannt, ab 1364 war er Domherr in Rouen. Seine kirchliche Karriere wurde schließlich mit Hilfe von König Karl V. durch die Ernennung zum Bischof von Lisieux 1377 gekrönt, wo er am 11.6. 1382 starb. Schon in seiner Zeit an der Universität Paris dürften die ersten seiner zahlreichen Werke entstanden sein, ab 1369 verfaßte er auf Veranlassung König Karls eine Reihe von volkssprachlichen französischen Übersetzungen von lateinischen Fassungen aristotelischer Werke, u. a. der Politik und der Ethik. Seine astronomischen Anschauungen finden sich im 1377 entstandenen *Livre du ciel et du monde (Buch von Himmel und Erde)*, in dem auch er – wie Buridan – die Erdrotation erst beweist, dann verwirft. In seinem berühmten mathematischen Werk *De proportionibus proportionum (Von den Verhältnissen der Verhältnisse)* stellte er überdies die These auf, daß astronomische Größen und Verhältnisse nicht direkt vergleichbar sind und somit astrologische Vorhersagen ebenso wie astronomische Berechnungen fast nicht möglich sind.[29]

Weitere Denker

Die Auswahl innovativer Denker zeigt den enormen Aufschwung, den die Physik vom Ende des 12. bis zum 14. Jahrhundert, besonders aber im

Laufe des 13. Jahrhunderts als Folge eines immer besseren Verständnisses der Aristotelischen Schriften genommen hat. Die Zentren der Forschung waren zweifellos Paris und Oxford, und die genannten Autoren gehören fast durchweg den Bettelorden an, wobei sich Franziskaner und Dominikaner nicht immer freundlich gegenüberstanden. Die behandelten Autoren verkörpern keineswegs die gesamte physikalische Forschung jenes Zeitraums, in dem auch andere scholastische Denker bemerkenswerte Beiträge zu einzelnen Teildisziplinen der Physik geleistet haben. Für den Magnetismus wäre etwa Petrus Peregrinus zu nennen, dessen *Epistola de Magnete* grundlegende Kenntnisse über Theorie und praktische Anwendung des Magnetismus vermittelte, ohne daß er dabei auf ausführliche Quellen zurückgreifen konnte.[30]

Alexander Neckham beschäftigte sich u. a. eingehender mit geologischen und metallurgischen Fragen *(De natura rerum/Über die Natur der Dinge),* obwohl er vor allem als Grammatiker und Theologe tätig war.[31] Schließlich wäre unter den Autoren zur mittelalterlichen Physik auch noch Thomas von Aquin zu nennen, der in seinem Kommentar zur Physik des Aristoteles ausführlich auf die Aristotelische Bewegungslehre einging.[32] Weitere Autoren waren Jordanus de Nemore, William von Heytesbury, Albert von Sachsen, Walter Burley und Wilhelm von Ockham, doch die getroffene Auswahl mag hinreichend sein, um den Umbruch der Wissenschaft deutlich zu machen.

Innovation und Experiment in der Physik des Mittelalters

Der wesentlichste Unterschied, der die Physik der postscholastischen Zeit bis heute von den älteren mittelalterlichen Ansichten unterscheidet, ist die gewandelte Einstellung zur Erfahrung. Wie in allen anderen Wissenschaften und Fachbereichen so auch in der Physik hatten im Mittelalter die höchste – und bis ins 13. Jahrhundert die einzige – Autorität die Schriften der Alten, und zwar nicht nur die Bibel und ihre Exegeten der Kirchenväterzeit, sondern auch die «heidnischen» Autoren der griechischen und römischen Antike. Daß diese Autoritäten höhere Beweiskraft hatten als jegliche persönlich gemachte Erfahrung, stand bis ins späte Mittelalter völlig außer Zweifel. Der erste Schritt der Emanzipation von den Autoritäten wurde schon im 12. Jahrhundert von den Neuplatonikern unternommen; Adelard von Bath etwa meinte, der Verstand sei deshalb über die Autoritäten zu setzen, da auch diese selbst in der Antike den Verstand verwendet hätten, um zu Erkenntnissen zu gelangen.[33] Derselbe Denker machte auch deutlich, wie die Neigung des Mittelalters, sich in schwierigen Fragen einfach auf die Allmacht Gottes zu berufen, zu beurteilen sei: Dies sei eine Zuflucht der Schwachen *(refugium miserorum).* Dem platonischen Einfluß ist es auch zuzuschreiben, daß der rein mathematischen, nicht-experimentellen Methode in den Naturwissenschaften im Mittelalter der Vorzug gegeben wurde.

Erst mit der einsetzenden Aristotelesrezeption des späten 12. und 13. Jahrhunderts begannen vereinzelte Forscher zu experimentieren und diesen Experimenten auch Beweiskraft zuzumessen. Albertus Magnus, der die Beweiskraft der sinnlichen Erfahrung und des Experiments in den Naturwissenschaften höher ansetzte als jede Autorität, geriet wegen seiner Experimente geradezu in den Ruf eines Hexenmeisters, vergleichbare physikalische Experimente sind bis zum Ende des 13. Jahrhunderts aber ohnehin kaum zu finden. Dagegen spielte persönliches Erlebnis und Anschauung schon Mitte des 13. Jahrhunderts selbst bei Thomas von Cantimpré, der sich keineswegs enger mit den Naturwissenschaften einließ, keine unwesentliche Rolle; er verbirgt seine Eindrücke noch unter dem Pseudonym «Experimentator», was hundert Jahre später bei seinem wichtigsten volkssprachlichen Bearbeiter, Konrad von Megenberg, zu einem selbstbewußten Prinzip wissenschaftlicher Beweisführung wird, wenn Konrad wiederholt verschiedene Lehrmeinungen zitiert und erst abschließend meint: «Ich, Megenberger, aber sag ...» Die Emanzipation von den Autoritäten war aber bis in die frühe Neuzeit herauf nur punktuell anzutreffen, der Glaube an das geschriebene Wort dagegen die Regel.

Experimente im engeren Sinn finden sich außer bei Albertus Magnus im 13. Jahrhundert im Bereich der Optik noch bei Roger Bacon, dem Schlesier Witelo[34], dem englischen Franziskaner John Peckham (oder Pecham, ab 1279 Erzbischof von Canterbury) und an der Wende zum 14. Jahrhundert beim Dominikaner Dietrich von Freiberg, welcher wassergefüllte Glasbälle zur Etablierung seiner Theorie über die Entstehung des Regenbogens verwendete.[35] Witelo bespricht unter anderem wiederholt die Methode zur tatsächlichen Herstellung von Spiegeln für seine Versuche zur Reflexion und Brechung des Lichts.

Der Grund für die sich verändernde Haltung gegenüber persönlicher Erfahrung und Experiment ist im Einfluß der Scholastik auf die Entwicklung der methodischen Verfahren zu suchen, und besonders wirksam war hier wohl die ab Mitte des 12. Jahrhunderts in lateinischer Übersetzung vorliegende Schrift *Zweite Analytik* des Aristoteles, da sie die Grundlagen für die analytische Logik wissenschaftlicher Beweisführung enthielt, besonders was die Unterscheidung in Phänomene und in die Gründe der Phänomene anlangte. Erst diese Frage erlaubte die für die spätere mittelalterliche – und gesamte neuzeitliche – Physik relevante Frage nach der Gesetzmäßigkeit physikalischer Vorgänge.

In der Scholastik wurde die aristotelische Methodik mit der christlichen Theologie harmonisiert, wobei das größte Verdienst bei der Verschmelzung dieser beiden Systeme neben Albertus Magnus vor allem Thomas von Aquin gebührt. Diese Synthese bewirkte zwar eine Entwicklung der Wissenschaften, die im wesentlichen Konflikte mit der christlichen Theologie vermeiden konnte, andererseits bewirkte sie auch, daß die sich konkret am empirischen Material und an Versuchsergebnissen orientierende Physik nur langsam an Boden gewann. Ein weiterer Nachteil war, daß sich die postscholastische christliche Theologie allzusehr mit dem Aristotelismus identifizierte, so daß im späten Mittelalter jegliche – berechtigte – Angriffe und Neuerungen gegenüber dem Werk des Stagiriten nur allzuleicht als Angriff auf die Kirche mißverstanden werden konnten.[36] Die Auswirkungen dieses Mißverständnisses in der Neuzeit, zu exemplifizieren am Fall Galilei, sind bekannt.

Jürgen Hamel

NICOLAUS COPERNICUS
(1473–1543)

Leben und Verwaltungstätigkeit im Bistum Ermland

Nicolaus Copernicus wurde am 19. Februar 1473 in Thorn (Toruń) geboren. Die Stadt war eines der wirtschaftlichen Zentren des Bistums Ermland, das sich aus der Erfahrung mancher schwerer Übergriffe durch die Ritter des Deutschen Ordens unter den politischen Schutz des polnischen Königs gestellt hatte. Niklas Koppernigk, der Vater, gehörte zu den ratsfähigen Geschlechtern und hatte durch ausgedehnten Handel ein beträchtliches Vermögen erlangt; er saß viele Jahre im Schöppengericht der Thorner Altstadt.

Aus der Kindheit von Copernicus, er war wohl das jüngste von vier Geschwistern, ist kaum etwas bekannt. Er wird einiges vom Leben und Treiben in der väterlichen Großhandlung erfahren haben, auch von den Aufgaben der städtischen Verwaltung und durch den Onkel Lukas Watzenrode, den späteren Bischof, vom Leben im Dienst der Kirche. Möglicherweise setzte er nach dem Besuch der Thorner Stadtschule seinen Bildungsweg am Kulmer *Studium particulare* der Brüder vom gemeinsamen Leben fort und wurde von ihrer mystischen Lebenshaltung, ihrer Ablehnung der Verbindung von Theologie und Aristotelischer Philosophie sowie ihrer tätigen Religiosität beeinflußt.

Dokumentarisch gesichert ist jedoch erst die Immatrikulation von Copernicus an der Krakauer Universität im Wintersemester 1491/92. Er trat hier in eine blühende Lehranstalt von europäischer Ausstrahlung ein, an der er mit humanistischem Gedankengut vertraut wurde. Hier konnte er bis zum Sommersemester 1493 einen systematischen Kurs in Astronomie mit allen damaligen Bedürfnissen gerecht werdenden Inhalten belegen: allgemeine Grundlagen der Astronomie, Planeten- und Finsternistheorie, Gebrauch der Planetentafeln, Grundlagen der Kalender- und Zeitrechnung sowie der Anfertigung von Sonnenuhren und, ganz selbstverständlich dazu gehörend, die Lehren der Astrologie. Zudem konnte er sich, sehr wahrscheinlich unter Anleitung des Gelehrten Albert von Bruzewo (Brudzewski), mit reichhaltigem handschriftlichem Material bekannt machen. Wie lange Copernicus in Krakau blieb, in welchem Umfang er den Bildungskanon der Artistenfakultät – Grammatik, Dialektik, Rhetorik, Arithmetik, Geometrie, Musik und Astronomie – durchlief oder gar zum Abschluß brachte, ist unbekannt.

Nicolaus Copernicus (1473–1543)

Die Stellung als Domherr

Für seinen künftigen Lebensweg war der 1495 durch seinen bischöflichen Onkel vermittelte Eintritt in das Frauenburger Domstift von entscheidender Bedeutung. Seine Stellung als Domherr gewährte ihm lebenslang eine gesicherte materielle Existenz. Seit dem Wintersemester 1496/97 setzte Copernicus seine Ausbildung in Italien, dem Land der Humanisten, fort. In Bologna widmete er sich juristischen Studien, die er später, 1503, in Ferrara mit der Promotion zum Doctor decretorum (des Kirchenrechts) abschloß. An eine wichtige Stelle trat jedoch die Astronomie. Gemeinsam mit dem Astronomen Domenicus Maria de Novara führte er Himmelsbeobachtungen durch, die erste bekannte am 9. März 1497.

Im Jubeljahr 1500 weilte Copernicus für einige Monate in Rom und hatte Gelegenheit, das Leben in der Heiligen Stadt kennenzulernen, das durch den aus der Familie der Borgia stammenden Papst Alexander VI. gleichermaßen vom Glanz künstlerischer Meisterschaft wie von brutaler Machtgier geprägt war. Er fand wohl auch Anschluß an wissenschaftlich interessierte

Kreise. Nach Ablauf seines dreijährigen Studienurlaubs kehrte Copernicus nach Frauenburg zurück und erhielt mit der ausdrücklichen Bestimmung, das Studium der Medizin aufzunehmen, weiteren Urlaub. Diesem Auftrag kam er in Padua bis 1503 nach. Im Anschluß daran kehrte er, nach zwölfjähriger akademischer Bildungszeit auf Kosten des Frauenburger Domstifts, nach Ermland zurück. Hier trat er zunächst als persönlicher Berater, Sekretär und Leibarzt in den Dienst des als Fürstbischof regierenden, ehrgeizigen Lukas Watzenrode und wurde sicherlich umfassend mit den kirchlichen und weltlichen Diensten im 4250 Quadratkilometer großen Bistum vertraut. Während dieser Zeit gab er eine lateinische Übersetzung der griechischen Briefe des Theophilactus Simocattes in Druck (Krakau 1509), ein bemerkenswertes Dokument seiner griechischen Sprachkenntnisse. Ende des Jahres 1510 siedelte er nach Frauenburg über und nahm seine Tätigkeit im Domstift auf, das als geistliches und administratives Zentrum dreier Kreisgebiete (Kammerämter) fungierte.

Während seines ganzen Lebens nahm Copernicus Aufgaben im mittleren und höheren Verwaltungsdienst wahr: Ende 1510 war er Visitator der kapitulären Herrschaftsgebiete, 1511–13 und noch weitere viermal Kanzler des Kapitels, daneben zeitweise Vorsteher der Verpflegungskasse, der Dombaukasse und Verwalter interner Fonds. Er führte nach dem Ableben eines Bischofs die Regierungsgeschäfte des Bistums sowie 1516–19 und 1520 das wichtige Amt des Kapiteladministrators. Dessen Aufgabe bestand in der reibungslosen Bewirtschaftung der zinspflichtigen Hufe, Krüge und Mühlen sowie der Einziehung der Steuern, also in der Sicherung eines wichtigen Teils des Einkommens der Kapitelmitglieder. Letztere Tätigkeit fiel in die Zeit bewaffneter Auseinandersetzungen zwischen den Kreuzrittern und dem polnischen König, deren Verlauf auch Ermland schwere Zerstörungen brachte und Copernicus zudem die Sorge um die militärische Sicherheit des Schlosses Allenstein (Olstyn) auferlegte. Nach dem Abflauen der Kämpfe betraute das Kapitel Copernicus als «Warmiae commissiarius» mit der Wiedererrichtung der domkapitulären Verwaltung und der Beseitigung von Kriegsschäden.

Das Studium der Medizin hatte Copernicus zu keinem formalen Abschluß geführt. Dennoch wurde er bis ins hohe Alter hinein immer wieder als Arzt konsultiert, von den ermländischen Bischöfen sowie auf persönliche Bitte des protestantischen Herzogs Albrecht von Preußen, des vormaligen Hochmeisters des Deutschen Ordens und politischen Gegners von Copernicus, für einen seiner Amtshauptleute. Nicht dokumentarisch belegt, aber wohl anzunehmen ist die medizinische Betreuung der Mitglieder des Frauenburger Kapitels, darunter seines an Lepra erkrankten Bruders, ebenfalls Domherr in Frauenburg. Einer unsicheren Überlieferung zufolge erstreckte sich seine ärztliche Tätigkeit auf die Bevölkerung Frauenburgs und Umgebung, was ihm den Ruf eines «zweiten Äskulap» eingebracht haben soll.

Zwischen 1517 und 1526 beschäftigte sich Copernicus mit Vorschlägen zu einer Reform des preußischen Münzwesens – der Ordensstaat, ab 1525 Herzogtum Preußen und Ermland, führte ein gemeinsames, eng mit dem Königreich Polen verbundenes Währungssystem –, da infolge der aggressiven Politik des Hochmeisters des Deutschen Ordens zeitweise ein extremer Geldwertverfall eingetreten war. Dabei fand er als erster die Gesetzmäßigkeit der Verdrängung guter Münzen durch minderwertige, das sogenannte «Gresham-Gesetz», und machte wissenschaftlich fundierte Vorschläge für eine dauerhafte Münzreform. Die drei von ihm verfaßten Denkschriften waren mehrfach Verhandlungsgegenstand auf den preußischen Landtagen, scheiterten jedoch in wesentlichen Punkten an partikularen Interessen.

Zu diesen speziellen Aufgaben, die Copernicus zeitlich in unterschiedlichem Maße belasteten – kleinere Aufträge in kapitulärem Dienst sollen übergangen werden –, kommen die täglichen Verpflichtungen als Domherr, von denen er jedoch teilweise durch einen Vikar entlastet wurde. Die Frauenburger Domherren besaßen in der Regel keine höheren Weihen des Priesters; auch Copernicus hatte wohl nur die niederen Weihen erhalten. Die Kanoniker lebten zwar im Zölibat, aber recht freizügig als Vorsteher einer Wirtschaft mit Bediensteten, Stallungen und Pferden, waren im Gebrauch persönlicher Verteidigungswaffen geübt und glichen in ihrer Kleidung den Patriziern der reichen Städte Preußens und Ermlands, also den Kreisen, denen sie in der Mehrzahl entstammten. Durch die statutenmäßige Verpflichtung eines wenigstens dreijährigen Studiums war ein hohes Bildungsniveau der Kanoniker gesichert, das sie zur Erfüllung ihrer Aufgaben in der kapitulären Verwaltung oder an der päpstlichen Kurie benötigten.

Die Vielseitigkeit im Wirken von Copernicus zeigt, daß er kein weltabgewandter Gelehrter war, auch kein Astronom mit gelegentlichen Nebenbeschäftigungen – sondern umgekehrt: Copernicus war tätig als Verwaltungsbeamter des territoriale Befugnisse ausübenden Domstifts von Frauenburg sowie des Bistums Ermland im mittleren und zeitweise höheren Dienst, als Arzt und als Gutachter in Währungsfragen für die preußischen Stände. Er starb am 24. Mai 1543 in Frauenburg und wurde im dortigen Dom beigesetzt.

Die Trennung zwischen Physik und geozentrischer Astronomie

Die tradierten astronomischen Systeme entstanden mit enger Beziehung zu den physikalischen Lehren des Aristoteles in den letzten vier vorchristlichen Jahrhunderten als Resultat einer Jahrhunderte währenden Himmelsbeobachtung. Empirisch spiegelten sie die unmittelbar wahrnehmbaren Bewegungen der Himmelskörper wider: ihre Umläufe um die

Erde, die scheinbaren Schleifenbewegungen der Planeten, ihre unterschiedlichen Umlaufzeiten und Helligkeiten. Die Himmelskörper galten nach langer Tradition als Personifikationen oder Symbole göttlicher Mächte, was konkrete Folgerungen nahelegte, welche wenigstens teilweise empirische Bezüge hatten: Sie wurden gedacht als kugelförmige, vollkommene Körper, die in gleichförmiger Kreisbewegung um die ebenfalls kugelförmige Erde begriffen sind. Die Erde bildete den Weltmittelpunkt, da ihre schweren Elemente bestrebt sein mußten, einen minimalen Abstand von ihrem natürlichen Ort einzunehmen.

Problematisch erwies sich die auf diesen Prinzipien aufbauende Darstellung der tatsächlichen, sich hinter dem Schein verbergenden wirklichen Bewegungen. Denn beispielsweise ist die scheinbare Planetenbewegung mit ihren Vor- und Rückläufigkeiten nur in sehr grober Näherung kreisförmig. Der erste Versuch, dies in einem kinematischen Modell darzustellen, führte zu kombinierten Kreisbewegungen mittels homozentrischer Sphären, die von Aristoteles aufgegriffen wurden. Unerklärbar blieb die nur auf Entfernungsveränderungen zurückführbare Schwankung der Planetenhelligkeit. Die Gesamtheit der Himmelsphänomene konnte erst in dem auf epizyklischen und exzentrischen Kreisen beruhenden Modell erfaßt werden, zu dem später die sogenannten Ausgleichskreise kamen.

Bestand zwischen dem konzentrischen Sphärenmodell und der Aristotelischen Physik eine gute Übereinstimmung, trifft dies für die späteren Modelle nicht mehr zu, wessen sich die antiken Gelehrten durchaus bewußt waren. Die Planeten wurden nach diesen Vorstellungen auf Kugelschalen herumgeführt, deren Dimensionen rein mathematisch wählbar waren. Die Erde stand nicht mehr im Weltmittelpunkt, sondern exzentrisch zum Mittelpunkt der Planetenkreise, und die Gleichförmigkeit der Planetenbewegung bezog sich auf einen wiederum nur mathematisch bestimmbaren Ausgleichspunkt – nicht mehr auf den Mittelpunkt des Kreises selbst und schon gar nicht auf den Erd- oder Weltmittelpunkt. Dieses gegen die Prinzipien der Aristotelischen Physik verstoßende System gewährte eine gute Berechnung der scheinbaren Planetenbewegung, einschließlich der Sonne und des Mondes. Weil sich aber diese Prinzipien nach langer Erfahrung bewährt hatten und zur Zeit der Einführung der epizyklischen Bewegung durch Hipparch im 2. Jahrhundert v. Chr. fest tradiert waren, blieb zur Auflösung des Widerspruchs nur eine Möglichkeit: Die Astronomie konnte nicht länger als eine den wahren Weltbau widerspiegelnde Wissenschaft angesehen werden, sondern lediglich als ein Zweig der Mathematik. Demnach habe der Astronom mittels beliebiger geometrischer Konstruktionen, die lediglich zweckmäßig zu sein hatten, die Phänomene der Gestirnsbewegung «zu retten».

Dies klingt bereits in der «Physikvorlesung» des Aristoteles (B 2, 193 b) an und war bis ins 17. Jahrhundert hinein eine wissenschaftstheoretische Grundaussage zur Astronomie. In prägnanter Form schrieb dazu Andreas Osiander in seiner anonymen, ohne Wissen und im Gegensatz zur Intention von Copernicus dessen Hauptwerk vorangestellten Widmung nach der generellen Würdigung des Buches: «Allerdings müssen seine Hypothesen nicht unbedingt wahr sein, sie brauchen nicht einmal wahrscheinlich sein. Es reicht schon vollkommen, wenn sie zu einer Berechnung führen, die den Himmelsbeobachtungen gemäß ist... Wenn sie [die Astronomie] die Wissenschaft aber als Hypothese aufstellt, und sie ersann solche Hypothesen wirklich in großer Zahl, so keineswegs mit dem Anspruch, jemanden zu überreden, die Sache verhalte sich wirklich so. Es soll nur eine richtige Grundlage für die Rechnung erarbeitet werden... Gestatten wir demnach, daß auch die nachfolgenden Hypothesen den alten angefügt werden, welche keineswegs wahrscheinlicher sind.»

Osiander hält also keine Klagerede gegen Copernicus – ganz im Gegenteil! Für ihn ist jede Astronomie nur Mathematik, ohne Wahrheitsanspruch und folglich ohne Widerspruch zur Aristotelischen Philosophie, zudem ohnehin unvollkommenes Menschenwerk. Wie auch immer die astronomischen Theorien gestaltet seien – als mathematische Hypothese könnten sie sogar heliozentrisch sein –, dies alles berührt nicht die kosmologische Feststellung der zentralen Lage der Erde im Weltall. Wie bereits angedeutet, sah dies Copernicus ganz anders.

Die Umgestaltung der Astronomie

Zu welcher Zeit in Copernicus grundsätzliche Zweifel an der geozentrischen Astronomie reiften, wissen wir nicht. Während seiner Studienzeit in Krakau und Bologna hatte er Gelegenheit, die antiken und zeitgenössischen Astronomen mit ihren einander widersprechenden, doch insgesamt unbefriedigenden Darstellungsweisen kennenzulernen, von denen er später sagte: «Auch konnten sie die Hauptsache, nämlich die Gestalt der Welt und das unbestreitbare Gleichmaß ihrer Teile, nicht finden oder aus jenen erschließen. Im Gegenteil, es erging ihnen deshalb wie jemandem, der von verschiedenen Vorlagen die Hände nähme, die Füße, den Kopf und andere Glieder, die zwar von bester Beschaffenheit, aber nicht nach dem Bild eines einzigen Körpers gezeichnet sind und in keiner Beziehung zueinander passen, weshalb eher ein Ungeheuer als ein Mensch aus ihnen entstände.»

Doch Copernicus erfuhr auch, daß es schon bei den alten Griechen zum tradierten Weltmodell des Ptolemaios alternative Denkweisen gab. Die sogenannte «ägyptische Hypothese» besagt, daß Merkur und Venus zunächst um die Sonne laufen und erst mit dieser um die Erde, womit die Darstellung von Besonderheiten der Bewegung beider Planeten gelang. Aus der Philosophenschule der Pythagoreer, vertreten beispielsweise von

Philolaos, kam die Vorstellung, daß die Weltmitte vom edelsten der Elemente, dem Feuer, eingenommen werden müsse und die Planeten mit Sonne, Mond, Erde, der zur Erreichung der heiligen Zehnzahl erforderlichen Gegenerde sowie dem Fixsternhimmel ein mythisches Zentralfeuer umkreisen. Es war dies ein rein philosophisches, spekulatives System, an das der Maßstab astronomischer Forderungen nicht gelegt werden darf. Andere Pythagoreer sprachen von einer zwar in der Weltmitte stehenden Erde, welche durch ihre tägliche Drehung um die eigene Achse die kosmischen Phänomene hervorrufe.

Zur Konsequenz eines heliozentrischen Weltsystems gelangte Aristarch von Samos. Er lehrte: 1. Die Sonne steht unbeweglich im Weltmittelpunkt; 2. die Erde bewegt sich auf einer gegen den Himmelsäquator geneigten Kreisbahn um die Sonne; 3. die Erde vollführt im Verlaufe eines Tages eine Drehung um die eigene Achse; 4. die Sphäre der Fixsterne ist unbeweglich; 5. die Größe der Erde verhält sich zur Entfernung der Fixsternsphäre wie ein Punkt.

In der philosophischen und theologischen Literatur des Spätmittelalters – z. B. bei Johannes Buridan und Nicolaus Oresmius – wurde mehrfach die Annahme erörtert, daß die Phänomene der Gestirnsbewegung auch durch eine tägliche Achsendrehung der Erde erklärt werden könnten. Weiterhin wurde im Gegensatz zur Aristotelischen Elementenlehre bestritten, daß sich der Rang der Sphären nach ihrem jeweiligen Abstand vom Ersten Beweger jenseits der Sternsphäre richte und somit die Erde in der Weltmitte keinesfalls am niedrigsten Ort der Welt stehe.

Theologische Ausgangspunkte führten Nicolaus Cusanus um 1450 zu kosmologischen Überlegungen. Gott sei aller Logik entrückt, gleichermaßen das absolut Kleinste und das absolut Größte. Das Universum enthalte nichts Absolutes, weil dies nur in Gott sein könne. Demzufolge hat die Welt weder eine Mitte noch eine äußere Begrenzung, und außer Gott gibt es nichts Ruhendes. Da ferner alles Weltliche vom Absoluten unendlich weit entfernt ist, existiert keine Rangfolge einzelner Weltbereiche, und die Erde ist nicht der niedrigste Weltbereich im Sinne eines wertenden Oben und Unten. Mit dieser Aufhebung der metaphysischen Abwertung der Mitte und damit des Dualismus von Unvollkommenem und Vollkommenem war der Weg frei, die Sonne als den erhabensten Weltkörper in das Zentrum zu stellen, und der räumliche Standort des Menschen war fortan für sein Selbstverständnis unerheblich.

Diese kosmologischen Gedanken wurden lebhaft diskutiert, gelangten beispielsweise an die Universität von Bologna, wo sich ein Zentrum des Studiums Buridanscher Lehren herausbildete, sowie nach Padua und Ferrara und über Wien nach Krakau. So darf angenommen werden, daß sie Copernicus bekannt wurden. Die Pythagoreer erwähnt er im Hauptwerk namentlich, wohingegen der Bezug auf Aristarch im Manuskript gestrichen wurde und erst viel später zum Abdruck kam.

Eine neue Astronomie

Welche Bedeutung hatte dies für Copernicus? Nachdem er selbst an den zu seiner Zeit anerkannten astronomischen Lehren zu zweifeln begann, mag es sein, daß er die Ansätze der antiken Pythagoreer und der spätmittelalterlichen Philosophen als möglichen Weg für eine Reform der Astronomie erkannte. In seinem Werk selbst sind ja vielfache Anklänge an pythagoreisches sowie neuplatonisches Gedankengut der Harmonie und Ordnung der Weltsphären nachweisbar. Alles weitere ist das alleinige Verdienst von Copernicus; mehr als den Anstoß, die Umgestaltung der Astronomie in eine bestimmte Richtung zu lenken, vermochte er nicht zu gewinnen. Die Motive, die Copernicus leiteten, sind sehr komplex. Die einzelnen Fakten und Überlegungen waren jedem zugänglich, doch nur Copernicus verband sie zum Ganzen einer neuen Astronomie:

- Verstöße der ptolemäischen Astronomie gegen den Grundsatz der Gleichförmigkeit der Gestirnsbewegung;
- die Vorstellung vom Kosmos als einem wohlgeordneten, harmonischen, einfachen Ganzen;
- Hinweise auf eine Sonderstellung der Sonne im Planetensystem (Bewegung von Venus und Merkur);
- die pythagoreische Vorstellung der Sonne als edelstem und, astronomisch gesehen, größtem Himmelskörper;
- Anregungen von seiten der antiken Lehren des Philolaos u. a. sowie des Heliozentrismus von Aristarch;
- der metaphysische Heliozentrismus und die neuplatonische Lichtmystik mit der Sonne als dem Sinnbild des Schönen, Göttlichen und des Bewegungsprinzips der Welt.

Um dies zu einer astronomisch tragfähigen Synthese zu führen, war noch ein letztes weltanschauliches Hindernis zu überwinden: Der Dualismus von Himmel und Erde verkörperte seit jeher die Gegensätze Unvollkommenheit–Vollkommenheit, Sündhaftigkeit–Heiligkeit, Menschliches–Göttliches. Die Entfernung der Erde aus ihrer Position der größten Gottesferne – aber auch aus der bevorzugten Position der Weltmitte, deren sie als mangelhaftester Körper bedürfe –, stellt diesen Dualismus in Frage. Wenn das Mangelhafteste nicht mehr in maximaler Distanz zum Vollkommensten steht, befindet sich das Vollkommenste dann notwendigerweise in größter Entfernung von der Weltmitte? Die Auflösung des dualistischen Systems war erst möglich, nachdem die Kritik an der peripatetischen Scholastik generell geführt wurde und die Richtung zum Zentrum und zur Peripherie sowie die Reihenfolge der Sphären durch Buridan, Oresme, dem Cusaner u. a. relativiert waren.

Der lange Weg zu einem großen Werk

Kurz nach der Rückkehr ins Ermland, während der Zeit seiner Tätigkeit im Dienst des Bischofs, wird Copernicus an die erste Ausarbeitung seiner Gedanken gegangen sein. Das Resultat dieser Bemühungen war eine kleine Schrift, später *Commentariolus* genannt, die anhand einer Erwähnung im Jahre 1514 etwa auf die Jahre 1510 bis 1514 datiert werden kann. Hier legt Copernicus in sieben Sätzen sein heliozentrisches System als Arbeitshypothese dar. Diese Sätze, «petitiones» genannt, sind eine treffende Zusammenfassung der Theorie des Copernicus.

Erster Satz. Für alle Himmelskreise gibt es nicht nur einen Mittelpunkt. Zweiter Satz. Der Erdmittelpunkt ist nicht der Mittelpunkt der Welt, sondern nur der der Schwere und des Mondbahnkreises. Dritter Satz. Alle Bahnkreise umgeben die Sonne, als stünde sie in aller Mitte, und daher liegt der Mittelpunkt der Welt in Sonnennähe. Vierter Satz. Das Verhältnis der Entfernung Sonne–Erde zur Höhe des Fixsternhimmels ist kleiner als das vom Erdhalbmesser zur Sonnenentfernung, so daß diese gegenüber der Höhe des Fixsternhimmels unmerklich ist. Fünfter Satz. Alles, was an Bewegung am Fixsternhimmel sichtbar wird, ist nicht von sich aus so, sondern von der Erde aus gesehen. Die Erde also dreht sich mit den ihr anliegenden Elementen in täglicher Bewegung einmal ganz um ihre unveränderlichen Pole. Dabei bleibt der Fixsternhimmel unbeweglich als äußerster Himmel. Sechster Satz. Alles, was uns bei der Sonne an Bewegungen sichtbar wird, entsteht nicht durch sie selbst, sondern durch die Erde und unseren Bahnkreis, mit dem wir uns um die Sonne drehen, wie jeder andere Planet. Und so wird die Erde von mehrfachen Bewegungen dahingetragen. Siebenter Satz. Was bei den Wandelsternen als Rückgang und Vorrücken erscheint, ist nicht von sich aus so, sondern von der Erde aus gesehen. Ihre Bewegung allein genügt für so viele verschiedenartige Erscheinungen am Himmel.[1]

Diese kleine Abhandlung von nicht einmal neun Seiten Umfang wurde nur handschriftlich verbreitet, wohl Freunden und Bekannten übermittelt. Von einer detaillierten, mathematischen Ausarbeitung war Copernicus zu jener Zeit weit entfernt. Insbesondere die geometrische Darstellung der Planetenbewegung im *Commentariolus* unterscheidet sich von der im Hauptwerk beträchtlich. Zudem hatten sich in diese kleine Schrift einige nicht unbeträchtliche Fehler eingeschlichen, die zeigen, daß Copernicus damals mit seinen Überlegungen noch weit am Anfang stand.

Vermutlich begann Copernicus Ende der 20er Jahre mit der schriftlichen Darlegung seines Werkes, der jahrelange Studien und Entwürfe vorausgegangen sein dürften. Erhalten blieb uns die Originalhandschrift des Autors, ein 212 Blatt umfassendes Manuskript, das heute in der Universitätsbibliothek Krakau aufbewahrt wird. Copernicus beschränkt sich nicht auf die Darstellung der spezifischen Punkte der heliozentrischen Theorie, sondern entwickelt ein vollständiges System der Astronomie. Es beginnt im 1. Buch mit Erörterungen der Kugelgestalt der Welt und der Erde sowie der Kreisform der Gestirnsbewegung, in enger Anlehnung an den *Almagest* des Ptolemaios, der Copernicus überall dort als Leitbild dient, wo er nicht gezwungen ist, infolge seines neuen Ansatzes eigene Wege zu gehen.

In den folgenden Kapiteln kommt er in Auseinandersetzung mit den «Alten» auf die spezifischen Punkte der Erdbewegung zu sprechen, die im 10. Kapitel in den bekannten, neuplatonischen Geist atmenden Worten kulminieren:

> In der Mitte von allen aber hat die Sonne ihren Sitz. Denn wer möchte sie in diesem herrlichen Tempel als Leuchte an einen anderen oder gar besseren Ort stellen als dorthin, von wo aus sie das Ganze zugleich beleuchten kann? Nennen doch einige sie ganz passend die Leuchte der Welt, andere den Weltengeist, wieder andere ihren Lenker, Trismegistos nennt sie den sichtbaren Gott, die Elektra des Sophokles den Allessehenden. So lenkt die Sonne, gleichsam auf königlichem Thron sitzend, in der Tat die sie umkreisende Familie der Gestirne. Auch wird die Erde keineswegs der Dienste des Mondes beraubt, sondern der Mond hat, wie Aristoteles in der Abhandlung über die Lebewesen sagt, mit der Erde die nächste Verwandtschaft. Indessen empfängt die Erde von der Sonne und wird mit jährlicher Frucht gesegnet. Wir finden daher in dieser Anordnung ein wunderbares Gleichmaß der Welt und den festen harmonischen Zusammenhang zwischen Bewegung und Größe der Kugelschalen, wie er auf keine andere Weise gefunden werden kann.

Hier sowie in der Widmung an Papst Paul III. und der Einleitung zum 1. Buch (letztere in den alten Drucken nicht enthalten) erweist sich Copernicus zudem als Autor von hoher literarischer Meisterschaft.

Das erste Buch schließt mit umfangreichen Darlegungen zur ebenen und sphärischen Trigonometrie – mit wenigen Änderungen von Georg Joachim Rheticus bereits 1542 in Wittenberg separat in Druck gegeben. Im 2. Buch behandelt Copernicus die Kreise des Himmels, wie Äquator, Ekliptik, Horizont, Wendekreise usw., und gibt einen Fixsternkatalog, der nicht auf neuen Beobachtungen beruht, sondern durch Umrechnungen aus dem Ptolemäischen gewonnen wurde. Das 3. Buch ist der scheinbaren Sonnenbewegung gewidmet, die er als Erscheinungen der Erdbewegung erklärt. Im 4. Buch behandelt er die Bewegung sowie die Größe von Sonne und Mond, um die Berechnung von Finsternissen ausführen zu können. Das 5. Buch schließlich gibt die Theorie der Längenbewegung der Planeten, das 6. die der Breitenbewegung.

Der Vorrang der Theorie

In seine Untersuchungen bezieht Copernicus 27 eigene Himmelsbeobachtungen ein, die er mit zum Teil selbst hergestellten Instrumenten – vor allem Quadrant und Dreistab – ausgeführt hatte. Auch wenn man bedenkt, daß diese Beobachtungen in den meisten Fällen Resultat mehrerer, sich oft über einige Tage hinziehender Einzelbestimmungen sind, ist diese

Zahl recht gering und unterstreicht, daß sich Copernicus nicht als beobachtender, sondern als theoretischer Astronom verstand. Die Beobachtungen dienten ihm zur Überprüfung numerischer Daten der scheinbaren Gestirnsbewegung, sind jedoch gegenüber seinem System selbst, etwa im Sinne einer Verifizierung, invariant.

Wenn angenommen werden darf, daß Copernicus bald nach 1510 mit der Ausarbeitung seiner Theorie begann, das Manuskript jedoch erst 1542 zum Druck freigab, stellt sich heraus, daß er über 30 Jahre an seinem Werk gearbeitet hatte. Er selbst spricht in einer Anspielung auf Horaz vom «vierten Jahrneunt», das sein Werk bei ihm lag, womit sicher nicht das fertige Manuskript gemeint ist, sondern der mehr oder weniger fest umrissene Entwurf der neuen Astronomie.

Worin liegen die Gründe für dieses lange Zögern? Copernicus tat dies nicht, wie oft vermutet wurde, weil er Verfolgungen durch die Kirche befürchtete, und auch der Hinweis auf die pythagoreische Gepflogenheit, auf die er sich bezieht, man solle philosophische Weisheiten nicht schriftlich, sondern nur mündlich an Verwandte und Schüler weitergeben, reicht zur Erklärung nicht aus. Das erhaltene Manuskript aus seiner Feder zeigt vielmehr, daß Copernicus immer wieder an seinem Werk feilte, mit dem Erreichten unzufrieden, Korrekturen anfügte, diese wieder ausstrich, andere Beobachtungen einbezog, um eine bessere Darstellung rang. Einige Teile der Handschrift weisen in solchem Maße Bearbeitungen auf, daß sie bis zuletzt den Charakter eines Entwurfes behielten. In seinem literarischen Schaffen erweist sich Copernicus im Sinne Wilhelm Ostwalds als typischer «Klassiker», der wenig publiziert, überaus sorgfältig arbeitet, bis zum letzten Augenblick skeptisch gegenüber dem eigenen Produkt.

Im Jahre 1539, als Copernicus im 67. Lebensjahr stand, suchte ihn der junge Wittenberger Professor Georg Joachim Rheticus auf, dem es nach intensiven Diskussionen und manchen Korrekturen am Werk gelang, die Zustimmung des Autors zur Veröffentlichung zu erhalten. Rheticus war es auch, der aus der teilweise so unübersichtlichen Handschrift von Copernicus die Reinschrift erstellte und den Druck in der Nürnberger Offizin des in mathematischen Dingen erfahrenen Johannes Petreius einleitete. Zuvor hatte er einen *Ersten Bericht* über das große Werk verfaßt, der in Danzig erschien, in 2. Auflage 1540 in Basel.

Die Aufnahme der heliozentrischen Astronomie in der gelehrten Welt

Schon vor dem Druck des Werkes hatte sich die Kunde der neuen Astronomie in der Fachwissenschaft verbreitet, zunächst durch den *Commentariolus,* später durch die *Narratio prima (Erster Bericht)* des Rheticus.

Um 1515 wurde Copernicus gebeten, eine Stellungnahme für eine in päpstlichem Auftrag vorbereitete Kalenderreform abzugeben, die jedoch erst 1582 zustande kam. Im Sommer 1533 ließ sich Papst Clemens VII. durch seinen Sekretär über die Lehre informieren. Spätestens 1539 wurden um die heliozentrische Astronomie in Wittenberg intensive Diskussionen geführt – und es gibt keinen Grund, warum dies nur hier so gewesen sein soll –, in deren Ergebnis sich Rheticus im Frühling jenes Jahres mit offizieller Genehmigung der Universität und unterstützt von Philipp Melanchthon zu seiner Reise ins ferne Ermland entschloß.

Im Juni 1539 äußerte sich Martin Luther mit Bezug auf die Heilige Schrift (Josua 10,12–13) skeptisch über «jenen» Astrologen, «der die ganze Astronomie umkehren will».[2] Schließlich, so Luther, hieß in der Bibel Josua die Sonne stillstehen, die sich vordem in Bewegung befunden haben mußte, nicht die Erde. Diese Bibelstelle hielt man den Verfechtern der heliozentrischen Astronomie immer wieder mit der drohenden Frage entgegen, ob man der Meinung wäre, daß in der Bibel die Unwahrheit stehe.

Die Rezeption des Werks von Copernicus setzte vor allem ein, nachdem Erasmus Reinhold, ebenfalls Professor in Wittenberg, 1551 die auf Copernicanischen Daten beruhenden *Prutenischen Tafeln* veröffentlichte, die bis 1585 vier Auflagen erreichten. Er machte damit das schwer verständliche Werk praktikabel für die Berechnung von Gestirnspositionen, die gleichermaßen für Horoskope und die in jener Zeit in allen Bevölkerungsschichten beliebten Kalender und astrologischen Prognostiken erforderlich waren. Die Tafeln von Reinhold wurden in der zweiten Hälfte des 16. Jahrhunderts zu einem der beliebtesten Tafelwerke und verhalfen Copernicus zu großem Ruhm. Er bezeichnet Copernicus im Vorwort als «einen neuen Atlas oder einen anderen Ptolemaios», und mit ähnlichen, lobenden Worten bedachte man ihn in vielen Kalenderschriften.

Für die gesamte Rezeptionsgeschichte der heliozentrischen Astronomie ist jedoch an die oben dargestellte Trennung zwischen Astronomie und Physik zu erinnern. Der «weitberümbte Herr Nicolaus Copernicus»[3] galt als einer der bedeutendsten Astronomen, weil die auf seinem Werk beruhenden Tafeln wenigstens anfangs die Berechnung genauerer Gestirnspositionen gestatteten, als die auf geozentrischer Grundlage entstandenen Alphonsinischen Tafeln. Das bedeutete aber nicht, daß die vielen Astronomen und Kalenderschreiber, die nach seinen Daten arbeiteten, auch das diesen zugrundeliegende heliozentrische System anerkannt hätten. Dieses Problem sahen sie gar nicht, weil sie, in aristotelischem Geist gebildet, die Astronomie lediglich als zweckmäßige mathematische Hypothese zur Gestirnsberechnung betrachteten. Selbst für Reinhold hatte das Werk von Copernicus lediglich unter mathematischem Aspekt eine Bedeutung, obwohl er schließlich, wenn auch ungewollt, erheblich zur Rezeption des heliozentrischen Systems beitrug.

Die anfänglich hohe Genauigkeit der Berechnungen aus den Prutenischen Tafeln ließ sich auf Dauer nicht halten. Der Grund hierfür liegt zum einen in der nicht ausreichenden Präzision der in sie eingegangenen Beobachtungen, welche Fehler in den Umlaufzeiten der Planeten usw. zur Folge hatte, zum anderen darin, daß Copernicus zwar ein qualitativ völlig neues Weltsystem schuf und damit die neue Astronomie begründete, jedoch in seinem Instrumentarium der Antike verpflichtet blieb. Mehr noch, aus der angestrebten Wiederherstellung antiker Prinzipien, wie des Kreisbahndogmas und der des göttlichen Schöpfers würdigen Harmonie und Symmetrie des Weltbaues, nahm Copernicus ebenso wesentliche Antriebe für sein Werk wie aus der neuplatonischen Lichtmetaphysik. Als Folge seiner Bindung an antikes Denken mußte er ebenso mit Epizykeln und Exzentern arbeiten wie Ptolemaios. Dennoch war seine Astronomie keine aristotelische Restauration, da die mit dem Verstoß gegen die fundamentale Aristotelische Elementenlehre verbundene Entfernung der Erde aus der Weltmitte die Aristotelische Physik und damit die antike Kosmologie in einem grundsätzlichen Punkt traf.

Die Einwendungen gegen Copernicus sind im Rahmen der damaligen Naturerkenntnis und des geltenden Weltbildes ernst zu nehmen und keinesfalls einer ängstlichen Kleingläubigkeit verschuldet. Neben Argumenten aus der Aristotelischen Physik spielte natürlich die Autorität der Bibel eine große Rolle. Negativ wirkte sich aus, daß die heliozentrische Astronomie gegen die Aristotelische Physik verstieß, ohne eine eigene physikalische Grundlage aufweisen zu können – diese gab ihr erst 150 Jahre später Isaac Newton. Daß man ihr unter diesen Umständen die physikalische Anerkennung versagte, darf nicht verwundern. Das trifft auch für die bedeutendsten Astronomen der Zeit zu. Tycho Brahe beispielsweise kannte durchaus die Mängel der tradierten Astronomie und schätzte zudem Copernicus außerordentlich, konnte sich aber dennoch nicht zur Anerkennung seines Systems bereitfinden. Er hatte unter anderem einzuwenden, daß die riesigen Sternentfernungen bei Copernicus zur Konsequenz eines unermeßlichen, leeren Raumes führen müßten, was ihm ein tiefes Unbehagen bereitete.

Andere Astronomen wandten nach Erfindung des Fernrohrs ein, daß die Sterne, deren (Winkel-)Durchmesser nun meßbar zu sein schienen – in Wirklichkeit sah man nur die Beugungsscheiben, zudem durch Unschärfen beeinflußt –, in den angenommen Entfernungen unvorstellbar große tatsächliche Durchmesser aufweisen müßten. Daß die Sterne in sehr großer Entfernung stehen müssen, hatte schon Copernicus gefolgert, weil ansonsten von verschiedenen Punkten der Erdbahn die Sterne infolge parallaktischer Effekte veränderliche Positionen haben müßten, was nicht der Fall ist, besser gesagt, was den Astronomen zunächst entging.

Ein Weltbild wird in Frage gestellt

Das System des Copernicus stellte nicht nur ein physikalisches Konzept in Frage, sondern das ganze antike und mittelalterliche Weltbild. Der Mensch sollte sich fortan nicht mehr in der Mitte der Welt wähnen, eingeschachtelt, bewahrt von den Planetensphären, das wachende Auge Gottes auf sich ruhend fühlen? An das menschliche Abstraktionsvermögen waren bis dahin ungekannte Forderungen gestellt. Der ganze von der Erde aus beobachtete Weltbau sollte nur der Schein sein, der zu einer ganz anders gearteten Wirklichkeit führt. Und da sich der Mensch auf einem Planeten unter anderen um die Sonne bewegt – diese wenigstens noch im Weltzentrum gedacht–, war fortan die räumliche Stellung des Menschen unerheblich für sein eigenes Selbstverständnis. Aufgegeben werden mußte zugleich das «patriarchalische» Gottesverständnis, das vor allem dem einfachen Gläubigen dieser Zeit so einleuchtend erschien und in vielfacher Weise eine bildliche Darstellung fand.

Mit dem heliozentrischen Weltsystem wurde die sichtbare räumliche Auszeichnung des Menschen, wie es die christlich-aristotelische Kosmologie konstruierte, gestürzt und in eine intellektuell anspruchsvollere, doch physisch nicht nachvollziehbare Erhebung des Menschen transformiert, da die Erde nun als Planet unter anderen ihre Bahn um die Sonne zog. Gerade hierin lag ein neuer Ansatz des Selbstbewußtseins in der Bestimmung der Stellung des Menschen im Kosmos. Denn die Nivellierung der Bedeutung der räumlichen Existenz des Menschen zeigt, in religiöses Denken übersetzt, daß der Mensch durch sein Tun fähig ist, auch ohne die Auszeichnung der Stellung in der Weltmitte sein Leben zu gestalten. Der teleologische Gedanke der Konstruktion der gesamten Weltmaschine auf den Menschen hin war neu zu durchdenken. Da die Erde selbst zu einem Himmelskörper geworden war, stand nicht mehr der Bedeutungsinhalt von Sonne und Mond, der Planeten und Sterne im Vordergrund des Erkennens, sondern die praktische Nutzbarkeit des Laufes der Himmelskörper für das menschliche Leben – in einem Weltbau, in dem der Mensch nicht mehr abgesondert steht, sondern dessen integraler Bestandteil er ist.

Die philosophischen Konsequenzen führten einige Denker noch weiter. Wenn die Himmelskörper nicht nur eine Bedeutung in Rücksicht auf den Menschen besitzen und die Erde, ein normaler Himmelskörper, von Lebewesen bewohnt ist, könnte dann dies nicht auch für andere Planeten zutreffen? Denn warum sollte das Wunder der Schöpfung von Lebewesen gerade nur auf der durch nichts räumlich bevorzugten Erde geschehen sein? Diese erstmals vom radikalen Copernicaner Giordano Bruno aufgeworfene Frage wurde noch im 17. Jahrhundert geradezu zu einem Modethema gelehrter Disputationen.

Copernicus bereitete den Weg zu einer neuen Physik. Die Zentralstellung der Sonne im Planetensystem öffnete den Weg zu der Frage, welche Kraft die Bahnen der Planeten formt. Johannes Kepler glaubte, sie im Magnetismus zu erkennen. Mit Hilfe der sehr genauen Beobachtungen Tycho Brahes gelang ihm die Ableitung der Gesetze der Planetenbewegung. Kepler konnte endlich auf die antiken Epizykel und Exzenter verzichten und die Berechnung der Gestirnsbewegungen erheblich verbessern. Die der neuen Astronomie zugehörige Physik fand freilich erst Newton, der nun endgültig die Kluft zwischen Physik und Astronomie schloß, nachdem schon Galilei, beispielsweise mit der Ableitung des Trägheitsbegriffes, wichtige Vorarbeiten geleistet hatte. Die «Phänomene» waren fortan nicht mehr mittels einer beliebigen mathematischen Konstruktion «zu retten», sondern resultierten aus einer gleichermaßen für Himmel und Erde gültigen physikalischen Theorie.

Als ein letztes Mosaiksteinchen in der Beweiskette für das heliozentrische Weltsystem erfolgte 1834–36 durch Friedrich Wilhelm Bessels Entdeckung der durch die Jahresbewegung der Erde um die Sonne hervorgerufenen periodischen Verschiebung der Gestirnsörter, die Parallaxe, durch deren numerische Bestimmung erstmals absolute Sternentfernungen meßbar wurden.

Michael Segre

GALILEO GALILEI (1564–1642) UND SEINE SCHÜLER

Aus dem Englischen von Andreas Gottwald

Forscher und Lehrer

Am 15. Februar 1564, drei Tage vor Michelangelos Tod, wurde Galileo Galilei in Pisa geboren. Etwas weniger als ein Jahr vor Newtons Geburt, starb er am 9. Januar 1642 in Arcetri, in der Nähe von Florenz. Diese Ereignisse wurden oft angeführt, um seinen Beitrag zum Durchbruch von der vorherrschend klassischen Naturbeschreibung der Renaissance zur Newtonschen Physik und Kosmologie zu symbolisieren.

Schon als Kind kam Galilei mit den intellektuellen Humanistenkreisen in Berührung, die sich um die Medici-Familie sammelten, die damaligen Herrscher über die Toskana. Sein Vater, Vincenzio Galilei spielte eine wichtige Rolle in der Renaissance-Musik. Den Sohn Galileo ließ er im alten Kloster von Vallombrosa bei Florenz erziehen, wo Galileo auf ein religiöses Leben vorbereitet werden sollte. Danach wurde er zum Medizinstudium an die Universität Pisa geschickt. Keiner der beiden Lebenswege sagte ihm zu; er war vielmehr von Euklids Elementen und Archimedes' Mechanik angezogen, die er privat bei Ostilio Ricci studierte, einem Mathematiker im Dienste des Großherzogs der Toskana.

1589 begann Galilei selbst Mathematik-Vorlesungen an der Universität Pisa zu halten. 1592, wahrscheinlich als Folge einer Meinungsverschiedenheit mit Intellektuellen verließ Galilei Pisa, und trat eine Stelle an der Universität Padua an. Padua war Teil der Republik Venedig, eines unabhängigen und kosmopolitischen Staates, und die venezianischen Autoritäten gewährleisteten den Gelehrten in Padua Gedankenfreiheit. Galilei blieb dort 18 Jahre – die wichtigste Periode in seinem wissenschaftlichen Schaffen.

Neben seiner wissenschaftlichen Forschung und seiner Lehrtätigkeit beschäftigte sich Galilei in der Republik Venedig mit mehreren technischen Projekten: Er studierte z. B. die Effizienz von Rudern bei Galeeren und konstruierte eine handliche und preisgünstige Bewässerungspumpe. Er erfand verschiedene Instrumente, darunter einen vielseitigen «Geometrischen und Militärischen Zirkel», den er zu Hause anfertigte und verkaufte. 1604 teilte er dem venezianischen Philosophen und Historiker Paolo Sarpi seine wichtigste physikalische Entdeckung mit: das Gesetz vom freien Fall. In dieser Zeit wurde er auch Anhänger des Copernicanismus.

Galileo Galilei (1564–1642)

Galileis vergleichsweise gute Stellung in Padua befriedigte seine Bedürfnisse nicht vollständig: Sein Lohn war nicht hoch genug, um seine Familie zu versorgen; er hatte von seiner Lebensgefährtin Marina Gamba zwei Töchter und einen Sohn und weitere finanzielle Familienverpflichtungen in der Toskana. Auch strebte er danach, sich ganz und ohne die Last der Lehrtätigkeit der wissenschaftlichen Arbeit zu widmen. Eine Stellung im Dienste eines Hofes würde vielleicht seine Probleme lösen können, und so begann er 1605, in der Bemühung, seine Beziehungen zu den Medici zu kultivieren, den toskanischen Kronprinzen, Cosimo de' Medici, während der Sommerferien zu unterrichten. Er lehrte ihn den Gebrauch seines Zirkels und widmete ihm sein erstes Buch *Le operazioni del compasso geometrico et militare (Handhabung des geometrischen und militärischen Zirkels)*, veröffentlicht im Jahre 1606.

Die Erforschung des Himmels

Galileis große Stunde kam 1608, als das Teleskop in den Niederlanden erfunden wurde. Er konstruierte sein eignes Fernrohr und präsentierte es dem venezianischen Senat für den Marinegebrauch. Bald aber richtete er es auf den Himmel und machte eine Reihe von überraschenden Entdekkungen, u. a. die, daß die Mondoberfläche unregelmäßig und die Milchstraße eine Ansammlung von Sternen ist sowie daß Jupiter vier Monde hat. Später bemerkte er, daß Saturn zu gewissen Zeiten ein seltsames Aussehen hat, als ob er aus drei Körpern bestehe – der Effekt der Saturnringe, die Galilei nicht sehen und nicht erklären konnte. Es gelang ihm auch zum ersten Mal, die Venusphasen zu beobachten, die die Copernicanische Theorie vorausgesagt hatte. Galilei veröffentlichte seine frühen Beobachtungen am Mond, der Milchstraße und der Jupitermonde 1610 in seinem *Sidereus nuncius (Sternenbote oder Sternenbotschaft)*, einem kleinen in Latein geschriebenen Buch, das ihm großen Ruhm einbrachte.

Galileis Fernrohrentdeckungen stellten einen Wendepunkt in seiner wissenschaftlichen Laufbahn dar: Sein früherer Schüler, der Großherzog Cosimo II. de' Medici, bot ihm die Stelle des Ersten Mathematikers an der Universität Pisa und den Titel Mathematiker und Philosoph des Großherzogs an – eine Stellung von hohem Prestige und ein Titel, der ehrenhafter war als der eines Mathematikers – sowie ein hohes Gehalt. Er hatte keine Lehrverpflichtungen, behielt aber seinen Einfluß in der Universität und im kulturellen Leben. Von da an hörte Galilei praktisch auf, ein Akademiker zu sein; er wurde ein Höfling.

1610 zog Galilei nach Florenz und begann vom toskanischen Hof aus eine Kampagne zu Gunsten seiner Wissenschaft. 1611 ging er nach Rom, um seine Entdeckungen darzulegen. Er wurde von Papst Paul V. empfangen und fand Beifall bei den Jesuiten des Collegium Romanum. Die *Accademia dei Lincei (Akademie der Luchsäugigen)*, die 1603 vom Fürsten Federico Cesi gegründet worden war, wählte ihn zu ihrem Mitglied.

Dennoch traten schon 1611 feindliche Reaktionen auf seine Ansichten zu Tage. Kurz nach seiner Rückkehr nach Florenz wurde er in eine Reihe von Kontroversen verwickelt. Die erste wichtige Auseinandersetzung betraf schwimmende Körper und fand teilweise am toskanischen Hof statt, wo eine Anzahl aristotelischer Philosophen, angeführt von Lodovico delle Colombe, einem gelehrten Florentiner, Galileis archimedische Ansichten bestritten. Galileis Antwort war in seinem *Diskurs über schwimmende Körper* (1612) enthalten.

Die nächste Auseinandersetzung begann 1612 und betraf die Sonnenflecken. Der Jesuit Christoph Scheiner, ein Professor für Hebräisch und Mathematik an der Universität Ingolstadt, hatte die Sonnenflecken beobachtet und vermutet, es wären kleine um die Sonne kreisende Planeten.

Galilei beanspruchte die Priorität für diese Entdeckung – obwohl weder er noch Scheiner sie als erste gesehen hatten – und wandte sich dagegen, daß es sich um Planeten handele.

Im selben Jahr suggerierte Nicolò Lorini, ein dominikanischer Professor in Florenz, in einem privaten Gespräch, daß Galileis Copernicanismus der Heiligen Schrift widerspreche. Trotz dieser gefährlichen Kritik veröffentlichte Galilei 1613 seine *Briefe über Sonnenflecken,* in denen er das Copernicanische System zum ersten Mal in gedruckter Form vertrat.

Eine bemerkenswerte Debatte über Wissenschaft und Glauben fand am toskanischen Hof in Pisa an einem Morgen im Dezember 1613 statt. Benedetto Castelli, Galileis Freund und Schüler sowie Professor für Mathematik an der Universität Pisa, wurde vor dem Hof vom Beichtvater der Großherzogin Maria Christina, der Mutter Cosimos, wegen der Orthodoxie der Behauptung, daß sich die Erde bewege, ohne Erfolg zur Rede gestellt. Castelli ließ Galilei von dem Vorfall wissen, und dieser reagierte einige Tage später mit seinem «Brief an Benedetto Castelli», in dem er versuchte, theologische Einwände gegen das Copernicanische System zu entkräften. Kopien dieses Briefes wurden weit verbreitet und setzten den Prozeß in Gang, der Galilei 20 Jahre später vor Gericht bringen sollte.

1614 wurde Galilei von einem anderen Dominikaner, Tommaso Caccini, angegriffen – dieses Mal öffentlich. Anfang 1615 sandte Lorini eine Kopie von Galileis «Brief an Benedetto Castelli» nach Rom und beantragte eine Stellungnahme. Im selben Jahr jedoch verfaßte Galilei eine erweiterte Version seines «Briefes an Castelli», adressiert an die Großherzogin Maria Christina – was allerdings nur die Opposition stärkte. Im April 1615 verfaßte der führende katholische Theologe, Kardinal Robert Bellarmin, einen Brief an Paolo Antonio Foscarini, einem neapolitanischen Karmelitermönch, der ein den Copernicanismus favorisierendes Werk veröffentlicht hatte. In diesem Brief hob er hervor, daß das Copernicanische System nur als mathematische Hypothese betrachtet werden könne, nicht aber als Beschreibung der Wirklichkeit.

Gegen Ende des Jahres 1615 reiste Galilei nach Rom, um seine Theorien zu verteidigen. Es gelang ihm nicht zu verhindern, daß sich am 24. Februar 1616 eine Kommission von Theologen gegen die copernicanischen Ansichten aussprach. Zwei Tage später erhielt Galilei eine amtliche Benachrichtigung, die von ihm verlangte, seine copernikanische Sichtweise aufzugeben. Am 3. März wurde Copernicus' *De revolutionibus* bis zur Einfügung von Korrekturen auf die Liste der verbotenen Bücher gesetzt. Dennoch wurde Galilei vom Papst empfangen. Dieser beruhigte ihn und Bellarmin gab ihm eine schriftliche Erklärung, er sei nur aufgefordert worden, die copernicanische Sichtweise aufzugeben. Er sei aber nicht offiziell gezwungen worden, sie abzuschwören; eine Strafe sei in keiner Weise auferlegt worden.

«Das Universum ist geschrieben in der Sprache der Mathematik»

Galilei kehrte nach Florenz zurück. Er betrachtete sich nicht als völlig besiegt und war kurz darauf in eine weitere Kontroverse verwickelt. Sie betraf die drei Kometen, die 1618 erschienen waren, und wurde mit dem jesuitischen Mathematiker Orazio Grassi vom Collegium Romanum ausgefochten. Nach seinen Beobachtungen der Kometen erklärte Grassi, Kometen seien nicht nur weiter entfernt als der Mond, sondern sogar weiter als die Planeten. Überraschenderweise behauptete Galilei, Kometen seien sublunare Erscheinungen. Die Auseinandersetzung endete 1613 mit der Veröffentlichung von *Il saggiatore,* einer wortgewandten Abhandlung in Italienisch, in der Galilei Grassis Ansichten lächerlich machte und seine eigenen Vorstellungen über naturwissenschaftliches Denken zum Ausdruck brachte. In diesem Werk befindet sich folgende Äußerung Galileis:

> Die Philosophie ist niedergeschrieben in diesem gewaltigen Buch, das beständig unserem Blick offen steht, ich sage das Universum. Aber man kann nicht verstehen, wenn man nicht zuerst lernt, die Buchstaben zu lesen und die Sprache zu verstehen, in der es verfaßt ist. Es ist geschrieben in der Sprache der Mathematik, und seine Buchstaben sind Dreiecke, Kreise und andere geometrische Figuren, ohne diese Mittel ist es menschenunmöglich, ein einziges Wort davon zu verstehen; ohne diese wandert man vergeblich in einem dunklen Labyrinth herum. *(Opere,* Band 6, S. 232)

Diese Worte können als eine Zusammenfassung von Galileis Zugang zur Naturwissenschaft angesehen werden.

Galilei hatte Grassi gekränkt und konnte sich nicht mehr länger auf die Unterstützung der Jesuiten verlassen. Doch mit der Opposition wuchs auch die Zahl seiner Anhänger. In Rom waren sie hauptsächlich um die *Accademia dei Lincei* und um die Gruppe der toskanischen Kardinäle und hohen Prälaten versammelt. Auch der für seine liberale Haltung bekannte Kardinal Maffeo Barberini und künftige Papst Urban VIII. gehörte zu ihnen. 1624, im Jahr nachdem Barberini zum Papst gewählt worden war, ging Galilei nach Rom, um ihm seine Aufwartung zu machen. Er dachte wahrscheinlich, daß sich die Haltung der Kirche ändern würde, und hoffte auf die Erlaubnis, seine Ansichten auch öffentlich aufrechterhalten zu dürfen.

Galilei traf Urban sechs Mal. Es gibt keine Aufzeichnung ihrer Unterredungen, aber offensichtlich hatte Galilei das Gefühl, er könne unbehelligt über das Copernicanische System schreiben, denn er kehrte nach Florenz zurück und begann, sein berühmtestes Werk, den *Dialog über die beiden hauptsächlichsten Weltsysteme,* zu schreiben.

Der *Dialog* erschien 1632 in Florenz und ist nicht nur ein Meisterwerk der Philosophie und Wissenschaft, sondern auch der italienischen Literatur. An dem «Dialog» nehmen drei Gesprächspartner teil: Salviati, der für Galilei und Copernicus spricht, Simplicio, der für Ptolemaios und Aristoteles spricht, und Sagredo, ein «gebildeter Laie», der als eine Art Schiedsrichter agiert, obwohl er offensichtlich copernicanische Neigungen hat. Galilei kombiniert geschickt Wissenschaft, Philosophie und Rhetorik zu einer mächtigen propagandistischen Schrift, wobei er diplomatisch die Aristotelische Kosmologie kritisiert und Beweise dafür anführt, daß die Sonne im Mittelpunkt der Planetenbahnen plaziert ist und die Erde um sie kreist. Er dachte, die Gezeiten seien ein physikalischer Beweis der Erdbewegung.

Obwohl Galilei das Imprimatur erhalten hatte, wurde der Verkauf bald gestoppt und Galilei aufgefordert, vor der römischen Inquisition zu erscheinen. Der neue junge Großherzog Ferdinand II. de' Medici versuchte ohne Erfolg, zu Gunsten seines 70jährigen Mathematikers und Philosophen einzugreifen. Im Jahre 1633 wurde Galilei in Rom von der Inquisition vor Gericht gestellt und gezwungen, seinem «Irrtum» abzuschwören. Am 22. Juni wurde er zu lebenslänglichem Gefängnis verurteilt, und sein *Dialog* kam auf den Index. Die Strafe wurde von Gefängnis in Hausarrest umgewandelt; Galilei wurde zuerst nach Siena überführt, wo er seine Strafe als Gast seines Freundes Ascanio Piccolomini, des Erzbischofs der Stadt, ableistete. Später wurde ihm erlaubt, zu seiner Villa in Arcetri zurückzukehren.

Galilei verbrachte die letzten acht Jahre seines Lebens mit wissenschaftlicher Arbeit. Er schrieb das Buch, das sein Werk in der Physik zusammenfaßte und krönte: die *Discorsi e dimostrazioni matematiche intorno a due nuove scienze (Unterredungen und mathematische Demonstrationen über zwei neue Wissenszweige)*. Es ist auch in Form eines Dialogs verfaßt. Diese zwei neuen Wissenschaften befassen sich mit der Festigkeit von Materialien und der Kinematik. Dieses letzte Buch Galileis erschien 1638 in den Niederlanden. Obwohl er zu dieser Zeit schon erblindet war, setzte er seine wissenschaftliche Tätigkeit mit Hilfe einer Gruppe von jungen Assistenten fort, die sich bis zu seinen letzten Tagen um ihn sammelten.

Eine neue Ära in den Naturwissenschaften

Galilei begann seine Laufbahn als Mathematiker und bestand später darauf, auch Philosoph genannt zu werden. Heute würden wir ihn eher als Physiker und Astronomen bezeichnen – die modernen Bedeutungen der Ausdrücke Philosophie, Mathematik, Physik und Astronomie unterscheiden sich von denen zur Zeit Galileis. Physik war damals ein Teil der Philosophie – genauer gesagt der Aristotelischen Naturphilosophie –, fast ganz ohne Mathematik, und ein Hauptverdienst Galileis war es, die beiden Gebiete zu verbinden.

Schon in seinen frühesten Schriften distanzierte sich Galilei von der aristotelischen Weltsicht. Seine frühen Pisaner Manuskripte befassen sich mit Aristotelischer Logik und Physik, aber sie kritisieren sie auch auf der Basis von Archimedes' Werk. Seine Arbeitsnotizen der Paduaner Periode, die erst kürzlich veröffentlicht worden sind, bezeugen sein gründliches experimentelles Arbeiten als einen Teil seines Versuchs, eine neue Physik zu schaffen. Archimedes' Einfluß ist ganz offensichtlich in seinem *Diskurs über schwimmende Körper.* Doch die vielen Manuskripte seines frühen Werkes sind fragmentarisch und machen es dem Historiker schwer zu rekonstruieren, wie er zu seinen größeren Entdeckungen in der Physik kam.

Die *Discorsi* bilden die abschließende und umfassende Darstellung von Galileis Physik, die im hohen Maße auf Mathematik, einschließlich infinitesimaler Begriffe, beruht. Galileis Hauptleistung besteht im Studium der Ortsbewegung, wobei er zwischen konstanter Bewegung, bei der der Weg proportional zur Zeit ist, und Fallbewegung – hier ist der Weg proportional zum Quadrat der Zeit – unterscheidet. Galilei studierte schließlich parabelförmige Bewegungen, die aus einer Kombination der beiden resultieren.

Nicht weniger wichtig ist Galileis Beitrag zur Astronomie. Er führte die Teleskop-Astronomie ein und widerlegte mit seinen Beobachtungen viele Grundsätze der Aristotelischen Kosmologie: Seine Beobachtungen der rauhen Mondoberfläche zerstörten den aristotelischen Glauben, daß der Mond eine glatte und vollkommen sphärische Form besitze. Seine Entdeckung, daß die Milchstraße aus einer Vielzahl von Sternen zusammengesetzt ist, widerlegte die Vermutung, es handle sich um dichten Äther. Seine Entdeckung der Jupitermonde zeigte, daß nicht alle Himmelskörper um die Erde kreisen.

Dennoch war Galileis wichtigster Beitrag zur modernen Astronomie sein Kampf für das Copernicanische System. Diese Kampagne beinhaltete keine größeren wissenschaftlichen Entdeckungen – Galileis Überzeugung, die Gezeiten könnten die Erdbewegung beweisen, war ein Irrtum –, aber die propagandistische Wirkung seiner Entdeckungen rief nicht nur eine Änderung der Weltsicht hervor, sie akzentuierte auch die Frage nach dem Verhältnis zwischen Religion und Wissenschaft – mit weitreichenden Konsequenzen. Galileis Prozeß machte ihn zum Märtyrer der Wissenschaft und zum Symbol des tapferen, freidenkenden Wissenschaftlers, der bestraft wurde, weil er es wagte, gegen den Strom zu schwimmen und die Natur so zu beschreiben, wie er sie sah, ohne Rücksicht auf philosophische und religiöse Vorurteile.

Neben seiner ausgezeichneten Leistung als Wissenschaftler verdankte Galilei seinen Erfolg auch seiner politischen Schlauheit als Höfling und seinem Talent als Schriftsteller. Er verfaßte die meisten seiner Werke auf Italienisch statt in Latein – er und seine Nachfolger mußten u. a. eine ganz neue Terminologie erfinden, um ihre Wissenschaft zu beschreiben und zu verbreiten – und erlangte einen wichtigen Platz in der Geschichte der italienischen Literatur. So eröffnete Galilei nicht nur eine neue Ära in den Naturwissenschaften, sondern auch ein neues Kapitel ihrer Verbreitung.

Galileis Erbe und seine Schüler

Galilei hatte ganze neue Gebiete betreten und hinterließ den Wissenschaftlern, die auf ihn folgten, arbeitsreiche offene Fragen. In der Teleskop-Astronomie war das ganze Universum zu entdecken und aufzuzeichnen, und viele neue Entdeckungen, wie die seltsame Erscheinung des Saturn oder die Natur der Kometen und Sonnenflecken, harrten der Klärung. Dann gab es Fragen höheren Ranges nach den allgemeinen Gesetzen, die das Universum regieren, und möglicherweise die Suche nach neuen Beweisen zu Gunsten des Copernicanismus; schließlich ging es um die Erweiterung von Galileis Entdeckungen in der Bewegungslehre, um das Verhalten der Himmelskörper zu erklären.

Auch in der nach-galileischen Physik mußten viele neue Bereiche untersucht werden. Galileis Trägheitsprinzip war nicht ganz konsistent. Er sprach von zwei Arten von Trägheit: einer «irdischen», geradlinigen und einer «himmlischen», kreisförmigen für die Planeten, obwohl sein ganzer Ansatz auf der Abschaffung der aristotelischen Unterscheidung zwischen Himmels- und Erdphysik beruhte. Zusätzlich zur Kinematik trug Galilei zur Mechanik der Gase und Flüssigkeiten bei und regte die Diskussion über Themen wie Atomismus in der Physik und Kontinuum in der Mathematik an. Viele dieser Themen wurden von seinen Nachfolgern behandelt.

Galileis umfangreiche Korrespondenz bezeugt, daß trotz der Widerstände viele Intellektuelle in Italien und im Ausland sein Gedankengut pflegten und verbreiteten. Doch wenn man nur jene betrachtet, die direkt mit ihm zusammengearbeitet, oder sogar nur jene, die sein Werk erweitert haben, dann ist ihre Zahl überschaubar.

Benedetto Castelli

Galileis wohl treuester Schüler war Benedetto Castelli. Er war Benediktinermönch, geboren in Brescia, Norditalien, studierte unter Galilei in Padua und arbeitete später oft mit ihm zusammen. Er leistete Beiträge zur Hydraulik, Optik und Astronomie. 1613 wurde er auf Galileis Empfehlung Professor für Mathematik an der Universität Pisa. Castelli diente auch an verschiedenen Höfen: Er beriet den toskanischen Hof in Angelegenheiten der Hydraulik; 1628 zog er nach Rom, um Taddeo Barberini, den Neffen von Papst Urban VIII., zu unterrichten, und er wurde zum päpstlichen Berater für Hydraulik und zum Professor für Mathematik an der Universität Rom ernannt. Seine größte wissenschaftliche Leistung bestand in der Weiterentwicklung von Galileis Theorien des Auftriebs und in der Grundlegung der modernen Hydraulik. 1628 veröffentlichte er sein wichtigstes Werk: *Della misura dell'acque correnti (Über die Messung des fließenden Wassers).*

Castelli diente der Verbreitung von Galileis Ideen, indem er eine Generation von Galilei-Nachfolgern heranbildete. In Pisa führte er Bonaventura Cavalieri in die Mathematik ein, der später einer der größten Mathematiker des 17. Jahrhunderts und einer der führenden Nachfolger Galileis wurde. In Rom sammelte er um sich eine Gruppe von Schülern, die er «Die Galileische Schule» nannte, unter ihnen: Evangelista Torricelli, Giovanni Alfonso Borelli, Michelangelo Ricci, Raffaello Magiotti und Antonio Nardi. Sie alle wurden Anhänger Galileis und trugen zur Verbreitung seiner Ideen bei.

Bonaventura Cavalieri

Bonaventura Cavalieri war Jesuatenmönch (*Gesuato*, nicht zu verwechseln mit Jesuiten), studierte Mathematik in Pisa und Florenz und diente ab 1620 seinem Orden in verschiedenen Städten Norditaliens. 1629 bekam er den Lehrstuhl für Mathematik der Universität Bologna. Sein Hauptwerk, die *Geometria indivisibilibus,* ist eine Darstellung der «Theorie der Indivisiblen» – eine Methode, um Flächen vergleichsweise direkt zu messen. Sie besteht darin, eine gerade Linie über eine Fläche zu bewegen, ohne ihre Winkelausrichtung zu verändern. Die «Spur» dieser Linie ist eine unendliche Menge von «Indivisiblen», aus denen die Fläche zusammengesetzt ist. Ein analoges Verfahren wurde mit einer Fläche durchgeführt, um durch ihre Bewegung ein Volumen zu erzeugen. Ansätze zu dieser Technik findet man schon in Galileis Werk: Galilei bewies in der Tat das Gesetz vom freien Fall mittels Indivisiblen. Cavalieris mathematisches Werk umfaßt nicht weniger als elf Bücher.

Evangelista Torricelli

Evangelista Torricelli, der bekannteste von Galileis Nachfolgern, kam aus Faenza, Romagna. Er studierte Mathematik und Philosophie an der Jesuitenschule in Faenza; aufgrund seiner herausragenden Leistungen wurde er von seinem Onkel nach Rom geschickt, um bei Castelli zu studieren, dessen Sekretär er schließlich wurde. 1632, während Castellis Abwesenheit von Rom, hielt er Galilei auf dem laufenden, wie dessen *Dialog* aufgenommen wurde, und gab seiner Anhängerschaft zum Copernicanismus Ausdruck. Für eine gewisse Zeit hat er vielleicht Giovanni Ciampoli assistiert, dem früheren Sekretär des Papstes und einer von Galileis Freunden und Helfern. 1641 zog Torricelli nach Florenz, um Galilei selbst zu assistieren, und nach dessen Tod ersetzte er ihn als Hofmathematiker. Er bekam auch den Lehrstuhl für Mathematik an der Universität Florenz.

Torricelli beschäftigte sich hauptsächlich mit Geometrie. Er entwickelte Cavalieris Indivisiblentheorie weiter und löste eine Reihe von größeren mathematischen Problemen des 17. Jahrhunderts, so z. B. das Auffinden des Volumens von Körpern, das Studium von Zykloiden oder das Auffinden des Schwerpunkts einer beliebigen geometrischen Figur. Nur ein Teil seiner Arbeit wurde zu Lebzeiten in seinem Buch *Opera geometrica* (1644) veröffentlicht. Torricellis Ruhm rührt von seinem barometrischen Experiment her, das er 1644 durchführte und bei dem es ihm gelang, ein künstliches Vakuum herzustellen.

Giovanni Alfonso Borelli

Giovanni Alfonso Borelli, geboren in Neapel, studierte in Rom und begann seine wissenschaftliche Laufbahn an der Universität Messina. Nach Torricellis Tod kam er in Italien und im Ausland in den Ruf, der führende italienische Wissenschaftler zu sein. Sein Werk ist sehr umfassend und komplex; es behandelt eine große Anzahl von Gebieten: u. a. Geometrie, Physik, Astronomie, Physiologie, Epidemiologie und sogar Vulkanologie. 1656 zog Borelli in die Toskana, wo er Mathematik an der Universität Pisa lehrte und die *Accademia del Cimento* leitete. Ein wichtiger Beitrag Borellis zur Astronomie war das Studium der Bewegung der Jupitermonde als ein getarntes Modell des Copernicanischen Systems.

Ricci, Magiotti, Nardi

Ricci, Magiotti und Nardi waren Nichtakademiker, die am päpstlichen Hof dienten und Galilei auch nach seinem Prozeß treu blieben. Nach Galileis Tod arbeiteten sie sehr eng mit Cavalieri, Torricelli und anderen Mathematikern aus ganz Europa zusammen. Der bekannteste von den dreien war Michelangelo Ricci, ein wohlhabender römischer Intellektueller, der auch eine Reihe von hochrangigen Positionen am päpstlichen Hof innehatte und 1681, obwohl er kein geweihter Priester war, Kardinal wurde. Er galt als ein führender italienischer Mathematiker. Er stand mit vielen zeitgenössischen Mathematikern im Briefwechsel und hielt Galileis Nachfolger gut informiert über neue mathematische Ergebnisse.

Vincenzo Viviani

Der jüngste von Galileis unmittelbaren Mitarbeitern war Vincenzio Viviani, der sich selbst «Galileis letzter Schüler» zu nennen pflegte. Viviani wurde Galilei vom Großherzog der Toskana vorgestellt, als er 16 Jahre alt war, und er wurde Galileis Famulus während dessen letzten drei Lebensjahren. Er arbeitete später mit Torricelli zusammen – er half ihm u. a. bei der Durchführung des Vakuumexperiments – und diente dem toskanischen Hof. Seine mathematischen Arbeiten waren hauptsächlich Versuche, die Werke der antiken Autoren wiederherzustellen. Sein Hauptverdienst an der galileischen Wissenschaft lag in der Bewahrung von

Galileis Vermächtnis: Er sammelte Galileis Papiere und schrieb dessen Biographie.

Die Accademia del Cimento

1657 gründeten der Großherzog Ferdinand II. und sein Bruder Leopold de' Medici die *Accademia del Cimento,* um wissenschaftliche Untersuchungen in der Toskana zu fördern. Die *Accademia* war ungefähr zehn Jahre lang tätig, geleitet vom Prinzen Leopold. Sie forschte auf den Gebieten, mit denen sich schon Galilei beschäftigt hatte: Physik und Astronomie. Ihre Tätigkeit war in erster Linie experimentell. Man traf sich unregelmäßig und ohne Förmlichkeiten an verschiedenen Orten, in der Regel abhängig von Leopolds Aufenthalt. Obwohl die Akademie schnell sehr berühmt wurde, ist unsere Kenntnis von ihr immer noch unvollständig: Ihre Schriften sind weitgehend unveröffentlicht, und es gibt nicht einmal eine komplette Liste ihrer Mitglieder. Ihr führendes Mitglied war Borelli; andere Mitglieder waren Viviani, Candido del Buono, die Ärzte Francesco Redi und Antonio Uliva, die aristotelischen Philosophen Alessandro Marsili und Carlo Rinaldini und wahrscheinlich ein klassischer Philologe, Carlo Dati. Michelangelo Ricci und der jesuitische Mathematiker Honoré Fabri waren korrespondierende Mitglieder. Nachdem Borelli 1667 die Toskana verlassen hatte, stellte die Akademie ihre Tätigkeit ein. Im selben Jahr veröffentlichte sie die Beschreibung einer Auswahl ihrer Experimente unter dem Titel *Saggi di naturali esperienze (Versuch über Naturwissenschaft)* – vielleicht die letzte Leistung der «Galileischen Schule».

Volker Bialas

JOHANNES KEPLER
(1571–1630)

Einer der berühmtesten Verteidiger der Copernicanischen Lehre und ihr Vollender, zugleich der Schöpfer einer neuen, auf physikalischer Grundlage basierenden Astronomie, ein glänzender Mathematiker und Optiker, aber vor allem ein universeller Geist und philosophischer Kopf – das war Johannes Kepler. Er lebte in der Übergangszeit von der Spätrenaissance zum Frühbarock, in der die geistigen Bewegungen des Humanismus und der Reformation noch lebendig waren. Vielerorts kündigte sich ein geistiger, naturwissenschaftlich orientierter Neubeginn an, der mit Copernicus in Astronomie und Kosmologie, mit Vesalius in der Medizin und mit Paracelsus in der Hervorhebung des mehr empirischen Zugangs zur Natur verbunden ist.

Aber es war nicht nur das Zeitalter der beginnenden wissenschaftlichen Umwälzung, sondern auch die Zeit der Magier, der Alchimisten und der Astrologen, das Zeitalter von Faust und Nostradamus. Es war zugleich eine Zeit des religiösen Fanatismus und der theologischen Auseinandersetzungen. In gesellschaftlicher Hinsicht dominierte das höfische Leben der Feudalherren, die ebenso als Gönner und Mäzene der Künste und Wissenschaften eine wichtige Rolle spielten. Die Zeit war von erheblichen politischen und geistigen Widersprüchen bestimmt, denen sich auch Kepler zu stellen hatte.

Jugend- und Studienjahre

Johannes Kepler, am 27. Dezember 1571 in der Freien Reichsstadt Weil der Stadt (Weylerstatt) in Württemberg geboren, stammte aus einer angesehenen, aber in der Generation der Eltern verarmten Familie. Der Urgroßvater Sebald Kepner, von Beruf Kürschner, war zu Anfang des 16. Jahrhunderts von Nürnberg nach Weil übersiedelt. Der Großvater Sebald war bis 1578 Bürgermeister in Weil gewesen, während sich der Vater Heinrich als Söldner verdingte. Über ihn schreibt Johannes als 25jähriger, er sei ein lasterhafter, schroffer und händelsüchtiger Soldat gewesen. Zu seiner Mutter Katharina, Tochter des Bürgermeisters Guldenmann von Leonberg-Eltingen, entwickelte Kepler, der als Siebenmonatskind zur Welt gekommen war und in den ersten Lebensjahren häufig kränkelte, ein inniges Verhältnis. Dennoch charakterisierte er sie später als schwatzhaft und streitsüchtig, aber auch als unruhig und wißbegierig. Als sie nach 1615 als Hexe verleumdet und angeklagt wurde,

Johannes Kepler (1571–1630)

stand ihr der inzwischen berühmt gewordene Johannes moralisch und juristisch bei. In seinem Buch *Traum oder postumes Werk über die Mondastronomie (Somnium)* hat er der geheimnisvollen Persönlichkeit seiner Mutter in der Gestalt der Fiolxhilde ein literarisches Denkmal gesetzt.

Die schulische Ausbildung begann mit dem Besuch der dreiklassigen Lateinschule in Leonberg. Württemberg hatte nach der Reformation katholische Einrichtungen übernommen und für Begabte geöffnet, so daß ein gutes Schulsystem vorhanden war. Bedürftige Schüler wurden bei besonderen Leistungen durch Stipendien unterstützt. So wurde auch Kepler während seiner Schulzeit und Universitätsausbildung finanziell gefördert, an der Universität durch das Ruoffsche Stipendium der Stadt Weil. Nach bestandenem Landesexamen besuchte er die Klosterschulen von Adelberg und Maulbronn. Hier unterrichteten junge Theologen bereits nach dem universitären Bildungsschema von Trivium – das waren die sprachlichen Fächer Grammatik, Rhetorik und Dialektik – und Quadrivium – die mathematischen Fächer Arithmetik, Geometrie, Astronomie und Musik. Das Bildungsziel bestand in der Vermittlung klassisch-humanistischer Inhalte und in der stilistischen Beherrschung des Lateinischen.

Nach dem Baccalaureat studierte Kepler von 1589 bis 1594 an der Universität Tübingen im Hauptfach evangelische Theologie. In der Vorbereitungszeit absolvierte er, wie alle Studierenden, das *studium generale* der Artistenfakultät. Zu seinen wichtigsten Universitätslehrern gehörten der Astronom Michael Mästlin, der die Lehre von Copernicus vertrat, der Altphilologe Martin Crusius und der Theologe Matthias Hafenreffer. Nach der Magisterpromotion im Jahre 1591 durfte er sich an der Universität mit wissenschaftlichen Gegenständen in öffentlicher Rede auseinandersetzen. Eine derartige Disputation, bemerkenswerterweise bereits zur Verteidigung der Copernicanischen Lehre, ist aus dem Jahr 1593 erhalten (KGW 20.1, 147 ff.).

Berufung nach Graz und Entstehung der frühen Schriften

Zur gleichen Zeit begann seine Auseinandersetzung mit den Lehren der sich bekämpfenden Theologenschulen. Kepler, zeit seines Lebens ein gläubiger Christ, schloß sich keiner Konfession völlig an; in der Abendmahlslehre folgte er mehr der calvinistischen und in der Ubiquitätslehre, der Lehre von der Allgegenwart des Fleisches Christi, mehr der katholischen Auslegung. Kurz vor Abschluß seines Studiums wurde er 1594 an die evangelische Stiftsschule nach Graz berufen; dort unterrichtete er in den höheren Klassen Mathematik, Astronomie und Rhetorik. Zu seinen offiziellen Aufgaben gehörte auch die alljährliche Abfassung eines Kalenders mit den astrologischen *Prognostica,* den Voraussagen über das Wetter, über mögliche Krankheiten und politische Ereignisse im neuen Jahr. 1597 heiratete er Barbara Müller, die Tochter eines Mühlenbesitzers. Von den fünf Kindern aus dieser Ehe überlebten ihn Tochter Susanna und Sohn Ludwig.

Sein erstes großes Werk, zugleich das wichtigste Werk der Grazer Zeit, veröffentlichte er 1596 unter dem Titel *Mysterium Cosmographicum (Weltgeheimnis).* Darin geht er in pythagoreisch-platonischer Tradition den Ursachen der vorfindbaren Strukturen des heliozentrischen Planetensystems nach; insbesondere fragt er nach den Ursachen für die Zahl und Größe der Planetenbahnen. Er gelangt in dem Werk zu der Antwort, daß in die fünf Zwischenräume der damals bekannten sechs Planeten sich gerade die fünf platonischen Körper einschalten lassen. Als platonische Körper bezeichnet man die fünf regelmäßigen Polyeder (Tetraeder, Würfel, Oktaeder, Dodekaeder und Ikosaeder), die von untereinander kongruenten Vielecken begrenzt werden. Damit ist ihm die Welt im göttlichen Schöpfungsplan nach mathematisch-quantitativen Prinzipien begründet und in ihren Strukturen durch den Menschen erkennbar. In diesem Sinn schreibt er seinem Lehrer und Freund Michael Mästlin: «Ich wollte Theologe werden; lange war ich in Unruhe. Nun aber sehen Sie, wie Gott durch mein Bemühen auch in der Astronomie gefeiert wird.»[1]

Einladung nach Prag und die Nachfolge Tycho Brahes als Kaiserlicher Mathematiker

Das Werk machte Keplers Namen in der Fachwelt bekannt. Allerdings kam von Tycho Brahe, dem bedeutendsten Astronomen am Ende des 16. Jahrhunderts, die Mahnung, das spekulative Denken zugunsten empirisch gesicherter Hypothesen zurückzustellen. Zugleich erkannte er in Kepler einen theoretisch besonders begabten Astronomen und lud ihn zur Zusammenarbeit nach Prag ein. Dort hatte Brahe am Hof des sterngläubigen Kaisers Rudolph II. ein neues Domizil gefunden, nachdem er viele Jahre lang auf der dänischen Insel Hven mit neu konstruierten astronomischen Instrumenten systematische Fixstern- und Planetenbeobachtungen von hervorragender Genauigkeit gemacht hatte.

Die Gegenreformation in Graz zwang Kepler schließlich, die Stadt im Jahr 1600 zu verlassen und nach Prag zu gehen. Hier kam es allerdings nur zu einer kurzen, nicht immer konfliktfreien Zusammenarbeit mit Tycho Brahe. Aber immerhin resultiert daraus eine von Kepler im Auftrag von Brahe geschriebene Schrift, die *Apologia,* von Kepler selbst als *Tractatus de hypothesibus* bezeichnet (KGW 20.1, 91), in der er in wissenschaftstheoretischer Absicht dezidiert zum Begriff einer wissenschaftlichen Hypothese Stellung nimmt. Dieser Tractatus ist ungedruckt geblieben, hat aber Keplers Vorgangsweise bei seinen weiteren theoretischen Untersuchungen in der Astronomie nachhaltig beeinflußt.

Brahe starb ganz überraschend am 24. Oktober 1601. Kepler wurde zum wissenschaftlichen Nachlaßverwalter bestimmt und zum kaiserlichen Mathematiker berufen. In einem Trauergedicht, der Elegie auf den Tod von Tycho Brahe, klagt Kepler:

> Du auch, ein achtbarer Teil, Elegie, im Trauergefolge,
> gib den Tränen Geleit, ströme dich aus im Gesang.
> Der den irdischen Geist in die Welt der Sterne versetzte,
> siehe, von irdischer Hand sinkt er geborgen ins Grab,
> und die Augen, gewohnt, das himmlische Licht zu erschließen,
> schließt mißgönnend der Staub, hüllend in finstere Nacht.[2]

Kepler setzte nun seine bereits begonnenen Untersuchungen zur Bewegung des Mars auf der Grundlage der Braheschen Beobachtungen fort, wobei er mehr und mehr physikalische Überlegungen und Demonstrationen in seine theoretischen Ableitungen einfließen ließ. 1609 veröffentlichte Kepler die *Astronomia Nova,* das große Werk über seine theoretische Astronomie mit den beiden ersten Planetengesetzen, d. h. das Gesetz der Ellipsenbahnen und der die Erhaltung des Drehimpulses beinhaltende Flächensatz. Zum ersten Mal wird in der Geschichte der Astronomie von einer Vereinbarkeit der mathematischen mit der physikalischen

Astronomie ausgegangen. Dem Resultat nach wird mit dem rund zwei Jahrtausende gültigen Axiom von der gleichförmigen Kreisbewegung der Planeten gebrochen.

Weitere bedeutende Werke der Prager Zeit sind die *Optik* (1604), in der u. a. optische und geometrische Fragen der Finsternisbeobachtungen behandelt werden, und die *Dioptrice* von 1611, ein Buch über die Optik der brechenden Medien. Dieses Werk mit der theoretischen Behandlung des Linsenfernrohrs entwickelte sich aus der wissenschaftlichen Korrespondenz mit Galileo Galilei, der mit seinem kurz zuvor erfundenen Fernrohr neue astronomische Himmelsbeobachtungen machte und so aus der Empirie wichtige Einwände gegen die noch weithin anerkannte Aristotelische Physik und Kosmologie ableitete.

Der Aufenthalt in Linz

Nach dem Tod seiner Frau im Jahr 1611 und nach Abdankung und Tod Kaiser Rudolphs II. trat Kepler 1612 als Mathematiker in den Dienst der Oberösterreichischen Stände in Linz, wo er mit Unterbrechungen bis zum Jahr 1628 blieb. Den Titel des «Kaiserlichen Mathematikers» behielt er übrigens bis zum Lebensende bei. 1613 ging Kepler eine zweite Ehe mit Susanne Reuttinger ein, der Tochter eines früh verstorbenen Schreiners. Erwähnenswert an dieser Eheschließung ist der Umstand, daß Kepler Susanne aus einer Reihe von elf ihm empfohlenen Ehekandidatinnen auswählte. In der zweiten Ehe wurden sieben Kinder geboren, von denen ihn vermutlich fünf überlebten.

Die Linzer Zeit war für Kepler in wissenschaftlicher Hinsicht die ergiebigste Periode. Hier entstanden chronologische und mathematische Abhandlungen, darunter stereometrische und logarithmische Schriften. Bei allen wissenschaftlichen Erfolgen blieben die Linzer Jahre jedoch vom Hexenprozeß gegen seine Mutter in Württemberg und von theologischen Auseinandersetzungen überschattet, die zu seinem Ausschluß vom Abendmahl und aus der evangelischen Kirchengemeinde führten. Kepler sah sich dadurch veranlaßt, seine Ansichten in theologischen Schriften darzustellen und zu verteidigen. Im Jahr 1619 veröffentlichte er «das Werk seines Lebens», die *Harmonice Mundi (Weltharmonik).* Darin knüpft er an sein *Mysterium Cosmographicum* an, berücksichtigt aber noch mehr pythagoreisch-platonische Harmonievorstellungen, im besonderen die *Harmonik* des Ptolemaios. Als harmonisches Prinzip der kosmologischen Strukturen im Sonnensystem entdeckt er das – später sogenannte – dritte Keplersche Gesetz der Planetenbewegung, das besagt, daß die Quadrate der Umlaufzeiten sich wie die Kuben der großen Bahnhalbmesser verhalten (vgl. hierzu die Darstellung im Beitrag über Newton). Dieses Gesetz gibt aber nach Keplers Auffassung weniger über die

Bewegungs- und Bahnverhältnisse der Planeten Aufschluß, sondern stellt vielmehr den Schlüssel zum harmonisch strukturierten Kosmos dar.

In Linz hat Kepler noch weitere wichtige Werke geschrieben: sein astronomisches Lehrbuch *Epitome Astronomiae Copernicanae (Abriß der Copernicanischen Astronomie)* mit der systematischen Darstellung seiner theoretischen Astronomie und die Kaiser Rudolph II. gewidmeten *Tabulae Rudolphinae (Rudolphinische Tafeln)* mit Tabellen für die Bewegung der Planeten und des Mondes, mit einem auf Brahe zurückgehenden Fixsternkatalog und einer dem Werk später beigelegten Weltkarte.

Keplers wissenschaftliche Arbeiten in Linz wurden schließlich durch Bauernaufstände und die Ereignisse des Dreißigjährigen Krieges behindert. Schriften und Briefe aus der Zeit um 1620 sind mit leidenschaftlichen Friedensappellen geschmückt. 1628 trat Kepler in die Dienste Wallensteins und siedelte mit seiner Familie nach Sagan in Schlesien um. In einer eigens für ihn eingerichteten Druckerei wurde der Hauptteil seiner *Ephemerides novae (Jahrbücher der Planetenörter)* für die Jahre 1621–1636 gedruckt, mit dem Druck des *Somnium* wurde begonnen.

Wegen ausstehender Gehaltszahlungen, aber auch um einen Bericht über seine Arbeiten vorzulegen, reiste Kepler unter ungünstigen Bedingungen im Herbst 1630 zum Kurfürstentag nach Regensburg. Physisch bereits überanstrengt von den nächtelangen Arbeiten am Ephemeridenwerk in Sagan und entkräftet von der Reise, starb Kepler am 15. November 1630 in Regensburg. Nach zwei Tagen wurde er aufgrund seiner Konfession auf dem außerhalb der Stadtmauer gelegenen Friedhof Weih St. Peter beerdigt. Wenige Jahre später wurde der Friedhof von schwedischen Truppen zerstört und mit ihm die letzte Ruhestätte Keplers. Nur der Wortlaut der Grabinschrift ist erhalten:

> Himmel durchmaß mein Geist, nun meß ich die Tiefen der Erde.
> Ward mir vom Himmel der Geist, ruht hier der irdische Leib.[3]

Keplers wissenschaftliches Werk und seine Forschungsmethoden

Kepler gehört zu den Klassikern der Naturwissenschaft, weil wichtige Resultate seiner Forschungen in den gesicherten Bestand des wissenschaftlichen Wissens der Neuzeit eingegangen sind. Die bekanntesten Beispiele sind seine drei Planetengesetze, die «Kepler-Gleichung» der theoretischen Astronomie und die Theorie des astronomischen Fernrohrs. In wissenschaftshistorischer Hinsicht ist aber weniger das abstrakte Resultat, als vielmehr der historische Kontext im Prozeß des werdenden Wissens von Interesse. Für die innere Forschungslogik ist besonders das Wie der Forschung von Bedeutung, also die in den wissenschaftlichen Untersuchungen entwickelten und verwendeten Methoden.

Gerade seine astronomischen Forschungen weisen Kepler als einen Gelehrten aus, der eine eigene Methodologie entwickelt und über eine große Methodenvielfalt verfügt hat und damit als einer der Wegbereiter klassischer Forschungsmethoden anzusehen ist.

Die Begründung der neuen Astronomie als Himmelsphysik

Keplers Astronomie wird in der *Astronomia Nova* entwickelt und konzeptionell von der Marsbewegung auf die Besonderheit der in sich verwickelten Mondbewegung übertragen, so daß sie nach physikalischen Gesichtspunkten mit den Beobachtungen in Übereinstimmung gebracht werden kann. Neben den astronomisch-technischen und mathematischen Voraussetzungen zur Formulierung einer neuen Astronomie, die mit dem Werk von Copernicus und Tycho Brahe verbunden sind, führen hier wichtige methodologische Neuerungen, wie die Handhabung der *Redundanz* der Beobachtungen und die Konzeption der durchgehenden *Physikalisierung* der Astronomie, zum Erfolg. Die anderen bedeutenden astronomischen Werke, *Epitome*, *Tabulae Rudolphinae* und *Ephemerides*, enthalten die Ergebnisse und Anwendungen der theoretischen Ableitungen; in methodischer Hinsicht sind bei ihnen die handschriftlichen Aufzeichnungen Keplers in seinem wissenschaftlichen Nachlaß aufschlußreicher.

Kepler konnte für die Untersuchung der Marsbahn auf den gesamten Codex der sorgfältigen Mars- und Sonnenbeobachtungen Tycho Brahes zurückgreifen und darüber hinaus eine sinnvolle Auswahl älterer Beobachtungen mit heranziehen. Von Anfang an war er sich darüber im klaren, daß die Resultate bei der wahren Marsbahn auf die anderen Planeten übertragbar sind. Mars und Erde sind ihm das Musterbeispiel, dessen Erörterung zum allgemeinen Gesetz führen soll. Kepler bedient sich hier der *Induktion*, deren Wesen es ist, die Beweisführung nicht in jedem Fall neu vorzunehmen, sondern das Musterbeispiel als allgemeingültig anzuerkennen. Später, insbesondere in den Jahren 1616–1624, hat Kepler auch die Bahnen der übrigen Planeten nach der in der *Astronomia Nova* abgeleiteten Bahntheorie aus der Redundanz der Beobachtungen bestimmt (vgl. Bialas 1971).

Hypothesenbegriff und physikalische Erklärung der Planetenbewegung

In wissenschaftstheoretischer Hinsicht war Keplers vorangegangene Bestimmung des Begriffs einer astronomischen Hypothese in der unveröffentlicht gebliebenen *Apologia* eine weitere wesentliche Voraussetzung für die Begründung einer neuen Astronomie. In der Unterscheidung einer mathematischen und physikalischen Betrachtungsweise in der Astronomie, entsprechend einer mehr quantitativ-geometrischen und einer mehr qualitativ-ursächlichen Argumentationsweise, entwickelt Kepler den Hypothesenbegriff unter besonderer Berücksichtigung der *physikalischen Realität* des jeweils verwendeten kosmologischen Modells. Er verlangt von einer Hypothese, daß sie, ausgehend von der Natur der Dinge, diese abbildet und so darstellt, was wahr und der Welt gemäß ist (KGW 20.1, S. 79). Demgemäß hebt er auch in der *Astronomia Nova* hervor, daß eine astronomische Hypothese nicht gegen die Physik verstoßen, also nicht bloß eine geometrische Fiktion repräsentieren darf. Aus diesem Grund verwirft er sein vorläufiges Bahnmodell *(hypothesis vicaria)* mit dem exzentrischen Kreis und der ungleich geteilten Exzentrizität, das über die Analyse der radialen Bewegung des Planeten falsifiziert wird.

Einen wesentlichen Teil seiner physikalischen Begrifflichkeit in der Astronomie erschließt Kepler über *Analogien.* Zu seiner Zeit bedurfte das Denken in Entsprechungen keiner ausdrücklichen Begründung. Kepler drückt seine Ansicht darüber ganz einfach aus, wenn er sagt: «Ganz besonders liebe ich die Analogien als meine zuverlässigen Lehrmeister, die um alle Geheimnisse der Natur wissen.»[4]

Für die physikalische Erklärung der Planetenbewegung kommt der Vorstellung von einer magnetischen Kraft, wie sie von William Gilbert in seinem 1600 erschienenen Werk *De Magnete* dargelegt wurde, erhebliche Bedeutung zu. Daß es sich dabei um ein Analogon handelt, wird von Kepler ausdrücklich hervorgehoben: «Der Magnetismus ist mir ein Gleichnis, nicht streng die Sache selbst.»[5]

Wird diese Vorstellung auf die Planetenbewegung übertragen, so bedeutet dies: Der an der Oberfläche magnetische Sonnenkörper bewegt infolge seiner eigenen Rotation einen Umkreis seiner Kraft – wir würden heute sagen: sein Kraftfeld – um sich herum, wodurch der Planet mitgerissen und um die Sonne herumgeführt wird. Ebenso ist jede Planetenkugel als quasi-magnetisch anzunehmen, so daß je nach Lage der Magnetpole ein Wechsel in der Entfernung des Planeten zur Sonne zustande kommt.

Diese Physikalisierung läßt Kepler seine neue Astronomie auch als *Himmelsphysik (physica coelestis)* bezeichnen; die Astronomie gilt ihm nun als ursächlich begründet. Daher sind die beiden ersten Planetengesetze als Regularien einer dynamisch interpretierten Planetenbewegung oder überhaupt als Ableitungen einer frühen Himmelsmechanik zu begreifen.

Es ist bemerkenswert, daß Kepler Hypothesen und Ergebnisse aus den Untersuchungen zur Marsbahn sehr bald auf die Analyse der Mondbewegung übertragen hat. Charakteristisch ist auch hier die durchgehende physikalische Argumentationslinie. Kepler erkennt die eigentliche Ursache der Form der Mondbewegung in der gemeinsamen Wirkung von Erde und Sonne auf den Mond. Der allgemeine Bewegungsablauf wird schließlich so gedacht, daß der Mond im erdnächsten Punkt (Perigäum) eine Beschleunigung und im erdfernsten Punkt (Apogäum) eine Verzögerung erfährt. Die Größe dieses Effekts ist für Kepler abhängig von der Lage der Bahnachse des Mondes zur Verbindungslinie Erde–Sonne oder, physikalisch gedeutet, von der Richtung der wirkenden magnetischen Kräfte.

In späteren Ausführungen erweitert er diese Vorstellung noch, indem er die ineinanderfließenden Beleuchtungen von Erde und Mond durch die Sonne zu den magnetischen Kräften in Beziehung setzt. Aus der gegenseitigen Wirkung der drei Himmelskörper Mond, Erde und Sonne, die Kepler nun als Kräfteverhältnisse darlegt, erklären sich für ihn die Entstehung der Variation und der jährlichen Gleichung als Unregelmäßigkeiten der Mondbewegung. Der ganze Mechanismus wird schließlich so gedacht, das kleine Partikel einer *species immateriata* durch die Erdrotation in schnelle, gleichgerichtete Bewegungen versetzt werden und gemeinsam mit der Sonneneinwirkung den Mond auf seiner Bahn in unterschiedlicher Geschwindigkeit herumführen. Für die Bahngeometrie bewirken die physikalischen Ursachen eine zusammengesetzte oder monatlich variable Exzentrizität der Mondbahn.

In seiner Himmelsphysik hat Kepler noch nicht die Konzeption einer universellen Gravitation vertreten. Zwar erkannte er, daß es dieselbe Kraft ist, welche den Mond die Gezeiten verursachen und einen Stein zur Erde fallen läßt; aber diese Vorstellung hat er nicht mit seiner physikalischen Konzeption der Planetenbewegung in Übereinstimmung bringen können. Insgesamt ist Keplers himmelsphysikalische Konzeption als Übergang von der Vorstellung eines seelischen Vermögens, das die Planeten bewegt, zu der wirkender Kräfte zu begreifen. Kepler war es, der die Vorstellung der Seele in der Physik durch den Begriff «Kraft» ersetzt hat. Damit wurde eine wichtige Voraussetzung dafür geschaffen, den Ablauf der Himmelsbewegungen als eine Art Uhrwerk aufzufassen (vgl. Wahsner 1992, 94 f.).

Mathematisierung als Prinzip der Naturwissenschaft

Die beginnende Mathematisierung der Naturvorgänge oder, allgemeiner noch, ihre Quantifizierung ist ein wichtiges Merkmal der frühneuzeitlichen Naturwissenschaft. Für Galilei ist das «Buch der Natur» in mathematischer Sprache geschrieben, mit Dreiecken, Kreisen und anderen Zeichen. Auch für Kepler, der sich mit Vorliebe christlicher Metaphern bedient, hat Gott alles in der Welt nach der Norm der Quantität begründet und dem Menschen das Erkenntnisvermögen verliehen, diese Norm zu erfassen

(KGW 13, 113). Im Anschluß an Aristoteles untersucht Kepler daher die Kategorie der Quantität, um prinzipielle Klarheit über die Natur mathematischer Größen zu gewinnen (Frisch VIII, 147 ff.).

In zahlreichen Untersuchungen hat sich Kepler in die mathematischen Probleme seiner Zeit vertieft und daran seinen Methodenreichtum entwickelt. In den ersten Jahren der Prager Zeit setzt er sich, angeregt durch eine Arbeit seines Mitarbeiters Jost Bürgi, mit der *Coss,* der frühen Algebra, auseinander; später hat er allerdings nur selten von der cossischen Schreibweise Gebrauch gemacht. Stets auf der Suche nach abkürzenden Rechenverfahren gibt er, nachdem er von der Erfindung von Logarithmen durch John Neper erfahren hat, eine strengere Begründung für diese an und stellt im Jahr 1619 seine Ephemeridenberechnung auf Logarithmen um.

Seine wichtigsten mathematischen Forschungs- und Anwendungsgebiete sind Geometrie und Stereometrie. Die astronomische Optik und das daran anschließende, unveröffentlicht gebliebene Fragment *Hipparchus* (KGW 20.1, 183 ff.) sind Werke Keplers, die sich in hohem Maße geometrischer Beweisführungen und Veranschaulichungen bedienen. Zu den in der Optik dargelegten Problemen gehören die Behandlung des Sehvorgangs des menschlichen Auges sowie die Vorwegnahme der Konstruktionsidee des Galileischen Fernrohrs im Anschluß an Ausführungen des italienischen Naturphilosophen Battista della Porta (KGW 2, 182). Nach Bekanntwerden der Galileischen Konstruktion hat er die Theorie des Fernrohrs, die nun auch das astronomische, das später sogenannte Keplersche Fernrohr behandelt, in geometrischer Weise in seiner *Dioptrice* dargelegt.

Stereometrische Untersuchungen, die Berechnung des Rauminhalts von Rotationskörpern, sind in seiner *Stereometria Doliorum* (1615) zu finden. Seine Methode der Faßrechnung läuft auf eine Integration mittels geometrischer Methoden hinaus, wobei komplizierte räumliche Gebilde in einfacher zu bestimmende Körper umgewandelt werden.

Den größten Aufschluß über die mathematische Denkweise Keplers gibt wiederum das Werk *Harmonice Mundi,* in dem er auf die erkenntnistheoretischen Grundlagen der Geometrie näher eingeht. Im Anschluß an Euklids *Elemente* behandelt er das mathematische Problem der Kreisteilung und erörtert die geometrische Konstruierbarkeit («Wißbarkeit») regelmäßiger Vielecke mittels Zirkel und Lineal; dabei dringt er zur Konstruktion regelmäßiger Sternkörper vor. Hier begreift er die geometrische Methode als einen Akt des menschlichen Geistes, der die sinnlichen und die ihm urbildlich gegebenen Harmonien miteinander vergleicht.

Keplers Weltsicht und Philosophie

Keplers Weltsicht ist noch vom Wissen um die Einheit des Seins bestimmt. Das große Thema seines Werkes ist die Untersuchung der *Forma Mundi,* die Suche nach einem einheitlichen Ordnungs- und Gestaltungsprinzip der Welt. Im Kleinen wie im Großen, in der Anordnung der Schneekristalle wie in den kosmologischen Strukturen sieht Kepler in der Natur die Prinzipien von Schönheit und Vollkommenheit als Attribute der göttlichen Schöpfung verwirklicht. Die Kategorie der *simplicitas* (Einfachheit) ist ihm ein wichtiges Argument für die Wahrheit; denn «die Natur liebt die Einfachheit, sie liebt die Einheit.»[6]

Die tragende Idee seiner Weltsicht ist die Vorstellung der *Harmonie,* die in dem Werk *Harmonice Mundi* von 1619 ihre Vollendung erfährt. Harmonien entsprechen bestimmten Proportionen oder in musiktheoretischer Hinsicht den konsonanten Intervallen am Monochord. In der Kosmologie liefern die täglichen Bewegungen der Planeten in den entsprechenden, von der Sonne aus gemessenen Winkeln die Bezugsglieder. Als es Kepler gelingt, das harmonische Prinzip der Kosmologie, eben das dritte Planetengesetz, zu entdecken, feiert er diese Entdeckung als Erfüllung all seiner Bemühungen in emphatischer Weise mit den Worten:

> Jetzt, nachdem vor achtzehn Monaten das erste Morgenlicht, vor drei Monaten der helle Tag, vor ganz wenigen Tagen aber die volle Sonne einer höchst wunderbaren Schau aufgegangen ist, hält mich nichts mehr zurück. Jawohl, ich überlasse mich heiliger Raserei. Ich trotze höhnend den Sterblichen mit dem offenen Bekenntnis: Ich habe die goldenen Gefäße der Ägypter geraubt, um meinem Gott daraus eine heilige Hütte einzurichten weitab von den Grenzen Ägyptens.[7]

Die Idee der Weltharmonie enthält jenseits aller traditionsgebundenen ideengeschichtlichen Verknüpfungen eine weitreichende naturphilosophische Sichtweise, die bei der Faktenbeschreibung nicht stehenbleibt, sondern zu einer einheitlichen Erklärung der Naturvorgänge vordringt.

Kepler ist in epistemologischer Hinsicht von der Existenz der absoluten Wahrheit überzeugt, der sich der menschliche Geist als Ebenbild des göttlichen Geistes im Erkenntnisprozeß annähert, ohne sie völlig ergründen zu können. Von dem wissenschaftlichen Enthusiasmus einer vorwärtsdrängenden Zeit erfüllt, vertritt er einen Erkenntnisoptimismus in der Überzeugung, die Dinge der Natur gemäß und in ihrer Ordnung, d.h. ihrem Wesen nach, begreifen zu können. Er will, wie er sagt, vom Sein der Dinge zu den Ursachen ihres Seins und Werdens vordringen.

Für Kepler steht die ethische Fundierung der naturwissenschaftlichen Forschung noch außer Frage. Er ist von der humanistischen Zielrichtung der Wissenschaft zutiefst überzeugt und möchte mit seiner Naturerkenntnis dem ganzen Menschengeschlecht dienen. Dieses Wissenschaftsethos wird von einer irenischen Gesinnung getragen. Es geht Kepler dabei um die Festigung der inneren Einstellung, der moralischen Kraft des Menschen, die ihm aus der wissenschaftlichen Tätigkeit erwächst. Kepler folgt hier den Einsichten Platons, für den die Philosophie nicht nur Quelle der Erkenntnis, sondern auch Mittel der sittlichen Läuterung ist. Die Liebe zu Philosophie und Wissenschaft kann den Naturforscher daher zu jener außerordentlichen moralischen Anstrengung befähigen, die erforderlich ist, um friedenstiftend nach außen zu wirken. In diesem Sinn hat sich Kepler in seinen Werken auch explizit zu Fragen von Frieden und Krieg geäußert und sich gegen die Intoleranz der verschiedenen christlichen Kirchen und für die Versöhnung der streitenden Parteien ausgesprochen. Dabei hat er einen erkennbaren Einfluß auf die 1621 veröffentlichte Friedensschrift *Tuba Pacis* (*Trompete des Friedens*) seines Freundes Matthias Bernegger ausgeübt, eines Straßburger Humanisten und Mathematikers.

Allerdings setzt sich bei Kepler gegen Ende seines Lebens die Einsicht durch, daß der Philosoph die Welt nicht zu ändern vermag. Zwei Jahre vor seinem Tod schreibt er resignierend an den jungen Gelehrten Jakob Bartsch: «Wenn der Sturm wütet und der Schiffbruch des Staates droht, können wir nichts Würdigeres tun, als den Anker unserer friedlichen Studien in den Grund der Ewigkeit zu senken.»[8]

Die Wirkung von Keplers Werk

Goethe schreibt im historischen Teil seiner Farbenlehre des Jahres 1810 über Kepler: «Wenn man Keplers Lebensgeschichte mit demjenigen was er geworden und er geleistet zusammenhält, so gerät man in ein frohes Erstaunen, indem man sich überzeugt, daß der wahre Genius alle Hindernisse überwindet. Der Anfang und das Ende seines Lebens werden durch Familienverhältnisse verkümmert, seine mittlere Zeit fällt in die unruhigste Epoche, und doch dringt sein glückliches Naturell durch. Die ernstesten Gegenstände behandelt er mit Heiterkeit und ein verwickeltes mühsames Geschäft mit Bequemlichkeit.»[9]

Keplers Wirkung auf die nachfolgende Zeit scheint in Anbetracht einer derartig warmherzigen Würdigung groß gewesen zu sein; indessen fällt die Bilanz der Wirkungsgeschichte eher ernüchternd aus. Zwar hat Kepler das Programm des Zeitalters des mechanistischen Denkens mitformuliert, hat aber doch nur einen geringen Einfluß auf dessen Weiterführung ausgeübt. Seine Physik des Himmels ist bald durch die Newtonsche Himmelsmechanik ersetzt und erweitert worden. Dabei hat Newton, ohne Kepler selbst gelesen zu haben, nur sporadisch auf dessen Erkenntnisse zurückgegriffen. Die naturwissenschaftliche Lesart des Keplerschen Opus spielt aber seither die Hauptrolle in der Rezeption.

Erst Leibniz hat umfassend an Kepler angeknüpft, so im Begriff der Weltharmonie und in der Erkenntnislehre. Von der klassischen deutschen Philosophie wurden die Keplerschen Gesetze der Planetenbewegung als Ausdruck des Prinzips gewürdigt, daß die Vernunft in der Naturgesetzlichkeit regiert. Heute kommt neben der internationalen wissenschaftshistorischen Rezeption des Keplerschen Opus seinem integralen Forschungsansatz, der seiner ganzheitlichen Naturauffassung entspricht, vermehrte Aufmerksamkeit zu.

Menschlich bewegend haben das Leben und das ethisch-sittliche Verhalten von Johannes Kepler bis heute nichts von ihrer Faszination verloren.

Volkmar Schüller

RENÉ DESCARTES
(1596–1650)

Descartes' wissenschaftlicher Werdegang

René Descartes, am 31. März 1596 in La Haye in der mittelfranzösischen Touraine geboren, stammte aus einem altfranzösischen Adelsgeschlecht; sein Vater war Parlamentsrat in Rennes. Trotz vieler Forschungsanstrengungen ist Descartes' Biographie, insbesondere für seine Werdejahre, bislang in Dunkel gehüllt. Von 1604 bis 1612 – andere Berechnungen geben 1607 bis 1615 an – besuchte er das Collège Henri IV in La Flèche, wo es einen Mathematikunterricht gab, der weit über dem der damaligen Universitäten stand und der Descartes bei der Ausarbeitung seiner philosophischen und naturwissenschaftlichen Lehren nachhaltig beeinflussen sollte.

Descartes war ein sehr scheuer Mensch, der das Verbergen kultivierte, um nicht in Streitigkeiten und Verleumdungen verwickelt zu werden. Er ging nach dem Besuch der Schule in La Flèche nach Paris und lernte dort die sogenannte vornehme Welt kennen; doch plötzlich zog er sich vollkommen zurück, keiner seiner Freunde, nicht einmal seine Familie, kannte seinen Aufenthaltsort. Zwei Jahre lang lebte er in seinem Versteck in der Vorstadt Saint-Germain, um sich ganz der Mathematik zu widmen. Als ihn Ende 1616 zufällig einer seiner Freunde auf der Straße traf, fand Descartes wieder in die Gesellschaft zurück. Am 10. 11. 1616 erwarb er in Poitiers das Baccalaureat und Lizentiat der Rechte. Für seine weitere wissenschaftliche Entwicklung war aber zweifellos seine Bekanntschaft mit dem Mathematiker Isaac Beekmann am 10. November 1618 von entscheidender Bedeutung.

Weil ihm die Lebensweise des Adels am Hofe, in der Provinz oder als hoher Gerichtsbeamter nicht zusagte, wählte er die militärische Laufbahn; vermutlich ist er Anfang 1618 an der Kriegsakademie von Moritz von Nassau in Breda eingetroffen. 1619 und 1621 nahm er an den Kriegszügen der Katholischen Liga gegen Württemberg und des kaiserlichen Heeres in Ungarn teil. Aus der Zeit zwischen 1619 und 1629 ist kaum Korrespondenz überliefert, und sein jahrelanges Studium im Buch der Welt läßt sich nur teilweise rekonstruieren.

Im Winterlager zu Neuburg 1619/20 kamen ihm zum ersten Male die Gedanken zu einem philosophischen System, das sich mit der intuitiven Klarheit und Gewißheit der Mathematik messen kann. In seiner großen Erregung betete er um eine Erleuchtung und gelobte, nach Loreto zu

René Descartes (1596–1650)

pilgern. Im Herbst 1623 begab er sich von Paris über die Schweiz und Österreich nach Venedig und war dort am Himmelfahrtstag 1624 beim Kult der Meeresfeier zugegen. Von hier ging er nach Loreto und anschließend nach Rom; sonst aber liegt seine Italienreise weitgehend im Dunkeln. Es wird vermutet, daß er sich von 1625 bis 1629 in Paris aufgehalten hat, allerdings ist sich niemand sicher, wie oft und wie lange Descartes in seinen Wanderjahren in Paris gewesen ist und wann er zum Kreis um Marin Mersenne Kontakt aufgenommen hat. Auch ist strittig, ob er schon 1628 nach Holland abgereist ist oder nach einem Besuch bei Beekmann in Dodrecht den Winter 1628/29 noch in Paris verbracht hat.

Vielleicht kann man Descartes' geistigen Werdegang dahingehend zusammenfassen, daß 1616 seine Schul- und Studienzeit im engeren Sinne endete, jedoch die Zeit der systematischen Ausarbeitung seiner Lehrschriften erst 1629 begann. Als er später in den Niederlanden lebte, war nur wenigen Vertrauten sein Aufenthaltsort bekannt; in den 20 Jahren 1629 bis 1649 wechselte er wohl 24mal den Wohnort. Seinen gesamten Briefverkehr ließ er über seinen Verleger Louis Elzevier und über seinen besten Freund Mersenne in Paris gehen.

Bis auf wenige unwesentliche Korrekturen hatte Descartes im Jahre 1633 sein erstes umfassendes Werk *Le Monde* fertiggestellt, als er von der Verurteilung Galileis erfuhr. Weil er einen schweren Konflikt mit der Kirche befürchtete, unterließ er daraufhin die Veröffentlichung. Im August 1634 konnte er sich Galileis Schrift heimlich für einige Stunden ausleihen. Nachdem er schließlich 1637 seine Methodenschrift *Discours de la méthode* veröffentlicht hatte, wurde er von den Utrechter Theologen angegriffen. Seiner Vertreibung aus Holland und der öffentlichen Verbrennung seiner Bücher vermochte er nur durch den Schutz des französischen Gesandten in Den Haag zu entgehen.

Der französische Gesandte in Stockholm vermittelte im Jahre 1647 die briefliche Bekanntschaft zwischen Descartes und der Königin Christine von Schweden. Wiederholt bat sie Descartes, nach Stockholm zu kommen. 1649 folgte er ihrer Einladung, doch schon kurze Zeit danach, am 11. Februar 1650, verstarb er daselbst.

Descartes' Werk sollte noch viele Jahre nach seinem Tod der Anlaß für schwere theologische Auseinandersetzungen sein. Im Jahre 1663 wurden seine Schriften auf den *Index Romanus* gesetzt, aber selbst noch in unserem Jahrhundert haben sich die Gemüter etlicher Theologen über Descartes erhitzt.

Descartes' Regeln der Erkenntnis

Aus seiner Jugend berichtet Descartes, er habe immer, wenn er von neuen genialen Erkenntnissen hörte, versucht, sie selbständig und ohne Studium der Schriften ihres Autors herzuleiten. Dabei habe er stets bestimmte Regeln benutzt, um zu diesen Erkenntnissen zu gelangen. Diese von ihm benutzten Regeln sind natürlich nicht die Regeln der Logik, mit deren Hilfe man letzten Endes nur das zutage fördern kann, was in den Prämissen implizit enthalten ist. Descartes meint vielmehr Regeln, deren Befolgung es uns ermöglicht, etwas Neues zu finden.

Einen ersten Versuch zur Formulierung solcher Regeln unternahm Descartes in seinen *Regulae ad directionem ingenii.* Er brach jedoch die Arbeit an dieser Schrift im Jahre 1628 ab und veröffentlichte erst neun Jahre später seine berühmte Methodenschrift *Discours de la méthode pour bien conduire sa raison et chercher la vérité dans les sciences (Erörterung der Methode, den Verstand richtig zu leiten und die Wahrheit in den Wissenschaften zu suchen).* Darin beschrieb er seine Methode und erläuterte sie dann beispielhaft in drei sich anschließenden Essays über Dioptrik, Meteorologie und Geometrie. Im ersten Essay, *La Dioptrique*, formuliert er das Brechungsgesetz der geometrischen Optik, ohne allerdings eine überzeugende Begründung anzugeben. Diese lieferten erst Newton für die Korpuskulartheorie des Lichtes 1687 im Kapitel XIV des ersten

Buches seiner *Principia Mathematica* und Huygens für die Wellentheorie des Lichtes in seinem 1690 veröffentlichten *Traité de la lumière (Abhandlung über das Licht).* Im zweiten Essay, *Les Météores,* gelang es Descartes unter Benutzung des Brechungsgesetzes, den Strahlengang eines Lichtstrahls in einem Wassertropfen zu beschreiben und damit die Entstehung des Regenbogens zu erklären. Zusätzlich konnte er den Strahlengang des Lichtes in den Regentropfen an mit Wasser gefüllten Glaskugeln experimentell demonstrieren. Im dritten Essay, *La Géométrie,* entwickelte er seine analytische Geometrie, welche die algebraische Behandlung geometrischer Aufgaben ermöglichte und damit die Entwicklung in der Mathematik in ganz neue Bahnen lenkte.

Wie Descartes in dem autobiographisch geprägten *Discours* schreibt, dienten ihm bei der Ausarbeitung seiner Methodologie die Geometer und die von ihnen benutzte Methode als Vorbild einer in allen Wissenschaften erfolgreich anwendbaren Methode.

> Jene langen Ketten ganz einfacher und leichter Begründungen, die die Geometer zu gebrauchen pflegen, um ihre schwierigsten Beweise durchzuführen, erweckten in mir die Vorstellung, daß alle Dinge, die menschlicher Erkenntnis zugänglich sind, einander auf dieselbe Weise folgen und daß, vorausgesetzt, man verzichtet nur darauf, irgend etwas für wahr zu halten, was es nicht ist, und man beobachtet immer die Ordnung, die zur Ableitung der einen aus den anderen notwendig ist, nichts so fern liegen kann, daß man es nicht schließlich erreichte, und nichts so verborgen sein kann, daß man es nicht entdeckte.[1]

Wie schon Pappus am Anfang des siebenten Buches seiner *Mathematicae collectiones* beschreibt, benutzen die Geometer bei der Lösung eines geometrischen Problems folgenden Kunstgriff: Von dem zu lösenden Problem wird angenommen, daß es gelöst sei. Dann werden durch Analyse, d.h. rückschreitend (analytisch), für die angenommene Lösung zugehörige notwendige und hinreichende Bedingungen formuliert, für diese wiederum zugehörige notwendige und hinreichende Bedingungen, usw., bis man schließlich zu bereits bekannten geometrischen Aussagen gelangt, von denen man weiß, ob sie falsch oder richtig sind. Dadurch erweist sich im ersteren Falle die angenommene Lösung als falsch, im letzteren Falle als richtig. Der Beweis für die Richtigkeit der Lösung wird dann durch ihre Synthese erbracht, d.h. aus den bei der Analyse gefundenen notwendigen und hinreichenden Bedingungen wird die Lösung schrittweise direkt hergeleitet.

Eine solche Beweisführung, wie sie in der Geometrie üblich ist, sollte nach Descartes nun auch für andere Wissenszweige verbindlich sein. Alle Wissenschaften sollten *more geometrico* formuliert werden, das heißt, sie sollten ihre axiomatisch-deduktive Gestalt bekommen und gemäß dem Vorbild der Mathematik aus Definitionen, Axiomen und Theoremen bestehen.

Der erste Schritt zur Erkenntnis von Neuem ist also die Analyse, für die aber überraschenderweise vor Descartes noch niemand verbindliche Regeln zu finden versucht hatte. Als Grund hierfür gibt Descartes in seiner Antwort auf *die zweiten* Einwände gegen seine *Meditationes de prima philosophia* an: «Die alten Geometer pflegten sich in ihren Schriften allein der Synthese zu bedienen, nicht als ob sie von der Analyse gar nichts gewußt hätten, sondern meiner Ansicht nach deshalb, weil sie diese für so wertvoll hielten, daß sie sie als ein Geheimnis für sich bewahrten.»[2]

In seinem *Discours* stellte Descartes folgende vier Regeln als Grundlage der Analyse eines jeden von ihm betrachteten Problems auf:

Die erste besagte, niemals eine Sache als wahr anzuerkennen, von der ich nicht evidentermaßen erkenne, daß sie wahr ist: d. h. Übereilung und Vorurteile sorgfältig zu vermeiden und über nichts zu urteilen, was sich meinem Denken nicht so klar und deutlich darstelle, daß ich keinen Anlaß hätte, daran zu zweifeln.

Die zweite, jedes Problem, das ich untersuchen würde, in so viele Teile zu teilen, wie es angeht und wie es nötig ist, um es leichter zu lösen.

Die dritte, in der gehörigen Ordnung zu denken, d. h. mit den einfachsten und am leichtesten zu durchschauenden Dingen zu beginnen, um so nach und nach, gleichsam über Stufen, bis zur Erkenntnis der zusammengesetztesten aufzusteigen, ja selbst in Dinge Ordnung zu bringen, die natürlicherweise nicht aufeinander folgen.

Die letzte, überall so vollständige Aufzählungen und so allgemeine Übersichten aufzustellen, daß ich versichert wäre, nichts zu vergessen.[3]

Erkenntnis und Gewißheit

Soll eine gewonnene Erkenntnis zuverlässig sein, so darf sie nicht auf ungesicherten Grundlagen errichtet werden, und das zu betrachtende Problem muß in einfachste Elemente – zum Beispiel in der Physik auf Korpuskeln und in der Seelenlehre auf Gedanken – zerlegt werden. Zugleich muß die logische Ordnung eingehalten werden und die sich an die Analyse anschließende Synthese muß vollständig sein, damit bei der synthetischen Herleitung der Erkenntnis keine Verständnislücken auftreten. Da man sich der Gewißheit einer empirischen Erkenntnis nicht immer sicher sein kann, denn die Experimente und Erscheinungen können uns täuschen, werden empirische Erkenntnisse immer nur in hypothetischer Form zugelassen; die empirischen Daten werden als gegeben betrachtet und ihre Wahrheit bleibt dahingestellt oder wird weiteren experimentellen Untersuchungen überlassen. Als zuverlässig werden letztlich nicht die gegebenen experimentellen Daten selbst angesehen, sondern nur die Ableitungen aus ihnen, so daß Descartes seine physikalischen Aussagen im Grunde immer nur in hypothetischer Form ausspricht. Das hat ihm wiederholt den Vorwurf eingetragen, er erhebe das Denken zum ausschließlichen Erkenntnismittel, auch über die Natur; er rede einer apriorischen

Wissenschaft das Wort. Doch schon eine flüchtige Durchsicht seines Briefwechsels verrät, daß Descartes nicht nur die experimentellen Erkenntnisse seiner Zeit gründlich studiert hat, sondern auch selbst viele eigene Experimente durchgeführt hat.

Durch seine Regeln bestimmt Descartes, was er unter einer strengen wissenschaftlichen Methode, unter Wissenschaft versteht. Dies mußte sich natürlich auf seinen Begriff von Philosophie auswirken.

Für Descartes ist die Philosophie die Einheitswissenschaft, die alle Einzelwissenschaften in sich umfaßt und integriert. Als Einzelwissenschaft werden aber nur solche Wissenschaften zugelassen, die gemäß der von ihm formulierten axiomatisch-deduktiven Methode aufgebaut sind. Stillschweigend wird bei all diesen Überlegungen vorausgesetzt, daß alles Seiende durch die Vernunft erkannt werden kann bzw. eine Ableitung oder Erklärung der gesamten Wirklichkeit aus der Vernunft heraus möglich ist. Dies hatte zur Folge, daß der Theologie in dieser als Einheitswissenschaft verstandenen Philosophie kein Platz zukommt, da sie ja nicht aus gesicherten Erkenntnissen, sondern aus Offenbarungsweisheiten entwickelt wird. Bei Descartes tritt folglich das theologische Interesse der Philosophie deutlich hinter einem naturwissenschaftlichen Interesse zurück, womit er die sich bei Wilhelm von Ockham anbahnende Trennung von Philosophie und Theologie endgültig vollzieht.

Durch diese als «cartesische Zäsur» bezeichnete Trennung und durch seine «Methode» hat Descartes die Wissenschaft in einer bis heute anhaltenden Weise revolutioniert. So führte seine Methode zur Trennung von Leib und Seele, begründete die Subjekt-Objekt-Teilung in den Naturwissenschaften, führte den Physikalismus in der Biologie ein und entwickelte in der Mathematik die analytische Geometrie. Seine Methode bietet die Gewähr, daß die Erkenntnisfindung von der Vernunft geleitet wird. «Was mich aber an dieser Methode am meisten befriedigte, war die Gewähr, die sie mir bot, in allem meine Vernunft zu gebrauchen, wenn nicht vollkommen, so doch wenigstens so gut, wie es in meiner Macht stand.»[4]

Wo aber sind nun jene Prinzipien zu finden, die dem Aufbau einer Wissenschaft zugrunde gelegt werden können? «Ich hatte beobachtet, daß ihre Prinzipien alle der Philosophie entlehnt sein müssen, in der ich noch keine gewissen Grundlagen fand; daher meinte ich, ich müsse vor allem danach trachten, in ihr solche aufzustellen.»[5]

Nach Aristoteles handelt die Physik von den uns unmittelbar in die Sinne fallenden Dinge, und die in der Physik gewonnenen Erkenntnisse bilden eine wichtige Grundlage zum Aufbau der Metaphysik, so daß hier die Physik der Metaphysik vorausgeht. Ganz anders bei Descartes: Um zu sicheren Erkenntnissen gelangen zu können, bedarf es für Descartes einer wohlfundierten Metaphysik, die das sichere Fundament für den Aufbau einer Physik bildet. Darum geht in Descartes' Gedankengebäuden die Metaphysik stets der Physik voran. Folgerichtig beginnt er sein physikalisches Hauptwerk, die *Principia philosophiae* von 1644, mit einem kurzen Abriß seiner Metaphysik, in welchem er seine bereits 1641 in seinem metaphysischen Hauptwerk *Meditationes de prima philosophia* dargelegten Ansichten kurz zusammenfaßt, um auf diesem sicheren Fundament seine Physik zu errichten.

Das Gewißheitspostulat und der methodische Zweifel

Um mit Hilfe seiner Regeln zu sicheren Erkenntnissen zu gelangen, benötigte Descartes noch eine Ausgangserkenntnis, die sich unmöglich bestreiten läßt und aus der sich dann alle folgenden Einsichten mit unbestreitbarer Sicherheit herleiten lassen. Darum hielt er es für notwendig, all das als falsch zurückzuweisen, woran auch nur im mindesten gezweifelt werden konnte, doch

> während ich auf diese Weise zu denken versuchte, alles sei falsch, doch notwendig, ich, der es dachte, etwas sei. Und indem ich erkannte, daß diese Wahrheit: ‹Ich denke, also ich bin› so fest und sicher ist, daß die ausgefallensten Unterstellungen der Skeptiker sie nicht zu erschüttern vermöchten, so entschied ich, daß ich sie ohne Bedenken als ersten Grundsatz der Philosophie, die ich suchte, ansetzen könne.[6]

Daran, daß ich zweifle, kann ich nicht zweifeln, und da das Zweifeln ein Akt des Denkens ist, als Denkender ich aber bin, gilt somit: «Ich denke, also bin ich.» Das «also» bedeutet hier zweifellos keine logische Schlußfolgerung, sondern es soll lediglich ausdrücken, daß ich mir meines Seins in demselben Maße gewiß sein kann, wie ich mir meines Denkens gewiß sein kann.

Descartes muß nun aber auch fragen, wodurch neben der Wahrheit der Erkenntnis «Ich denke, also bin ich» die Wahrheit der anderen Erkenntnisse gesichert ist. Hierzu benötigt er einen Gottesbeweis. In der fünften Meditation, 17, kommt er zu dem Schluß:

> Habe ich erst einmal eingesehen, daß es einen Gott gibt, und zugleich auch, daß alles übrige von ihm abhängt und daß er kein Betrüger ist, und habe ich daraus geschlossen, daß alles, was ich klar und deutlich erfasse, notwendig wahr ist, so läßt sich – selbst wenn ich nicht weiter auf die Gründe achte, aus denen ich geurteilt habe, daß jenes wahr sei, sondern mich nur entsinne, es klar und deutlich durchschaut zu haben – kein Gegengrund beibringen, der mich zum Zweifel verleiten könnte, sondern ich besitze hiervon ein wahres und sicheres Wissen. Und zwar nicht nur hiervon, sondern auch von allem übrigen, das ich mich entsinne, früher einmal bewiesen zu haben, so von der Geometrie und dergleichen.

Die Wahrheit der anderweitigen Erkenntnisse ist also erst dann gesichert, wenn die Existenz eines allmächtigen und allgütigen Gottes bewiesen ist, der als mein Schöpfer mich nicht täuschen wird. Sehr wahrscheinlich hat Descartes seinen «ontologischen Gottesbeweis», wie man seit Kant den

Versuch bezeichnet, von einer Analyse des Gottesbegriffes ausgehend, die notwendige Existenz jenes Seienden nachzuweisen, auf welches dieser Begriff ausschließlich zutrifft, ohne direkte Kenntnis des ontologischen Gottesbeweises von Anselm von Canterbury ersonnen. Eine knappe Skizze des cartesischen Beweises ist im *Discours IV* zu finden. In der dritten und insbesondere in der fünften seiner Meditationen wird dieser Beweis gründlich ausgeführt:

> Als ich nun weiter überlegte, daß ich zweifelte, daß also mein Wesen nicht ganz vollkommen wäre – denn ich sah klar, daß Erkennen eine größere Vollkommenheit ist als Zweifeln –, wurde ich auf die Untersuchung geführt, woher mir der Gedanke an ein vollkommeneres Wesen als ich gekommen sei, und erkannte deutlich, daß er von einem Wesen herrühren müsse, das in Wirklichkeit vollkommener ist.[7]

Nach Descartes ist diese Idee eines vollkommeneren Wesens

> in mich gepflanzt worden von einem Wesen, das sogar all die Vollkommenheiten in sich birgt, von denen ich mir eine Vorstellung machen konnte, d. h. um es mit einem Wort zu sagen, von Gott.[8]

Descartes charakterisiert Gott philosophisch als ein schlechthin vollkommen Seiendes, und nachdem seine Existenz bewiesen ist,

> kann Unzähliges sowohl von Gott selbst und den anderen reinen Verstandesdingen als auch von der gesamten körperlichen Natur, die den Gegenstand der reinen Mathematik bildet, mir vollkommen bekannt und gewiß sein.[9]

Damit hat Descartes nun die Gewißheit, daß die Wahrheit in unserem eigenen Denken zu suchen ist und wir bei richtigem Vernunftgebrauch stets von Wahrem wieder zu Wahrem gelangen.

Die Stoßgesetze und die Erhaltung der Bewegung

Unter einer Bewegung eines Teiles der Materie beziehungsweise eines Körpers versteht Descartes die Überführung des Körpers aus der Nachbarschaft der ihn unmittelbar berührenden und als ruhend angesehenen Körper in die Nachbarschaft anderer Körper, wobei dasjenige als Körper bzw. als Teil der Materie bezeichnet wird, was zugleich überführt wird. Obwohl sich Descartes vollkommen darüber im klaren ist, daß für eine Bewegung eines Körpers, die er als einen Zustand des Körpers auffaßt, ein Relativitätsprinzip gilt, gelingt es ihm nicht, den Zustand der Ruhe und den der Bewegung vollkommen gleichberechtigt zu behandeln.[10]

Die allgemeine und ursprüngliche Ursache dafür, daß es in der Welt überhaupt Bewegungen gibt, «kann offenbar keine andere als Gott sein, welcher die Materie zugleich mit der Bewegung und Ruhe im Anfang erschaffen hat». Doch für diese Bewegung gilt ein Erhaltungssatz, weil Gott durch seinen gewöhnlichen Beistand soviel Bewegung und Ruhe im ganzen erhält, als er damals geschaffen hat. Denn wenn auch diese Bewegung nur ein Zustand an der bewegten Materie ist, so hat sie doch eine feste und bestimmte Menge, die sehr wohl in der ganzen Welt zusammen die gleiche bleiben kann, wenn sie sich auch bei den einzelnen Teilen verändert, nämlich in der Art, daß bei der doppelt so schnellen Bewegung eines Teiles gegen einen anderen, und bei der doppelten Größe dieses gegenüber dem ersten man annimmt, daß in dem kleineren so viel Bewegung wie in dem großen ist, und daß, um so viel als die Bewegung eines Teiles langsamer wird, ebensoviel die Bewegung eines anderen ebenso großen Teiles schneller werden muß.[11]

Die Bedeutung dieses Satzes von der Erhaltung der Bewegungsgröße im Universum durch Descartes kann für die gesamte weitere Geschichte der Physik überhaupt nicht hoch genug eingeschätzt werden, auch wenn sich die von Descartes gegebene Begründung lediglich eines metaphysischen Arguments bedient. Descartes Behauptung leitete eine Entwicklung in der Physikgeschichte ein, an deren Ende die Formulierung des Impuls- und des Energieerhaltungssatzes steht: Sie beschreiben grundlegende physikalische Gesetzmäßigkeiten, die für jedes physikalische Geschehen gelten.

Neben diesem grundlegenden Prinzip, das die Ursache für die Existenz von Bewegungen und ihrer Erhaltung in der Welt darlegt, findet Descartes noch drei weitere, davon abhängige Naturgesetze, welche die besonderen Ursachen für die Bewegung der einzelnen Körper beschreiben und deren Gültigkeit Descartes ebenfalls aus der Unveränderlichkeit Gottes und der Unveränderlichkeit seines Wirkens folgert:

1. Jeder Körper bzw. materielle Teil verharrt stets in demselben Zustand und verändert diesen nur infolge äußerer Ursachen.[12]
2. Jeder Körper bzw. materielle Teil ist bestrebt, seine Bewegung geradlinig fortzusetzen. Da aber der Raum vollständig gefüllt ist, hat jede Verschiebung eines materiellen Teiles eine Verschiebung anderer materieller Teile zur Folge, so daß jede Bewegung Teil einer in sich zurücklaufenden, annähernd kreisförmigen Bewegung ist.[13]
3. Stößt ein Körper auf einen zweiten Körper und ist dessen Kraft zur Fortsetzung seiner geradlinigen Bewegung größer als die des ersten Körpers, so verliert der erste Körper keine Bewegung, sondern ändert nur seine Richtung; ist jedoch die Kraft des zweiten Körpers kleiner, so reißt der erste Körper den zweiten Körper mit sich fort und verliert dabei soviel von seiner Bewegung, wie er an den zweiten Körper abgibt.[14]

Die ersten beiden Naturgesetze erfassen die sogenannte «natürliche Trägheit» der Körper, wie sich Descartes in seinen Briefen ausdrückt, und beschreiben die Tatsache, daß ein Körper seinen Zustand nur infolge einer äußeren Ursache verändern kann. Im «dritten Gesetz sind alle besonderen Ursachen der in den Körpern eintretenden Veränderungen enthalten», so daß ihm eine ganz besondere Bedeutung zukommt, da in einer mechanistischen Physik jedes Naturgeschehen auf das Zusammenstoßen von Körpern zurückgeführt wird.

Für den Zusammenstoß zweier vollkommen harter und von allen übrigen Körpern isolierter Körper, von welchen Descartes richtig sagt, daß es sie in der Welt nicht gebe, formuliert er sieben Stoßgesetze;[15] in Wirklichkeit sind es zehn, da das siebente vier verschiedene Fälle umfaßt. Allerdings unterscheidet Descartes nicht zwischen elastischem und unelastischem Stoß, und er leitet die Stoßgesetze auch nicht direkt her, beispielsweise aus seinem dritten Naturgesetz. Angesichts der Unmöglichkeit der vorausgesetzten Bedingungen bringt er seine Stoßgesetze ganz folgerichtig in die Form von irrealen Konditionalsätzen und behauptet von ihnen: «Auch bedarf es für diese Bestimmungen keiner Beweise, weil sie sich von selbst verstehen, und selbst wenn die Erfahrung uns das Gegenteil zu zeigen schiene, würden wir trotzdem genötigt sein, unserer Vernunft mehr als unseren Sinnen zu vertrauen.»[16]

Ganz offenbar glaubte Descartes, daß die von ihm aufgestellten Stoßgesetze mit der Erfahrung übereinstimmen. Das erste Stoßgesetz trifft auf den elastischen Stoß zweier mit gleich großen Geschwindigkeiten aufeinanderprallender Körper gleicher Masse zu; die fünfte Regel gilt für den unelastischen Stoß eines Körpers, der auf einen ruhenden Körper kleinerer Masse prallt. Die anderen von Descartes aufgestellten Gesetze sind falsch. Am deutlichsten wird Descartes' Irrtum beim vierten Stoßgesetz, in welchem er behauptet, daß ein ruhender Körper von einem zweiten, kleineren Körper nicht in Bewegung gesetzt werden könne, gleichgültig wie groß dessen Geschwindigkeit sei.

Auch wenn Descartes' Stoßgesetze vom physikalischen Standpunkt aus falsch sind, so waren sie für die weitere physikhistorische Entwicklung doch von sehr großer Bedeutung, da durch sie das Interesse an der Erforschung der Stoßvorgänge sehr gefördert wurde. Neben Robert Hooke und Christopher Wren war es vor allem Huygens, dem die erste korrekte Beschreibung einer großen Klasse von Stoßvorgängen gelang. Leider hat Newton damals seine eigenen Überlegungen zu den Stoßvorgängen, die auch schon den schiefen Stoß berücksichtigten und physikalisch vollkommen richtig waren, nicht veröffentlicht.

Bei seinen Überlegungen über die «Kraft eines Körpers bei seiner Einwirkung auf einen anderen» kommt Descartes zu dem Ergebnis: «Diese Kraft wird teils von der Größe des Körpers, in dem sie ist, und von der Größe seiner Oberfläche, durch die er von anderen Körpern getrennt ist, bestimmt, teils nach der Geschwindigkeit der Bewegung und nach der Natur und nach dem Gegensatz in der Art, wie die Körper einander begegnen.»[17] Zunächst blieben sowohl diese Überlegungen als auch Descartes' Prinzip von der Erhaltung der Bewegungsgröße viele Jahre lang in der Physik unbeachtet, bis schließlich Gottfried Wilhelm Leibniz im Jahre 1686 seine berühmte Schrift *Brevis demonstratio erroris...* veröffentlichte. Im vollen Wortlaut übersetzt lautet sie: *Kurze Darlegung eines bemerkenswerten Irrtums des Cartesius und anderer um ein Naturgesetz, demgemäß von Gott immer dieselbe Bewegungsgröße erhalten werde, und wie sie es in der Mechanik mißbrauchen.* Leibniz schreibt darin Descartes die Ansicht zu, daß die Kraft eines Körpers, Bewegung zu erzeugen, zu seiner Bewegungsgröße äquivalent sei, und versucht nun selbst zu zeigen, daß nicht für die Bewegungsgröße ein Erhaltungssatz gelte, sondern für die von ihm selbst eingeführte sogenannte lebendige Kraft. Diese Leibnizsche Schrift war der Anfang jenes lang anhaltenden Streites in der Physikgeschichte nach dem wahren Kraftmaß für einen bewegten Körper; ob nämlich die bewegende Kraft eines Körpers durch seine Bewegungsgröße oder durch seine lebendige Kraft zu messen sei und ob ein entsprechender Erhaltungssatz für die Bewegungsgröße bzw. die lebendige Kraft bei der Bewegungsübertragung zwischen den Körpern gelte oder nicht.

Als allgemeingültige Lehrmeinung hat sich schließlich die Ansicht durchgesetzt, daß der Streitgegenstand gegenstandslos ist, weil beide Maße unter entsprechenden Bedingungen ihre Berechtigung haben und jeweils entsprechende Erhaltungssätze gelten, die heute in der Physik als Energieerhaltungssatz und als Impulserhaltungssatz bekannt sind. Allerdings besteht in der physikhistorischen Literatur keine Einigkeit darüber, wann dieser Streit sein Ende gefunden hat; am verbreitetsten ist die Meinung, daß im Jahre 1743 von Jean le Rond d'Alembert die Nichtigkeit des Streites gezeigt worden ist.

Descartes' Kosmogonie

Der Ausgangspunkt für die Formulierung seiner Kosmogonie ist folgender Gedanke:

> Aus dem früheren steht bereits fest, daß die Materie in allen Körpern der Welt ein und dieselbe ist, daß sie beliebig teilbar und schon von selbst in viele Teile geteilt ist, die sich verschieden bewegen und etwa kreisrunde Bewegungen haben und immer die gleiche Summe von Bewegungen in der Welt erhalten. Aber wie groß diese Teile sind, wie schnell sie sich bewegen und welche Kreise sie beschreiben, kann man aus bloßer Vernunft nicht ableiten; denn Gott konnte dies auf unzählige Arten zustande bringen, und nur die Erfahrung kann lehren, welche er davon ausgewählt hat. Wir können deshalb jede beliebige annehmen, vorausgesetzt, daß alles daraus Abgeleitete voll und ganz mit der Erfahrung übereinstimmt.[18]

Descartes nimmt also an, daß Gott zu Beginn die einheitliche Materie in viele, möglichst gleiche Stücke geteilt hat, deren gesamte Bewegung um sich selbst herum als auch zu mehreren um bestimmte Zentren herum gleich der auch jetzt noch im Universum vorhandenen Bewegung war. Infolge der Bewegung dieser einen Materie bildeten sich ebensoviele Wirbel wie es Gestirne im Universum gibt. Die Abstände zwischen den Wirbelzentren entsprechen den Abständen zwischen den Gestirnen. Dies wenige genügte Descartes, um daraus, als den Ursachen, alle in der Welt sichtbaren Wirkungen mit Hilfe der bereits genannten Naturgesetze herzuleiten.[19] Seiner Meinung nach schleifen sich die Materiestücke gegeneinander zu kleinen Kugeln ab. Der Zwischenraum zwischen diesen kleinen Kugeln wird von dem entstehenden Abrieb ausgefüllt, wobei sich aber dieser Abrieb entweder zu staubförmigen, äußerst schnell bewegten Teilchen verkleinert oder sich zu gröberen Teilchen zusammenballt.

Auf diese Weise entstehen drei Materiearten: 1. Die aus dem staubförmigen Abrieb bestehende erste Materieart, die Feuermaterie bzw. Materie des ersten Elements, 2. die aus den kleinen Kugeln bestehende zweite Materieart, die himmlische Materie bzw. Materie des zweiten Elements und 3. die aus den gröberen Teilchen bestehende dritte Materieart, die irdische Materie bzw. die Materie des dritten Elements.[20] Die eine ausgedehnte Substanz existiert also in drei verschiedenen Formen bzw. Stadien.

Die anfangs geringe Menge Materie des ersten Elementes vermehrte sich mit der Zeit immer mehr, da sich die Materie des zweiten Elements durch die unaufhörliche Bewegung mehr und mehr abschliff. Die Wirbelbewegung bewirkt, daß alle in dem Wirbel enthaltenen Teilchen sich vom Wirbelzentrum zu entfernen suchen, und je größer und massiger die Teilchen sind, desto leichter folgen sie dieser Tendenz. Sobald mehr Teilchen des ersten Elements entstanden waren, als zum Ausfüllen der Lükken notwendig sind, werden sie von den intensiver zum Wirbelrand hin drängenden Teilchen des zweiten Elements zum Zentrum hin zusammengedrängt, wo sie sich zusammenballten und die Sonne bzw. einen Fixstern bildeten.[21] Da infolge der Reibung immer neue, überflüssige Teilchen des ersten Elementes entstanden, wurde die Sonne bzw. der Fixstern immer größer, und auf der Wanderung der Teilchen des ersten Elementes zum Zentrum hin konnten sie sich leicht zu größeren Stücken vereinigen und so zu Teilchen irdischer Materie werden. Diese werden von der heißen Sonne wie Schaum in kochendem Wasser ausgestoßen und erzeugen dadurch die Sonnenflecken, wenn sie in ausreichender Menge auftreten.[22] Wenn eine Sonne bzw. ein Fixstern durch solche Flecken vollständig eingehüllt wird, leuchtet er nicht mehr und verschwindet somit.[23]

Durch die Hitze können aber die Teilchen des dritten Elements wieder in Teilchen des ersten und zweiten Elements aufgelöst werden, ähnlich wie auch die meisten kochenden Flüssigkeiten bei längerem Kochen den anfänglich ausgestoßenen Schaum wieder aufsaugen, so daß der Fixstern wieder aufleuchtet.[24] War die Fleckenschicht aber zu dicht, so ist ihre Auflösung unmöglich, und der Fixstern bleibt für immer erloschen. Dies hat zur Folge, daß sein Wirbel gegenüber den Nachbarwirbeln geschwächt ist und seine äußersten Teilchen von den Nachbarwirbeln weggerissen werden. Immer mehr Teilchen lösen sich von ihm ab, bis schließlich sogar das Zentrum, d. h. der erloschene Fixstern, zusammen mit den

Resten des Wirbels in einen der Nachbarwirbel hinein wandert, wo er sofort von der Wirbelbewegung erfaßt wird und zusammen mit der himmlischen Materie des Nachbarwirbels dessen Sonne bzw. Fixstern umkreisen muß. Je dünner bzw. je geringer die Menge der Materie des dritten Elements ist, desto stärker wird sie von dem sie umgebenden, zum Rande hin tendierenden Wirbelelement zum eigenen Zentrum gedrängt, bis sie schließlich in einer ihrer Dichte entsprechenden Umgebung zur Ruhe kommt und die Sonne bzw. den Fixstern auf regelmäßigen Bahnen umkreisen kann. Dies bedeutet, daß der ehemalige Fixstern zu einem Planeten geworden ist.[25]

Auf diese Weise hat der Wirbel unserer Sonne im Verlaufe der Zeit, da er der stärkste war, sechs verschiedene Nachbarwirbel in sich aufgenommen. Die Wirbel des Jupiters, des Saturns und der Erde haben ihrerseits früher schon sieben andere Wirbel in sich aufgenommen, deren ehemalige Sonne bzw. Fixsterne sie jetzt als sogenannte Monde umkreisen, so daß die eine ausgedehnte Substanz, aus der unser Sonnensystem entstanden ist, ursprünglich in mindestens vierzehn selbständige Wirbel eingeteilt gewesen sein mußte.[26]

Je dichter ein Planet ist, um so stärker ist die Tendenz, sich weiter vom Wirbelzentrum zu entfernen. Ist die Dichte des Planeten aber zu groß, d. h. ist eine soeben in den Wirbel aufgenommene ehemalige Sonne zu dicht bzw. deren Fleckenschicht zu groß, so wird sie trotzdem tief in den Wirbel eindringen und sofort von der Wirbelbewegung erfaßt werden. Weil aber nun ihre Tendenz, sich vom Wirbelzentrum zu entfernen, viel größer sein wird als die entsprechende Tendenz der sie umgebenden Himmelsmaterie, wird sie aus dem Wirbel herausgeschleudert und in einen neuen Wirbel eintreten, in welchem sich der gesamte beschriebene Prozeß wiederholt. Die ehemalige Sonne bzw. der ehemalige Fixstern wird so auf regellosen Bahnen den Himmelsraum durchqueren und auf diese Weise zu einem Kometen werden.[27]

In dieser von Descartes entworfenen Welt gibt es also keine Atome, das heißt Teilchen, die nicht unbegrenzt teilbar sind, und auch nicht das Leere im philosophischen Sinne.[28]

Descartes' Theorie der Schwere

Mit Hilfe der Wirbeltheorie kann auch das Phänomen der Schwere und des Falls der Körper zum Erdmittelpunkt hin ungezwungen erklärt werden. «Wenn alle Räume der Erde, die von ihrem Stoffe nicht besetzt wären, leer wären, d. h. wenn sie nur Körper enthielten, die die Bewegungen anderer Körper weder hinderten noch beförderten (denn das kann man unter Leere verstehen)», so flögen infolge der Erdrotation alle nicht befestigten Teile davon und es würde auf der Erde keine Schwere, sondern nur Leichtheit geben.[29] Jedoch sind alle Räume rings um die Erde herum von der Himmelsmaterie erfüllt, die selbst «keine Kraft der Schwere oder Leichtheit» besitzt. Von dieser Himmelsmaterie wird die Erde in 24 Stunden einmal um ihre Achse gedreht, wobei sich aber die Himmelsmaterie selbst viel schneller bewegt. Durch diese rasche Wirbelbewegung haben die Teilchen der Himmelsmaterie eine größere Tendenz aufzusteigen als die Teilchen der irdischen Materie. Die Teilchen der Himmelsmaterie sind also gegenüber der Erde leicht,[30] und die Teilchen der Erdmaterie sind deshalb schwer, weil sie von der Himmelsmaterie nach unten bzw. zum Erdzentrum hin gedrängt werden. Die Schwere der irdischen Materie ist also lediglich die Folge ihrer geringeren Tendenz, sich vom Erdzentrum zu entfernen.[31]

Die Schwere eines Körpers wird quantitativ durch die Menge der himmlischen Materie bestimmt, die beim Fallen des Körpers zu der von dem Körper zuvor eingenommenen Stelle aufsteigt. Da sich ein schwerer Körper nicht nur aus irdischer Materie zusammensetzt, sondern sich in seinen Poren stets auch noch himmlische Materie befindet, ist in dem von dem Körper eingenommenen Raum eine recht große Menge irdischer Materie und eine sehr kleine Menge himmlischer Materie enthalten. Fällt nun ein Körper in der Lufthülle der Erde, so tritt an die ursprüngliche Stelle des Körpers ein gleich großes Volumen Luft, welches ebenfalls eine Menge irdischer Materie und eine Menge himmlischer Materie enthält, nur mit dem Unterschied, daß bei der Luft der Anteil an himmlischer Materie ungleich größer ist als bei dem schweren Körper. Insgesamt ergibt sich damit die Schwere des Körpers durch die Wirkung der Differenz zwischen den Mengen himmlischer Materie in der Luft und in dem Körper auf die Differenz zwischen den Mengen irdischer Materie in dem Körper und in der Luft.[32]

Sowohl in der Luft als auch in dem schweren Körper befindet sich stets Materie des ersten Elementes, die eine sehr rasche Bewegung besitzt und somit bei den bislang angestellten Überlegungen zur Abschätzung der Tendenz, sich vom Zentrum zu entfernen, mitberücksichtigt werden muß. «Daher kann man nach dem bloßen Scheine nicht abnehmen, wieviel irdische Materie in einem Körper enthalten ist, und es ist möglich, daß eine Masse Gold, obgleich sie zwanzigmal schwerer ist als die gleiche Masse Wasser, doch nicht mehr als vier- oder fünfmal soviel Materie enthält.»[33] Die Schwere bzw. das Gewicht eines Körpers ist also seiner Materiemenge nicht proportional, wohingegen in der Physik Newtons gerade die Proportionalität zwischen der Schwere und der Materiemenge ein wichtiges, auch experimentell untermauertes Ergebnis ist.

Für die Beurteilung der Cartesischen Kosmogonie ist es gewiß nicht uninteressant, daß sich Descartes bei der hypothetischen Einführung der Himmelsmaterie offenbar an den Resultaten zweier von ihm in seinen Briefen an Mersenne beschriebenen Experimente orientiert hat. In seinem

Brief vom 16. Oktober 1639 beschreibt er ein Experiment, bei welchem ein rundes Gefäß mit kleinen Bleikugeln gefüllt wird, unter welche einige größere Holzstückchen gemischt worden sind. Sobald dem Gefäß eine rasche Drehbewegung verliehen worden ist, treiben die kleinen Bleikugeln die größeren Holzstückchen zum Zentrum des Gefäßes hin, «ebenso wie die feine Materie die irdischen Körper treibt». Bei dem zweiten, in seinem Brief vom 30. Juli 1640 beschriebenen Experiment wird Wasser, welches sich in einem Gefäß befindet, in Drehung versetzt, und anschließend werden in dieses sich drehende Wasser kleine Holzstücke geworfen. Im Zentrum des Wasserwirbels werden sich die Holzstücke ansammeln und dort bleiben, «ebenso wie es die Erde inmitten der feinen Materie tut».

Descartes Theorie von den Wirbeln und den Elementen ist das Zentrum seiner Physik, auf deren Grundlage es ihm gelingt, ein geschlossenes und in sich stimmiges Bild der Welt zu zeichnen. Allerdings vermochte oder wollte er es nicht, seine physikalischen Vorstellungen konsequent in ein mathematisches Gewand zu kleiden und auf solche Weise einer messenden physikalischen Forschung zugänglich zu machen, obwohl man gerade dies erwartet, wenn er schreibt:

> Ich gestehe offen, daß ich keine andere Materie der körperlichen Dinge anerkenne, als in jeder Weise teilbare, gestaltbare und bewegliche, welche die Geometer als Größe bezeichnen und zum Gegenstande ihrer Beweise nehmen, und daß ich in ihr nur diese Teilungen, Gestalten und Bewegungen beachte und nichts an ihnen als wirklich anerkenne, was nicht aus jenen Gemeinbegriffen, an deren Wahrheit man nicht zweifeln kann. Da nun auf diese Weise alle Naturerscheinungen erklärt werden können, ... so halte ich andere Prinzipien der Naturwissenschaft weder für zulässig noch für wünschenswert.[34]

Viele Jahre später hat sich Kant bei der Formulierung seiner eigenen Theorie der Entstehung der Planetensysteme, die auch heute noch in ihren Grundzügen anerkannt wird, wieder der Descartesschen Wirbel erinnert, so daß Descartes ganz zu Recht als ein Vorläufer der heutigen Theorie der Planetenentstehung gelten kann.

Volkmar Schüller

CHRISTIAAN HUYGENS
(1629–1695)

Früher Werdegang

Als jener Physiker und Mathematiker, der Descartes' Ideen am erfolgreichsten und produktiv aufzugreifen wußte, muß zweifellos Christiaan Huygens gelten.

Die Familie Huygens ist über lange Zeit eng mit der politischen Geschichte der Niederlande verbunden gewesen, da viele ihrer Mitglieder ihrem Lande als Diplomaten dienten. Der am 14. April 1629 in Den Haag geborene Christiaan Huygens sollte getreu der Familientradition Diplomat werden, doch das Studium der Jurisprudenz in Leiden beeindruckte ihn wenig, wohingegen er in dem Mathematiker Frans van Schooten einen Lehrer fand, der ihn in seinen mathematischen und physikalischen Interessen bestärkte, die sich bereits in seiner Kindheit überaus deutlich gezeigt hatten. Huygens beschloß, sich als Privatgelehrter ganz der Mathematik und Physik zu widmen. Angeregt durch van Schooten, der ihm sein Leben lang ein treuer Freund und Vertrauter war, beschäftigte er sich mit der von Gregorius a Sancto Vincentio behaupteten Möglichkeit der Quadratur des Kreises, von der er 1651 zeigen konnte, daß sie unmöglich ist. 1657 veröffentlichte Huygens seinen *Tractatus de ratiociniis in aleae ludo (Abhandlung über das Glücksspiel)*, die erste erschienene Schrift über Wahrscheinlichkeitsrechnung, die die Grundzüge einer damals ganz neuen Lehre enthält.

Huygens beschäftigte sich seit 1655 immer wieder mit dem Bau und der Verbesserung von Mikroskopen und Fernrohren, und es gelang ihm, ein Fernrohr zu bauen, das alle anderen damaligen Fernrohre an Auflösungsvermögen weit übertraf. Mit diesem Fernrohr vermochte er am 5. März 1655 einen kleinen Stern beim Saturn zu beobachten, der sich bald als ein Saturnmond erweisen sollte. Mit einem noch besseren Fernrohr, in welches er als erster ein Okularmikrometer zur Messung der scheinbaren Größe der Himmelskörper eingebaut hatte, gelangen ihm viele astronomische Entdeckungen, wie zum Beispiel die erste Beobachtung des Orionnebels.

Angeregt durch seine astronomischen Beobachtungen, bemühte sich Huygens, die Zeitmessung zu verbessern, und benutzte 1656 zum ersten Mal eine Uhr, die von einem Pendel angetrieben wurde; er hat sie 1658 in seinem Buch *Horologium* beschrieben. Ein weiteres Buch über Pendeluhren, das wohl berühmteste Werk Huygens', veröffentlichte er 1673

Christiaan Huygens (1629–1695)

unter dem Titel *Horologium oscillatorium (Pendeluhr).* Es stellt die Theorie des Pendels ausführlich dar und enthält so wichtige Ergebnisse wie den Tautochronismus (d. h. die Unabhängigkeit der Schwingungsdauer von der Amplitude der Schwingung), der Bewegung auf der Zykloide, die Theorie der Evoluten und die Tatsache, daß die Evolute der Zykloide wieder eine Zykloide ist. Als besonderes Beispiel für Huygens' experimentelle Fähigkeiten sei erwähnt, daß er als erster zur Konstruktion von Taschenuhren Spiralfedern mit Unruh benutzte.

Huygens erkannte als Folge des Trägheitsgesetzes die Gleichwertigkeit von Ruhe und gleichförmiger Bewegung, was seiner Meinung nach auch in den Naturgesetzen seinen Ausdruck finden mußte. Dieses «Prinzip der Relativität» benutzte er, um die schon bekannten Gesetze für den freien Fall und den Wurf abzuleiten und 1667 die damals noch unbekannten Stoßgesetze. Hierzu stellte er sich vor, daß in einem Boot, welches geradlinig gleichförmig an einem Ufer entlangfährt, Versuche mit zusammenstoßenden und zurückprallenden Kugeln ausgeführt werden. In Gedanken betrachtete er diese Stoßversuche sowohl vom Standpunkt eines im Boot mitfahrenden Beobachters aus als auch vom Standpunkt eines am

Ufer stehenden Beobachters. Mit Hilfe des Relativitätsprinzips, welches ja verlangt, daß sowohl für den bewegten als auch für den ruhenden Beobachter dieselben Naturgesetze gelten, konnte Huygens die Beobachtungsergebnisse des ersten Beobachters auf den zweiten Beobachter und umgekehrt übertragen. Ausgehend von schon bekannten einfachen Fällen, gelang ihm dann die Ableitung der Stoßgesetze für eine sehr große Klasse von Stößen.

Obwohl Huygens sehr zurückgezogen lebte, unternahm er wiederholt ausgedehnte Reisen nach Paris und London, um dort mit Physikern und Mathematikern zusammenzutreffen, deren Werke er schätzte. Das erste Mal reiste er im Sommer 1655 nach Paris und kehrte erst im Dezember 1655 wieder nach Den Haag zurück. Seine zweite Reise nach Paris begann er im Oktober 1660, wo er bis zum März 1661 blieb, um anschließend nach London zu reisen und im Mai desselben Jahres nach Den Haag zurückzukehren. Auf seiner dritten Reise begleitete Huygens im Frühjahr 1663 seinen Vater Constantin auf dessen Fahrt von Paris nach London. Dort nahm er am 20. Juni 1663 an einer Sitzung der *Royal Society* teil, zu deren Mitglied er eine Woche darauf ernannt wurde. Seine vierte Reise nach Paris unternahm Huygens im Frühjahr 1666, um dem Ruf an die neugegründete *Académie des Sciences* zu folgen, deren Stiftung man von Huygens' Niederlassung in Paris abhängig machte. Hier wirkte er 16 Jahre lang. Obwohl er selbst Protestant war und aus seiner Sympathie für die protestantischen Niederlande keinen Hehl machte, konnte er dank des Schutzes von Colbert auch während der Hugenottenverfolgungen in Frankreich ungehindert leben und arbeiten.

Im Jahre 1681 kehrte Huygens aus gesundheitlichen Gründen in seine Heimat zurück. Nachdem im Jahre 1687 Newtons *Philosophiae Naturalis Principia Mathematica* erschienen waren, die auf Huygens vor allem wegen der darin veröffentlichten mathematischen Ergebnisse einen tiefen Eindruck machten, reiste er trotz seiner angegriffenen Gesundheit 1689 noch einmal nach London, um Newton persönlich kennenzulernen.

Am 8. Juli 1695 starb Huygens in Den Haag, wo ihm im Alter große Anerkennung und Ehren zuteil geworden waren.

Huygens' Theorie der Schwere und der Zentrifugalkraft

Das philosophische System von Descartes beherrschte damals das gesamte wissenschaftliche Denken. Einer seiner eifrigsten Anhänger war Huygens' Lehrer van Schooten, der Descartes persönlich kennengelernt und dessen Geometrie in einer lateinischen, umfangreich kommentierten Ausgabe herausgegeben hatte, die viel zur Verbreitung der neuen Methode der analytischen Geometrie beitrug. An der grundsätzlichen Richtigkeit der Cartesischen Philosophie und der mechanistischen Naturbeschreibung, mit welchen er durch van Schooten vertraut gemacht wurde, hielt er sein Leben lang fest; denn nur jene Philosophie ist die wahre Philosophie, «in welcher man die Ursachen aller natürlichen Wirkungen auf mechanische Gründe zurückführt. Dies muß man meiner Ansicht nach tun, oder völlig auf jede Hoffnung verzichten, jemals in der Physik etwas zu begreifen», schrieb Huygens im ersten Kapitel seines *Traité de la lumière (Abhandlung über das Licht)* von 1690. Seine eigene kritische Haltung gegenüber der Cartesischen Physik drückt er im Vorwort zu dem ebenfalls 1690 veröffentlichten *Discours de la Cause de la Pésanteur (Betrachtung über die Ursache der Schwere)* folgendermaßen aus:

Herr Descartes hat besser als seine Vorgänger erkannt, daß man in der Physik das am besten versteht, was man auf Prinzipien gründet, welche unsere Fassungskraft nicht übersteigen – wie es diejenigen sind, welche als eigenschaftslos angesehene Körper und Bewegungen zugrunde legen. Die große Schwierigkeit liegt nun aber gerade darin, zu zeigen, wie eine Mannigfaltigkeit von Dingen einzig und allein durch jene Prinzipien bewirkt worden ist, und darin war er bei einigen der von ihm untersuchten Gegenstände, worunter meiner Ansicht nach auch die Schwere gehört, nicht sehr erfolgreich... Ich bekenne jedoch offen, daß seine Versuche und Ansichten, wenngleich sie falsch sind, mir den Weg zu dem eröffneten, was ich über den nämlichen Gegenstand herausgefunden habe.

Huygens unternimmt es, die Schwere unter Beibehaltung der Cartesischen Prinzipien zu erklären. Es fällt auf, wie sehr seine Theorie der Schwere und auch die von ihm ersonnenen zugehörigen Experimente von Descartes beeinflußt sind. Beide fassen die Schwere als ein Streben zu einem Zentrum hin auf und führen dieses Streben zum Zentrum hin auf ein Streben einer fluiden Materie von dem Zentrum weg zurück. Im Gegensatz zu Descartes kann Huygens dieses von einem Zentrum weggerichtete Streben mathematisch als Zentrifugalkraft beschreiben. Dadurch gelingt es ihm, auch die Schwere, die er als eine der Zentrifugalkraft entgegengesetzte, gleich große Kraft betrachtet, mathematisch zu erfassen.

Seine Schweretheorie hat er zum ersten Mal am 28. August 1669 in einem Vortrag vor der Pariser Akademie der Öffentlichkeit vorgestellt *(Œuvres, Band XIX, S. 628–645)*. Da er sich auf die Descartesschen Prinzipien für die Physik stützt, geht seine Erklärung der Schwere von der Annahme aus, daß alle Körper aus ein und derselben Materie bestehen und sich nur durch Größe, Gestalt und Bewegungszustand voneinander unterscheiden, so daß sich die Schwere allein aufgrund dieser Unterschiede erklären lassen müsse.

Läuft ein Körper auf einem Kreis um, so wird er das Bestreben haben, sich vom Kreiszentrum zu entfernen. Huygens berechnet zunächst die Kraft, mit welcher ein solcher Körper nach außen strebt: Wird auf einem rotierenden Tisch an einem Faden von 9 Zoll und 2 Linien Länge ein

Körper befestigt, so wird dieser infolge der Rotation des Tisches den Faden mit einer Kraft spannen, die dann gleich dem Gewicht des Körpers ist, wenn der Tisch in einer Sekunde eine Drehung ausführt. Nachdem er nun ein Maß für diese Kraft gefunden und berechnet hat, muß er zeigen, wie bei einer solchen kreisförmigen Bewegung gleichzeitig auch eine zum Zentrum hin gerichtete Bewegung entstehen kann. Dazu betrachtet er einen Raum, in welchem eine fluide Materie enthalten ist, die sich um ein Zentrum dreht. Ist in diesem Raum nun ein Teilchen enthalten, das der Drehbewegung der fluiden Materie nur sehr langsam oder überhaupt nicht folgt, so wird das Streben dieses Teilchens, sich vom Zentrum zu entfernen, wesentlich kleiner als bei den Teilchen der fluiden Materie sein. Es wird den von innen nach außen drängenden Teilchen der fluiden Materie Platz machen müssen und dabei selbst zum Zentrum hin gedrängt werden.

Um dies zu veranschaulichen, beschreibt Huygens folgendes Experiment: Ein mit Wasser gefülltes Gefäß wird auf einen rotierenden Tisch gesetzt, und während der Rotation werden in das Wasser Teilchen gestreut, die schwerer als Wasser sind. Nun werden die Teilchen von dem rotierenden Wasser mitgerissen und sinken zu Boden; sobald sie sich aber am Boden befinden, werden sie immer langsamer und laufen auf spiralförmigen Bahnen zum Zentrum hin, wo sie sich sammeln. Zwar ist hiermit der experimentelle Beweis erbracht, daß sich durch die Rotationsbewegung einer fluiden Materie ein der Schwere ähnlicher Effekt erzeugen läßt, aber wie die Schwere auf der Erde zustande kommt, ist damit noch nicht erklärt. Es müßte noch gezeigt werden, wodurch die schweren Körper auf der Erde zum Erdzentrum hin getrieben werden.

Die Annahme einer sich mit der Erde und ihrer Atmosphäre mitdrehenden Äthermaterie verwirft Huygens, da ihre Geschwindigkeit wesentlich größer sein und sie außerdem auf der Erdoberfläche feststellbar sein müßte. Darum versucht er die Schwere folgendermaßen zu erklären: Im Raum rund um die Erde befindet sich eine fluide Materie, die aus außerordentlich kleinen, sich nach allen Richtungen hin mit großer Geschwindigkeit bewegenden Teilchen besteht. Nach Huygens haben diese Teilchen Kreisbewegungen, die sie auf Großkreisen um das Erdzentrum umlaufen lassen. «Die Ursache für diese Kreisbewegungen ist, daß die in einem Raum enthaltene Materie sich auf diese Weise leichter bewegt als durch zueinander entgegengesetzte geradlinige Bewegungen; diese werden nämlich, da die Materie nicht aus dem Raum, der sie umschließt, heraus kann, in sich selbst zurückgeworfen und gehen so notwendigerweise in kreisförmige Bewegungen über.» Geraten nun in diese rotierende Materie größere Teilchen, so werden sie von der rotierenden Materie zum Erdzentrum hin gedrängt, weil sie der Materie nicht zu folgen vermögen:

Darin also besteht die Schwere der Körper, von welcher nun gesagt werden kann, daß sie das Wirken der fluiden Materie ist, die sich kreisförmig nach allen Richtungen um das Erdzentrum herum bewegt und dadurch bestrebt ist, sich von diesem zu entfernen und zu ihm hin die Körper drängt, welche dieser Bewegung nicht folgen.

Die schweren Körper würden gemäß dieser Theorie aber auch dann zum Wirbelzentrum streben bzw. fallen, wenn sich in dem Zentrum keine Erde befinden würde, die ja erst durch Zusammenballung von irdischer Materie im Wirbelzentrum entstand und ihre runde Gestalt durch die um das Wirbelzentrum herum umlaufende fluide Materie erhielt. Mit einer solchen Theorie ist die gegenseitige Anziehung von schweren Körpern nicht zu begründen. Übrigens berechnet Huygens die Geschwindigkeit der fluiden, schwermachenden Materie und kommt zu dem Ergebnis, daß sie ungefähr 17mal größer sein muß als die eines Punktes auf dem Äquator.

Weil Huygens annimmt, daß die Teilchen der schwermachenden fluiden Materie so klein sind, daß sie auch die festesten Körper durchdringen können, kann er erklären, warum sich das Gewicht eines Körpers nicht ändert, wenn dieser in einem Gefäß eingeschlossen wird, und warum auch die inneren Teile eines Körpers zu seinem Gewicht beitragen – andernfalls müßte eine hohle Glaskugel ebensoviel wiegen wie eine massive Glaskugel gleicher Größe. Huygens kann auch erklären, warum das Gewicht eines Körpers proportional zu der Menge der ihn zusammensetzenden Materie ist. Auch ist er sich vollkommen klar darüber, daß beim Stoß zweier Körper auf einer Äquipotentialfläche und bei der Bestimmung des Gewichtes dieser Körper jeweils verschiedene Eigenschaften der Materie von Bedeutung sind, denn er unterscheidet aufgrund seiner Vorstellung von der Ursache der Schwere und aufgrund seiner Stoßgesetze zwischen träger und schwerer Masse und stellt ihre Gleichheit fest.

Als Huygens im Jahre 1690 seinen *Discours* veröffentlichte, konnte er nicht umhin, auf Newtons Gravitationsgesetz einzugehen, welches dieser in seinen 1687 veröffentlichten *Principia Mathematica* formuliert hatte. In einem eigens zu diesem Zweck verfaßten Anhang zu seinem *Discours* vertritt Huygens auch jetzt noch die Meinung, daß er mit seinen Annahmen die Schwere erklären könne, doch gibt er unumwunden zu, daß er niemals daran gedacht hatte, daß die Schwere mit dem Quadrat der Entfernung abnimmt, so wie Newton es formuliert hatte, und hält dies für «eine neue und sehr bemerkenswerte Eigenschaft der Schwere, deren Ursache zu suchen wohl der Mühe wert ist». Jedoch lehnt er es ab, daß «alle kleinen Teile, welche man sich in zweien oder mehreren verschiedenen Körpern vorstellen kann, einander anziehen oder sich einander wechselseitig zu nähern versuchen», weil seiner Meinung nach «die Ursache einer solchen Attraktion weder durch ein Prinzip der Mechanik noch durch die Gesetze der Bewegung erklärbar ist». Dies ist für einen Physiker, der sich einer mechanistischen Physik verpflichtet fühlt, unannehmbar. Er bestreitet aber nicht, daß zwischen der Sonne und den Planeten, zwischen den Planeten und ihren Monden offenbar eine Anziehungskraft besteht, und gibt zu, daß er die Schwere nur für eine irdische Kraft gehalten und nicht erkannt hatte, daß sie auch zwischen den Himmelskörpern besteht. «Ich hatte die Aktion der Schwere nicht auf solch große Distanzen ausgedehnt, wie von der Sonne bis zu den Planeten und von der Erde bis zum Mond.»

Auch wenn Huygens Newtons Widerlegung der Descartesschen Wirbeltheorie zustimmt, so überzeugt ihn dennoch nicht Newtons Forderung, daß die Äthermaterie außerordentlich dünn sein müsse, damit sich die Planeten und Kometen reibungsfrei bewegen können. Denn große Abstände zwischen den Teilchen der Äthermaterie sind für Huygens unannehmbar, weil sich dann die Schwere nicht mehr mechanisch erklären ließe. Auch wenn Huygens von Newtons *Principia* tief beeindruckt war und viele ihrer Ergebnisse für richtig hielt, so war für ihn das Gravitationsgesetz in der Form, wie es von Newton formuliert worden war, nicht überzeugend. In einem Brief vom 18. November 1690 an Leibniz hat er es als absurd bezeichnet. Aus Huygens' Briefen und nachgelassenen Manuskripten geht hervor, daß er offensichtlich die Absicht hatte, seine eigene Theorie der Schwere zu modifizieren und den Ergebnissen anzupassen, welche Newton mit seiner Theorie vorlegen konnte.

Huygens' Lichttheorie

Auch bei der Formulierung seiner Theorie des Lichtes hat sich Huygens intensiv mit den Descartesschen Vorstellungen auseinandergesetzt.

> Doch mußte er vieles an ihnen verwerfen, weil «Descartes, welcher doch bestrebt war, alle Gegenstände der Physik in verständlicher Weise zu behandeln, und welchem dies gewiß auch viel besser gelungen ist als irgendeinem seiner Vorgänger, betreffs des Lichtes und seiner Eigenschaften nichts gesagt hat, was nicht voller Schwierigkeiten oder sogar unbegreiflich wäre»,

so Huygens im ersten Kapitel seines *Traité de la lumière,* in welchem er in einzigartiger Klarheit seine eigenen Vorstellungen über das Wesen des Lichtes und dessen Eigenschaften darlegt.

Durch eine gründliche Analyse der von Olaf Römer beobachteten Verfinsterungen der Jupitermonde kommt Huygens zu dem wichtigen Ergebnis, daß sich das Licht nicht momentan ausbreitet, wie es Descartes' Ansicht war, sondern mit einer Geschwindigkeit, die mehr als 600 000mal größer als die Schallgeschwindigkeit ist. Wegen dieser außerordentlich großen Ausbreitungsgeschwindigkeit des Lichtes ist es seiner Meinung nach unmöglich, daß die Lichtausbreitung «durch die Übertragung einer Materie geschehen kann», und er folgert, daß «das Licht von den leuchtenden Körpern bis zu uns durch irgendeine Bewegung gelangt». Für Huygens ist die Analogie zwischen der Licht- und der Schallausbreitung offensichtlich, denn er erkennt, daß das Licht «sich ebenso wie der Schall in kugelförmigen Wellen ausbreitet. Wenn sich auch beide hierin gleichen, so unterscheiden sie sich doch in mehreren anderen Beziehungen, nämlich durch die ursprüngliche Erzeugung der sie verursachenden Bewegung, durch das Mittel, in welchem diese Bewegung sich fortpflanzt, und durch die Art ihrer Mitteilung.»

Um die Lichteigenschaften zu erklären, nimmt Huygens die Existenz eines Äthers an, dessen Teilchen aus einer vollkommen harten Materie bestehen, vollkommen elastisch und so dicht gepackt sind, daß sie einander stets berühren. Ein leuchtender Körper besteht aus gewissen Teilchen, die ihre schnelle Hin- und Herbewegung auf die sie umgebenden Ätherteilchen übertragen, so daß die Lichtausbreitung eine Ausbreitung der Hin- und Herbewegung der Ätherteilchen ist, ähnlich wie die Schallausbreitung eine Ausbreitung der Hin- und Herbewegung der Luftteilchen ist.

Je härter und elastischer die Luftteilchen sind, um so schneller kann sich der Schall ausbreiten; da die Ätherteilchen als vollkommen hart und elastisch angenommen werden, wird nun auch die große Geschwindigkeit der Lichtausbreitung in alle Richtungen des Raumes verständlich. «Ich habe also gezeigt, auf welche Weise man sich die allmähliche Ausbreitung des Lichtes durch kugelförmige Wellen vorstellen kann, und wie es möglich ist, daß diese Fortpflanzung mit einer so großen Geschwindigkeit geschieht, wie die Versuche und die astronomischen Beobachtungen sie erfordern.»

Um die Ausbreitung einer Lichtwelle zu erklären, formuliert Huygens sein berühmtes Prinzip mit folgenden Worten:

> Hinsichtlich der Fortpflanzung dieser Wellen ist ferner noch zu bedenken, daß jedes Teilchen des Stoffes, in welchem eine Welle sich ausbreitet, nicht nur dem nächsten Teilchen, welches in der von dem leuchtenden Punkte aus gezogenen geraden Linie liegt, seine Bewegung mitteilen muß, sondern notwendig allen übrigen davon abgibt, welche es berühren und sich seiner Bewegung widersetzen. Daher muß sich um jedes Teilchen eine Welle bilden, deren Mittelpunkt dieses Teilchen ist.

Und wenige Zeilen weiter fügt er stolz hinzu:

> Man darf nicht etwa meinen, daß alles dies zu spitzfindig und allzu gesucht sei; denn man wird in der Folge sehen, daß alle Eigenschaften des Lichtes und alles, was auf seine Zurückwerfung und Brechung Bezug hat, sich hauptsächlich aus dieser Anschauung erklärt.

Mit Hilfe dieses Prinzips versucht Huygens auch die geradlinige Ausbreitung des Lichtes zu erklären. Da aber Newton in der Proposition XLII,

Theorem XXXIII, des zweiten Buches seiner *Principia Mathematica* gezeigt hatte, daß sich in einer Flüssigkeit eine Wellenbewegung, die durch eine Öffnung hindurchgegangen ist, hinter der Öffnung nach allen Seiten hin ausbreitet, rechtfertigt Huygens seinen Beweis der geradlinigen Lichtausbreitung im Anhang seines 1690 veröffentlichten *Discours* mit dem Hinweis: «Ich gebe ja zu, daß ... eine Welle, nachdem sie durch eine Öffnung hindurchgegangen ist, darauf nach beiden Seiten sich ausbreitet und dort stets schwächer als in der Mitte ist. Beim Schall ist jedoch, behaupte ich, diese seitliche Fortpflanzung für das Ohr unmerklich und bringt ferner beim Licht auf die Augen durchaus keine Wirkung hervor.» Newton hat in einem Brief vom 16./26. Oktober 1693 an Leibniz die von Huygens gegebene Rechtfertigung anerkannt.

Mit Hilfe seiner Wellentheorie gelang Huygens schließlich auch die Erklärung der Doppelbrechung des isländischen Kalkspats, indem er Lichtstrahlen annahm, die sich mit unterschiedlicher Geschwindigkeit in dem Kristall fortpflanzen.

Der begrenzte Erfolg bedeutender Ideen

Trotz ihrer großen Leistungsfähigkeit war Huygens' wissenschaftlichen Ideen zunächst nur ein begrenzter Erfolg beschieden. Seine mechanistischen Vorstellungen und seine Gravitationstheorie wurden bald durch die Newtonsche Auffassung einer Fernkraft abgelöst. Auch Huygens' Wellentheorie des Lichtes, die eine große Zahl der damals bekannten optischen Phänomene zu erklären vermochte, wurde zunächst von der ebenfalls auf Newton zurückgehenden Korpuskulartheorie verdrängt. Erst mit der Entdeckung der Interferenz- und Polarisationserscheinungen durch Thomas Young und Etienne Malus zu Beginn des 19. Jahrhunderts kam Huygens' Wellentheorie voll zur Geltung. Neben Newton hat Huygens am meisten dazu beigetragen, daß nun auch kompliziertere physikalische Zusammenhänge durch ausgiebige Verwendung mathematischer Hilfsmittel mit Erfolg behandelt werden konnten.

Ivo Schneider

ISAAC NEWTON
(1643–1727)

Vom vaterlosen Kind zum Präsidenten der Royal Society

Isaac Newton wurde 1642 am ersten Weihnachtstag des damals in England noch gültigen Julianischen Kalenders (am 4. Januar 1643 der Gregorianischen Zeitrechnung) in Woolsthorp, Lincolnshire, geboren. Sein Vater, der Gutsbesitzer Isaac Newton, war zwei Monate vor Newtons Geburt verstorben. Newtons Mutter Hannah, die aus ähnlichen Verhältnissen wie der Vater stammte, hatte sich drei Jahre nach der Geburt ihres Sohnes mit dem ebenfalls verwitweten anglikanischen Pfarrer Barnabas Smith wiederverheiratet und war dann in das Haus von Smith gezogen. Sie hatte dem Dreijährigen sein Vatergut und ihn selbst für die nächsten acht Jahre der Obhut seiner Großmutter übergeben, weil Smith den Jungen nicht in sein Haus aufnehmen wollte. Erst 1653, nach dem Tod von Smith, kehrte sie mit den inzwischen geborenen Halbgeschwistern Newtons nach Woolsthorp zurück.

Newtons Vaterlosigkeit und frühe Trennung von seiner Mutter sind von verschiedenen Biographen zur Erklärung des stark neurotischen Charakters von Newton herangezogen worden. Sozialisierungsschwierigkeiten wurden schon während des Besuchs der Grammar School in Grantham deutlich, die Newton von 1655 an besuchte, bis seine Mutter 1659 befand, Newton solle sich als Landwirt um sein Vatergut kümmern. Nach neun Monaten war auch seiner hartnäckigen Mutter klar, daß es besser wäre, Newton für ein weiteres Jahr nach Grantham zur Vorbereitung auf ein Studium in Cambridge zu schicken, das er im Sommer 1661 am Trinity College aufnahm.

Die äußerst kargen finanziellen Zuwendungen seiner Mutter zwangen Newton, das Leben eines zu sehr untergeordneten Dienstleistungen herangezogenen sogenannten Subsizars zu führen, und haben seine soziale Isolation eher verstärkt. Newtons Notizbücher zeigen, daß er sich bereits nach kurzer Zeit nicht mehr mit den als Lehrstoff vorgeschriebenen aristotelischen Werken beschäftigte und sich den neuen «mechanischen Philosophen», vor allem Descartes und Gassendi, zuwandte. Die Möglichkeit, die vorgeschriebenen Lehrinhalte so nachhaltig zu ignorieren, war durch das sehr laxe Lehr- und Prüfungssystem im Cambridge dieser Zeit gegeben, das aber immer dann, wenn die alle drei bis vier Jahre stattfindenden Stipendienprüfungen der Colleges anstanden, zu alter Strenge zurückfand.

1664 bestand Newton – nicht ohne Mühe, wie verschiedentlich betont wird – die einzige während seiner Studienzeit durchgeführte Stipendienprüfung, wobei sich der Mathematiker Isaac Barrow und vielleicht auch der führende Vertreter der sogenannten Cambridge Platonists, Henry More, zugunsten von Newton verwendeten. Mit dem damit erreichten Status eines Scholar war er finanziell unabhängig geworden und konnte sich fortan ausschließlich selbstgewählten wissenschaftlichen Fragestellungen zuwenden.

Newton hat, insbesondere in dem Zeitraum von fast zwei Jahren nach dem Juni 1665, in dem die Universität Cambridge wegen einer Pestepidemie geschlossen war und den Newton weitgehend in Lincolnshire verbrachte, die wichtigsten Methoden für seine Form des Infinitesimalkalküls entwickelt und die Grundlagen für seine späteren Entdeckungen in Mechanik und Optik gelegt. Eine erste Fassung des Kalküls schrieb er im Oktober 1666 nieder. Mehr als 50 Jahre später erschien ihm diese Zeit, in der er sich mehr als irgendwann sonst in seinem Leben mit Mathematik und Naturphilosophie beschäftigte, als Höhepunkt seiner Erfindungskraft. Belohnungen für solche Erfolge waren 1667 die Wahl zum *minor fellow* des Trinity und die Übernahme des von Lucas gestifteten Lehrstuhls für Mathematik im Oktober 1669, den vorher Isaac Barrow innegehabt hatte.

Die größte Wirkung seiner anspruchsvollen Vorlesungen, die nur von sehr wenigen Studenten gehört wurden, ging von den hinterlegten schriftlichen Fassungen aus, von denen die für die Optik (1670–1672), über Arithmetik und Algebra (1673–1683), über das erste Buch der *Principia* (1684/85) und über sein *System of the world* (1687) noch erhalten sind. Seine soziale Isolation wurde ab 1672 durch die Aufnahme in die *Royal Society* etwas gemildert, die ihn zu gelegentlichen Ausflügen nach London veranlaßte.

Nach der Fertigstellung der *Philosophiae Naturalis Principia Mathematica (Mathematische Grundlagen der Naturphilsophie,* kurz: *Principia),* deren Veröffentlichung von 1687 wesentlich dem Einsatz von Edmond Halley zu danken ist, engagierte sich Newton im Kampf gegen die Pläne König Jakobs II., Cambridge zu rekatholisieren, und wurde nach der Glorious Revolution 1689 für den Wahlkreis der Universität zum Mitglied des Parlaments gewählt. Als Parlamentarier vertiefte Newton seine Beziehungen zu seinem früheren Schüler Charles Montague, dem späteren Earl of Halifax, der im Rahmen seines stetig wachsenden politischen Einflusses dafür sorgte, daß sein früherer Lehrer, der nach dem Tod seiner Mutter und einer schweren psychischen Krise im Jahr 1693 des Lebens in Cambridge überdrüssig geworden war, 1696 als Münzwardein der königlichen Münze nach London kommen konnte. Newton hat auch nach der Übernahme des Amts des Direktors der Münze im Jahr 1699 seine Professur

Isaac Newton (1643–1727)

in Cambridge noch bis 1701 beibehalten, als er ein weiteres Mal für Cambridge ins Parlament zog. Der 1703 zum Präsidenten der *Royal Society* gewählte und 1705 durch Königin Anna geadelte Newton nutzte seinen Einfluß zielbewußt und diskret, um den seit langem schwelenden Prioritätsstreit mit Leibniz um die Entdeckung des Infinitesimalkalküls 1712 von der *Royal Society* zu seinen Gunsten entscheiden zu lassen.

Neben der auf verschiedenen Ebenen laufenden Auseinandersetzung mit seinem größten Gegenspieler, Leibniz, beschäftigte Newton in seinen Londoner Jahren die Drucklegung seiner *Opticks* (1704), deren dritte 1721 erschienene Auflage die ausführlichste Fassung der Queries enthielt. In den Queries hatte Newton auf die im Sinne seines Forschungsprogramms offenen Fragen in den Naturwissenschaften vor allem hinsichtlich des Materieaufbaus verwiesen. Außerdem hatte er zwei seiner frühen Manuskripte über Reihen und den Fluxionskalkül veröffentlichen lassen sowie die Herausgabe der von Samuel Clarke bzw. von Henry Pemberton besorgten zweiten und dritten Auflage der *Principia* (1713 bzw. 1726) überwacht.

Als Newton im März 1727 starb, wurde sein Tod, wie die Beisetzung in Westminster Abbey und Voltaire als Zeitzeuge bestätigen, als der einer nationalen Institution empfunden.

Die Faszination des Infinitesimalen: der Mathematiker Newton

In einem Brief von 1718 erinnerte sich Newton an seine in den beiden Pestjahren 1665/66 gemachten mathematischen Entdeckungen:

> Zu Beginn des Jahres 1665 fand ich die Methode zur Reihenentwicklung und die Regel, um jede Potenz eines Binoms in eine solche Reihe überzuführen. Im Mai desselben Jahres fand ich die Tangentenmethode von Gregory und Slusius, verfügte im November desselben Jahres über die direkte Fluxionsmethode ... und im darauffolgenden Mai über den Zugang zur umgekehrten Fluxionsmethode.[1]

Alle hier erwähnten Ergebnisse haben mit der Schöpfung des Infinitesimalkalküls zu tun, der schon von Zeitgenossen als die größte mathematische Leistung des 17. Jahrhunderts bewertet wurde. Newton, der mit der Veröffentlichung seiner mathematischen Entdeckungen äußerst zurückhaltend war, hat zu seinen Lebzeiten, sieht man von den *Principia* ab, neben einer Klassifizierung ebener Kurven dritter Ordnung, die mit den *Opticks* 1704 erschien, einer 1707 unter dem Titel *Arithmetica universalis* veröffentlichten Arithmetik und Gleichungslehre, die u. a. eine Verallgemeinerung der Descartesschen Zeichenregel zur Abschätzung der Anzahl positiver, negativer und komplexer Wurzeln einer algebraischen Gleichung enthielt, und einer als *Methodus differentialis* 1711 herausgegebenen Interpolationsrechnung nur zwei seiner Arbeiten zum Infinitesimalkalkül publiziert: den ebenfalls mit den *Opticks* erschienenen *Tractatus de quadratura curvarum (Abhandlung über die Quadratur der Kurven)* und 1711 die um 1669 entstandene *Analysis per aequationes numero terminorum infinitas (Analysis mit Hilfe unendlicher Reihen)*. Newton hat darüber hinaus eine Fülle von Ergebnissen in Manuskripten hinterlassen, die praktisch alle Bereiche der Mathematik seiner Zeit, insbesondere die synthetische und analytische Geometrie sowie numerische Methoden, betreffen. Der ganze Umfang seines mathematischen Schaffens ist erst in unserem Jahrhundert mit der Herausgabe seiner *Mathematical Papers* bekannt geworden.

Aus den nachgelassenen Papieren Newtons ersieht man, wie er nach der Lektüre vor allem von Descartes und seinen Kommentatoren aus der Schule von Frans van Schooten sowie von Landsleuten wie John Wallis und Isaac Barrow in sehr kurzer Zeit zu seinem Fluxionskalkül vordrang. Bei der Darstellung einer algebraischen Funktion der Form $f(x,y) = 0$ durch eine Kurve betrachtete Newton die Kurvenpunkte (x,y) als Funktionen einer unabhängigen Variablen t, der Zeit, erzeugt durch die voneinander unabhängigen Bewegungen zweier Punkte auf der x- bzw. y-Achse mit den «fluxionalen» Geschwindigkeiten $dx/dt = p$ bzw. $dy/dt = q$. Die

Fluxionen p der «Fluente» x bzw. q der «Fluente» y kennzeichnete Newton später durch seine «dot notation», den über x bzw. y gesetzten Punkt, also durch $\dot{x}$ bzw. durch $\dot{y}$. Entsprechend wurden höhere Ableitungen nach t mit $\ddot{x}$, $\dddot{x}$ usw. symbolisiert.

Bis Oktober 1666 hatte Newton die wesentlichen Elemente seines Fluxionskalküls zusammengestellt; er enthielt den Hauptsatz, wonach Integration die Umkehrung der Differentiation bedeutet, ebenso die Bestimmung von Tangenten, Krümmungen, Kurvenlängen und Schwerpunkten. Diesen Kalkül hat Newton in verschiedenen Fassungen bis zur Niederschrift der *Quadratura curvarum* (1693), die er für Publikationen später noch überarbeitete, weiterentwickelt. Eine Zusammenfassung der wichtigsten von ihm entwickelten mathematischen Methoden, insbesondere zur Reihenentwicklung, enthalten die als *Epistola prior* und *Epistola posterior* bekanntgewordenen beiden für Leibniz bestimmten Briefe von 1676; dabei spielt das allgemeine Binomialtheorem für beliebige reelle Exponenten eine besondere Rolle. Zu den für Leibniz interessantesten Ergebnissen in den beiden Newtonbriefen gehörten die Reihenentwicklungen für die Sinus-, Arcussinus- und Exponentialfunktion, die Lösung des verallgemeinerten Keplerproblems, einen Ellipsenpunkt P so zu bestimmen, daß der durch einen Brennpunkt, einen Scheitel und P festgelegte Ellipsensektor eine gegebene Fläche hat, und einige Beispiele von numerisch «schnell» konvergenten Reihen zur Berechnung von Logarithmen oder von π.

Newton hat übrigens, obwohl die ersten allgemeinen Konvergenzkriterien für Reihen erst gegen Ende des 18. Jahrhunderts entwickelt wurden, um 1684 in einem nicht fertiggestellten Manuskript *Matheseos universalis specimina* aufgrund seiner numerischen Erfahrungen zwischen konvergenten, langsam konvergenten und divergenten Reihen unterschieden.

Den Kern und die Grundlage seines Kalküls hatte Newton in den Briefen an Leibniz in zwei für Leibniz unauflöslichen Anagrammen versteckt, deren wichtigste Sätze in deutscher Übersetzung lauten:

> Bei gegebener Gleichung für beliebig viele Fluenten die Fluxionen zu finden und umgekehrt... Eine Methode besteht in der Bestimmung der Fluente aus einer Gleichung, die gleichzeitig ihre Fluxionen enthält. Die andere nur in der Annahme einer Reihe für eine beliebige unbekannte Größe, aus der alles übrige bequem abgeleitet werden kann, und im Vergleich der Glieder gleicher Potenz in der resultierenden Gleichung, um die Koeffizienten der angenommenen Reihe zu ermitteln.[2]

Allerdings täuscht die für die Anagramme gewählte Fassung der Grundlage des Kalküls von Newton darüber hinweg, welche im Vergleich zu Leibniz geringe Rolle die Wahl einer geeigneten Symbolik und die algorithmische Nutzung der Umkehrbarkeit von Differentiation und Integration bei Newton spielen. Tatsächlich hat sich Newtons Rückkehr zu den geometrischen Methoden der Antike, insbesondere seine Darstellung der «analytischen» Teile der *Principia* in geometrischer Form, zusammen mit der gegen Leibniz gerichteten Entscheidung im Prioritätsstreit geradezu verheerend für die an Newton orientierte Entwicklung der englischen Mathematik im 18. und frühen 19. Jahrhundert ausgewirkt. Dennoch begründeten die Arbeiten des Mathematikers Newton eine Sonderstellung in der Geistesgeschichte, wie sie nur ganz wenigen zugebilligt wurde, während Newtons zeitlich mindestens ebenso aufwendige Aktivitäten in Chemie, Alchimie und Theologie lange Zeit vernachlässigt wurden.

Die Schöpfung in der Retorte: Alchimie und Chemie bei Newton

Es ist erstaunlich zu sehen, wie unvermittelt Newton zwischen der Verfolgung seiner mathematischen und seiner chemisch-alchimistischen Interessen wechselte. In seinem Labortagebuch über seine chemischen Versuche folgt auf eine Eintragung vom 23. Mai 1684 eine vom 26. April 1686; in der dazwischen liegenden Zeit war Newton mit der Abfassung der *Principia* beschäftigt. In den 1670er Jahren hatte sich Newton, sehr zum Leidwesen der über seine mathematischen Arbeiten Informierten, von der Mathematik ab und der Chemie zugewandt, da ihm damals «mathematische Betrachtungen ziemlich trocken, ja sogar etwas steril» erschienen. So wirkt Newtons Beschäftigung mit den zu seiner Zeit noch weitgehend miteinander verbundenen Bereichen der Chemie und Alchimie wie ein Komplement zu seinen Aktivitäten als Mathematiker.

Newton ist verschiedentlich wegen seiner langjährigen, vielleicht sogar lebenslangen Interessen an der Alchimie als der letzte der großen Magier bezeichnet worden. Für die zahlreichen erhaltenen alchimistischen Schriften Newtons stellt sich die Frage, wie sie sich mit den für eine ganz andere Denkweise stehenden naturwissenschaftlichen und mathematischen Arbeiten vereinbaren lassen. Es sind dafür zwei verschiedene, nichttriviale Antworten angeboten worden. Die eine sieht in der Alchimie und in der Deutung der Offenbarung, insbesondere ihrer dunkelsten Schriften, den Ausgangspunkt und das Zentrum der Arbeiten Newtons, dem sich alle anderen, einschließlich der Beschäftigung mit Mathematik und Naturphilosophie, unterordnen.

Nach der am weitesten verbreiteten Auffassung verstand Newton die Alchimie als einen in einer anderen Sprache gefaßten Zugang zur Erkenntnis der Natur, der sich in die rationalen Aussagen der Naturphilosophie übersetzen läßt. Nach Newtons Verständnis ging es bei der ihn primär interessierenden «heiligen» Alchimie zunächst nicht um Metallumwandlungen mit Gold als Endprodukt des «Prozesses», sondern hauptsächlich um eine Einsicht in den göttlichen Schöpfungsakt, die die «göttliche» Alchimie mit der Heiligen Schrift verbindet. Anders als die Physik, mit der die Newtonsche Alchimie die Unterscheidung zwischen aktivem Geist und passiver Materie teilt, war die tradierte Alchimie von organisch-animistischen Vorstellungen bestimmt. Danach wachsen die Metalle im Bauch der Mutter Erde wie Bäume und steigen durch eine Reihe von Umwandlungsprozessen zu höheren Reifestufen auf, deren letzte das Gold ist. Die Suche der vor allem an der Metallumwandlung bis zu seiner Endstufe, dem Gold, interessierten Alchimisten galt daher geeigneten Mitteln, um den von Gott initiierten und seit Beginn der Schöpfung kontrollierten Metallwachstumsprozeß zu beschleunigen.

Newton war, wie der von ihm stark ausgewertete Alchimist Michael Maier, davon überzeugt, daß sich hinter der in der Alchimie üblichen Bildsprache – ähnlich wie in den Göttermythen und auch in der Bibel – ein den Weisen des Altertums noch verfügbares Wissen verbarg, das man so schon früh vor Mißbrauch durch Uneingeweihte zu schützen versuchte. Wie innig sich alchimistische und theologische Interessen bei Newton miteinander verbanden, zeigt sein Verständnis des Schöpfungsberichts als allegorische Beschreibung eines alchimistischen Prozesses. Aus einer solchen Auffassung leitete sich ein Arbeitsprogramm ab, wonach durch eine Übersetzung der Bildsprache der Alchimie und der alten Mythen das früher verfügbare Wissen über die Naturprozesse und über den einen, allein alle Geschehnisse des von ihm erschaffenen Kosmos beherrschenden Gott rekonstruiert werden sollte.

Frucht des religionsgeschichtlich-theologischen Teils dieses Programms sind eine Fülle von Manuskripten, von denen die wenigen, erst postum veröffentlichten, wie die *Chronology of Ancient Kingdoms Amended (Die verbesserte Chronologie der alten Königreiche),* nur eine Geschichte der Menschheit seit der Schöpfung, nicht aber Newtons zeit seines Lebens sorgfältig geheimgehaltenen antitrinitarischen Überzeugungen enthalten.

Das für die von Newton gesammelten Quellen der Alchimie und der Theologie gegebene Übersetzungsprogramm sollte bei der Alchimie durch eine Befragung der Natur im chemischen Experiment ergänzt werden. Newton war davon überzeugt, daß damit die von der Mechanik offengelassenen Erklärungslücken durch das aktive, vegetabile Prinzip der Alchimie geschlossen werden könnten, dessen sich auch Gott beim Schöpfungsprozeß des Kosmos aus der anfangs allein vorhandenen ungeformten Urmaterie bediente. Insbesondere leitete sich aus den in der Alchimie vorausgesetzten Umwandlungsprozessen oder Transmutationen ab, daß alle Erscheinungsformen materieller Substanzen nur verschiedene Ausformungen einer Urmaterie sind.

Schon in den 90er Jahren des 17. Jahrhunderts hatte Newton eine rein spekulative Kompositionstheorie für den Aufbau jeder materiellen Substanz aus dieser Urmaterie entwickelt, die er erst in den *Opticks* von 1717 veröffentlichte. Das in der sehr umfangreichen Query 31 der *Opticks* von 1717 zusammengefaßte chemische Wissen Newtons kann auch als Ergebnis einer Umformung der in der verschwiegenen Zurückgezogenheit eines Alchimisten gewonnenen Erkenntnisse in ein für eine größere Öffentlichkeit bestimmtes chemisches Wissen gedeutet werden.

Die Entwicklung der *Principia*, der neuen Grundlagen der Naturphilosophie

Newtons Hauptwerk, die 1687 veröffentlichten *Philosophiae Naturalis Principia Mathematica*, ist in der erstaunlich kurzen Zeit von knapp zwei Jahren niedergeschrieben worden. Voraussetzung für eine solche Leistung waren eine Reihe von Vorarbeiten, die schon in der Cambridger Studienzeit einsetzten, und ihrerseits auf Vorleistungen wichtiger Vertreter der sogenannten wissenschaftlichen Revolution des 17. Jahrhunderts beruhten.

Eine der wichtigsten Vorleistungen für das von Newton in den *Principia* geschaffene Weltbild hatte Johannes Kepler mit den nach ihm benannten drei Keplergesetzen erbracht. Unstrittig erschien sehr rasch das erste Keplersche Gesetz, wonach die Planeten auf elliptischen Bahnen die Sonne umlaufen, die sich in einem Brennpunkt der Ellipse befindet, und auch das dritte, wonach für alle Planeten das Verhältnis der Quadrate der Umlaufzeiten T zu den Kuben der mittleren Radien r ihrer (elliptischen) Umlaufbahnen also T^2/r^3 gleich ist. Das zweite Keplersche Gesetz, das die ungleichförmige Bewegung der Planeten um die Sonne beschreibt, die in Sonnennähe die größte und in Sonnenferne die kleinste Geschwindigkeit aufweisen, konnte sich erst lange nach seiner Veröffentlichung durchsetzen. Nach diesem Gesetz überstreicht die Verbindungslinie zwischen Planet und Sonne in gleichen Zeiten gleiche Flächen. Kepler selbst hat dieses Gesetz immer nur als angenähert gültig bezeichnet und gelegentlich ein anderes, mathematisch nicht gleichwertiges Gesetz verwendet, den sogenannten Radiensatz. Danach ist die jeweilige Geschwindigkeit eines Planeten umgekehrt porportional zu seinem momentanen Abstand von der Sonne. Ein Teil der Entwicklung der Astronomie zwischen Kepler und Newton galt der Auseinandersetzung mit den drei Keplergesetzen, insbesondere mit dem zweiten und damit konkurrierenden alternativen Deutungen des Beobachtungsmaterials. Die Entscheidung zugunsten des Flächensatzes fiel erst in den 70er Jahren des 17. Jahrhunderts.

Bevor sich Newton mit den von Kepler gefundenen Bewegungsgesetzen der Planeten, die eine elliptische Bahnform und eine ungleichförmige Bahngeschwindigkeit voraussetzen, zu beschäftigen begann, hatte er sich mit der Kraft befaßt, die auf einen Körper ausgeübt werden muß, um ihn auf einer mit gleichförmiger Geschwindigkeit durchlaufenen Kreisbahn zu halten. Schon Descartes hatte festgestellt, daß auf einen in einer Schleuder auf einer Kreisbahn geführten Stein beträchtliche Haltekräfte ausgeübt werden müssen.

Huygens hatte um 1657 – ebenso wie unabhängig von ihm dann Mitte der 60er Jahre Newton – gefunden, daß auf einen mit konstanter Geschwindigkeit v auf einer Kreisbahn mit dem Radius r umlaufenden Körper eine Zentripetalkraft K ausgeübt werden muß, um ihn auf der Bahn zu halten, die proportional zu v^2/r ist. Huygens hat seine Untersuchungen über Zentrifugalkräfte in den 70er Jahren veröffentlicht.

Über Newtons Arbeiten zu diesem Bereich wissen wir nur aus seinen Manuskripten, hier insbesondere aus einer Art Notizbuch, dem sogenannten *Wastebook*. In ihm näherte Newton den Umlauf einer Kugel auf einer Kreisbahn durch den auf einer regelmäßigen Polygonalbahn an. Newton hat dabei die Wirkung der Zwangskraft K, die etwa von der Wand eines Hohlzylinders auf eine innen umlaufende Kugel während eines Umlaufs ausgeübt wird, als proportional zur Umlaufgeschwindigkeit v und umgekehrt proportional zur Umlaufzeit T bestimmt. Mit Hilfe des dritten Keplerschen Gesetzes konnte er dann zumindest für Kreisbahnen zeigen, daß K umgekehrt proportional zum Quadrat des Radius r der Kreisbahn ist.[3] Faßt man K als eine vom Zentrum der Kreisbahn ausgehende Kraft auf, dann ist K umgekehrt proportional zum Quadrat des Abstands des umlaufenden Körpers von diesem Zentrum.

Für den Fall von kreisförmigen Planetenbahnen, die aufgrund der geringen Differenz zwischen den beiden Hauptachsen als gute Näherungen für Keplerellipsen angesehen werden können, war damit klar, daß die von der Sonne ausgeübten Haltekräfte umgekehrt proportional zum Quadrat des Abstands Sonne-Planet sind.

Robert Hooke hatte die Idee, daß ein solches inverses Abstandsquadratgesetz nicht nur für Kreisbahnen, sondern auch für elliptische Bahnen gültig ist und ganz allgemein das Wirken einer universellen Kraft beschreibt, die auch für den von Galileo Galilei behandelten freien Fall auf der Erdoberfläche verantwortlich ist. Dies war zunächst nur die persönliche Überzeugung von Hooke, der sich zu ihrer mathematischen Begründung u. a. auch als Sekretär der *Royal Society* (1677–81) an den damals noch in Cambridge arbeitenden Newton wandte. Das mathematische Hauptproblem bestand darin zu zeigen, daß sich die elliptischen Planetenbahnen um die Sonne aus einer von der Sonne ausgehenden Zentralkraft ableiten lassen, die einem inversen Abstandsquadratgesetz gehorcht. Dazu war im Kreis der Londoner *Royal Society* keiner fähig, weder Hooke selbst noch der Architekt und Erbauer der St. Paul's Kathedrale, Christopher Wren, oder der Astronom Edmond Halley. 1684 fuhr Halley nach Cambridge, um Newton das Problem vorzulegen.

Newton hat die Lösung dieses Problems in verschiedenen, allmählich zu einer ersten Theorie erweiterten Fassungen einer *De Motu* betitelten

Schrift niedergelegt. Schließlich führten die von Halley angeregte Ausarbeitung und die sich für Newton daraus ergebenden Folgerungen zur Abfassung der *Principia*. Halley hat nicht nur Newtons Enthusiasmus während der gesamten Abfassungszeit am Leben zu erhalten gewußt, sondern auch mindestens ein Jahr seines Lebens darauf verwandt, den Druck dieses «göttlichen Werkes» zu organisieren und zu überwachen. Am 15. Juli 1687 konnte Halley Newton vom Abschluß der Drucklegung des Werkes, dessen vollständiger Titel *Philosophiae Naturalis Principia Mathematica* lautete, benachrichtigen und ihm die Übersendung von 20 Freiexemplaren ankündigen, deren heutiger Marktwert Newton unmittelbar zum Millionär gemacht hätte. Den Titel der Schrift, die eine Zusammenfassung der Mechanik des 17. Jahrhunderts und deren Ausbau zu einem geschlossenem System bietet, hatte Newton in Anlehnung an die 1644 veröffentlichten *Principia philosophiae* von René Descartes gewählt. Newton wollte damit jedoch weniger an die Leistungen Descartes' erinnern, dem er entscheidende Anregungen für seinen Werdegang als führender Mathematiker und Physiker seiner Zeit verdankte, als den aus Newtons Sicht von Descartes noch zu Unrecht erhobenen Anspruch einlösen, die Grundlagen der Naturphilosophie angegeben zu haben.

Einen Eindruck von der unmittelbaren Wirkung, die die *Principia* auslösten, vermittelt ein aus der Zeit überliefertes Bonmot von Studenten, mit dem sie einander, sooft ihnen Newton in den Straßen von Cambridge begegnete, auf ihn aufmerksam machten: «Hier geht der Mann, der ein Buch geschrieben hat, das weder er selbst noch irgend jemand sonst versteht.»[4] Tatsächlich konnten damals nur sehr wenige unter den vielen, die sich für das Werk interessierten, den Inhalt der *Principia* verstehen und würdigen.

Der Aufbau der *Principia*

Das Werk besteht aus drei als Bücher bezeichneten Teilen. Im ersten Buch entwickelt Newton eine auf dem Kraftbegriff beruhende Bewegungslehre, um damit auf der Grundlage des Gravitationsprinzips im dritten Buch die damals anstehenden Probleme der Astronomie und Himmelsphysik durch die Vorstellung seines Weltsystems zu lösen. Das dazwischenliegende zweite Buch behandelt die Bewegung in Widerstand leistenden Medien.

Im Gegensatz zu Descartes trennte Newton den Ort eines Körpers vom Körper: Er betrachtet Körperbewegungen zunächst absolut, bezogen auf das körperunabhängige, stabile Bezugssystem des absoluten Raumes und der absoluten Zeit. Der absolute Raum war für Newton theologisch durch die Existenz eines ewigen und unendlichen Gottes und physikalisch über seinen Eimerversuch, mit dem er eine Nachweismöglichkeit für absolute

Bewegung gefunden zu haben glaubte, gesichert. Grundlage der *Principia* sind die am Anfang stehenden drei Bewegungsgesetze: das Trägheitsgesetz, die Wirkung einer Kraft als zeitliche Veränderung der Bewegungsgröße, die er als Produkt aus Masse und Geschwindigkeit eines Körpers verstand, und die Forderung, daß jeder Kraft eine gleich große Gegenkraft entspricht. Ausgehend von Zentralkräften konnte Newton die Gültigkeit der Keplergesetze zeigen, die durch die Hinzufügung des dritten Bewegungsgesetzes, d. h. durch den Übergang zum Zweikörper- und dann Mehrkörperproblem nur noch angenähert richtig sind.

Die Tragfähigkeit der hier von Newton entwickelten Massenpunktmechanik beruhte wesentlich auf Sätzen wie dem, daß die von einer homogenen Kugel auf einen Punkt außerhalb von ihr ausgeübte Kraft der von einem im Kugelmittelpunkt befindlichen Massenpunkt derselben Masse wie die Kugel entspricht. Erst damit konnte Newton beweisen, daß die auf einen Apfel wirkende Gravitationskraft demselben Gesetz gehorcht wie der von der Erde auf seiner Bahn gehaltene Mond.

Die Hauptfunktion des zweiten Buches war es, die Unhaltbarkeit der Cartesischen Wirbeltheorie für die Planetenbewegungen unter allen möglichen Annahmen von Reibungskräften nachzuweisen.

Die Ernte des vor allem im ersten Buch Gesäten hat Newton im dritten eingefahren. Mit dem im dritten Buch ausgesprochenen Prinzip der allgemeinen Gravitation können die beobachteten Bewegungen der Planeten und ihrer Satelliten im Sonnensystem mathematisch ebenso angemessen beschrieben werden wie die Gezeitenbewegung der Weltmeere, die Präzessionsbewegung der Erdachse und die Kometenbahnen. Dieses Ergebnis erschien Zeitgenossen als die Quintessenz des jede Vorstellung übersteigenden Einsichtsvermögens von Newton und gleichzeitig als die Krönung der *Principia.*

Gegenüber dem u. a. von Descartes und Gassendi vertretenen mechanistischen Erklärungsprogramm begnügte sich Newton im Sinne seines «hypotheses non fingo» – «Hypothesen erfinde ich nicht» – mit einer mathematischen Beschreibung der beobachteten Erscheinungen durch abstandsabhängige Kräfte. Der Erfolg des im dritten Buch dargelegten Newtonschen Weltsystems sicherte in der nachfolgenden Entwicklung der Naturwissenschaften dem Newtonschen Programm einer Beschreibung aller physikalischen Erscheinungen durch Fernwirkungskräfte gegen den Widerstand von Cartesianern und Leibnizianern den Status von zulässigen und ausreichenden Erklärungen der Erscheinungen.

Für die spätere Wirkung der *Principia* war vor allem das dritte *Über das Weltsystem* betitelte Buch von Bedeutung, das alle Ergebnisse der von Copernicus ausgelösten wissenschaftlichen Revolution unter einem einzigen Prinzip zusammenzufassen vermochte und damit eine der wichtigsten Phasen der neuzeitlichen Wissenschaftsentwicklungen abschloß.

Die Natur des Lichts

Die Anfänge von Newtons Interesse an einer Klärung der Natur des Lichtes sind so alt wie seine Untersuchungen zur Mechanik. Schon im *Wastebook* von 1665 widerlegt Newton die Descartessche Stoßimpulstheorie für die Fortpflanzung des Lichts, die man sich am Beispiel eines starren Körpers, der Lichtquelle und Empfänger verbindet, verdeutlichen kann, weil damit der Impuls, der an das bei der Lichtquelle liegende Ende des starren Körpers abgegeben wird, unmittelbar auf das beim Empfänger liegende Ende wirkt.

Newton macht gegen Descartes geltend, daß feste Körper, wie die Himmelskörper, nach der Stoßimpulstheorie das Licht besonders gut leiten und damit transparent erscheinen müßten im Gegensatz zu den beobachteten Überdeckungen und Finsternissen.

Die Entscheidung zwischen den Alternativen eines Plenismus bei Descartes, also einer vollständigen Materieerfülltheit des Raumes, und eines Atomismus von Gassendi, bei dem nur ein verschwindend kleiner Teil des sonst leeren Raumes mit einer aus unteilbaren kleinsten Elementen zusammengesetzten Materie erfüllt ist, zugunsten von Gassendi führte bei Newton zu der Vorstellung, daß Licht ein Strom kleinster Partikel ist, die er als Globuli bezeichnete. Die Überzeugung, daß Licht korpuskular ist, formte in der Folge die Erwartungen und daran anknüpfend die experimentellen Untersuchungen Newtons, der sich insbesondere mit dem Phänomen der Farbigkeit beschäftigte. Im Gegensatz zu Descartes war Newton aber erst in späteren Jahren bereit, sich über seine Vorstellung von der Natur des Lichts zu äußern.

Descartes hatte seine mechanistischen Vorstellungen an den Anfang gestellt, um damit Eigenschaften des Lichts, wie dessen Farbigkeit, zu erklären. So verglich er Licht mit bewegten Bällen, durchaus den Globuli in Newtons *Wastebook* vergleichbar, wobei die einzelnen Farben jeweils durch eine Rotation bestimmter Frequenz der Bälle hervorgerufen wird. Beim Durchgang durch ein Prisma werden nach Descartes die Rotationsgeschwindigkeiten verändert und so die beobachteten Farbwirkungen erzielt. Eine solche keiner experimentellen Prüfung zugängliche Theorie der Farben war für Newton absolut unhaltbar.

Aber auch die sogenannten Modifikationstheorien des Lichts, die als Alternative für diese mechanistische Erklärung der Entstehung von Farben zur Verfügung standen, wurden von Newton verworfen. Dazu gehörte die der Descartesschen Erklärung der Farben nahestehende Vorstellung von Isaac Barrow, wonach Farben aus dem weißen Sonnenlicht, das selbst wieder als ein Korpuskelstrom aufgefaßt wurde, durch Abschwächung von deren «Dicke» und Geschwindigkeit entstehen. Hier entstehen die Farben also durch eine Modifikation des weißen Sonnenlichts, wobei allerdings der eigentliche Modifikationsvorgang dunkel bleibt. Im allgemeinen besagten die Modifikationstheorien, daß das weiße Sonnenlicht die ursprüngliche Form des Lichtes darstellt, das durch Modifikation etwa beim Durchgang durch ein Prisma die verschiedenen beobachteten Farben annimmt. Bei Robert Hooke werden z. B. die einzelnen Farben durch Beimischung von immer mehr «Dunkelheit» zum weißen Licht von rot bis blau modifiziert.

Newton benutzte, wie seine Vorgänger, das Prisma als wichtigstes Instrument zur Klärung der Natur von Licht und Farbe. Er arbeitete in einem verdunkelten Zimmer, in das ein durch ein Loch im Fensterladen ausgeblendeter Lichtstrahl fiel. Anders als seine Zeitgenossen betrachtete Newton das nach dem Durchgang des Lichtstrahls durch ein Glasprisma entstehende Spektrum auf einem vom Prisma weit entfernten Schirm, wodurch er nicht nur eine «Vergrößerung», sondern auch eine qualitative Veränderung des üblichen Effekts der Farbigkeit erreichte. Er beobachtete ein unerwartet langes ovales Abbild der kreisförmigen Lochblende im Fensterladen mit einem Spektrum, das von rot über orange, gelb, grün, blau bis violett reichte. Für die Erklärung des Phänomens schloß Newton durch eine Reihe von Versuchen andere Hypothesen wie die aus, daß die ovale Form durch die große Ausdehnung der Sonne hervorgerufen sein könnte, um dann das langgestreckte farbige Bild der Lochblende auf dem Bildschirm durch die Überlagerung verschiedenfarbiger, jeweils kreisförmiger Bilder der Blende entstehen zu lassen. Jedes einzelne Bild der Blende entspricht einer bestimmten Farbe, die ihrerseits durch einen bestimmten Brechungsindex und damit einen bestimmten Ort auf dem Bildschirm ausgezeichnet ist. Für die Zeit unerhört war die Deutung, daß das weiße Sonnenlicht nicht die einfachste fundamentale Seinsform des Lichts ist, sondern sich aus verschiedenfarbigen Strahlen unterschiedlicher Brechbarkeit zusammensetzt.

Aus der Fülle der verschiedenen Versuche, mit denen sich Newton selbst von diesem Sachverhalt überzeugte, zu denen auch die Zusammensetzung des weißen Lichts aus farbigem Licht mit Hilfe einer Sammellinse oder später eines Farbkreisels gehörte, hat er in seiner ersten Publikation *Neue Theorie über Licht und Farben* in den Philosophical Transactions von 1672 nur zwei herangezogen, nämlich die Wiedervereinigung der Spektralfarben durch eine Sammellinse zu weißem Licht und das von ihm so genannte *Experimentum Crucis,* den entscheidenden Versuch. Der entscheidende Versuch bestand für Newton darin, durch zwei feste Blenden aus dem Spektrum des durch ein Prisma gebrochenen Sonnenlichts einen einfarbig erscheinenden schmalen Lichtstrahl auszublenden und diesen durch ein weiteres Prisma abzulenken; dabei zeigte sich für alle unterscheidbaren Farben des Spektrums, daß jeder farbige Strahl von beiden Prismen in gleicher Weise gebrochen wird, also Blau stärker als Rot, und daß das zweite Prisma keine weitere Aufspaltung des Lichts bewirkt. Das *Experimentum Crucis* schien Newton hinreichend für den Beweis der Aussage, daß weißes Licht aus farbigen Strahlen unterschiedlicher Brechbarkeit zusammengesetzt ist.

Nach seiner Theorie mußte auch bei aus Linsen zusammengesetzten optischen Systemen ein Farbfehler auftreten. Newton war deshalb davon überzeugt, daß es schwierig, wenn nicht unmöglich sei, insbesondere den Bau von Fernrohren entscheidend zu verbessern. Newton hat sich deshalb der Konstruktion eines Spiegelteleskops zugewandt, dessen erfolgreiche Vorführung in der *Royal Society* zu seiner Aufnahme als *fellow* führte. Unabhängig davon, ob Newton später an die Möglichkeit der Korrektur des Farbfehlers durch die Konstruktion von optischen Systemen aus Linsen unterschiedlicher Brechzahlen glaubte, haben seine vor allem in den 70er Jahren des 17. Jahrhunderts veröffentlichten Stellungnahmen die Weiterentwicklung von Refraktoren lange Zeit verzögert.

Hypotheses non fingo

Die Veröffentlichung von 1672 hatte eine lebhafte Diskussion zur Folge, die Newton sehr zu seinem Unbehagen bis 1676 zu weiteren Stellungnahmen auch über die Funktion von Hypothesen in der Physik zwang. Newton fühlte sich besonders durch Kritiker wie Hooke und Pardies, die seine Licht-Farbentheorie als eine Hypothese bezeichnet hatten, zu einer Klärung des Hypothesenbegriffs veranlaßt. Newton hatte seine *New theory* als eine Darstellung der unmittelbar aus Beobachtung und Experiment gewonnenen Eigenschaften des Lichts erscheinen lassen. Unmittelbar heißt dabei, daß die gefundenen Eigenschaften unabhängig von jeder Annahme, Hypothese, über die Natur des Lichts sind. Nach Newton dürfen Hypothesen «nur zur Erklärung der Eigenschaften der Dinge passend gebildet, aber nicht zu deren Bestimmung gebraucht werden, es sei denn in dem Maß, wie sie Experimente zu liefern vermögen.»[5]

In diesem Sinn ist auch das berühmte «hypotheses non fingo», «Hypothesen erfinde ich nicht», des in den *Principia* ab der zweiten Auflage von 1713 enthaltenen *Scholium generale* zu verstehen, wo er kompromißloser als in der Auseinandersetzung mit Hooke und Pardies festgestellt hatte:

> Was nämlich nicht aus den Erscheinungen folgt, ist als Hypothese zu bezeichnen, und Hypothesen, ob sie nun metaphysisch oder physikalisch oder über verborgene Eigenschaften oder mechanisch sind, haben in der Experimentalphysik keinen Platz. In dieser Physik werden Aussagen aus Erscheinungen abgeleitet und durch Induktion verallgemeinert.[6]

In den *Principia* hatte eine solche Feststellung die Funktion, Newtons Verzicht auf irgendeine Erklärung der Wirkweise der Gravitationskraft zu rechtfertigen. In seinen optischen Schriften wollte Newton auf eine solche Erklärung nicht vollständig verzichten. So hatte er Hooke gegenüber geäußert: «Es ist wahr, daß ich auf der Basis meiner Theorie für die Körperlichkeit von Licht eintrete. Aber ich mache das ohne irgendeinen Anspruch, wie das Wort ‹vielleicht› nahelegt; ich mache sie auch höchstens zu einer sehr plausiblen Annahme.»[7]

Die *Opticks*

Newton hat in die Diskussion über seine Deutung der Natur des Lichts von 1672 auch die in seinen Vorlesungen über Optik niedergelegten Erfahrungen ins Spiel gebracht. Er hat sich aus verschiedenen Gründen, die auch mit einem Verlust seiner Papiere durch einen Brand um 1678 und seinen Animositäten gegenüber Robert Hooke, der 1703 verstorben war, zu tun haben, erst 1704 dazu entschlossen, seine *Opticks* erstmals herauszubringen. Wie die *Principia* bestehen die *Opticks* aus drei Büchern, zu denen noch ein Teil mit mehr oder weniger offenen Fragen, den Queries, kommt. Das erste Buch enthält nach acht Definitionen und acht Axiomen, in denen Begriffe wie Reflexion und Brechung, reelles und virtuelles Bild behandelt werden, im wesentlichen eine Ausarbeitung der Veröffentlichung von 1672, die auch eine Beschreibung des Newtonschen Teleskops enthielt. Das zweite Buch der *Opticks* behandelt Interferenzerscheinungen, die Entstehung von Farbwirkungen bei dünnen durchsichtigen Körpern, insbesondere die später nach Newton benannten Ringe, und die Farben nichtdurchsichtiger natürlicher Körper, deren kleinste Teilchen in Analogie zu den Farben dünner durchsichtiger Plättchen als durchsichtig angenommen werden.

Das dritte Buch enthält elf «Beobachtungen» über Beugungserscheinungen, die Newton als Kraftwirkungen von Körpern auf das Licht interpretierte. Im Anschluß an das dritte Buch brachte Newton die Queries, die u. a. der Klärung der Natur solcher Kräfte dienten. Die Anzahl der Queries wuchs von 16 in Frageform gekleideten Hypothesen zur Erklärung optischer und thermischer Erscheinungen in der Ausgabe von 1704 auf 31 in der zweiten Auflage von 1717, wobei die dazwischenliegende lateinische Ausgabe von 1706 gegenüber der Ausgabe von 1704 einige neue Queries enthielt. Viele der Queries haben den Charakter von Feststellungen, die in die unverbindliche Form «ist es nicht so, daß?» gekleidet werden. So lautet zum Beispiel Query 13:

> Erregen nicht verschiedene Arten von Strahlen Schwingungen verschiedener Größe, die ihrer Größe entsprechend die Empfindungen der verschiedenen Farben auslösen, ganz ähnlich wie die Luftschwingungen entsprechend ihrer verschiedenen Größen die Empfindungen verschiedener Töne auslösen?[8]

In den 1706 neu hinzugekommenen Fragen hatte Newton festgelegt, daß Lichtstrahlen aus «sehr kleinen Körpern, die von leuchtenden Substanzen ausgesandt werden», bestehen.

In den neuen Fragen von 1717 wird der Äther und seine Funktion eingeführt, der nach nicht veröffentlichten Entwürfen als ein «universeller, wahrnehmbarer, mächtiger elastischer Spirit», Geist, über die Erscheinungen der Physik hinaus für Wachstum und Fortpflanzung verantwortlich sein sollte.

Die beiden letzten Fragen 30 und 31 enthielten eine Andeutung des ungeheuren chemischen Wissens, das Newton im Laufe seines Lebens angehäuft hatte. Gleichzeitig findet man in ihnen das Newtonsche Forschungsprogramm, wonach alle physikalischen und chemischen Erscheinungen auf die Bewegung von kleinsten Teilchen unter dem Einfluß weniger Elementarkräfte, wie der Gravitationskraft, zurückgeführt werden können.

Der Newtonianismus und die Wirkung des Newtonschen Forschungsprogramms

Newton hat die Vorstellungswelt der Generationen nach ihm in einer Weise beeinflußt, wie es, was Dauer und Intensität anlangt, nur wenigen in der Geschichte der Menschheit vergönnt war. Insbesondere war das, was man als das Newtonsche Forschungsprogramm bezeichnen kann, bis etwa zum Beginn unseres Jahrhunderts weitgehend für die Physik verbindlich. Der Physiker, der in unserem Jahrhundert ein weit über die Grenzen der Physik hinaus wirksames neues Weltbild schuf, Albert Einstein, hat deshalb in einem persönlichen Rückblick Newton noch einmal gewürdigt:

> Newton verzeih' mir; du fandst den einzigen Weg, der zu deiner Zeit für einen Menschen von höchster Denk- und Gestaltungskraft eben noch möglich war. Die Begriffe, die du schufst, sind auch jetzt noch führend in unserem physikalischen Denken, obwohl wir nun wissen, daß sie durch andere, der Sphäre der unmittelbaren Erfahrung ferner stehende ersetzt werden müssen, wenn wir ein tieferes Begreifen der Zusammenhänge anstreben.[9]

Aus der Sicht des 18. Jahrhunderts erschien Newtons Leistung noch wesentlich eindrucksvoller als aus der von Einstein, der ja trotz seines Lobes nicht verhehlen kann, daß das Newtonsche Weltbild für Physiker nicht mehr verbindlich ist. Nach dem unter der Anteilnahme ganz Englands und mit großem Pomp begangenen Begräbnis Newtons in Westminster Abbey ließ man dort die folgende Grabinschrift anbringen, die in konzentrierter Form die Leistungen Newtons wie folgt würdigte:

Hier liegt Isaak Newton, der goldene Ritter, der mit fast göttlicher Geisteskraft die Bewegungen und die Gestalt der Planeten, die Bahnen der Kometen und die Gezeiten der Ozeane durch seine die Fackel vorantragende Mathematik als erster richtig erklärte. Er hat die Verschiedenheit der Lichtstrahlen und die daraus entstehenden Eigenschaften der Farben, die niemand vorher vermutete, gründlichst erforscht. Er war der Natur, der Altertumskunde und der Heiligen Schrift eifriger, scharfsinniger und getreuer Interpret, indem er die Majestät des besten und höchsten Gottes durch seine Philosophie bestätigte und durch seinen Lebenswandel die Einfachheit des Evangeliums ausdrückte. Mögen sich die Sterblichen beglückwünschen, daß eine solche und große Zierde des menschlichen Geschlechts gelebt hat.

Auf der Grundlage der *Principia* entstand im 18. Jahrhundert eine Denk- und Forschungsrichtung, die als Newtonianismus bezeichnet wird. Zu seiner Verbreitung hatten wesentlich die veröffentlichten Boyle-Predigten beigetragen, deren Physico- und Astrotheologie im Sinne Newtons darauf abzielten, Existenz und Wirken Gottes aus der in der Natur erkennbaren Ordnung abzuleiten. Für Inhalt und Programm des Newtonianismus berief man sich hauptsächlich auf das Modell der Gravitationstheorie in den *Prinicpia,* auf die vier «regulae philosophandi», auf Newtons Erörterungen über die Verwendung von Hypothesen sowie auf die Queries der *Opticks.* Die zeitweilige Dominanz des Newtonianismus machte Newton über jedes gewöhnliche Maß an Popularität hinaus zu der Symbolfigur der «Weltweisheit» des 18. Jahrhunderts.

Das Interesse an der von Newton in den *Principia* begründeten Physik und an dem daraus entwickelten Weltsystem ließ einen lukrativen Markt für allgemeinverständliche Darstellungen entstehen, den so prominente Autoren wie Voltaire mit seinen 1734 veröffentlichten *Philosophischen Briefen* und den 1738 von ganz Paris erwarteten und verschlungenen *Elementen der Naturphilosophie Newtons* oder der Italiener Algarotti bevölkerten, der in seinem *Newtonianismo per le dame* die Belange des Herzens zur Vermittlung Newtonscher Erkenntnisse einsetzte. Die wichtigsten Leistungen Newtons wurden auch zum Gegenstand der allgemeinen Literatur; insbesondere wurde Newton selbst zu einem der beliebtesten Sujets der zeitgenössischen englischen Dichtung. Das bekannteste Produkt der Newton-Dichtung des «Augustan Age» ist Alexander Popes Lehrgedicht *Essay on man.* Die Wissenschaftsdichtung erlebte in der ersten Hälfte des 18. Jahrhunderts in England eine nie mehr erreichte Blüte. Sie diente vornehmlich der Verbreitung und Verherrlichung der geistigen Großtaten Newtons.

In der Newton-Dichtung dieser Zeit finden sich auch bereits deutliche Hinweise auf die Absicht, die von Newton in den *Principia* beschriebene Ordnung auf die soziale Welt zu übertragen. Von daher erklärt sich auch, warum die *Principia* mit den Ereignissen in Verbindung gebracht wurden, die die größten gesellschaftlichen Veränderungen im 18. Jahrhundert auslösten, mit der Französischen Revolution und der Unabhängigkeitserklärung der ehemaligen englischen Kolonien in Nordamerika.

Für die exakten Naturwissenschaften, insbesondere für die Physik, blieb das in den *Principia* enthaltene Newtonsche Forschungsprogramm verbindlich, bis sich in der zweiten Hälfte des 19. Jahrhunderts wesentliche Grundlagen – wie absoluter Raum und absolute Zeit oder das Konzept der Fernkraftwirkung vor allem im Licht der von Maxwell entwickelten Nahwirkungstheorie des elektromagnetischen Feldes – als problematisch und schließlich als nicht mehr haltbar erwiesen. Die Bemühungen um eine Lösung der damit entstandenen Schwierigkeiten gipfelten in der Schöpfung der allgemeinen Relativitätstheorie Albert Einsteins.

Klaus Mainzer

GOTTFRIED WILHELM LEIBNIZ
(1646–1716)

Leibniz und der Beginn der neuzeitlichen Wissenschaft

Die mathematische Methode der Physik ist bis heute weitgehend durch Symbole und Formeln der Differential- und Integralrechnung bestimmt. Fundamentale physikalische Theorien gehen häufig von allgemeinen Erhaltungssätzen, Symmetrie- und Variationsprinzipien aus, um daraus spezielle Lösungen abzuleiten.[1] Dieser Top-Down-Gesichtspunkt der modernen theoretischen und mathematischen Physik wurde durch Leibniz entscheidend geprägt. Unter diesem methodischen Gesichtspunkt steht Leibniz der Moderne sogar näher als sein großer Rivale Newton, dessen Mechanik noch nicht in der Sprache der Analysis verfaßt ist und in ihrem geometrisch-synthetischen Stil eher an Archimedes erinnert. Gleichwohl ist Newton der überragende Begründer der Klassischen Physik, dessen physikalische Gesetze, z. B. der Gravitation und Optik, modifiziert und korrigiert auch in die moderne Physik eingebettet werden können. Der Mathematiker und Philosoph Leibniz prägt mit seinen Ideen zum Infinitesimal- und Variationskalkül zwar Stil und Methode der neuzeitlichen Physik. Seine physikalischen Einzelergebnisse erreichten jedoch nicht die Bedeutung Newtons.

Fremd mag einem heutigen Physiker vorkommen, daß Leibniz seine analytischen und mechanischen Methoden in der Terminologie aristotelisch-scholastischer Naturphilosophie erläutert. Die Verbindung von Mathematik und Naturphilosophie ist typisch für Leibniz in einer Zeit, in der sich die Physik als eigenständige naturwissenschaftliche Disziplin erst herauskristallisierte. Es ist daher auch keineswegs ungewöhnlich, daß sich Leibniz mit mathematisch-physikalischen Problemen erst nach einem Studium der Philosophie und Rechtswissenschaft autodidaktisch zu beschäftigen begann.[2]

Leibniz wurde am 1. Juli 1646 in Leipzig geboren. Nach Baccalaureat 1663 und Magister der Philosophie 1664 erfolgte 1667 die juristische Promotion in Altdorf. Eine akademische Karriere in Altdorf schlug Leibniz aus, um am Hof des Mainzer Kurfürsten Johann Philipp von Schönborn 1670 Rat am Kurfürstlichen Revisionsgericht zu werden. 1672–1676 ist Leibniz in diplomatischer Mission in Paris. Berühmt wird sein Versuch, Ludwig XIV. zum Angriff auf Ägypten zu bewegen, um ihn von Europa abzulenken. Wissenschaftlich studiert Leibniz die Schriften von Bonaventura F. Cavalieri, Descartes, Blaise Pascal und John Wallis und trifft

Gottfried Wilhelm Leibniz (1646–1716)

Antoine Arnauld, Huygens, Nicolas Malebranche, Ehrenfried Walther von Tschirnhaus u. a. 1675 führt er an der Pariser *Académie des sciences* seine Rechenmaschine vor und wird über die Vermittlung von Henry Oldenbourg 1673 Mitglied der *Royal Society* in London. Dort lernt er Robert Boyle, Hooke, John Pell und John Collins kennen, wobei letzterer ihm Einblick in die Papiere James Gregorys und Newtons gab. In Holland besuchte Leibniz Antony van Leuwenhoek und Baruch de Spinoza.

In seiner Zeit als Hofrat und Bibliothekar in Hannover ab 1676 beschäftigt er sich mit technischen Entwicklungen, wie hydraulischen Pressen, Uhren, Windmühlen zum Antrieb von Pumpen, chemischen Experimenten mit Phosphor und Förderungs- und Entwässerungseinrichtungen von Bergwerken. Die Verbindung von Mechanik mit Technik ist ein weiterer moderner Zug des Leibnizschen Denkens, der durch das Motto «theoria cum praxi» (angewandte Theorie) erfaßt wird.

Seine historische Arbeit an der Geschichte des Welfenhauses im Auftrag der Hannoverschen Herzöge führte ihn auf mehrere Reisen durch Europa (u. a. nach Wien, Florenz und Rom). Seine Beschäftigung mit der chinesischen Kultur und ihrer Symbolik regte ihn zur Entwicklung des dualen Ziffernsystems an, das heute für die moderne Computertechnik von grundlegender Bedeutung ist.

Neben seinen wissenschaftlichen Aktivitäten setzte sich Leibniz für die Reunion der christlichen Kirchen ein. Er förderte die Gründung wissenschaftlicher Akademien in Berlin, Dresden, St. Petersburg und Wien. 1700 wurde er der erste Präsident der *Societät der Wissenschaften* zu Berlin. 1691 hatte er bereits die Leitung der Wolfenbütteler Bibliothek übernommen. Er wird Justizrat am russischen Zarenhof und Reichshofrat am Wiener Kaiserhof. Rastlos politisch und wissenschaftlich tätig bis zu seinem Tod, gerät Leibniz jedoch in den letzten Jahren in Hannover in zunehmende Vereinsamung, nachdem der Welfenherzog mit seinem Hof Hannover verlassen hatte, um König von England zu werden.

Wie in keinem anderen Gelehrten seiner Zeit spiegeln sich in Leibnizens Denken die Vielfalt und die Umbrüche der europäischen Kultur und Wissenschaft, die er durch gemeinsame Prinzipien und Institutionen zu einigen sucht. Seine wissenschaftlichen Bemühungen sind von enzyklopädischer Breite und reichen von der Logik, Mathematik, Physik, Technik, Sprachphilosophie und Historiographie bis zur Rechtstheorie und Theologie. Das Motto «Einheit in der Vielheit» umschreibt treffend sein Lebenswerk, das der Überwindung von aufkommenden nationalen und wissenschaftlichen Barrieren galt. In diesem Sinn ist Leibniz, wie im 20. Jahrhundert z. B. Einstein, ein Weltbürger und daher von ungebrochener Aktualität. Im folgenden stehen Leibnizens Beiträge zur mathematischen Physik im Vordergrund.

Leibnizens Beiträge zur mathematischen Physik

Leibnizens Beiträge zur Physik erschließen sich nicht aus einem systematischen Hauptwerk wie Newtons *Philosophiae naturalis principia mathematica,* in dem zentrale Gesetze der klassischen Physik ebenso enthalten sind wie ihre Anwendung auf Erd- und Himmelsmechanik. Zu berücksichtigen sind vielmehr die umfangreiche Korrespondenz von Leibniz mit den führenden Mathematikern und Physikern seiner Zeit, Zeitschriftenartikel, Manuskripte und zahllos erscheinende Entwürfe und Notizen des Nachlasses. Die Suche nach einigenden Prinzipien am Leitfaden der Infinitesimalmathematik lassen aber ein physikalisches Forschungsprogramm erkennen, das teilweise in der physikalischen Tradition von Descartes und Huygens steht, ihre Ergebnisse modifiziert, Gegensätze und Schwächen der Newtonschen Konzeption betont und die Entwicklung der analytischen Mechanik von Euler und Lagrange einleitet.

Zentrale physikalische Themen am Leitfaden der Infinitesimalmathematik sind für Leibniz das Kontinuitätsprinzip der Natur, der Erhaltungssatz der lebendigen Kräfte und ein Extremalprinzip der Mechanik. Seine damit verbundenen naturphilosophischen Vorstellungen der Materie führen ihn zu interessanten physikalischen Einzelergebnissen, wie z. B. der Bestimmung der Balkenfestigkeit im Rahmen der Elastizitätstheorie und einer Ableitung der Keplerschen Planetengesetze. Leibnizens Kritik von Newtons absolutem Raum und absoluter Zeit ist mit einer eigenen Konzeption kinematischer Relativität von Raum–Zeit verbunden.

Infinitesimalkalkül und Kontinuitätsprinzip

Das methodische Ideal von Leibniz sind Kalküle und Rechenverfahren, die im Prinzip auch von einer Maschine erledigt werden könnten. Bereits Descartes hatte ein allgemeines Programm der *Mathesis Universalis* formuliert, wie nach algebraischem Vorbild in der Wissenschaft Probleme zu lösen seien. Descartes' erfolgreiches Anwendungsbeispiel wurde die analytische Geometrie. Leibniz forderte, die Begriffe in ähnlicher Weise zu analysieren, wie man z. B. die Zahlen in Primzahlen zerlegen kann. Die geschickte Wahl von formalen Symbolen und Kodierungen sollten eine *Ars iudicandi* und eine *Ars inveniendi* ermöglichen, in der Probleme nach dem Vorbild maschineller Rechenverfahren zu entscheiden bzw. zu entdecken waren. Leibniz wurde mit diesem Programm einer «Mechanisierung des Denkens» zum Ahnherrn der modernen formalen Logik und Informatik. Ebenso gehen die Anfänge des Determinantenkalküls auf ihn zurück.[3] Sein erfolgreichstes Anwendungsbeispiel ist jedoch der Infinitesimalkalkül.[4]

Ausgehend von den «charakteristischen Dreiecken» (Steigungsdreiecken), wie sie Pascal bei der Kreisberechnung benutzt hatte, verallgemeinert Leibniz ihre Anwendung auf stetige Kurven zur Flächenberechnung (Integration). Durch geschickte Einführung neuer Symbole (Differentiale dx und dy) für die infinitesimal verkleinerten – aber von Null verschiedenen – Seiten dieser Dreiecke entsteht der Differentialquotient dy/dx zur Bezeichnung der Steigung einer Kurventangente. Integrale sind unendliche Summen von Differentialen. Leibniz formuliert für infinitesimale Größen analoge Rechenregeln wie für endliche Größen (reelle Zahlen).[5] Metaphysische Spekulationen über den ontologischen Status seiner infinitesimalen Größen, mit denen sich seine Zeitgenossen plagten, lehnt er ab. Sie sind für ihn nur zweckmäßige Symbole für universelle Problemlösungen – «des fictions utiles pour abréger et pour parler universellement».[6] Diese formale Einstellung zum Infinitesimalkalkül läßt sich heute in der Non-Standard-Analysis mit Methoden der Modell- und Mengentheorie axiomatisch rechtfertigen.[7]

Demgegenüber war Newtons Fluxionsrechnung anschaulich an Bewegungsabläufen orientiert. Er sprach vom «Moment» bzw. dem «unendlich kleinen Zuwachs» einer «fließenden Größe». Die Fluxionen $\dot{x}$ und $\dot{y}$ wurden intuitiv als Geschwindigkeiten eines Körpers in einem Punkt gedeutet. Die Ableitung einer Kurve wurde als tangentialer Geschwindigkeitsvektor mit dem Additionstheorem der Geschwindigkeiten gewonnen. So hilfreich diese physikalische Heuristik für den Erfinder der Fluxionsrechnung war, so hinderlich erwies sie sich für seine englischen Nachfolger, die nach dem Rivalitätsstreit zwischen Leibniz und Newton noch im 18. Jahrhundert sklavisch an den Methoden des Meisters festhielten, als auf dem Kontinent die Infinitesimalrechnung und die darauf beruhende analytische Mechanik von Euler und Lagrange längst ihren Siegeszug angetreten hatten.[8] Von Newtons Symbolik überlebten denn auch nur die gelegentlichen Punkte über Ortskoordinaten (oder Feldgrößen) zur Bezeichnung von zeitlichen Änderungen (wie Geschwindigkeiten und Beschleunigungen) in der Physik. Gleichwohl gelingen Newton im Rahmen seiner Fluxionsrechnung bedeutende Ergebnisse.[9]

Leibniz gab Differentiationsregeln für algebraische und transzendente Funktionen an. Er kannte die Integrationsmethoden für viele rationale, irrationale und transzendente Integranden. Wegen seiner geschickten Symbolik erkannte er unmittelbar die Integration als Umkehrung der Differentiation, d. h. den Fundamentalsatz der Differential- und Integralrechnung.[10] Berühmt wurde die Leibnizreihe für $\pi/4$, aber auch seine Potenzreihenentwicklungen für trigonometrische und Exponentialfunktionen. Bei Reihenentwicklungen greift Leibniz z. B. auf den Ansatz mit unbestimmten Koeffizienten, bei Potenzreihen auf gliedweise Differentiation und Integration zurück.

Grundbegriffe der Differentialgeometrie werden von ihm und anderen bei Kurvenuntersuchungen entdeckt. Leibniz differenziert bereits Kurvenscharen nach einem oder mehreren Parametern.[11] Anfänge des partiellen Differenzierens und Integrierens gehen auf ihn zurück.[12] Mit Blick auf spätere physikalische Anwendungen sind seine Beiträge zur Theorie der Differentialgleichungen hervorzuheben.[13] Seine Lösung der Brachystochronen-Aufgabe gehört zu den Anfängen der Variationsrechnung.

Wenn der Differential- und Integralkalkül zur Analyse physikalischer Bewegungsabläufe verwendet werden sollte, dann mußte der Stetigkeit der Rang eines Naturgesetzes zukommen. Bereits Aristoteles und die ihm nachfolgenden Scholastiker hatten die Kontinuität physischer Vorgänge in der Auseinandersetzung mit den Atomisten betont. Die traditionelle Formulierung, wonach die Natur «keine Sprünge» macht («natura non facit saltus»), tritt bereits vor Leibniz auf,[14] trifft aber bei weitem nicht den mathematischen und wissenschaftstheoretischen Gehalt des Leibnizschen Kontinuitätsprinzips. Allgemein fordert das Kontinuitätsprinzip nach Leibniz:

> Wenn sich im Gegebenen ein Fall einem anderen Fall stetig nähert und schließlich in diesen hinein verschwindet, dann ist es notwendig, daß sich auch im Gesuchten die Folgen dieser Fälle stetig einander nähern und schließlich ineinander aufgehen.[15]

Faßt man im Sinne des Funktionsbegriffs, der bei Leibniz und den Gebrüdern Bernoulli erstmals diskutiert wird, die gegebenen Größen als Funktionsargumente und die gesuchten Größen als Funktionswerte auf, dann gilt für gleichmäßig stetige Funktionen, daß der Unterschied zweier benachbarter Funktionswerte infinitesimal klein wird, wenn die Differenz der entsprechenden Funktionsargumente infinitesimal klein wird. Dieser Definition entspricht die anschauliche Vorstellung einer gleichmäßig stetigen Kurve, deren Punkte durch Ordinaten als Funktionswerte und Abszissen als Funktionsargumente beschrieben werden.

Leibniz diskutiert auch weiterführende geometrische Anwendungen des Kontinuitätsprinzips[16] und untersucht z. B. stetige Eigenschaften projektiver Transformationen von Kegelschnitten: Dem Grenzprozeß einer Kreissekante in eine Kreistangente entspricht bei zentraler Projektion des Kreises in eine Ellipse der Grenzprozeß einer Ellipsenkante in eine Ellipsentangente. Wie die Hyperbel aus der Ellipse und diese aus dem Kreis in stetigen Übergängen projektiv erzeugt werden, so gibt es in analoger Weise nach Leibniz auch keine sprunghaften Übergänge zwischen den Zuständen der Natur. Physikalisch gilt die Annahme zunächst für die Bewegungsformen. So ist z. B. Ruhe nach Leibniz eine unendlich kleine Geschwindigkeit. In diesem Zusammenhang kritisiert er die cartesische Vorstellung einer sprunghaften Bewegungsänderung beim Stoß, der vielmehr als Grenzfall einer stetigen Bewegung zu betrachten sei.

Physikalische Gesetze müssen nach dem Leibnizschen Kontinuitätsprinzip also stetige Funktionen sein. Leibniz scheint sogar glatte, unendlich oft differenzierbare Kurven zu fordern, die aus jedem ihrer Abschnitte bestimmbar sind.[17] Dem wäre entgegenzuhalten, daß die Physik mit Erfolg auch nicht unendlich differenzierbare Funktionen verwendet. Andererseits bezeichnet Leibniz Kontinuität als ein ideelles Konzept, da «es in der Natur nichts gibt, was vollkommen gleiche Teile hat».[18] Diskontinuität scheint demnach im Kleinen der Natur möglich zu sein. Leibniz verweist in diesem Zusammenhang auf Gattungen und Formen der Biologie, für die keine beliebigen Zwischenglieder als kontinuierliche Übergänge angegeben werden können.

Der moderne Leser denkt an die diskontinuierliche Struktur der Quantenwelt, an die Quantensprünge. In der klassischen Mechanik des Makrokosmos wird auch heute Kontinuität als ideelles Konzept unterstellt, um mit Erfolg mechanische Probleme mathematisch lösen zu können. Diese moderne wissenschaftstheoretische Deutung der Kontinuität als «lokales» Forschungsprinzip der Physik teilte Leibniz allerdings nicht. Er lehnte vielmehr den physikalischen Atomismus eines Bacon, Gassendi, Newton u. a. ab. Entsprechend wird der Ausdruck «materielles Atom» durch aristotelisch geprägte Bezeichnungen wie «substantielles Atom», «formales Atom» oder «metaphysischer Punkt» ersetzt.[19] Der heutige Physiker mag an den modernen Begriff des ideellen Massenpunktes denken. Allerdings hält Leibniz die Vorstellung von materiellen Atomen als unendlich harten und unelastischen Körpern für unvereinbar mit dem Kontinuitätsprinzip. Er nimmt für die «einfachen Substanzen», die Monaden, vielmehr kontinuierliche interne Zustandsveränderungen an. Nur so glaubt er, z. B. die Stoßgesetze erklären zu können, indem sich Körper kontinuierlich zusammendrücken lassen und sich nach einem Stoß kontinuierlich wieder ausdehnen, um die beiden Körper wieder auseinanderzutreiben.

Erhaltungssatz der lebendigen Kräfte

Wie in der Mathematik, so sucht Leibniz auch in der Physik nach den zentralen Prinzipien, aus denen das übrige Wissen abgeleitet werden kann. So erkannte er als erster, daß der Erhaltungssatz der Energie – in der Leibnizschen Form der «lebendigen Kräfte» – ein fundamentales physikalisches Prinzip ist. Bereits Descartes hatte 1644 einen Erhaltungssatz der Bewegungsmenge als universales Naturprinzip formuliert. Gemeint ist das Produkt aus Masse und Geschwindigkeit, das bei allen Bewegungsvorgängen konstant bleiben sollte. Experimentelle und mathematische Untersuchungen von Stoßvorgängen durch Wallis, Wren und Huygens zeigten jedoch, daß Descartes für einen Erhaltungssatz die Richtung der Geschwindigkeit hätte berücksichtigen müssen. Für einen Impulserhaltungssatz muß ferner beachtet werden, daß die Cartesianer strenggenommen noch nicht über einen Massenbegriff verfügten. Demgegenüber definiert Leibniz 1689 in seiner *Dynamica de potentia et legibus naturae corporeae (Über das dynamische Vermögen und die Gesetze der körperlichen Natur)*[20] Masse (moles) analog zu Newton als Maß für die Quantität von Materie im Unterschied zum Volumen als Maß für die Ausdehnung im Sinne der Cartesianer. Im mechanistischen Weltbild der Cartesianer waren alle Naturvorgänge auf elementare Kontakt- und Stoßwirkungen zu reduzieren. Daher kam in der cartesischen Tradition der Forderung nach einer entsprechenden Erhaltungsgröße eine erhebliche Bedeutung zu.[21]

Was den Energieerhaltungssatz betrifft, so findet sich bereits bei Huygens die Bemerkung, daß die Summe der Produkte von Masse und Geschwindigkeitsquadrat beim elastischen Stoß konstant erhalten bleibt. Implizit ist der Keim des Energieerhaltungssatzes sogar schon bei Galilei vorhanden. Er erkennt die konstante Beschleunigung am Beispiel der Fallbewegung, zeigt, daß diese Beschleunigung proportional der Kraftkomponente längs der schiefen Ebene ist, und sieht in diesem Zusammenhang die Proportionalität von Geschwindigkeitsquadrat und Fallhöhe. Das Verdienst, einen entsprechenden Erhaltungssatz formuliert und als fundamentales Prinzip der Physik herausgestellt zu haben, kommt allerdings als erstem Leibniz zu. In einem unveröffentlichten Manuskript von 1678 bezeichnet er das Produkt von Masse und Geschwindigkeitsquadrat als Maß der Kraft, die bei der Umwandlung von Ursachen in Wirkungen erhalten bleibt.

1686 erscheint in den *Acta Eruditorum* die berühmte Arbeit *Brevis demonstratio erroris memorabilis Cartesii... (Kurzer Beweis eines denkwürdigen Irrtums von Decartes...)*,[22] in der am Beispiel des freien Falls die Erhaltungsgröße $m \cdot v^2$ nachgewiesen wird. Dabei setzt er voraus, daß die Kraft zur Anhebung eines Gewichts durch das Produkt von Gewicht und Höhe bestimmt sei. Aus Galileis Fallgesetz folgt, daß eine Verdoppelung der Fallhöhe eine Vervierfachung der Geschwindigkeit zur Folge hat. Also, schließt Leibniz, muß die bewegende Kraft proportional zu $m \cdot v^2$ sein. Wirkungsgeschichtlich hat Leibnizens Arbeit von 1686 den Streit um das sogenannte «wahre Kraftmaß» zwischen Cartesianern und Leibnizianern ausgelöst, der 1726 von Daniel Bernoulli und erneut 1743 von d'Alembert als bloßer Streit um Worte bezeichnet wurde. Natürlich gibt es auch einen Impulserhaltungssatz, wenn das cartesische «Kraftmaß» zum Impuls korrigiert ist.

In *Specimen Dynamicum (Dynamisches Probestück)* (1695) diskutiert Leibniz seinen Erhaltungssatz als ein mathematisches Integralprinzip, das im Rahmen seiner Infinitesimalrechnung rekonstruiert werden kann. Im Unterschied zur geometrischen Darstellung von Newton wird damit die Entwicklung zur analytischen Mechanik des 18. Jahrhunderts eingeleitet. Leibniz betrachtet dazu die Spannung einer Feder oder eines Bogens, die bei Entlastung der Feder oder Abschießen eines Pfeiles stetig in Bewegungsenergie *vis viva* umgesetzt wird.[23] Das bedeutet, daß die Bewegungsenergie E, die *vis viva*, ein Integral, d. h. die «unendliche Summation» von *vis mortua*, von toter Energie, ist. Dabei definiert Leibniz *vis mortua* als das infinitesimale Element $m \cdot dv$ der Bewegungsgröße *(quantitas motus)* $m \cdot v$.[24]

Leibniz bezieht sich dabei auf Galileis Diskussion der Stoßprozesse in den *Discorsi:* Um z. B. einen Pfahl in die Erde zu rammen, ist ein fallendes Gewicht effektiver als sogar ein sehr schweres «totes Gewicht» *(peso morto).* Galilei nennt die Stoßkraft F, die in der sehr kurzen Zeit dt auf eine Masse m einwirkt und ihr den Geschwindigkeitszuwachs dv erteilt, das Moment *(momento)* eines Körpers. Wenn Galilei auch nicht Leibnizens Infinitesimalkalkül zur Verfügung hat, so analysiert er doch den mechanischen Prozeß korrekt in infinitesimalen Überlegungen: «Das

Moment eines Körpers beim Stoß ist zusammengesetzt aus unendlich vielen Momenten.»[25] In diesem Zusammenhang weist Galilei auch darauf hin, daß man durch eine Anhäufung von Momenten schwere Körper, wie z. B. große Glocken, zum Schwingen anregen und in Bewegung setzen kann.[26]

Leibniz erkennt darin das allgemeine Prinzip. Seine «Kontinuation der toten Kräfte» ($\int F \cdot ds$) ist nämlich nichts anderes als die «Summe» möglicher Kräfte, die in «lebendige Kraft» oder «Bewegungsenergie» umgewandelt werden können. Wir sagen heute, «potentielle Energie» bzw. Arbeit wird in «kinetische Energie» umgewandelt.[27] Leibniz erkennt auch, daß sein Erhaltungssatz das *perpetuum mobile* ausschaltet.[28] Huygens' Pendel kann nicht höher steigen, als es bei der Abwärtsbewegung heruntergefallen ist. Eine Kugel, die Galileis schiefe Ebene hinuntergerollt ist, kann auf einer anschließenden aufsteigenden schiefen Ebene nicht höher laufen, als sie vorher heruntergerollt ist.

Der Erhaltungssatz wird von Leibniz kosmologisch verallgemeinert. Die Welt ist als abgeschlossenes System zu betrachten, dessen Energiehaushalt insgesamt konstant ist und dessen Bewegungsabläufe durch die ständigen Umwandlungsprozesse von potentieller und kinetischer Energie bestimmt sind. Leibniz begründet seinen Erhaltungssatz durch das universale Prinzip vom zureichenden Grund, wonach Ursache und Wirkung vollständig äquivalent sind. Heute mag man hier eine Art Invarianz- bzw. Homogenitätsprinzip erkennen, mit dem ein physikalischer Erhaltungssatz begründet wird.[29] Jedenfalls ist bemerkenswert, daß etwa 150 bis 200 Jahre später Carl Gustav Jacobi (1845/46), Emmy Noether (1918) u. a. zeigen werden, wie sich z. B. die Erhaltungssätze der Energie und des Impulses aus gewissen Invarianzeigenschaften des analytischen Formalismus der Mechanik folgern lassen. Demgegenüber betont Newton die Reibungskräfte in der Natur und den damit zusammenhängenden ständigen Energieverlust z. B. aufgrund der Planetenbewegung. Konsequenterweise kommt Newton zur Ablehnung des Erhaltungssatzes als universellen Prinzips der Natur. Er bemüht sogar Gott, der ständig den Energieverbrauch der Natur ausgleichen müsse. Die Vorstellung einer «reparaturbedürftigen» Schöpfung ist jedoch mit Leibnizens Annahme der besten aller möglichen Welten unvereinbar.

Variationskalkül und Extremalprinzipien

Leibniz vertritt in seiner *Theodizee* die berühmte These, daß diese Welt, verglichen mit den anderen denkmöglichen, optimal ist. Das ist nicht nur barocke Weltenfreude in Gott, sondern hat einen harten mathematischen Kern, der mit einem weiteren physikalischen Prinzip der Leibnizschen Physik zusammenhängt. Gemeint sind die Extremalprinzipien der Mechanik, wonach Naturabläufe bestimmte optimale Wege einschlagen oder optimale Zustände anstreben. Leibniz diskutiert in seinem *Discours de Métaphysique* das Fermatische Prinzip der kürzesten Zeit[30] und formuliert ein eigenes optisches Extremalprinzip in einer Arbeit der *Acta Eruditorum* (1682). Das Fermatische Prinzip besagt, daß ein Lichtstrahl immer denjenigen Weg wählt, auf dem er die Strecke von seinem Anfangspunkt zu seinem Endpunkt in der kürzesten möglichen Zeit zurücklegt. Aus diesem Prinzip lassen sich die Grundgesetze der geometrischen Optik ableiten, nämlich das Gesetz von der geradlinigen Ausbreitung des Lichtes und die Gesetze der Spiegelung und Brechung.

Mathematisch ist aus einer unendlichen Variation von Bewegungsfunktionen diejenige auszuwählen, die bestimmte Optimalforderungen, d.h. Maximum- und Minimumeigenschaften erfüllt. Man spricht deshalb auch von Variationsaufgaben. Berühmt wurde z.B. die Aufgabe von Johann Bernoulli, die Bewegungskurve zu bestimmen, die ein Körper in einer vertikalen Ebene von einem Punkt O zu einem tiefer gelegenen Punkt A, der nicht senkrecht unter O liegt, aufgrund seiner Schwere einschlagen wird. Leibniz wird mit seiner Lösungskurve (1697), der sogenannten Brachystochrone,[31] zu einem der Begründer der Variationsrechnung.

Bei der Suche nach einem Kraftmaß, das – im Unterschied zum Erhaltungssatz der lebendigen Kräfte – auch die Zeit berücksichtigt, stößt Leibniz auf das Extremalprinzip der kleinsten Aktion. In einem Brief an Bernoulli (1696)[32] definiert Leibniz, was unter einer Aktion zu verstehen ist. Bezeichnet man mit m die Masse, mit v die Geschwindigkeit, mit ds und dt die (infinitesimalen) Elemente des Weges und der Zeit, so erhält man nach $v = ds/dt$ zunächst die Gleichung $\int m \cdot v \cdot ds = \int m \cdot v^2 \cdot dt = A$. Daß es sich hierbei um ein Varationsprinzip handelt, daß also dieser Integralausdruck Extremalwerte – Maxima bzw. Minima – annehmen kann, äußert Leibniz in einem Brief (1708) an Jakob Hermann.[33] Ein einfaches Anwendungsbeispiel des Prinzips wäre ein Variationsproblem $\int v \cdot ds$ = Extremum, bei dem die Kurve eines geworfenen Körpers im Schwerefeld g mit der Geschwindigkeit $v = \sqrt{2gs}$ zu berechnen ist. Allerdings sind systematische Anwendungen des Prinzips auf mechanische Probleme von Leibniz nicht bekannt.

Leibnizens Extremalprinzip löste im 18. Jahrhundert einen Gelehrtenstreit aus, der über die Physik hinaus in Philosophie und Theologie hinein wirkte.[34] Pierre L.M. de Maupertuis, Präsident der Akademie der Wissenschaften zu Berlin, hatte 1746 ein universales Naturgesetz verkündet, wonach alle Naturprozesse unter minimalem Wirkungsaufwand stattfinden sollen. Der Schweizer Mathematiker und Philosoph Samuel Koenig verwies darauf, daß Leibniz dieses Prinzip in dem erwähnten Brief an J. Hermann (1696) formuliert hatte. Im Unterschied zu Maupertuis wußte Leibniz aber auch, daß der mathematische Ausdruck Maxima und Minima annehmen und daher von einem großen Spargesetz keine Rede sein kann. Damit entflammte ein Prioritätsstreit, infolgedessen es zum Bruch zwischen Voltaire und Friedrich dem Großen als oberstem Dienstherrn von Maupertuis kam. Voltaire nahm das Maupertuissche «Spargesetz» zum Anlaß, um teleologisches Denken und damit verbundene Gottesbeweise in der Physik zu kritisieren.

Diese Kritik trifft aber nicht Leibniz, der darauf verwiesen hatte, daß im Bereich der Mechanik das Kausalitätsprinzip ausreicht und teleologisches Reden von Zwecken und Zielen nur heuristisch gerechtfertigt ist. Nur vom Standpunkt der Metaphysik und Theologie läßt sich eine Naturteleologie vertreten. Man denke an einen Uhrmacher, der sein Uhrwerk sowohl kausal als auch final beurteilen kann. Er richtet die Teile des Uhrwerks gerade so ein, daß sie aufgrund ihrer mechanischen Eigenschaften den jeweiligen Zweck von selbst erfüllen. Dennoch reichen zur Erklärung der physikalischen Abläufe die kausalen Mechanikgesetze aus.

Äther, Gravitation und Elastizität

Mit Erhaltungssätzen und Extremalprinzipien betont Leibniz nicht nur andere Aspekte der Physik als Newton, die später in der analytischen Mechanik Bedeutung erhalten; er setzt sich auch mit Newtons Gravitationstheorie auseinander und versucht eine Erklärung und Ableitung der Keplerschen Planetentheorie. In cartesischer Tradition nimmt Leibniz in seiner Arbeit *Hypothesis physica nova (Neue physikalische Hypothese)* von 1671 einen Ätherwirbel an, der in Wechselwirkung mit der Materie physikalische Kräfte und Eigenschaften, wie Gravitation, Magnetismus und Elastizität, erklären soll. In *Testamen de motuum coelestium causis (Zeugnis von den Ursachen der Himmelsbewegungen;* 1689) verwendet er seine Infinitesimalmathematik, um Keplers Planetenbahnen aus der Ätherhypothese abzuleiten.[35]

Der einen Planeten um die Sonne herumführende Ätherwirbel bewegt sich mit einer Geschwindigkeit, die zu seiner Entfernung vom Bewegungszentrum umgekehrt proportional ist. Dann ist die Zentrifugalkraft des Körpers umgekehrt proportional zum Kubus seiner Entfernung vom Bewegungszentrum. Grundlegend ist Leibnizens Annahme, wonach die Radialbeschleunigung eines Körpers proportional der Differenz der Zentrifugalkraft und der Anziehung ist. Ist die Radialbeschleunigung bekannt, kann daraus die Anziehung berechnet werden. Für den Fall einer Ellipse mit dem Gravitationszentrum in einem ihrer Brennpunkte, leitet Leibniz mit seinen Differentiationsregeln aus der Geometrie der Ellipse die Radialbeschleunigung ab. Es ergibt sich das Newtonsche Gravitationsgesetz, wonach die Anziehung umgekehrt proportional zum Quadrat des Abstandes vom Gravitationszentrum ist.

Newton und seine Anhänger haben Leibniz Fehler in der Ableitung vorgehalten, die er teilweise korrigierte. Bemerkenswert sind jedoch in diesem Zusammenhang nicht einzelne Ergebnisse, sondern Leibnizens Methode der mathematischen Analyse infinitesimaler Bewegungen in infinitesimalen Raum- und Zeitbereichen, die ihn wiederum als einen der Begründer der analytischen Mechanik ausweisen.

Die Elastizität erklärt Leibniz in *Hypothesis physica nova* zunächst in cartesischer Weise als Wirkung des Ätherwirbels, dessen Teilchen einen materiellen Körper durchdringen. Wird ein solcher Körper gepreßt, werden die Ätherteilchen in ihrer Bewegung eingeschränkt. Ihre Stöße bewirken dann eine Kraft, die den Ausgangszustand wiederherzustellen versucht. In späteren Aufzeichnungen meint Leibniz sogar, daß die Schwere der Körper mit der Elastizität des Weltsystems zu tun habe, das seine Teile immer wieder in den Ausgangszustand zurückbringt. Ein Experiment von Huygens, wonach zwei glatt geschliffene, übereinanderliegende Marmorplatten, deren obere aufgehängt wird, auch im Vakuum aneinanderhaften, wird von Leibniz zunächst als Existenzbeweis des Äthers gedeutet: Nur der elastische Äther vermöge die Adhäsion der beiden Platten im luftleeren Raum zu erklären.

Mit dem Leibnizschen Kontinuitätsprinzip der Materie wird eine mechanistische Erklärung der Ätherelastizität durch Partikelstöße überflüssig. Da es in jeder Materie bis ins Unendliche immer feinere Materie gibt, ist jede Materie mehr oder weniger elastisch. Mit dieser allgemeinen Konzeption einer elastischen und kontinuierlichen Materie wendet sich Leibniz seit den 1680er Jahren physikalischen Einzeluntersuchungen zu. So erklärt er in der Akustik die Entstehung und Fortpflanzung des Schalls durch die Elastizität des Schallmediums.[36] Elastische Schwingungen haben eine Geschwindigkeit, die in der Tonhöhe zum Ausdruck kommt. Die Konstanz der Tonhöhe wird dadurch erklärt, daß die Dauer der Schwingungen eines elastischen Körpers unabhängig von der Stärke der Erschütterung, d. h. isochron sind.

Eine andere Anwendung seiner Elastizitätskonzeption der Materie ist die gemeinsam mit Mariotte entwickelte Theorie der Bruchfestigkeit, die zum Ausgangspunkt für die Entwicklung einer analytischen Elastizitätstheorie im 18. Jahrhundert wird.[37] Bereits Galilei hatte in den *Discorsi* eine Theorie der Bruchfestigkeit entwickelt, nach der ein horizontaler Balken absolut starr ist und ruckartig bricht. Galilei nimmt an, daß sich die Zugfestigkeit des Balkens bei vertikaler Belastung zur Bruchfestigkeit verhält wie die doppelte Balkenlänge zur Dicke. Leibniz und Mariotte setzen dagegen voraus, daß jeder Körper aus elastischen Fasern besteht, die sich bei Belastung dehnen und unabhängig voneinander zerreißen können. Vorausgegangen waren Mariottes Experimente mit der Bruchfestigkeit von Wasserleitungen, die er am Hofe Ludwigs XIV. zu legen hatte. Bekannt sind Mariotte und Leibniz auch das Hookesche Gesetz der elastischen Dehnung (Federgesetz). Wie Galilei wendet Mariotte das Hebelgesetz mit Balkenlänge und Balkendicke als Hebelarmen auf einen horizontal an der Wand befestigten Balken an, an dessen freiem Ende ein Gewicht befestigt ist.[38] Galilei erhielt einen Proportionalitätsfaktor ½. Experimentell fand Mariotte, daß dieser Faktor zu groß ist. Die Korrektur gegenüber Galilei besteht darin, daß er für die horizontalen Fasern des Balkens jeweils Belastungen nach dem Hebelgesetz annimmt. Die Annahme der elastischen Dehnungen der Fasern führt also zu einer wiederholten Anwendung des Hebelgesetzes. Dabei muß beachtet werden, daß Mariotte seine Überlegungen als Experimentator ohne algebraische Gleichungen in Worten und Zahlenbeispielen vorträgt. Mariottes experimentell bestätigter Proportionalitätsfaktor beträgt ¼.

Diese Ergebnisse setzt Leibniz in seiner Arbeit *Demonstrationes novae de resistantia solidorum (Neue Beweise über die Resistenz fester Körper)* voraus, die 1684 in den *Acta Eruditorum* erscheint. Bemerkenswert ist wieder, daß Leibniz eine infinitesimale Analyse des Problems vornimmt und damit zu einer Korrektur des Mariotteschen Proportionalitätsfaktors gelangt.[39] Ebenso wie Mariotte nimmt er an, daß die Belastung des Balkens vor dem Bruch seiner Dehnung proportional ist. Jedes infinitesimale Flächenelement des Balkenquerschnitts enthält ein Belastungselement, dem wiederum ein Dehnungselement entspricht. Der Gesamtbelastung aller Fasern entspricht dann die «Summation» bzw. das Integral aller Dehnungselemente über der Höhe des Balkenquerschnitts. Da das Dehnungselement einer Faser vom Quadrat der Faserhöhe im Balkenquerschnitt abhängt, ergibt sich nach Leibniz bei Integration der korrekte Proportionalitätsfaktor ⅓.

Relativität von Raum und Zeit

Leibnizens Kritik der Newtonschen Mechanik betrifft dessen Begriffe vom absoluten Raum und der absoluten Zeit. Während die euklidische Raumgeometrie und der Newtonsche Gleichzeitigkeitsbegriff im 18. und 19. Jahrhundert allgemein akzeptiert wurden, wurde Newtons Annahme der absoluten Ruhe und Bewegung bald schon in Frage gestellt. Wie Berkeley kritisiert Leibniz die Newtonsche Verquickung von Theologie und Naturwissenschaft und weist in einer Kontroverse mit dem englischen Theologen Samuel Clarke auf die Schwierigkeit hin, die eine Gleichsetzung der Allgegenwart des unendlichen Raumes mit der Allgegenwart des unendlichen Gottes erzeugt. Für Leibniz ist der Raum ein System von Relationen zwischen Körpern, dem keine metaphysische oder ontologische Existenz zukommt. Die Lagebeziehung reicht nach Leibniz zur Definition des Raumes aus.[40] Mit Newtons Worten betrachtet Leibniz also nur relative Bezugssysteme.

In seinem dritten Schreiben gegen Clarke hebt Leibniz hervor, daß keine räumliche Position und kein Zeitpunkt absolut ausgezeichnet werden kann.[41] Leibniz begründet die Relativität aller Raum- und Zeitpunkte durch sein metaphysisches Prinzip des zureichenden Grundes *(principium rationis sufficientis),* wonach in der Welt nichts ohne zureichenden Grund ist oder geschieht. Auch Gott hat sich an dieses Vernunftgebot zu halten, um nicht mit seiner eigenen Schöpfung in Widerspruch zu geraten.

Leibnizens Argumentation führt zu einer neuen, von Newton verschiedenen Raum-Zeit-Struktur. Unterschiede und Gemeinsamkeiten beider Ansätze werden deutlich, wenn sie in die gruppentheoretische Sprache der modernen Geometrie übersetzt werden. Newton und Leibniz teilen die Annahme, daß es für zwei Ereignisse objektiv entscheidbar sei, ob sie gleichzeitig und am selben Ort stattfinden. Die Menge der Ereignisse läßt sich daher als direktes Produkt $R^3 \times T$ des euklidischen Raumes R^3 und der galileischen Zeit T auffassen. Die Menge aller zu einem konstanten Zeitpunkt mit einem Ereignis gleichzeitigen Ereignisse bildet eine 3-dimensionale Raumschicht. Die 4-dimensionale Raum-Zeit ist durch die Menge gleichzeitiger Ereignisse parallel entlang der Zeitachse geschichtet.[42] Die Eigenschaft der Raum–Zeit, daß Zukunft und Vergangenheit eines Ereignisses eine gemeinsame Grenze, nämlich die jeweilige Gleichzeitigkeitsschicht der Gegenwart haben, bringt die Newtonsche wie die Leibnizsche Auffassung dadurch zum Ausdruck, daß sie beliebig schnelle Wirkungsübertragungen annimmt. Im Unterschied zu Leibniz zeichnet Newton jedoch die absolute Ruhe und Bewegung aus.[43]

Solange es sich nur um kinematische Fragen handelt, beschreibt die Leibnizsche Annahme exakt die Raum-Zeit-Struktur der klassischen Physik. Leibniz gibt also nur ein kinematisches Relativitätsprinzip an. Wie erklärt er aber dann dynamische Effekte wie das Auftreten zentrifugaler Kräfte bei der Kreisbewegung? In der Tat haben Leibniz und besonders sein physikalischer Lehrer Huygens dieses Problem gesehen. So versuchte Huygens die zentrifugalen Kräfte bei einer sich drehenden Scheibe durch die relative Bewegung verschiedener Teile der Scheibe zu erklären.[44] Die relative Bewegung dieser Teile könnte aber – gruppentheoretisch gesprochen – wegtransformiert werden, wenn als Bezugssystem dasjenige System gewählt wird, das denselben Ursprung und dieselbe Winkelgeschwindigkeit wie die rotierende Scheibe hat. Relativ zu diesem rotierenden Koordinatensystem sind die Teile der Scheibe in Ruhe. Bekanntlich wird der Druck, den die Zentrifugalkräfte ausüben, dadurch nicht aufgehoben. Nach einem geometrischen und einem kinematischen Symmetrieprinzip war ein dynamisches noch nicht gefunden.

Leibniz und die moderne Physik

Was bleibt von Leibniz vom Standpunkt der modernen Physik? Leibniz und Newton haben beide recht in ihrer gegenseitigen Kritik der Raum-Zeit. Newtons Fiktion eines absoluten Ruhepols im Universum läßt sich durch keine Beobachtung und durch kein Experiment bestätigen. Newtons Raum-Zeit hat also «zuviel Struktur». Leibnizens Raum-Zeit hat aber «zuwenig», da die von Newton ausgezeichneten absoluten Rotationsbewegungen durchaus einer dynamischen Erklärung bedürfen. Den entscheidenden Schritt machte Ludwig Lange mit seiner Einführung von Trägheits- bzw. Inertialsystemen (1885). Relativ zu solchen Trägheitssystemen behält nach Lange das Trägheitsgesetz auch ohne die Annahme eines absoluten Raumes seine physikalische Bedeutung.[45]

Obwohl Leibniz keine mathematische Gruppentheorie besaß, hat er Erhaltungssätze im Zusammenhang mit fundamentalen Symmetrie- und Invarianzprinzipien gesehen. Gemeint ist sein Äquivalenzprinzip von Ursache und Wirkung und der daraus abgeleitete Erhaltungssatz der lebendigen Kräfte. Aus den Symmetrieeigenschaften der Raum-Zeit folgen in der Tat physikalische Erhaltungsgrößen, wie Carl Gustav Jacobi 1845, Felix Klein 1872 und allgemein Emmy Noether gezeigt haben. Insbesondere folgt der Energieerhaltungssatz aus der Homogenität der Zeit, d. h. der Invarianz bei zeitlicher Translation. Für eine strenge mathematische Ableitung dieser Sätze ist der Formalismus der analytischen Mechanik notwendig. Leibniz hatte mit seiner Infinitesimalmathematik an dieser Entwicklung maßgebend Anteil. Der Top-down-Gesichtspunkt der modernen mathematischen Physik kommt auch in seiner Formulierung eines Extremalprinzips zum Ausdruck, das am Anfang vieler erfolgreicher Anwendungen von Variationsprinzipien in der Physikgeschichte von der Mechanik über die Elektrodynamik bis zur Quantenfeldtheorie steht.[46]

In der Relativitätstheorie werden wesentliche Korrekturen der klassischen Raum-Zeit-Konzeption vorgenommen. Einstein stellt auch Invarianzprinzipien an die Spitze der Speziellen- und Allgemeinen Relativitätstheorie, in denen die Äquivalenz bestimmter Bezugssysteme angenommen wird. Das Spezielle Relativitätsprinzip mit seiner Äquivalenzforderung aller gleichförmig bewegter Bezugssysteme gilt im Rahmen der Allgemeinen Relativitätstheorie nur noch im infinitesimal Kleinen. Der damit verbundene differentialgeometrische Gesichtspunkt, daß gekrümmte Bewegungen aus infinitesimal geradlinigen zusammengesetzt sind und im Infinitesimalen die Äquivalenz der Bezugssysteme gilt, klingt bei Leibniz wenigstens an.[47]

Grundlegende Unterschiede zur modernen Physik ergeben sich vor allem in der Quantenmechanik. Zwar liegt Schrödingers Wellenmechanik eine deterministische Differentialgleichung für Quantenzustände zugrunde. Andererseits kann z. B. für Ort und Impuls eines Quantensystems nur ein statistischer Erwartungswert vorausberechnet werden. Dieses Ergebnis wäre für Leibniz sicher ähnlich unbefriedigend wie für Einstein.[48]

Andererseits gibt es eine bemerkenswerte Anwendung von Leibnizens Ununterscheidbarkeitsprinzip *(principium identitatis indiscernibilium)* in der Elementarteilchenphysik. So haben Elementarteilchen mit ganzzahligen Spinzahlen symmetrische Zustandsfunktionen, während solche mit halbzahligem Spin antisymmetrische Zustandsfunktionen aufweisen. Im letzten Fall ist es klar, daß zwei (identische) Teilchen nicht denselben Ein-Teilchen Zustand einnehmen können. Diese Eigenschaft ist als Pauli-Prinzip bekannt. Häufig formuliert man das Pauli-Prinzip so, daß keine zwei Elektronen eines Atoms dieselben Quantennummern besitzen können. Da damit die Ununterscheidbarkeit der Elektronen angesprochen ist, taufte Hermann Weyl dieses Prinzip auch Leibniz-Pauli-Prinzip.[49]

Leibnizens Kritik am Newtonschen Atomismus beeinflußte im 18. Jahrhundert die *Theoria philosophiae naturalis* (1758) von Roger Joseph Boscovich, der ähnlich wie Leibniz von infinitesimalen Kraftzentren, den Monaden, und dem Kontinuitätsprinzip ausging, aber die Newtonsche Mechanik als Physik des Makrokosmos akzeptierte. Unter diesen Leibnizschen und Newtonschen Voraussetzungen schlug Boscovich erstmals ein universales Kraftgesetz vor, das physikalische Wechselwirkungen in Abhängigkeit ihres Abstandes von den infinitesimalen Kraftzentren des Mikrokosmos über chemische Affinitäten bis zum Makrokosmos der Newtonschen Gravitationstheorie vereinigt. Boscovichs Version der Leibnizschen Monaden beeinflußte noch die atomistischen Vorstellungen im späten 19. Jahrhundert am Vorabend der Bohrschen Atomtheorie.[50]

Im Sinne seiner *Mathesis Universalis* hat Leibniz die mathematische Analysis keineswegs auf physikalische Systeme im engeren Sinn beschränkt. Auch lebende Organismen lassen sich nach Leibniz als hochgradig komplexe dynamische Systeme begreifen. Die moderne Theorie komplexer dynamischer Systeme, in der die Evolution von physikalischen und biologischen Systemen mit Differentialgleichungen beschrieben wird, läßt sich sicher als Weiterentwicklung dieser Leibnizschen Idee auffassen.[51]

Im Unterschied zu seinen Nachfolgern, wie z. B. Guillaume Marquis de L'Hospital und Maupertuis, beurteilt Leibniz ontologische und teleologische Spekulationen über mathematisch-physikalische Grundbegriffe im Rahmen von Mathematik und Physik eher kritisch. Als Mathematiker ist mathematisch, als Physiker physikalisch – damals mechanistisch – zu argumentieren. Hier steht Leibniz zeitgenössischen Mathematikern und Physikern näher, die ihre Grundbegriffe und Methoden nach Kriterien von Beweis und Bestätigung, formaler Widerspruchsfreiheit, Zweckmäßigkeit, allgemeiner Anwendbarkeit u. ä. beurteilen. Allerdings – und darin unterscheidet sich Leibniz von manchen Zeitgenossen – haben Mathematik und Physik für ihn nicht das letzte Wort über die Natur. Naturphilosophie, Ethik und Theologie gehören mit in seinen universalen Interessenhorizont.

Dieser fachübergreifende Aspekt des Leibnizschen Denkens ist, wie wir heute wissen, keinesfalls das Relikt eines überholten Enzyklopädisten am Anfang der Neuzeit. Angesichts der globalen Probleme heutiger technisch-wissenschaftlicher Zivilisation ist die Forderung nach Überwindung fachspezifisch eingeengter Perspektiven von ungebrochener Aktualität.

Horst-Heino v. Borzeszkowski/Renate Wahsner

LEONHARD EULER (1707–1783) und JOSEPH LOUIS LAGRANGE (1736–1813)

Die heutige analytische Fassung der Physik beruht wesentlich auf den ineinandergreifenden Arbeiten von Leonhard Euler und Joseph Louis Lagrange, die damit nicht nur die Entwicklungen, die zur modernen Mathematik führten, eingeleitet, sondern auch die theoretische Gestaltung der Naturwissenschaft maßgeblich bestimmt haben.

Eulers wissenschaftlicher Werdegang

Leonhard Euler, der als der produktivste Mathematiker des 18. Jahrhunderts gilt, wurde am 15. April 1707 in Basel geboren, einer Stadt, die seinerzeit ein Zentrum wissenschaftlichen Lebens in Europa war. Der Vater, Paul Euler, war Pfarrer in einem Dorf nahe der Stadt und hatte nicht nur Theologie, sondern auch bei Jakob Bernoulli Mathematik studiert. Er erteilte seinem Sohn den ersten Mathematikunterricht, doch als er dessen außerordentliche mathematische Begabung bemerkte, schickte er ihn zu Johann Bernoulli, der ihn gemeinsam mit seinen Söhnen Nikolaus und Daniel unterrichtete.

Nach seinem Studium in Basel folgte Leonhard Euler einem Hinweis von Daniel Bernoulli auf eine vermutlich freiwerdende Professorenstelle für Physiologie und Anatomie in Petersburg, wo er von 1727 bis 1741 an der 1724 von Peter I. initiierten Petersburger Akademie arbeitete. Dort erhielt er 1730 die Professur für Naturlehre des nach Basel zurückkehrenden Jakob Hermann und 1733 die Mathematikprofessur des ebenfalls zurückkehrenden Daniel Bernoulli. Im selben Jahr heiratete er – nunmehr im Besitz einer festen Besoldung – die Tochter des aus der Schweiz stammenden Malers Georg Gsell, Katharina. Aus dieser Ehe gingen 13 Kinder hervor, von denen fünf am Leben blieben.

Mit der Übersiedlung nach Petersburg begann die erste bedeutsame Schaffensperiode Eulers. Er beschäftigte sich außer mit zahlreichen rein mathematischen Problemen auch mit vielfältigen Anwendungen der Mathematik auf die Astronomie, die Mechanik und Optik, auf die Kartographie, das Artilleriewesen, die Musik und den Schiffsbau. So erarbeitete er eine Musiktheorie, schrieb ein Buch über Schiffsbau und Schiffahrt, verfaßte elementare Rechenbücher für die russischen Schulen sowie zahl-

Leonhard Euler (1707–1783)

reiche Gutachten als Mitglied der Kommission für Maß und Gewicht. Durch seine Mitarbeit im Geographischen Department hatte er entscheidenden Anteil an der kartographischen Auswertung der geographischen Forschung in den damals noch nahezu unbekannten Weiten Rußlands.

Im Jahre 1736 vollendete Euler ein für die theoretische Physik bedeutendes Werk, die *Mechanica sive motus scientia analytice exposita (Mechanik oder die Wissenschaft von der Bewegung analytisch vor Augen geführt),* in dem er die Newtonsche Dynamik des Massenpunktes in die Leibnizsche Schreibweise der Differential- und Integralrechnung transformierte.

Um möglichen Störungen seiner wissenschaftlichen Arbeit durch die dem Tode der Zarin Anna folgenden Unsicherheiten in Rußland und speziell an der Akademie zu entgehen, nahm Euler eine Berufung an die Berliner Akademie an, die gemäß dem Vorsatz des gerade an die Macht gelangten Königs Friedrich II. zu einem Zentrum der Blüte von Kunst und Wissenschaft werden sollte. Hier arbeitete Euler von 1741 bis 1766. Im Jahre 1744 wurde er zum Direktor der mathematischen Klasse der Berliner Akademie ernannt. Im übrigen wurde er 1747 zum Mitglied der *Royal Society* und 1755 zum auswärtigen Mitglied der Pariser Akademie gewählt.

Sein Verhältnis zu Friedrich II. war distanziert. Als Stellvertreter des Präsidenten der Akademie, Pierre Louis Moreau de Maupertuis, rückte er nach dessen Tod nicht in dessen Amt auf, obwohl er aufgrund der häufigen Abwesenheit Maupertuis' faktisch die gesamte Arbeit der Akademie geleitet hatte. Wegen der Finanzpolitik der Akademie geriet er gar in einen tiefgreifenden Streit mit dem König, der überdies wenig Verständnis für Eulers mathematische Forschungen hatte, ihn hingegen mehr mit Aufgaben wie der Nivellierung des Finowkanals, der Anlage der Wasserspiele in Sanssouci, der Aufsicht über die Salzbergwerke und der Begutachtung verschiedener Finanzangelegenheiten beschäftigte.

Dennoch entstanden in den Berliner Jahren viele der Eulerschen Werke, die die Mathematik des 18. Jahrhunderts prägten. Im Jahre 1744 veröffentlichte er die erste geschlossene Übersicht über die damaligen Kenntnisse der Variationsrechnung in *Methodus inveniendi lineas curvas maximi minimive proprietate gaudentes (Methode, Curven zu finden, denen eine Eigenschaft im höchsten oder geringsten Grade zukommt, oder Lösung des isoperimetrischen Problems, wenn es im weitesten Sinne des Worts aufgefaßt wird)*, 1748 erschien die zweibändige Einführung in die Analysis des Unendlichen, die Schrift *Introduction in analysin infinitorum*, 1755 die Arbeit über die Differentialrechnung *Institutiones calculi differentialis*.

Unter den zahlreichen Lehrbüchern mit praktischer Zielstellung befindet sich auch Eulers Übersetzung aus dem Englischen und Bearbeitung von Benjamin Robins' *Neue Grundsätze der Artillerie* (1744), nach dem noch Napoleon als Artillerieoffizier studierte; des weiteren eine Theorie der Wasserturbinen (1756) und eine Theorie der achromatischen Linse, vor allem aber die *Theorie der Bewegungen der Planeten und Kometen* (1744), die bis ins 19. Jahrhundert hinein für die rechnende Astronomie maßgeblich war.

Zu Beginn der 1750er Jahre entspann sich eine heftige Diskussion um das Prinzip der kleinsten Wirkung, in der Euler die Partei Maupertuis' nahm. Unmittelbar ging es dabei um einen Prioritätsstreit zwischen Leibniz – vertreten durch den Schweizer Mathematiker Samuel Koenig – und Maupertuis. Der Sache nach handelte es sich um eine neue Fassung der Newtonschen Mathematik.

Euler aber hatte – was seine Parteinahme wohl motivierte – eine kritische Haltung gegenüber der Leibnizschen Monadologie. Die Kritik an dieser Art von Atomistik legte er in den nahezu legendären *Briefen an*

Joseph Louis Lagrange (1736–1813)

eine deutsche Prinzessin (1768) nieder, geschrieben in den Jahren 1760 bis 1762. Diese Briefe enthalten Eulers Ansichten über die physikalischen Grundfragen seiner Zeit.

Ob der zunehmenden Differenzen mit Friedrich II. begann Euler seine Entlassung aus preußischen Diensten zu betreiben; er wünschte, einem Ruf Katharina II. an die Petersburger Akademie folgen zu dürfen. Auf sein drittes Entlassungsschreiben erhielt er schließlich die Zustimmung des Königs. Seine Rückkehr im Jahr 1766 wurde in Petersburg freudig aufgenommen. Er hatte auch während seiner Zugehörigkeit zur Berliner Akademie den Kontakt zu Petersburg nicht abbrechen lassen, hatte dort weiterhin publiziert, Gutachten für die Petersburger Akademie angefertigt und russische Mathematiker in Berlin ausgebildet. Sowohl während seiner Tätigkeit an der Petersburger als auch an der Berliner Akademie löste Euler viele wissenschaftsorganisatorische Aufgaben mit nachhaltiger Wirkung.

Obwohl Euler 1766 völlig erblindete, nachdem er schon 31 Jahre zuvor ein Auge verloren hatte, ließ seine herausragende Produktivität auch in der dritten Periode seines Schaffens nicht nach. Sein grandioses Gedächtnis ermöglichte es ihm, seine Erkenntnisse zu diktieren. So erschienen in den Jahren 1768 bis 1770 die drei Bände seiner *Integralrechnung*, die *Institutiones calculi integralis*, zudem verfaßte er ein Lehrbuch der Algebra in deutscher Sprache, die *Vollständige Anleitung zur Algebra* (1770), also ein Lehrbuch für den unakademischen Gebrauch. Euler vollendete jetzt auch seine dreibändige *Dioptrica* (1769–1771), publizierte die sogenannte Zweite Mondtheorie (1772) und die Zweite Schiffstheorie (1773), formulierte den Drehimpulssatz (1775) und stellte die – später so genannten – Cauchy-Riemannschen Differentialgleichungen für komplexe Funktionen auf (1777). Am 18. 9. 1783 verstarb er in Petersburg.

Alles in allem verfaßte Euler über 800 Arbeiten, von denen über 500 zu seinen Lebzeiten erschienen. Das Gesamtwerk, einschließlich Nachlaß und Korrespondenz, wird seit 1911 herausgegeben.

Lagranges wissenschaftlicher Werdegang

Als Euler 1766 nach Petersburg ging, wurde Joseph Louis Lagrange sein Nachfolger an der Berliner Akademie – und Präsident. Mit der Begründung, es sei notwendig, daß der größte Mathematiker von Europa in der Umgebung des größten Königs leben sollte, hatte Friedrich II., angeregt durch d'Alembert, Lagrange eingeladen, nach Berlin zu kommen. Der folgte dem an ihn gerichteten Ruf und blieb bis zum Tode Friedrichs im Jahr 1786.

Geboren wurde Lagrange am 25. Januar 1736 in der alten Universitätsstadt Turin. Da der Vater durch gewagte Spekulationen sein Vermögen verloren hatte, konnte der Sohn nicht die der Familientradition gemäße Offizierslaufbahn wählen, sondern mußte sich für einen in der Ausbildung weniger kostspieligen Beruf entscheiden. Mit 16 Jahren begann er seine wissenschaftliche Laufbahn als Mathematiklehrer an der Turiner Artillerieschule und wurde drei Jahre später zum Professor ernannt. Er las die gerade erschienenen Werke von Johann und Jakob Bernoulli sowie die Schriften und den Briefwechsel von Leibniz und Newton. Im Jahre 1759 veröffentlichte er seine erste Arbeit *Untersuchungen über Maxima und Minima* im ersten Band der Denkschrift der Turiner Akademie, die er mit gegründet hatte und deren mathematisch-physikalische Sektion er leitete.

Die genannte Arbeit hatte Lagrange zur Behandlung von Problemen der Variationsrechnung geführt, mit der sich vor allem Euler beschäftigt hatte. Beim Studium von Eulers Schriften war es ihm störend aufgefallen, daß nicht ausschließlich analytische Mittel verwandt, sondern auch geometrische Überlegungen herangezogen wurden. Lagrange gelang schließlich ein rein analytischer Aufbau der Variationsrechnung (1760/61). Seine variationstheoretischen Methoden wandte er sofort auf Probleme der

Dynamik an, wobei er insbesondere das von Euler und Maupertuis formulierte Prinzip der kleinsten Wirkung heranzog. Über seine im Rahmen der Variationsrechnung gefundene Lösung des isoperimetrischen Problems korrespondierte er ab 1755 mit Euler. Dieser war von der großen Leistung des jungen Gelehrten so angetan, daß er ihn zum korrespondierenden Mitglied der Berliner Universität vorschlug. Erst 21jährig, wurde Lagrange diese Berufung zuteil.

In Turin selbst wurde er weniger beachtet, und es gab für ihn auch kaum angemessene Diskussionspartner. Ein kurzer Aufenthalt in Paris ließ ihn aber bedeutende Wissenschaftler wie d'Alembert kennenlernen und lang anhaltende wissenschaftliche Kontakte anknüpfen.

Dem Ruf nach Berlin folgte er 1766, er lebte und arbeitete dort 20 Jahre. Zu Friedrich II. hatte er ein ähnlich kühles Verhältnis wie Euler. Er beteiligte sich nicht am Hofleben, litt unter dem im Vergleich zu Italien kalten Klima und wurde von verschiedenen Krankheiten geplagt. Um der Vereinsamung zu entgehen, heiratete er eine Cousine aus Turin, die aber das Berliner Klima ebenfalls nicht vertrug und bald starb. In Paris heiratete Lagrange später zum zweiten Mal.

Trotz dieser mißlichen Umstände publizierte er während seines Berliner Aufenthalts bedeutsame Arbeiten. Sie hatten vorwiegend die Integrationstheorie der Differentialgleichungen, vor allem der partiellen Differentialgleichung, zum Gegenstand.

Doch nach dem Tode Friedrichs II. mochte Lagrange nicht mehr in Berlin bleiben. Der neue König, Friedrich Wilhelm II., wollte den Einfluß der Ausländer ohnehin zurückdrängen und hatte gegen seinen Weggang nichts einzuwenden. Die Übersiedelung nach Paris vollzog sich zudem dadurch relativ problemlos, daß Lagrange an die Pariser Akademie berufen wurde, deren korrespondierendes Mitglied er schon seit 15 Jahren war.

Im folgenden Abschnitt seines Lebens verfaßte Lagrange seine großen Werke, die *Mécanique analytique* (*Analytische Mechanik*; 1788), die *Théorie des fonctions analytiques* (*Theorie der analytischen Funktionen*; 1797) und deren Fortsetzung, die *Leçons sur le calcul des fonctions* (*Vorlesungen über die Funktionsrechnung*; 1801).

Das Manuskript des Buches *Analytische Mechanik* hatte Lagrange noch in Berlin vollendet. Die Publikation wurde jedoch sehr schwierig. Erst durch die energische Fürsprache Adrien-Marie Legendres fand sich ein Verlag. Als das Werk schließlich erschien, sah es Lagrange zunächst zwei Jahre lang nicht an. Die ärgerlichen Vorgänge um seine Herausgabe hatten sogar dazu beigetragen, daß er an der Mathematik und theoretischen Mechanik das Interesse verlor. Er studierte religionswissenschaftliche und philosophische Schriften, befaßte sich mit Chemie, hatte persönlichen Umgang mit Antoine Laurent de Lavoisier. Als sich jedoch die große Bedeutung der *Analytischen Mechanik* für die Entwicklung der

Physik und Mathematik herausstellte, wich Lagranges Desinteresse, und er wandte diesem Gebiet wieder seine Aufmerksamkeit zu.

Nachdem Lagrange zu Beginn des Jahres 1789 seine mathematisch-physikalischen Untersuchungen wieder aufgenommen hatte, war er zunächst nicht so recht erfolgreich. Ihn beunruhigten die Revolutionsereignisse, die Frankreich erschütterten. Im Unterschied zu vielen seiner Fachkollegen waren ihm die Vorgänge fremd. Dennoch arbeitete er nach der Auflösung der Akademie in einer von der Revolutionsregierung eingesetzten Kommission, der die Reform der Maße und Gewichte und die Einführung des metrischen Systems oblag, sowie in einer Kommission, die über Erfindungen und deren Verwendung zu befinden hatte. Lagrange interessierte sich sehr für die Neuerungen im Bildungswesen, insbesondere für die Gründung der neuen Hochschulen, der *École Normale* und der *École Politechnique.* An letzterer, einer nach damals modernsten Grundsätzen ausgerichteten, republikanisch orientierten technischen Bildungsanstalt, ebenso wie an ersterer, erhielt Lagrange 1797 beziehungsweise 1795 je eine Professur.

An der *École Politechnique* trug er seine Theorie der analytischen Funktionen vor und gab sie 1797 als Buch heraus, sowie 1801 als ihre Fortsetzung die schon erwähnten *Lektionen über Funktionsrechnung.* In beiden Büchern versuchte er, der Infinitesimalrechnung eine sichere Grundlage zu geben, indem er sie rein algebraisch faßte.

Im letzten Jahrzehnt seines Lebens ließ seine Arbeitskraft nach. Am 10. April 1813 starb er in Paris. Er wurde im Pantheon beigesetzt, gewürdigt durch eine von Laplace gehaltene Gedächtnisrede, in der dieser Lagrange neben Newton als einen Gelehrten pries, der die allgemeinen, das eigentliche Wesen der Wissenschaften ausmachenden Prinzipien zu entdecken vermochte, verbunden mit einer seltenen Eleganz in der Entwicklung abstrakter Theorien. Lagranges Arbeiten sind in 14 Bänden von 1867 bis 1892 in Paris erschienen.

Das mathematische Werk

Die Entwicklung der mathematischen Wissenschaften des 18. Jahrhunderts war von einer tiefgreifenden Verschmelzung von Algebra und Differential- bzw. Integralrechnung geprägt. Die Impulse dafür ergaben sich zum Teil aus Problemen der Mathematik selbst. Vornehmlich kamen sie aber aus der Mechanik, in der es darum ging, aus der in Newtons *Principia* formulierten Theorie weitere Konsequenzen für irdisch-mechanische und himmelsmechanische Bewegungen zu ziehen. Zu diesem Zweck bedurfte es mathematischer Methoden, um insbesondere die Bewegung eines Systems von wechselwirkenden Massenpunkten, die Drehung eines starren Körpers um einen festen Punkt und die Bewegung deformierbarer

Körper zu berechnen. Die Leistung der sich dieser Aufgabe annehmenden Wissenschaftler bestand nun aber nicht schlechthin darin, entsprechende mathematische Hilfsmittel zu entwickeln und daran die Mathematik fortzubilden, sondern auch darin, der Newtonschen Mechanik eine Gestalt zu geben, die sie überhaupt erst für die Lösung derartiger Probleme anwendbar machte. Die bedeutendsten Köpfe des 18. Jahrhunderts, die bei der Lösung dieser Aufgaben miteinander wetteiferten, waren Mathematiker und Physiker zugleich und zum Teil universell gebildete Gelehrte, die insbesondere der Philosophie der Aufklärung verbunden waren. Glanzvolle Namen wären hier zu nennen, doch geht der größte Teil der hierbei gemachten Entdeckungen auf Euler und Lagrange zurück, auf «die beiden Giganten dieses Jahrhunderts» (Dieudonné).

Leonhard Eulers Name begegnet dem heutigen Leser mathematischer und physikalischer Fachliteratur in Grundbegriffen und Fundamentalsätzen dieser Gebiete: Eulersche Integrale, Euler-Fouriersche Formeln, Eulersche Gammafunktion, Eulersche Konstante, Eulersche Gerade, Eulersche Kurve, Eulersche Diagramme, Eulersche Formeln für die Umwandlung trigonometrischer Funktionen in eine Exponentialfunktion e von x, die Zahl e selbst, Euler-Lagrange-Differentialgleichung, Eulersche Winkel. Die keineswegs vollständige Reihe dieser Begriffe verbindet den Namen Eulers untrennbar mit den Entwicklungen der Mathematik und Physik des 18. Jahrhunderts und dadurch auch mit den Ergebnissen der modernen Naturwissenschaft. Hinter jedem dieser Begriffe verbirgt sich eine Entdeckung, die für sich genommen genügt hätte, den Namen ihres Autors in der Geschichte der Wissenschaft zu verewigen. Zudem werden viele Eulersche Methoden und Formeln auch anonym verwandt oder mit den Namen von Wissenschaftlern aus späterer Zeit verbunden.

Euler vertiefte die Grundlagen fast aller mathematischen Disziplinen, begründete durch die Entdeckung des Zusammenhangs von trigonometrischen und Exponentialfunktionen sowie der Vieldeutigkeit der Logarithmen die komplexe Analysis beziehungsweise die Funktionentheorie mit und hat die Theorie der Differentialgleichungen, die Zahlentheorie, die Variationsrechnung sowie die Theorie der bestimmten Integrale entscheidend mitgeprägt. Euler wirkte durch zahlreiche Lehrbücher, in denen er das in früheren Zeiten gesammelte Material ordnete und geschlossen darstellte, wobei er zugleich viele strittige Bezeichnungsfragen der Algebra und Infinitesimalrechnung bereinigte. Diese Darstellungen schufen erst den uns bekannten Typ der mathematischen Lehrbücher. Mit Eulers Lehrbüchern wurden viele der heute geläufigen mathematischen Zeichen – wie Δ für die Differenz oder Σ für die Summe – eingeführt.

Das physikalisch entscheidende Verdienst von Euler war es, Newtons Prinzipien der Mechanik einschließlich des Newtonschen Gravitationsgesetzes in der analytischen Form des Infinitesimalkalküls zu formulieren und zu behandeln. Newton hatte zwar seine Ergebnisse in dem von ihm entwickelten Kalkül der Infinitesimalrechnung hergeleitet, sie aber nicht so präsentiert, sondern rein geometrisch formuliert und sie – inklusive des n-Körper-Problems und der Störungsrechnung – in synthetischer Weise dargestellt. Erst durch Euler, Clairaut und später Lagrange und Laplace wurden die technisch schwerfälligen Rechnungen durch die Uminterpretation in die Sprache des Infinitesimalkalküls algorithmisch beherrschbar. Euler ist der eigentliche Schöpfer der analytischen Mechanik, und zwar weitgehend schon in ihrer heutigen Form.

Indem er durch die Infinitesimalrechnung Newtons Fassung der Prinzipien der Mechanik und Newtons Theorie der Planeten eine geschmeidigere Ausgestaltung gab, wurde Euler zugleich zum Begründer moderner himmelsmechanischer Berechnungsmethoden, der Hydrodynamik sowie der Theorie der Bewegung fester und starrer Körper. Er dehnte dabei die Mechanik auf Flüssigkeiten und feste Körper aus, indem er diese als aus Massepunkten bestehend ansah. Euler wandte seine mathematischen Verfahren nicht nur auf verschiedene Gebiete an – neben den genannten auch auf die Musiktheorie, die Navigationskunde, auf technische Probleme wie den Schiffsbau und das Artilleriewesen –, sondern war um eine einheitliche Fassung und Anwendung der von ihm ausgestalteten Mechanik bemüht.

Euler mußte sich, wie die anderen «Analytiker» seines Jahrhunderts, von seinen Nachfolgern den Vorwurf des Mangels an mathematischer Strenge machen lassen. Und es trifft in der Tat zu, daß er zu vielen Ergebnissen durch seine – aus heutiger Sicht – unbekümmert erscheinende Verwendung phantasievoller, nicht sehr exakt begründeter mathematischer Begriffe und Methoden kam. Vor allem die Grundbegriffe der Infinitesimalrechnung waren noch nicht exakt genug definiert, so daß er und andere Mathematiker jener Zeit sich auf die Anschauung berufen mußten. Aber gerade Euler erzielte auf diesem, mehr intuitivem Wege und durch seine vergleichende Behandlung ein und desselben Problems mit verschiedenen Methoden außerordentliche formale und grundsätzliche Fortschritte.

Grundlegung der reinen Mathematik

Der umfassendste Versuch des 18. Jahrhunderts, der Mathematik strenge Grundlagen zu geben, wurde von Lagrange unternommen. Dieses Unterfangen gipfelte in seinem 1797 erschienenen Buch *Théorie des fonctions analytiques,* worin er nach eigener Aussage zwei Zielen näherzukommen suchte: Das erste bestand darin, «die Differentialrechnung von den metaphysischen Betrachtungen unendlich kleiner oder verschwindender Größen zu befreien», das zweite darin, «den Calculus (die Differentialrechnung) auf der Algebra in einer Art und Weise aufzubauen, daß dazu nur eine einzige Methode benötigt werde».[1] Zwar konnte Lagrange sein Ziel nicht vollständig erreichen,[2] der von ihm erreichte Fortschritt war aber dennoch von großer Bedeutung für die Entwicklung von Mathematik und Physik.

Lagranges Name tritt in den Bezeichnungen von Grundbegriffen und Theoremen der Mathematik und Physik zu Recht fast ebenso häufig auf wie derjenige Eulers. Man denke nur an Begriffe wie Lagrangesche Ableitung, Lagrangesche Bewegungsgleichungen 1. und 2. Art, Lagrangesche Differentialgleichung, Lagrange-Eulersche Bewegungsgleichungen, Lagrange-Funktion, Lagrange-Klammer, Lagrangescher Multiplikator usw. Diese Begriffe zeugen von Lagranges großem wissenschaftlichem Beitrag, den er auf vielen Gebieten der Mathematik und Physik geleistet hat.

Lagrange hatte seinen analytischen Zugang schon relativ früh gefunden, und auch Euler benutzte seit Mitte der 1750er Jahre in seinen Arbeiten zur Variationsrechnung sofort diesen Zugang, über den Lagrange ihm 1755 berichtet hatte. Mit seinem neuen analytischen Kalkül, den er ausgehend von Variationsaufgaben von Johann und Jakob Bernoulli entwickelt hatte – die z. B. für das Brachystochronenproblem (d. h. die in kürzester Zeit von einem Massepunkt im Schwerefeld durchlaufene Kurve) und isoperimetrische Probleme geometrische Lösungen angegeben hatten –, vereinfachte er die von Euler 1744 vorgestellten analytischen Verfahren.

Der Variationskalkül Lagranges war von maßgeblicher Bedeutung für die Entwicklung der reinen Mathematik, insbesondere der des 19. und 20. Jahrhunderts. Zudem erweiterte Lagrange die analytische Geometrie durch neue Methoden, die der Matrizen- und Determinantenrechnung entsprechen (1773). Grundlegend für die moderne Algebra sind seine Untersuchungen zur Gleichungstheorie (1771), mit der Aufgabe, allgemein für eine Gleichung n-ten Grades die Anzahl der n Werte zu untersuchen, die eine rationale Funktion der n Wurzeln annehmen kann, wenn man diese willkürlich permutiert. Damit bereitete Lagrange die Gruppen- und Körpertheorie vor.

In der Zahlentheorie beschäftigte Lagrange sich mit der arithmetischen Theorie quadratischer Formen, in seinem Werk *Théorie des fonctions analytiques* mit einer formalen Theorie der Reihen, die im 19. Jahrhundert die Funktionentheorie einer komplexen Veränderlichen beeinflußte. Dabei ersetzte Lagrange die Leibnizsche Differentialsymbolik durch die noch heute üblichen Bezeichnungen f' f'',... für die 1., 2.,... Ableitung, einer Funktion f.

Lagranges Arbeiten wurden für die Himmelsmechanik bedeutsam, indem er seinen Variationskalkül für die Lösung ihrer Probleme, z. B. die Variationen in der Exzentrizität und Position der Aphelia von Jupiter und Saturn, nutzbar machte. Desgleichen wandte er seine variationstheoretischen Methoden – und zwar schon 1756 – auf das von Euler und Maupertuis vorgeschlagene Prinzip der kleinsten Wirkung an. Als Ergebnis dieser verschiedenartigen «Anwendungen» erschien 1788 die in analytischer Sprache geschriebene *Mécanique analytique*. Sie ist – hundert Jahre nach

Newtons *Principia* – der Abschluß der klassischen rationalen Mechanik des 18. Jahrhunderts.

Die Mechanik fester und flüssiger Körper wird hier auf Systeme allgemeiner Differentialgleichungen reduziert, die mittels Lagranges Variationskalkül gelöst werden. Die umfassende Verwendung der Variationsrechnung ermöglichte ihm durch die Verknüpfung des Prinzips der virtuellen Verrückungen mit dem d'Alembertschen Prinzip eine Vereinheitlichung der verschiedenen Prinzipien der Statik und Dynamik. Hatte die Mechanik schon durch Euler einen Stand erreicht – urteilt Friedrich Hund –, der es erlaubte, alle Aufgaben im Prinzip zu lösen, so war sie durch Lagrange in eine übersichtliche, einheitliche und elegante Form gebracht worden. Allerdings sei sie auch wieder einseitig, indem Lagrange das, was sein schönes Schema stören würde, wie etwa Bewegung mit Reibung, einfach auslasse. Dennoch kann man sagen, «er hat den Begriff eines mechanischen Systems geschaffen».[3]

Gerade diese «einseitige» Euler-Lagrangesche Fassung der klassischen Mechanik machte das Prinzip der kleinsten Wirkung zu dem, was uns berechtigt, mit Max Planck zu sagen:

> Unter den mehr oder weniger allgemeinen Gesetzen, welche die Errungenschaften der physikalischen Wissenschaften in der Entwicklung der letzten Jahrhunderte bezeichnen, ist gegenwärtig das Prinzip der kleinsten Wirkung (Aktion) wohl dasjenige, welches nach Form und Inhalt den Anspruch erheben darf, jenem idealen Endziel der theoretischen Forschung am nächsten zu kommen. Seine Bedeutung, in gehöriger Allgemeinheit aufgefaßt, erstreckt sich nicht allein auf mechanische, sondern auch auf thermische und elektrodynamische Erscheinungen, und in allen seinen Anwendungsgebieten gibt es nicht nur Aufschluß über gewisse Eigenschaften der betreffenden physikalischen Vorgänge, sondern es regelt ihren räumlichen und zeitlichen Ablauf vollkommen eindeutig, indem es sämtliche darauf bezüglichen Fragen beantwortet, sobald nur die nötigen Konstanten sowie die der Willkür unterliegenden äußeren Bedingungen gegeben sind.[4]

Insofern die Analytisierung der Mechanik und ihre Anwendung es erforderten, mathematische, physikalische und technische Grundprobleme zu lösen, implizierten die Arbeiten von Euler und Lagrange auch philosophische Fragestellungen. Insbesondere Euler hat sich ihnen gewidmet, und zwar gemäß dem Konzept der Aufklärung als Gegner der Metaphysik.

Epistemologische Probleme der neuen Mathematik

Die mathematischen und physikalischen Untersuchungen der analytischen Mechanik sind untrennbar verknüpft mit dem Problem des Unendlichen, der Existenz kleinster Teile, dem Unterschied zwischen einem geometrischen und einem physikalischen Körper, dem Verhältnis von Körper und Geist oder Realität und Begriff. Sie sind mithin eingebettet in die Auseinandersetzung mit der Cartesischen Identifizierung von Körper und Ausdehnung sowie mit der Leibnizschen Monadologie und vermittelt mit der Berkeleyschen Kritik an der Verwendung von Infinitesimalien.

Ausschließlich eine nur auf sinnlich wahrnehmbare Ausdehnung beschränkte Geometrie akzeptierend und fordernd, daß die Wissenschaft ohne das Unendliche auskommen müsse, hatte George Berkeley mit seinem *Analyst* (1734) den Newtonschen Differentialkalkül bzw. die Newtonsche Fluxionsmethode kritisiert, um zu demonstrieren, daß die Mathematik ebenso wie die Theologie des strengen rationalen Beweises nicht fähig sei. Er hatte damit auf dem Kontinent eine Kontroverse über die Berechtigung des Infinitesimalkalküls ausgelöst.[5] Nun war dessen Begründung im 18. Jahrhundert tatsächlich noch nicht abgeschlossen. Weil heutige Divergenz- bzw. Konvergenzkriterien noch nicht entwickelt waren, benutzte man die Reihendarstellung in unbekümmerter Weise.

Um einen Algorithmus zur Differenzierung analytischer Funktionen zu begründen, entwickelte Euler das sogenannte «Rechnen mit den Nullen». Hierbei betrachtete er die unendlich kleinen Größen als genaue Nullen, während Lagrange danach strebte, sich von der Anwendung der unendlich kleinen Größen vollständig zu befreien, indem er die Analysis auf algebraischer Grundlage aufbaute. D'Alembert ersetzte Newtons Begriff der Fluxionen durch die Idee des Grenzwertes. Aber es blieb offen, ob eine Variable nun letztlich ihren Grenzwert erreicht oder der Grenzwert gerade darin besteht, daß er niemals erreicht wird. Ob das unendliche Kleine als Etwas oder als Nichts zu denken ist, war das eigentliche Problem.

Die hierüber geführten Debatten sind keine äußerliche Zutat zu den exakten Wissenschaften, sondern Diskussionen um die Begrifflichkeit der neuen Kalküle und ihres Verhältnisses zur Mechanik. Hierin eingeschlossen ist auch Eulers Versuch, mit dem Begriff der Undurchdringlichkeit den geometrischen und den physikalischen Körper zu unterscheiden, die Gravitation auf Druck und Stoß eines Äthers zurückzuführen und so auch das Prinzip der kleinsten Wirkung – wie er meint – metaphysikfrei abzuleiten.[6]

Die Wirkung des Euler-Lagrangeschen Gedankenkreises

«Das was beide, Euler und Lagrange, geschrieben haben, ward bald schulebildend für Europa.»[7] Die beiden produktivsten Mathematiker des 18. Jahrhunderts waren nicht nur ihrem Lebenslauf nach europäische Wissenschaftler, sondern auch gemäß ihrer Wirkung auf Generationen von Mathematikern und Physikern.

Vor allem die großen Mathematiker und Physiker des nachfolgenden Jahrhunderts schlossen unmittelbar an die Arbeiten Eulers und Lagranges an. So schreibt Felix Klein, daß z. B. Carl Friedrich Gauß, als er 1795 nach Göttingen übersiedelte, die ihm zum ersten Mal zugängliche Literatur Eulers und Lagranges geradezu verschlungen haben muß. Und Bernhard Riemann las schon mit 19 Jahren die zu dieser Zeit längst als mathematische Klassiker geltenden Autoren. Diese Reihe ließe sich verlängern.[8]

Die große Wirkung, die vom Werk der beiden Gelehrten ausging, gründet zum einen darin, daß sie mathematische Theorien formuliert hatten, die die reinen Mathematiker des 19. Jahrhunderts herausforderten, sie exakt zu begründen beziehungsweise sie weiter auszubauen. Zum anderen ergab sie sich aus der faszinierenden Verknüpfung der Euler-Lagrangeschen Mathematik mit den großen naturtheoretischen Fragen des 18. und der nachfolgenden Jahrhunderte. So schrieb François Arago schon wenige Jahrzehnte nach dem Tod von Euler und Lagrange:

> Fünf Geometer, Clairaut, Euler, d'Alembert, Lagrange, Laplace theilten sich in die Welt, deren Dasein durch Newton entschleiert war. Sie erforschten dieselbe nach allen Richtungen, drangen in Regionen vor, welche man für unzugänglich halten konnte, und ermittelten zahllose Erscheinungen, welche durch die Beobachtung noch nicht aufgefunden waren; es gelang ihnen endlich, und das ist ihr unvergänglicher Ruhm, die verstecktesten und geheimnisvollsten Phänomene der himmlischen Bewegungen an ein einziges Princip, an ein einziges Gesetzt zu knüpfen. Die Geometrie hatte die Kühnheit, über die Zukunft zu verfügen; und der Verlauf der Jahrhunderte bestätigt unwandelbar die Ansprüche der Wissenschaft.[9]

Aragos Äußerung ist von geradezu seherischer Natur. Indem er das Anfang des 19. Jahrhunderts Erreichte etwas überschwenglich zusammenfaßte, antizipierte er die Entwicklung, die insbesondere durch die Arbeiten Eulers und Lagranges im 19. und 20. Jahrhunderts initiiert wurde. Euler und Lagrange hatten – ausgehend von Newtons physikalischen Prinzipien der Mechanik – die Bewegungsgesetze für beliebige Systeme von Körpern rein analytisch, d. h. als Differentialgleichungen, dargestellt; und damit waren große Erfolge, vornehmlich in der Himmelsmechanik, erreicht worden.

Doch das Werk Eulers und Lagranges war nicht nur grundlegend für die weitere mathematisch-physikalische Entwicklung, sondern beeinflußte auch die klassische deutsche Philosophie. Insbesondere die Frühschriften Kants mit ihren Überlegungen zum Status des Raumes und der Konstituierung der Atomeigenschaften durch Kräfte sind durch Euler geprägt.[10] Und Hegel befaßte sich in der *Wissenschaft der Logik* ausgiebig mit Lagranges mathematischem Werk. Er war wohl der erste, der den erkenntnistheoretischen Gehalt des Differentialkalküls auf den Begriff brachte, indem er in einer umfangreichen Diskussion – namentlich des von Lagrange entwickelten Formalismus – zeigte, daß das Verhältnis von etwas ein qualitativ Neues ist gegenüber dem, was sich zueinander verhält, wenn er sich auch darin irrte, daß auf diese Weise aus reinen Quantitäten Qualitäten erzeugt werden könnten.[11]

Später hat Helmholtz – sich dabei auch auf Arbeiten von Hamilton stützend – dem Euler-Lagrangeschen Gedankenkreis insofern eine viel weitere Form gegeben, als er die Behauptung aussprach, daß die Differentialgleichungen der Mechanik für alle Erscheinungen der Natur verbindlich sein müssen.[12] Diese Behauptung hat sich als richtig erwiesen: Zwar wurde nicht – wie Helmholtz und viele Gelehrte des 19. Jahrhunderts es anstrebten – die gesamte Physik auf die Mechanik reduziert, aber alle Grundgesetze, die bisher auf den verschiedenen Gebieten der Physik begründet wurden, haben die an der klassischen Mechanik gebildete Euler-Lagrangesche Form. Mehr noch, physikalische Gesetze wurden und werden begründet, indem man die so verstandene Helmholtzsche Forderung zu einem der Hauptkriterien der physikalischen Theorienbildung macht. Und das ist wohl einer der größten Triumphe des Wirkens von Euler und Lagrange.

H. Otto Sibum

CHARLES-AUGUSTIN COULOMB
(1736–1806)

Einfache Maschinen in Theorie und Praxis

Ende des 19. Jahrhunderts wurden Charles-Augustin Coulombs Publikationen aus den Jahren 1785 und 1786 als «Klassiker der exakten Wissenschaften» neu aufgelegt. Dieser Versuch einer historischen Orientierung dokumentiert ein sich festigendes Selbstverständnis unter den Wissenschaftlern des 19. Jahrhunderts, welches das Experiment und die Präzisionsmessung als unverzichtbare Bausteine dieser «exakten Naturwissenschaft» begreift. Die folgende Darstellung ist ein weiterer Versuch der historischen Orientierung, doch möchte es die Bestandteile des mittlerweile kanonisierten Wissens in deren historischen Kontext zurückführen.

Als Militär-Ingenieur auf Martinique

Im Februar 1764 verläßt die *Brillant* unter dem Kommando von Kapitän de Guichen den Hafen von Brest. Ziel der Reise ist die französische Kolonie Martinique, die erst vor wenigen Monaten von den englischen Besatzern zurückgegeben worden war. An Bord befindet sich der 26jährige Militär-Ingenieur Charles-Augustin Coulomb. Für ihn markiert diese Fahrt den Beginn seiner ersten großen Bewährungsprobe als Ingenieur. Aufgrund der Erfahrungen im Siebenjährigen Krieg mit den Engländern beabsichtigte die französische Regierung, eine größere Festungsanlage zu errichten, damit die Insel zukünftig besser vor Übergriffen anderer Kolonialmächte gerüstet sei. Bislang galt das nahe am Hafen gelegene Fort Royal als ausreichende Befestigungsanlage. In einer geheimen Sitzung am 4. April 1764 sollte nun entschieden werden, ob eine weitere militärische Stellung auf dem an die bereits bestehende Festung angrenzenden Berg Garnier erbaut werden sollte. Zur Diskussion stand eines der teuersten Militärprojekte Frankreichs, und nur wenige, aber einflußreiche Offiziere hielten dieses Vorhaben für förderungswürdig. Der junge Ingenieur Coulomb engagierte sich außerordentlich für die Umsetzung dieses Planes. Ihm wurde daher die Verantwortung für das mittlerweile auf 6 Millionen Livres zusammengestrichene Bauprojekt des Fort Bourbon auf dem Mount Garnier übertragen. Dies war der Beginn eines neunjährigen Aufenthaltes in Martinique, dessen Folgen Coulomb

Charles-Augustin Coulomb (1736–1806)

nicht nur körperlich zu spüren bekam, sondern die sich auch in seinen wissenschaftlichen Arbeiten niedergeschlagen haben.

Charles-Augustin Coulomb wurde am 14. Juni 1736 in Angoulême geboren. Seine Mutter war Catherine Bajet, Tochter der wohlhabenden Familie de Sénac. Sein Vater, Henry Coulomb, arbeitete als Inspecteur des Domaines du Roi, dessen Beschäftigung es erforderte, daß die Familie während Charles' Kindheit nach Paris übersiedelte. Laut Coulombs Biographen C. Stewart Gillmor herrscht über die Ausbildungszeit in Paris und Montpellier einige Unklarheit. Es ist wahrscheinlich, daß Coulomb in der Zeit von 1746 bis 1751 Kurse am *Collège Mazarin* besucht hat.[1] Über sein Ausbildungsziel herrschte Unklarheit in der eigenen Familie. Seine Mutter wünschte die Ausbildung zum Arzt, er selbst wollte Mathematik studieren und begab sich zunächst in die Vorlesungen bei Pierre Charles Le Monnier am *Collège Royal de France.* Berufswahlstreitigkeiten und finanzielle Schwierigkeiten in der Familie bewogen Coulomb nach Montepellier zu gehen. Die *Société Royale des Sciences de Montpellier* war nach dem Muster der Pariser Akademie aufgebaut, d. h. sie besaß die fünf Klassen: Mathematik, Physik, Chemie, Botanik und Anatomie.

Coulomb war aber noch zu jung für die Aufnahme in diesen Club, doch war er bereits mit den Mitgliedern der Gesellschaft gut bekannt.

Das Jahr 1757 brachte einige grundlegende Veränderungen. Coulomb präsentierte seine erste Arbeit über geometrische Probleme. In den nächsten 16 Monaten folgten vier weitere Aufsätze.[2] Bereits mit seiner ersten Arbeit wurde er als *membre adjoint* der Gesellschaft aufgenommen. Doch stellte sich recht bald heraus, daß ihm diese Mitgliedschaft keine Möglichkeit eröffnete, seine Forschungen langfristig weiterzubetreiben. Er benötigte eine Forschungsstelle mit regelmäßigem Einkommen. Zwei Wege standen ihm zur Verfügung: Entweder würde er die kirchliche Unterstützung in Betracht ziehen und Mönch werden oder er orientierte sich an der für Frankreich traditionsreichen Ingenieurslaufbahn. Coulomb entschied sich für die zweite Lösung. Er sah seine Zukunft im militärischen Ingenieurcorps, dem *Corps du Génie.*

Die Ausbildung der Ingenieure hat in Frankreich eine lange Tradition.[3] Doch kann man erst seit 1749 von einem Ausbildungssystem sprechen, das auf eigenen Lehrbüchern und Ausbildungsmethoden beruht. Das Curriculum der Ingenieursschule in Mézières hatte klare theoretische und praktische Anteile. Feldvermessung, Steinmetz-, Tischlerarbeiten, die Konstruktion von Schächten und Torbögen waren ebenso Gegenstand der Ausbildung wie technisches Zeichnen, Kartographie, Methoden der Buchhaltung, die Kalkulation von Baukosten, mathematische Verfahren der Kräftezerlegung sowie die Statik einfacher Maschinen. 1760 wurde Coulomb in die Schule aufgenommen. Er bekam den Titel Lieutenant en Second und erhielt 600 livres Jahreseinkommen, welches gerade ausreichte, um seinen Lebensunterhalt zu bestreiten. Abbé François Josef de Camus, der Autor des ersten Mathematiklehrbuches für diese Schule, war sein Prüfer, und Abbé Charles Bossut war der Mathematikprofessor. Abbé Jean Antoine Nollet, bekannt durch seine *Leçons de physique expérimentale,* hielt Sommerkurse während Coulombs erstem Jahr. Bossut ergänzte das Mathematikangebot durch perspektivische Geometrie, Dynamik, Hydrodynamik und Infinitesimalrechnung. Am 12. November 1761 schloß Coulomb dieses Studium mit Auszeichnung ab und wurde Lieutenant en Premier. Mit Befestigungsarbeiten an der Küste zwischen Brest und La Rochelle begann er sein zweijähriges Pflichtpraktikum. Doch die politischen Ereignisse in Martinique brachten eine überraschende Wende. Da der für die erwähnte Mission ursprünglich vorgesehene Offizier wegen Krankheit ausgefallen war, wurde Coulomb abkommandiert, sich an dem Bauprojekt in Martinique zu beteiligen.

In Martinique wurde Coulomb mit dem Problem der optimalen Ausnutzung von Arbeitskraft konfrontiert, weil der geplante Festungsbau mit einer als zu gering eingeschätzten Anzahl von Arbeitern ausgeführt werden mußte. Nur 600 Personen standen ihm zum Bau des Fort Bourbon zur Verfügung. Hinzu kamen die tropischen Klimabedingungen, an deren Folgen schon einige seiner Vorgänger gestorben waren und – wie Coulomb des öfteren beklagte – unter denen die Leistungsfähigkeit der französischen Soldaten beträchtlich nachließ. Diese Alltagserfahrungen veranlaßten ihn, theoretisch-praktische Studien über menschliche Arbeitsleistung anzustellen. Quantitative Angaben zur Arbeitsfähigkeit von Menschen beruhten damals auf sehr vagen Verhältnisbestimmungen des menschlichen Arbeitsvermögens. Es wurde angenommen, daß die Tagearbeit eines Pferdes der von fünf englischen oder sieben französischen Arbeitern entspräche. Um die Arbeitsfähigkeit von Menschen oder Tieren in Form eines absoluten Maßes angeben zu können, berief man sich auf Daniel Bernoulli wie auch John Théophile Desaguliers, die das Maß der menschlichen Arbeit als das Produkt aus dem zu hebenden Gewicht, dem Höhenunterschied und der dazu aufgewandten Zeit beschrieben. Von diesen beobachteten momentanen Kraftanstrengungen der Arbeiter extrapolierten sie auf das Maß der Arbeit für einen Tag. Coulombs Alltagserfahrungen in Martinique zeigten ihm sehr bald, daß diese Angaben nicht mit der Realität übereinstimmten, sondern von vielen Parametern abhängen. Nicht nur die unterschiedliche physische Konstitution des Menschen allein, sondern ebenso waren es die unterschiedlichen Arbeitsgewohnheiten, welche eine quantitative Bestimmung erschwerten.

Da der Mensch offensichtlich unterschiedliche Techniken entwickelt hatte, seine Kräfte bei den je verschiedenen Arbeitsgängen einzusetzen, hoffte er ein Verfahren zu entwerfen, das es ihm erlaubte, diese Faktoren der Arbeit exakt bestimmen zu können. Die Ermüdung des Menschen betrachtete er als den wesentlichen Indikator, den er für die quantitative Bestimmung spezifischer Arbeitsleistungen benötigte. Er stellte sich folgendes Problem: War es möglich, ein Maximum an nützlicher Arbeit von Menschen und Tieren bei der Benutzung von Maschinen zu erreichen und dabei gleichzeitig ein Minimum an Ermüdung zu bewirken? Die Lösung dieses Problems suchte er durch die Anwendung von mathematischen Optimierungsverfahren zu erreichen, die er als *Theorie der Maxima und Minima* bezeichnete.[4] Auf Martinique studierte er die Vielfalt menschlicher Arbeitsgewohnheiten. In Verbindung mit seinen Ingenieurerfahrungen in der Analyse von Arbeitsmaschinen führten ihn diese empirischen Studien zum menschlichen Arbeitsverhalten zur Festlegung eines Arbeitsbegriffs, welchen er die *quantité d'action* nannte.[5] Das Ziel dieser Studie war es, einen systematischen Zusammenhang zwischen der zu verrichtenden nützlichen Arbeit und den Ermüdungserscheinungen des Menschen herstellen zu können. Ermüdung war für Coulomb als eine Funktion des Transportgewichts, der Strecke und der Zeit aufzufassen. In einem von ihm entwickelten Gleichungssystem setzte er erstmals menschliche Arbeitsgewohnheiten mit meßbarer mechanischer Arbeit in Beziehung. Unter anderem führte ihn dies zur Festlegung von optimalen

Arbeitszeiten, wie 7–8 Stunden für körperlich schwer Arbeitende und 10 Stunden für leichte Tätigkeiten.

Der Bau einer militärischen Festungsanlage ist nicht nur durch das Arbeitsvermögen der beteiligten Menschen bestimmt. Das Gelände, die zur Verfügung stehenden Materialien und die Arbeitsmaschinen spielen außerdem eine entscheidende Rolle. Coulomb betrieb deshalb systematische Studien zum Erddruck, Säulenbrüchen, Balkenbeugung, Gewölbedesign und einfachen Arbeitsmaschinen. Mit den Standardwerken seiner Zeit war er jedoch nicht zufrieden, weil sie entweder zu theoretisch waren oder lediglich numerische Angaben enthielten.[6] Die bis dahin eher vernachlässigten, für ihn aber wesentlichen Probleme in der Statik und bei der Optimierung der Arbeitsmaschinen waren Reibungs- und Kohäsionseffekte. Kenntnisse über das Verhalten eines Körpers beim Gleiten über eine Oberfläche waren für die schwere Transportarbeit auf Martinique ebenso wichtig wie Kenntnisse über die Elastizität, die Molekularkräfte, die es einem Balken erlauben, sich bis zu einem bestimmten Grenzwert zu biegen. Coulombs Methode der Analyse von solch komplexen Situationen war wieder die Maxima-Minima Methode. Wenn man den beim Mauerbau möglicherweise abrutschenden Teil des Erdreichs schon nicht in seiner genauen Form bestimmen kann, so ließen sich mit seinem Verfahren aber zumindest Grenzwerte bestimmen. Die unbekannten Faktoren ersetzte er durch Variablen und bestimmte bei einem gegebenen Grenzwert des Druckes das Optimum zwischen Gleichgewicht und Abrutschen des Erdreiches.

Solche Optimierungsverfahren waren sein durchgängiges, analytisches Instrumentarium, mit dem er nicht nur seine Arbeitsstudien am Menschen, sondern ebenfalls seine Materialstudien betrieb. Effekte der Reibung und Kohäsion wurden mittels empirischer Untersuchungen quantitativ bestimmt, um dann als Zahlenwerte in seine Gleichung eingehen zu können.[7] In den Augen von Coulomb war die Reibung die Ursache für den Verlust an nützlicher Arbeit und ihre Unüberwindbarkeit das Schicksal nicht nur des Sisiphus in der griechischen Mythologie, sondern der gesamten menschlichen Zivilisation. Es war somit die Aufgabe des Ingenieurs, geeignete Maschinen zu entwickeln, die mit möglichst wenig Aufwand an menschlicher oder tierischer Kraft eine möglichst hohe Ausbeute an nützlicher Arbeit lieferten.[8] Diese Studien über Reibungs- und Kohäsionskräfte sollten auch nach Beendigung seines Martiniqueaufenthaltes ein zentrales Thema seiner Forschung bleiben, die er später zu seiner Theorie der Reibung[9] ausformulierte.

Nützliche Arbeit in Frankreich

Im Jahre 1773 kehrte Coulomb infolge gesundheitlicher Probleme nach Frankreich zurück. Entgegen seinen Hoffnungen wurde er zunächst nach Brest versetzt, wo er an militärischen Befestigungsanlagen arbeitete. Am 10. März 1773 reichte er eine Arbeit bei der Pariser Akademie ein, welche dann 1776 als *Essai sur une application des règles de maximis et minimis à quelques problèmes de statique, relatifs à l'architecture (Abhandlung über eine Anwendung der Maximum- und Minimum-Regeln auf einige Probleme der Statik, die in der Architektur auftreten)*[10] publiziert wurde. Die von ihm gewünschte Beziehung zur Akademie war hergestellt, und er wurde zunächst als korrespondierendes Mitglied der Akademie aufgenommen.

Von nun an folgte eine Vielzahl von Arbeiten. Obwohl er in die unterschiedlichsten Militärprojekte eingebunden und daher an vielen Standorten kurzzeitig wohnhaft war, fand er genügend Muße, seine begonnenen Studien zu vervollständigen. Den wohl kühnsten Entwurf in Sachen Optimierungsverfahren veröffentlichte Coulomb im Jahre 1776.[11] Auf Anfrage des neuen Kriegsministers, Comte de Saint-Germain, in der Turgot Administration sollte das Corps du Génie reformiert werden. Coulomb, mittlerweile zum Captain befördert, legte einen Entwurf vor, in dem die Ingenieure auch in Friedenszeiten entsprechend ihren Talenten eingesetzt werden konnten. Die Situation im Corps de Génie bezeichnete er als ein Mißverhältnis zwischen Überqualifikation und Unterbeschäftigung, insbesondere in Friedenszeiten. Das neue Corps de Génie sollte die ökonomisch optimale Vernetzung militärischer Ordnungsstrukturen, Ingenieurspraktiken und menschlicher Fähigkeiten sein. Es sollte ebenso als Modell zur Reorganisation auch anderer Bereiche des öffentlichen Lebens dienen.

Die effizientere Organisation der Arbeit stellte ein grundsätzliches ökonomisches Problem der damaligen Zeit dar. Das letzte Viertel des 18. Jahrhunderts zeigt eine Vielzahl von Maßnahmen zur Steigerung der Produktivität von Mensch und Natur. Der Steuerbevollmächtigte und Chemiker Antoine Lavoisier betrieb in den 80er Jahren eine landwirtschaftliche Versuchsanstalt, um seine über neun Jahre durchgeführten quantitativen Erhebungen der Nahrungsmittelproduktion für Regierungsmaßnahmen nutzbar zu machen. Wie Charles C. Gillispie in einer Studie hervorhebt, lieferten Lavoisiers präzise Registrierungen das empirische Material, welches seiner einflußreichen Abhandlung über die Landwirtschaft zugrunde liegt.[12] Das Verfahren der Analyse entsprach ganz dem bekannten Stile der Quesnayschen Wirtschaftstheorie. Im *tableau economique* stellt die landwirtschaftliche Produktion den einzigen wertschöpfenden Faktor dar, und es verwundert daher nicht, daß Lavoisier mit dem Physiokraten Pierre Samuel Dupont de Nemour in der Landwirtschaftskommission zusammenarbeitete. Sie alle zeigten großes Interesse, das Maximum an Gewinn aus der landwirtschaftlichen Produktion exakt bestimmen zu wollen. Tableaus schienen eine umfassende Technologie zu sein: Das Anlegen von Pflanzengärten, die Klassifizierung von Lebewesen, die Beobachtung, Kontrolle und Regulierung des Waren- und Geldkreislaufs genauso wie die Umgestaltung der Produktionswerkstätten entsprechend der Stärke, Schnelligkeit, Geschicklichkeit und Ausdauer der Handwerker erfolgte in dieser Zeit.[13]

Beiträge zur Maximierung nützlicher Arbeit wurden aber auch von der Akademie der Wissenschaft honoriert. Gillmor stellt fest, daß während der Zeit, in der Frankreich und England um den Zuwachs an Kolonien kämpften, die Akademie zahlreiche Preisausschreiben ausgesetzt hat, die sehr deutlich auf die Lösung damit in Verbindung stehender Probleme ausgerichtet waren.[14] Es ist daher auch nicht zufällig, daß Verbesserungen im Schiffsbau eines der vorrangigsten Ziele war. Insbesondere Fragen der Reibung beim Abrollen der Neubauten ins Wasser würden die katastrophalen Unfälle, wie die Entzündung des Holzschiffes durch Reibungswärme, verhindern können. Das Problem der Reibung war daher Gegenstand des Wettbewerbs von 1781, an dem neben Coulomb auch Lazare Carnot teilnahm.[15] Mit seiner in Martinique begonnenen Arbeit über die einfachen Maschinen gewann Coulomb diesen Wettbewerb. Die Arbeit bestand sowohl aus einer theoretischen Betrachtung der Reibungsphänomene als auch aus einer Sammlung von empirisch ermittelten Daten. Mit der Ernennung zum ordentlichen Mitglied der Akademie 1781 und seinem überragenden Ansehen als Ingenieur wurde Coulomb zu zahlreichen Gutachtertätigkeiten im Bereich der Maschinentechnik, bei der Krankenhausreform sowie beim Aufbau eines absoluten Maßsystems herangezogen. Er war es auch, der in seinem Amt als *Intendant des eaux et fontaines du roi* (1784) für die Wasserversorgung der königlichen Anlagen in Paris die zwei ersten Wattschen Dampfmaschinen inspizierte und Kenntnisse über deren Funktionsweise und dessen Ökonomie vermittelte.

Die Studie des 17 Jahre jüngeren Lazare Carnots gewann erst an Bedeutung, nachdem er herausragende militärische und politische Funktionen während der Revolution innehatte. Er beschrieb die Funktionsweise von Maschinen, die Vorteile der Infinitesimalrechnung und gibt eine Definition der physikalischen Arbeit, *travail,* um den Wirkungsgrad von Maschinen zu bestimmen. Während Coulomb beständig die durch Reibung auftretenden Verluste bei der Benutzung von Maschinen mit in die Überlegungen einzubeziehen versuchte, wollte Carnot vielmehr die den Vorgängen zugrundeliegenden Kreisprozesse identifizieren und als allgemeine Maschinentheorie beschreiben. Zugleich fällt die Akademie der Wissenschaften die Entscheidung, keine Anträge zur Prüfung der Existenz von *perpetua mobilia* mehr zuzulassen. In diesem Spannungsfeld von analytisch-philosophischen Betrachtungen über den Kraftbegriff und die Ökonomie von arbeitserzeugenden Maschinen agierten die Vertreter der Französischen Akademie der Wissenschaften; auch Coulombs theoretische und experimentelle Arbeiten müssen in diesem Zusammenhang gesehen werden.

Gegen Ende der 70er Jahre hatte der Ingenieur Coulomb bereits eine herausragende Position in der Akademie eingenommen. Eine mit der Seefahrt verbundene Akademiepreisfrage von 1777 diente der Verbesserung des Schiffskompasses.[16] Coulomb interpretierte in gewohnter Ingenieursmanier das Problem der Ungenauigkeit von Kompaßnadeln als Folge eines Reibungseffektes an dem Auflagepunkt. Entsprechend seiner Maxima-Minima-Betrachtungen hoffte er, bei Herstellung einer minimalen Reibungsfläche, einen maximalen Ausschlag der Nadel zu erreichen, denn Reibung bedeutete Verlust an nützlicher Arbeit. Er konstruierte daher eine neue Maschine zur Messung von geringen Arbeitsleistungen bei magnetischen Vorgängen. Dazu wurde in seinem Kompaß die Magnetnadel an dünnen Metallfäden aufgehängt. Umfangreiche Studien zur Elastizität von verschiedenen Metallen führten ihn zu der Formulierung eines gesetzlichen Zusammenhanges, der die Verdrillung eines spezifischen Fadens in bestimmten angebbaren Grenzen als proportional zu der aufgewendeten Kraft beschreibt. Diese praktische Umsetzung seiner Maxima-Minima-Analyse in eine Meßapparatur hatte, metaphorisch gesprochen, den Effekt eines Vergrößerungsglases. Die erhöhte Sensibilität dieser Maschine eröffnete Einblicke in bislang verborgen gebliebene Schichten magnetischer Kraftwirkungen. Doch nur in Kenntnis des Torsionsverhaltens verschiedener Metalldrähte und ihrer allgemeinen mathematischen Bestimmbarkeit war es möglich, einen erweiterten, zuverlässigen Meßbereich anzugeben. Die gemessene magnetische Kraft ist eindeutig von auf Materialeigenschaften zurückzuführenden mechanischen Kräften zu unterscheiden. Damit waren alle Voraussetzungen geschaffen, dieses Prinzip der Fadenaufhängung vielfältig als neues Präzisionsmeßgerät anzuwenden.[17] Das geschah auch sogleich, als Jean Dominique Cassini ein solches Gerät für das Pariser Observatorium anforderte. Bei der praktischen Arbeit im Observatorium konnte Coulomb weitere Erfahrungen in der Konstruktion und Anwendung des Meßverfahrens sammeln. Für seine weitere Forschung stellte diese Torsionswaage die zentrale Meßapparatur dar. Minimale Reibungsverluste in seiner Meßapparatur versprachen maximale Ausbeute bei der Vermessung magnetischer und elektrischer Kräfte, wie bei Reibungskräften in Flüssigkeiten.

Coulombs Konstruktion der Torsionswaage demonstrierte die Leistungsfähigkeit der Ingenieursarbeit und ihre potentielle Bedeutung für eine sich entwickelnde exakte naturwissenschaftliche Praxis, wie sie sehr bald im neuen Regime unter Pierre Simon de Laplace ihre spezifische

Ausformung bekommen sollte. Gerade auf dem noch jungen Gebiet der Elektrizität und des Magnetismus konnte Coulomb weitere öffentliche Anerkennung in der Akademie erringen, denn in den 80er Jahren hatte insbesondere die Elektrizitätsforschung der experimentellen Philosophen auf dem Kontinent und in England zu zahlreichen spektakulären Aussagen und Phänomenen geführt, deren Glaubwürdigkeit es zu überprüfen galt. Für die zunehmend an Einfluß gewinnenden Vertreter der Newtonschen Mechanik war es von größtem Interesse, den Stellenwert der elektrischen und magnetische Kräfte zu kennen. Kontroversen kamen nicht nur über die Bedeutung des Experiments auf, sondern auch über solche Fragen, ob es gerechtfertigt sei, die Elektrizität das fünfte Element, die Lebenskraft, ein aktives Prinzip, den unerschöpflichen Beweger in der Natur zu nennen?[18]

Die unerschöpflichen Kräfte der Natur

Die Erforschung der Elektrizität im 18. Jahrhundert ist mit der Herausbildung eines neuen Forschertyps verknüpft, der keine akademische Ausbildung besaß. Sie setzten sich aus den unterschiedlichsten Berufen zusammen: Apotheker, Ärzte, Priester, Handwerker und andere traten als gleichrangige Experten auf. Prominente Vertreter der experimentellen Philosophie betonten, daß nicht die klassische Bildung in Sprachen, Philosophie und Theologie allein Erkenntnisfortschritt ermöglichte, sondern ebenso Experimentalgeschick und gesunder Menschenverstand. Dies läßt auf einen sozialen Konflikt schließen, den die experimentellen Philosophen durch ihre auf das Experiment gestützte Forschung hervorgerufen haben. Es war eine Herausforderung für die bestehende Ordnung in den Akademien, denn, so schreibt Abbé Nollet: «Wer die Natur erforschen will, ohne ihre Geschichte zu verstehen, der redet auf ein Gerathewohl, und von Dingen, die er im geringsten nicht kennet. Wer aber von der Natur sonst nichts als ihre Geschichte weiß, dem gebühret bloß unter den Gedächtnisgelehrten eine Stelle. Demnach heisset die Experimental-Physik treiben, nichts anderes als die Natur erforschen, nicht nur so viel ihre Wirkungen betrifft, sondern auch in Absicht auf die Werkzeuge, damit sie ihre Wirkungen hervorzubringen pfleget.»[19]

Doch ebenso war der Forschungsgegenstand von besonderer Art und Weise. Elektrische und magnetische Kräfte waren von Beginn an das Anathema der Mechanik und ihre Einordnung in das bestehende System bereitete Schwierigkeiten. Besondere Aufmerksamkeit galt dem durch Reiben erzeugten elektrischen Funken. In Frankreich faßten die Enzyklopädisten die Elektrizität unter die Kategorie Feuer. Der Rektor der Universität Leipzig, Johann Heinrich Winkler, hatte in seinen Publikationen bereits die Frage erörtert, ob es sich bei den Funken vielleicht um eine besondere Art des Feuers handele, das fünfte Element. Diese Ansicht wurde auch von vielen anderen Forschern in den europäischen Ländern geteilt. Der Astronom Edmond Halley behauptete im Mai 1731 vor der Royal Society, daß die elektrischen Versuche offensichtlich den Beweis für die Existenz des von Newton vorausgesagten universellen Mediums lieferten. Charles Dufay sah eine enge Verbindung zwischen Elektrizität, Feuer, Wärme und Lebenskräften.

Was veranlaßte diese Wissenschaftler zu solchen Spekulationen? Der elektrische Funke sowie die anziehenden und abstoßenden Kräfte standen für ein *dynamisches,* die mechanische Philosophie notwendig ergänzendes Prinzip, welches für das Werden in der Natur verantwortlich zu machen ist. Newton hatte in seinen frühen alchimistischen Studien in diesem Zusammenhang bereits den Begriff *electric spirit* geprägt. Doch seine Nachfolger sahen es als ihre vorrangigste Aufgabe an, ausgerechnet den Teil der Newtonschen Forschungen – seine rationale Mechanik – als den wesentlichen herauszustellen, der elektrische und magnetische Phänomene ausgrenzt. Mit der seit Mitte des Jahrhunderts sich verbreitenden Newtonschen Mechanik in Frankreich entstanden heftige Kontroversen über das Wesen der elektrischen und magnetischen Kräfte. Den neu geschaffenen Möglichkeiten, diese verborgenen Kräfte in der Natur durch Manipulation der passiven Materie künstlich zu erzeugen, kam aus zwei Gründen große Bedeutung zu: In der Tradition der Physiko-Theologie bewiesen die Wirkungen dieser aktiven Prinzipien zum einen das unmittelbare Wirken Gottes in der Natur, und zum anderen leiteten die Forscher daraus ihre Aufgabe ab, Kontrolle über diese Kräfte auszuüben.[20] Bedeutende Demonstrationen über die Macht der experimentellen Philosophie stellten der von Benjamin Franklin propagierte Blitzableiter dar, ebenso die mit Leydener Flaschen herbeigeführte elektrische Erschütterung von 600 Soldaten in Anwesenheit des französischen Königs. Daß eine elektrische Entladung durch eine Kette von 600 Soldaten sie zum gleichzeitigen Emporhüpfen nötigte, mußte jedem der Zeugen die Potenz der neuen Kraft vor Augen geführt haben. Die Beherrschung dieser Kraft war in der Tat ein lohnenswertes Forschungsgebiet.

Diese öffentliche Begeisterung für die elektrischen und magnetischen Kräfte sollten das Programm der experimentellen Philosophie in eine Bewährungsprobe führen. Aus den Untersuchungen von Gaston Bachelard[21] geht hervor, daß der elektrische Funke symbolhaft als die Verkörperung der Lebenskraft verstanden wurde, und Zeitgenossen Coulombs sprachen sogar von der Entdeckung der Lebendigkeit. Die vermutete Identität von Elektrizität und Lebenskraft sollte somit entscheidend die weitere Forschungspraxis bestimmen. Sie war nicht nur Forschungsmotivation, sondern regte insbesondere zum Experimentieren am eigenen Leibe an. Diese geheime Kraft mit allen Sinnen zu erkunden, war ebenso selbstverständlich, wie die Anwendung der Elektrizität zu Heilzwecken.

Es ist daher nicht verwunderlich, daß alte, längst als überholt geltende alchimistische und magische Traditionen eine Renaissance erfuhren. Während in Deutschland «elektrische Theologen» von einer elektrischen Selbstbewegung in der Natur sprachen, dem wir uns anzupassen haben, praktizierte der Arzt Franz Anton Mesmer in mehreren Metropolen mit einem universellen Fluidum, welches er anfangs elektrisch, dann magnetisch nannte.

Das auch als «animalischer Magnetismus»[22] bekanntgewordene Heilverfahren erregte größtes Aufsehen in Paris. Eine Kommission von anerkannten Wissenschaftlern wie Benjamin Franklin, Antoine Lavoisier und andere sollten über die Angelegenheiten befinden. Es ist in diesem Zusammenhang jedoch wichtig zu wissen, daß der zugrundeliegende Gedanke der Existenz eines universellen Äthers in Frankreich als häretisch betrachtet wurde. Folgt man jüngsten Untersuchungen, so nutzten experimentelle Philosophen wie Joseph Priestley in England und Jean Paul Marat in Frankreich die neue experimentelle Forschung und insbesondere die Möglichkeit des Nachweises von aktiven Prinzipien in der Materie auch als politisches Argument für ein neues Gesellschaftsmodell, das die alte Ordnung einer Hierarchie verwarf, in der Geist (Elite) die Materie (Masse) regiert. Der englische Geologe James Hutton fühlte sich von den elektrischen Experimenten inspiriert und betrachtete die Natur als einen «immerwährenden Arbeiter». Die umstrittenen theologischen und kosmologischen Spekulationen der Elektrizitätsforschung führten zu einer Bewährungsprobe für die experimentelle Philosophie, die vorwiegend auf dem Gebiet der Elektrizität, des Magnetismus und der Wärme ausgetragen wurde. War eine rationale Beschreibung der Naturvorgänge möglich und ließ sich ihr Phänomenbereich exakt bestimmen? In der zweiten Hälfte des 18. Jahrhunderts lassen sich verschiedene Forschungsrichtungen identifizieren. Einige Forscher glaubten, durch den Bau immer größerer Elektrisiermaschinen die Wirkungen der in der Materie verborgenen Kräfte studieren zu können. Coulomb entschied sich für einen anderen Weg. Er verschaffte sich Einblick in die verborgenen Mechanismen der elektrischen Kräfte, indem er ein sehr sensibles Meßgerät entwickelte.

Der elektrische Ingenieur

Als Coulomb 1784 elektrische Versuche durchzuführen begann, konnte er auf keine eigene Erfahrung in der Erforschung der Elektrizität zurückgreifen. Bisher hatte er vorwiegend reine Ingenieursprobleme behandelt, die sich aber als entscheidende Vorarbeiten erweisen sollten. Seine erste Abhandlung aus dem Jahre 1785[23] beschreibt folgende experimentelle Praktiken: Zu Beginn der elektrischen Messung justierte er den Waagebalken, an dem die Kugel A befestigt war. Dazu drehte er die Mikrometerschraube (pno) so weit, daß A die zweite, gleichgroße Kugel T berührte. Mit einer elektrisierten Nadel führte er nun dem Probekörper T Elektrizität zu und unterstellte dabei, daß sie sich gleichmäßig auf beide verteile. A entfernte sich durch Abstoßung von T um 36 Grad. Das konnte er an der äußeren Skaleneinteilung des Glaszylinders ablesen. Als nächstes drehte Coulomb die Mikrometerschraube in entgegengesetzter Richtung, bis der Abstand zwischen A und T sich auf die Hälfte, d.h. 18 Grad, reduzierte. Bei der Mikrometereinstellung von 126 Grad war dieser Zustand erreicht. Die gesamte Torsion betrug 144 Grad (126 + 18), d.h. das Vierfache des Torsionswinkels von 36 Grad. Eine weitere Halbierung erreichte er bei einer 16fachen Winkelgröße.

Er folgerte, daß man die vierfache Kraft aufwenden mußte, um den Abstand zweier, sich abstoßender elektrischer Kugeln zu halbieren. Die Ergebnisse stützen die Annahme, daß die Kraft F für abstoßende, elektrische Kräfte proportional $1/r^2$ sei.

Die zweite Abhandlung beschreibt das Verhalten der anziehenden Kraft. Wegen der sehr schnellen Anziehung zweier Körper bei kleinen Entfernungen konnte Coulomb nicht schnell genug die notwendige Gegenkraft mit der Mikrometerschraube einstellen, weil die zwei Holundermarkkugeln aneinander haften blieben. Er mußte deshalb das Abstandsgesetz aus dem Schwingungsverhalten einer an einem seidenen Faden aufgehängten Schellacknadel herleiten, deren eines Ende mit einer kleinen Scheibe aus Goldpapier bestückt ist. Der Mittelpunkt dieser Scheibe schwingt horizontal in Höhe des Mittelpunkts einer ihr gegenüber stehenden Kupferkugel. Der Versuchsaufbau gleicht sehr einem um 90 Grad gedrehten, mechanischen Pendelversuch, in dem die Kupferkugel die Erde repräsentiert und die Schellacknadel ein durch die Gravitation zum Erdmittelpunkt orientiertes Pendel darstellt.

Mit dieser Versuchsreihe galt das Gesetz auch für die anziehende Kraft als bestätigt, obwohl das experimentelle Vorgehen die Gültigkeit des Abstandsgesetzes schon voraussetzte. So schreibt Coulomb zur Erklärung des Experimentaufbaus: «Wenn alle Punkte einer Kugeloberfläche mit einer dem Quadrate der Entfernungen umgekehrt proportionalen Anziehungs- und Abstoßungskraft auf einen in beliebiger Entfernung von dieser Oberfläche befindlichen Punkt wirken, so ist bekanntlich die Wirkung dieselbe, als ob die ganze Kugeloberfläche im Mittelpunkt der Kugel concentrirt wäre.»[24] Dies ermöglichte ihm zwar, die Abstände der Mittelpunkte als Bemessungsgrundlage zu wählen, ließ jedoch das Gesetz zum «Artefakt des Meßinstruments» werden. Hier mag auch ein Grund dafür zu finden sein, daß die Torsionsbestimmung die wesentlichere der zwei Bestimmungsmethoden genannt wird.

Doch nicht nur die Konstruktionsweise seiner Torsionswaage, sondern auch seine Analyse von Ladungsverlusten als Ursache für Abweichungen der experimentellen Ergebnisse von den theoretischen Werten weisen eindeutige Bezüge zu seiner Ingenieurspraxis auf. Michael Heidelberger zeigte in einer Dissertation, wie Coulomb ein Berechnungsverfahren für diese Fehlerquelle analog zu seiner vorangehenden Reibungstheorie entwickelt hat.[25] Laut Coulomb wird sich das elektrische Fludium «in der Weise verbreiten, daß die Abstoßung des Fluidums in allen Punkten genau im Gleichgewicht steht mit dem Maximum des Widerstandes, den die Coercitivkraft des ideoelektrischen Trägers dem Abfluß dieses Fluidums entgegenstellen kann. Aber es ist wohl zu bemerken, daß, da dieses Widerstandsmaximum keine active, sondern eine coercitive Kraft ist, die man mit dem Widerstande einer Reibung vergleichen kann, jede abstoßende Wirkung des elektrischen Fluidums, die kleiner als das Maximum dieses Widerstandes ist, den Stabilitätszustand dieses nach irgendeinem Gesetz längs des Leiters ausgebreiteten Fluidums nicht stören wird.»[26]

Coulombs elektrische Arbeiten erweisen sich in vielfacher Hinsicht als ein Musterbeispiel der Vereinigung von Ingenieurstraditionen mit der sich in Frankreich immer stärker durchsetzenden mechanistischen Philosophie Newtons. Ganz im Sinne seiner alten Problemstellung, eine maximale Ausbeute von Naturkräften durch minimalen Aufwand zu erzielen, erschien nun auch die Elektrizität der exakten Vermessung zugänglich zu sein. Das bis dahin ausschließlich geometrisch herleitbare quadratische Abstandsgesetz der elektrischen Kraft konnte jetzt durch Messung bestimmt werden.[27]

Präzisionsmessungen im Kontext

Über die praktische Ausführung seiner Experimente mit der Torsionswaage haben wir keine weiteren Informationen als die detaillierten Beschreibungen in seiner Veröffentlichung. Experimente mit einem Nachbau der Coulombschen Drehwaage haben unter anderem gezeigt, daß die erfolgreiche Durchführung des Experiments, durch die elektrische Aufladung des Experimentators vereitelt werden kann.[28] Der Einfluß des Ladungszustands des Experimentators auf die bewegliche Holundermarkkugel wurde von Coulomb nicht erwähnt. Es ist aber anzunehmen, daß Coulombs experimentelle Praxis dadurch beeinflußt worden ist. Welche Vorkehrungsmaßnahmen er gewählt haben mag, um diesen wesentlichen Effekt auszuschließen, bedarf weiterer historischer Forschung. Wie und warum es ihm dennoch gelang, dieses Gesetz zu bestimmen, kann daher nur verständlich werden, wenn die Entstehung seines Plans und seine praktische Umsetzung im kulturellen Kontext seiner Zeit betrachtet wird.[29]

Seit seiner Mitgliedschaft in der Akademie 1781 hat Coulomb neben vielen anderen vor allem mit seinem Lehrer, dem Ingenieur Charles Bossut, dem Mathematiker Simon Pierre de Laplace, dem Chemiker Antoine

Lavoisier und dem Ökonomen Nicholas Caritat Marquise de Condorcet zusammengearbeitet. Wie jüngste historische Untersuchungen zum Zeitraum 1780 bis 1790 zeigen, weisen deren unterschiedliche Arbeitsgebiete eine gemeinsame Rationalität auf, die sich durch gegenseitige Beeinflussung herauskristallisiert haben muß. Um die Experimentierpraxis Coulombs und seine Veröffentlichung in dem kulturellen Kontext einordnen zu können, sollten einige wesentliche Dimensionen der sich im Umbruch befindlichen Wissensproduktion dargestellt werden.

Pierre Simon de Laplace und Joseph Louis Lagrange vertraten eher die mathematisch orientierten Gelehrten, deren theoretische Arbeiten Newtons Mechanik als idealen Standard der exakten Naturbeschreibung zum Vorbild hatten. Gleichzeitig versuchten sie jedoch, Newtons vitalistische Naturtheologie der aktiven Prinzipien auszugrenzen. Nach Laplaces Vorstellung konnte man den Äther-Spekulationen am besten durch eine Fluidaphysik entgegentreten.[30] Alle Kräfte in der Natur sollten sich analog der Gravitationskraft verhalten. Elektrizität, Wärme, Magnetismus waren als separate Fluida aufzufassen, bestehend aus Massepunkten, die durch Zentralkräfte miteinander wechselwirkten. So wie Laplace mit seiner Autorität den Ingenieur Coulomb beeinflußt haben mag, hat Coulomb sicherlich bei dem Gelehrten Laplace den Eindruck erweckt, daß dieser sein «newtonsches» Projekt für das elektrische Fluidum zur Ausführung bringen könnte. Coulombs mathematische Begabung und seine lange Erfahrung als Ingenieur repräsentierten ein Qualifikationsprofil, welches geradezu das Modell für die neue exakte Wissenschaft abgab.

Gesetze durch Präzisionsmessungen zu illustrieren oder gar beweisen zu wollen, war unter den Forschern nicht einhellig anerkannt. Wie Jan Golinski für die Entwicklung der Chemie zeigte, haben die Engländer die Arbeiten von Coulombs engsten Mitarbeitern Lavoisier und Laplace zur experimentellen Widerlegung der Priestleyschen Phlogistontheorie als eine neue Form wissenschaftlicher Auseinandersetzung nicht anerkannt. Das im selben Jahre wie Coulombs Publikation zur Elektrizität in Paris öffentlich vorgestellte Kalorimeterexperiment zur Demonstration der Zusammesetzung des Wassers muß als Errichtung eines neuen Verifikationsverfahrens in den Wissenschaften gesehen werden. In der Kontroverse mit Priestley wird deutlich, daß die bis dahin von vielen sehr geschätzte Praxis der Durchführung qualitativer Experimente, eine neue exakte Naturwissenschaft entgegengestellt wird, die einige wenige, aber nun auf präzisen Messungen beruhende Experimente als den bisherigen übergeordnet begriff.[31] Mit den von Laplace, Lavoisier und nun auch von Coulomb öffentlich demonstrierten, exakten wissenschaftlichen Teildisziplinen wurde versucht, das messende Experiment hoffähig zu machen. Für Lavoisier und Laplace hatten Präzisionsmessungen eine übergeordnete Bedeutung, sie waren das Übungsfeld, auf dem sich die Schärfe des aufgeklärten Verstandes erproben ließ. Laplace war es auch, der während der revolutionären Unruhen Vorlesungen über Statistik hielt, in denen er den alles kalkulierenden Geist als Waffe gegen den Irrationalismus einführte.[32]

Die Sensibilität der neuen Präzisionsinstrumente erforderte ganz bestimmte, noch zu erlernende Gesten der Genauigkeit,[33] sowie oftmals eigens dafür geschaffene Experimentierräume. Diese neuen praktischen Maßnahmen führten daher zu einer Trennung zwischen privater Ausführung experimenteller Handlungen und öffentlicher Aufführung von Tatsachen. Ein solcher Wandel in der experimentellen Praxis ging mit der Veränderung der Umgangsformen in der Akademie einher. Das Phänomen konnte nicht mehr, wie sonst üblich, demonstriert werden, sondern es mußten Berichte über durchgeführte Präzisionsmessungen vorgelegt oder eigens dafür entwickelte Demonstrationsexperimente ersonnen werden. In dieser Phase des Umbruchs lassen sich vermessene Genauigkeitsansprüche bei experimentellen Handlungen beobachten wie die Angabe von neun Dezimalstellen, obwohl keine Waage genauer als mit vier Stellen arbeitete. Wegen der Unerfahrenheit der Akademiemitglieder in der manuellen Ausführung solcher Messungen wurde den Besitzern und Anwendern der Meßinstrumente große Genauigkeit unterstellt. Auch wenn damit zunächst in der Öffentlichkeit eine *exactitude scrupuleuse* (gewissenhafte Genauigkeit) demonstriert wurde, wissen wir aus privater Korrespondenz, daß weder Lavoisier noch Laplace über die Abweichung empirisch gewonnener Meßwerte von ihren theoretisch ermittelten Erwartungswerten beunruhigt waren.[34] In diesem Kontext der öffentlichen Proklamierung eines neuen Typus von exakter Wissenschaft muß auch Coulombs Arbeit gesehen werden. Seine publizierten Zahlenwerte genügten der Akademie, um das im Prinzip bereits angenommene quadratische Abstandsgesetz zu beweisen.

Coulombs Publikation markiert einen weiteren fundamentalen methodologischen Bruch in der experimentellen Philosophie, der auch als eine zeittypische Entsinnlichung der Forschungspraxis bezeichnet werden kann. Wie ich an anderer Stelle ausgeführt habe, war die Elektrizitätsforschung von Beginn an eine stark auf sinnlichen Wahrnehmungen basierende Praxis, d. h. die Wirkungen der elektrischen Kraft wurden vorwiegend mit all den Menschen zur Verfügung stehenden Sinnen versucht zu erfassen.[35] Lissa Roberts zeigte, daß die Ersetzung von sinnlicher Wahrnehmung[36] durch Meßapparaturen auch in der neuen chemischen Forschungspraxis Antoine Lavoisiers stattfand. Elektrische und magnetische Kräfte waren nicht nur wegen ihrer spezifisch sinnlichen Konnotationen eine ganz besondere Herausforderung. Mit Coulombs Torsionswaage ließen sich nur elektrische Kräfte messen, die wir heute als elektrische Spannungen bezeichnen. So schwache elektrische Ströme, wie sie in galvanischen Experimenten und später von Alessandro Volta in seinem elektromotorischen Instrument erzeugt wurden, konnten damit nicht nachgewiesen werden. Diese geringen Spannungen konnten zu der Zeit nur durch das Berühren der Pole eines Leiterkreises mit der Zunge oder durch das Eintauchen der Hände in Wasserbehälter, die mit den Polen der Batterie verbunden waren, «gemessen» werden. Sollten Präzisionsinstrumente die sinnliche Wahrnehmung ersetzen, mußten Einflüsse des Experimentators auf den Untersuchungsgegenstand ausgeschaltet werden, und auf keinen Fall durften sie Gegenstand des öffentlichen Diskurses werden. Unter Berücksichtigung der Tatsache, daß sich in der Elektrizitätsforschung eine starke soziale Spannung infolge einer verdrängten Sinnlichkeit[37] Luft zu machen versucht, verwundert es nicht, daß Coulomb diesen Problembereich in seiner Beschreibung unerwähnt läßt. Das Ungesagte, aber durch die Aufarbeitung der Experimentalpraxis offengelegte Problem des Einflusses des eigenen Körpers des Experimentators auf den Untersuchungsgegenstand, stellt einen wesentlichen, sich im Wandel befindlichen Aspekt der damaligen Forschungspraxis dar.[38] Aus dieser Perspektive wird es auch verständlich, warum Coulomb keinen seiner Vorgänger zitiert. Er wollte einen Neubeginn in der Elektrizitätsforschung markieren.

Rationale Maschinen

Aus dieser Perspektive des generellen Wandels der Experimentalpraxis erscheint Coulombs Arbeit von dem gleichen Problem gekennzeichnet zu sein wie die seiner Kollegen Lavoisier und Laplace. Ihre Berichte über exakte Messungen allein demonstrieren nicht die Richtigkeit ihrer theoretischen Annahmen.[39] Es war daher eher die sich in dieser Gruppe festigende Ansicht, die Coulombs «balance électrique» und die darin implizit enthaltene Vorstellung, alle dynamischen Vorgänge in der Natur und in der Gesellschaft auf statische Gleichgewichtssysteme reduzieren zu können, welche dieser Gruppe von maßgebenden Forschern eine weitere Verständigungsbrücke gab.[40]

Die Waage diente hier wie in der von M. Norton Wise beschriebenen Weise als eine Maschine, die zwischen verschiedenen Forschungsgebieten vermittelte. Unter Federführung von Etienne Bonnot, Abbé de Condillac und Condorcet entwickelte diese Gruppe eine gemeinsame Methode der zeitlosen Bilanzierung von Natur und Gesellschaftszuständen zur führenden analytischen Methode der französischen Aufklärung. Sie nahmen an, daß die aufgeklärte Gesellschaft mit ihrem akkumulierten Archiv von Experimenten schließlich einen zeitlosen Zustand der natürlichen Ordnung erreichen würde.[41] Um ihre Logik zu verstehen, ist zu berücksichtigen, daß sie in ihren Kalkulationen den Faktor Zeit von seiner Richtung als auch vom Betrag her ausklammerten, obwohl er für das Verstehen der Beziehungen innerhalb der Natur wesentlich ist. Die wahre Sprache der Naturerklärung war die Algebra: Laut Condorcets Grundannahme mußten in jedem geordneten System die einzelnen Elemente als Variablen und unbekannte Größen einer Gleichung beschrieben werden können. Ein System war verstanden, wenn man zeigen konnte, daß gewisse Werte einer unbekannten Größe der Gleichung genügen. Die Gleichung betrachtete er als das die Elemente bestimmende Naturgesetz.

Die Coulombsche Veröffentlichung zur Elektrizität aus dem Jahre 1785 stellt einen entscheidenden Teilerfolg der sich formierenden französischen Schule dar. Die theoretisch orientierten Forscher betrachteten die *Construction d'une balance eléctrique* als die mechanische Repräsentation der Condillacschen algebraischen Gleichung. Wie in allen seinen Maxima-Minima-Studien hat Coulomb auch hier konfligierende Kräftekonstellationen gesehen. In seiner Konstruktion der Torsionswaage nutzt er die mechanische Torsionskraft eines Drahtes, um sie der elektrischen Abstoßungskraft der zwei geladenen Holundermarkkugeln entgegen wirken zu lassen. In diesem instrumentell geschaffenen System zweier entgegengesetzt wirkender Kräfte benutzt er das Kräftegleichgewicht zwischen einer elektrischen und mechanischen Kraft, um das noch unbekannte Maß der elektrischen Kraft über die von ihm meßbare mechanische Kraft zu bestimmen. Die Torsionswaage repräsentiert das natürliche Gesetz, welches ein Gleichgewicht zweier sich widerstreitender Kräfte aufrechterhält. Im Meßinstrument führte die Veränderung der mechanischen Kraft durch Drehen der Mikrometerschraube zu den notwendigen Meßwerten der elektrischen Kraft, die als die Lösungen der Gleichung betrachtet werden können.

Coulombs quasi zeitloses Bilanzierungsverfahren repräsentiert zugleich das französische Ideal der Aufklärung: Statik als zeitlose Gleichgewichtsmechanik. Die Torsionswaage ist daher nicht nur eine direkte Übersetzung ingenieurmäßigen Denkens in ein elektrisches Meßinstrument, was Hoffnungen auf die Ausdehnung des Forschungsbereichs in die Mikrosphäre auslöste, sondern zugleich ein weiteres Beispiel für die sich gegenseitig bestärkende Auffassung, daß die exakte Messung von dynamischen Vorgängen in der Natur und in der Gesellschaft durch eine statische Beschreibung und Kontrolle möglich ist. Coulombs Maschine hatte daher nicht nur starken vermittelnden Wert innerhalb des Netzwerkes der Forscher, sondern ihre Anwendung sollte auch entschieden die Vorstellung von Elektrizität wandeln: Die vorher als Ursache für Veränderungsprozesse in der Natur betrachtete elektrische Kraft erschien nun als eine statische, quasi-mechanische Kraft. Das war der Beginn der Elektrostatik als eigenständiger Disziplin. Coulombs Publikation und insbesondere seine Drehwaage dienten dazu, Elektrizitätsphänomene durch die Methoden der Präzisionsmessung und ihre theoretische Einbettung in die Newtonsche Mechanik neu zu definieren.[42]

Vollendete und unvollendete Maßnahmen

Außerhalb der französischen Gruppe von Wissenschaftlern stieß Coulombs Publikation von 1785 zunächst auf keine große Resonanz. Bis 1800 wurde seine Torsionswaage in englischen und deutschen Lehrbüchern nicht erwähnt. Erst Siméon-Denis Poisson nahm Coulombs Arbeit zum Ausgangspunkt seiner Potentialtheorie, indem er den aus der Newtonschen Mechanik bekannten Potentialbegriff elektrostatisch verwendete. Coulombs «elektrische Massen» und die experimentelle Grundlegung des Abstandsgesetzes erlaubten es, diese Bausteine zu einer kompletten Theorie der Elektrostatik auszugestalten. Zehn Jahre später entwarf er eine entsprechende Theorie der magnetischen Kräfte. Damit hatte er die von Coulomb begonnene statische Erfassung der elektrischen und magnetischen Kräfte zu einem Höhepunkt der Laplaceschen Physik geführt. Experimentelle Überprüfungen des Gesetzes führten aber zu Kontroversen, die bis in die ersten Jahrzehnte des 19. Jahrhunderts reichten. Coulomb machte zeit seines Lebens keine Anstrengungen, seine Experimente zu rechtfertigen. Dieses Vertrauen in seine Arbeit mag verständlich werden, wenn man zum einen den Kontext und den Einfluß der Laplaceschen Schule berücksichtigt. Seine Torsionswaage wurde nämlich von ihm, Laplace und anderen als Argument gegen Voltas elektromotorische Kraft eingesetzt.[43] Zudem sind seine elektrischen Forschungen im Kontext seiner gesamten Forschungspraxis als Ingenieur zu betrachten. Seit Beginn seiner Ingenieurslaufbahn war er eher daran interessiert, die potentiellen Kräfte der Natur nutzbar zu machen. Die elektrische Kraft war für ihn wie mechanische oder auch menschliche Kraft ein Reservoir zum Antrieb von Maschinen. Das Hauptproblem war die Effektivierung von Arbeitsmaschinen. Für ihn bedeutete das die Minimierung der auftretenden Verluste von nützlicher Arbeit. Die Minimierung gelang einerseits durch das Studium der Benutzer von Maschinen und ihres Arbeitsverhaltens, andrerseits durch die Verbesserung der Maschinen selbst. Seine elektrische Forschung ist nur Teil seiner Bemühung, einem aussichtsreichen Reservoir von nutzbarer Kraft und den auftretenden Verlusten bei der Verrichtung von Arbeit auf die Spur zu kommen. Reibungseffekte verursachten dabei die größte Herausforderung, und sie blieben auch noch in den letzten drei Jahrzehnten des 18. Jahrhunderts Coulombs Hauptproblem. Es ist daher folgerichtig, daß er das Meßprinzip der Torsionswaage auch als das zuverlässigste Verfahren zur Bestimmung der Reibung von Flüssigkeiten betrachtete. Die hohe Empfindlichkeit der Torsionswaage erlaubte die Bestimmung sehr geringer Kräfte von $9 \cdot 10^{-4}$ dyn. Seine Elastizitätstheorie erforderte genauere empirische Erhebungen über die molekularen Kräfte.

In seinem 1781 veröffentlichten Aufsatz konnte er zwar schon einen Koeffizienten für die Reibung angeben, doch die jeden Reibungseffekt begleitende Entstehung eines Gleitfilms zwischen den reibenden Medien wies auf das Wirken weiterer Kräfte hin. Mit Hilfe einer eigens dafür konstruierten Torsionswaage wollte Coulomb dieses bislang undurchsichtig gebliebene Geflecht von Kräftebeziehungen aufhellen. Der experimentelle Aufbau bestand aus einer Torsionswaage, an deren Metallfaden eine Kupferscheibe aufgehängt war. Sie wurde in ein Wasserbassin getaucht und konnte der geometrischen Dimensionierung entsprechende Oszillationsbewegungen in horizontaler Ebene vollführen. 1784 hatte er bereits Versuche unternommen, die ihn in der Annahme bestärkten, daß sich bei kleinen Geschwindigkeiten der Widerstand proportional zur Geschwindigkeit verhält; bei höheren Geschwindigkeiten werden die Verhältnisse jedoch besser durch eine quadratische Beziehung beschrieben.

Aufbauend auf diese Experimente, konnte er im Jahre 1801 eine weitere Veröffentlichung vorlegen.[44] Er wollte in ihr unter anderem die ebenfalls auf Newton zurückgehenden Studien zur Flüssigkeitsreibung präziser ausführen. Dabei hob er ganz besonders die Vermeidung von möglichen Fehlern bei den bis dahin durchgeführten Pendelversuchen hervor. Zum Beispiel würde die schwingende Pendelaufhängung einen Reibungseffekt mit der umgebenden Luft ausüben, der bei der angestrebten Genauigkeit der Messungen großen Einfluß haben würde.[45]

Coulombs Torsionswaage erwies sich deshalb schon aus theoretischen Überlegungen als die bessere Methode, den geringfügigen Reibungskräften auf die Spur zu kommen. Den Widerstand der in Wasser oszillierenden Kupferscheibe bestimmte Coulomb bei einer Geschwindigkeit von 1 cm/sec mit 0,069 dyn/cm. Die Messung bei höheren Geschwindigkeiten wurde in seinem Versuchsaufbau vereitelt, da diese Geschwindigkeiten zu starke Wellenbewegungen verursachten. Versuche mit verschieden gestalteten Kupferscheiben führten ihn zu der Erkenntnis, daß zwischen zwei Formen von Reibung zu unterscheiden sei. Der eine Widerstand hängt von der Beschaffenheit der Flüssigkeit ab, der zweite von der Art und Weise des Kontaktes der Flüssigkeit mit dem Metall. Ersteres war auf eine spezifische, in den Molekülen wirkende, unelastische Kraft zurückzuführen. Die zweite zwischen Flüssigkeit und Festkörper, also zwischen verschiedenen Molekülen wirkende Kraft, nahm er als elastisch an. Er unterschied somit zwischen Viskosität, Geschwindigkeit und innerer Reibung von Flüssigkeiten und der Trägheit von Molekülen. Es gelang Coulomb aber nicht mehr, eine allgemeingültige Theorie zu entwickeln. Die letzten Jahre, bevor er 1806 in Paris verstarb, war er hauptsächlich als Generalinspektor des französischen Unterrichtswesens tätig.

Im 19. Jahrhundert wurden Coulombs Forschungen in sehr unterschiedlicher Weise rezipiert. Seine elektrischen Arbeiten wurden unter anderem durch Georg Simon Ohm aufgegriffen, der die Torsionswaage zur empfindlichsten Nachweismethode elektrischer Ströme umrüstete. Damit wurde Coulombs Leistung als Konstrukteur eines der empfindlichsten Nachweisgeräte erneut bestätigt. Mit dem sich stärkenden Einfluß der Laplaceschen Physik in Deutschland wurde auch Coulombs Gesetz der Elektrostatik als Grundannahme in die neue, von Wilhelm Eduard Weber entwickelte Elektrodynamik eingebaut.[46] Seine empirischen Erhebungen zur Vermessung menschlicher Arbeit lieferten den Grundstein für die sich im 19. Jahrhundert formierende Arbeitswissenschaft.

Jürgen Teichmann

LUIGI GALVANI (1737–1798), ALESSANDRO VOLTA (1745–1827) und GEORG SIMON OHM (1789–1854)

Galvani, Volta und Ohm gelten als die Begründer der Forschung über elektrische Ströme. Dabei sind elektrische Ströme, mit Reibungselektrisiermaschinen erzeugt, auch schon vor ihnen untersucht worden. Doch markierte die Entdeckung einer neuen Elektrizitätsquelle, der von Galvani 1791 veröffentlichten und später so genannten «galvanischen Elemente», in der Tat einen wichtigen Einschnitt in der Elektrizitätsforschung und in der Elektrotechnik. Zum ersten Mal waren Ströme aus chemischen Umsetzungen verfügbar, die bald relativ stark und konstant hergestellt werden konnten.

Leben von Galvani und Volta

Luigi Galvani wurde 1737 in Bologna geboren und studierte hier Medizin. 1766 wurde er Kurator und Demonstrator des Anatomischen Museums. 1768 wurde er auch festangestellter Lehrbeauftragter an dem Kolleg, an dem er schon länger Vorlesungen hielt. 1775 wurde er Adjudant des berühmten Mediziners Domenico Galeazzi an der Universität und erst 1782 Professor am *Istituto delle Scienze.*

In den 1770er Jahren verlagerte Galvani sein Interesse von anatomischen Fragen mehr zu physiologischen Problemen, speziell erforschte er Nerven und Muskel. So las er 1773 im *Istituto delle Scienze* eine Abhandlung über die Muskelbewegung von Fröschen vor. Diese Forschungen führten zur Beschäftigung mit schon länger vorhandenen Studien zur elektrischen Reizung von Muskeln und Nerven. Daraus entstanden seine berühmten «galvanisch-elektrischen» Entdeckungen. 1797 weigerte sich Galvani – im Gegensatz zu Alessandro Volta – als Patriot, den Eid auf die neue Cisalpinische Republik von Napoleons Gnaden zu leisten. Er wurde all seiner Ämter enthoben und starb verarmt und verbittert 1798 in Bologna.

Alessandro Volta wurde 1745 in Como geboren und als Sproß einer adeligen, hauptsächlich aus Kirchenleuten bestehenden Familie in theologisch geleiteten Instituten erzogen. Schon während dieser Zeit führte er Untersuchungen zur Elektrizität durch. Sie wurde aus der Atmosphäre durch einen Blitzableiter heruntergeleitet, der der erste in Como gewesen sein soll. Mit 28 Jahren begann Volta, sich ganz der Elektrizität zu wid-

Luigi Galvani (1737–1798)

men, und trat in Briefwechsel mit Giambatista Beccaria, dem damals in Italien führenden Elektrizitätsforscher. Auf dessen Kenntnissen baute er nun seine ersten Forschungen zur Elektrostatik auf, die ihn schon um 1770 international bekannt machten. 1775 wurde er Professor für Experimentalphysik am Gymnasium in Como. Reisen in die Schweiz und ins Elsaß – später auch in andere europäische Gegenden, einschließlich Deutschland – erweiterten sein Wissen und seine Kontakte. 1778 wurde er Professor für Experimentalphysik an der Universität Pavia. Ein neuer Vorlesungssaal wurde für ihn und seine Instrumente gebaut, die heute noch existierende Aula Voltiana.

In Pavia konzentrierte er sich auf seine letzten großen Forschungen zur Reibungselektrizität, und er kam zu wichtigen Ergebnissen über Gase. Ab 1791 befaßte er sich vorwiegend mit der «galvanischen» Elektrizität. Der französische Einmarsch in Italien 1796–1800 hemmte auch seine Forschungen erheblich, doch überstand er die Invasion besser, da er bereit war, sich politisch anzupassen. Dennoch zerstörten französische Soldaten bei der Plünderung Pavias auch sein Labor. Statt einer österreichisch dominierten, gab es nun eine französisch dominierte Regierung.

Alessandro Volta (1745–1827)

Berühmt wurde Voltas Reise 1801 nach Paris, wo er vor dem Nationalinstitut, der früheren Akademie der Wissenschaften, seine elektrostatischen und «Voltasäulen»-Experimente vorführte – mit triumphalem Erfolg. Auch Napoleon wohnte diesen Sitzungen bei. Er verlieh ihm schließlich eine Jahrespension und ernannte ihn zum Grafen und Senator des Königreichs Italien, das bald aus der Cisalpinischen Republik hervorging. 1819 erst durfte Volta in den Ruhestand treten. 1827 starb er in Como.

Volta war Mitglied verschiedener berühmter wissenschaftlicher Gesellschaften und erhielt 1794 den höchsten Preis der *Royal-Society* in London, die Copley-Medaille. In den letzten 20 Jahren seines Lebens machten ihn seine Ämter, selten genug in der damaligen Wissenschaft, zu einem reichen Mann. Nicht nur seine wissenschaftliche Forschung, auch seine Karriere stand so in einem schroffen Gegensatz zu seinem Landsmann Galvani.

Das Werk von Galvani und Volta

1780 entdeckte Galvani nach eigenen Angaben – er veröffentlichte die Entdeckung erst 1791 –, daß ein präparierter und geerdeter Froschschenkel zuckte, wenn in einiger Entfernung daneben ein Funken von einer Reibungselektrisiermaschine zu einem Leiter übersprang. Das schien ihm die Bestätigung seiner Vorstellungen, daß in allen tierischen Körpern Elektrizität vorhanden ist, wie man es vom elektrischen Zitteraal schon einige Zeit wußte. Auch «natürliche» Elektrizität, d. h. Blitze bei Unwettern, riefen dieses Zucken hervor. Das hatte er nach seinen Angaben Mitte der 80er Jahre entdeckt. Der Froschschenkel schien sich wie ein Kondensator (eine Leidener Flasche) zu verhalten, der sich bei einer Anregung durch externe Elektrizität plötzlich entlud – aber im Gegensatz zum Kondensator diese «Entladung» ständig wiederholen konnte. Wir würden heute seine Anordnung eher als eine Antenne bezeichnen, die die – gedämpften – elektromagnetischen Wellen der Funkenentladung durch das Zucken des Froschschenkels registrierte.

Als Galvani schließlich seine Froschschenkel mit Messinghaken an das eiserne Gitter seines Balkons hängte, zuckten sie sogar, ohne daß atmosphärische Elektrizität bemerkbar vorhanden war. Die Zuckungen wurden verstärkt, wenn er die Messinghaken gegen das Eisen drückte. Das paßte hervorragend zu seiner These, die er sofort im Labor nachprüfte: Der Froschschenkel «entlud» sich – und das bei jeder Berührung neu –, wenn man eine elektrisch leitende Verbindung von den Muskeln als Elektrizitätserzeugern zu herauspräparierten Nerven als physiologischen Leitern herstellte. Zwar betonte er schon, daß diese leitende Verbindung stärkere Zuckungen hervorrief, wenn sie aus zwei verschiedenen Metallen bestand, doch untersuchte er dieses Phänomen nicht weiter. Es paßte offenbar nicht in seine These der Kondensatorentladung.

Die «tierische Elektrizität» war eine aufregende Entdeckung, die gerade wegen ihrer Wechselbeziehungen Physik–Physiologie viele Wissenschaftler zur Beschäftigung anregte, insbesondere auch die romantisch beeinflußten Naturforscher in Deutschland, wie Alexander von Humboldt, Johann Wilhelm Ritter und andere. Auch Alessandro Volta beschäftigte sich sofort damit. Volta hatte ja schon in den 1760er Jahren wesentliche Beiträge zur Elektrizitätslehre geliefert. So hatte er den Elektrophor, eine Art «missing link» zwischen dem Plattenkondensator jener Zeit und der Influenzelektrisiermaschine des 19. Jahrhunderts, zu einem brauchbaren Gerät entwickelt, das ständig Elektrizität nachlieferte. Dabei hatte er 1782 die Grundgleichung der Elektrostatik formuliert: Ladungsmenge = Kapazität x Spannung.

Volta war es, der von seinem Landsmann Giambatista Beccaria den Begriff und die Bezeichnung Spannung übernommen und propagiert hatte, während alle übrigen Elektrizitätsforscher es bei dem Begriff Ladungsmenge beließen. Eine Ausnahme allerdings war der Engländer Henry Cavendish, der, isoliert von der damaligen Elektrizitätswelt, durch seine ausgezeichneten mathematischen Fähigkeiten ebenfalls diese zwei Begriffe konzipiert hatte. Volta hat sich ausgiebig um Elektroskop-Eichungen bemüht und die Leitfähigkeit verschiedenster Substanzen untersucht, jedoch nicht so exakt und einfallsreich wie Henry Cavendish.

Volta stellte nun innerhalb eines Jahres fest, daß Galvanis phantastische Entdeckung von 1791 in einem entscheidenden Punkt falsch erklärt war: Der Froschschenkel war keine Leidener Flasche. Wesentlich für die Elektrizitätserzeugung sollte der Kontakt zweier verschiedener Metalle miteinander sein. Nötig war ferner ein flüssiger Leiter zur Durchleitung des Stromes – hier das Froschblut. An elektrische Vorgänge in den «galvanischen Elementen» aber glaubte auch Volta sofort, obwohl das keineswegs zweifelsfrei war: Es gab weder Funken noch Elektroskop-Ausschläge. Romantische Forscher konzipierten deshalb auch ein eigenes «galvanisches» Fluidum.

Galvani widersprach der Voltaschen Erklärung heftig und ersann viele Versuche, die die «physiologische» Elektrizität im Frosch selbst – unabhängig von Metallen – beweisen sollten. Vielleicht hat er dabei diese Elektrizitätserzeugung wirklich nachgewiesen, als er Zuckungen nur durch Berührungen von Nerven und Muskeln erhielt – einwandfrei gelang das erst Emil Du Bois-Reymond in den 40er Jahren des 19. Jahrhunderts –, doch verlor er den Kampf aus anderen Gründen. Die neue Stromquelle, die er entdeckt hatte, beruhte in der Tat auf einem anderen Prinzip – vor allem jedoch war er in der Cisalpinischen Republik von Napoleons Gnaden ein geächteter Mann geworden.

Volta mißverstand übrigens das von ihm als neuartig erkannte «galvanische Element» ebenfalls. Er glaubte, daß der Kontakt zweier verschiedener Metalle miteinander das Wesentliche war, der flüssige Leiter sollte nur den Vermittler spielen. Der elektrische Strom würde bei solchem «Metallkontakt» unaufhörlich fließen, ohne jede sonstige Änderung: als «mouvement perpetuel» – als *perpetuum mobile* würden wir sagen. Chemische Änderungen an den Metallen und im flüssigen Leiter (Elektrolyten), die er durchaus beobachtete, sah er nicht als wesentlich an. Chemiker dagegen, wie Humphry Davy in England, wollten alle Vorgänge nur chemisch erklären, so daß sie eher Vorläufer der energetischen Betrachtungsweise waren.

Bei seiner Suche nach endgültigen Beweisen für die elektrische Natur des galvanischen Fluidums fand Volta 1799 schließlich die Hintereinanderschaltung von Elementen zur Erhöhung der Spannung – er erhielt so Elektroskop-Ausschläge, sogar kleine Funken. Die «Voltasäule» war in moderner Sprechweise eine Hintereinanderschaltung von Elementen mit hohem Innenwiderstand. Mit Salzwasser getränkter Filz bildete den

Elektrolyten. Die «Tassenkrone» war eine Hintereinanderschaltung, bei der sich die Metalle direkt in Flüssigkeiten befanden; das ermöglichte geringen Innenwiderstand und größere Ströme. Solche Untersuchungen ließen Volta schließlich auch zu einer Grobformulierung des Ohmschen Gesetzes finden, die er nur brieflich festhielt und dem keine Prüfung durch exakte Instrumente zugrunde lag:

«Laßt uns schließen, daß die Geschwindigkeit des elektrischen Stromes und folglich die Kraft der Erschütterung, die man erfährt, im Verhältnis zusammengesetzt ist aus der elektrischen Spannung und der Freiheit oder Leichtigkeit des Durchgangs durch alle Teile der Kette oder des Kreises.»

Das kann man modern als Stromstärke = Spannung x Gesamtleitwert interpretieren. Der romantische Physiker Johann Wilhelm Ritter skizzierte auf gleiche Weise das Ohmsche Gesetz. Er hatte die Metallkontaktthese Voltas übernommen. Georg Simon Ohm übrigens vertrat sie noch bis in die 1840er Jahre. Sie erlaubte das Denken in rein physikalischen Begriffen sehr viel leichter als die sich in den 30er Jahren langsam durchsetzende energetisch richtigere Überlegung, wonach chemische Umsetzungen entscheidend für die Stromerzeugung waren: nämlich durch Umwandlung von chemischer Bindungsenergie in elektrische Energie.

Galvani und Volta: Begründer des Zeitalters der Elektrizität

Es ist interessant zu sehen, wie ein physikalischer Außenseiter, der Anatom Luigi Galvani, eine revolutionäre elektrische Entdeckung machte, der die – damals experimentell kaum glaubhafte und auch kaum beweisbare – These zugrunde lag, daß es «physiologische» Elektrizität in jedem Körper gebe. Er irrte sich in seiner Interpretation der ersten Beobachtungen radikal. Doch dieser Irrtum war wichtig: Hätte er nämlich die Zukkungen des Froschschenkels beim Funkenübersprung an seiner Elektrisiermaschine erklärt, wie es damals alle Physiker taten – der Effekt war von Blitzeinwirkungen über einige Entfernung hinweg bekannt –, d.h., hätte er sie als «Rückschlag», als Ladungsverschiebung also und Rückausgleich dieser Verschiebungen verstanden, hätte er nicht unbedingt besonders motiviert weitergeforscht. Er hätte die «Zufallsentdeckung» der zuckenden Schenkel am eisernen Balkongitter dann gar nicht gemacht oder gar nicht beachtet.

Als aber Galvanis Entdeckung öffentlich bekannt war, nahm ein Fachwissenschaftler das «Heft in die Hand». Mit seiner Kompetenz in Elektrizitätsfragen konnte er vieles erklären und erstaunlich Neues entdecken. Beider Wirkung ist aber auch durch das politische Umfeld beeinflußt – und durch ihre Fähigkeiten, damit umzugehen. Voltas Leistung ist nicht zuletzt aus seiner Frontstellung zu romantisch physikalischen Thesen und zu chemischen Erklärungen zu verstehen. Nur durch diese Verengung seines Blickfeldes – mit dem Irrtum, Elektrizität komme durch den reinen Metallkontakt zustande – gelang es ihm, die neuen Stromelemente in den Kanon des damaligen Physikwissens einzuordnen. Dafür entgingen ihm andere Entdeckungen – z. B. die chemische Zerlegung elektrischer Flüssigkeiten, die Elektrolyse.

Galvani und Volta wurden im 19. Jahrhundert als Begründer eines neuen «Zeitalters» gesehen, des Zeitalters der Elektrizität, einer neuen, technisch äußerst variablen Macht. Das machte ihren Ruhm aus, nicht so sehr die grundlegende wissenschaftliche Leistung. Volta wurde dadurch geehrt, daß eine physikalische Größe nach ihm benannt wurde: Der internationale Elektrikerkongreß 1881 in Paris wählte für die Einheit der elektrischen Spannung die Bezeichnung 1 Volt.

Das Leben von Georg Simon Ohm

Ohm wurde 1789 als Sohn eines Universitätsschlossers geboren, der sich in seiner Freizeit intensiv mit Physik und insbesondere Mathematik beschäftigte und darin auch seine Söhne Georg Simon und Martin – der später Universitätsprofessor in Mathematik wurde – unterrichtete. 1800–1805 besuchte Georg Simon das Gymnasium. 1804 urteilte der Universitätsprofessor von Langsdorf über die beiden Brüder: «Der hiesige Schlossermeister Ohm faßte noch in seinen späteren Jahren den rühmlichen Entschluß, Mathematik zu studieren... [und] seine Söhne in Mathematik zu unterrichten. Dieses alles ist ihm bis zur Bewunderung gelungen, wovon ich mich durch die mit seinem fünfzehnjährigen Sohn Georg Simon angestellte Prüfung überzeugt habe.»

1805 begann Georg Simon Ohm, 16jährig, das Universitätsstudium. Es war eine unruhige Zeit. Französische Truppen waren bei ihrem Marsch nach Preußen in Erlangen einquartiert. Georg Simon führte ein recht «wildes» Leben, brach Ostern 1806 sein Studium ab und ging als Lehrer in die Schweiz. Erst 1811 kam er nach Erlangen zurück und promovierte zusammen mit seinem Bruder Martin. Doch gab er nie eine schriftliche Doktorarbeit ab, was ihm bei seinen späteren Hochschulbewerbungen erheblich schadete. 1812 wurde er «Realstudienlehrer» in Bamberg und ging 1817 als Gymnasiallehrer an das Jesuitengymnasium nach Köln. Sein Kollege hatte ihm vorher von dort Verlockendes geschildert:

«Ihr Lehrapparat (= Ausrüstung) ist so beschaffen, daß Sie ihn auf wenigen Universitäten so großartig träfen:
- drei Luftpumpen mit sehr vollständigem Apparat
- ein vortrefflicher Gasapparat
- ein magnetischer Apparat von seltener Vollkommenheit
- Optik: ein großes verfinstertes Zimmer (Camera Obscura) von trefflicher Einrichtung

Georg Simon Ohm (1789–1854)

– vier Schränke voll optischer Instrumente
– ein mehr als vollständiger elektrischer Apparat
– ein sehr niedliches Observatorium ... mit einer unbeschreiblich schönen Aussicht
– ein chemisches Laboratorium im Botanischen Garten
– für die Bibliothek und den Apparat sind Summen ausgesetzt

... Die Schüler sind ... ich spreche aus Überzeugung, sehr bildsam. Der Direktor ist primus inter pares. Die Kollegen sind ausgesuchte wissenschaftliche Leute. Der Unterricht ist auf wissenschaftliche Behandlung abgesehen. Keine von den drei Oberklassen hat mehr als 17 Schüler ...»

In Köln blieb Ohm – nominell – bis 1827 und entdeckte 1826 das heute nach ihm benannte Gesetz. Ab Sommer 1826 erhielt er Forschungsurlaub und zog zu seinem Bruder nach Berlin. Hier verfaßte er das Buch *Die galvanische Kette mathematisch bearbeitet,* das 1827 erschien. 1828 verzichtete er auf seine Stelle in Köln und gab nur noch ein paar Stunden Unterricht an der Kriegsschule Berlin.

Viele Bewerbungen auf Professuren schlugen fehl, bis er schließlich 1833 an der Polytechnischen Schule Nürnberg angestellt wurde. Die Polytechnische Schule war damals, parallel zum Gymnasium, aber mit wesentlich gehobenerem mathematischem und naturwissenschaftlichem Unterricht, eine Erweiterung der «Realstudienanstalt» um Mittel- und Oberstufe und heißt heute Georg-Simon-Ohm-Fachhochschule. 1839 wurde Georg Simon Direktor der Schule. Erst als das Ausland, ab 1837, auf seine vergessenen Leistungen von 1826 aufmerksam wurde, bekam er die Chance, seinen Traum einer Universitätsprofessur doch noch wahr zu machen.

Im Juni 1839 ernannte ihn die Preußische Akademie der Wissenschaften zum korrespondierenden Mitglied. 1841 erhielt er die Copley-Medaille der *Royal Society* London, die damals im Ansehen fast einem heutigen Nobelpreis vergleichbar war – als einziger Deutscher hatte sie bislang nur Carl Friedrich Gauß bekommen. 1842 wurde er korrespondierendes Mitglied dieser berühmten Gesellschaft. Doch erst 1849 wurde er Konservator der Mathematisch-Physikalischen Sammlung des Staates in München, Ministerialdirigent für die Telegraphenverwaltung und 1850 schließlich Professor an der Universität München, vier Jahre vor seinem Tod.

Werk: Das Ohmsche Gesetz und andere Arbeiten

Seine berühmteste Leistung war die Auffindung des heute so genannten «Ohmschen Gesetzes», des Zusammenhangs zwischen Stromstärke, Spannung und Widerstand bei elektrischen Vorgängen in Leitern. Wie alle Entdeckungen hatte auch das Ohmsche Gesetz eine Vorentwicklung, die schon Grobformulierungen lieferte und Voraussetzungen theoretischer und experimenteller Art für eine exakte Untersuchung schuf, sowie eine Nachentwicklung, die dem Gesetz zur Anerkennung verhalf, es im Anwendungsbereich erweiterte und in größere Zusammenhänge einbaute. Zur Vorentwicklung gehören erste Untersuchungen zwischen 1773 und 1781 von Henry Cavendish zum Widerstandsbegriff anhand von Kondensatorenentladungen, ferner Folgerungen aus Wirkungen der Voltasäule in der Form: Stromstärke = Spannung x Gesamtleitwert, so bei Alessandro Volta 1802 (siehe dort) und Johann Wilhelm Ritter 1804. Zur Nachentwicklung gehören die bestätigenden Arbeiten von Gustav Theodor Fechner ab 1829 und weitere, vor allem meßtechnische Untersuchungen bis hin zum Einbau des Gesetzes in die Maxwellsche Elektrodynamik.

Für Ohms endgültigen Erfolg bei der Auffindung seines Gesetzes kann man – in der zeitlichen Reihenfolge ihres Wirksamwerdens – vier Hauptgründe anführen:

1. seine starke mathematische Neigung, die zunächst zu einer Laufbahn als Mathematiker zu führen schien;

2. die für damalige Verhältnisse ausgezeichnete Ausstattung des physikalischen Kabinetts des «Jesuiten-Gymnasiums» in Köln mit Apparaturen und experimentellen Möglichkeiten;
3. seine experimentellen Fähigkeiten;
4. sein Eintreten für die Metallkontakttheorie Voltas bei der Erklärung der «galvanischen» Stromerzeugung, d. h. der chemischen Elemente.

Würde man diese Gründe nach ihrer Bedeutung bei der endgültigen Veröffentlichung ordnen, wäre natürlich Punkt 3 der wichtigste.

Ohms mathematische Neigung war zunächst entscheidend dafür, daß er sich für die quantitative Seite der Physik interessierte – das war damals keineswegs selbstverständlich, wie gerade das lange Ringen um die Anerkennung seiner Leistung in Deutschland nach 1826 zeigte. So blieben es auch vor allem die Arbeiten französischer Forscher wie Joseph Fourier und Siméon-Denis Poisson, mit denen er sich bei Beginn seines physikalischen Interesses beschäftigte.

Die Möglichkeiten des physikalischen Kabinetts waren wirklich ungewöhnlich, wie auch Johann Wolfgang von Goethe 1815 bezeugte. Es gibt im 19. Jahrhundert viele Beispiele für fruchtbare Forschungen an derartigen Institutionen. Die Trennung zwischen Schulen und Hochschulen war nicht so scharf wie heute. Es gab nur wenig akademische Stellen, an denen physikalische Forschung möglich war – und meist ohne jeden Sachetat.

Ohms experimentelle Fähigkeiten führten ihn – unter vielen anderen Arbeiten, wie seine Briefe und Manuskripte zeigen – vor allem zur Konstruktion der berühmten «Drehwaage» für den Nachweis seines Gesetzes und zur Erkenntnis, daß die damals so wenig konstanten chemischen Elemente keine sichere Versuchsbasis boten. Ohm nannte übrigens den Stromkreis «hydroelektrische Kette». Als ihn der Herausgeber der Annalen der Physik, Johann Christian Poggendorff, aus Anlaß seiner ersten Veröffentlichung auf das 1821 erfundene spannungskonstante Thermoelement hinwies, wechselte Ohm sofort zu diesem über.

Seine Verteidigung der Metallkontakttheorie Voltas hat Ohm auch später nicht aufgegeben, wie 1847 ein ausführlicher Zusatz zur italienischen Übersetzung seiner Arbeit über die galvanische Kette von 1827 bezeugt. Es ist nicht sicher, ob ihn anfangs die Argumente und Experimente Voltas dazu geführt haben oder seine Stellung zwischen Mathematik und Physik, die ihn auf jeden Fall fern von der chemischen Theorie der «galvanischen» Stromerzeugung hielt.

Ohms «Drehwaage» zur Messung der Stromstärke wurde nach Charles-Augustin Coulomb konstruiert. Doch hing bei Ohm eine Magnetnadel tt an einem Goldband. Unter ihr wurde der elektrische Strom durchgeführt, der durch das Thermoelement aba'b' (Wismut/Kupfer) erzeugt wurde. Dazu wurden die Schenkel ab und a'b' in Kalorimetergefäße getaucht, die jeweils 0 °C und 100 °C als konstante Temperaturen hielten.

Der Stromkreis war beim mm' unterbrochen. Die freien Enden dd' tauchten in mit Quecksilber gefüllte Schälchen, die den Anschluß der verschiedenen Außenwiderstände ermöglichten. Ohm arbeitete nun nach einer Art Nullmethode: Zunächst mußte das Gerät bei Stromlosigkeit nivelliert und in den magnetischen Meridian gerichtet werden, damit die Magnetnadel genau parallel zum Stromleiter hing. Jede Auslenkung der Magnetnadel durch einen Strom wurde durch Drehung der Bandaufhängung qrrs rückgängig gemacht und die erneute Nullstellung auf einer Skala uu durch die Lupe 1 kontrolliert. Die Anzahl der Teilungsstriche an rr (100 Striche auf 360°), die zur Rückdrehung erforderlich waren, bildete nun tatsächlich ein proportionales Maß für die «magnetische Wirkung», d. h. für die Stromstärke. Diese Methode hatte den Vorteil, daß man den realen Zusammenhang zwischen Stromstärke und Winkel der Gleichgewichtsablenkung – hier wirken als rücktreibende Momente Erdmagnetismus und Torsion – nicht kennen mußte.

Das Ergebnis lautete in seiner Veröffentlichung von 1826: «Obige Zahlen [seine 1. Tabelle mit Teilstrichen als Maß für die Stromstärke] lassen sich sehr genügend durch die Gleichung

$$X = \frac{a}{b + x}$$

darstellen, wobei X die Stärke der magnetischen Wirkung auf den Leiter, dessen Länge x ist, a und b aber constante, von der erregenden Kraft und dem Leitungswiderstande der übrigen Theile der Kette abhängige Größen bezeichnen.» Die 1. Tabelle in seiner Veröffentlichung gibt die Teilstriche der Rückdrehung bei verschiedenen Außenwiderständen Nr. 1 – Nr. 8 an.[1]

Ohms wissenschaftliches Wirken war nicht auf die Elektrizitätslehre beschränkt. Die bedeutendste Leistung nach seinen elektrischen Untersuchungen waren seine Beiträge zur Akustik (1839–1844). In der Arbeit *Über die Definition des Tones nebst daran geknüpfter Theorie der Sirene und ähnlicher tonbildender Vorrichtungen* (1843) klärte Ohm theoretisch die Lochsirenenversuche verschiedener Forscher auf. Er ging dazu von der Definition des reinen Tones als einfacher Sinusschwingung aus. Jede komplizierte Schwingung, z. B. durch komplizierte Löcheranordnung in der Sirene erzeugt, ließ sich mittels einer mathematischen Methode, der Fourier-Analyse, in einfache Sinusschwingungen auflösen – in moderner Sprechweise: Grundton plus Oberschwingungen –, die das Ohr auch so getrennt wahrnehmen kann. Hermann von Helmholtz nannte diese Erklärung von Ton und Klang «Ohmsches Gesetz» der Akustik. Es erhielt für die Theorie der Musikinstrumente und die gesamte Elektroakustik große Bedeutung.

Weitere Forschungen Ohms dienten den Interferenzerscheinungen in der Optik sowie der Molekularphysik.

Ohms fundamentale Wirkung für die Elektrotechnik

Das heute so berühmte Ohmsche Gesetz von 1826 wurde bis 1837 weitgehend abgelehnt oder nicht beachtet. Es gab nur einige positive Stellungnahmen, z. B. von Gustav Theodor Fechner. Doch wurde der von Ohm gefundene Zusammenhang in den 1830er Jahren immer dringender gesucht. Auch Carl Friedrich Gauß und Wilhelm Weber experimentierten 1833 zum Ohmschen Gesetz. Der daraus entstandene berühmte «Gauß-Webersche Telegraph» in Göttingen war insbesondere als Experimentiereinrichtung für den Zusammenhang Stromstärke–Spannung gedacht.

Als 1837 das Ohmsche Gesetz in Frankreich nachentdeckt worden war, erinnerte man sich an Ohms Arbeiten. Die *Royal Society* in London (die möglicherweise keinem Franzosen ungeprüft Entdeckungsehren gönnen wollte) anerkannte schließlich Ohms Priorität und ehrte ihn 1841 mit ihrer Copley-Medaille. Das Ohmsche Gesetz erwies sich bald als fundamental wichtig in der jungen Elektrotechnik und in der elementaren Elektrizitätslehre von Leiterströmen. Für die Gesamttheorie der Elektrizität, die Elektrodynamik Clerk Maxwells, blieb es aber nur ein Sondergesetz.

1881 setzte der Internationale Kongreß der Elektriker in Paris als Maß für die Einheit des Widerstandes 1 Ohm fest. Auch das ist uns bis heute von Ohm geblieben, während seine damals bekannten Lehrbücher vergessen sind.

Karl Heinrich Wiederkehr

PIERRE SIMON LAPLACE
(1749–1827)

Ein neuer Stern der Wissenschaft

Am 28. März 1749 wurde Pierre Simon Laplace als Sohn eines Kleinbauern in dem Landstädtchen Beaumont-en-Auge in der Normandie geboren. Von seinem 7. bis zum 16. Lebensjahr besuchte er dort die Tagesschule der Benediktiner. Nach dem Wunsch des Vaters sollte Laplace später einmal ein kirchliches Amt bekleiden. 1766 ließ er sich an der Universität Caen formell als Kleriker immatrikulieren, entdeckte aber bald seine Neigung für die Mathematik und die exakten Wissenschaften. Mit einem Empfehlungsschreiben seines Lehrers Pierre Le Canu in der Tasche ging er 1768 nach Paris und wandte sich an Jean le Rond d'Alembert, den berühmten Mathematiker und theoretischen Physiker, der anfangs auch mit Denis Diderot die *Encyclopédie ou Dictionnaire des siences, des arts et des métiers* herausgegeben hatte – ein richtungsweisendes Werk, geprägt vom Geist der Aufklärung. Von Laplaces mathematischen Fähigkeiten war d'Alembert stark beeindruckt; er verschaffte seinem neuen Schützling eine Professorenstelle für Mathematik an der *École Militaire,* so daß Laplace in Paris bleiben konnte.

Bereits nach fünf Jahren wurde Laplace in die Akademie der Wissenschaften gewählt. Noch nie hatte ein so junger Mann so viele bedeutende und vielversprechende Abhandlungen eingereicht. Nach Marie Jean Marquis de Condorcet, dem Sekretär der Akademie, sollen es 13 Aufsätze gewesen sein, von denen vier veröffentlicht wurden. Den ersten Aufsatz mit dem Titel *Recherches sur les maxima et minima des lignes courbes* (*Untersuchungen über die Maxima und Minima gekrümmter Linien*) legte er am 28. März 1770 vor; neben dem Überblick über Extremwertprobleme enthält er auch Verbesserungen einer Arbeit von Lagrange. Die anderen Abhandlungen befassen sich mit der Theorie der Planetenbewegungen, der Mondbahn und der Lösung von Differentialgleichungen, aber auch mit der Wahrscheinlichkeitsrechnung und Spieltheorie. Er widerlegte die von d'Alembert verfochtene Ansicht, daß der Wahrscheinlichkeitsbegriff einer strengen mathematischen Behandlung nicht zugänglich sei. Die zuletzt angeführten Schriften enthielten schon die Themen, die Laplace ein ganzes Leben lang beschäftigen sollten. Ein neuer Stern der Wissenschaft war am Horizont erschienen und begann seinen schnellen Aufstieg.

Pierre Simon Laplace (1749–1827)

Himmelsmechanik und Entstehung unseres Planetensystems

Laplaces Hauptarbeiten, die vor allem seinen Ruf begründeten, waren der Astronomie, genauer der Astromechanik gewidmet. In mehreren Abhandlungen setzte er sich mit der Stabilität des Sonnensystems auseinander. Die Astronomen hatten bemerkt, daß der Mond sich immer mehr der Erde nähert, der Planet Jupiter auf seiner Bahn sich ebenfalls immer schneller bewegt und in die Nähe der Sonne gelangt, Saturn dagegen sich immer mehr entfernt. Pessimisten sahen für die Zukunft schon einen Absturz des Mondes auf die Erde oder eine lebensbedrohende Veränderung des Bahnhalbmessers unseres Planeten voraus. Laplace zeigte nun mit seinen neuen mathematischen Methoden und Techniken, in denen die seit Newton und Leibniz weiterentwickelte Infinitesimalrechnung virtuos angewandt wurde, daß alle sogenannten Störungen der Planetenbahnen periodischer Natur sind und die Bahnhalbmesser langfristig unverändert bleiben.

In seinem fünfbändigen *Traité de Mécanique Céleste* (*Abhandlung über die Himmelsmechanik*), von dem die ersten zwei Bände 1799 erschienen, die beiden folgenden 1802 und 1804 und der letzte 1825, gab Laplace einen Überblick über alle seit Newton gewonnenen Erkenntnisse und eine Zusammenfassung seiner eigenen bedeutenden Forschungen auf diesem Gebiet. Fußend auf dem im ganzen Universum geltenden Gravitationsgesetz, erfaßt Laplace komplizierte Bewegungsvorgänge, die sich durch die Einwirkung eines dritten Weltkörpers ergeben und so die ideale Ellipsenbahn verformen. Alexis Claude Clairaut hatte diese Aufgabe schon ein halbes Jahrhundert zuvor zu lösen versucht. Mit seiner Gezeitentheorie ermöglichte Laplace die genaue Vorhersage künftiger Springfluten.

In der Astromechanik erarbeitete er für die ganze spätere theoretische Physik den so wichtigen Potentialbegriff, der durch die sogenannte Laplacesche Gleichung eine erste mathematische Formulierung erhielt. Dem physikalischen Feldbegriff wurde damit der Weg bereitet. Denis Siméon Poisson zeigte allerdings, daß die Geltung der Laplaceschen Formulierung auf Punkte einzuschränken ist, die außerhalb der wirkenden Massen liegen, und gab eine entsprechende Erweiterung für innere Punkte. In der Mathematik ist mit Laplaces Namen der Determinantenentwicklungssatz verknüpft und die sogenannte Laplace-Transformation, die besonders bei der Lösung von Differentialgleichungen und bei der Berechnung von Integralen zu einem unverzichtbaren Hilfsmittel der Mathematik geworden ist. Laplaces Formeln und Gleichungen für die Bewegungsabläufe im Weltraum stellen die Grundlage für die Bahnberechnungen der heutigen künstlichen Satelliten und Raumsonden dar.

Drei Jahre vor dem Erscheinen der *Mécanique Céleste* hatte Laplace schon einem breiteren Leserkreis das astronomische Weltbild seiner Zeit vor Augen geführt, ohne mathematische Formeln und Gleichungen zu benutzen. Das Werk ist ein Paradebeispiel dafür, wie ein für die Allgemeinheit schwer verständlicher wissenschaftlicher Stoff literarisch gestaltet werden kann. Die *Exposition du système du monde* (Darstellung des Weltsystems; 1796) erlebte sechs Auflagen und wurde sogleich ins Deutsche übertragen. Dem lehrbuchartigen Text ist eine Geschichte der Astronomie angefügt und ein Kapitel mit der Überschrift «Betrachtungen über die Schwere». Darin stellt Laplace die bemerkenswerte Frage, ob das Gravitationsgesetz ein ursprüngliches Naturgesetz sei oder vielleicht doch die Folgerung aus einer allgemeineren Ursache, aus einem übergeordneten Gesetz. Zuletzt sagt er dann: «Hier nötigt uns die Unwissenheit... stille zu stehen.»[1] Erst Albert Einstein sollte darauf 120 Jahre später in seiner *Allgemeinen Relativitätstheorie* mit der durch die Massenverteilung bestimmten Metrik eine Antwort finden.

Noch in einem anderen Punkt kam Laplace in einer erstaunlichen, rein theoretischen Überlegung der heutigen Astrophysik recht nahe: Er betrifft die sogenannten «Schwarzen Löcher». Das sind jene sonnenähnlichen Weltkörper – aber mit viel größerer Masse als unsere Sonne –, die aufgrund der Raumkrümmung in ihrer Nachbarschaft (Allgemeine Relativitätstheorie) die ausgesandten Lichtstrahlen bzw. Photonen wieder zurückholen, sie also nicht entweichen lassen. Der Stern bleibt für uns so unsichtbar (schwarz). Laplace diskutierte einmal in einer Auflage seines «Weltsystems», ob die Lichtteilchen bei einer sehr großen Masse des Sterns aufgrund der Gravitationskraft – er steht dabei auf dem Boden der Newtonschen Mechanik – am Verlassen des Sterns gehindert werden könnten.

Laplace drängt sich die Frage auf, ob die Gravitationskraft, ähnlich wie das Licht, auch eine endlich große Ausbreitungsgeschwindigkeit besitzt, kommt aber dann zu dem Schluß, daß sie doch unendlich groß sein müßte.

Besonders bekannt wurde die *Exposition du système du monde* durch eine kosmogonische Spekulation, die unter der Bezeichnung «Kant-Laplacesche Nebularhypothese» in die Wissenschaftsgeschichte eingegangen ist.[2] Für Laplace ist es kein Zufall, daß sich die Planeten wie auch ihre Satelliten auf Bahnen im gleichen Sinne bewegen, und auch die Rotation der Sonne und der Erde diesen Drehsinn hat. Dazu kommt, daß die Planetenbahnen nur wenig von einer Mittelebene abweichen. Laplace sieht darin einen Fingerzeig auf eine natürliche Ursache für die Entstehung des Sonnensystems. Für Newton dagegen war dies ein Hinweis auf die göttliche Schöpfung gewesen. Angeregt von Wilhelm Herschels Entdeckung zahlreicher Nebelflecken verschiedener Formen, läßt Laplace den Prozeß mit einer rotierenden Ursonne beginnen, deren Ausdehnung bis an die Grenze unseres Planetensystems reicht. Der aus freien Molekülen bestehende Nebel soll sich dann abkühlen und zusammenziehen und dabei seine Drehbewegung beschleunigen. Äußere Ringe der Gasmaterie lösen sich ab und kondensieren zu den Planeten und deren Satelliten; im Zentrum ballt sich die Sonne zusammen.

Laplace meinte, daß Georges Louis Buffon als erster über die Entstehung unseres Sonnensystems spekuliert habe, dessen Hypothese er allerdings nicht zustimmen kann. Daß Immanuel Kant 40 Jahre davor schon ähnliche Gedanken in seiner *Allgemeinen Naturgeschichte und Theorie des Himmels* (1755) geäußert hatte, war Laplace offenbar nicht bekannt. Die Astronomen hatten zu jener Zeit noch wenig Interesse an kosmogonischen Fragen, und Kants Werk fand kaum Beachtung. Kants Konzeption ging aber noch weiter. Auch an anderen Stellen im Kosmos sollten sich ähnliche Vorgänge abgespielt haben. Sonnensystem und Milchstraße sind in seinen Augen Glieder einer Kette übergeordneter Systeme. In unserer Welt, im ganzen Kosmos, sahen Kant und Laplace ein Entstehen und Vergehen, ein Wachsen und Altern wie bei den Lebewesen. Die Evolution des Lebens, die Umgestaltung der Erdoberfläche und die Entstehung der Sterne wurden dann zu großen Themen des 19. Jahrhunderts.[3]

Beiträge zur Wärmelehre

Daß der Mathematiker und Astromechaniker Laplace schon relativ früh mit der Experimentalphysik in Berührung kam, ist Antoine Laurent Lavoisier zu verdanken. Dieser große Chemiker war einer der führenden Köpfe in der Pariser Akademie der Wissenschaften des *Ancien Regime*. Seine neue Oxydationstheorie, die dem Sauerstoff (*Principe oxygène*), damals auch «Lebensluft» genannt, die zentrale Rolle zuwies, löste die bis dahin geltende Phlogistontheorie ab. Phlogiston, das «brennbare Wesen», oft auch mit dem Wärme- und Lichtstoff gleichgesetzt, sollte sich mit den Metallkalken (Oxide) verbinden und so die Metalle hervorbringen. Auf Anregung von Lavoisier befaßte sich Laplace 1777 mit der Verdampfung von Wasser, Alkohol und Äther und mit der dabei entstehenden Verdunstungskälte.[4]

Vier Jahre später führten die beiden Forscher Messungen über die Ausdehnungen fester Körper durch, deren erstaunliche Genauigkeit erst lange Zeit danach erkannt wurde.[5] Berühmt wurden die von Laplace und Lavoisier gemeinsam verfaßten Abhandlungen *Mémoire sur la chaleur* (1783) und *Mémoire contenant les expériences faites sur la chaleur, pendant l'hivers de 1783 à 1784 (Abhandlung über die während des Winters 1783–1784 ausgeführten Versuche über die Wärme).*[6] Die zweite Abhandlung erschien erst nach dem Tode von Lavoisier. Der Schöpfer der antiphlogistischen Chemie wurde 1794 unter Robespierre auf der Guillotine hingerichtet, weil er der *Ferme*, dem verhaßten, aber einträglichen Stand der Zoll- und Steuereinnehmer angehörte.

In der ersten Abhandlung wird gleich zu Beginn über die Natur der Wärme diskutiert. Ist die Wärme die «lebendige Kraft» der Materieteilchen oder eine unwägbare feine Flüssigkeit, die sich zwischen die Materieteilchen setzt und die beim Erhitzen die Stoffteilchen auseinanderdrängt? Beide Ansichten hatten ihre Tradition; aber seit der Entdeckung der latenten und spezifischen Wärmen durch Jean André Deluc, Joseph Black und Johann Carl Wilke ein bis zwei Jahrzehnte davor neigte man doch mehr der Wärmestofftheorie zu. Man glaubte sogar, daß jede gewöhnliche materielle Substanz eine bestimmte Verwandtschaft (Affinität) zur Wärme besitze, d. h. sich mit einer bestimmten Wärmemenge verbinden könne. Auch Laplace und Lavoisier waren Anhänger dieser Richtung. In Lavoisiers Elemententabelle findet man ganz oben den imponderablen Stoff *calorique*.

Die beiden Abhandlungen über die Wärme befassen sich mit der Bestimmung spezifischer Wärmen, den chemischen Reaktionswärmen und der Verbrennung und Atmung. Für die spezifischen Wärmen war schon vorher die Mischungsmethode entwickelt worden, die aber erhebliche Fehlerquellen besaß, z. B. durch die Erwärmung des Mischgefäßes. Lavoisier und Laplace schufen deshalb ihr berühmtes Eiskalorimeter, bei dem die Wärmemenge durch die Menge des geschmolzenen Wassers gefunden wird. Bemerkenswert ist auch, daß in der zweiten Abhandlung zur Bestimmung der spezifischen Wärme von Gasen ein Verfahren beschrieben wird, das François Delaroche und Jacques Étienne Bérard auf Betreiben von Laplace 1813 verbesserten. 1840 benutzte Henri Victor Regnault diese Methode wieder für seine Präzisionsmessungen, die für die Thermodynamik von großer Bedeutung wurden.[7] Die gemeinsamen Untersuchungen mit Laplace waren für Lavoisier eine der Grundlagen zu seinen *Reflexions sur le phlogistique* (*Betrachtungen über das Phlogiston*; 1786) und sie verstärkten seine Tendenz, in der Chemie die exakten Methoden eines Mathematikers und Geometers einzuführen.

Heirat, Reform des Bildungswesens und Einführung des metrischen Maßsystems

Dank des Kontaktes zu Lavoisier gehörte Laplace bald zu dem Kreis der führenden Pariser Wissenschaftler. 1784 wurde er Examinator an der Königlichen Artillerieschule, und hier führte er schon ein Ausleseverfahren bei den Absolventen ein, durch das viele junge Wissenschaftler gefördert wurden, die später zur Elite zählten. 1785 erhielt Laplace den Seniorrang an der Akademie.[8] Im Mai 1788 heiratete er die 20 Jahre jüngere Marie-Charlotte de Courty de Romanges aus einer Familie in Besançon. Sie bekamen einen Sohn, der später in der Armee Karriere machte und kinderlos blieb, und eine Tochter, die 1813 bei der Geburt eines Mädchens starb. Die Enkelin vermählte sich mit dem Comte de Colbert-Chabannais und führte dann den Namen Colbert-Laplace.

1789, im Jahr des Ausbruchs der Französischen Revolution, mußte sich auch die Akademie in ihrer Struktur der neuen, nun bürgerlichen Regierung anpassen. Es wurden Kommissionen zur Begutachtung der zahlreichen Verbesserungsvorschläge für Wirtschaft, Technik und andere Gebiete gebildet. So wurde von mehreren Deputierten der Wunsch nach einem planvollen und einheitlichen Maßsystem für Gewicht und Länge ausgesprochen.[9] Lavoisier und Laplace hatten bei ihren Untersuchungen zur Wärme diesen Weg bereits beschritten. Zusammen mit Mathurin Jacques Brisson und anderen schlugen sie ein Maßsystem vor, das den Aufklärungs- und Revolutionsidealen entsprechend auf natürlichen, reproduzierbaren Basiseinheiten aufbauen und nach dem Dezimalsystem unterteilt werden sollte. Charles Maurice de Talleyrand, damals noch Bischof von Autun, brachte die Sache 1790 vor die Nationalversammlung, und diese einigte sich zunächst auf die Länge des Sekundenpendels unter dem 45. Breitengrad als Basis. Von vielen Seiten kamen Proteste, und es wurde darauf hingewiesen, daß hier zwei artfremde und zum Teil willkürliche Parameter mit eingingen, nämlich die Schwere und die Zeit. Darauf wurde eine neue Kommission eingesetzt, die von Laplace und Jean Charles de Borda dominiert wurde; sie nahm statt der Pendellänge den zehnmillionsten Teil eines Erdquadranten zur Längeneinheit, und sogleich wurde mit der Meridianvermessung zwischen Dünkirchen und Barcelona begonnen. Hier zeigt sich deutlich der Einfluß des Himmelsgeometers Laplace.

Am 25. Juni 1795 wurde das *Bureau des Longitudes* ins Leben gerufen, dem Laplace regelmäßig angehörte; er setzte sich in vielen Artikeln für die Verbreitung des metrischen Systems ein. Auch den rechten Winkel wollte man in 100 Grad teilen, und sogar die Tageszeit sollte in einem Zehnersystem angegeben werden.[10]

Durch die Französische Revolution wurde nicht nur eine Reform und Vereinheitlichung der Maße durchgesetzt, auch das ganze Bildungssystem erhielt eine breitere und modernere Basis. So wurden Ende 1794 die *École Normale* und Anfang 1795 die *École Polytechnique* gegründet, ebenso die wissenschaftliche Abteilung des *Institut de France,* das die *Académie Royale* ablöste; in dem neugeschaffenen Fachbereich fanden ab Ende 1795 regelmäßige Sitzungen statt. Laplace wirkte an der *École Normale* als Professor der Mathematik; Kollegen waren Claude Louis Berthollet, Lagrange, Gaspard Monge und René-Just Haüy. Eine Vielzahl von Hörern war aus ganz Frankreich zusammengerufen worden; sie sollten ihr erworbenes Wissen später weitergeben. Die Vorlesungen waren so angelegt, daß sie kein Fachwissen voraussetzten. Für dieses Publikum schrieb Laplace sein populäres Buch *Système du monde.* Von 1795 bis 1799 hatte Laplace das Amt eines Examinators inne und konnte so starken Einfluß auf die Lehrinhalte und das Niveau ausüben. Auch die Physik in ihrer neuen mathematischen Form wurde gelehrt.

Am *Institut de France* übernahm Laplace von Anfang an eine führende Rolle; im April 1796 wurde er zum Präsidenten gewählt. Damit besaß er auch die Mitgliedschaft in Kommissionen verschiedenster Art und konnte vieles in seinem Sinne lenken, angefangen von der Zuweisung finanzieller Mittel bis zur Stellung von Preisaufgaben und Preiszuerkennungen. Mitglied des Instituts war auch Napoleon; als Wissenschaftler stufte ihn dieser hoch ein, und Laplace wiederum verbeugte sich vor der Macht und erhielt so selbst Macht und Einfluß. Besonders deutlich wird das in seiner Ergebenheitsadresse im dritten Band seiner *Mécanique Céleste.* Napoleon machte Laplace sogar einmal zum Innenminister; es war eine Fehlbesetzung, und schon nach sechs Wochen erfolgte die Abberufung. Dafür erhielt Laplace aber den Posten des Kanzlers im Staatsrat.

Berthollet und Laplace gründeten 1807 die *Société d'Arcueil,* so benannt nach dem Dorf Arcueil nahe bei Paris, wo Berthollet ein Haus und ein Labor besaß. Es war eine private, zwanglose Forschungsgemeinschaft, die sich zum Ziel gesetzt hatte, neue quantitative Methoden in Chemie und Physik zu entwickeln und diese Gebiete zu mathematisieren. Mitglieder dieser Gesellschaft waren Jean Baptiste Biot, Siméon-Denis Poisson, Joseph Louis Gay-Lussac, Dominique François Arago und Etienne Louis Malus. Die Besten des wissenschaftlichen Nachwuchses durften in Berthollets Labor arbeiten und an den regelmäßigen Diskussionen teilnehmen. Eine Physik Laplacescher Prägung suchte man hier zu vervollkommnen. Früchte des Programms dieser Gesellschaft waren Biots Lehrbücher *Traité de physique expérimentale et mathematique* (1816) und der *Précis élémentaire de physique expérimentale (Lehrbuch der Experimentalphysik*; 1817). Gustav Theodor Fechner übersetzte das letztere Werk und ermöglichte so der deutschen Wissenschaft den Anschluß an das französische Niveau.

Beiträge zur Akustik, Molekulartheorie, Kapillarität und Optik

Zur Akustik lieferte Laplace einen Beitrag, der heute noch in jedem Physiklehrbuch zu finden ist, nämlich die Formel für die Schallgeschwindigkeit. Unter Zuhilfenahme von Schwingungsbetrachtungen hatte Newton in seinen *Philosophiae naturalis principia mathematica* (1687) als Fortpflanzungsgeschwindigkeit in Luft $C = \sqrt{p/\varrho}$ gefunden, wobei p der Druck und ϱ die Dichte ist. Zwischen dem theoretischen und dem beobachteten Wert bestand jedoch eine beachtliche Differenz von rund 15 %. Die Formel hielt man deshalb für unzutreffend. Auch Ernst Florens Friedrich Chladni, der die Akustik als erster in größerem Maße experimentell bearbeitete und um 1800 Versuche zur Fortpflanzungsgeschwindigkeit des Schalls auch in anderen Gasen als der Luft anstellte – er benutzte dabei stehende Wellen in Pfeifen –, konstatierte Diskrepanzen zwischen den empirischen und den nach der Formel berechneten Werten.[11] Laplace vermutete, daß die Ursache der Abweichungen in den Wärmevorgängen liege, die mit den Druckschwankungen der Längswelle verknüpft sind. Die Vorgänge sind seiner Meinung nach nicht als isotherm zu betrachten, sondern als adiabatisch (ohne Wärmeaustausch mit der Umgebung), d. h., sie gehorchen nicht dem Boyleschen Gesetz, demzufolge das Produkt aus Volumen und Druck bei vorgegebener Temperatur konstant ist. Laplace teilte diesen Gedanken Biot mit, der ihn allerdings mathematisch nicht ganz richtig in einer Abhandlung (1802) verwertete.[12]

1816 konnte Laplace nach mühevoller Arbeit zeigen, daß in der Newtonschen Formel noch der Faktor $\varkappa$ hinzugefügt werden muß, also $C = \sqrt{p/\varrho}\ \varkappa$, wobei $\varkappa$ C_p/C_ϱ gleich dem Quotienten aus den beiden spezifischen Wärmen bei gleichem Druck und gleichem Volumen ist.[13] Mit einem relativ einfachen Experiment konnten 1819 Nicolas Clément und Charles Bernard Desormes und drei Jahre später mit derselben Methode Louis Joseph Gay-Lussac und Jean Joseph Welter diese für die Wärmetheorie der Gase so wichtige Größe ermitteln. Jahrzehnte später konnten dann Präzisionsmessungen der Schallgeschwindigkeit zur Bestimmung von $\varkappa$ verwendet werden, dessen genaue Größe von der Atomigkeit des betreffenden Gases abhängt.[14]

In den Physiklehrbüchern taucht der Name von Laplace auch in den Kapiteln über Kapillarwirkungen auf. Das Phänomen des Aufsteigens von Flüssigkeiten in engen Röhren, auch Kapillar- oder Haarröhrchen genannt, war lange vor Newton schon beschrieben worden. Neben der kapillaren Erhebung, die man bei benetzenden Flüssigkeiten beobachtet – z. B. bei Wasser in einer Glasröhre –, war auch die kapillare Senkung nichtbenetzender Flüssigkeiten – z. B. bei Quecksilber in einer Glasröhre – bekannt. Man wußte, daß die Steig- oder Depressionshöhe etwa im reziproken Verhältnis zu den Durchmessern der Röhren stand.[15] Ebensowenig wie Newton konnte später Alexis Claude Clairaut diese Erscheinungen mathematisch beschreiben.[16]

Laplace entwickelte nun dazu seine Theorie der Molekularwirkungen. Mit Molekularkräften von anziehender Art hatten Lavoisier und Laplace in den 1780er Jahren die verschiedenen Aggregatzustände in den Stoffen zu erklären versucht. Im Eis zum Beispiel sollen die Wassermoleküle eine ganz bestimmte Lage zueinander eingenommen haben. Nach Ansicht der Chemiker und vor allem der Kristallographen besaßen die Moleküle und die Atome auch eine ganz bestimmte Gestalt. Haüy, der führende Kristallograph jener Epoche, wollte die in seinen Augen polyedrisch geformten «integrierenden Teilchen» aus der Kristallgestalt der Substanzen herleiten.[17] Die Rolle abstoßender Molekularkräfte übernahm bei Lavoisier und Laplace der Wärmestoff. Beim Flüssigwerden einer Substanz, z. B. des Eises, soll sich mehr Wärmestoff zwischen die Wassermoleküle lagern und die Molekularkräfte zum Teil unwirksam machen. Beim Übergang in den gasförmigen Zustand sollte dies in noch stärkerem Maße erfolgen. In seiner *Darstellung des Weltsystems* erläutert Laplace seinen Begriff der Molekularkräfte näher:

> Die Anziehungskraft (gemeint ist hier die Gravitationskraft; d. A.) verschwindet unter Körpern von unbeträchtlicher Größe; sie erscheint aber wieder bei ihren Elementen unter einer unendlichen Menge verschiedener Formen. Die Dichtigkeit der Körper, ihre Kristallisation, das Steigen und Fallen der Flüssigkeiten in den Haarröhrchen, und überhaupt alle chemischen Verbindungen sind Folgen der Anziehungskräfte, deren Kenntnisse eine der wichtigsten Gegenstände der Natur ist.[18]

Nicht nur zwischen den wägbaren Materieteilchen, auch zwischen den Materieteilchen und den Teilchen der imponderablen Substanzen, wie der

Wärme und des Lichts, sollen solche Anziehungen existieren. Auch die chemischen Verbindungen kommen nach Laplace durch solche Molekularkräfte zustande. In dem letzten Punkt zeigt sich deutlich der Einfluß von Berthollet. Aber erst 1805, im X. Buch des vierten Bandes der *Mécanique Céleste,* griff Laplace das Problem der Molekularkräfte wieder auf, als er die Brechung der Lichtstrahlen in der Erdatmosphäre mathematisch behandelte. Er tat dies ganz unter dem Gesichtspunkt der von Newton begünstigten und von seinen Anhängern entschieden vertretenen korpuskular-theoretischen Auffassung des Lichts.

In zwei Supplementen (1806 und 1807) zu diesem Band der Himmelsmechanik entwickelte Laplace auf zwei verschiedenen Wegen, die aber zu den gleichen Resultaten führten, mathematisch eine Theorie der Molekularkräfte. Einerseits betrachtet er dabei die Wirkung von Teilchen derselben Substanz aufeinander (Kohäsion) und andererseits die Wirkung von Teilchen zweier verschiedener, aneinander grenzender Substanzen aufeinander (Adhäsion). Die Wirkung der Molekularkräfte ist für Laplace eine *Actio in distans* wie die Gravitationskraft, jedoch begrenzt auf eine enge Sphäre um das Molekül. Laplace entwickelt nun das Prinzip vom konstanten Randwinkel, das ist der Winkel, den die Flüssigkeitsoberfläche mit der Gefäßwandung bildet. Der Randwinkel ergibt sich letztlich aus der Resultierenden von Kohäsions- und Adhäsionskraft. Es gelingt ihm schließlich, die Beziehung zwischen Steighöhe beziehungsweise Depression und dem Durchmesser der Kapillarröhre – beziehungsweise der Durchmesserdifferenz bei zwei ineinander gesetzten Röhren – mathematisch herzuleiten. Auch die Steighöhen zwischen zwei parallelen Platten, die Form eines Flüssigkeitstropfens auf einer Unterlage und anderes mehr kann Laplace berechnen. Gay-Lussac, Haüy und Jean Louis Trémery bestätigten die Theorie durch zahlreiche Experimente.

In der führenden deutschen Fachzeitschrift, den *Annalen der Physik,* herausgegeben von Ludwig Wilhelm Gilbert, fand die Laplacesche Kapillaritätstheorie schnell große Beachtung. 1807 übersetzte Gilbert einen zusammenfassenden Bericht von Biot.[19] Genauer und umfangreicher ist die nach den beiden Abhandlungen in der *Mécanique Céleste* angefertigte Darstellung von Gilbert und Heinrich Wilhelm Brandes im 33. Band (1809) der *Annalen.*[20] Die vier Teile und ein einführender Artikel nehmen fast den ganzen Band in Anspruch. Wie hoch das Ansehen von Laplace und der französischen Wissenschaft damals in Deutschland war und welche Hoffnungen man in die Laplacesche Molekularphysik setzte, geht aus einer einführenden Bemerkung hervor. Gilbert sieht ein neues Zeitalter der Newtonschen Physik heraufziehen.[21] In einer Abhandlung, die Laplace 1819 vor der Akademie las, verfeinerte er nochmals seine Theorie;[22] und 1831 beseitigte Poisson mit einer Modifikation die Hauptschwäche der Laplaceschen Behandlung, indem er die Zunahme der Flüssigkeitsdichte in den oberflächennahen Schichten berücksichtigte.[23]

In seinem «Weltsystem» schwebte Laplace eine Art Erweiterung des Gravitationsgesetzes vor, das alle oben erwähnten Molekularkräfte mit erfassen sollte. Hier diskutierte er auch die Frage, welche Konsequenzen es hätte, wenn die Molekularkräfte mit den Newtonschen Gravitationskräften identisch wären. Er kam zu dem Schluß, daß die Dichtigkeit der Teilchen unvorstellbar groß sein müßte. Seine Abschätzung kam dabei der Dichte des Atomkerns der heutigen Physik recht nah. Der größte Teil des Raumes, den die Materie einnimmt, ist nach Laplace leer, ähnlich wie bei Sterngebilden, und er vergleicht ein Materieteilchen mit einem kosmischen Nebelfleck – eine erstaunliche Vorwegnahme unseres Bildes von der Materie.[24]

Die in die Laplaceschen Molekularkräfte gesetzten Hoffnungen sollten sich nicht erfüllen. Die Wirkungen zwischen Atomen und Molekülen erwiesen sich als von ganz anderer Natur. Es sind vorwiegend elektrische und magnetische Kräfte, die mit einer neuen, Laplace noch unbekannten physikalischen Theorie, nämlich mit Feldern beschrieben werden. In der Van-der-Waalsschen Zustandsgleichung (für reale Gase), die bei der Verflüssigung von Gasen eine Rolle spielt, wird von den Physikern dennoch der Binnen- oder Kohäsionsdruck in Anlehnung an Laplace interpretiert.

Wie bei der atmosphärischen Brechung erwähnt, vertrat Laplace eine korpuskulare Auffassung des Lichts. Auch hier lehnte er sich wieder an der Newtonschen Schule an. In der Physik gab es schon lange zwei miteinander rivalisierende Theorien über die Natur des Lichts.[25] Die eine Richtung deutete die Erscheinung als Schwingungsvorgänge, die sich im Äther, in jenem alles erfüllenden Fluidum fortpflanzen (Wellentheorie). Die andere Richtung schrieb dem Licht eine stoffliche Natur zu; kleinste, imponderable Lichtteilchen sollten aus einem leuchtenden Körper austreten (Emanations- oder Emissionstheorie). Newton arbeitete anfangs mit einem kombinierten Wellen-Korpuskel-Modell, begünstigte und förderte später aber die Emissionstheorie. Danach sollten die Lichtteilchen bei der Brechung von den Materieteilchen des optisch dichteren Mediums angezogen werden. Um die mit der Brechung zugleich auftretende Reflexion erklären zu können, erkannte Newton den Lichtteilchen sogenannte Anwandlungen (*Fits*) zu. Prominentester Vertreter der Wellentheorie war Christiaan Huygens gewesen, der 1690 auch eine geistreiche Theorie der Doppelbrechung (ordentlicher und außerordentlicher Strahl) des isländischen Kalkspats angegeben hatte. Newton machte in seiner *Opticks* (1704) im Zusammenhang damit die Bemerkung, daß der Lichtstrahl wohl verschiedene Seiten haben möge; sie sollte später wieder aufgegriffen werden.

Das *Institut de France* stellte 1808 auf Betreiben von Laplace hin die Preisaufgabe, die Doppelbrechung empirisch und mathematisch zu untersuchen.[26] Bei der Lösung dieser Aufgabe stieß Etienne Louis Malus auf die epochemachende Entdeckung der Polarisation des Lichts. Als er eines Abends durch einen Kalkspatkristall die an einer Fensterscheibe reflektierte Sonne beobachtete, sah er statt der bei diesem doppelbrechenden Kristall typischen zwei Bilder nur ein Sonnenbild. In der gleichen Nacht führte er Versuche mit Kerzenlicht und Spiegel fort und fand, daß viele Körper dem Licht diese merkwürdige Eigenschaft erteilten. In Anlehnung an Newton schrieb Malus dem Lichtstrahl Pole zu – ein Wort, das durch die damals gerade aufkommende Elektrizitätslehre in Mode gekommen war. Die ganze Erscheinung nannte er Polarisation. Wichtig für Laplace, der den Fortgang der Malusschen Arbeit genau verfolgte und sie auch für sich zu nutzen verstand, war die experimentelle Bestätigung der Huygensschen Untersuchungen am Kalkspat.[27] Auf der Grundlage seiner korpuskulartheoretischen Auffassung leitete er die Doppelbrechung mathematisch mit Hilfe einer zwiefältigen Art der Anziehung her.[28] Wie Huygens benutzt auch Laplace zur Beschreibung der Brechung des außerordentlichen Strahls ein Drehellipsoid, das aber hier nur rein mathematische Bedeutung hat und nicht mit der Form der kleinsten Kalkspatteilchen zusammenhängt. Biot, der genialste Schüler von Laplace und auch sein treuester Anhänger, schrieb nun den Lichtkorpuskeln selbst eine Kraftachse und zwei verschiedene Pole zu und konnte so die Erscheinung der Polarisation verständlich machen.

Die Undulationstheorie dagegen, die mit den Arbeiten von Thomas Young um 1800 durch die Entdeckung des Interferenzprinzips einen Vorstoß gemacht hatte, stand zunächst den vielfältigen Polarisationsphänomenen hilflos gegenüber. Wie selbstverständlich hatte nämlich Young und alle anderen Undulationisten vor ihm die Wellen im Äther als von longitudinaler Art angesehen. Die Laplace-Biotsche Emissionstheorie schien auf dem Wege des Triumphes zu sein. Man fand weitere farbenprächtige Polarisationserscheinungen (chromatische Polarisation), und um sie deuten zu können, mußte Biot zu immer neuen hypothetischen Eigenschaften der Lichtmoleküle greifen.[29]

Um 1815 begann Fresnel mit seinen revolutionierenden Arbeiten, die in Paris mehr Beachtung fanden als die von Young. Malus, der lange Zeit als Emissionist galt, wurde skeptisch, und Arago, früher Mitstreiter von Laplace und in der *Société d'Arcueil,* wechselte sogar in das Lager der Undulationisten über. Mit der Annahme rein transversaler Lichtschwingungen bahnte sich dann der Sieg der Wellentheorie an. Laplace, Biot und Poisson konnten dies alles nicht akzeptieren. Für sie blieb die Transversalität der Lichtwellen, die nach mechanischen Prinzipien nur in einem festen, elastischen Körper existieren können, eine Absurdität.

Die Emissionstheorie wurde von Historikern oft recht stiefmütterlich behandelt. Für die Entwicklung der Optik haben ihre Vertreter jedoch viel beigetragen.[30] Die korpuskulare Natur des Lichts, die mit der Wellentheorie unvereinbar schien, kam dann mit den Einsteinschen Lichtquanten (1905) in einem ganz anderen Gewand wieder in die Physik.

Des Ende der Laplaceschen Physik

Laplace wird als der derjenige Forscher bezeichnet, der die kausalmechanische Naturauffassung am extremsten vertrat und zur höchsten Geltung brachte. Oft wird seine berühmt gewordene Vision eines alles rational erfassenden «Weltgeistes» – auch Laplacescher Dämon genannt – aus dem *Essai philosophique des probabilités* (*Philosophischer Essay über Wahrscheinlichkeiten*; 1814) zitiert.[31] Dieser Dämon sollte imstande sein, die Vergangenheit und Zukunft des Weltgeschehens in allen Einzelheiten beschreiben zu können, wenn ihm nur sämtliche Kräfte und Bewegungen der Weltkörper und der kleinsten Teilchen in einem Augenblick bekannt wären. Zugleich sagt aber auch Laplace, daß der menschliche Geist dieser «Intelligenz» immer unendlich fern bleiben wird.

Mit dem Eingreifen Fresnels war deutlich geworden, daß der wissenschaftliche Einfluß von Laplace nur noch gering war. Eigentlich hatte der Abstieg schon in der Napoleonischen Ära begonnen. Die *Société d'Arcueil* hatte 1812 den Schwung bei ihren Forschungsaktivitäten verloren, und die regelmäßigen Treffen und Diskussionen waren ausgeblieben.[32] Laplaces Kontakte zu den kreativen Wissenschaftlern schliefen allmählich ein, und auch seine persönlichen Gegner wurden zahlreicher. Dank seines Geschicks, sich mit dem jeweils herrschenden politischen System schnell arrangieren zu können, konnte Laplace wenigstens nach außen seine Position bewahren; doch brachte ihm dies den Vorwurf der Opportunität ein. Der fortschrittliche Citoyen hatte sich in der Restauration zum extremen Royalisten gewandelt, und als er für eine Verschärfung des Pressegesetzes eintrat, sahen in ihm die Liberalen das *Bête noire*. Für seine Treue zu den Bourbonen wurde Laplace mit der Pairswürde und dem Titel eines Marquis belohnt. Pierre Simon Laplace starb am 5. März 1827 in Paris. Ungeachtet der Reden auf dem Friedhof, die seiner wissenschaftlichen Bedeutung gerecht wurden, ließen es seine Feinde nicht zu, daß er einen Platz im Pantheon fand.

Die Nachwelt urteilt über den Mann, der vier politische Systeme erleben und darin überleben mußte, etwas nachsichtiger. Bei der Feier zum 200jährigen Geburtstag von Laplace stellte André Danjon, Direktor des Observatoriums in Paris, die berechtigte Frage, was ohne den anpassungswilligen Laplace aus der französischen Wissenschaft geworden wäre.[33]

Während Laplaces molekular-mechanistische Physik bald durch andere weniger starre Forschungsprogramme abgelöst wurde, blieb seine mathematische Denkweise weiterhin das Vorbild der sich nun immer stärker entfaltenden mathematischen Physik. Besonders in den deutschsprachigen Ländern wurden die strengen mathematischen Methoden, deren Leistungsfähigkeit er und seine beiden Schüler Poisson und Cauchy auf vielen Gebieten der Physik vorgeführt hatten, durch Gauß, Franz Neumann, Ohm und andere weiterhin fruchtbar gemacht.

Stefan L. Wolff

SIR BENJAMIN THOMPSON GRAF RUMFORD (1753–1814), SADI CARNOT (1796–1832) und RUDOLPH CLAUSIUS (1822–1888)

Während die wissenschaftliche Tätigkeit von Sadi Carnot fast ausschließlich mit der Wärmelehre verbunden war, bildete sie für Sir Benjamin Thompson Rumford und Rudolph Julius Emanuel Clausius den Schwerpunkt eines weit umfangreicheren Schaffens. Die drei Namen markieren einige der wesentlichen Entwicklungsschritte auf dem Weg zur modernen Thermodynamik. Sie illustrieren dabei auch, daß die Phänomene der Wärme zunächst eher ein Gegenstand technisch-praktischer Betrachtungen waren, ehe sie zu einem Thema der mathematisch-theoretischen Forschung wurden.

Rumford meinte aufgrund seiner Experimente bereits an der Schwelle zum 19. Jahrhundert, die stoffliche Auffassung der Wärme verwerfen zu können. Deren Anschaulichkeit und die wirklichen oder scheinbaren Mängel alternativer Vorstellungen rechtfertigten ihre Verwendung jedoch noch bis in die vierziger Jahre hinein. Auch Carnot benutzte sie 1824 für seine Untersuchungen über Wärmekraftmaschinen. Er führte den nach ihm benannten Kreisprozeß ein und fand grundlegende Aussagen über die Umsetzung von Wärme in Arbeit. Nachdem immer mehr Fakten belegten, daß die Wärme kein unzerstörbarer Stoff, sondern eine Energieform ist, gelang es Clausius im Jahr 1850, Carnots Überlegungen mit diesen neuen Ansichten in Einklang zu bringen. Daraus entwickelte er in einer Reihe von Arbeiten das Konzept der Entropie.

Benjamin Thompson (Graf Rumford)

Das Wirken von Benjamin Thompson ist durch die Vielzahl seiner Ämter und Leistungen in Politik und Wissenschaft gekennzeichnet. Aufgewachsen in den nordamerikanischen Kolonien, verbrachte er sein weiteres Leben dann zumeist in England, Bayern und Frankreich. Die Naturforschung betrieb er nicht hauptberuflich, aber häufig war sie ein Bestandteil anderer Tätigkeiten. Die Anregungen dazu erhielt er oft von Problemen aus dem militärischen oder zivilen Alltag. Die enge Verbindung zwischen Naturerkenntnis und ihrer praktischen Umsetzung kam in zahlreichen Erfindungen Thompsons zum Ausdruck, wie etwa bei den Verbesserungen der Ernährung oder der Kleidung. Eine immer wieder

Sir Benjamin Thompson Graf Rumford (1753–1814)

zitierte Entdeckung ist seine 1798 veröffentlichte Abhandlung über die Erzeugung einer unbegrenzten Menge von Reibungswärme während des Ausbohrens metallener Kanonen.

Thompson kam am 26. März 1753 im ländlichen Massachusetts zur Welt, wo seine Eltern eine Farm unterhielten. Er absolvierte zunächst eine kaufmännische Lehre und arbeitete seit 1769 in einem Geschäft in Boston. Seine Fortbildung geschah weitgehend autodidaktisch. In dem kleinen Ort Concord in New Hampshire, dem früheren Rumford, übernahm er 1772 die Stelle eines Elementarschullehrers und gründete bald darauf eine Familie. In die englische Armee trat er 1774 gleich im Rang eines Majors ein. Die Umstände der militärischen Niederlage Englands verschlugen ihn 1776 nach London. Dort wurde er in dem für Amerika zuständigen Kolonialamt eingesetzt, seit 1780 in der Position eines Unterstaatssekretärs. Von 1781 bis 1783 nahm Thompson nochmals aktiv an militärischen Aktionen in den amerikanischen Kolonien teil.

Während der Zeit in London begann eine intensive Beschäftigung mit wissenschaftlichen Fragen. Dazu gehörten experimentelle Untersuchungen über die Triebkraft des Schießpulvers. Thompson interessierte sich hier für die Wärme, die während der Explosion hervorgerufen wird. Sie entstand nach seiner Ansicht zu einem gewissen Teil auch durch die Erschütterungen des metallenen Geschoßgangs. Er stellte also einen Zusammenhang von Wärme und Bewegung her.

Im Jahr 1784 folgte Thompson einer Einladung des bayerischen Kurfürsten an den Hof nach München. Thompson glückte ein politischer Aufstieg, der 1788 in der Berufung zum Kriegsminister gipfelte. In dieser Funktion führte er eine umfassende Reorganisation der bayerischen Armee durch. Stadtplanerische Aktivitäten, wie die Anlage des Englischen Gartens in München, oder soziale Maßnahmen, wie Massenverpflegung und Arbeitsbeschaffung, machten ihn populär. Daneben erfand er u.a. Öfen, die mit relativ wenig Brennholz auskamen, und er verbesserte die Beleuchtung von Gebäuden. Aufgrund seiner zahlreichen Verdienste wurde Thompson 1792 in den Reichsadel erhoben und durfte sich seitdem Graf Rumford nennen.

Abgesehen von einem etwa einjährigen Aufenthalt in England und Irland blieb Rumford zunächst bis 1798 in München. Während dieser Zeit entstanden mehrere Untersuchungen, in denen er sich mit verschiedenen Wärmephänomenen beschäftigte. Am bekanntesten ist die erwähnte, eher zufällige Beobachtung der Reibungswärme bei der Herstellung von Kanonen im Münchener Zeughaus. Die Entstehung von Wärme durch Reibung war keineswegs unbekannt. Die vorherrschende materielle Auffassung der Wärme hatte den Vorgang als eine Verringerung der Wärmekapazität beziehungsweise als Herauspressen des Wärmestoffs interpretiert.

Rumford wollte in einer Reihe von Experimenten die möglichen Quellen der relativ großen Wärmemengen lokalisieren.[1] Die Freisetzung eines Wärmestoffs meinte er ausschließen zu können, da es dann einmal zu einer Erschöpfung der austretenden Wärme hätte kommen müssen. Außerdem ergab die Bestimmung der Wärmekapazität des Metalls und diejenige der beim Bohren angefallenen Späne jeweils den gleichen Wert. Rumford konstruierte noch einen Behälter für die gesamte Apparatur und brachte das darin eingefüllte kalte Wasser durch fortgesetztes Bohren innerhalb von 2½ Stunden zum Kochen. Diese Ergebnisse führten ihn zu der Anschauung, daß die Wärme eine Bewegung ist, die er sich als Vibration der Moleküle um eine Gleichgewichtslage vorstellte. So ist Rumford kein Vertreter einer kinetischen Wärmetheorie gewesen. Flüssigkeiten oder Gasen sprach er aufgrund von einigen Experimenten die Fähigkeit ab, Wärme leiten zu können.

Rumford lebte zwischen 1798 und 1802 wieder in London. Maßgeblichen Anteil hatte er an der Gründung der *Royal Institution* im Jahr 1800. In München lernte er 1803 die Witwe von Antoine Laurent de Lavoisier kennen, die er 1805 heiratete. Auch nach der Scheidung von 1809 blieb er auf seinem Landsitz Auteuil nahe bei Paris und widmete sich allein seinen wissenschaftlichen Studien. Am 21. August 1814 ist er dort im Alter von 61 Jahren gestorben.

Rumford wurde erst retrospektiv zum Überwinder der Wärmestofftheorie erklärt. Seine Ideen bewegten sich auf einer nur qualitativen Ebene und haben die Ansichten der Zeitgenossen offenbar kaum beeinflußt.

Sadi Carnot

Sadi Carnot hat innerhalb seines 36jährigen Lebens nur eine einzige Arbeit publiziert, damit aber die weitere Entwicklungsrichtung der Wärmetheorie ganz maßgeblich mitbestimmt. Carnot wurde am 1. Juni 1796 als Sohn des Mathematikers, Direktoriumsmitglieds und späteren republikanischen Ministers Lazare Carnot in Paris geboren. In dem damals üblichen jugendlichen Alter von 16 Jahren trat er 1812 in die *École Polytechnique* ein, die er 1814 verließ, um an der *École du Genie* in Metz eine militärische Ausbildung zu durchlaufen. Seinen Dienst begann Carnot 1816 als Unterleutnant in einem Ingenieurbataillon, 1819 erreichte er die Versetzung zum Generalstab nach Paris und eine Beurlaubung, die es ihm ermöglichte, wissenschaftlichen Studien nachzugehen.

In einem 21seitigen unveröffentlichten Manuskript von 1823 stellte Carnot eine Formel für die von Wasserdampf verrichtete Arbeit auf. Dies war ein spezieller Aspekt des umfassenderen Problems, das er anschließend in seiner Publikation behandelte, die am 12. Juni 1824 erschien. Sie trug den Titel *Réflexions sur la Puissance Motrice du Feu et sur les Machines Propres à développer cette Puissance (Betrachtungen über die bewegende Kraft des Feuers und die zur Entwicklung dieser Kraft geeigneten Maschinen).*[2] Es ging hier um die generelle Frage, in welchem Maß die Wärme zur Erzeugung von «bewegender Kraft» (mechanischer Arbeit) genutzt werden kann. Carnot behandelte sie auf eine Weise, bei der die Konstitution der dazu eingesetzten Maschinen keine Rolle spielte. Mit einer solchen Abstraktion gelangte er von einer ursprünglich technischen zu einer grundlegenden physikalischen Thematik.

Die damals immer noch allgemein akzeptierte stoffliche Auffassung der Wärme bildete den Ausgangspunkt aller Überlegungen Carnots. Er verschwieg jedoch auch nicht, «dass diese Grundlage uns nicht von unerschütterlicher Festigkeit erscheint».[3] Dieser Bemerkung folgt allerdings keine weitere Erläuterung. Temperaturdifferenzen bedeuten nun Störungen im Gleichgewicht des unzerstörbaren Wärmestoffs, der deshalb das Bestreben zeigt, von Körpern höherer zu denen mit tieferer Temperatur überzugehen. Carnot erkannte, daß dieser Vorgang die Möglichkeit zur Bewegungserzeugung enthält, wenn er mit einer Volumenänderung gegen einen äußeren Widerstand verbunden ist. In der Dampfmaschine transportiert der sich ausdehnende und Arbeit verrichtende Dampf den Wär-

Sadi Carnot (1796–1832)

mestoff von der Feuerung zum Kühlwasser. Es war ungeklärt, ob ein Maximum für die Nutzung der Wärme existierte und ob der Einsatz der Alternativen zum Wasserdampf, wie Luft oder Alkohol, die Effektivität steigern würde.

Carnot entwarf ein allgemeines Schema für solche Prozesse: Unter Aufnahme von Wärmestoff aus einem Reservoir expandiert die Arbeitssubstanz, zunächst isotherm, dann ohne weitere Wärmezufuhr (adiabatisch), wobei ihre Temperatur auf die eines zweiten Reservoirs sinkt. An jenes gibt sie den Wärmestoff während einer isothermen Kompression wieder ab und kehrt durch eine adiabatische Kompression schließlich in den Ausgangszustand zurück. Da die Ausdehnung bei höherer Temperatur erfolgt als die Zusammenziehung, wird insgesamt Arbeit gewonnen. In diesem Kreisprozeß, der seither den Namen von Carnot trägt, braucht man den nach einer Periode unverändert gebliebenen Zustand nicht genauer zu untersuchen. So ist es allein die Bilanz von Arbeit und Wärme, die hier in den Mittelpunkt der Betrachtungen rückt.

Der Kreisprozeß soll auch in umgekehrter Richtung durchlaufbar sein. Dabei wird der Wärmestoff unter einem Arbeitsaufwand, der dem vorigen Gewinn entspricht, von dem Reservoir mit tieferer zu dem mit höherer Temperatur transportiert. Nun gelang Carnot mit einer Argumentation, die in einem Widerspruch mündete, der Beweis, daß die Erzeugung von Arbeit durch die Übertragung des Wärmestoffs nicht effektiver geschehen kann als in dem beschriebenen Kreisprozeß. Wäre es möglich, mehr Arbeit hervorzubringen, würde diese für eine Rückführung des Wärmestoffs nicht völlig aufgebraucht werden. Im ganzen hätte man, ohne irgendeine Kompensation, Arbeit erschaffen und bei der beliebigen Wiederholbarkeit ein *perpetuum mobile* konstruiert. Das aber stünde, konstatierte Carnot, «in völligem Gegensatze zu den gegenwärtig angenommenen Ideen, zu den Gesetzen der Mechanik und einer gesunden Physik».[4]

Auch wenn eine derartige Aussage für die nichtmechanischen Bereiche wie die Wärme oder die Elektrizität nicht bewiesen worden war, glaubte Carnot an Bewegungen als letzte Ursache aller Erscheinungen, und die wiederum unterlagen den Gesetzen der Mechanik. Die Unmöglichkeit eines *perpetuum mobile* führte zu dem Ergebnis, daß der Kreisprozeß eine optimale Nutzung der Wärme erlaubt und daher auch gar nicht von der Arbeitssubstanz, sondern nur von den Temperaturen der beiden Reservoire abhängt. Ein anschauliches Analogon zu dem Wärmestoff, der beim Übergang auf eine niedrigeres Temperaturniveau Arbeit erzeugt, sah Carnot in der Wassermenge, die in einem Gefälle Bewegungsenergie gewinnt.

Aus den nachgelassenen und erst 1878 veröffentlichten Notizen Carnots geht hervor, daß er sich später von den Vorstellungen des Wärmestoffs löste und zu einer kinetischen Auffassung der Wärme gelangte. Die Interpretation der Reibungsvorgänge, bei der auch Rumfords Name erwähnt wird, sowie die Erscheinungen der Wärmestrahlung brachten ihn zu der Überzeugung, in der Wärme eine der ineinander umwandelbaren Formen der «bewegenden Kraft» zu sehen. Carnot gab sogar einen Wert für das mechanische Wärmeäquivalent an. In den erhaltenen Aufzeichnungen fehlt allerdings jeder Hinweis auf die Art seiner Berechnung, deren Resultat nur wenig von dem Julius Robert Mayers aus dem Jahr 1842 abweicht.

Aufgrund einer Reorganisation des Generalstabs trat Carnot 1827 nochmals in den aktiven Dienst ein, aus dem er sich dann 1828 endgültig verabschiedete, um wieder nach Paris zurückzukehren. Im Juli 1832 erkrankte er an Scharlach. Der geschwächte Körper erlag wenige Wochen später einer Cholerainfektion. Carnot starb am 24. August 1832 in Paris.

Die Wirkung Carnots, die zu seinen Lebzeiten sehr gering gewesen war, erfolgte fast ausschließlich durch die von Benoit Paul Émile Clapeyron 1834 vorgenommene Bearbeitung seiner Publikation. Während Carnot weitgehend auf Mathematik verzichtet hatte und damit außerhalb der französischen Tradition der exakten Naturforschung stand, brachte Clapeyron die Aussagen von Carnot in eine analytische Form. Auch die bekannte graphische Darstellung des Kreisprozesses stammt von ihm.

Rudolph Clausius (1822–1888)

Die Seltenheit der Carnotschen Originalarbeit hat ebenfalls dazu geführt, daß seine Ideen erst durch Clapeyron Verbreitung finden konnten.

Rudolph Clausius

Im Gegensatz zu Rumford und Carnot war Rudolph Julius Emanuel Clausius ein professioneller Physiker, der die in Deutschland damals noch nicht so lange institutionalisierten Stationen einer Hochschulkarriere absolvierte. Clausius wird als wenig kommunikativ geschildert, seine Vorlesungen sollen nicht besonders eindrucksvoll gewesen sein, und direkte Schüler hat er kaum gehabt. So bemühte sich auch der junge Max Planck vergeblich um einen Kontakt zu ihm. Dennoch ist gerade von Clausius ein kaum zu überschätzender Einfluß auf die Physik seiner Zeit und dabei speziell auf die Vorstellungen von der Wärme ausgegangen.

Clausius wurde am 2. Januar 1822 im pommerschen Köslin als eines der jüngeren von 18 Kindern eines Schulrats geboren, der sich später als Pfarrer in Uckermünde niederließ. Dort besuchte Clausius zunächst dessen eigene Privatschule und dann zwei Jahre lang das Gymnasium in Stettin. Anschließend begann er 1840 mit dem Studium an der Berliner Universität. Clausius konzentrierte sich bald auf Mathematik und Physik. Dabei lernte er u. a. die verschiedenen Ansichten von der Natur der Wärme kennen. Ihm wurde der Eindruck vermittelt, daß die Physik sich auf diesem Gebiet in einer Übergangsperiode befinde.[5] Kein Konzept vermochte es, alle Phänomene befriedigend zu erklären. Es gab noch immer Argumente für die stoffliche Auffassung, wohingegen besonders die Eigenschaften der Wärmestrahlung für eine Vibrationstheorie mit wellenförmiger Ausbreitung sprachen.

Während seines Studiums referierte Clausius wenigstens einmal selbst über diesen Themenkreis. Er gehörte zu den ersten zehn Teilnehmern des 1843 von Heinrich Gustav Magnus ins Leben gerufenen physikalischen Kolloquiums. Die Studenten trafen sich im Abstand von ein oder zwei Wochen in seinem Haus, um anhand der jüngsten Veröffentlichungen den aktuellen Stand der Forschung zu diskutieren. Clausius hielt in diesem Rahmen einen Vortrag über Clapeyrons Bearbeitung von Carnots grundlegender Abhandlung.[6] Wegen ihrer großen Bedeutung war sie noch 1843 in den *Annalen der Physik* in deutscher Übersetzung abgedruckt worden.

Nachdem Clausius 1844 das Lehrerexamen bestanden hatte, konnte er seinen Lebensunterhalt in den folgenden sechs Jahren durch einige Wochenstunden Unterricht an dem renommierten Friedrich-Werder-Gymnasium bestreiten. Schon seit 1843 war er als Privatlehrer tätig gewesen. Seine ersten selbständigen wissenschaftlichen Forschungen konzentrierten sich auf Themen aus der meteorologischen Optik. So bezeichnete man damals das Gebiet der verschiedenen Lichterscheinungen der Erdatmosphäre, wozu u. a. die Morgen- und Abendröte, der Regenbogen oder das Nordlicht gehörten.

Clausius beschäftigte sich mit der Reflexion des Sonnenlichts in der Atmosphäre. Er verfaßte hierzu eine Abhandlung, die als Dissertation dienen sollte. Die Bestimmungen der Berliner Universität verlangten eine in Latein geschriebene Arbeit. Da sich Clausius die Mühe einer Übersetzung ersparen wollte, suchte er eine Universität, die seine deutsche Fassung akzeptierte. In Halle war man dazu bereit. Nach einer nur kurzen Frist ließ man ihn am 15. Juli 1848 zum mündlichen Examen zu. Prüfungsgegenstände waren die Prinzipien der Mechanik, Optik und des Magnetismus sowie obligatorisch etwas Philosophie. Das Protokoll hielt das Ergebnis mit den Worten «sehr ehrenvoll bestanden» fest. Die formelle Ernennung zum Doktor wurde am gleichen Tag vollzogen.[7]

Sein nächstes Ziel war die Habilitation. In Berlin gab es ein kumulatives Verfahren, d. h. der Kandidat hatte der Fakultät die bisherigen Publikationen vorzulegen, um seine wissenschaftliche Qualifikation begutachten zu lassen. Clausius erwies sich in der folgenden Zeit als produktiv. Es erschienen einige Aufsätze zur meteorologischen Optik, darunter ein ausführlicher, allgemeinverständlicher Übersichtsartikel. Clausius ging häufig deduktiv vor. Er stellte Hypothesen auf und verglich die Resultate dann mit den empirischen Fakten. Bemerkenswert ist die damals in der Physik keineswegs verbreitete Anwendung der Wahrscheinlichkeitsrechnung.

Weiterhin behandelte er ein Problem der Elastizität. Hier kommt seine Bewunderung der französischen Theoretiker zum Ausdruck. Ein Ansatz von Augustin Louis Cauchy und Siméon-Denis Poisson konnte die Volumenvermehrung eines durch ein Gewicht elastisch gedehnten Stabes nicht richtig beschreiben. Clausius versuchte dies zu retten, indem er recht willkürlich eine zusätzliche Drehung der Stabmoleküle annahm.

Zu jener Zeit begann ihn aber auch ein völlig anderer Themenkomplex zu beschäftigen, der zu einer ganzen Reihe von weiteren Arbeiten führen sollte. In einer mehr als 50 Seiten langen Publikation des Jahres 1850 behandelte Clausius die Umsetzung von Wärme in mechanische Arbeit. Den Ausgangspunkt bildete Clapeyrons beziehungsweise Carnots Untersuchung, die mit der Proportionalität von verbrauchter Wärme und dabei verrichteter Arbeit in Einklang zu bringen war. Die Wärme wurde jetzt als eine Energieform betrachtet. Clausius bezog sich hier insbesondere auf Versuche von James Prescott Joule und wies außerdem pauschal auf eine Vielzahl von anderen Tatsachen hin, die dafür sprechen würden, daß die Wärme nicht aus einem Stoff, «sondern in einer Bewegung der kleinsten Theile der Körper bestehe».[8] Die Art der Bewegung wollte er jedoch nicht näher spezifizieren. Es genügte ihm, ihre kinetische Energie als ein Maß für die Wärme anzusehen. Vor diesem Hintergrund zerlegte er die bei einem Kreisprozeß aufgenommene Wärme in die Änderung der inneren Arbeit (mikroskopisch), eine von ihm neu eingeführte Zustandsfunktion, sowie in diejenige der äußeren Arbeit (makroskopisch).

Clausius erkannte, daß der von Carnot erdachte Kreisprozeß auch mit der neuen Anschauung von der Wärme die effektivste Möglichkeit zur Umwandlung in mechanische Arbeit darstellte. Den entsprechenden Widerspruchsbeweis führte er ganz analog wie Carnot. Hier nun mündete dies in der Aussage, man könne beliebig viel Wärme ohne Arbeitsaufwand von einem kalten zu einem warmen Körper transportieren. Das Gegenteil aber entspricht der Erfahrung, was Clausius neben der Äquivalenz von Arbeit und Wärme in den Rang eines zweiten fundamentalen Prinzips der gesamten Wärmelehre erhob. Eine abschließende Berechnung des mechanischen Wärmeäquivalents beruhte auf der Verknüpfung dieser beiden thermodynamischen Grundsätze. Die relativ gute Übereinstimmung mit drei von Joule auf unterschiedliche Weise experimentell gewonnenen Werten schien ihm dann ein hinreichender Beweis für die Richtigkeit der angestellten Überlegungen zu sein.

Es waren diese Arbeiten, die Clausius dem Habilitationsantrag beifügte, den er im Herbst 1850 an die Philosophische Fakultät der Berliner Universität richtete. Das Verfahren zeigt, daß seine Art der Physik ihn wissenschaftlich eher in eine Außenseiterrolle drängte. Zum Erstgutachter wurde der Astronom Johann Franz Encke bestellt, ein Schüler von Gauß mit einer umfassenden mathematischen Bildung.[9] Encke hatte diese Funktion bereits bei allen mathematischen Promotionen und Habilitationen der vorangegangenen fünf Jahre ausgeübt. Die experimentell orientierten Physiker der Fakultät verfügten offenbar nicht über die notwendige Kompetenz. Aber auch Encke tat sich schwer, die Untersuchungen von Clausius richtig zu bewerten. Sie waren einer theoretischen bzw. einer mathematischen Physik zuzurechnen, für die es damals in Deutschland noch keinen festen Platz gab. Das spiegelt sich in der vorsichtig positiven Stellungnahme wider, die aber definitive Urteile vermied.

Angesichts der geringen Kenntnis von der inneren Zusammensetzung der Körper stimmte Encke dem Gebrauch der von Clausius verwendeten Hypothesen zwar zu, meinte jedoch einschränkend, daß sie allein für eine Erklärung der Phänomene nicht ausreichen würden. Mit keiner Formulierung ging Encke auf konkrete physikalische Details ein. Insgesamt drückte sein Urteil dennoch eine uneingeschränkte Zustimmung zur Habilitation aus. Nach der Probevorlesung und dem anschließenden Kolloquium wurde Clausius am 12. Dezember 1850 Privatdozent für das Fach Physik.

Seit 1850 unterrichtete Clausius an der Berliner *Vereinigten Artillerie- und Ingenieurschule*, was ihm in finanzieller Hinsicht erlaubte, die Tätigkeit am Gymnasium aufzugeben. Zu den Forschungsergebnissen der folgenden Zeit gehörte eine verfeinerte Ausarbeitung des zweiten Prinzips der Thermodynamik von 1854.[10] Clausius suchte nach einer mathematischen Formulierung. Dafür ordnete er den einzelnen Vorgängen des Kreisprozesses, die er Verwandlungen nannte, also der Übertragung von Wärme bzw. deren Umwandlung in Arbeit, einen Wert zu. Die Summe mußte für reversible Kreisprozesse Null, bei irreversiblen positiv werden. Die hier benutzte Zustandsfunktion entspricht, abgesehen von der noch nicht ganz allgemeinen Identifikation der darin enthaltenen Größe T mit der Temperatur, bereits der Entropie, eine Bezeichnung, die Clausius aber erst 1865 einführen sollte. Zunächst griff er nochmals Fragen der meteorologischen Optik auf und behandelte Beziehungen zwischen Elektrizität und Wärme. Dabei werden Bemühungen erkennbar, scheinbar isolierte Phänomene in einen größeren Zusammenhang einzubetten.

Die mechanische Wärmetheorie

In der von der elektrischen Entladung verursachten Erwärmung eines Leitungsdrahtes sah Clausius eine Möglichkeit zur Bestätigung der mechanischen Wärmetheorie. Beziehungen der Mechanik wie die zwischen Potential und kinetischer Energie übertrug er auf die «Bewegung der

Elektrizität».[11] Diese Elemente einer ganzheitlichen Betrachtungsweise waren offenbar auch unter dem Einfluß der Helmholtzschen Schrift *Über die Erhaltung der Kraft* von 1847 entstanden. Clausius' intensive Lektüre erweist sich nicht zuletzt an seiner publizierten Kritik, in der er Ungenauigkeiten in der Argumentation von Hermann Helmholtz aufdeckte. Die sich daraus entwickelnde Kontroverse war Helmholtz deshalb besonders unangenehm, weil die physikalische Öffentlichkeit Clausius die größere Kompetenz in mathematischen Fragen zubilligte.[12]

Clausius hatte sich also in der Fachwelt einen Namen gemacht, aber seine Qualifikation galt als einseitig. In einem Gutachten über die Besetzung des Heidelberger Lehrstuhls aus dem Jahr 1854 findet man seinen Namen unter den potentiellen Kandidaten.[13] Die Forschung von Clausius wurde als mathematisch-physikalisch charakterisiert, wobei er von den experimentellen Arbeiten anderer ausginge. Es blieb ausdrücklich offen, ob er überhaupt selbst experimentieren könne. Seine Publikationen ließen diese Frage jedenfalls unbeantwortet. Von den entsprechenden Aktivitäten in der Lehre wußte man nichts. So haftete ihm auch später noch der Ruf an, ein Physiker zu sein, der nie einen Versuch gemacht habe. Zu einer Zeit, in der ein Lehrstuhl zumeist die Leitung einer physikalischen Sammlung einschloß, stellte eine solche Bewertung ein Problem dar.

In Heidelberg war die Wahl am Ende auf Gustav Robert Kirchhoff gefallen. Eine für Clausius günstigere Situation ergab sich 1855 in Zürich, wo an der neugegründeten Polytechnischen Schule ausdrücklich ein mathematischer Physiker gesucht wurde. In den angeforderten Stellungnahmen bezeichneten die Gutachter Clausius neben Kirchhoff und Franz Ernst Neumann als einen der profiliertesten Wissenschaftler dieser Richtung.[14] Clausius erhielt schließlich diese Professur und nahm dort im Herbst 1855 die Vorlesungstätigkeit auf. Zunächst bekam er einen Vertrag für zehn Jahre, ab 1857 entfiel die zeitliche Beschränkung. Ebenfalls 1857 wurde er zusätzlich Professor an der benachbarten Universität. Es handelte sich um eine nicht unübliche Ehrung, da die Lehrtätigkeit an einem Polytechnikum, das kein Promotionsrecht besaß, als nicht so prestigeträchtig galt. Mit der Ernennung waren keine weiteren Verpflichtungen verbunden. Die Vorlesungen konnten von Studenten beider Institutionen besucht werden. Neben mathematischer las er außerdem nun regelmäßig technische Physik. Das schlug sich auch bald in seiner Forschung nieder. Clausius publizierte einen längeren Aufsatz über die Theorie der Dampfmaschine. Unter den nunmehr gesicherten sozialen Bedingungen heiratete er 1859.

Clausius verstand die Wärme als Folge von Molekülbewegungen, vermied aber bei all seinen thermodynamischen Betrachtungen, darauf auch nur in irgendeiner Form näher einzugehen. Er wollte die Ergebnisse der phänomenologischen Wärmetheorie nicht unnötig von speziellen mikroskopischen Hypothesen abhängig machen. Er hatte solche wohl schon entwickelt, sie aber nach eigenem Bekunden für eine Publikation als zu unausgereift empfunden. Nun veröffentlichte August Krönig 1856 in den *Annalen der Physik* einen Artikel mit dem Titel *Grundzüge einer Theorie der Gase.*[15] Darin leitete er die allgemeinen, makroskopischen Gasgesetze aus einem einfachen Modell ab. Die Moleküle sollten sich alle geradliniggleichförmig mit derselben Geschwindigkeit bewegen, und elastische Stöße stellten die einzige Wechselwirkung zwischen ihnen bzw. mit der quaderförmigen Gefäßwand dar. Die Priorität lag zwar bei Krönig, aber Clausius zeigte, daß eine ansonsten isolierte Idee weniger bedeutsam sein kann als ihre Integration in einen umfassenderen Rahmen.

Krönig ging es allein um die Gasgesetze. Die Betrachtungsweise von Clausius in *Über die Art der Bewegung, welche wir Wärme nennen*[16] erlaubte weiterreichende Aussagen. Die Moleküle, die für Krönig nur strukturlose Massen waren, wurden bei Clausius zu physikalischen Objekten. Sie besaßen nun Freiheitsgrade der Rotation und ihre Bausteine, die Atome, hatten außerdem die Möglichkeit, Schwingungen gegeneinander auszuführen. Bei einer Mittelung über eine große Zahl von Molekülen steht die Energie dieser «Bewegungen der Bestandteile» zu derjenigen der Translationsbewegung in einem festen Verhältnis, das von der Beschaffenheit der jeweiligen Molekülsorte abhängt. Dieses konnte Clausius mit einer Formel berechnen, die nur das meßbare Verhältnis der spezifischen Wärmen bei konstantem Druck und konstantem Volumen enthielt. Demnach entfallen für Gase wie Sauerstoff oder Wasserstoff nur wenig mehr als 63 % der Gesamtenergie auf die Translationsbewegung.

Aggregatzustände und Molekülbewegung

Neben dem Gaszustand beschrieb Clausius außerdem die anderen Aggregatzustände der Materie als Folge unterschiedlicher Molekülbeweglichkeiten. Die Teilchen eines festen Körpers oszillierten um Gleichgewichtslagen, wohingegen sie sich in der Flüssigkeit frei aus ihrer Lage fortbewegen konnten. Die anziehenden Molekularkräfte wurden erst im Gaszustand völlig überwunden. Daraus entwickelte Clausius eine neue Idee vom Verdampfungsvorgang, den er als dynamisches Gleichgewicht interpretierte. Auch an der Behandlung der Aggregatzustände ist beispielhaft zu sehen, wie seine verschiedenen Arbeiten ineinandergreifen und sich auf gemeinsame Konzepte beziehen. So postulierte Clausius zu jener Zeit in einer Untersuchung der elektrolytischen Leitung, daß die Flüssigkeitsmoleküle eine entsprechende Bewegungsfähigkeit besitzen sollten. Die bis dahin übliche Anschauung von Oszillationen um eine feste Gleichgewichtslage müßte, im Gegensatz zur Erfahrung, erst nach dem Erreichen einer Mindestspannung einen plötzlich einsetzenden Stromanstieg ergeben.

Wie aus Besprechungen und der raschen Aufnahme in den Lehrbüchern ersichtlich ist, fanden Krönigs Ansatz und die Ausarbeitung von Clausius starke Beachtung. Darin wurde eine mögliche, wenn auch nicht unbedingt eine zwingende Erklärung für die makroskopischen Eigenschaften der Gase gesehen. Vereinzelt gab es Widerspruch. Clausius ermutigte seine Kritiker, ihre teilweise brieflich vorgetragenen Einwände zu publizieren. Dadurch erhielt er wiederum Gelegenheit, im gleichen Journal Stellung zu nehmen und nochmals etwas für die Verbreitung der eigenen Ansichten zu tun. Eine der Kritiken war so konstruktiv, daß Clausius sie in ein neues Konzept umzusetzen vermochte. Die aus den Formeln der Gastheorie berechenbaren und von Clausius selbst angegebenen Werte der Molekülgeschwindigkeiten erschienen angesichts der relativ langen Zeit, die ein Gas zum Entweichen aus einem Gefäß benötigt, viel zu groß. Einer der Kritiker erkannte, daß die Hypothese über die Bewegung der Gasmoleküle einen Freiraum besaß, der zur Beseitigung dieses Widerspruchs dienen könnte.[17]

Clausius hatte keinerlei Aussagen über die Länge der geradlinigen Wegstrecke zwischen zwei Molekülstößen gemacht. Das Problem ließ sich beseitigen, wenn die Abschnitte der geradlinigen Bewegung durch den Einfluß der Molekularkräfte in kurzen, unregelmäßigen Intervallen unterbrochen wurden. Aber auch eine solche Modifikation lehnte der Kritiker wegen der dann notwendigen Anwendung der Wahrscheinlichkeitsrechnung ab. Für Clausius bedeutete dies kein Hindernis, hatte er davon doch schon in früheren Untersuchungen Gebrauch gemacht. So entwickelte er das Konzept der mittleren freien Weglänge.[18] Eine Abschätzung zeigte, daß sie nicht wesentlich größer als der sehr kleine mittlere Teilchenabstand sein konnte. Beziehungen zu beobachtbaren Parametern stellte Clausius dabei nicht her. Er hatte aber damit den entscheidenden Anstoß zu Maxwells Arbeiten geliefert, die der dynamischen bzw. kinetischen Theorie schließlich zum Durchbruch verhalfen. An dem späteren Ausbau der statistischen Physik, der hauptsächlich von James Clerk Maxwell und Ludwig Boltzmann betrieben wurde, hat sich Clausius kaum mehr beteiligt.

Die Entdeckung der Entropie

Der zweite Hauptsatz der Thermodynamik aber blieb für ihn weiterhin ein Gegenstand intensiver Beschäftigung. Hier widerlegte er u. a. Einwände, die auf falschen Interpretationen von Phänomenen beruhten, bei denen Wärme scheinbar ohne Kompensation von kälteren zu wärmeren Körpern übergeht. In einer Abhandlung von 1865 führte er die von dem griechischen Wort für Verwandlung abgeleitete, bis heute übliche Bezeichnung *Entropie* ein.[19] Innerhalb eines geschlossenen Systems konnte diese Größe nicht abnehmen und zeichnete demnach eine bestimmte Richtung für die Veränderungen in der Natur aus. Angeregt von ähnlichen Überlegungen William Thomsons (Lord Kelvins), fand Clausius, das gesamte Weltall müsse «sich somit ohne Unterlaß einem Gränzzustande nähern».[20] Am Ende jenes Artikels faßte er die beiden Hauptsätze in der einfachen Form zusammen:

«1) Die Energie der Welt ist constant.

2) Die Entropie der Welt strebt einem Maximum zu.»[21]

Clausius lehnte zwischen 1858 und 1866 Berufungen an die polytechnischen Schulen in Karlsruhe, Braunschweig und Wien ab. Im Jahr 1867 jedoch verließ er Zürich, um nach Würzburg zu gehen, wo ihm die Universität den Lehrstuhl für Physik angeboten hatte. Bereits 1869 wechselte er erneut, diesmal auf die entsprechende Position in Bonn. An der Spitze eines studentischen Nothelfercorps nahm der patriotisch gesonnene Clausius 1870 am Krieg gegen Frankreich teil und wurde dabei am Knie verwundet.

Der Schwerpunkt seiner Forschungen verlagerte sich in der folgenden Zeit auf Probleme der Elektrodynamik. Am 24. August 1888 erlag er 66jährig in Bonn einer perniziösen Anämie.

Clausius begann seine Forschungen gerade in jener Umbruchsphase der Physik, in der die stoffliche Auffassung der Wärme einer Vorstellung hatte weichen müssen, die mit einer zunächst nicht genauer spezifizierten Bewegung verknüpft wurde. In der kinetischen Gastheorie konnte er diesen Ideen eine konkrete Gestalt geben. Darüber hinaus gelang es ihm die wesentliche, weiterhin gültige Aussage in Carnots Untersuchung zu erkennen. Daraus entwickelte er den zweiten Hauptsatz der Thermodynamik und fand mit der Entropie eine neue, wichtige Zustandsgröße. Seine eher einseitige theoretische Neigung führte bei der Formulierung von mikroskopischen Modellen wie dem der kinetischen Gastheorie zu besonderen Erfolgen. Das Bestreben, mit solchen Methoden verschiedene Phänomene unter einheitlichen Gesichtspunkten zu behandeln, machte Clausius zu einem der Vorläufer der sich in Deutschland etablierenden Teildisziplin der theoretischen Physik.

Günter D. Roth

THOMAS YOUNG (1773–1829), AUGUSTIN JEAN FRESNEL (1788–1827) und JOSEPH VON FRAUNHOFER (1787–1826)

Zu Beginn des 19. Jahrhunderts war die Bilanz neuer optischer Entdekkungen eher gering. Johann Heinrich Schulze wies die Lichtempfindlichkeit der Silbersalze nach, Chester Moor Hall und John Dollond fanden, wie man Chromatismus beseitigt und achromatische Objektive herstellt. James Bradley entdeckte die Aberration des Lichts, und Pierre Bouguer und Johann Heinrich Lambert wiesen den Weg zur Photometrie. In der entscheidenden Frage nach der Natur des Lichts behaupteten die Anhänger der Korpuskulartheorie das Feld. Die wissenschaftliche Autorität Newtons wirkte mächtig. Der Umschwung zugunsten der Wellentheorie verbindet sich mit den Namen Young, Fresnel und Fraunhofer, deren neue experimentelle Erkenntnisse die Optik im 19. Jahrhundert nachhaltig beeinflußt haben.

Thomas Young

Thomas Young wurde am 13. Juni 1773 in Milverton nahe Taunton in der Grafschaft Somersetshire geboren. Seine Eltern gehörten der Sekte der Quäker an. Der literarisch interessierte Großvater mütterlicherseits, Robert Davies, förderte das Kind, dessen Auffassungsgabe und Gedächtnis überdurchschnittlich waren. Mit zwei Jahren schon lernte Thomas, die Bibel zu lesen. Mit vier Jahren besuchte er die Schule und verblüffte seine Umgebung mit dem Vortrag lateinischer Gedichte, die er auswendig gelernt hatte. Ein Geometer aus der Nachbarschaft zeigte dem aufgeschlossenen Buben seine Meßinstrumente: Seitdem ersetzte auf seinen Sonntagsspaziergängen der Quadrant den fliegenden Drachen; abends berechnete der junge Meßkünstler zur Entspannung die Höhen, die er am Morgen gemessen hatte.[1] Vom neunten bis vierzehnten Lebensjahr besuchte Thomas Young Professor Thomsons Pensionat in Compton, das in der Grafschaft Dorset lag. Hier lernte er Sprachen und experimentierte naturwissenschaftlich. Das Mikroskop für botanische Studien baute er selbst.

Der Heranwachsende galt bald als Fachmann auf dem Gebiet der klassischen Philologie.[2] Im Haus des angesehenen Quäkers David Barclay verbrachte Young fünf weitere Jahre vor dem Beginn des Hochschulstudiums. Dort war er Studiengenosse von Hudson Gurney, dem Enkel von Barclay, später ein bekannter Schriftsteller und Politiker. Ihr gemein-

Thomas Young (1773–1829)

samer Lehrer war John Hodgkin, ein namhafter englischer Philologe. Youngs Onkel Broklesby war ein angesehener Arzt in London, der seinen Neffen in die Gesellschaft einführte und ihn auch bei der Wahl des Studienfachs Medizin beeinflußte.

Thomas Young studierte zunächst in London und Edinburgh. In dieser Zeit verfaßte er eine Arbeit über die Akkommodation des menschlichen Auges und schickte sie an die *Royal Society* in London. Die Arbeit wurde in den *Philosophical Transactions* veröffentlicht [3] und der 21jährige Young zum Fellow der berühmten wissenschaftlichen Gesellschaft gewählt.

Im Herbst 1795 setzte Young sein Medizinstudium in Göttingen fort und promovierte dort ein Jahr später. Um aber in England eine Arztpraxis eröffnen zu können, mußte er noch zwei weitere Jahre an einer englischen Universität studieren. Er entschied sich für das Emmanuel-College in Cambridge. Aber er beschäftigte sich dort die wenigste Zeit mit Medizin. Seine Interessen blieben vielseitig und reichten von den Naturwissenschaften bis zur angewandten Mechanik. Als er sich 1800 als Arzt in London niederließ, schadete der Ruf seiner Vielseitigkeit seiner Praxis. Doch das Vermögen, das sein Onkel hinterließ, erlaubte ihm unabhängiges Forschen. Im Sommer 1804 heiratete Young die Aristokratin Elise Maxwell.

Von 1801 bis 1804 übernahm Young neben seiner Praxis eine Professur für Physik an der von Rumford gegründeten *Royal Institution.* In diese Zeit fielen seine akustischen und optischen Experimente, die zur Entdekkung des Interferenzprinzips führten, das Young auf das Licht anwandte. Er erklärte die Newtonschen Farbenringe und berechnete ihre Wellenlängen. Sein *Course of lectures on natural philosophy* (*Vorlesungsreihe über Naturphilosophie*) mit dem grundlegenden Lichtinterferenzversuch erschien 1807 in London. Die englische Fachwelt stand Youngs Ergebnissen ablehnend gegenüber. Sichtlich enttäuscht wandte er sich einem anderen Gebiet zu: Er beschäftigte sich ab 1809 für Jahre mit der Entzifferung ägyptischer Hieroglyphen. Dabei kamen ihm seine Sprachkenntnisse zugute. Noch einmal, um 1817, befaßte er sich mit «physikalischer Optik» – ein Begriff, der von ihm stammt –, mit dem Interferometer und mit transversal schwingenden Wellen.

Seit 1814 Berater der britischen Admiralität, übernahm Thomas Young im Jahre 1818 das Amt des Sekretärs des *Board of Longitude.* Den für die internationale Seefahrt maßgebenden *Nautical Almanac* redigierte Young von 1814 bis zu seinem Tode. Er starb, noch nicht 56jährig, am 10. Mai 1829 in London.

Wellentheorie des Lichts und Dreifarbentheorie

Der Mediziner Young beschäftigte sich mit akustischen Erscheinungen, die ihn in der Annahme bestätigten, daß zwischen Schall und Licht eine Analogie bestehe. Die Veröffentlichungen von Huygens und Newton regten ihn zu Experimenten an. In seinem im Jahre 1800 veröffentlichten Aufsatz *Outlines of Experiments and Enquiries Respecting Sound and Light* (*Experimente und Fragestellungen bei Schall und Licht*)[4] bezog sich Young auf Newtons Beobachtungen von Schall- und Wasserwellen. Er benützte das Bild der gleichartigen Wellenfolge, die sich an der Oberfläche eines Sees ausbreitet.

Stellen Sie sich weiter vor, daß durch irgendeine analoge Ursache eine andere Serie von Wellen derselben Größe erregt wird, die mit gleicher Geschwindigkeit und gleichzeitig zum ersten Wellensystem verläuft. Keines dieser beiden Systeme wird das andere stören, ihre Wirkungen aber werden sich überlagern, wenn die Wellenberge des einen Wellensystems mit den Wellenbergen des anderen Systems zusammenfallen; wenn die Wellenberge des einen Systems genau in die Wellentäler des anderen Systems fallen, so werden sie diese Täler genau ausfüllen, und die Oberfläche des Wassers bleibt glatt. Nun, ich bin also der Meinung, daß analoge Erscheinungen dann stattfinden, wenn sich zwei Portionen von Licht vermischen; und diese Überlagerung bezeichne ich als das allgemeine Gesetz der Lichtinterferenz.

Ein einfacher Versuch bestätigte Youngs Annahme. Mit einer Nadel werden zwei schmale Spalte in ein Stück Pappe geritzt. Die Pappe wird hinter einem geschlossenen Fensterladen so aufgestellt, daß durch eine Öffnung des Fensterladens Sonnenlicht auf die Pappe fällt und durch die beiden kleinen Spalten scheint. Auf der gegenüberliegenden Wand zeichnen sich helle und dunkle Streifen ab. Die hellen Streifen bilden sich dort, wo sich die durch die beiden Spalte hindurchdringenden Lichtstrahlen in gleicher Phase überlagern, die dunklen Streifen dort, wo sie sich auslöschen (Zweispalt-Interferometer).

Die eingehende Beschäftigung mit «Farben dünner Blättchen» (Newtonsche Ringe) und die Ergebnisse eigener Versuche über akustische Schwebungen faßte Young 1801 in einem allgemeinen Interferenzprinzip zusammen:

> Wenn zwei Wellenbewegungen, die von verschiedenen Zentren ausgehen, in ihrer Richtung entweder vollständig oder in sehr guter Näherung übereinstimmen, stellt ihre vereinigte Wirkung eine Kombination der zu den beiden Teilwellen gehörigen Bewegungen dar.[5]

Young löste sich damit von der Vorstellung, daß sich Wellen bei einer Überlagerung nur verstärken können. Dunkle Streifen auf dünnen Filmen und Newtonsche Ringe entstehen, weil sich Wellen bei der Überlagerung auch schwächen und auslöschen können.

Aufgrund des Interferenzprinzips erklärte Young in seinen Veröffentlichungen *The Theory of Light and Colour* (*Theorien von Licht und Farbe*) und *Experiments and Calculations Relative to Physical Optics* (*Experimente und Berechnungen zur physikalischen Optik*)[6] die Newtonschen Ringe. Auf der Grundlage von Beobachtungen Newtons bestimmte Young erstmals die Länge der Lichtwellen. Er ermittelte für die Enden des sichtbaren Spektrums 0,0000266 Zoll oder 676 nm (Rot) und 0,0000167 Zoll oder 424 nm (Violett). Der Begriff Länge der Lichtwellen geht auf Young zurück. Nachdem 1801 Johann Wilhelm Ritter den «dunklen» (ultravioletten) Spektralbereich entdeckt hatte, machte Young die Newtonschen Ringe im Ultravioletten sichtbar. Er benützte dazu mit Silbernitrat getränktes Papier.

Das Interferenzprinzip diente Young zur Erklärung verschiedener optischer Erscheinungen. Er benutzte es nicht nur zur Erklärung der bunten Streifen in dünnen Schichten, sondern wandte es ebenso auf dicke Schichten und Beugungsgitter an. Und Young war der erste, der Beugungserscheinungen auf der Basis der Wellentheorie des Lichts erklärte.[7] Als er Fresnels Arbeiten zur Interferenz polarisierter Strahlen kennengelernt hatte, stellte er 1817 die Hypothese transversal schwingender Lichtwellen auf.

Mit seinen physikalischen Untersuchungen verknüpfte Young Experimente auf benachbarten Gebieten, z. B. der Physiologie. Der Sehvorgang beim menschlichen Auge interessierte ihn insbesondere. Er arbeitete über die optische Beschaffenheit der Augen, die Akkommodation und den Astigmatismus.[8] Als erster stellte er die Dreifarbentheorie auf. Drei Arten von Nervenfasern in der Retina sind für die Grundfarben rot, grün und violett zuständig. Über die Farbwahrnehmung schrieb Young: «Die Empfindung verschiedener Farben hängt von der unterschiedlichen Frequenz der Schwingungen ab, die durch das Licht in der Netzhaut angeregt werden.»[9]

Youngs Vielseitigkeit sowohl in der Grundlagen- als auch auf Gebieten der angewandten Forschung war außergewöhnlich. Er kam modernen Werten über Struktur und Größe der Moleküle nahe.[10] Young konstruierte Geräte, z. B. ein Optimeter, das heute im *Science Museum* in London zu sehen ist. Er beschäftigte sich mit dem Bau von Schiffen, mit der Lagerung von Maschinenachsen und anderen Fragen des technischen Alltags. Mit Hilfe der griechischen, demotischen und hieroglyphischen Inschriften des Steins von Rosetta schuf er die Grundlagen für ein hieroglyphisches Alphabet.[11]

Die Wirkung von Youngs Arbeiten

Thomas Youngs Optik stand zu Beginn des 19. Jahrhunderts im Widerspruch zur herrschenden wissenschaftlichen Meinung. In England befand er sich nahezu auf verlorenem Posten. Newtons Autorität und Vorstellung von der Ursache des Lichts galten noch fast uneingeschränkt. Die *Royal Society,* die Youngs Arbeiten publiziert hatte, mußte sich den Vorwurf gefallen lassen, «oberflächliche und inhaltslose Werke» veröffentlicht zu haben. Youngs Entgegnungen blieben jahrelang unbeachtet. Mit seinem Interferenzprinzip und der Hypothese der Transversalwellen stellte er revolutionäre Ideen auf, ohne sie hinreichend mathematisch abzusichern. Nach Albert Einstein gehörte Young «zu jenen seltenen, phantasiebegabten Geistern, bei welchen die Ausdauer an der Ausarbeitung ihrer Ideen – oder sagen wir kurz, das Sitzfleisch – dem Reichtum ihrer originellen Gedankenwelt nicht Genüge leisten kann. Es bedurfte wissenschaftlicher Begabungen ersten Ranges – Fresnel und Helmholtz –, um jene zwei großen Gedanken so weit auszugestalten, daß sie von der wissenschaftlichen Welt assimiliert werden konnten.»[12] Der eine Gedanke betraf die Interferenz und die Wellennatur des Lichts, der andere die von Maxwell und Helmholtz weiterentwickelte Dreifarbentheorie des Sehens, die für das Farbfernsehen bedeutsam geworden ist.

Seine Zeitgenossen Fresnel und Fraunhofer hat Young nicht persönlich kennengelernt. Von Fraunhofer erhielt er aber schriftliche Unterlagen über Brechung, Zerstreuung und Beugung des Lichtes. Fraunhofer lieferte auch Geräte. Der Kontakt zu Fresnel kam im Jahre 1816 über

Dominique François Arago zustande, der Young in Worthing besuchte und über Fresnels Arbeiten berichtete.[13] Man kann uneingeschränkt von einer wissenschaftlichen Zusammenarbeit von Young, Fresnel und Arago zur Durchsetzung der Wellentheorie des Lichts sprechen. Sir Joseph John Thomson gab folgende Zusammenfassung: «Young entwickelte als erster die Grundidee der Interferenz, Fresnel aber verdanken wir ihre mathematische Begründung.»[14]

Augustin Jean Fresnel

Augustin Jean Fresnel wurde am 10. Mai 1788 in Broglie bei Bernay in der Normandie geboren. Sein Vater war militärischer Baumeister. Der Bau des Forts Querqueville in Cherbourg mußte während der Französischen Revolution abgebrochen werden, und so zog die Familie aufs Land in das Dorf Mathieu bei Caen im Calvados.

Der junge Fresnel tat sich mit dem Lernen schwer. Acht Jahre alt, konnte er nur mühsam lesen. Das Auswendiglernen von Wörtern fiel ihm schwer. Dagegen setzte sich die mathematische Begabung früh durch. In der Schule hatte er den Spitznamen «das Genie». Den Titel gaben ihm die Kameraden, «als er im Alter von neun Jahren sich mit experimentellen Untersuchungen beschäftigte, um die Verhältnisse von Länge und Dicke zu ermitteln, welche den kleinen Holunderbüchsen, deren sich die Kinder bei ihren Spielen zu bedienen pflegten, die größte Wirksamkeit sichern, sowie um die grünen oder trockenen Holzarten herauszufinden, die zur Herstellung von Bögen in bezug auf Elastizität und Dauerhaftigkeit am meisten geeignet sind».[15] Im Jahre 1801 besuchte der 13jährige Fresnel die Zentralschule in Caen. Drei Jahre später wurde er Student am Pariser Polytechnikum.

1794 als «Zentralschule für öffentliche Arbeiten» gegründet, war die *École Polytechnique,* an der Fresnel von 1804 bis 1806 studierte, eine unter Napoleon I. militärisch organisierte Bildungsstätte für den Ingenieurnachwuchs. Wichtigstes Unterrichtsfach war darstellende Geometrie. Im ersten Studienjahr schon beantwortete Fresnel eine Preisfrage als Bester. Im Fach Physik spielte Optik eine beachtliche Rolle. Das gut ausgestattete physikalische Laboratorium bot Fresnel manche Anregung. Gänzlich unvorbereitet hat Fresnel seine optischen Versuche also nicht begonnen. Und der intensive mathematische Unterricht schuf eine Grundlage für die theoretische Auswertung der optischen Experimente.

Fresnel war nicht der einzige Absolvent des Pariser Polytechnikums, der sich mit Optik befaßt hat. Zu erwähnen sind Jean Baptiste Biot und Étienne Louis Malus. Sie veröffentlichten noch vor 1815 Arbeiten über die Polarisation des Lichts. 1803 war Dominique François Arago ebenfalls in das Polytechnikum eingetreten. Er sollte Fresnels Weggefährte bei

Augustin Jean Fresnel (1788–1827)

der Erforschung der Interferenz von polarisiertem Licht und anderen optischen Erscheinungen werden.

Im Anschluß an das Polytechnikum besuchte Fresnel die *École des Ponts et Chaussées* und erwarb den Ingenieurgrad. Als Weg- und Wasserbaufachmann trat der 20jährige in den Staatsdienst. Die folgenden acht Jahre verbrachte er auf verschiedenen Baustellen in der Provinz, im Departement Vendée, im Drôme- und im Ille-et-Vilaine-Departement. Er sanierte Landstraßen und reparierte Brücken und Deiche. Und er hatte Zeit, um über wissenschaftliche Probleme nachzudenken.

Am 15. Mai 1814 bat er seinen Bruder Léonor brieflich, Artikel über die Polarisation des Lichts zu schicken. Er erwähnte dabei die «Abhandlung über eine neue Anwendung der Theorie der Lichtschwingungen», die Biot im Dezember 1813 veröffentlicht hatte. Am 28. Dezember 1814 schrieb Fresnel: «Ich weiß nicht, was man unter Polarisation des Lichtes versteht; ich lasse meinen Onkel Mérimée bitten, mir die Werke, aus denen ich mich darüber unterrichten kann, zukommen zu lassen.»[16]

Ein politisches Ereignis unterbrach Straßenbau und Weiterbildung: Napoleon I. kehrte im Jahr 1815 für «100 Tage zurück». Als Anhänger der Bourbonen verlor Fresnel sein Amt und wurde unter Polizeiaufsicht gestellt. Er durfte aber zu seiner Mutter nach Mathieu reisen. Dort setzte er seine optischen Forschungen fort. Auf der Durchreise traf er in Paris Arago, der ihn ermunterte, die berufliche Zwangspause zu nutzen. Fresnel begann mit Untersuchungen der Beugungserscheinungen. Die neuerliche Verbannung Napoleons bedeutete für ihn Rückkehr in die Straßenbauverwaltung, in der er bald den Rang eines *Ingénieur en chef des Ponts et Chaussées* bekleidete.

Fresnel arbeitete jahrelang mehrgleisig. Für den Brotberuf als Ingenieur, für die Physik in seiner freien Zeit. Seine experimentellen und theoretischen Untersuchungen umfaßten neben der Beugung die Interferenz, die er unabhängig von Young entdeckte, die Polarisation, die Doppelbrechung und die Aberration des Lichts. Ein großer wissenschaftlicher und persönlicher Erfolg bedeutete der Preis der *Académie des Sciences* in Paris, der ihm 1819 für seine Arbeit über die «experimentelle und theoretische Untersuchung der Beugungserscheinungen» verliehen wurde. Angeregt von Thomas Young entwickelte Fresnel 1821 seine Theorie transversaler Lichtwellen. Zur Verbesserung seiner materiellen Lage übernahm er Ämter in der Kommission für Leuchttürme und im Polytechnikum. Die von ihm konstruierten Ringlinsen werden heute noch in Leuchttürmen verwendet.

Die von Jugend an schwache Gesundheit war auf Dauer nicht der Mehrfachbelastung gewachsen. Fresnel erkrankte 1824 an Bluthusten und starb 39jährig am 14. Juli 1827 in Ville-d'Avray.

Fresnels Untersuchungen zur Natur des Lichts

Seine erste Untersuchung *La diffraction de la lumière* (*Die Beugung des Lichts*) legte Fresnel am 15. Oktober 1815 der *Académie des Sciences* vor.[17] Beobachtungen von Beugungserscheinungen waren zu Fresnels Zeit nicht mehr neu. Francesco Maria Grimaldi beschrieb erstmals das Phänomen. Auch Newton beschäftigte sich damit. Fresnel wandte ein neues Verfahren zur Beobachtung der Beugungsstreifen an. Er benützte keinen Schirm, um die Beugungserscheinungen abzubilden, sondern er beobachtete sie mit einer kurzbrennweitigen Linse. Da ihm bessere Mittel fehlten, baute sich Fresnel aus Drähten und Pappe ein Mikrometer, um die Streifen zu vermessen. Fast zufällig und ohne etwas von Youngs Arbeit zu wissen, entdeckte er das Interferenzprinzip und benützte es für die Analyse der Beugungsstreifen:

Wie oft habe ich schon ein kleines Quadrat schwarzen Papiers an eine Seite des in meinen Versuchen benutzten Eisendrahtes geklebt, und immer sah ich, daß die Streifen innerhalb des Schattens ausgerechnet an der dem Papier gegenüberliegenden Stelle verschwinden; jedoch untersuchte ich nur den Einfluß dieses Papiers auf die äußeren Streifen und richtete meine Aufmerksamkeit nicht auf eine bemerkenswerte Schlußfolgerung, auf die diese Erscheinung führte. Sie überraschte mich, als ich mich mit den inneren Streifen zu beschäftigen begann, und sofort kam mir die folgende Idee: Da man durch Abdecken des von einer Seite des Drahtes ausgehenden Lichtes ein Verschwinden der inneren Streifen erreichen kann, ist folglich für die Entstehung der Streifen eine Wechselwirkung der von beiden Seiten des Drahtes herkommenden Strahlen nötig.[18]

Was Fresnel bei seinen Überlegungen noch nicht berücksichtigte, war das Huygenssche Prinzip. Danach ist jeder Punkt des Wellenfeldes Ausgangspunkt einer Elementarwelle. Die Elementarwellen interferieren so, daß nur die Wellenfront beobachtbar wird. Diesem Prinzip trug Fresnel in seiner großen Akademiearbeit von 1818 Rechnung. Die Akademie stellte die Frage der Beugung in den Mittelpunkt eines Wettbewerbs um den Großen Preis der mathematischen Wissenschaften des Jahres 1819. Die Mehrzahl der Mitglieder der Jury waren Gelehrte, die die Emissionstheorie vertraten und hofften, daß das Ergebnis des Wettbewerbs eine Stütze für diese Theorie werden würde. Es kam anders. Zahlreiche Versuche machten Fresnel deutlich, daß die Emissionstheorie nicht imstande ist, die Gesamtheit der optischen Erscheinungen zu erklären, die entstehen, wenn sich Licht in einachsigen, homogenen Medien ausbreitet und dabei auf ein undurchlässiges Objekt trifft. Erst die Verbindung des Huygensschen Prinzips der Elementarwellen mit dem Youngschen Interferenzprinzip liefert eine Erklärung für die geradlinige Ausbreitung des Lichts und der als Beugungserscheinungen beobachteten Abweichungen davon.

Fresnel entwickelte ein tiefgreifendes Wellenkonzept, in dem zur Intensitätsbestimmung in einem definierten Punkt die Interferenz aller Sekundärwellen berücksichtigt wird, die von der Wellenfront ausgehend auf diesen Punkt stoßen. Dabei bediente sich Fresnel umfassender Rechenoperationen, der Fresnelschen Integrale, die mit den Versuchsergebnissen sehr gut übereinstimmten. Fresnels Rechenmethoden gewährten den Zusammenklang zwischen Theorie und Experiment, der Zeitgenossen zu der Feststellung veranlaßte, daß «die Wellentheorie die Beugungserscheinungen so genau vorhersagt wie die Gravitationstheorie die Bewegung der Himmelskörper».[19]

Fresnel benützte bei der Durchführung seiner Interferenzversuche verschiedene Techniken. Zwei sind besonders erwähnenswert: der Spiegelversuch (zusammen mit Arago 1816) und der Versuch mit dem Biprisma (1819). Beim Spiegelversuch wird das von einer Lichtquelle ausgehende Licht an zwei zueinander geneigten Spiegeln so reflektiert, daß die nun scheinbar von zwei Lichtquellen ausgehenden Strahlenbündel sich überlagern und Interferenzen bilden können. Das Biprisma ist ein gleichschenkliges Prisma, dessen brechender Winkel etwa 180° beträgt. Vor der brechenden Kante wird eine Lichtquelle in zwei virtuelle Lichtquellen abgebildet. Von diesen scheinen zwei kohärente Lichtquellen auszugehen. Die aus beiden Prismenhälften austretenden Wellen interferieren in einer Zone hinter dem Biprisma. Bemerkenswert dabei ist, daß bei beiden Versuchsanordnungen – im Gegensatz zum Doppelspaltversuch von Young – Interferenz ohne Mitwirkung der Beugung auftritt. Ein mit der Emissionstheorie unerklärbares Phänomen.

Intensiv hat sich Fresnel mit polarisiertem Licht beschäftigt. Bereits Huygens beobachtete bei der Doppelbrechung die Spaltung von unpolarisiertem Licht in zwei polarisierte Strahlen. Malus zeigte auch die Entstehung von polarisiertem Licht bei Reflexion an einer Glas- oder Wasseroberfläche. Fresnel fand zusammen mit Arago im Jahre 1816, daß zwei senkrecht zueinander polarisierte Lichtwellen nicht interferieren.[20] Über Arago erfuhr Fresnel von Youngs Überlegungen hinsichtlich der Ätherteilchen und der Ausbreitungsrichtung der Lichtwellen (1816–1818),[21] insbesondere die Hypothese einer transversalen Schwingung. Fresnel griff diese Hypothese auf und formte eine dynamische Theorie der Entstehungsweise des Lichts.

Für Fresnel ist natürliches, unpolarisiertes Licht die rasche Folge von Transversalwellen mit zugeordneten Schwingungsebenen. Polarisation führt nicht zur Bildung von Transversalwellen. Sie ist vielmehr das Ergebnis der Elimination einer definierten Schwingungsebene. In Flüssigkeiten sind nur longitudinale Schwingungen möglich. Also muß der Äther die Eigenschaften eines festen Körpers haben. Die Vorgehensweise Fresnels war induktiv. Aus Beobachtungen suchte er die Eigenschaften des Lichtäthers abzuleiten. Er ging von der Lichtfortpflanzung in Kristallen aus. In mehreren Arbeiten bis 1824 erklärte er die bekannten, auf Polarisation zurückzuführenden optischen Erscheinungen. 1821 leitete er die «Fresnelschen Formeln» zur Berechnung der Spiegelung und Brechung von parallel und senkrecht zur Einfallsebne polarisiertem Licht ab.

Ein Beitrag zur angewandten Forschung war Fresnels Konstruktion eines abbildenden, optischen Bauelements, bei dem das Licht an ringförmigen Zonen gebrochen wird («Fresnel-Linse»).[22] Die ersten Linsen wurden 1823 in den Cordouan-Leuchtturm eingebaut und ersetzten die Hohlspiegel, die in der feuchten, salzhaltigen Meeresluft meist rasch erblindeten.

Die Wirkung von Fresnels Arbeiten

Man muß sich den Stand der Physik im ersten Quartal des 19. Jahrhunderts vor Augen halten. Noch dominierten alte Lehrmeinungen, beherrschte die Autorität Newtons die Hörsäle, das Denken war an der Mechanik orientiert. Führende Physiker und Mathematiker der Pariser Akademie, z. B. P. S. de Laplace, J.-B. Biot und S.-D. Poisson waren strikte Vertreter der Korpuskulartheorie. Biot und Poisson lehnten die Wellentheorie des Lichts bis zu ihrem Tod ab. 1815 hielt selbst Fresnel den Gedanken an Transversalschwingungen des Lichts noch für absurd. Solche Schwingungen schienen nur in Festkörpern möglich. Selbst Fresnels Mitstreiter im Kampf um die Durchsetzung der Wellentheorie, F. Arago, verweigerte Fresnel 1821 die Gefolgschaft, als dieser schrieb, das Licht bestehe aus Transversalschwingungen des Äthers. Der Unterstützung durch Arago verdankte Fresnel viel, sowohl bei der Durchführung gemeinsamer Versuche und der Vermittlung der Ideen Youngs als auch als Fürsprecher in den Gremien der *Académie des Sciences*.

Die Rezeption der Wellentheorie war begleitet von einem heftigen Methodenstreit. Die Autorität Newtons sicherte nicht nur die Anerkennung der Emissionstheorie durch die Mehrheit der Naturwissenschaftler, sie bestimmte auch für Generationen von ihnen die Vorgehensweise in der Forschung. Es war das ein induktives Vorgehen, mit dem Ziel, den theoretischen Ansatz zu finden, dessen Aussagen mit den Ergebnissen ausgewählter Experimente übereinstimmten. Starke Vertreter dieser Richtung gab es in England, z. B. David Brewster und Henry Brougham. Sie widersprachen der deduktiven Arbeitsweise von Young und besonders Fresnel mit einem System von Hypothesen, das zur theoretischen Erklärung der Beobachtungen führte.

Mit ihrer Kritik an der Wellentheorie förderten sie ungewollt die stärkere Beschäftigung mit ihr. Während die Anhänger der Emissionstheorie die Einbindung der Optik in ein naturwissenschaftlich-philosophisches Weltbild suchten, bewegten sich die mathematischen Ansätze z. B. von Fresnel in einem begrenzten Rahmen. Das hinderte aber nicht, daß in der Mitte des 19. Jahrhunderts gerade aus der Verknüpfung der Wellentheorie des Lichts mit dem Gesetz von der Erhaltung der Energie und der mechanischen Wärmetheorie der Ansatz zur Vereinheitlichung der Physik erwuchs.

Es war die Stärke Fresnels, alle Einzelheiten seiner Experimente mathematisch zu belegen. Umgekehrt ließen sich seine Berechnungen durch direkte Versuche überprüfen. Sehr wirkungsvoll war das bei der Beurteilung der berühmten Preisschrift von 1818 und dem Einwand Poissons, «daß, wenn die Formeln Fresnels richtig sind, bei einer kreisrunden, undurchsichtigen Scheibe der Mittelpunkt des Schattens ebenso hell erleuchtet sein müsse, wie wenn die Scheibe nicht vorhanden wäre».[23] Das Experiment lieferte den «Poissonschen Fleck» und bestätigte die Richtigkeit der Herleitung. 1835 benützte Friedrich Magnus Schwerd die Fresnelschen Integrale für seine theoretischen Untersuchungen von Beugungserscheinungen und stellte die einwandfreie Übereinstimmung mit den Versuchen fest.[24]

Die mit der Suche nach den Eigenschaften des Lichtäthers einhergehende Erforschung der Lichtfortpflanzung in Kristallen gab Anstöße für das künftig wichtige Gebiet der Kristalloptik. Unmittelbar darauf aufbauend fanden William R. Hamilton und Humphrey Lloyd die konische Refraktion als Ausbildung eines speziellen Strahlenbündels bei optisch zweiachsigen Kristallen.

Fresnels Arbeiten über die Mitführung des Lichts durch bewegte Körper haben eine neues Teilgebiet der Optik geschaffen. Armand H. L. Fizeau bestätigte die Mitführung des Lichtäthers durch die Materie an strömendem Wasser (1851). Hendrik A. Lorentz zeigte um 1895 bereits mit Hilfe der elektromagnetischen Lichttheorie und seiner Theorie vom «absolut ruhenden» Äther als Grundlage des elektromagnetischen Felds und der Wechselwirkung der Elektronen – die Richtigkeit von der Fresnelschen Hypothese der Mitführung.

Joseph von Fraunhofer

Zeitgleich mit Fresnel untersuchte in Deutschland Joseph von Fraunhofer das Licht. Mit einer neuen Technik vermochte er die Meßgenauigkeit beträchtlich zu steigern.

Joseph Fraunhofer, 1824 geadelt, wurde am 6. März 1787 in Straubing geboren. Er war das elfte und letzte Kind des Glasermeisters Franz Xaver Fraunhofer und seiner Frau Maria Anna. Die älteste, 1768 geborene Schwester Maria Anna Victoria, ersetzte Joseph in der Kindheit bald die Mutterstelle und leistete ihm später hausfrauliche Dienste. Seit 1798 war der junge Joseph Vollwaise. Im selben Jahr machten die Vormünder, ein Drechslermeister und ein «Bürgerlicher Bortenmacher», den Ausbildungsvertrag für das Mündel Joseph Fraunhofer mit dem Hofspiegelmacher und Glasschleifer Philipp Weichselberger in München perfekt.[25] Im dritten Lehrjahr, 1801, stürzte das Haus seines Lehrmeisters ein. Die Rettung Fraunhofers war Stadtgespräch und brachte dem 14jährigen Glaserlehrling eine Audienz beim Kurfürsten, der ihm 18 Dukaten schenkte «und versprach, ihm Vater sein zu wollen, falls es ihm an etwas mangle».[26]

Es war die Wende im Leben Fraunhofers. Er besuchte die Feiertagsschule und experimentierte in der knappen Freizeit mit der Linsenschleifmaschine des Optikers Joseph Niggl. Er kaufte sich Bücher zum Selbststudium, darunter die 1778 erschienene *Analytische Dioptrik* des Mathematikers Georg Simon Klügel. Mit diesen Büchern erlebte Fraunhofer noch einmal den Aufbruch der Physik seit Newton und lernte ungelöste Probleme der Optik kennen. Zu Anfang des Jahres 1804 kaufte sich Fraunhofer bei seinem Lehrherrn frei, um ungehindert an seiner Weiterbildung arbeiten zu können. Mit 18 Jahren war Fraunhofer schon recht sicher im Umgang mit den Grundlagen der Physik seiner Zeit.

Joseph von Fraunhofer (1787–1826)

Der Eintritt als Optiker in das Mathematisch-mechanische Institut Reichenbach, Utzschneider und Liebherr im Jahre 1806 bestimmte den weiteren Lebenslauf. «Das wirtschaftliche Zusammengehen von Georg von Reichenbach und Utzschneider in diesem Institut hat die Plattform für Fraunhofers Arbeit geschaffen. Reichenbach war durch und durch Ingenieur, ausgestattet mit allen Fähigkeiten des technischen Erfinders.»[27] Joseph Liebherr war ein guter Mechaniker und Joseph von Utzschneider der erfolgreiche Finanzmann. Fraunhofer aber brachte die große Begabung für das Optische in das Unternehmen ein.

Die weiteren Stationen des beruflichen Aufstiegs Fraunhofers: 1809 wurde er technischer Leiter des neu eingerichteten Betriebs in Benediktbeuern. Fraunhofer reformierte die Herstellung optischen Glases und die Berechnung achromatischer Objektive. 1814 wurde er Mitgesellschafter des optischen Instituts. 1817 ernannte ihn die Königlich-bayerische *Akademie der Wissenschaften* in München zum korrespondierenden Mitglied. Es folgten die Berufung zum Professor (1819) und zum außerordentlichen Akademiemitglied (1821). Die Universität Erlangen erkannte ihm 1822 die Ehrendoktorwürde zu, und in München erhielt er eine besoldete Stelle als Professor und Konservator (1823). König Max verlieh Fraunhofer 1824 den Zivil-Verdienst-Orden, der mit dem persönlichen Adel verbunden war.

Am 7. Juni 1826 starb Joseph von Fraunhofer laut amtlichem Befund an «Lungen- und Nervenschwindsucht». Der jahrelange ungeschützte Umgang mit Bleidämpfen und Glasstaub hatte seine Gesundheit untergraben.

Fraunhofers Werk: Angewandte Forschung

Fraunhofers Leistungen für die Physik allgemein und die Optik speziell entstanden unter dem Zwang betriebswirtschaftlicher Erfordernisse. Buchstäblich aus dem Boden stampfte er eine Produktion optischer Geräte, die in wenigen Jahren international führend wurde. Fraunhofer kritisierte am Stand der Technik, daß man bisher die achromatischen Objekte nicht völlig nach bestimmten theoretischen Grundsätzen verfertigte und sich innerhalb gewisser Grenzen auf einen günstigen Zufall verlassen mußte, «weswegen man eine große Anzahl Gläser schliff und diejenigen zusammensuchte, bei welchen sich die Fehler am nächsten kompensierten».[28]

Fraunhofer suchte Abhilfe. Er verbesserte die Gewinnung des optischen Glases und führte die trigonometrische Durchrechnung der Objektive ein. Aber: Weder Berechnungen noch Schmelzversuche allein hätten Fraunhofer nennenswert weitergebracht. Erst die genauere Kenntnis des Brechungs- und Zerstreuungsvermögens des verwendeten Kron- und Flintglases ermöglichte eine qualitative Verbesserung der Optik. Auf der Suche nach fixen Markierungen zur genauen Definition der Farben des Spektrums entdeckte Fraunhofer dunkle Linien im Sonnenspektrum. Er erkannte, daß jede Linie einer ganz bestimmten Brechkraft entspricht. Die Ergebnisse faßte er unter dem Titel *Bestimmung des Brechungs- und Farbenzerstreuungs-Vermögens verschiedener Glasarten in bezug auf die Vervollkommnung der achromatischen Fernröhre* in einer 1817 erschienenen Akademie-Denkschrift zusammen.[29] Mit den Linien verschaffte sich Fraunhofer die Möglichkeit, die Farben genau zu begrenzen und exakte Winkelmessungen vorzunehmen. Und noch eine zweite Aufgabe ließ sich mit Hilfe der Linien erledigen: Nur Prismen aus sehr reinem Glas bilden die Linien deutlich ab. Fraunhofer konnte auf diese Weise auch die Qualität des Glases überprüfen.

Auf der Suche nach Methoden zur Messung von Glaskonstanten beobachtete Fraunhofer die Beugungserscheinungen in der Brennebene eines Fernrohrs. Als beugende Öffnungen vor dem Objektiv dienten ihm kleine Löcher, einzelne und mehrere Spalte und Gitter. Die Versuche mit Gittern, zunächst aus dünnen Drähten hergestellt, führten zu Beugungsspektren, in denen Fraunhofer die dunklen Linien im Sonnenspektrum wiedererkannte. Er baute sich eine Teilmaschine und schnitt mit Diamanten sehr dünne, parallele Linien ins Glas: «Bei seinen feinen Glasgittern brachte er Gitterkonstanten von 7,72 µm und 3,31 µm fertig, also bei den feineren rund 3000 Linien je cm.»[30] Unter Verwendung der von Thomas Young angegebenen Formeln berechnete Fraunhofer mit großer Genauigkeit die Wellenlängen der Linien im Sonnenspektrum. Die Abweichungen der Fraunhoferschen Werte von den heutigen betragen maximal ± 0,6 nm.

Fraunhofer betrieb im besten Sinn des Wortes angewandte Forschung. Er konzentrierte seine Arbeit in den Jahren nach 1814 auf die größeren achromatischen Objektive für Heliometer und Fernrohre[31] und die dazu notwendigen Montierungen. Ähnlich der Präzisionsteilung optischer Gitter stellte Fraunhofer äußerst genau geteilte Mikrometer her, dem damals wichtigsten Zubehör des astronomischen Fernrohrs.

Die Wirkung von Fraunhofers Arbeiten

«Da der hier mit physisch-optischen Versuchen eingeschlagene Weg zu interessanten Resultaten zu führen scheint, so wäre sehr zu wünschen, daß ihm geübte Naturforscher Aufmerksamkeit schenken möchten.» Mit diesem zukunftsweisenden Satz schließt die berühmte Veröffentlichung Fraunhofers, in der er die Entdeckung der dunklen Linien im Sonnenspektrum mitteilte.[32] Hier ahnte Fraunhofer schon, daß seine Entdeckung mehr bringen würde als nur die Lösung eines technischen Problems bei der Herstellung achromatischer Objektive. Mit der Entdeckung der später nach ihm benannten dunklen Linien im Sonnenspektrum tat er – wie auch Born hervorhebt – den ersten Schritt in eine ganz neue physikalische Forschungsrichtung.

> Diese Entdeckung war zugleich die Geburtsstunde der Spektralanalyse, die auf der Erkenntnis beruht, daß jedem gasförmigen chemischen Element ein ihm charakteristisches Linienspektrum zukommt.[33]

Auch die Technik der Herstellung von Beugungsgittern und die damit verbundene Beschäftigung mit grundsätzlichen Fragen des physikalischen Verhaltens von Licht reichten weiter als der unmittelbare betriebliche Auftrag, den es für Fraunhofer zu erfüllen galt. «Der dänische Chemiker und Physiker Hans Christian Oersted kam 1823 eigens nach München zu Fraunhofer, um sich die Beobachtungsmöglichkeiten der Beugungserscheinungen zeigen zu lassen. Sir David Brewster und Thomas Young, führende Vertreter des Fachs in England, erbaten sich von Fraunhofer Übersetzungen seiner Abhandlungen über Brechung, Zerstreuung und Beugung des Lichts. Auch bestellten sie bei ihm die Apparaturen, um die Versuche selbst durchführen zu können.»[34]

In seiner zweiten, 1823 erschienenen Arbeit über Beugungserscheinungen wurden seine internationalen wissenschaftlichen Verbindungen deutlicher. In dieser Arbeit «wird die Beugung am Gitter schon als Interferenz-Erscheinung behandelt. Sie enthält auf Promille genaue Wellenlängen-Angaben für die Fraunhoferschen Linien, sie weist 50 Jahre vor Ernst Abbe auf die beugungsbedingte Beobachtungsgrenze im Lichtmikroskop hin, die Namen Young, Fresnel, Arago tauchen auf. Fraunhofer wird diese geistige Bruderschaft tief bewegt haben».[35]

Die Wende zugunsten der mechanischen Wellentheorie im ersten Drittel des 19. Jahrhunderts setzte mit der Entdeckung des Interferenzprinzips durch Thomas Young ein. Fresnel verknüpfte dieses Prinzip mit dem Huygensschen und führte die Hypothese der Transversalwellen in die Wellentheorie ein. Mit neuartigen, noch genaueren Versuchsanordnungen schließlich erreichte Fraunhofer einen bislang nicht gekannten Leistungsstand der optischen Meßtechnik. Er eröffnete dabei Wege der wissenschaftlichen Methodik, die Theorie und Praxis gleichermaßen nutzen konnten.

Andrew D. Wilson

DIE ROMANTISCHEN NATURPHILOSOPHEN

Aus dem Amerikanischen von Dieter Beisel

Friedrich Schelling und die metaphysischen Grundlagen der romantischen Naturphilosophie

Die romantischen Naturphilosophen waren eine Gruppe von Philosophen und Schriftstellern, die gegen Ende des 18. Jahrhunderts versuchten, einen metaphysischen Ursprung der natürlichen Erscheinungen zu begründen. Dies ging in das gerade entstehende romantische Naturverständnis ein. Friedrich und Wilhelm Schlegel, Friedrich Schleiermacher, Friedrich Schelling, Friedrich von Hardenberg, bekannter unter dem Namen Novalis, und Ludwig Tieck gehörten zu den wichtigsten Vertretern des frühromantischen Weltbildes. Ihre Werke, insbesondere die Schellings, ließen die Überzeugungen und Lehrmeinungen Gestalt annehmen, aus denen schließlich die romantische Naturphilosophie hervorging.

Als die Romantiker ihre Naturphilosophie zu entwickeln begannen, verstanden sie sich weder als Naturwissenschaftler, noch hatten sie etwas mit dem Alltagsgeschäft der experimentellen Naturwissenschaften zu tun. In ihren Augen war es der Vorzug der damals in Physik und Chemie üblichen experimentellen Vorgehensweise, daß neue und oft unerwartete Erkenntnisse über die Natur offenbar wurden. Um so mehr war es ihr Wunsch, die metaphysischen Ursprünge der tatsächlich vorhandenen Natur zu begründen und so der wissenschaftlichen Naturerkenntnis eine neue Grundlage zu geben. Das hieß aber auch, daß naturwissenschaftliche Theorien zu formulieren waren, die wissenschaftliche Entdeckungen, Ergebnisse naturwissenschaftlicher Experimente und die tatsächlich beobachtbare Natur widerspruchsfrei in Einklang bringen und erklären konnten. Schellings *Ideen zu einer Philosophie der Natur* (1797) waren die erste maßgebliche theoretische Abhandlung zur romantischen Naturphilosophie. Er beschrieb darin ihr Verhältnis zu den empirischen Naturwissenschaften:

> Aus der Einleitung wird man sehen, daß mein Zweck nicht ist, Philosophie auf Naturlehre anzuwenden. Ich kann mir kein betrübteres Taglöhnergeschäft denken als eine solche Anwendung abstrakter Principien auf eine bereits vorhandene empirische Wissenschaft. Mein Zweck ist vielmehr, die Naturwissenschaft selbst erst philosophisch entstehen zu lassen, und meine Philosophie ist selbst nichts anderes als Naturwissenschaft. Es ist wahr, daß uns Chemie die Elemente, Physik die Sylben, Mathematik die Natur lesen lehrt; aber man darf nicht vergessen, daß es der Philosophie zusteht, das Gelesene auszulegen.[1]

Friedrich Wilhelm Joseph von Schelling (1775–1854)

Bei diesem selbstgestellten Anspruch mußte Schelling ein metaphysisches System entwerfen, das es erlaubte, alle in der Natur vorhandenen Gegensätzlichkeiten und Widersprüche zu einem einheitlichen und organischen Ganzen zusammenzufügen. Für sein System griff er auf Johann Gottfried Herders Neu-Spinozismus und dessen am Begriff der Kraft orientierte Metaphysik zurück, auf Immanuel Kants dynamisches Verständnis der Materie sowie auf die Theorien von Johann Friedrich Blumenbach und Friedrich Kielmeyer, die sich mit den Kräften beschäftigt hatten, die in lebenden Organismen wirken. Daraus erwuchs schließlich eine Metaphysik der Natur, in der sich «die gesamte Natur für unsere Sinneswahrnehmung als ein Widerstreit zwischen zwei Grundkräften darstellt, die sich unablässig entgegenstehen, einander zu vernichtigen und sich gegeneinander zu behaupten versuchen – und sich gerade dadurch wechselseitig im Gleichgewicht halten. Die beiden Grundkräfte können in verschiedenen Erscheinungsformen offenbar werden: in Materie, Licht, Magnetismus, Elektrizität, chemischen Verbindungen, Lebensenergie u. a.»[2]

Eine solche Natursicht hatte nun umgekehrt zwei wichtige Konsequenzen für die richtige Erklärung natürlicher Phänomene. Keld Nielsen hat sie auf den Punkt gebracht:

> Zum einen sollte gezeigt werden, daß die Naturerscheinungen, mit denen es Wissenschaftler zu tun haben, in sehr viel stärkeren Wechselwirkungen miteinander verbunden sind, als es üblicherweise in Betracht gezogen wird: Es ließ sich keine scharfe Trennung zwischen organischen und anorganischen Bereichen aufrechterhalten, Chemie war eng mit Licht, Magnetismus oder Elektrizität verwandt und ließ sich in andere Naturerscheinungen übersetzen; kein Bereich von Phänomenen ließ sich gesondert für sich angemessen verstehen. Die zweite Konsequenz war eine der Natur innewohnende Gegensätzlichkeit. Die zwei Grundkräfte, die im Widerspruch zueinander standen, waren Wirkursache eines natürlichen Mechanismus, der in alle natürlichen Phänomene einging und ihre spezifische Symmetrie begründete; danach mußte zu jedem Phänomen, das in der Natur anzutreffen war, das Gegenteil dieses Phänomens gefunden werden können.[3]

Die große Synthese- und Symmetrielehre der Romantiker verfolgte keineswegs nur den Zweck, das wissenschaftliche Verständnis natürlicher Erscheinungen zu fördern, sondern sie war in umfassenderem Zusammenhang gedacht: Es sollte gezeigt werden, daß das Vorhandensein einer sich entwickelnden, dynamischen und hierarchisch strukturierten Welt lebendiger Wesen so beschaffen ist, daß sie schließlich in Gott aufgeht. Die Romantiker nahmen die Stichworte von Herder, Schelling u. a. auf und betrachteten Gott als ein anderes Wort für die «Urkraft aller Kräfte», als die nicht hinterfragbare Einheit aller Gegensätze und – folgerichtig – als den absoluten metaphysischen Grund der tatsächlich vorhandenen Natur. Die romantischen Naturphilosophen ließen sich – im Gegensatz zu den Deisten oder den wissenschaftlich-materialistischen Erben der Aufklärung – von dem tiefgehegten Wunsch leiten, die tatkräftige und schöpferische Gegenwart eines so verstandenen Gottes in der natürlichen Welt neu zu begründen. Sie waren überzeugt, daß das, was sie Geist nannten, ein unablösbarer Bestandteil der Natur selbst war.

Schelling formulierte in seinen *Ideen*: «Natur soll der sichtbare Geist, der Geist die unsichtbare Natur seyn. Hier also, in der absoluten Identität des Geistes in uns und der Natur außer uns, muß sich das Problem, wie eine Natur außer uns möglich sey, auflösen. Das letzte Ziel unserer weiteren Nachforschung ist daher diese Idee der Natur.»[4]

In einer späteren Schrift, in seiner *Philosophie der Kunst* (1802), vertrat Schelling die Auffassung: «Das unendliche Affirmiertseyn Gottes im All, oder die Einbildung seiner unendlichen Idealität in die Realität als solche, ist die ewige Natur ... Das Universum an sich = Gott.»[5]

Zieht man aus all dem ein Fazit, dann waren die romantischen Naturphilosophen von der Idee geleitet zu beweisen, daß die Bezeichnungen Gott, Mensch und Natur nur verschiedene Namen für die gleiche Sache sind: die Widerspiegelung metaphysischer Wahrheiten in der vorfindbaren Wirklichkeit.

Johann Wilhelm Ritter (1776–1810)

Johann Wilhelm Ritter und die physikalische Begründung der romantischen Naturphilosophie

Die romantischen Naturphilosophen wurden bei ihren theoretischen Überlegungen von einigen Naturwissenschaftlern unterstützt, die sich den Ideen und Zielen der romantischen Avantgarde anschlossen. Der einflußreichste Physiker war Johann Wilhelm Ritter, den die frühen Romantiker und die romantischen Naturphilosophen als wissenschaftliche Autorität anerkannten. Tatsächlich waren seine physikalischen Experimente geeignet, die metaphysische Begründung der Natur zu bestätigen, an der den Romantikern gelegen war. Ritter war ein Naturwissenschaftler, der die Neuentdeckungen in den Bereichen Elektrizität, Galvanismus und Chemie im Rahmen der romantischen Metaphysik zu verstehen versuchte. Ihm war daran gelegen, eine ganzheitliche Theorie auch der unbelebten Natur zu entwickeln.

Ritter wurde 1776 in Schlesien geboren und als Apotheker ausgebildet. Nach kurzer Tätigkeit in Liegnitz ging er nach Jena, wo er sich an der

Universität als Student der Chemie und Medizin einschrieb. Schon in seinem ersten Studienjahr befreundete er sich sehr eng mit Herder, und zugleich fand er Zugang zu dem Intellektuellen-Kreis, der sich um die Schlegels gebildet hatte, die der Mittelpunkt der frühromantischen Bewegung waren. Gleich im ersten Studienjahr gab Ritter das Studium der Medizin auf, um sich ganz auf den Galvanismus zu konzentrieren – damals eines der aufregendsten, vielversprechendsten, aber auch besonders kontrovers diskutierten Gebiete in den Naturwissenschaften. In kurzer Zeit hatte er den Ruf, Experte auf dem Gebiet des Galvanismus zu sein. 1797 war er schon so bekannt, daß Alexander von Humboldt ihn bat, ein Manuskript zu beurteilen, das er gerade über Galvanis Theorie zu elektrischen Phänomenen bei Tieren fertiggestellt hatte.

Ritter setzte seine Galvanismus-Studien sein ganzes Leben lang fort, aber schon in seiner Jenaer Zeit in den Jahren 1796 bis 1805 war er in ganz Europa aufgrund seiner geistreichen Veröffentlichungen in den *Annalen der Physik* wissenschaftlich anerkannt. Aus jenen Jahren stammen auch seine wichtigsten Beiträge zur Physik und Chemie. So erkannte er u. a., daß galvanische Stromkreise auch Ursache einer chemischen Reaktion zwischen den verwendeten Systemkomponenten sind oder daß die von einer einfachen galvanischen Kette erzeugte Elektrizität mit der von einer Voltaischen Säule erzeugten identisch ist. Er erfand den elektrischen Akkumulator und die Trockenbatterie. Und er entdeckte die ultraviolette Strahlung im Sonnenspektrum.

Die romantisch-naturphilosophische Geisteshaltung, die Ritters naturwissenschaftlichen Forschungen zugrunde lag, ist vielleicht am besten zu verstehen, wenn man seine frühen Veröffentlichungen zum Galvanismus mit denen von Luigi Galvani und Alessandro Volta vergleicht, den beiden bedeutendsten Pionieren bei der Erforschung der Elektrizität. Galvani hatte die Entdeckung der Elektrizität 1791 in der wissenschaftlichen Welt bekannt gemacht, nachdem er zehn Jahre lang die Muskelzuckungen von Froschschenkeln beobachtet hatte, die in ein elektrisches Spannungsfeld gebracht oder leichten Stromstößen ausgesetzt wurden. Von Beginn an glaubte Galvani, Doktor der Medizin und Anatomie-Professor, daß elektrischer Strom die Freisetzung des Nervenstroms stimulierte, den ein Frosch produziert und in seinen Nerven und Muskeln gespeichert habe. Und der Nervenstrom seinerseits veranlasse die Muskeln, sich zusammenzuziehen. Galvani glaubte deshalb, er habe ein physiologisches Phänomen beobachtet, das der Speicherung von Elektrizität in einer Leydener Flasche und ihrer Entladung analog sei. Unter Hinweis auf diese Ähnlichkeit zog er 1781 nicht nur zuversichtlich den Schluß, daß «die Nervenkraft das gleiche ist wie Elektrizität»,[6] sondern auch daß der Nervenstrom selbst eine Art von Elektrizität sei, die einzig und allein Lebewesen eigen sei. Er nannte sie «tierische Elektrizität».

Seit dem Frühjahr 1792 begann Alessandro Volta, Physikprofessor und Galvanis Landsmann, Galvanis Deutung seiner experimentellen Forschungsergebnisse zu überprüfen. Nach Volta hatte Galvani keineswegs die Existenz einer organischen elektrischen Substanz entdeckt, die von Fröschen produziert und gespeichert wurde und die sich entlud. Vielmehr entstehe die Elektrizität, die das Zusammenziehen der Muskeln verursacht, dadurch, daß verschiedene Metalle mit einem feuchten Leiter in Berührung kommen. Die Froschbeine selbst seien nichts weiter als unbeteiligte Indikatoren dafür, daß gewöhnlicher elektrischer Strom von einem Metall zu einem anderen fließe. Deshalb glaubte Volta, Galvani habe zwar ein neues, aber dennoch rein physikalisches Phänomen beobachtet. Er nannte es «Metallelektrizität».

Der Disput über tierische Elektrizität, der zwischen Galvani und seinen Anhängern und Volta geführt wurde, zog sich über mehrere Jahre hin. Auch wenn es vor Galvanis Tod im Jahr 1798 keiner Seite gelang, die eigene Interpretation des Phänomens gegenüber der Gegenseite durchzusetzen, so waren doch beide Seiten überzeugt, genau zu wissen, was getan werden müßte, um die Sichtweise des anderen als falsch zu erweisen. «Volta war sich bewußt, daß ein Frosch als Beweismittel untauglich war, wenn die These begründet werden sollte, daß der Kontakt verschiedener Metalle die Zuckungen des Froschbeines auslöste» – womit er das Phänomen ein für allemal aus dem physiologischen Kontext hätte herauslösen können. «Galvani begriff, daß er einen Stromkreis ohne die Hilfe von Metallen herstellen mußte, wenn er seinen Standpunkt untermauern wollte, daß Lebewesen ihre eigene Elektrizität erzeugen und speichern» – womit er ein für allemal hätte nachweisen können, daß das Phänomen keineswegs ausschließlich auf nichtorganische, rein physikalische Wirkursachen zurückzuführen ist.[7] Wesentlicher Bestandteil der Auseinandersetzung war zu zeigen, daß der Galvanismus – was immer er auch sein mochte – dem einen und unteilbaren Reich der Natur angehört. Das entsprach dem Verständnis fast aller Naturwissenschaftler der Zeit, die die Elektrizität erforschten. Nur Ritter machte da eine Ausnahme.

Die experimentelle Erforschung des Galvanismus

Nachdem sich Ritter bei der Debatte um den Galvanismus 1797 zu Wort gemeldet hatte, verbrachte er die nächsten vier Jahre damit, die Elektrizität experimentell zu erforschen, die Forschungsergebnisse zu veröffentlichen und dabei eine theoretische Erklärung zum Wesen der Elektrizität vorzuschlagen – dies alles in fieberhaftem Tempo. Die ersten Ergebnisse seiner Forschungsarbeiten veröffentlichte er im Frühjahr 1798 unter dem Titel *Beweis, daß ein beständiger Galvanismus den Lebensprocess im Tierreiche begleite*. Die detaillierten Aufzeichnungen Ritters über seine experimentelle Forschung weisen ihn in diesem Werk als einen außerordentlich fähigen Experimentator auf dem Gebiet der Elektrizität aus, die damals eines der wichtigsten Gebiete wissenschaftlicher Erforschung war. Gleichwohl lassen die theoretischen Abschnitte des Werkes keinen Zweifel daran, daß sich sein Verständnis des Galvanismus völlig von dem der großen Mehrheit der Wissenschaftler unterschied – Galvani und Volta eingeschlossen. Zusätzlich zur Theorie der tierischen Elektrizität und zur Theorie, daß Elektrizität etwas mit dem Kontakt verschiedener Metalle zu tun habe, präsentierte Ritter eine dritte Theorie, die auf mehrfache Weise versuchte, die gegensätzlichen Sichtweisen Galvanis und Voltas auf einen Nenner zu bringen. Diese theoretische Synthese geschah auch in der Absicht, das Werk sowohl Volta wie Alexander von Humboldt zu widmen, der in Deutschland ein Vorreiter auf dem Gebiet der Erforschung tierischer Elektrizität war.

Im *Beweis* versuchte Ritter jedoch keineswegs, aus zwei gegensätzlichen Theorien eine zu machen. Eher war das Werk der erste Schritt, die verhärteten Fronten aufzubrechen. Wie der Titel andeutet, bevorzugte Ritter Galvanis physiologische Deutung des galvanischen Wirkmechanismus. Er rehabilitierte Galvani – zumindest teilweise – durch den Nachweis, daß physiologische Prozesse tatsächlich galvanischer Natur sind und daß Galvanismus zweifelsfrei in der belebten Natur eine Rolle spielt. Als zusätzlichen Beweis beschrieb er die Wirkungen, die Galvanismus auf die menschlichen Wahrnehmungsorgane ausübt, etwa auf den Geschmacks- und auf den Gesichtssinn. Hier verließ er sich auf das von Galvani im Jahr 1797 mitgeteilte Untersuchungsergebnis, wonach ein Stromkreis ausschließlich mit Hilfe von organischem Material hergestellt werden kann. Dennoch wollte er sich nicht auf Galvanis Überzeugung festlegen, daß der Galvanismus auf die belebte Natur – oder das, was gemeinhin darunter verstanden wird – beschränkt sei oder daß galvanische Effekte wesentlich und ausschließlich das Ergebnis eines organischen physiologischen Prozesses – auch er im üblichen Verständnis – seien oder daß der Galvanismus strikt als tierische Elektrizität begriffen werden müsse. Tatsächlich lehnte Ritter zu diesem Zeitpunkt seiner Untersuchungen die Folgerung ab, daß der Galvanismus völlig identisch mit irgendeiner Art von Elektrizität sei. Für ihn war Galvanismus ein komplexeres Phänomen als Elektrizität. Darum konnten, auch wenn der Galvanismus vieles mit der Elektrizität gemeinsam hatte und auf komplizierte Weise mit ihr verbunden war, beide nicht als völlig identisch betrachtet werden.

Ritter lehnte es ab, Galvanismus und Elektrizität gleichzusetzen, weil er im Verlauf seiner Experimente gefunden hatte, daß die Wirkungsweise eines gewöhnlichen galvanischen Stromkreises eine chemische Reaktion zwischen seinen Komponenten einschließt – etwas, das andere Erforscher des Galvanismus bislang übersehen hatten. Diese Verbindung zur Chemie erschütterte die Grundlagen der Galvanismus-Forschung, indem sie ein ganzes Bündel von Problemen aufwarf, die außerhalb des Rahmens der anerkannten Theorien über Materie und Elektrizität angesiedelt schienen. Wie insbesondere konnte die galvanische Wirkung erklärt und interpretiert werden, wenn Galvanis und Voltas Versuche, den Galvanismus auf eine Art von Elektrizität zurückzuführen, der Sache nicht angemessen oder sogar falsch waren? Und, vielleicht noch wichtiger: Wie konnte die Natur des Galvanismus selbst verstanden werden? War nun die Chemie der Schlüssel zum Verständnis der galvanischen Wirkung und des Galvanismus im allgemeinen? Und wenn: auf welche Weise? Das waren die Fragen, die Ritter in den theoretischen Teilen seines *Beweises* ansprach. Mit seinen Antworten gab er die erste wissenschaftliche Formulierung der romantischen Naturmetaphysik.

Nach Ritter hatten Galvani und Volta bei ihrer theoretischen Erklärung des Galvanismus aus drei Hauptgründen nicht weit genug gedacht: Sie hatten die innere Wirkungsweise galvanischer Stromkreise nicht zur Genüge verstanden; sie hatten den Zusammenhang der galvanischen Wirkung mit anderen Phänomenen, wie Elektrizität und chemischer Umwandlung, nicht verstanden; und sie hatten nicht verstanden, wie der Galvanismus in die Struktur und Funktionsweise der Natur als Ganzes paßt. Ritter schlug deshalb die allgemeinste theoretische Erklärung für die Wirkungsweise eines gewöhnlichen galvanischen Stromkreises vor, die ihm möglich war und von der er glaubte, daß sie zu einer Erklärung der Beziehungen zwischen Galvanismus, Elektrizität und Chemie führen werde. Zunächst stellte und beantwortete er eine Reihe von Fragen, die sich mit den Formen der Wechselbeziehungen zwischen den Hauptkomponenten des Stromkreises und physikalischen Körpern im allgemeinen beschäftigten, die er als «Raumerfüllungs-Individuen» bezeichnete.

Wenn die Aufgabe entstände, die Bedingungen anzugeben, unter denen drey außer einander befindliche, von einander verschiedene Raumerfüllungs-Individuen, ohne gänzlichen Übergang der Dreyheit in Einheit (der Qualität), ohne sogenannt chemische Einung, und zwar jedes auf das andere unmittel- und zugleich mittelbar wirken könnten, wie würde man diese Aufgabe lösen? – Durch die Radical-Form des Galvanismus... Aber wieviel verschiedene Individuen höchstens würden der Forderung, unter dieser Form eines in sich zurücklaufenden Cirkels, jedes aufs andere mittel- und unmittelbar zugleich zu wirken, entsprechen? – Drey, und nicht mehr... Ferner: Wieviel verschiedene Raumerfüllungs-Individuen können auf einmal unmittelbar allein, indem sie einander berühren, aufeinander wirken, dynamisches Gleichgewicht herstellen, ohne galvanischen Übergang der Differenz zur Einheit? – Zwey. Und das Product ist? – Electricität. Wie aber nennt man den Process, wo zwey Raumerfüllungs-Individuen differenter Qualität gänzlich zur Einheit der Qualität übergehen? – Chemisch.[8]

Demnach entsteht nach Ritter Galvanismus, wenn drei verschiedene, zur Wechselwirkung fähige Komponenten zusammengebracht und so angeordnet werden, daß sie erstens sowohl unmittelbar als auch mittelbar aufeinander reagieren und zweitens keiner völligen qualitativen Umwandlung unterliegen. Das genau hatte er bei der Anordnung und der Wirkungsweise des galvanischen Stromkreises beobachtet, bei dem die beiden beteiligten Metalle an ihren Berührungspunkten unmittelbar und über die sie trennenden Feuchtigkeitsleiter mittelbar miteinander wechselwirkten. Daher war Galvanismus für Ritter das Ergebnis eines aus mehreren Faktoren zusammengesetzten, dynamischen Prozesses, der die drei «Raumerfüllungs-Individuen» einschloß. Genauer war dies ein Prozeß, der verschiedene Stufen elektrischer und chemischer Prozesse in sich vereinte.

Ritter konnte die Natur des Galvanismus und der galvanischen Wirkung dadurch erklären, daß er eine allgemeine Theorie der Materie aufstellte, die es ihm möglich machte, den Blick auf natürliche Prozesse statt auf Bestandteile der Natur zu richten. Wenn also – wie in der oben zitierten Passage angedeutet – Elektrizität als dynamischer Vorgang begriffen wurde, konnte in ihr eine Art unvollendeter chemischer Reaktion gesehen werden. Umgekehrt ließ sich dann eine chemische Umwandlung als höhere Form der Elektrizität betrachten. Tatsächlich befand Ritter: «Da im totalen dynamischen Process, dem sogenannt Chemischen, auch der partielle, der Electrische enthalten ist, wie im Ganzen der Theil», muß dann nicht «die Ankündigung befremden, daß das System der Electricität, nicht wie es jetzt ist, sondern wie es einst seyn wird, zugleich das System der Chemie, und umgekehrt, werden wird?»[9] Wenn man will: Ritter sah den Tag kommen, an dem der Galvanismus theoretisch sowohl chemisch wie elektrisch würde erklärt werden können – genauer: elektrochemisch.

Doch damit nicht genug: Wurde der richtige Zugang gefunden, konnte der Galvanismus nach Ritter auch unter physiologischen Gesichtspunkten betrachtet werden. Dazu war es notwendig, einerseits die Rolle der tierischen Komponente des galvanischen Stromkreises in bezug auf das Gesamtsystem Stromkreis zu entschlüsseln und andererseits zu zeigen, in welcher Beziehung der galvanische Stromkreis zur Natur insgesamt steht. Ritter erklärte die Zusammenhänge mit diesen Worten:

> Aber was ist denn ein thierischer Theil, und was der Körper, zu dem er gehörte? Er ist ein System in einander wirkender Kräfte, sein Theil ist, was er ist, durch sein Ganzes, und das Ganze durch die Theile begründet... Von diesem nun ist das einzelne Organ ein Theil, ein bestimmtes dynamisches Verhältniß, und drey dergleichen verschiedene sind es, welche wirksame Ketten geben. Aber jenes System ist selbst das was es ist, nicht durch sich allein, nur insofern ist es dieß, als es Theil ist eines höheren Systems, der Natur. Sie ist das Ideal aller organischen Wesen, absolut in sich beschlossen, ewig in sich, und ewig das was sie ist, bleibend, bleibend – Natur. Weltkörper sind ihr Blutkügelchen, Milchstraßen wie Muskeln, und Himmelsäther durchströmt ihre Nerven... Wo ist eine Sonne, wo ist ein Atom, die nicht Theil wären, der nicht gehörte zu diesem Organischen All?... Wo bleibt denn der Unterschied zwischen den Theilen des Thieres, der Pflanze, dem Metall und dem Steine? – Sind sie nicht sämtlich Theile des großen All-Thiers, der Natur?[10]

In diesem Rahmen konnte der Galvanismus in jeder der beschriebenen Weisen betrachtet werden. Für das romantische Naturverständnis, das in der Natur einen ganzheitlichen Organismus sah, konnte der Galvanismus daher sowohl eine tierische wie eine metallische Begründung erfahren. Aber im allgemeinen und auch im Selbstverständnis der Galvanismus-Forscher wurden beide Optionen der Sache nicht gerecht: Sie ließen zu wenig Deutungsspielraum zu und waren daher irreführend. Aus diesem Grund blieb Ritter dabei, von Galvanismus zu sprechen, ohne einen anderen Begriff zu suchen.

Der lebendige Organismus Natur

Ritters Erklärung des Galvanismus als eines dynamischen Prozesses, der als Teil der Physiologie des Universums anzusehen sei, wurde von den Romantikern bereitwillig angenommen und hoch geschätzt. Der Gedanke, daß die Natur ein lebendiger Organismus sei, dessen Teile eng miteinander verknüpft sind, stimmte nahtlos mit Schellings Naturmetaphysik überein und schien als letzten Erklärungsgrund die kosmische Synthese von belebter und unbelebter Natur nahezulegen, von Geist und Materie, von Mikro- und Makrokosmos. Novalis lobte Ritter und das von ihm Erreichte in den höchsten Tönen, als er bekundete: «Ritter ist Ritter, und wir sind nur Knappen.» Friedrich Schlegel würdigte Ritters herausragende Bedeutung in dem Gedicht «An Ritter». In einem Brief empfahl Clemens Brentano seiner Schwester Bettina: «Schreib an Ritter, wie Du ans Weltall schreiben würdest. Er ist im Begriff, die Schöpfung auszusprechen.»[11] Ritter selbst hielt sein Werk für zukunftsweisend, hatte er doch gerade gezeigt, daß der Galvanismus ein Teil der belebten Natur war, und Spekulationen darüber angestellt, daß diese Kraft in jeder Form von Natur wirksam sein könne. Er hätte lediglich noch experimentell nachweisen müssen, daß der Galvanismus auch die unbelebte Natur durchdrang. Nur so hätte er sein Ziel erreichen können, «das Wirkliche möglich, und das Mögliche wirklich zu machen».[12]

Für dieses Ziel setzte Ritter seine Experimente in den folgenden Jahren fort. Dabei galt sein Hauptaugenmerk dem Nachweis, daß die galvanische Wirkung auch dann möglich war, wenn kein Froschbein oder ein anderer organischer Körper verwendet wurde. Anschließend an seine ersten experimentellen Untersuchungen zeigte Ritter, daß Voltas Metallelektrizität nicht ausschließlich das Ergebnis eines physikalischen Prozesses war, sondern – wie Galvanis tierische Elektrizität – besser als ein dynamischer elektrochemischer Prozeß verstanden werden sollte. Die Ergebnisse seiner Versuchsreihen veröffentlichte er 1800 unter dem Titel *Beweis, daß die galvanische Action oder Galvanismus auch in der anorganischen Natur möglich und wirklich sey.* Und auch hier trat Ritter für die Einheit und wechselseitige Umkehrbarkeit natürlicher Prozesse ein:

In der Natur greift jede Action wiederum ein in eine andere, diese in eine dritte, und so fort ins Unendliche, so daß jeder Process, so endlich und klein er auch scheine, doch zuletzt zu einem Process der ganzen Natur wird. Nichts ist in der Natur ohne Wechselbestimmung.[13]

Bekanntermaßen wurde die wissenschaftliche Erforschung des Galvanismus und der Elektrizität auf eine völlig neue Grundlage gestellt, als Volta 1800 seine Erfindung der elektrischen Batterie ankündigte. Wie viele andere begann auch Ritter sofort, die Eigenschaften und Anwendungsmöglichkeiten von Voltas neuer «künstlicher elektrischer Stromquelle» zu untersuchen. Ritter verbrachte einige Monate damit, mit einer voltaischen Batterie zu experimentieren, um herauszufinden, ob die Elektrizität, die sie erzeugte, tatsächlich die gleiche war wie die, die von einem einfachen galvanischen Stromkreis erzeugt wurde – oder nicht. Nachdem er zeigen konnte: «Aller Galvanismus ist Einer», brachte er sein theoretisches System der Natur mit Begriffen der galvanischen Batterien auf den neuesten Stand. Im organischen Reich der Natur, behauptete Ritter nun zum Beispiel, ist «jedes Thier ... also eben so gut, wie jede Pflanze, ... eine ganze Batterie von galvanischen Batterien der mannigfachsten Zusammensetzung». Das galt ebenso für Menschen:

Was ist denn natürlicher, als daß der Mensch, an der Spitze aller Organisation auf Erden, wie er von der Natur dahin gestellt ist, auch an der Spitze aller möglichen Galvaneität steht, daß er es ist, in dem das System des Galvanismus, wie es in belebten Körpern sich organisiren kann, die größte Vollendung, Geschlossenheit, Continuität und Intensität seiner innern Einheit erreicht, die ihm überhaupt im Organismus auf Erden irgend werden kann.[14]

Tatsächlich glaubte Ritter, die fundamentale Kraft aufgedeckt zu haben, die belebte und unbelebte Natur miteinander verband, und daß die galvanische Wirkung die geheime Sprache des Kosmos sei, mit der – sofern sie richtig entziffert und verstanden wurde – sich die innere Beschaffenheit der Natur zum Vorschein bringen ließe. 1805 veröffentlichte er *Das electrische System der Körper*, worin er die Begründungen für seine neue, vereinheitlichte galvanische Weltsicht lieferte.

Versöhnung von Geist und materieller Natur

Während der Galvanismus in Ritters Weltsystem als eine die physikalische Natur vereinheitlichende Kraft diente, blieb er doch nur der fragmentarische und äußerliche Ausdruck einer zugrundeliegenden metaphysischen Realität. Mit anderen Worten: Ritters Physik und Chemie, die er mit Kräften begründete, hatten ihrerseits ihren Grund in einer Metaphysik, deren Grundlegung aus dem Begriff der Kraft heraus erfolgte. Seit Beginn seiner galvanischen Untersuchungen war Ritter für das romantische Ideal eingetreten, Geist und materielle Natur dadurch miteinander zu versöhnen, daß sich das in natürlichen Kräften wirksame metaphysische Wirkungsprinzip mit Gott identifizieren ließ. Schon 1797 vertrat er die These: «Es findet sich im Begriff der Kraft Alles, was man der Gottheit beylegt, und nicht einen Augenblick sollte man zögern, das Thätige in der Kraft Gott zu nennen.» Und im Jahr darauf schrieb er: «Was ist die Welt anders, als ein Denken unendlicher denkender Wesen? Ein wechselseitiges Beschränken der Gedanken? Alle diese Denkenden, sind sie wohl Organe eines absolut Zweckmäßigen, des absolut Denkenden – Gottes?»[15]

Der Einfluß Herders und Schellings auf Ritters frühe metaphysische Ansichten, wie sie in diesen beiden kurzen Zitaten belegt sind, ist unübersehbar. Daß er sich der Metaphysik Schellings verpflichtet fühlte, drückte er im Juni 1797 explizit in einem Brief an Alexander von Humboldt aus, in dem er aus Schellings *Ideen* zitierte:

> Alles Wissen (ist) nur ein Wissen seiner selbst. Selbstbewußtseyn. Bewußtseyn eines bestimmten Zustandes seiner selbst, ist, kurz, daß Licht (in der reinsten Bedeutung) und Bewußtseyn identisch ist, (und umgekehrt,) dann überrascht den Geist eine feyerliche Ahnung seiner unendlichen Größe, eine Ahnung der großen Wahrheit, daß die Natur sein System, und er die Natur sey, und aus ‹dieser absoluten Identität des Geistes in uns und der Natur außer uns›, stralt uns die erfreuliche untäuschbare Hoffnung entgegen, das große Problem aller Naturerscheinungen wirklich lösen zu können.[16]

1805 ging Ritter nach München, um im Range eines Akademikers für die *Königlich Bayerische Akademie der Wissenschaften* zu arbeiten. In dieser Zeit führte er seine chemischen und elektrischen Experimente weiter, aber er distanzierte sich zunehmend von anerkannten Lehrmeinungen der Wissenschaftler seiner Zeit und verschrieb sich immer esoterischeren galvanischen Untersuchungen mit dem Ziel, das fehlende Bindeglied für seine elektrische *Scala naturae* nachweisen zu können. Eines der fehlenden Bindeglieder glaubte Ritter mit Hilfe des Tirolers Francesco Campetti gefunden zu haben, der in dem Ruf stand, auf magische Weise unterirdische Wasserquellen und Erzlagerstätten aufspüren zu können. Aber Ritters Hoffnungen, eine umfangreiche Testreihe mit Campetti durchführen zu können, erfüllten sie nicht.

Ein anderes Bindeglied glaubte Ritter bei seinen elektrischen Experimenten mit *Mimosa pudica* finden zu können, einer besonders empfindlichen Pflanze. Er führte die Experimente in Verbindung mit entsprechenden Experimenten an Fröschen durch. Aufgrund seiner Untersuchungen kam er zum dem Schluß: «So scheint also, in Hinsicht auf ihre Structur oder ihren Bau, die Pflanze geradezu als das umgekehrte Thier.»[17] Seine Forschungsergebnisse teilte er in der Schrift *Electrische Versuche an der Mimosa pudica L, in Parallele mit gleichen Versuchen an Fröschen* mit – einer Schrift, die als «die erste größere Abhandlung über die Elektrophysiologie der Pflanzen in Deutschland» bezeichnet wurde und die Ritters letzte wissenschaftliche Veröffentlichung bleiben sollte. So merkwürdig seine angestrengten Bemühungen zum Schluß auch gewesen sein mögen, so hat er doch auch mit ihnen Neuland erschlossen. Unglücklicherweise aber lagen Teile dieses Neulands im Reich der Magie und des Okkulten. Ritter hatte gehofft, daß er mit seinen Studien des Okkulten fähig sein würde, ein System der Physik und der Natur zu entwerfen, das seinem elektrischen System überlegen sein werde. Sein Traum war es, einer magischen Physik zum Leben zu verhelfen, die alles Geistige und Materielle in der Welt würde erklären können. Es konnte nicht überraschen, daß er bei den weltlicher orientierten Wissenschaftlern seiner Zeit völlig in Mißkredit geriet.

Für die Leidenschaft, die allgemeinverbindliche galvanische Sprache des Kosmos zu finden und eine magische Physik zu begründen, mußte Ritter einen sehr viel höheren Preis zahlen als den, sein wissenschaftliches Ansehen zu verlieren. Während seiner Laufbahn hatte er wenig auf seine finanzielle Absicherung geachtet, so daß er sich beständig in größten Nöten befand. Frau und Kinder zu ernähren und die Kosten für seine Forschungsarbeiten aufzubringen, gelang ihm nur, weil ihn großzügige Freunde unterstützten und weil er seit 1805 ein Stipendium der *Bayerischen Akademie* erhielt. Beide Geldquellen reichten oft genug kaum hin, Essen auf den Tisch zu bringen. Vor seinem Tod mußte Ritter seinen Haushalt auflösen und seine Familie in die Obhut von Freunden geben. Damit nicht genug: Über seinen Arbeiten hatte Ritter auch seine Gesundheit vernachlässigt, die sich zunehmend verschlechterte, bis er 1810 im Alter von 33 Jahren an Tuberkulose starb.

Sein Tod war mehr als das Ende eines Lebens, war mehr als das Ende von Ausflügen in okkulte Unterwelten. Walter Wetzels hat es treffend ausgedrückt: «Mit Ritters magischem Galvanismus erreichte der Versuch, eine romantische Naturwissenschaft zu schaffen, zugleich Höhepunkt und Ende. Zur Zeit, als Ritter starb, ... war die Zeit der deutschen Frühromantik vorbei, und mit ihr starb der Traum von einer ‹höheren›, einer mythischen Form der Physik.»[18]

Die romantische Naturphilosophie und das Ineinander-Begriffensein natürlicher Kräfte

Mochte auch die Suche nach einer mythisch begründbaren Physik mit Ritter gestorben sein, so dauerten doch die Versuche an, eine dynamische Theorie der Materie zur Grundlage des naturwissenschaftlichen Weltbildes werden zu lassen sowie das Ineinander-Begriffensein natürlicher Kräfte und das Vorhandensein von Geist in der physischen Natur zu beweisen. Der bedeutendste Naturwissenschaftler, der die Bemühungen fortsetzte, die natürlichen Grundlagen für die metaphysischen und naturphilosophischen Überzeugungen der Romantiker nachzuweisen, war der

Hans Christian Oersted (1777–1851)

Däne Hans Christian Oersted, der mit der Entdeckung des Elektromagnetismus ein neues Zeitalter für die Naturwissenschaften einläutete.

Oersted, geboren 1777, war ein Jahr jünger als Ritter. Wie Ritter hatte er eine Ausbildung als Apotheker und Chemiker. Wie Ritter trat er für die Grundüberzeugungen der romantischen Naturphilosophie ein. Als Student in Kopenhagen vertiefte er sich in den 1790er Jahren in die neue Philosophie, die aus Deutschland kam, insbesondere in Kants dynamische Theorie der Materie und in Schellings Naturphilosophie, mit der Schelling den Beweis anzutreten versuchte, daß Gott in der physischen Natur gegenwärtig sei. Danach glaubte Oersted, daß es Schellings große «Leistung war, die Natur als Gesamtordnung zu betrachten... Er hat dies auf vielfache Art dargestellt. Die schönste und bewegendste ist die, daß die Natur nichts anderes ist als eine Manifestation der Gottheit.»[19] Wie vor ihm Schelling und Ritter war auch Oersted der festen Überzeugung, daß «die Welt... eine Offenbarung der vereinigten Schöpfungskraft und Vernunft der Gottheit» sei und daß Menschen Wissenschaft betreiben «als eine Äußerung unseres innersten Lebens, als eine Erkenntnis des Göttlichen». Darum befand er: «Alle Vorschriften, die man für die Untersuchung der Natur geben kann, müssen aus der Grundwahrheit entspringen: Daß die ganze Natur die Offenbarung eines unendlichen vernünftigen Willens ist, und, daß es Aufgabe der Wissenschaft ist, mit endlichen Kräften so viel als möglich davon zu erkennen.»[20] In gleicher Weise erklärte er 1814 seinen Hörern an der Universität Kopenhagen, daß «wir... unsere Überzeugung von der Harmonie der Religion und der Wissenschaft durch die Betrachtung zu verstärken suchen: wie der Wissenschaftler, wenn er sein eigenes Bestreben durchaus versteht, die Pflege der Wissenschaft als eine Sache der Religion ansehen muß».[21]

Oersteds physikalische Anwendung der theologischen und metaphysischen Vorstellungen, die die Romantiker hatten, hatte epochemachende Folgen für die weitere Entwicklung der Physik. Das erste große Ergebnis war seine Entdeckung des Elektromagnetismus im Jahr 1820. In einer in der dritten Person verfaßten Beschreibung, in der Oersted sieben Jahre später mitteilte, wie er zu seiner Entdeckung kam, wies er auf die wesentliche Rolle hin, die sein Glaube an die Einheit der physikalischen Kräfte gespielt hatte:

> Der Elektromagnetismus selbst wurde im Jahr 1820 durch Hans Christian Oersted von der Universität Kopenhagen entdeckt. Während seiner literarischen Laufbahn hielt er an der Auffassung fest, daß die magnetischen und die elektrischen Wirkungen durch die gleichen Kräfte erzeugt wurden. Zu dieser Auffassung kam er weniger durch die Gründe, die gemeinhin angenommen werden, sondern durch den philosophischen Grundsatz, daß alle Phänomene durch eine einzige, ursprüngliche Kraft erzeugt werden... [I]n einer Abhandlung über das chemische Gesetz der Natur bemühte er sich darum, in Einklang mit diesem Prinzip eine allgemeine chemische Theorie aufzustellen. In dieser Arbeit wies er nach, daß nicht nur chemische Affinitäten, sondern auch Wärme und Licht durch die beiden gleichen Kräfte erzeugt werden, die wahrscheinlich zugleich nur zwei verschiedene Formen einer ursprünglichen Kraft sein könnten.[22]

Für verschiedene Wissenschaftler bestätigte Oersteds Entdeckung die von Schelling und Ritter so häufig geäußerte Überzeugung, daß die verschiedenen Naturkräfte – Elektrizität, Magnetismus, Wärme, Licht etc. – aufs engste miteinander verbunden, wenn nicht sogar letztlich nur verschiedene Erscheinungsformen einer einzigen, ursprünglichen, metaphysischen Kraft waren. Doch konnten die gleichen Wissenschaftler Schellings und Ritters organizistischer und metaphysischer Interpretation nicht zustimmen, auf welche Weise genau sich die Naturkräfte gegeneinander absetzten und wie genau sich die zugrundeliegende Kraft in verschiedene Erscheinungsformen differenzierte. Diese Aufgaben mußten noch gelöst werden. Oersteds Arbeit ging beispielsweise davon aus, daß der ganze physische Raum von einem «Kräftegewebe» erfüllt war, «in dem die einzelnen Fäden die Rolle der beobachtbaren Naturkräfte spielten».[23] Wie L. Pearce Williams Oersteds Sichtweise beschrieb, «konnte das Universum als ganzes als ein dreidimensionales Netz angesehen werden, in dem sich die Kräfte in Konflikt oder Harmonie überlagerten».[24] Zumindest für einige Wissenschaftler bot die Vorstellung eines kräfteerfüllten Universums den Schlüssel zum weiteren Verständnis des Ineinander-Begriffenseins physikalischer Kräfte, wodurch es ihnen möglich wurde, sich von den recht obskuren und manchmal phantastischen Sichtweisen ihrer romantischen Vorgänger zu lösen. Dadurch wurde der Grundstein für die Annahme von physikalischen Kraftlinien und für die Entwicklung der klassischen Feldtheorie gelegt sowie der Entdeckung der Energieerhaltung der Boden bereitet.

Die Suche nach der Einheit der Naturkräfte

In vielfacher Hinsicht wurde Oersteds Vorstellung einer einheitlichen, durch Kraft begründeten physikalischen Realität durch die Arbeiten von Thomas Seebeck und Michael Faraday vollendet, die beide mit dem Geist des Romantizismus in Berührung gekommen waren. Tatsächlich hatte Seebeck sowohl mit Ritter wie auch mit Goethe eng zusammengearbeitet; geleitet von einer Reihe von Vorstellungen, die er mit Ritter, Goethe und Oersted teilte, entdeckte er 1821 den thermoelektrischen Effekt.

In England war Faraday auf der Suche nach der Einheit der Naturkräfte. Seit den 1830er bis in die 1850er Jahre listete er genau auf, wie die Kräfte der Elektrizität und der chemischen Affinität, des Magnetismus und der Elektrizität, der Elektrizität und des Lichts, des Magnetismus und des Lichts etc. miteinander zusammenhingen und ineinander umwandelbar waren. Wie Ritter und Oersted gründete auch Faraday seine Experimente auf die «lange gehegte... Meinung, die zur Überzeugung heranreifte,... daß die verschiedenen Formen, in denen die Kräfte der Materie in Erscheinung treten, einen gemeinsamen Ursprung haben; oder, mit anderen Worten, so unmittelbar miteinander verbunden und wechselseitig voneinander abhängig sind, daß sie gleichsam ineinander umgewandelt werden können.»[25] Tatsächlich vervollständigte Faraday durch seine unermüdlichen experimentellen Untersuchungen den Kreis der wechselseitig ineinander umwandelbaren Kräfte. So sagte er seinen jungen Hörern, die seine berühmte Weihnachts-Vorlesung von 1859 besuchten:

> Was aber kann die Umwandlung von chemischer Kraft in Elektrizität und von Elektrizität in Magnetismus übertreffen? Ich könnte euch viele andere Experimente vorführen, bei denen mir ein Magnet Elektrizität und chemische Wirkung, Wärme und Licht liefern würde; aber was muß ich euch mehr vorführen, um die universelle Wechselbeziehung der physikalischen Kräfte der Materie nachzuweisen, die wechselseitige Umwandelbarkeit der einen Kraft in die andre?[26]

Faraday betrachtete – darin in vielem Oersted ähnlich, aber dessen Naturauffassung hinter sich lassend – Struktur und Wirkungsweise des physikalischen Universums unter dem Aspekt der Existenz eines allesdurchdringenden Kraftlinienfeldes und glaubte, daß die verschiedenen physikalischen Kräfte, die in der Natur beobachtet wurden, lediglich Erscheinungsweisen unterschiedlicher Schwingungen und Spannungen des Feldes waren. Sein Bestreben, die Einheit aller bekannten Kräfte nachzuweisen, ließ ihn 1850 darüber spekulieren, ob es möglich sei, die Schwerkraft den übrigen miteinander verbundenen physikalischen Naturkräften zuzuordnen:

> Die langwährende und anhaltende Überzeugung, daß alle Naturkräfte gegenseitig voneinander abhängen, einen gemeinsamen Ursprung haben oder zumindest verschiedene Erscheinungsweisen einer zugrundeliegenden Kraft sind, hat mich oft über die Möglichkeit nachdenken lassen, experimentell den Zusammenhang zwischen Schwerkraft und Elektrizität nachzuweisen und erstere mit in die Gruppe hineinzunehmen, in deren Kette – Magnetismus, chemische Kraft und Wärme eingeschlossen – so viele und so unterschiedliche Äußerungsformen der Kraft durch gemeinsame Beziehungen eingebunden sind.[27]

Obwohl Faradays Experimente negativ verliefen, erschütterten die Ergebnisse nicht sein «starkes Gefühl des Vorhandenseins einer Beziehung zwischen Schwerkraft und Elektrizität».[28]

Faraday hat bekanntlich bei der detaillierten Ausarbeitung seiner experimentellen Untersuchungen und metaphysischen Überzeugungen eine Sichtweise der physikalischen Natur formuliert, die die Grundlagen der klassischen Feldtheorie vorbereitete. Weniger bekannt ist jedoch, daß seine Spekulationen über den Zusammenhang von Schwerkraft und Elektrizität der erste Versuch sind, mit wissenschaftlichen Mitteln eine feldtheoretische Kosmologie zu entwerfen. Daher kann die Physik des 20. Jahrhunderts – die feldtheoretische Kosmologie in Einsteins Allgemeiner Relativitätstheorie und die Entwicklung der Theoretischen Physik des 20. Jahrhunderts hin zu einer einheitlichen Feldtheorie und zu einer grandiosen Vereinheitlichung der Theorien – in gewissem Maße als jüngste wissenschaftliche Formulierung einer philosophischen Weltsicht verstanden werden, deren Geschichte nicht mit der Speziellen Relativitätstheorie oder mit Maxwells mathematischer Darstellung der Feldtheorie beginnt, sondern die über Faraday bis zu Oersted und zu den metaphysischen und theologischen Sichtweisen und Theorien Wilhelm Ritters und der romantischen Naturphilosophen zurückreicht. Wenn man will: Ein guter Teil der modernen theoretischen Physik hat seinen historischen Ursprung und seine philosophischen Wurzeln in der Romantik.

L. Pearce Williams

ANDRÉ MARIE AMPÈRE
(1775–1836)

Aus dem Amerikanischen von Andreas Gottwald

Ampères frühe Jahre

André Marie Ampère wurde am 20. Januar 1775 in Lyon geboren.[1] Sein Vater, Jean-Jacques Ampère, war *négociant,* beziehungsweise Seidenhändler. Erst relativ spät, im Alter von 38 Jahren, hatte er geheiratet. Als Bürger von Lyon und als ein Mann der Aufklärung besaß er eine ausgesuchte Bibliothek der lateinischen Klassiker und der französischen Literatur. Er war auch mit der Gedankenwelt der Philosophen gut vertraut und besonders angetan von Jean-Jacques Rousseaus pädagogischen Abhandlungen *Emile* und *La nouvelle Héloise.* Ampères Mutter, Jeanne Desutières-Sarcey, kam aus einer anderen Umgebung. Sie war eine tief religiöse Frau, die der Aufklärung wenig Reize abgewinnen konnte. Ampère sollte diese Spannung der Gegensätze sein ganzes Leben lang spüren; er wandte sich von einem Beinahe-Atheismus zum Mystizismus, seiner Reaktion auf die Umwälzungen der Zeit.

Wir wissen sehr wenig über Ampères frühe Jugend. 1771 kaufte sein Vater ein Haus und einen Gutshof in Poleymieux, einem kleinen Dorf ungefähr elf Kilometer von Lyon entfernt, den er und seine wachsende Familie jedoch nur als Sommerwohnung nutzten. Als Ampère sieben Jahre alt war, ging sein Vater in den Ruhestand und zog ganz nach Poleymieux. Dort lebten Ampère, seine beiden Schwestern, Antoinette (geb. 1772) und Josephine (geb. 1785), und seine Eltern eng miteinander verbunden zusammen. Die Familie war vielleicht sogar zu eng zusammengewachsen, denn Ampère hatte wenige soziale Kontakte mit anderen Menschen. Als Erwachsener war er im gesellschaftlichen Umgang äußerst plump und in Gegenwart anderer fast immer verkrampft, besonders in der gebildeten Gesellschaft von Paris, wo er den größten Teil seines Lebens zubringen sollte.

Poleymieux war ein kleines Dorf von 500 Seelen, die meisten von ihnen Bauern, daneben einige Handwerker. Es gab das Schloß des örtlichen *Seigneur* und eine Kirche, sonst nur wenig. Die Landschaft ist schön und bietet den Blick auf die Schweizer Alpen, Felder, Wälder und Flüsse, die jeden kleinen Jungen in Trance versetzen. Der Sohn des Pächters bei Ampères Vater lieferte in seinen späteren Jahren einen lebhaften Bericht über diese frühe Zeit. Ampère, sagte er, war ein geistesabwesender Träumer, der die Waldwege entlanghüpfte und interessante Steine und Pflan-

André Marie Ampère (1775–1836)

zen sammelte, die sein Begleiter in einem großen Korb nach Hause trug. Er hatte keine wirkliche Schulbildung, sondern folgte, wie Rousseaus Emile, seinen eigenen Interessen. Er wurde dabei von seinem Vater angeleitet, der dem Sohn zu jedem Thema, das ihn gerade interessierte, Bücher beschaffte. Er zeigte frühe Zeichen von Genie. Er hatte ein photographisches Gedächtnis und war ein schneller Leser. Er besaß einen unbändigen intellektuellen Appetit und saugte schnell alles auf, was er las. Seine autodidaktische Bildung war, wie sich zeigen sollte, breit und tief.

Nur wenige Wolken trübten Ampères Leben von seiner Geburt bis zum Erwachsenwerden. Als Kind brach er sich seinen rechten Arm, so daß seine spätere Handschrift immer kindlich blieb. Er litt auch früh an Kurzsichtigkeit, aber das beeinträchtigte sein Lesen nicht. Die Verletzung und seine schlechten Augen ersparten ihm den Dienst in Napoleons Armee.

Die Ruhe in Ampères Leben wurde zum ersten Mal 1789 mit dem Ausbruch der Französischen Revolution gestört. Ampères Vater begrüßte sie, wie so viele wohlhabende und fähige Geschäftsleute seiner Zeit, als ein Zeichen der eigenen Befreiung und der Frankreichs. Ampère schloß sich der Begeisterung seines Vaters an. Der erste Hinweis, daß die Dinge nicht ganz so verliefen, wie sie erwartet hatten, war der Angriff auf den örtlichen *Seigneur* im Sommer 1791. Die *Seigneurie* war 1785 an einen früheren Marineoffizier und einstigen Gouverneur von Senegal übergegangen. Er behandelte die «Eingeborenen» in Poleymieux in der gleichen brutalen Art, mit der er in Afrika vorgegangen war; nur daß die «Eingeborenen» dieses Mal revoltierten. Das Schloß wurde abgebrannt, der *Seigneur* grausam umgebracht. Ampère konnte das Drama von seinem Haus aus geringer Entfernung verfolgen. Die Revolution kam noch näher, als das Haus der Ampères von der Polizei durchsucht wurde. Obwohl Monsieur Ampère von jedem Verdacht befreit wurde, fiel sicher ein Schatten auf die Familie.

Im Jahre 1792 traf Ampère die erste von vielen Familientragödien. Seine geliebte Schwester Antoinette starb im Alter von 20 Jahren. Eine noch schmerzlichere Tragödie geschah 1793, nachdem sich in Lyon die Gegenrevolution durchsetzte. Die Stadt wurde von den revolutionären Armeen besetzt, und sein geliebter Vater, der sich den Konterrevolutionären angeschlossen hatte, am 23. November guillotiniert. Ampère verstummte buchstäblich und sprach ein Jahr lang, wenn überhaupt, sehr wenig. Er wanderte verwirrt durch die Landschaft und versuchte mit dem Verlust fertig zu werden.

Diese Schreckenszeit wurde zum Muster für Ampères weiteres Leben. Immer wieder wurde er von Ereignissen erschüttert, die ihn zur Verzweiflung brachten. Eine überschwenglich glückliche Ehe, die er 1799 eingegangen war, endete schon im Juli 1803 mit dem qualvollen Ende seiner Frau, die an Unterleibskrebs starb. Er blieb mit einem kleinen Sohn zurück. Eine unglückliche zweite Ehe im Jahre 1806 endete schon 1808 mit ständiger Trennung. Ihm blieb die Sorge für eine kleine Tochter. Die Hoffnungen, zu denen sein Sohn Jean-Jacques (geb. 1800) Anlaß gab, wurden von dessen Affäre mit Madame Recamier zerschlagen. Diese große Schönheit des Ersten Empire schlug junge Männer in ihren Bann und hielt sie dann über Jahre hin auf Distanz. Die in Ampères Augen aufs beste arrangierte Heirat seiner Tochter Albine mit einem ehemaligen Hauptmann der napoleonischen Dragoner erwies sich als Desaster, denn der Hauptmann war Alkoholiker und geistig verwirrt. Albine selbst sollte im Wahnsinn sterben, doch erst nach Ampères Tod. Schließlich litt Ampère ab etwa 1815 aufgrund ständiger Überarbeitung an zunehmender Erschöpfung und schlechter Gesundheit. Sein Tod am 10. Juni 1836 war eine Erlösung aus dem Jammertal, durch das er seit seinem 17. Lebensjahr irrte.

Daß Ampère unter diesen Umständen überhaupt ernsthafter und Ausdauer erfordernder Arbeit nachgehen konnte, ist erstaunlich.

Ampères autodidaktische wissenschaftliche Ausbildung

Die in Rousseaus *Emile* dargelegte Erziehungsphilosophie wurde von Ampères Vater begeistert aufgenommen. Sie bestand darin, daß er seinen Sohn die ihn umgebende Welt auskundschaften ließ und dessen Interessen mit entsprechenden Büchern unterstützte. So sah sich Ampère schon in ganz jungen Jahren von einer wachsenden Bibliothek umgeben, die er begierig studierte. Während seiner frühen Adoleszenz zeigte er deutliches Interesse und Begabung für Mathematik, woraufhin er Elementarbücher des Fachs erhielt. In seiner handschriftlichen Autobiographie listet Ampère diese Werke auf. Es finden sich Rivards *Eléments de mathématiques* (1749); La Chapelles *Traité des sections coniques* (*Abhandlung über Kegelschnitte*, 1750); Guillaume-François de l' Hospitals *Traité analytique des sections coniques* (*Analytische Abhandlung über Kegelschnitte*, 1720), Alexis-Claude Clairauts *Eléments d'algèbre* und Leonhard Eulers *Méchanique analytique* (1730).[2]

Vor allem drei Werke scheinen einen grundlegenden Einfluß auf Ampères Denken gehabt zu haben: die *Éloge de René Descartes* (*Lobrede auf René Descartes*, 1765) von Thomas, Diderots und d'Alemberts große *Encyclopédie* und die *Méchanique analytique* von Joseph Louis Lagrange (1788).[3] Die genaue Reihenfolge läßt sich nicht bestimmen, in der er diese Werke las, vor allem weil Ampère bei seinen Interessen keinerlei System beachtete. Weil Ampères mathematisches Interesse ungefähr im Alter von sieben oder acht Jahren erwachte, ist anzunehmen, daß er die mathematischen Elementarbücher damals las. Ein unveröffentlichter, erst kürzlich entdeckter Brief von ihm gibt Anlaß zu der Vermutung, daß die *Encyclopédie* für ihn im Alter von 10 Jahren gekauft wurde.[4] Lagranges großes Werk las er als letztes.

Thomas' *Éloge* erhielt 1765 den Preis der *Académie française* und wurde ein Klassiker französischer Prosa. Ampère las sie wahrscheinlich, als er recht jung war, und sie muß ihn berauscht haben. Sie gab ihm eine Vision vom Kosmos, an der er sein ganzes Leben lang festhalten sollte. Gott habe eine dem menschlichen Geist erkennbare Welt geschaffen, in der alles gemäß einem rationalen Muster miteinander verbunden sei. Eben das glaubten die Romantiker des 19. Jahrhunderts, zu denen auch Ampère gehörte. Darüber hinaus war diese Vision eine mathematische, in der spezifische Gesetze von allgemeinen Prinzipien abgeleitet werden konnten. Hatte man diese Gesetze und Prinzipien richtig erkannt, so führten sie zur Gewißheit, und Gewißheit galt für Ampère, insbesondere nach dem Tod seiner Frau, als höchster Wert.[5] Sogar Descartes' Irrtümer seien für den werdenden Gelehrten nützlich. Wie Thomas zeigte,[6] beruhte Descartes Lehre der angeborenen Ideen auf einem Irrtum. Die Welt der Phänomene und der Tatsachen müsse vielmehr den Ausgangspunkt bilden. Diese Lektüre beeinflußte Ampères gesamte wissenschaftliche

Laufbahn. Besonders in seinen elektrodynamischen Arbeiten bestand er auf dem «fait primitif» (der einfachen Tatsache), von dem eine allgemeine Theorie abgeleitet werden müsse.

Die *Encyclopédie* lieferte Ampère schon während seines Studiums einen umfassenden Überblick über den gesamten Kosmos. Alles schien ihn zu interessieren. Die mathematischen Artikel von d'Alembert und anderen Mathematikern vervollständigten seine mathematische Bildung. Astronomie, Musik, die Natur der griechischen, lateinischen und französischen Sprache, die Kultur der Bienen – das alles waren Themen, auf die er sich später bezog. Wie Descartes war Ampère davon überzeugt, daß letztlich alles Wissen aufeinander bezogen war. Der Ursprung seiner Leidenschaft für die Klassifikation des Wissens – eine Leidenschaft, die die meiste Zeit seines weiteren Lebens anhielt – ist in der *Encyclopédie* zu finden.

Lagranges Mechanik wurde 1788 veröffentlicht, als Ampère 13 Jahre alt war. Sogar für ein heranreifendes mathematisches Genie muß es ziemlich harte Arbeit gewesen sein, aber bis zum Alter von 20 Jahren hatte er sie gemeistert.[7] Hier war, wenn man so will, das cartesische «Programm» verwirklicht, denn, was Lagrange vollbracht hatte, war die Reduktion der physikalischen Wissenschaft der Mechanik auf einen Zweig der Mathematik. Ausgehend von grundlegenden Prinzipien, deren Wurzeln in einigen wenigen, von allen akzeptierten «faits primitifs» lagen, leitete Lagrange ihre Gesetze her und wandelte sie in Theoreme um. Das war offensichtlich die richtige Vorgehensweise, und Ampère hielt bei seiner wissenschaftlichen Arbeit an ihr fest.

Die Briefe Ampères an den Uhrmacher Couppier spiegeln seinen Geist zu einem Zeitpunkt wider, als seine Ausbildung nahezu abgeschlossen war. Er springt von Gegenstand zu Gegenstand – Mechanik, richtige Hemmungen für Uhren, mechanische Geräte, neue, verbesserte Drachen, Hydrostatik, die Dichtkunst Vergils, eine künstliche Sprache, die er sich ausdachte, seine eigenen Gedichte, die Embryologie der Bienen und vor allem seine neuentdeckte Leidenschaft für die Astronomie, die die Lektüre der zweiten Ausgabe (1771) von Joseph-Jérome de la Landes *Astronomie* in ihm hervorrief. Zwei Gebiete fehlen auffallenderweise: Chemie und Elektrizität, die beiden Gebiete, in denen er seine wichtigsten Leistungen vollbringen sollte. Der Mangel wurde bald wettgemacht. Als er 1801 zum Professor für Physik und Chemie an der *École centrale* in der nahegelegenen Stadt Bourg-en-Bresse ernannt wurde, wandte er sich Lavoisiers *Traité élémentaire de chimie* (1789) zu.

Im Jahre 1800 gab Volta die Erfindung der Voltaischen Säule bekannt, die zum ersten Mal fließende Elektrizität erzeugte. Napoleon war davon so beeindruckt, daß er jedem, dem ein ähnlicher wissenschaftlicher Fortschritt gelang, einen Preis von 60000 Francs bot. Ampère geriet in Ekstase und schrieb seiner Frau, dies wäre die Lösung all ihrer finanziellen

Schwierigkeiten. Unglücklicherweise wußte er wenig oder gar nichts über Elektrizität. Um diese Lücke zu füllen, wandte er sich an einen verwandten Physiker, der gerade ein Buch über eine neue Theorie der Elektrizität schrieb.

1801 war Ampère 26 Jahre alt, verheiratet mit Julie Carron, hatte ein Kind und eine Stellung. Materiell gesehen schien sein Auskommen gesichert, aber intellektuell sollte er niemals zur Ruhe kommen. Sein ganzes weiteres Leben wechselte er von einem Gegenstand zum anderen.

«Sie sehen», schrieb er an Couppier, «daß die Art, wie ich hin und her flattere, das Mittel ist, nichts zu erreichen, aber ich muß mich mit den Ideen beschäftigen, wie sie mir gerade kommen.»[8] Es sollte immer so bleiben, denn das war das Muster seines intellektuellen Lebens.

Mathematische Untersuchungen

Ampère wurde gerade zu der Zeit geboren, als die französische Mathematik ihren Höhepunkt erreichte. Obwohl er ohne Zweifel ein mathematisches Wunderkind und Genie war, so gab es unter den Franzosen seiner Zeit doch eine ganze Reihe anderer talentierter Mathematiker. Zur älteren Gruppe gehörten Laplace, Lagrange, der ältere Lazare Carnot und Gaspard Monge, die zusammen die mathematische Tagesordnung für einen beträchtlichen Teil des frühen 19. Jahrhunderts bestimmten. Mit Ampère gleichaltrig waren Fourier, Poisson und Cauchy. Poisson blieb zwar standhaft konservativ und altmodisch in seinem mathematischen Ansatz, aber dennoch schuf er Neues. Fourier und Cauchy eröffneten den Mathematikern neuartige Ausblicke und versahen das restliche 19. Jahrhundert mit aufregenden, mathematischen Ideen zur weiteren Ausarbeitung. Ampère besaß einfach nicht ihr Talent. Es gibt nichts «Ampèresches», was dem Laplace-Operator, den Fourier-Reihen oder dem Poisson-Integral gleichkäme. Ampères Werk war zwar respektabel, aber eben doch nur zweitrangig.

Seine erste Aufmerksamkeit erregende mathematische Arbeit schrieb Ampère im Alter von 13 Jahren. Er reichte einen Aufsatz über die Quadratur von kreisförmigen Bögen bei der Akademie der Wissenschaften von Lyon ein,[9] eine Arbeit, die zum ersten Mal seine mathematischen Fähigkeiten offenbarte und für die er von der Akademie gelobt wurde. Seine erste wichtige mathematische Veröffentlichung war von Napoleons Ankündigung motiviert, die vom Direktorium geschaffenen *Ecoles centrales* abzuschaffen und durch *Lycées* zu ersetzen. Er hatte den Verlust seiner Stellung als Professor für Physik und Chemie in Bourg zu befürchten, aber zugleich die Aussicht, zum Professor für Mathematik am *Lycée* von Lyon ernannt zu werden und wieder mit seiner geliebten Julie vereinigt zu sein. Ihm wurde klar, daß er, um für die Stellung in Betracht gezogen zu werden, eine mathematische Arbeit vorlegen mußte, die gut genug war, um die Aufmerksamkeit der Pariser Mathematiker auf sich zu ziehen, deren professionellem Rat Napoleon vertraute.

Aus einem Brief an Julie geht die Herkunft des Themas seiner Arbeit hervor: «Vor sieben Jahren habe ich mir ein selbsterfundenes Problem vorgesetzt.»[10] In einem Brief an Couppier vom 11. Dezember 1795 beschreibt Ampère die Kartenspiele, die er, seine Mutter, seine Tante und seine jüngere Schwester während der Wintermonate spielten und bei denen er ständig verlor. Ein Spiel mit einer Bank, die man halten und von der man nach jedem Spiel abheben konnte, war ziemlich kompliziert.[11] Gab es, fragte sich Ampère, eine Beziehung zwischen dem Endgewinn und dem Guthaben des Spielers? Seine Antwort hat er in seinen *Considérations sur la théorie mathematique du jeu* (*Betrachtungen über die mathematische Spieltheorie*, Lyon 1802) niedergelegt.

Ampère **bewies**, daß ein Spieler von einem Gegner, der auf ein viel größeres Guthaben zurückgreifen kann als er selbst, unausweichlich ruiniert wird. In Verlauf seines Beweises (die Abhandlung ist 63 Seiten lang) führte er auch einige kluge und originelle Ideen über unendliche Reihen ein, die sein mathematisches Talent bezeugten. Die Tatsache, daß er den Posten an der *Lycée* erhalten hat, zeigt, daß seine Juroren ihn für qualifiziert hielten.

Diese erste Arbeit begründete nicht nur seinen Ruf als künftiger Mathematiker, sondern offenbarte auch einige Eigenheiten seines Arbeitsstils. In dem oben zitierten Brief an Julie bemerkt er, daß ihm seine neuen Ideen spontan eingefallen waren und von ihm Besitz ergriffen hatten. Das war ein charakteristischer Zug seiner geistigen Arbeit.

Ebenso löste 1820 die Entdeckung des Elektromagnetismus eine Kette von Ideen bei ihm aus, die zu seiner Begründung der Elektrodynamik als einer neuen Wissenschaft führten. Gleich charakteristisch war seine Unfähigkeit, einer Arbeit die endgültige Form zu geben. Faradays Motto war: «Arbeiten, Abschließen, Veröffentlichen.» Ampères Gewohnheit dagegen: «Arbeiten, Überarbeiten, Überarbeiten,..., Veröffentlichen.» Er revidierte ständig, fügte hinzu, änderte und baute neue Ideen ein, die ihm einfielen, nachdem er die Arbeit schon für abgeschlossen hielt. Nur der Zeitdruck zwang ihn in diesem Fall, damit aufzuhören und die Arbeit dem Lyoneser Drucker Pèrisse – einem Verwandten seiner Frau – zu übergeben.

Der Aufsatz wurde anschließend nach Paris geschickt, wo er von Sylvestre François Lacroix und Laplace rezensiert wurde. Die wenigen Zeilen von Laplace müssen Ampère zunächst erfreut, dann aber in Verzweiflung gestürzt haben. «Ich habe die Eleganz in mehreren Ergebnissen wahrgenommen», schrieb er; dann aber wies er darauf hin, daß Ampère eine falsche Annahme hinsichtlich des Wertes einer seiner Grundgrößen gemacht hatte, welche die vermeintliche Allgemeinheit seines Ergebnisses zerstörte. In Panik überarbeitete Ampère seinen Aufsatz und ersetzte seine fehlerhafte Annahme durch Laplaces korrekte. In der Hitze des Gefechts war er leichtsinnig, ebenfalls eine seiner charakteristischen Eigenarten. Trotzdem erwirkte die Abhandlung des erwünschte Ergebnis. Am 4. April 1803 wurde er als Professor für Mathematik in den Lehrkörper des *Lycée* von Lyon aufgenommen. Am 13. Juli starb Julie.

Ampère konnte schon den bloßen Anblick von Lyon nicht länger ertragen. Mit der Hilfe von Freunden sicherte er sich den Posten eines *Répétiteur* der Mathematik an der großen neuen wissenschaftlich-technischen Schule, der *École polytechnique*, in Paris. Seine Aufgabe bestand darin, mit den Studenten eben die Mathematik einzuüben, die ihnen von Dozenten wie Laplace präsentiert wurde. Es war eine stumpfsinnige und langweilige Arbeit, und Ampères Begeisterung für Mathematik schwand. In einem von Louis Launay auf März 1806 datierten Brief an seinen Freund Roux-Bordier beschrieb er Mathematik als «diese von den Strahlen der mathematischen Sonne verbrannten Wüsten, die das gleißendste Licht über alle Dinge gießt, sie verbrennt, verwelkt und bis zur Wurzel austrocknet; und sie läßt nichts als den nackten Sand, den sterilen Weltraum zurück».[12]

Dieses Gefühl nahm langsam zu, und Ampère verlor nun allmählich das Interesse an der Mathematik. Sein zweiter Ausflug in dieses Gebiet war ein Aufsatz über die Anwendung der Variationsrechnung auf Probleme der Mechanik, eindeutig ein Ableger seiner intensiven Beschäftigung mit Lagranges Mechanik. Dieser Aufsatz trägt noch die Spuren jugendlichen Enthusiasmus und wurde im ersten Band der am Institut von Nicht-Mitgliedern vorgetragenen Beiträge veröffentlicht. Selbst nachdem seine Begeisterung für die Mathematik nachgelassen hatte, lieferte er noch interessante Beiträge.

Seine erste Liebe galt der Geometrie. 1806 zeigte er einige interessante geometrische Eigenschaften von symmetrischen Polyedern, ein Thema, das ihn schon 1801 bei seiner Lektüre der zweiten Ausgabe von Legendres *Eléments de géométrie* angezogen hatte. Dieses kleine Werk wurde 1814 bei einem Versuch benutzt, chemische Affinität durch geometrische Formen zu erklären. Später demonstrierte er die geometrische Konstruktion eines 17seitigen Polygons und erklärte seine interessanten Eigenschaften.

Lagranges Einfluß hielt bei ihm an, nicht nur in der Mechanik, sondern auch in der reinen Mathematik. So widmete er mehrere Abhandlungen mechanischen Problemen und den Eigenschaften von Taylors Theorem. Dieses hatte Lagrange ausführlich in seinem Werk über die Theorie der Gleichungen verwendet. Außerdem beschäftigte er sich mit den Eigenschaften von partiellen Differentialgleichungen und ihrer Integration, die sowohl für die reine Mathematik als auch für ihre Anwendung auf die Mechanik zunehmend an Interesse gewannen.

Einige dieser Veröffentlichungen waren im Zusammenhang mit Ampères Unterricht an der *École polytechnique* entstanden. Es war sicherlich aus pädagogischem Interesse, daß er eine anscheinend nie vollendete Elementarabhandlung über Analysis schrieb. Von den etwa 112 Druckseiten umfassenden Exemplaren haben nur wenige überlebt.

All diese Aufsätze und Veröffentlichungen ergeben eine beträchtliche Anzahl von mathematischen Untersuchungen. Sie repräsentieren aber weder Ampères Hauptinteressen noch seinen wichtigsten Beitrag zur Wissenschaft. Wäre er vor 1820 gestorben, so hätte er nur einen unbedeutenden Platz in der Mathematikgeschichte erhalten. Während dieser Jahre (vor 1820) galt sein stärkstes Interesse der Metaphysik.

Metaphysische Betrachtungen

Während seiner letzten Jahre in Lyon, bevor er für immer nach Paris umzog, erwachte Ampères philosophisches Interesse. Der Sturz von Robespierre im Jahre 1794 und die politische Wende nach rechts während des Direktoriums erlaubte vielen die Rückkehr, die im Ausland Zuflucht gesucht hatten. Einer von ihnen war J. M. Degèrando, ein Royalist, der vor dem Terror geflohen war. Während seines Aufenthaltes in Deutschland hatte er Deutsch gelernt und sich mit Kants kritischer Philosophie befaßt. Er war einer der Wegbereiter der Kantischen Philosophie im Frankreich des frühen 19. Jahrhunderts. Als Freund Ampères war er in der Lage, für diesen in Paris eine Anstellung als Sekretär im *Bureau consultatif des arts et métiers* zu finden. Er war es auch, durch den Ampères unglückliche zweite Ehe zustande kam. Ein anderer Freund war J. Roux-Bordier, ein Schweizer deutscher Muttersprache, der auch den Namen Bodmer benutzte. Roux-Bordier schrieb einen Aufsatz über «die Zersetzung des Denkens» als Wettbewerbsbeitrag um den Preis, der von der zweiten Klasse des neu eingerichteten *Institut national* ausgesetzt worden war und der von François-Pierre Maine de Biran gewonnen wurde. Degèrando und Roux-Bordier führten Ampère in Kants Philosophie ein, und Ampère geriet in rauschhafte Begeisterung. Bald nachdem er nach Paris gekommen war, trat er mit einer Gruppe von Philosophen in Kontakt, die sich in Auteuil bei Paris trafen. Sie wurden angeführt von Antoine Destutt de Tracy und Pierre Jean George Cabanis, die entschiedene Anhänger des Abbé Étienne Bonnot de Condillac waren.

Der Kern von Condillacs Philosophie war die von den Schriften Lokkes und Humes abgeleitete Aussage, daß alles Wissen von den Sinneserfahrungen komme. Um Wissen mitzuteilen, mußten Worte erfunden werden, und wenn die Worte nicht genau auf die Sinneserfahrungen passen, sei zwangsläufig Irrtum die Folge. Alles mögliche Wissen wären dann in Sprache ausgedrückte Sinneserfahrungen. Worte wie Gott oder

Seele seien Illusionen. Es gebe nicht einmal einen Weg, sicher zu sein, daß eine mit unseren Sinneserfahrungen korrespondierende äußere Wirklichkeit existiert. Wissenschaft wäre dann das Studium und die Klassifikation dessen, was Menschen wahrnehmen. Die Ursachen der Wahrnehmungen könnten niemals erkannt werden, und das beste, was man tun könne, wäre, die Sinneserfahrungen so genau wie möglich zu beschreiben und sie in einer Art und Weise zu klassifizieren, die ihre Nutzung erlaubt. Lavoisiers Chemie war eine Wissenschaft im Sinne Condillacs. Warum Elemente so reagieren, wie sie reagieren, und was diese Elemente *wirklich* sind, wären illegitime Fragen. Ähnlich wäre die traditionelle Religion Täuschung und Illusion.

Sowohl Ampère als auch Maine de Biran fanden diese Philosophie schnell unhaltbar, und sie lösten sich von Auteuil. Sie hatten erstaunlich ähnliche Vorgeschichten, als sie zusammentrafen. Beide waren stark von Rousseaus Philosophie beeinflußt, die dem Gefühl dasselbe Gewicht gibt, wie der Sinneswahrnehmung. Beide lehnten den kargen und strengen materialistischen Standpunkt ab, der den Menschen zu einem Reiz-Antwort-Mechanismus machte. Beiden ging es die meiste Zeit ihres Lebens gesundheitlich schlecht, beide hatten unter der Revolution zu leiden und beide hatten geliebte Ehefrauen in jungen Jahren verloren. Schließlich lehnten sich beide gegen einen Gott auf, der unbarmherzig zu sein schien, und wandten sich dem Agnostizismus zu. Dieser Agnostizismus war nicht eine Ablehnung, sondern eine Suche nach einer Lösung des Problems menschlichen Elends. Ampère sollte später zur katholischen Gemeinde zurückkehren, und gerade seine Zusammenarbeit mit Maine de Biran trug dazu bei, ihn dorthin zu führen.

Das Hauptziel von Ampères metaphysischen Bemühungen war zweifach: eine Grundlage für die Seele und ihre Unsterblichkeit zu finden – mit der ausgesprochenen Hoffnung, daß er mit seiner geliebten Julie wieder vereinigt würde – und eine solide metaphysische Basis für eine mehr erklärende als klassifizierende Wissenschaft zu errichten. 15 Jahre lang arbeiteten er und Maine de Biran zusammen an dieser Aufgabe. Es war nicht immer eine einfache Zusammenarbeit. Eine Vorstellung von Ampères philosophischer Methode kann aus der folgenden Klage seines engen Freundes gewonnen werden: «Ich habe vier Klassifikationsentwürfe, die sie mir sukzessive in zwei Jahren geschickt haben, vor Augen; sie sind alle unter unterschiedlichen Gesichtspunkten ausgedacht worden, die so viele Klassen in der Anordnung der Phänomene und so viele neue Bezeichnungen, um sie auszudrücken, notwendig machen. Die letzte Tafel und die Überlegungen, die ihr vorausgehen, widersprechen vollkommen einigen wesentlichen Punkten, über die ich glaubte, wir seien uns fast einig.»[13]

Obwohl Maine de Biran von Ampères Untersuchungen verwirrt und entmutigt wurde, gelang es Ampère doch, ein System auszuarbeiten, das ihn zufriedenstellte. Sein erstes Ziel, einen Platz für die Seele zu sichern, wurde in enger Zusammenarbeit mit Maine de Biran verfolgt. Sie wichen von Condillac ab, indem sie darauf bestanden, daß das Selbstbewußtsein und der Wille hinreichende Evidenz für eine – wie sie es nannten – hyperorganische Kraft beziehungsweise die Seele lieferten. Reine Sinneserfahrung konnte unmöglich diese psychischen Phänomene erklären. Von hier aus war es nur ein Schritt, zu «beweisen», daß eine äußere Realität existierte. Wenn jemand zum Beispiel seinen Arm heben will, sich aber seine Hand unter einem schweren Tisch befindet, so zeigt dieser äußere Widerstand gegen den Willen zwangsläufig die Gegenwart eines äußeren Hindernisses. Also existiert die äußere Welt unabhängig von den Sinnen des Individuums. Darüber hinaus lieferte die Beziehung zwischen dem Willen und der äußeren Welt, in der man Gegenstände bewegen will und auch bewegt, die Grundlage für den Begriff der Kausalität.

An diesem Punkt wichen Maine de Biran und Ampère voneinander ab. Ampère war, wie erwähnt, in einem weit größeren Ausmaß von Kant beeinflußt als sein Freund. Wir wissen, daß er Friedrich Borns vierbändige lateinische Übersetzung von Kants kritischen Schriften besaß, die zwischen 1795 und 1797 erschienen war, denn sie ist in der Liste seiner Bibliothek bei seinem Tode aufgeführt. Ampère war jedoch nicht unkritisch Kant gegenüber. Als Mathematiker stimmte er zum Beispiel mit Kant nicht darin überein, daß Raum und Zeit subjektive Formen der Wahrnehmung seien, von denen Geometrie und Algebra a priori abgeleitet werden können, da sie notwendige Konsequenzen der Funktion des menschlichen Geistes seien. Statt dessen bestand Ampère darauf, daß sich Mathematik auf Beobachtung gründete und daher in ihren Ursprüngen empirisch sei. Die Vorstellung eines beobachteten Punktes als einer Position führe zur Bewegung des Punktes, um eine Linie entstehen zu lassen, und die Bewegung einer Linie erzeuge eine Ebene, aus der Körper konstruiert werden können. Ab diesem Punkt sei Mathematik rein deduktiv. Das war auch Ampères Modell für andere Wissenschaften, mit der Einschränkung, daß diese sehr wohl weit mehr empirische Beobachtungen erforderten, bevor man zur Deduktion übergehen könne. Ampère sollte diesen Punkt bei seiner chemischen Arbeit illustrieren.

Ampère widersprach auch Kants völliger Trennung der noumenalen von der phänomenalen Welt. Noumena waren für Kant nicht wahrnehmbar und deshalb unerkennbar. Man konnte nur von der phänomenalen Welt der Sinne wissen. Das war eine Rückkehr zu Condillacs Sichtweise – aufgegriffen von Wissenschaftlern wie Lavoisier –, wonach exakte Naturwissenschaft im wesentlichen messend und deskriptiv sei. Dies genügte Ampère nicht. Er wollte Ursachen erkennen: Warum geschehen die Dinge in der phänomenalen Welt? Bis zum Jahre 1810[14] hatte er eine vollständige philosophische Rechtfertigung für die von ihm angestrebte Wissenschaft ausgearbeitet. Vereinfacht gesagt, bestand sie darin, daß es eine noumenale Welt gäbe, die wir auf keine Weise absolut erkennen können; die Noumena erzeugten die Phänomene und seien aufeinander bezogen, so daß daraus die Beziehungen oder harmonischen Verhältnisse der Phänomene entstünden. Indem man die Phänomene beobachte, erkenne man diese Beziehungen, die die noumenalen widerspiegelten. Damit stelle sich die Aufgabe, hypothetische Modelle der Noumena zu entwerfen, die diese Phänomene hervorrufen. Phänomenale Gesetze sollten mathematisch ausgedrückt werden, und wenn sie mit den Beobachtungen übereinstimmen, könnten sie als sicher betrachtet werden; dasselbe könne aber nicht für die Noumena gesagt werden.

Ampères Beschreibung der noumenalen Welt ist es wert, zitiert zu werden: «Von dort aus entwerfen wir eine noumenal-hypothetische Welt, gänzlich verschieden von der phänomenalen oder subjektiven Welt, und ich wiederhole, es liegt a priori nicht mehr Absurdes in der Annahme, daß diese noumenal-hypothetische Welt unabhängig von unserer eigenen Existenz real ist, als (in der Annahme), daß dieselben Relationen, die wir dort zugeben, existierten, bevor wir davon Begriffe hatten, bevor wir existierten; aber was auch immer möglich ist, diese Hypothese ist deshalb nicht wahr ... Man muß ein Kriterium ihrer Realität finden.»[15]

Dieses Kriterium war die Wahrscheinlichkeit dafür, daß Gewißheit erreicht wird. Unser Verstehen erfordert eine gewisse Summe von Wahrscheinlichkeiten, die uns dann Glauben abnötigen. Diese Summe resultiert aus der Übereinstimmung unserer noumenalen Modelle mit den beobachteten Phänomenen. Oder, um es anders auszudrücken: Wenn ein hypothetisches Modell ausreichend ist, komplexe, beobachtete Tatsachen oder Beziehungen zu erklären, dann sollte es als adäquate Repräsentation der noumenalen Welt angesehen werden. Es kann dann benutzt werden, weitere Beobachtungen zu deduzieren, und so eine empirische Wissenschaft in eine deduktive verwandeln, auf die man Mathematik anwenden kann. Genau das tat Ampère in seinen chemischen und elektrodynamischen Arbeiten.

Der erste theoretische Chemiker

Ampère begann sein ernsthaftes Studium der Chemie, als er zum Professor für Chemie an der *École centrale* ernannt wurde. Lavoisier war sein Lehrer, und Lavoisier vertrat den Standpunkt Condillacs, der rigoros unbeobachtbare und leere Theorien aus der Chemie ausschloß. Seine Definition eines Elements als derjenigen Substanz, die das letzte Produkt einer chemischen Analyse ist, grenzt seine philosophische Position deutlich ab. Schon zu Beginn seiner chemischen Studien war dies für Ampère unbefriedigend. Er weigerte sich, die noumenale Welt als unerkennbar abzutun, denn das würde bedeuten, daß die grundlegenden Naturvorgänge für immer unsichtbar wären.

Während der Jahre zwischen seiner ersten Bekanntschaft mit der Chemie und seiner ersten Veröffentlichung in dieser Wissenschaft, öffnete er, zumindest für sich selbst, die Tür zur noumenalen Welt. Der Anlaß scheint die Anwesenheit Sir Humphry Davys in Paris Ende 1813 gewesen zu sein. Davy hatte gerade eine Reihe elektrochemischer Triumphe hinter sich: Er hatte Natrium und Kalium isoliert und – sogar den Anforderungen Lavoisiers genügend – bewiesen, daß Chlor (die Bezeichnung stammt von Davy) ein Element und nicht das Oxid eines unbekannten Radikals ist, wie es Lavoisiers Theorie der Säuren forderte. Ampère war zu demselben Schluß hinsichtlich Chlor gekommen, hatte aber seine Ansichten nicht veröffentlicht. Er und Davy verstanden sich gut, und Ampère stürzte sich wieder einmal in chemische Studien. Diesmal jedoch lieferte ihm seine eigene Philosophie einen Schlüssel zu jener noumenalen Welt, von der die grundlegenden Operationen der chemischen Synthese und Analyse abhängen. Seine Begeisterung wird in einer Briefpassage spürbar, die er im Januar 1814 an einen Freund schrieb: «Ich arbeitete eine mathematisch-chemische Abhandlung aus, von der ich glaubte, daß sie kurz davor stände, eine mathematische Basis für die gesamte Theorie der Verbindungen von Substanzen zu liefern. Ich habe davon immer noch dieselbe Vorstellung; ich betrachte sie als Vorbereitung für eine jener großen Theorien, die einer Wissenschaft eine neue Form geben ...»

Um an seiner Motivation und den Ergebnissen, die er glaubte, erreicht zu haben, keinen Zweifel zu lassen, ein weiteres Zitat aus einem Brief vom März 1814: «Meine Unterhaltungen mit M. Davy haben mir einen der größten Impulse in der Chemie gegeben. Ich habe mich ungefähr zwei Monate lang mit einer Arbeit beschäftigt, von deren Resultaten mir scheint, daß sie in dieser Wissenschaft eine neue Bahn eröffnen und eine Methode liefern muß, a priori die festen Verhältnisse, gemäß denen die Substanzen sich verbinden, vorherzusehen ...»[16]

Ampère begann mit Annahmen, die auf Punktatome hinausliefen, ausgestattet mit – analog der Schwerkraft – fernwirkenden, anziehenden und abstoßenden Kräften. Um diesen Atomen Festigkeit zu geben, d. h. die Eigenschaft, Raum einzunehmen, nahm er an, es müßten mindestens vier von ihnen vorhanden sein, die nicht alle in derselben Ebene liegen. Diese ergaben die – wie er sie nannte – Grundmoleküle der Elemente. Unter Verwendung des Gesetzes von Gay-Lussac, das besagte, daß Gase sich in einfachen Volumenverhältnissen chemisch verbinden, argumentierte Ampère damals, daß gleiche Volumina von Gasen bei gleicher Temparatur und gleichem Druck dieselbe Anzahl von Molekülen enthalten – ein Resultat, zu dem Amedeo Avogadro schon etwa drei Jahre früher gekommen war. Ausgehend von diesem Gesetz versuchte Ampère zu erklären, warum und wie chemische Verbindungen zustande kommen – ein Vorhaben, von dem Lavoisier unterstellte, daß es außerhalb des menschlichen Horizonts liege.

Nur diejenigen Verbindungen werden eingegangen, die einen regelmäßigen Körper aus Grundmolekülen oder deren Teile bilden. So bestehe z. B. Wasserstoff aus vier als Tetraeder angeordneten Atomen, ebenso Sauerstoff. Da sich zwei Volumina Wasserstoff und ein Volumen Sauerstoff zu zwei Volumina Wasser verbinden, muß Wasserdampf aus einem ganzen Wasserstoffmolekül und einem halben Sauerstoffmolekül zusammengesetzt sein, die ein oktaederförmiges Wassermolekül bilden. An das Ende seines Aufsatzes fügte Ampère eine Tafel zur Illustration der zulässigen, regelmäßigen Figuren bis zur Nummer 23. Nur diejenigen chemischen Reaktionen könnten stattfinden, die eine oder mehrere dieser Figuren hervorbringen, und die Figuren selbst könnten von der chemischen Zusammensetzung der gebildeten Verbindungen abgeleitet werden. Ampère rechtfertigte diese Methode mit der Feststellung, daß seine Theorie, wenn die Ergebnisse seiner Deduktion durch weitere Experimente bestätigt werden, trotz ihres hypothetischen Charakters «einen Grad von Wahrscheinlichkeit erhalten könne, der an das heranreicht, was man in der Physik Gewißheit nennt».[17]

Dieser Aufsatz ist die erste moderne Arbeit in theoretischer Chemie, und Ampère kann als der erste theoretische Chemiker angesehen werden. Sie trug zu ihrer Zeit wenig Früchte, aber sie eröffnete den Chemikern die Hoffnung auf eine Wende vom reinen Empirizismus zum Studium fundamentaler chemischer Prozesse. Die späteren Theorien von der Valenz oder der Stereochemie verdankten dieser Arbeit wenig oder nichts, aber ihre Autoren bewegten sich auf eben dem Weg, den Ampère gebahnt hatte.

Ampères zweiter und letzter chemischer Aufsatz war von ganz anderer Natur. Bis 1816 war die Anzahl der chemischen Elemente auf 46 angewachsen, und Lavoisiers Klassifikation, in deren Zentrum der Sauerstoff stand, hatte man aufgegeben. Unter vielen Chemikern war ein zunehmendes Bedürfnis nach Ordnung zu spüren, und Ampère stürzte sich auf dieses Gebiet, das sich die meisten anderen nicht zu betreten trauten. In seiner Jugend war er zutiefst von der Fähigkeit der Taxonomie, in der Botanik Klarheit zu schaffen und diese Wissenschaft zu strukturieren, beeindruckt. Sicherlich könnten die chemischen Elemente auf ähnliche Weise behandelt werden. Sein *Essai d'une classification naturelle pour les corps simples*[18] *(Versuch einer natürlichen Klassifikation der einfachen Substanzen)* wollte das gleiche für die Chemie leisten. Er war erfolglos, ist es aber wert, betrachtet zu werden. Er zeigt Ampère als einen ziemlich kompetenten Chemiker, der sich sicherlich in einem chemischen Labor auskannte. Wahrscheinlich führte er den Großteil der tatsächlichen Untersuchungen, auf denen sein Aufsatz gründete, im chemischen Labor der *École polytechnique* mit der Hilfe und den Ratschlägen seines dortigen Kollegen Gay-Lussac durch.

Was Ampère vage in den chemischen Elementen sah, war die Wiederkehr verschiedener chemischer Eigenschaften. Nach seinem Aufsatz von

1814 implizierte dies notwendigerweise (obwohl Ampère dies nie äußerte) eine Wiederkehr elementarer Strukturen, eine Einsicht, die erst im 20. Jahrhundert Früchte tragen sollte. Konkreter war sein Versuch, Elementfamilien gemäß ihren chemischen Reaktionen zu schaffen. Ein Vergleich mit einem modernen Periodensystem zeigt, daß einige seiner Gruppen gut gewählt waren, andere nicht. Was Ampère nicht sah, war eine «einfache Tatsache», die 1816 gerade erst von Chemikern ernsthaft in Betracht gezogen wurde, nämlich das Atomgewicht. Eben die Verfügbarkeit von hinreichend genauen Atomgewichten zusammen mit gründlichen chemischen Kenntnissen erlaubten Dmitri Mendelejew, seine Periodentafel am Ende des 19. Jahrhunderts zu erstellen. Ampères Versuch war gewagt und kühn, aber der damalige Stand der Chemie machte einen Erfolg unmöglich. Dennoch zeigt er, wie sehr sich Ampère für den Gebrauch von Taxonomie einsetzte, um Licht in die Welt der Naturvorgänge zu bringen. Sein letztes Werk war einer Taxonomie der Wissenschaften gewidmet.

Ampères Karriere bis 1820 war kaum glänzend. Er hatte einige kleinere Beiträge zur Mathematik, zur Mechanik und zur Chemie geleistet. Sein intensives Studium der Metaphysik blieb unveröffentlicht und weitgehend unbeachtet. Im Juli 1820 sandte Hans Christian Oersted einen epochemachenden kleinen, in Latein abgefaßten Aufsatz an alle bedeutenderen wissenschaftlichen Zeitschriften mit der Bekanntmachung seiner Entdeckung der magnetischen Wirkung, die von einem stromführenden Drahte ausgeht. Die Nachricht von dieser Entdeckung erreichte Paris und Ampère, und dieser stürzte sich sofort auf eine intensive Erforschung des Phänomens, was ihm unsterblichen Ruhm einbringen sollte.

Die großen elektrodynamischen Entdeckungen

Am 4. September 1820 berichtete François Arago vor einem sehr skeptischen Publikum in der Akademie der Wissenschaften von Oersteds Entdeckung. Dieser Skeptizismus rührte von einer kleinen Flut «erstaunlicher» Entdeckungen von Wechselbeziehungen zwischen Naturkräften her, die im frühen 19. Jahrhundert von Deutschland ausging. Die Entdekker waren selbsternannte «Naturphilosophen», die ihre Erkenntnisse mehr auf Metaphysik als auf eingehende und genaue Experimente stützten. Oersted machte den Eindruck, einer aus dieser Gruppe zu sein. Doch sein Experiment schien vollkommen klar. Wenn er einen Magnetkompaß über einen stromführenden Draht plazierte, der die beiden Pole einer Voltaischen Säule verband, bewegte sich der Kompaß in eine Lage zwischen parallel und senkrecht zum Draht. Eine Woche später wiederholte Arago dieses Experiment und überzeugte sogar die Skeptischsten, daß es hier etwas Neues gab. Ampère war einer von ihnen, nur eine Sache störte ihn. Die Abweichung der Magnetnadel sollte nicht variieren. Er erkannte sofort, daß der Grund dafür darin bestand, daß der Erdmagnetismus nicht mitberücksichtigt worden war. Nachdem er eine selbsterfundene astatische Nadel verwendete, die den Erdmagnetismus neutralisierte, konnte er berichten, daß die Nadel 90° von der Linie des Verbindungsdrahtes abgelenkt wurde. Das war Ampères erste Entdeckung.

Seine zweite war, daß der Kompaß zum Nachweis für elektrischen Strom benutzt werden konnte, ohne diesen Strom zu unterbrechen. Vorher konnte man Strom nur anhand seiner Wirkungen auf Körperorgane – der Verbindungsdraht wurde durchtrennt und seine zwei Enden entweder an den Augapfel oder an die Zunge gehalten, wobei der Strom deutlich spürbar wurde – oder anhand der Zersetzung von Wasser bei der Elektrolyse nachweisen. In beiden Fällen konnte der Verbindungsdraht nicht genutzt werden. Nun erkannte Ampère, daß die Magnetnadel Ströme in einer abgeschlossenen Schaltung nachweisen konnte, die vorher nicht sichtbar gemacht werden konnten. Er ging sofort dazu über, seine Schaltung aufzuzeichnen, und entdeckte, daß derselbe Strom, der durch den Verbindungsdraht floß, auch durch die Säule selbst floß. So zerstörte er die gängige Theorie, daß die Säule wie eine chemische Leydener Flasche mit einer schnellen Abfolge von Auf- und Entladungen wirkte.

Was würde passieren, fragte er, wenn man eine kreisförmige Säule ohne Verbindungsdraht konstruierte? Es gäbe kein äußeres Anzeichen für einen Strom, doch das «Galvanometer» – wie er sein neues Instrument taufte – würde ihn auffinden, und es hat den Anschein, als habe Ampère eine solche «Säule» gebaut und mit dem Kompaß vermessen. Er bemerkte, daß das Muster, das sein Kompaß zeigte, sehr schön das Muster nachbildete, das ein Kompaß vom Erdmagnetfeld zeigte. Nun machte Ampère einen jener theoretischen Sprünge, für die er bekannt werden sollte. Das Erdmagnetfeld müsse das Ergebnis elektrischer Ströme in der Erde sein, und Magnetismus überhaupt das Resultat kreisförmiger elektrischer Ströme. Dies alles geschah zwischen dem 11. und 18. September 1820.[19]

Der nächste Schritt schien auf der Hand zu liegen: die Erzeugung kreisförmiger elektrischer Ströme, die wie Magnete wirken sollten. Nur zwei Möglichkeiten boten sich an: entweder zwei- oder dreidimensionale Spiralen. Ampère versuchte beides. Wenn er jedoch räumliche verwendete, zogen sie einander an. Er hatte aber keine zwei Voltaschen Säulen, die seiner Meinung nach stark genug waren, um die erwartete Wirkung zu zeigen. Er konnte nur eine hinreichend starke Säule bekommen, und so verband er sowohl die Drähte der flachen als auch der räumlichen Spiralen mit den beiden Polen. Wenn er flache Spiralen verwendete, bekam er den Effekt, den er vorausgesagt hatte: die beiden Spiralen stießen einander ab. Wenn er jedoch räumliche verwendete, zogen sie einander an. Er stellte die räumlichen Spiralen zurück, bis er deren Anomalie verstehen konnte, und gab am 18. September einen kurzen Bericht über die Wirkungen der flachen Spiralen.

Fast unmittelbar darauf entdeckte er die Ursache der Anomalie. Da sowohl die Drähte der flachen als auch der räumlichen Spiralen an denselben Anschlüssen der Säule hingen, hatte er sie mit Glasröhrchen geschützt, damit es keinen Kurzschluß gäbe. Als er bei einem seiner Versuche die Säule anschaltete, bemerkte er, daß die beiden von demselben Pol ausgehenden Glasröhrchen einander anzuziehen schienen. Er erkannte darin sofort eine neue elektrische Eigenschaft: Ähnliche elektrische Ladungen stießen einander ab, während ähnliche elektrische Ströme einander anzogen. Da die Drähte, die er für die räumlichen Spiralen benutzte, nicht isoliert waren, mußte er sie sehr locker wickeln, so daß die Längseffekte der ähnlichen Ströme die magnetischen Effekte, die er erwartet hatte, überdeckten. Er konnte dies leicht korrigieren, indem er die Drähte um Glasrohre wickelte und sie dann auf deren Innenseite zurückführte, so daß die Längseffekte eliminiert wurden. Nun war er in der Lage zu berichten, daß sich stromführende Spulen in der Tat genauso verhielten wie Stabmagnete. Magnetismus, verkündete er triumphierend, sei lediglich fließende Elektrizität, die sich an Kreisen bewege.[20]

Zwei Probleme tauchten unmittelbar danach auf. Wie kann man kreisförmige molekulare Ströme erklären, und sind sie wirklich die Ursache des Magnetismus? Wie sehen die mathematischen Gesetze aus, die die Wechselwirkungen von elektrischen Strömen beschreiben? Auf die erste Frage gab es nur zwei mögliche Antworten: Entweder gab es in Permanentmagneten koaxiale, intermolekulare elektrische Kreisströme oder die Ströme kreisten um die Moleküle selbst. Die erste Möglichkeit konnte man leicht überprüfen, da die thermischen und chemischen Wirkungen elektrischer Ströme gut bekannt waren. Nachdem diese Alternative aufgrund fehlender Beweise eliminiert war, blieben nur noch die Molekularströme, und im Januar 1821 nahm Ampère diesen Standpunkt ein.

Molekularströme wurden in der Tat der noumenale Kern seiner Elektrodynamik. Indem er sich ihnen verschrieb, versperrte er sich andere Wege – zu seinem Nachteil. Als er im Sommer 1822 in der Absicht, Zweifel an diesen Strömen auszuräumen, einige Experimente durchführte, zeigten seine Ergebnisse, daß er Unrecht hatte, aber er ignorierte sie, obwohl er dabei zufällig die Induktion eines Stromes durch einen anderen entdeckt hatte. Erst als Faraday dieselbe Entdeckung meldete, versuchte Ampère öffentlich und erfolglos, seine Priorität zu etablieren. Seine eigenen theoretischen Ansichten hatten ihn blind gemacht für eine der wichtigsten Entdeckungen in der Elektrodynamik des 19. Jahrhunderts.

Der noumenale Teil von Ampères Theorie war 1822 abgeschlossen. Elektrische Ströme, so war er überzeugt, bestanden aus in eine Richtung fließender positiver Elektrizität und in die entgegengesetzte Richtung fließender negativer Elektrizität. Die beiden Fluide seien die Zerfallsprodukte des lichttragenden Äthers, den Fresnels Wellentheorie des Lichts forderte, und zu der Ampère eine mathematische Analyse geliefert hatte. Die Molekularströme wären von den Molekülen in Permanentmagneten verursacht, die – auf eine etwas unklare Weise – Ströme produzierten; diese zirkulierten dann durch die Zentren um jeweils eine Hemisphäre der Moleküle in entgegengesetzten Richtungen. Mit seinem üblichen Enthusiasmus verallgemeinerte Ampère dann sein Molekül und wandte es auf Probleme der Chemie und Elektrochemie an. Die elektrischen «Atmosphären», die die Ätherzersetzung schuf, wurden Quellen der chemischen Affinität und des Prozesses, durch den Elektrizität Verbindungen zersetzt.[21]

Was Ampère der wissenschaftlichen Welt anbot, war weit mehr als einen neue Theorie des Magnetismus; es war eine neue Theorie der Materie. Dies war vollkommen gerechtfertigt durch Ampères eigene philosophische Ansichten, aber es gab zu viele, denen es bei weitem zu hypothetisch war, um daran zu glauben. Unter ihnen war Michael Faraday, der Ampères schärfster Kritiker werden sollte.

Ein weiteres Problem war zu beweisen, daß in Kreisen fließende Elektrizität in jeder Hinsicht Permanentmagnete repräsentiert. Jedes Mal, wenn ein neuer magnetischer Effekt auftauchte, war Ampère in der Lage zu zeigen, daß Spiralen bzw. Spulen denselben Effekt hervorrufen können.

Die zweite Aufgabe, der sich Ampère stellte, bestand darin, eine mathematische Darstellung seiner pyhsikalischen Theorien anzubieten. Ampère legte seiner mathematischen Formulierung eine Reihe von ziemlich einfachen und klugen Experimenten zugrunde und erarbeitete allmählich das Gesetz für die Kräfte zwischen zwei elektrischen Strömen. Hier wurde er wieder von seiner Philosophie geleitet. Ampère nahm die wechselseitigen Anziehungs- und Abstoßungskräfte von geraden stromführenden Drähten als seine phänomenale «einfache Tatsache». Unter Verwendung einfacher Analysis und Geometrie zerteilte er diese Ströme in infinitesimale Größen, die sich entlang verschiedener geometrischer Pfade bewegen, und konnte nach einigen Schwierigkeiten bei der experimentellen Bestimmung einer fundamentalen Konstante eine einfache Formel für die Kraft zwischen zwei Strömen anbieten.[22] Dies alles wurde der wissenschaftlichen Welt in seinem *Mémoir sur la théorie mathématique des phénomènes électrodynamiques, uniquement déduite de l'expérience* (*Abhandlung über die mathematische Theorie der elektrodynamischen Phänomene, einzig von der Erfahrung abgeleitet*, Paris 1826) präsentiert. Dieses Werk veranlaßte James Clerk Maxwell, Ampère als den Newton der Elektrizität zu bezeichnen.

Klassifikation der Wissenschaften

Nach seinem großen *Mémoir* war Ampères wissenschaftliches Hauptwerk abgeschlossen. Er veröffentlichte gelegentlich einen elektrodynamischen oder mathematischen Aufsatz, der hier und da ein paar Lücken füllte, aber sein Privatleben, seine sich verschlechternde Gesundheit und seine vielfältigen Pflichten lenkten ihn ständig von der Wissenschaft ab. Jetzt war er von einem großen Projekt der Klassifikation der Wissenschaften besessen, das aus seiner früheren Arbeit in Philosophie und Metaphysik erwuchs. Dies sollte wiederum nicht nur einfach eine Taxonomie werden, sondern ein echter Führer zu origineller Forschung.

Wie deutlich wurde, arbeitete Ampère in der Zeit von ungefähr 1810 bis 1820 allmählich ein Schema für das Studium der Natur aus, das auf Kant und seiner Kritik an Kant beruhte. Die darin enthaltenen Schritte korrespondierten mit den Vermögen des Geistes, die er in einer Tafel darstellte. Für Ampère war der erste Schritt die *Autopsie,* die er später in *Emèsthèse* umbenannte; damit meinte er das Selbstbewußtsein, das mit dem Auftreten der Seele in der kindlichen Entwicklung einhergehe. Dieses verwandle nämlich die bloße Sinneswahrnehmung, d. h. den Nervenreiz, in ein Bewußtsein von etwas, das die Sinneswahrnehmung verursacht. Mit diesem Bewußtsein würden Sinnesreize in Wahrnehmungen umgewandelt und das Wahrgenommene in Phänomene. So beobachtete Gay-Lussac, daß zwei Volumina Wasserstoff verbunden mit zwei Volumina Sauerstoff ein Volumen Wasserdampf bilden. Für Ampère (aber nicht für Gay-Lussac) bestand der nächste Schritt darin, sich auf eine hypothetische Ebene zu begeben und ein Modell zu erstellen, das dieses Phänomen erklärt, wie er es in seinem Aufsatz von 1814 tat. Nach diesem Ausflug in die noumenale Welt sei in die phänomenale zurückzukehren, um eine Verallgemeinerung des empirischen Gesetzes zu suchen, die die Phänomene miteinander verbindet. Dies bringe unweigerlich Beziehungen (*Rapports*) ins Spiel, und man könnte davon ausgehen, daß diese Beziehungen auch zwischen den noumenalen Entitäten bestünden. Für Ampère beinhaltete deshalb jede Wissenschaft diese vier Schritte, obwohl – wie er einige Male in seinem Leben zeigte – der Gang wissenschaftlicher Entdeckung sich nicht notwendigerweise an diese Reihenfolge hält.

Am Beispiel der allgemeinen Physik: Sie wurde als diejenige Wissenschaft definiert, die alle aus der unmittelbaren Beobachtung der Körper hervorgehenden Wahrheiten enthält. Sie war unterteilt in zwei «sekundäre» Wissenschaften: allgemeine Elementarphysik und mathematische Physik. Allgemeine Elementarphysik umfaßte Experimentalphysik und Chemie. Experimentalphysik handelte von den beobachteten Eigenschaften materieller Gegenstände, die bei Zusammensetzung und Zerfall unverändert bleiben. Die Chemie studierte Phänomene, die mit chemischen Veränderungen und chemischen Eigenschaften verbunden sind, die Körper voneinander unterscheiden. Beide zusammen liefern die phänomenale Grundlage für die mathematische Physik, die wiederum in zwei Hilfswissenschaften unterteilt ist: Stereonomie und Atomologie. Die Stereonomie entdeckt die Gesetze der Phänomeme und leitet von diesen Gesetzen andere Phänomene ab. Die Atomologie behandelt die noumenale Welt mit Hypothesen, die die noumenalen Ursachen der Phänomene zu erklären versuchen.

Alle anderen Wissenschaften folgten diesem Muster, und Ampère ging dazu über, sie im Detail aufzuzählen. Bei dieser Aufzählung führte er eine große Zahl von Neologismen ein, von denen die meisten nur sehr kurzlebig waren. Ein paar Worte, die *écologie* und *cinématique,* blieben, aber die große Masse der anderen, wie *oryctotechnie* und *thélésiologie* wurde nicht einmal ernsthaft für den Gebrauch in Betracht gezogen.

Am Ende des Bandes fügte Ampère eine große Tafel in schönem Druck an, die für ihn die ganze Landkarte des menschlichen Wissens repräsentierte. Obwohl sie kein ernsthaftes Interesse erregte, ist doch sowohl in dem Werk als auch an der Karte etwas ästhetisch Ansprechendes. Ampère hatte sein intellektuelles Leben als ein Enzyklopädist, ausgebildet mit Hilfe der großen *Encyclopédie* des 18. Jahrhunderts, begonnen, und es war passend, daß er es als solcher beenden sollte.

Das Ende

Ampères *Essai* begründete seinen Nachruhm. Er offenbarte sein breites und tiefes Wissen und sein leidenschaftliches wissenschaftliches Interesse. Er wurde 1834 veröffentlicht. Zwei Jahren später starb er auf einer Inspektionstour des französischen Bildungssystems als Inspector General in Marseille, aufgerieben und erschöpft, weit entfernt von seiner Familie und seinen Freunden. Außer seinem elektrodynamischen Werk waren seine Arbeiten rasch vergessen, obwohl die Franzosen sogar darauf bestehen, seinen Namen mit dem Avogadros für das Gesetz zu verbinden, das Avogadro vor ihm veröffentlicht hatte. Seine Elektrodynamik bestand fort und löste eine weitreichende Debatte über die Natur der Elektrizität und des Magnetismus während der mittleren Hälfte des 19. Jahrhunderts aus. Seine Theorien gewannen überall Anhänger, insbesondere in Deutschland, wo Wilhelm Weber und seine Schüler ihre Arbeiten auf ihnen aufbauten. Sein elektrodynamisches Kraftgesetz war so lange grundlegend, bis es in das Werk von James Clerk Maxwell eingebaut wurde. Maxwell gründete seine Theorien zwar auf die Arbeit von Michael Faraday, doch er profitierte von Ampères mathematischer Analyse der elektrodynamischen Phänomene. Ampères Bedeutung fand Anerkennung bei der Benennung der fundamentalen Einheit des elektrischen Stromes mit seinem Namen. So ist sein Name für immer in der Wissenschaftsgeschichte festgeschrieben.

Karl Heinrich Wiederkehr

CARL FRIEDRICH GAUSS (1777–1855) und WILHELM WEBER (1804–1891)

Gauß fühlte sich zeitlebens als Mathematiker. Als neunzehnjähriger Student in Göttingen erdachte er die Konstruktion des regelmäßigen Siebzehnecks mit Zirkel und Lineal. Mit seinen *Disquisitiones Arithmeticae (Untersuchungen über höhere Arithmetik)* begründete er 1801 die moderne Zahlentheorie.[1] Gewissermaßen als Ausgleich zu seinen mathematisch abstrakten Gedankenflügen wandte er sich, meist durch äußere Umstände motiviert, dem Konkreten und den Anwendungen zu. Die Entdeckung des kleinen Planeten Ceres durch den italienischen Astronomen Giuseppe Piazzi am ersten Tag des Jahres 1801 war ein solcher Anlaß. Gauß entwickelte eine neue Methode der Bahnberechnung, und der Planetoid konnte wieder aufgefunden werden. War Gauß durch seine rein mathematischen Arbeiten in dem kleineren Kreis führender Fachkollegen bekannt geworden, wurde er nun in der Öffentlichkeit eine Berühmtheit. Die neue Art der Bahnbestimmung und Störungsrechnung, die sich von der Laplaceschen Himmelsmechanik unterscheidet und in vielem praktikabler ist, legte er 1809 in seinem astronomischen Hauptwerk nieder: *Theoria motus corporum coelestium in sectionibus conicis Solem ambientium (Theorie der Bewegung der Himmelskörper, welche in Kegelschnitten die Sonne umkreisen).*[2]

Der aus einfachen Verhältnissen stammende Gauß heiratete 1805 Johanna Osthoff; Kinder aus dieser Ehe waren Joseph und Wilhelmine, genannt Minna.[3] Im Gegensatz zu seinen jüngeren Brüdern Eugen und Wilhelm (aus zweiter Ehe) hatte Joseph, zuletzt Oberbaurat bei der Hannoverschen Eisenbahndirektion, zu seinem Vater stets ein gutes Verhältnis. Minna, die den Professor für Orientalistik und Theologie Heinrich Ewald heiratete, verstarb schon mit 32 Jahren.

Professor der Astronomie in Göttingen

Im Jahr 1806 verlor Gauß seinen väterlich gesinnten Gönner, den Landesfürsten Herzog Carl Wilhelm Ferdinand von Braunschweig, der als Befehlshaber der preußischen Truppen bei Auerstedt tödlich verwundet worden war. Der Ruf als Professor für Astronomie und Direktor der Sternwarte nach Göttingen 1807 – der versprochene Neubau wurde erst nach einem Jahrzehnt fertig – gab Gauß dennoch eine gesicherte Lebensgrundlage.

Das nächste Gebiet, das sich Gauß theoretisch und praktisch erschloß, war die Geodäsie. In seiner Abhandlung von 1827 *Disquisitiones generales circa superficies curvas (Allgemeine Untersuchungen über krumme Flächen)* sind Begriffsbildungen enthalten, die den Weg zur Allgemeinen Relativitätstheorie bahnen.[4] Heinrich Christian Schumacher, ehemaliger Schüler von Gauß, der 1816 eine Landesvermessung in Dänemark durchführte, wollte die gerne bis ins Hannoversche fortsetzen, und er gewann dafür die Bereitschaft von Gauß. 1820 wurde vom Hannoverschen König der offizielle Auftrag dazu erteilt, und von 1821 bis 1824 nahm Gauß die Strapazen auf sich, mit Pferd und Wagen bei jedem Wetter die Erkundungen und Messungen selbst vorzunehmen. Eine gute Hilfe war ihm dabei der selbsterfundene Heliotrop (Sonnenwender), ein sinnvoll eingestellter Spiegel, der das Sonnenlicht zurückwirft und mit dem großräumige Dreiecke mit einer bis dahin noch nie erreichten Genauigkeit ausgemessen werden konnten. Das Werk von 1827 enthält Kriterien, wie Flächen-, Zylinder-, Kegel- und Kugelflächen aufeinander zu übertragen sind, es enthält den zentralen Begriff des Krümmungsmaßes und die sogenannten inneren Eigenschaften einer Fläche.

Gauß waren schon früh Zweifel an der Euklidischen Geometrie und ihrem Parallelenaxiom gekommen, und er fragte sich, ob der Raum nicht doch ein physikalisches Objekt und keines a priori sei. Vermutlich aus Angst vor dem «Geschrei der Böoter» hat er nie etwas darüber publiziert. Johann (Janos) von Bolyai, der Sohn seines Jugendfreundes aus Ungarn, und der Russe Nicolai Ivanowitsch Lobatschewskij wurden dann zu Pionieren der Nichteuklidischen Geometrie. Bei der Habilitation Bernhard Riemanns im Jahr 1854 wählte Gauß für die Probevorlesung das Thema: «Über die Hypothesen, welche der Geometrie zu Grunde liegen.» Riemann nahm die Gedanken von Gauß auf, verallgemeinerte die Theorie der inneren Eigenschaften einer Fläche und entwickelte so das Rüstzeug für Einsteins Relativitätstheorie.[5]

Gauß' Beiträge zur geometrischen Optik

Als Astronom mußte sich Gauß mit den Problemen der Optik, insbesondere der Dioptrik, auseinandersetzen. Bei der Arbeit mit Fernrohren ginge es vor allem darum, die sphärische Aberration und die Farbenfehler einzuschränken. Dem englischen Optiker John Dollond war es 1757 zum erstenmal gelungen, achromatische Fernrohre mit zusammengesetzten Linsen aus Kron- und Flintglas herzustellen. Die Fabrikation schlierenfreier Flintglasstücke bereitete aber erhebliche Schwierigkeiten. Als der Neubau der Göttinger Sternwarte 1816 seiner Vollendung entgegenging und die Instrumente beschafft werden mußten, nahm Gauß mit den führenden mechanisch-optischen Werkstätten Verbindung auf.[6] Den Ham-

Carl Friedrich Gauß (1777–1855)

burger Hersteller Johann Georg Repsold kannte er schon seit 1809. Gauß hatte ihn bei der Konstruktion von achromatischen Objektiven beraten. 1816 fuhr Gauß nach München zu den Werkstätten Georg von Reichenbach und Joseph von Utzschneider und in die Glasfabrik in Benediktbeuern, wo er auch Joseph von Fraunhofer kennenlernte.[7] 1817 wies Gauß einen neuen Weg zur Konstruktion achromatischer Doppelobjektive. Bei ihrer Herstellung minderten technische Schwierigkeiten anfänglich die Qualität. Karl August Steinheil stellte dann 1860 nach Gauß' Vorschriften Objektive her, welche die Erwartungen voll erfüllten. Später wurden Gauß-Objektive auch für Spektrometer und Mikroskope verwendet. In einem Brief an Johann Franz Encke sprach sich Gauß 1840 dafür aus, daß vom Objektiv übriggebliebene Farbfehler auch durch das Okular kompensiert werden könnten. Eine Abhandlung des großen Königsberger Astronomen Friedrich Wilhelm Bessel war 1840 der Anlaß zur bedeutendsten Arbeit auf dioptrischem Gebiet.[8] Bei dicken Linsen und Mehrfachlinsen versagt das übliche Verfahren zur geometrischen Bildkonstruktion, das die Mittelebene dünner Linsen benutzt. Durch die Einführung zweier Hauptebenen gelang es Gauß, mit den gebräuchlichen geometrischen Strahlengängen auch hier das Bild zu finden.

Gauß benutzte schlanke, achsennahe Lichtbündel, um scharfe Abbildungen zu erhalten; hier liegen die Grenzen seiner Untersuchungen. Die Praxis braucht zur Erzeugung großer Lichtintensitäten weit geöffnete Bündel; die Beschränkung auf enge Bündel, z. B. durch Blenden, ruft dagegen infolge der Beugung eine Unschärfe hervor, die man glaubte beseitigt zu haben. Zur physikalischen Optik, d. h. zu den epochemachenden Arbeiten von Etienne Louis Malus (siehe S. 312), dem Entdecker der Polarisation, und dem Wegbereiter der Wellenoptik Augustin Jean Fresnel (siehe S 310ff.), finden sich bei Gauß nur wenige Aufzeichnungen.

Beiträge zur Theorie des Magnetismus

Gauß' bedeutendste physikalische Arbeiten galten dem Magnetismus. Seit den Entdeckungen des Elektromagnetismus 1820 durch Hans Christian Oersted, der Thermoelektrizität 1821 durch Thomas Seebeck und der elektromagnetischen Induktion 1831 durch Faraday war die bisher als isolierte Disziplin betrachtete Lehre vom Magnetismus mit der Elektrizitätslehre in engen Zusammenhang getreten. Auch der Erdmagnetismus erregte zunehmend das Interesse der Naturforscher. Alexander von Humboldt hatte auf seinen Reisen seit der Jahrhundertwende eine systematische Messung erdmagnetischer Phänomene durchgeführt und anschließend ein Netz von Beobachtungsstationen aufgebaut.[9] 1828 hatte er Gauß zu der Versammlung deutscher Naturforscher und Ärzte in Berlin persönlich eingeladen und ihm bei dieser Gelegenheit seine magnetischen Meßgeräte vorgeführt.[10] Gauß traf hier zum erstenmal mit dem damals noch blutjungen Physikprofessor aus Halle, Wilhelm Weber, zusammen, der einen Vortrag über die Tonhöhenkompensation der Orgelpfeifen hielt.[11] In der Akustik galt der junge Mann bereits als anerkannter Wissenschaftler.

Wilhelm Weber

Wilhelm Weber war der Sohn eines Theologieprofessors der inzwischen geschlossenen Universität zu Wittenberg.[12] Sein erstes wissenschaftliches Werk war die *Wellenlehre auf Experimente gegründet* (1825), eine Gemeinschaftsarbeit mit seinem Bruder Ernst Heinrich, Professor für Physiologie.[13] Der Schwingungs- und Wellenlehre wollten sie eine tragfähige experimentelle Grundlage geben und ernteten dafür höchstes Lob. In der von ihnen geschaffenen Wellenrinne (nicht zu verwechseln mit der 1802 von Thomas Young eingeführten Wellenwanne) untersuchten die beiden Brüder die Fortpflanzungsgeschwindigkeit von Wasserwellen, ihre Überlagerungserscheinungen und das Zustandekommen stehender Wellen. An langen, über die Saale gespannten Seilen studierten sie das Verhalten linearer Transversalwellen, und in der Akustik erschlossen sie das Verständnis für Lippen- und Zungenpfeifen. In dem Werk zeigt sich deutlich der Einfluß des «Vaters der Akustik», Ernst Florens Friedrich Chladnis, der mit der Weberschen Familie befreundet war.

Mit seiner Dissertation *Theoria efficaciae laminarum maxime mobilium arcteque tubos aerem sonantem continentes claudentium* 1826 *(Theorie der Wirksamkeit höchst beweglicher Zungen, welche Röhren, die tönende Luft enthalten, eng verschließen)* und 1827 mit seiner Habilitationsschrift *Leges oscillationis oriundae, si duo corpora diversa celeritate oscillantia ita conjunguntur, ut oscillare non possint nisi simul et synchronice (Gesetze der Schwingung, die entsteht, wenn zwei Körper von verschiedener Schwingungszahl so gekoppelt werden, daß sie nur gleichzeitig und im Gleichtakt miteinander schwingen können)* behandelte Weber die Zungenpfeifen als gekoppelte Schwingungssysteme.[14] Seine Betrachtungsweise wurde später in den Anfängen der drahtlosen Telegraphie von Max Wien und Hermann Vogel auf gekoppelte, elektrische Schwingungskreise übertragen.[15]

Hatte der zu den führenden Physiologen seiner Zeit gehörende Ernst Heinrich seinen jüngeren Bruder Wilhelm wissenschaftlich gefördert, tat es dieser ein Jahrzehnt später für den jüngsten der drei Brüder, Eduard Friedrich. Gemeinsam veröffentlichten die beiden 1836 die *Mechanik der menschlichen Gehwerkzeuge.*[16] Auch auf anderen Gebieten, wie z. B. der elektrischen Nerven- und Muskelreizung, arbeiteten die Weber-Brüder zusammen. Es waren Pionierleistungen in der sich entwickelnden exakten Physiologie.

Die Zusammenarbeit von Gauß und Weber

Als mit dem Tode von Johann Tobias Mayer dem Jüngeren der Physiklehrstuhl in Göttingen frei wurde, sorgte Gauß in einem Gutachten für die Berufung Wilhelm Webers.[17] Für den jungen Wissenschaftler ging damit ein Herzenswunsch in Erfüllung. In jenem Jahr war Gauß' zweite Frau Wilhelmine geb. Waldeck nach schwerer Krankheit gestorben, und seine beiden Söhne Eugen und Wilhelm aus dieser Ehe bereiteten ihm zusätzlichen Kummer.[18] Aus dem persönlichen Umgang mit Wilhelm Weber und der bald beginnenden gemeinsamen wissenschaftlichen Arbeit schöpfte Gauß neuen Lebensmut und Schaffenskraft. Jahre davor hatte Gauß sich gelegentlich mit dem Erdmagnetismus befaßt und war im Besitz von Potentialsätzen, die er erst in den 30er Jahren benutzte.[19] Mit Weber hatte er nun einen erfahrenen, einfallsreichen Experimentator zur Seite.

Wilhelm Weber (1804–1891)

Die Weisheit des Alters verband sich hier mit jugendlicher Tatkraft. Wilhelm Weber nahm ganz die Ideen von Gauß auf und führte später das begonnene Gemeinschaftswerk konsequent fort. Manchmal fällt es schwer, die Anteile der beiden Forscher voneinander zu trennen. Die *Intensitas vis magneticae terrestris ad mensuram absolutam revocata* (*Die erdmagnetische Kraft auf absolutes Maß zurückgeführt*, 1832) war die erste Frucht.[20] «Absolute» Messungen stehen hier zunächst im Gegensatz zu relativen, wie sie Alexander von Humboldt durchgeführt hatte. Mit einer besonderen Meßmethode konnten das magnetische Moment des Stabmagneten und die erdmagnetische Horizontalintensität (Komponente des Feldvektors) gleichzeitig bestimmt und in den Basiseinheiten der Länge, Masse und Zeit (damals mm, mg und sek) ausgedrückt werden. Eine eventuelle Veränderung der Stärke des Stabmagneten hatte so keinen Einfluß mehr auf die Meßergebnisse. Gauß gebrauchte dazu die nach ihm benannten Hauptlagen des Magneten und Schwingungsbeobachtungen. Heute versteht man unter absoluten magnetischen und elektrischen Maßeinheiten generell das Dreiersystem von Länge, Masse und Zeit.

Gauß und Weber errichteten 1833 ein magnetisches Observatorium und schlossen sich dem Humboldtschen Netz an. Sie entwarfen neue Meßgeräte, so z. B. das «Unifilarmagnetometer» zur Beobachtung der Deklinationen und ihrer Variationen, und das «Bifilarmagnetometer» zur Bestimmung der Horizontalintensität.[21] Das Observatorium mit seinen Einrichtungen war Prototyp für viele andere danach gebaute Beobachtungsstationen. Dank des großen Ansehens von Humboldt und Gauß konnte der *Göttinger Magnetische Verein* entstehen, eine Gemeinschaft freiwillig zusammenarbeitender Wissenschaftler zur Erforschung des Erdmagnetismus. Göttingen hatte nun die Führung des weltumspannenden Unternehmens übernommen. Für die späteren internationalen Kooperationen in den Polarjahren und Geophysikalischen Jahren galt der *Magnetische Verein* als Vorbild. Als Publikationsorgan des Vereins dienten Gauß und Weber die *Resultate* genannten Jahrbücher, in denen die gemeinsamen Beobachtungen zusammengestellt, ausgewertet und die neuen Termine bekanntgemacht wurden.[22] Sie enthielten aber auch Anleitungen zum Bau und dem Gebrauch der neuen Instrumente und daneben zahlreiche wissenschaftliche Abhandlungen, auch aus der sich entfaltenden Elektrizitätslehre.

Dieser so vielversprechenden Gemeinschaftsarbeit von Gauß und Weber wurde 1837 durch den Staatsstreich des Hannoverschen Königs Ernst August ein jähes Ende bereitet. Nach dem Tode des Königs Wilhelm IV. von Großbritannien endete wegen unterschiedlicher Erbfolgegesetze die Personalunion mit Hannover. Viktoria bestieg den englischen Thron, in Hannover wurde ihr absolutistisch denkender Onkel Ernst August König. Sieben Göttinger Professoren, darunter Wilhelm Weber, die 1837 in einem Schreiben gegen den Bruch des liberaleren Staatsgrundgesetzes von 1833 protestierten, wurden daraufhin vom König ihres Amtes enthoben. Für Weber war es vor allem eine Frage des Gewissens gewesen. Mit dem Hambacher Fest von 1832 gehörte der Protest der Göttinger Sieben zu den Vorboten der Revolution 1848/1849.

Dem couragierten Verhalten der Göttinger Professoren wurde in den deutschen Ländern viel Sympathie entgegengebracht, und die Entlassenen wurden durch Sammlungen finanziell unterstützt. So konnte Weber wenigstens die begonnenen Arbeiten zu Ende führen. Auf einer Englandreise gelang es ihm 1838, den vom Kap der Guten Hoffnung gerade zurückgekehrten Astronomen John Herschel (Sohn von Wilhelm Herschel) für die Ziele des *Magnetischen Vereins* zu gewinnen.[23] Edward Sabine konnte schließlich den berühmten «Magnetic Crusade» organisieren, zusammen mit der Antarktis-Expedition 1839–1843 von James Clark Ross. Für seine bahnbrechenden magnetischen Untersuchungen wurde Gauß 1838 von der *Royal Society* in London die Copley-Medaille zuerkannt; sie war damals die höchste naturwissenschaftliche Auszeichnung und mit dem heutigen Nobelpreis vergleichbar.[24]

Eine phänomenologische Theorie des Erdmagnetismus

Zwei bedeutende Arbeiten von Gauß, die 1838 und 1839 in den *Resultaten* erschienen, sind die *Allgemeine Theorie des Erdmagnetismus* und *Allgemeine Lehrsätze in Beziehung auf die im verkehrten Verhältnisse des Quadrats der Entfernung wirkenden Anziehungs- und Abstoßungskräfte.*[25] Gauß' Theorie will rein phänomenologischer Natur sein, d. h. sie will keine Hypothesen über die physikalischen Ursachen aufstellen, sondern nur auf dem Beobachtungsmaterial fußend, mit mathematischen Hilfsmitteln den magnetischen Zustand der Erdoberfläche und ihre magnetischen Elemente beschreiben. Aus einer ersten Analyse schließt Gauß, daß die Hauptursache des Erdmagnetismus im Erdkörper liegt. Er läßt offen, ob es magnetisierte Erdschichten oder elektrische Ströme sind, und er hält es für möglich, daß sogar von elektrischen Strömen in der Lufthülle magnetische Wirkungen ausgehen. Die Gaußsche Theorie gilt heute noch als eine der tragenden Säulen in den geomagnetischen Forschungen. Eine Erweiterung beziehungsweise Modifizierung gab gegen Ende des 19. Jahrhunderts der Geophysiker Adolf Schmidt. Zur Veranschaulichung der Ergebnisse wurden Karten für das Potential und die geomagnetischen Elemente beigegeben und 1840 in einem *Atlas des Erdmagnetismus* gesammelt und ergänzt. Noch Jahrzehnte später übernahm die Deutsche Kaiserliche Admiralität und die Deutsche Seewarte die Gaußsche Darstellungsart magnetischer Größen in ihre Karten.[26]

Die zweite genannte Abhandlung von Gauß trug wesentlich zur Einführung und zum Gebrauch des Potentialbegriffs in der Physik bei, obwohl vorher Pierre Simon Laplace, George Green und Siméon Denis Poisson schon mit der Potentialfunktion gearbeitet hatten. Wie Clemens Schaefer in seinem Kommentar zu Gauß' Werken bemerkt, gelangte Gauß zu dem Potentialsatz, der seinen Namen trägt, ganz unabhängig und ohne Kenntnis der Greenschen Arbeit von 1828, und ähnliches gilt auch für zwei weitere Gaußsche Theoreme.[27]

Der erste elektrische Telegraph und weitere Anwendungen des Elektromagnetismus

Sozusagen als Nebenprodukt der Gauß-Weberschen Untersuchungen zum Ohmschen Gesetz entstand 1833 der erste, über eine größere Strecke hinweg funktionierende elektrische Telegraph, der zuletzt mit Induktionsströmen betrieben wurde; eine Spule an dem Ende eines Stabmagneten wurde dabei hin- und herbewegt.[28] Als Empfänger diente ein Magnetometer, das mit einer Ablenkspule versehen war. Gauß und Weber erkannten sehr wohl den Wert des Telegraphen und die Rolle, die er in Zukunft spielen würde; ein Patent darauf zu beantragen, lag ihnen fern. Erst später wurde die Bedeutung dieser Erfindung in der Öffentlichkeit gewürdigt.

Das Bild des Menschen Carl Friedrich Gauß, das für lange Zeit von seinem ersten Biographen Wolfgang Sartorius von Waltershausen geprägt worden war, ist durch neuere historische Arbeiten etwas zurechtgerückt worden. Bereits herausgegebene Briefwechsel wurden ergänzt, neue kamen hinzu.[29] Seine Bibliothek wurde einer genauen Sichtung unterzogen, seine Beziehungen zu wissenschaftlicher und schöngeistiger Literatur analysiert. Gauß' Vorliebe für russische Literatur im Alter, die er dank seiner Sprachkenntnisse im Original lesen konnte, ist besonders auffällig.[30] Gauß wird heute nicht mehr als der *Rocher de bronze* gesehen, sondern als ein sensibler, leichtverletzlicher Mensch, der manches Mal von Zweifeln befallen und von Stimmungsschwankungen heimgesucht wurde und der auch menschliche Schwächen hatte. Das Bild seiner Persönlichkeit büßt dabei durchaus nichts an Faszination ein.[31]

Die nach Gauß angefertigten Magnetometer benutzten Magnetstäbe mit einem Gewicht von mehreren Kilogramm; für Variationsmessungen waren sie deshalb aufgrund ihrer Trägheit nur mit Einschränkung brauchbar. Johann von Lamont in München und Humphrey Lloyd in Dublin bemängelten dies mit Recht und konstruierten kleinere Geräte.[32] Aber auch Wilhelm Weber baute leichtere, handlichere Geräte, wie 1838 das vielseitige *transportable Magnetometer*, das in Verbindung mit einer Spule sogar für elektrische Messungen brauchbar war.[33] Und wenn Weber mit einer im Magnetfeld der Erde bifilar aufgehängten Spule Strommessungen machte, so war dies eine Vorstufe des Drehspulgalvanometers.[34] In *Resultate im Jahre 1840* legte Wilhelm Weber bereits das absolute elektromagnetische Maß der Stromstärke fest; er war dabei Vollender Gaußscher Gedankengänge.[35] Grundlage ist dabei die Äquivalenz von Stabmagnet und stromdurchflossener Leiterschleife, und Weber zeigte, wie mit der von Claude Servais Mathias Pouillet konstruierten Tangentenbussole solche absoluten Messungen durchzuführen sind.

Die Messungen von Inklination und Vertikalintensität bereiteten besondere Schwierigkeiten; deshalb wollten Gauß und Weber schon seit 1835 die Induktionswirkung im erdmagnetischen Feld heranziehen.[36] Den bekannten Erdinduktor beschrieb Wilhelm Weber aber erst 1853. Eine sinnreiche Apparatur, die aber wegen der ihr anhaftenden Ungenauigkeiten wenig eingesetzt wurde, stellte 1837 Webers «Induktionsinklinatorium» dar. Es bestand aus einem schnellrotierenden Kupferring, in dessen Mitte ein Kompaß gelegt war, der auf die induzierten Ströme reagierte.[37] Dabei gelangte Weber zu einer Formulierung des Induktionsgesetzes als der Änderung des umfaßten magnetischen Flusses, das der heute oft gebrauchten Form recht nahe kommt.

Das Webersche elektrodynamische Grundgesetz

Nach vergeblichen Bemühungen von Gauß, für Wilhelm Weber eine Rücknahme der Entlassung zu erreichen, erhielt Weber 1842 in Leipzig eine neue Wirkungsstätte als Ordinarius für Physik, und der ein Leben lang unverheiratet gebliebene Gelehrte fand bei seinen dort lebenden Brüdern familiäre Geborgenheit. Die Verbindung zu Gauß riß dennoch nie ab. Bei der Fertigstellung seiner ersten Abhandlung der berühmten Reihe *Elektrodynamische Maassbestimmungen,* die das nach ihm benannte «Grundgesetz der elektrischen Wirkung» enthielt, fragte er Gauß um Rat.[38] Die Antwort war Gauß' vielzitierter Brief vom 19. März 1845, in dem er Weber mitteilte, daß er sich vor zehn Jahren mit dem gleichen Problem befaßt habe, nämlich mit der Aufstellung eines solchen Elementargesetzes.[39] Weil ihm der Schlußstein fehlte – «nämlich die Ableitung der Zusatzkräfte (die zu der gegenseitigen Wirkung ruhender Elektrizitätsteile noch hinzukommen, wenn sie in gegenseitiger Bewegung sind) aus der nicht instantanen, sondern (auf ähnliche Weise wie beim Licht) in der Zeit sich fortpflanzenden Wirkung» –, habe er die Untersuchungen abgebrochen.

Das Webersche Gesetz beschreibt die Wechselwirkung zweier zueinander in Bewegung befindlicher, elektrischer Teilchen; es ist ein Fernwirkungsgesetz, das eine unendlich große Ausbreitungsgeschwindigkeit der Wirkung annimmt. In dem Gaußschen Brief wird die ganze Problematik in der damaligen Elektrodynamik deutlich, wenn von einer Fortpflanzungsgeschwindigkeit ähnlich wie beim Licht, also von einer Nahwirkung die Rede ist. Das mathematische Rüstzeug für eine Nahwirkungs- oder Feldtheorie war in jenen Jahren noch nicht geschaffen, obwohl durch Faraday die Keime dazu durch physikalische Experimente und Überlegungen bereits gelegt waren. Wilhelm Weber sah sich in der Tradition der französischen Schule, insbesondere als Nachfolger von Ampère, der den elektrischen Strom 1822 als Doppelstrom zweier elektrischer

Fluida in einem Leiter auffaßte, die Wirkungen stromdurchflossener Leiter aufeinander mit seinem elektrodynamischen Fundamentalgesetz beschrieb und alle magnetischen Erscheinungen einschließlich des permanenten Magnetismus (Hypothese der Molekularströme) auf fließende Elektrizität zurückführen wollte.

Das Webersche Gesetz konnte die meisten damals bekannten elektrischen Erscheinungen, darunter auch die Induktion, in ausreichender quantitativer Weise erfassen. Dem Coulombgesetz der Elektrostatik wurden in einer Klammer zwei Zusatzglieder beigegeben, in denen die erste und zweite Ableitung des Abstandes der beiden elektrischen Teilchen nach der Zeit enthalten war. In einem Kraftgesetz traten so zum erstenmal die «relative» Geschwindigkeit und Beschleunigung auf. Neben diesen Differentialquotienten erschien in dem Gesetz auch eine als Webersche Konstante bezeichnete Geschwindigkeit c. Ihre Größe erwies sich nach den um 1856 ausgeführten Messungen von Wilhelm Weber und Rudolf Kohlrausch als Lichtgeschwindigkeit mal $\sqrt{2}$.[40]

Franz Neumann stellte in den Jahren 1845 und 1847 ebenfalls eine mathematische Theorie der induzierten Ströme auf.[41] Als die Übereinstimmung der Theorien von Weber und Neumann gezeigt werden konnte, schien es, als ob eine auch für die Zukunft tragfähige Elektrodynamik geschaffen worden sei. Auf dem europäischen Festland hielten die Physiker drei Jahrzehnte daran fest, bis es 1887 Heinrich Hertz gelang, schnelle elektrische Schwingungen zu erzeugen und die Existenz elektromagnetischer Wellen nachzuweisen. Damit hatte er der rivalisierenden Faraday-Maxwellschen Theorie, die mit dem Feldbegriff arbeitete, zum endgültigen Sieg verholfen.

Absolute elektrische Maßsysteme

Der bedeutendste Teil von Webers Lebenswerk ist die Einführung der absoluten elektrischen Maßsysteme (über die der absoluten elektromagnetischen Stromstärke in Anlehnung an Gaußsche Ideen wurde bereits berichtet). Das die Proportionalität zwischen Spannung und Strom feststellende Ohmsche Gesetz und der Begriff des Widerstandes waren seit 1827 bekannt. Wie aber war eine zweckmäßige elektrische Widerstandseinheit zu definieren? Die aufkommende Elektroindustrie verlangte genaue Maßeinheiten und Meßgeräte. Moritz H. von Jacobi, ein Bruder des berühmten Mathematikers, schlug 1846 sein Widerstandsetalon, ein Stück Kupferdraht, als Widerstandseinheit vor. Weber lehnte es ab, weil damit etwas materiell Willkürliches hineinkäme, nämlich der spezifische Widerstand des Kupfers. Er definierte den Widerstand direkt als Quotient aus Spannung und Strom, setzte dabei also ebenso wie Gauß beim Coulombgesetz der Magnetostatik den Proportionalitätsfaktor gleich 1.

Damit stellte sich aber das schwierige Problem der Definition der Spannungseinheit.[42] Weber nahm hier die Induktion im relativ homogenen Magnetfeld der Erde zu Hilfe. In seiner berühmten Abhandlung von 1852 *Elektrodynamische Maassbestimmungen, insbesondere Widerstandsmessungen* gab Weber vier Verfahren zur absoluten Widerstandsbestimmung an. Dadurch, daß das geomagnetische Feld einerseits zur Erzeugung eines Induktionsstoßes, andrerseits aber auch bei der Stromstoßmessung im Nadelgalvanometer benutzt wurde, vereinfachen sich die Formeln zur Widerstandsberechnung erheblich. Die 1861 von der *British Association* eingesetzte Kommission, der auch James Clerk Maxwell und Lord Kelvin angehörten, übernahm Webers Vorschlag und seine Methode. Für den praktischen Gebrauch waren die absoluten elektromagnetischen Einheiten allerdings zu unhandlich, und man ersetzte sie durch geeignete Zehnerpotenzen. Die Einheiten unseres praktischen Systems mit V, A und Ω und auch die MKSA-Einheiten sind Abkömmlinge des absoluten elektromagnetischen Maßsystems. Zu Webers Ehren trägt im heutigen SI-System die mit Wb abgekürzte Einheit des magnetischen Flusses seinen Namen; auch der Name von Gauß erscheint in den Einheiten; 1 Tesla (T), die Einheit der magnetischen Flußdichte oder Induktion, ist gleich 10^4 Gauß (G).

In der ersten, 1846 erschienenen Abhandlung seiner *Elektrodynamischen Maassbestimmungen* hatte Weber das absolute elektrodynamische Maß der Stromstärke definiert und in seinem Elektrodynamometer angewandt.[43] Die elektromagnetische Einheit der Stromstärke ist $\sqrt{2}$ mal größer als die elektrodynamische Einheit. Er wollte die absolut elektrostatisch gemessene Elektrizitätsmenge auch in Beziehung zur elektromagnetisch gemessenen bringen. Für einen ballistischen Ausschlag am Nadelgalvanometer war aber eine sehr große, ruhende Elektrizitätsmenge nötig. Weber tat sich mit Rudolf Kohlrausch zusammen, der ein Meister in elektrostatischen Versuchen war. 1856 gelang ihnen die Bestimmung des Verhältnisses von Elektrizitätsmengen in den beiden Maßsystemen; es ist eine heute noch bewundernswerte experimentelle Leistung.[44] Wird der Quotient aus den Dimensionen der beiden verschieden gemessenen Ladungen gebildet – Weber sprach allerdings nicht vom absoluten elektrostatischen Maß, sondern von einem «mechanischen Maß der Elektrizität» –, erhält man die Dimension einer Geschwindigkeit. Als Quotient der Maßzahlen ergibt sich, wenn man Webers Vorstellung vom Doppelstrom beiseite läßt – das Zahlenergebnis ist dann mit zwei zu multiplizieren –, eine Größe, die bis auf etwa 3 % der Lichtgeschwindigkeit entspricht. Kirchhoff sah als erster den Zusammenhang des Meßergebnisses mit der Lichtgeschwindigkeit,[45] und Maxwell interpretierte das Kohlrausch-Webersche Ergebnis direkt als Lichtgeschwindigkeit bei der Gegenüberstellung der beiden Dreiersysteme.[46] Für seine Elektrodynamik und elektromagnetische Lichttheorie ist die Tatsache, daß sich die

Lichtgeschwindigkeit als wichtige Naturkonstante aus rein elektrischen und magnetischen Messungen ergibt, eine wertvolle Stütze.

Webers Atomismus

Fast allen Arbeiten Webers liegt eine Natursicht mit atomistischen Zügen zugrunde, und für die damalige Zeit war das nicht selbstverständlich. Dem Paradigma der mechanisch-atomistischen Deutungsweise stand im 19. Jahrhundert – und das ist auf gewisse Weise noch heute der Fall – das Paradigma der sogenannten dynamischen Grundauffassung gegenüber. Zu den «Dynamisten», die die Existenz einer elektrischen Substanz und diskreter Teilchen ablehnten, zählten Oersted und Faraday, zu den «Atomisten» Naturforscher vor allem aus der französischen Schule. Wilhelm Weber war hier stark von Gustav Theodor Fechner beeinflußt, der Biots *Précis élémentaire de physique expérimentale* ins Deutsche übersetzte und 1855 die *Atomenlehre* schrieb.[47]

Wie schon erwähnt, übernahm Weber Ampères symmetrischen Doppelstrom der beiden elektrischen Fluida und die Hypothese der Molekularströme zur Erklärung der magnetischen Eigenschaften der Materie. Diese Molekularströme formte Weber im Sinne seines Teilchenkonzepts gänzlich um und präzisierte sie. Mit Hilfe positiver und negativer elektrischer Grundteilchen deutete Weber den elektrischen Leitungsvorgang in Metallen als einen ständig sich wiederholenden Trennungs- und Einfangprozeß, der durch die angelegte Spannung in Gang gehalten wird.[48] Die beiden Teilchensorten sollen in den Augen Webers gleiche Ladung, aber unterschiedliche träge Masse haben. Er verschmilzt die eine elektrische Teilchenart mit dem Molekül der Substanz und läßt das Teilchen mit der anderen entgegengesetzten Ladung um das Molekül kreisen. Der eine, aus Ampères elektrischem Fluidum bestehende frühere Ring hat sich hier also mit der Kernmasse vereinigt und der andere Ring zu einem Teilchen verdichtet. Kurz, Weber hatte die Ampèreschen Molekularströme in ein Planetensystem aufgelöst. Es ist eine Vorstufe des vier Jahrzehnte später geschaffenen Rutherford-Bohrschen Atommodells.[49]

Mit seinem Planetenmodell war Weber imstande, ferro- bzw. para- und diamagnetische Erscheinungen auf einer gemeinsamen Grundlage zu deuten. In ferro- oder paramagnetischen Substanzen nahm er drehbare permanente Molekularströme an, die sich in einem Magnetfeld ausrichten. Den Diamagnetismus erklärte er mit Hilfe von Molekularströmen, die beim Hineinbringen der Substanz in ein Magnetfeld durch Induktion erzeugt und beim Herausnehmen wieder vernichtet werden.[50] Paul Langevin nahm 1905 den Gedanken permanent kreisender elektrischer Teilchen – nun heißen sie Elektronen – wieder auf und konnte so paramagnetische Phänomene quantitativ erfassen. Die Maxwell-Hertzsche

Theorie der Elektrodynamik erwies sich bei Vorgängen, bei denen die Materie mit im Spiel war, als revisions- und ergänzungsbedürftig. Mit seiner um die Jahrhundertwende entwickelten Elektronentheorie nahm Hendrik Antoon Lorentz alte, für überholt geglaubte Ansichten über die substantielle Natur der Elektrizität wieder auf, Ansichten, wie sie Wilhelm Weber in seiner Quasi-Elektronentheorie vertreten hatte.[51]

In den 70er Jahren fand Weber in Johann Karl Friedrich Zöllner[52] und Carl Neumann engagierte Verteidiger seiner Anschauungen, die einerseits veraltet, andererseits aber einen weiterhin gültigen Kern besaßen. Nachfolger wurde Eduard Riecke, obwohl Weber gerne Friedrich Kohlrausch, den Sohn seines früh verstorbenen Mitarbeiters und Freundes, auf seinem Lehrstuhl gesehen hätte. Als Präsident der *Physikalisch-Technischen Reichsanstalt* in Berlin-Charlottenburg führte F. Kohlrausch die Gauß-Webersche Tradition physikalischer Präzisionsmessungen fort.[53] Gauß und Weber hatten mit ihren Forschungen in Göttingen neue Maßstäbe in der Physik gesetzt.

L. Pearce Williams

MICHAEL FARADAY
(1791–1867)

Aus dem Amerikanischen von Andreas Gottwald

Die frühen Jahre

Eine der konzeptionellen Revolutionen in der Physik des 19. Jahrhunderts war die Feldtheorie, die einen neuen Typus von mathematischen Physikern schuf und nur für sie verständlich war. Die Männer, die sie entwickelten, wie Maxwell, Clausius und Boltzmann, sprachen miteinander in mathematischen Gleichungen von zunehmender Komplexität und Schwierigkeit.

Die Feldtheorie war das Ergebnis der Experimente und kühnen Konzepte von Michael Faraday, einem mathematisch ungebildeten Chemiker ohne Hochschulabschluß, lediglich als Lehrling bei Sir Humphry Davy ausgebildet. Während die kinetische Gastheorie unmittelbar in der Physik des 19. Jahrhunderts Eingang fand, brauchte die Feldtheorie ein halbes Jahrhundert dazu. Es überforderte die Physiker, einem einfachen Chemiker ernsthaft Aufmerksamkeit zu schenken, dessen Ideen die grundlegenden Konzepte ihrer Wissenschaft verletzten. Nur sehr wenige, wie Maxwell und Lord Kelvin, waren in der Lage, Faradays Vision der physikalischen Realität teilweise nachzuvollziehen.

Michael Faraday wurde am 22. September 1791 in Newington, Surrey, einem Teil der expandierenden Metropole London geboren. Seine Eltern hatten kurz zuvor Yorkshire verlassen, um nach London zu kommen, wo Faradays Vater, ein Hufschmied, Arbeit zu finden hoffte. Um 1791 hatte die Französische Revolution eine leichte Depression ausgelöst. Zudem schien London für den kränkelnden James Faraday ein günstigeres Klima zu haben. Seine Krankheit bedeutete für die Familie ein Leben in Armut. Später erwähnte Michael Faraday, daß er einmal mit nur einem Laib Brot einige Tage auskommen mußte. Die Armut hinterließ jedoch kaum Narben.

Über die frühen Jahre ist wenig bekannt, aber der junge Faraday schien durchaus glücklich in seiner Familie gewesen zu sein. Seine Mutter war eine freundliche und liebevolle Person; sein älterer Bruder und seine ältere Schwester waren Freunde, und Michael war in seine jüngere Schwester vernarrt. Da ferner seine Mutter und sein Vater die Sandeman-Kirche besuchten, die die Seligkeit der Armen predigte und ihnen auch half, konnten die Entbehrungen als Wille Gottes akzeptiert werden. Faraday wuchs mit dieser Kirche auf und schloß sich ihr 1821 formal an. Sie sollte bis zu seinem Tod der Mittelpunkt seines Lebens bleiben.

Michael Faraday (1791–1867)

Der Einfluß dieser Religion war für Faradays Leben grundlegend.[1] Alle Naturwissenschaftler müssen davon ausgehen, daß das Universum im Grunde geordnet und gesetzmäßig ist, aber Faradays Glaube gab ihm ein tiefes Vertrauen in den Schöpfer des Universums als einen vernünftigen und mildtätigen Gott. Gottes Wohltätigkeit konnte überall gefunden werden, auch an den verborgensten Orten. In einem späteren Vortrag über das neuentdeckte Ozon pries Faraday dessen Eigenschaften: «Es gibt den Backen die Röte von Gesundheit und ist für das Wohl der Menschheit genauso notwendig wie die anderen Teile, aus denen die Luft zusammengesetzt ist.»[2] Dies ist eine der seltenen Gelegenheiten, bei denen Faraday seine übliche Vorsicht aufgab und eine kühne, auf seinem Glauben basierende Stellungnahme abgab, die außerdem völlig falsch war, denn Ozon ist ein äußerst schädliches Gas. Ein weiterer wichtiger, von ihm selbst erwähnter Einfluß seines Glaubens war seine tiefsitzende Überzeugung von den Grenzen des Menschen. In einem Brief an seinen Schwager verknüpfte er seine Religion mit seiner Wissenschaft:

> ... in jeder Art von Erkenntnis nehme ich wahr, daß meine Ansichten ungenügend und mein Urteil unvollkommen sind. Mit Experimenten komme ich zu Schlußfolgerungen, die, wenn auch teilweise richtig, so doch bestimmt zum Teil falsch sind; wenn ich sie durch andere Experimente korrigiere, komme ich einen Schritt voran. Mein alter Irrtum ist um einen Teil vermindert, aber er bleibt immer zurück mit einer Spur von Menschlichkeit, offenbart durch Unvollkommenheit.[3]

Der religiöse Ursprung dieses Gefühls der Unvollkommenheit zeigt sich auch in Faradays Bibel, in der er Hiobs Aussage dick unterstrichen hat: «Wenn ich mich rechtfertige, wird mein eigener Mund mich verdammen. Wenn ich sage, ich sei vollkommen, so wird es sich als verkehrt erweisen.» (Hiob, IX, 20)

Faradays Hinwendung zur Wissenschaft war eher zufällig. Als Buchbinderlehrling hatte er begierig alle möglichen Bücher gelesen, die zum Binden gebracht wurden, aber was er lernte, war unzusammenhängend. Es war das freundliche Angebot eines der Kunden seines Lehrmeisters, zwei chemische Vorlesungen Sir Humphry Davys an der *Royal Institution* zu besuchen, das seine Aufmerksamkeit auf die Chemie lenkte. Die Vorlesungen behandelten Chlor, bei dem Davy kurz zuvor bewiesen hatte, daß es ein Element sei. Faraday notierte alles sorgfältig, fertigte eine Kopie in schöner Handschrift an, band sie und schenkte sie Davy. Durch diese Geste gewann er Davys Aufmerksamkeit, und er wurde im März 1813 als Assistent im Labor der *Royal Institution* angestellt. Davy wurde sein Förderer und Lehrer. In den nächsten sieben Jahren sollte er eng mit einem der führenden Chemiker der Zeit zusammenarbeiten.

Der Chemiker: Begegnung mit der Naturphilosophie

Davys Einfluß auf Faraday war tief und anhaltend; doch ist er nicht gut dokumentiert, denn Davy lehrte in Vorträgen anhand von Beispielen, ohne schriftliche Aufzeichnungen anzufertigen. So muß neben Verbürgtem manches vermutet werden.

Humphry Davy kam, wie Faraday, aus einer vergleichsweise armen Familie und lernte Chemie als Apothekerlehrling. 1798 zog Davy nach Bristol, wo er seine wissenschaftliche Karriere unter der Leitung von Dr. Thomas Beddoes begann, dem Begründer und Direktor des Pneumatik-Instituts. Er war auf der Suche nach Heilmethoden mit Hilfe von Gasen, die im 18. Jahrhundert in das Zentrum des Interesses gerückt waren. Beddoes war ein Mann mit vielen Talenten: ein politisch Radikaler, ein Arzt und ein glühender Bewunderer deutscher Philosophie. Aus dem Katalog von Beddoes Bibliothek geht hervor, daß er sich über Kants neue kritische Philosophie auf dem laufenden hielt und daß er frühe Schriften von Naturphilosophen wie Friedrich Wilhelm Schelling besaß.[4]

Sowohl Kant wie auch Schelling wiesen die atomistischen Argumente zurück, die Newton in seinen *Opticks* vorgebracht hatte. Sie ersetzten materielle Atome und leeren Raum durch einen vollständig mit Anziehungs- und Abstoßungskräften erfüllten Raum. Kant bestand darauf, daß Materie nur durch diese Kräfte ein Gegenstand der Wahrnehmung sei. Schelling ging einen Schritt weiter und argumentierte, daß alle Kräfte der Materie Manifestationen dieser «Grundkräfte» und deshalb ineinander umwandelbar seien. Diese Einsicht sollte später Männer wie Hans Christian Oersted, Thomas Seebeck und Faraday dazu inspirieren, solche Umwandlungen zu suchen und dann auch zu finden. Das idealistische Kräftesystem konnte das Newtonsche System nicht gänzlich verdrängen, denn es berücksichtigte nicht die Erfahrung der Chemie, wo Kräfte klar in bestimmten Substanzen konzentriert zu sein schienen.

Solche Fragen waren schon im 18. Jahrhundert von dem Jesuiten Roger Joseph Boscovich untersucht worden. Boscovich sah das Problem der Atome ganz anders als Kant, aber er kam wie Kant zu dem Schluß, als letzte Realität die Kräfte und nicht irgendeine unbekannte Materie anzusehen. Um die Mitte des 18. Jahrhunderts hatte Boscovich seine Atomtheorie veröffentlicht. Atome waren danach von Anziehungs- und Abstoßungskräften umgebene mathematische Punkte, die gemäß seiner berühmten Kurve variierten. Bei einer gewissen, nicht genauer bestimmten Distanz sollten diese sich wechselseitig anziehenden und abstoßenden Kräfte in die Newtonsche Gravitationskraft übergehen. Die Atome konnten sich miteinander verbinden, wobei komplizierte Kraftmuster entstanden, und diese Muster konnten als Erklärung für so wichtige Phänomene wie chemische Affinität, Kristallstrukturen und chemische Verbindungen dienen.

Wieviel von solchen Lehren Davy an Faraday weitergab, ist nicht bekannt. Auf jeden Fall hat Faraday während seiner wissenschaftlichen Ausbildung Boscovichs Atomtheorie kennengelernt und von der Möglichkeit der Kraftumwandlung erfahren. Es gibt Beweise dafür, daß Faraday sich bei seinen Untersuchungen auf beide Theorien stützte, die um so verführerischer waren, je mehr seine eigenen Untersuchungen Fortschritte machten.

Davy versah Faraday jedenfalls mit einer hervorragenden Ausbildung. Als Davys Laborassistent lernte Faraday die chemische Kunst, wobei er ein unmittelbares Talent für die Handhabung der chemischen Geräte zeigte. Erst im Jahre 1827 veröffentlichte er sein erstes und einziges Buch.[5]

Davy erschloß Faraday auch die Welt außerhalb Londons. 1813 begleitete er das Ehepaar Davy auf einer großen Tour durch Europa, wobei er einige führende Wissenschaftler sowie die französische Sprache kennenlernte. Obwohl ihm Davys Gesellschaftsschicht nicht zusagte, lernte er doch, sich mit einer gewissen Leichtigkeit in ihr zu bewegen – das sollte nach der Rückkehr nach London seinen Weg ebnen.

Während der Jahre als Chemikerlehrling schulte Faraday auch seine Vortragsgewandtheit, indem er die *City Philosophical Society* besuchte. Es handelte sich um eine Gruppe von jungen Leuten aus ähnlichen Verhältnissen wie er selbst, die sich abends trafen und gegenseitig ihre Sprache und Umgangsformen zu verbessern suchten. Dort hielt er auch Vorlesungen, in denen er stets zu den fundamentalen Fragen der Chemie zurückkehrte. Er wollte tiefer in die Natur der chemischen Erscheinungen eindringen, weil er sah, daß diese Erkenntnis den Weg zu weiteren Entdeckungen öffnen würde.

Während Faraday ganztags im Labor arbeitete, unternahm er auch Schritte, die *Royal Institution,* die damals in einer mißlichen Lage war, zu unterstützen, zu erneuern und ihre Finanzlage zu verbessern. Sein wichtigster Beitrag war vielleicht die Einführung der Freitagabendgespräche, die nicht nur Finanzmittel verschafften, sondern auch der Popularisierung von Wissenschaft im viktorianischen England dienten. Die späteren Weihnachtsvorlesungen für Kinder gaben Faraday die wunderbare Möglichkeit, junge Leute zu inspirieren und fundamentale Prinzipien der Wissenschaft mit einfallsreichen Vorführungen zu illustrieren.

Die Kräfte der Materie

Während dieser Jahre intensiver praktischer Tätigkeit in der Chemie und in der *Royal Institution* grübelte Faraday weiter über die Natur der physikalischen Wirklichkeit. 1821 begann er ein kleines Notizbuch, in dem er Fragen notierte, die ihm einfielen und die sich als interessant für weitere Untersuchungen erweisen könnten.[6] Darunter ist fast alles zu finden, was ihn später beschäftigte. Die Natur der Kraft und ihre Umwandlungen, insbesondere Elektrizität und Magnetismus, die Verflüssigung von Gasen, die Natur von Licht und Wärme und sogar das Thema seiner letzten Versuche: die Umwandlung von Schwerkraft in Elektrizität. Nur auf zwei Gebieten konnte er in den 1820er Jahren befriedigende Ergebnisse erzielen.

Chlor hatte Faraday fasziniert, seit er Davy darüber vortragen hörte. Die Tatsache, daß Chlor die Verbrennung unterhält, zerstörte die Sonderstellung, die Lavoisier dem Sauerstoff zuschrieb, und sprengte Lavoisiers Theorie der Säure, wonach Sauerstoff die Grundlage aller Säuren war. Salzsäure enthält keinen Sauerstoff. Faraday begann, die Verbindungen zu untersuchen, die Kohlenstoff mit Chlor eingehen kann; er stellte eine Anzahl von Chloriden des Kohlenstoffs her, zum Beispiel Tetrachlorethylene und Hexachlorethylene. Aber auch die «physikalischen» Eigenschaften von Chlor faszinierten ihn. Es war ein schweres Gas, das von einem Gefäß in ein anderes geschüttet werden konnte, fast wie eine Flüssigkeit. Konnte man es verflüssigen? Die gängige Theorie sah vor, einem

Gas genügend Wärmestoff beziehungsweise Wärme zu entziehen, um den Gasteilchen zu erlauben, sich einander anzunähern, und so eine Flüssigkeit entstehen zu lassen. Verflüssigung kann also durch Kühlung bewirkt werden.

Faraday tat genau das Gegenteil, und seine Vorgehensweise ist der früheste Beweis dafür, daß er die Hypothese von Kraftatomen bejahte. Erhitzen von Chlor könnte die Teilchen zu Oszillationen um einen der stabilen Boscovichschen Kraftpunkte zwingen und die Partikel bei gleichbleibendem Druck in engeren Kontakt bringen. Genau diese Reaktion trat ein.

Faradays zweite große Leistung der 1820er Jahre wurde durch die Bitte eines Freundes angeregt. Er sollte einen Bericht über Hans Christian Oersteds zahlreiche Experimente und Theorien schreiben, die im Sommer 1820 die wissenschaftliche Welt bewegten: Ein stromdurchflossener Draht solle eine Magnetnadel ablenken, was auf eine enge Beziehung zwischen Elektrizität und Magnetismus hindeute. Im September 1821 fertigte Faraday detaillierte Aufzeichungen über die Ausrichtungen einer Kompaßnadel in der Nähe eines stromdurchflossenen Drahts an. Das Ergebnis dieser kartographischen Aufzeichnung war der Embryo des Kraftlinienbegriffs: Wenn ein einzelner Magnetpol existiert und dieser sich in einem Kreis um den Draht bewegt, dann muß eine «kreisförmige Kraft» gegenwärtig sein, die den Pol antreibt. Eine solche Kraft war der an Zentralkräften orientierten Physik jener Zeit völlig fremd. Doch Faraday war in der Lage, sie mit einem genial einfachen Apparat zu illustrieren.

Diese Arbeit brachte Faraday den Ruf eines Naturphilosophen ersten Ranges ein – den Titel Naturphilosoph bevorzugte er sein Leben lang – und führte zu einem peinlichen Mißverständnis bei Davy, der den Verdacht hegte, Faraday habe die Idee bei Davys gutem Freund William Hyde Wollaston gestohlen. Davy verhielt sich von da an kühl gegenüber Faraday. Er ging sogar so weit, sich gegen Faradays Wahl in die *Royal Society* zu stellen. Faraday indessen vergaß nie, was er seinem Mentor verdankte.

Die Entdeckung der 1821–1822 veröffentlichten elektromagnetischen Ringstrukturen eröffnete ihm den Dialog mit André-Marie Ampère. Dabei wird das zunehmende Interesse Faradays an der Natur der Kraft deutlich. Ampère war in der Newtonschen Tradition ausgebildet und hatte seine Mechanik aus Louis Lagranges großer Abhandlung *Méchanique analytique* gelernt, in der alle Kräfte Zentralkräfte sein *müssen*. Um dies zu beweisen, stellte Ampère die notwendigen Gleichungen auf und wandelte so die Anziehungs- und Abstoßungskräfte stromführender Drähte, ausgehend von Zentralkräften, in Faradays Ergebnis des umlaufenden Poles um: Faraday war nicht überzeugt, denn er konnte der Mathematik nicht folgen. Für ihn war das Experiment grundlegend, und was er experimentell gefunden hatte, war eine zirkulare Kraft. Er konnte nicht an eine Kraft glauben, die nur für Mathematiker sichtbar war.

Faraday fehlte die Zeit, seine Gedanken beziehungsweise Energien ganz auf die möglichen Beziehungen zwischen Elektrizität und Magnetismus zu konzentrieren, die er in seinen chemischen Notizbüchern aufgezeichnet hatte. Seine chemischen Untersuchungen nahmen fast seine ganze Zeit in Anspruch, so daß er sich nur sporadisch mit elektrischen Phänomenen beschäftigen konnte. 1822 ließ Ampère beiläufig verlauten, er habe einen elektrischen Strom durch einen anderen elektrischen Strom hervorgerufen.[7] Faraday versuchte sofort, diesen Effekt zu reproduzieren, war aber erfolglos. Trotzdem regte ihn Ampères Nachricht an, neue Experimente anzustellen – auch sie ohne Erfolg.[8]

1825 beschrieb François Arago einen sonderbaren Effekt: Wurden eine Kompaßnadel oder ein Stabmagnet über einer rotierenden Kupferscheibe aufgehängt, so begannen sie sich zu drehen. Ließ man umgekehrt einen Magneten unter einer frei um ihre Achse drehbaren Kupferscheibe kreißen, so begann sie ebenfalls zu rotieren. Aragos «Rad» schien ein eigenartiger Fall von «Magnetismus durch Rotation» zu sein, und viele Wissenschaftler jener Zeit, einschließlich Faraday, wandten ihm ihre Aufmerksamkeit zu, ohne freilich einer Erklärung näher zu kommen. Doch die Vermutung blieb, daß Elektrizität und Magnetismus ineinander umwandelbar sein mußten.

Faradays Experimentaluntersuchungen über Elektrizität[9]

Faradays Entdeckung der elektromagnetischen Rotation und seine gelegentlichen Arbeiten mit elektrischen Strömen lenkten seine Aufmerksamkeit auf die Frage nach der Natur des elektrischen Stroms. Anders als seine Zeitgenossen konnte er sich nicht mit der damals allgemein akzeptierten Theorie abfinden, daß Elektrizität aus zwei «unwägbaren» korpuskularen Fluida bestehe, in denen Partikel mit demselben Vorzeichen einander abstoßen und solche mit entgegengesetztem Vorzeichen einander anziehen. In diesem System war elektrischer Strom der Durchgang von Partikeln sowohl negativer als auch positiver Elektrizität in entgegengesetzten Richtungen durch einen Draht. Das war «nur» der Mechanismus der Kraftübertragung der Newtonschen Mechanik.

Sowohl Davy als auch Faraday lehnten «atomistische» Hypothesen, die sich auf materielle Energien mit scheinbar eingeborenen Kräften stützten, als höchst metaphysisch und zugleich materialistisch ab. Die Atomlehre hatte im frühen 19. Jahrhundert noch immer den Geruch des Atheismus, und viele glaubten, daß Atheismus und Materialismus Hauptgründe der Französischen Revolution waren. Faraday war nicht nur tief religiös und politisch konservativ, sondern auch äußerst argwöhnisch gegenüber metaphysischen, der experimentellen Verifikation nicht zugänglichen Größen. Er mußte daher nach einem Ersatz suchen, also nach einer Strömung, die nicht durch Bewegung von nicht-wahrnehmbaren Teilchen begründet werden durfte.

In den 1820er Jahren veröffentlichte Augustin Fresnel eine Reihe von mathematischen Aufsätzen, in denen er die Tragfähigkeit der Wellentheorie bei der Erklärung optischer Phänomene bewies. Wellen konnten – anders als Teilchen – gemessen werden, wie Thomas Young schon früher gezeigt hatte. Wellen vermieden die metaphysischen, religiösen und politischen Schwierigkeiten von Teilchen. Fresnels Originalabhandlungen waren bei weitem zu mathematisch für Faraday, aber Fresnel hatte auch eine populäre Fassung seiner Theorie veröffentlicht, die übersetzt wurde und zwischen 1827 und 1829 als Serie im *Quarterly Journal of Science* erschien. Faraday las sie und lobte sie als mustergültige populäre Darstellung.

Fresnels Arbeit erschien gerade, als Faraday mit seinem Freund Sir Charles Wheatstone zusammenzuarbeiten begann. Wheatstone wurde später durch die nach ihm benannte Widerstandsbrücke bekannt, damals aber erforschte er die Eigenschaften des Schalls. Im Frühjahr 1831 führte Faraday eine arbeitsaufwendige Reihe von Experimenten durch, bei denen er die Figuren untersuchte, die sich auf mit Bärlappsamen bestreuten Glas- oder Eisenplatten bilden, wenn sie mit einem Violinbogen angestrichen werden. Diese nach Ernst Chladni benannten Figuren zeigen regelmäßige und oft komplexe Muster. In seiner Arbeit über diese Figuren zeigte Faraday, daß sie das Ergebnis von Schwingungen der umgebenden Atmosphäre sind, welche die Anordnung leichter Pulverteilchen in Muster bewirken. Er zeigte dann, daß dieselben Muster auch durch Vibrationen im Wasser erzeugt werden können. Was da geschah, fand also nicht in den Pulverteilchen, sondern im Medium statt, in das sie eingebettet waren.

Es liegt nahe anzunehmen, daß diese Untersuchungen die Grundlage für Faradays wichtigstes Experiment in seiner langen Laufbahn waren. Am 27. August 1831 umwickelte er einen dicken Eisenring mit zwei einander gegenüberliegenden Kupferspulen. Die erste Spule verband er mit einer Batterie, die zweite mit einem Galvanometer. Er erwartete, daß mit dem Schließen des primären Stromkreises eine «Elektrizitätswelle» erzeugt würde, welche, konzentriert durch den Eisenring, den sekundären Kreis beeinflußt und dort einen durch das Galvanometer nachweisbaren «Strom» erzeugt.[10] Die Resultate entsprachen nahezu vollständig den Erwartungen. Wenn der Primärkreis geschlossen wurde, schlug das Galvanometer aus; es kehrte aber unmittelbar danach in seine neutrale Position zurück. Wenn der Strom abgeschaltet wurde, schlug das Galvanometer in die entgegengesetzte Richtung aus, sehr zu Faradays Überraschung. Dieser erstaunliche Effekt, die elektromagnetische Induktion, sollte die Basis für einen Großteil von Faradays Untersuchungen in den 1830er Jahren bilden.

Die vereinheitlichte Theorie der Elektrizität

Die Entdeckung der elektromagnetischen Induktion führte Faraday in zwei Richtungen. Die unmittelbare war die genaue Erforschung der Natur und des Ausmaßes des Phänomens selbst. Die weitreichendere war die Nutzung der Entdeckung, um tiefer in das Wesen der Elektrizität einzudringen.

Faraday versuchte nun auch bei der elektromagnetischen Kraft zu erkunden, was er in den chemischen Notizbüchern die «Gewohnheiten» des Phänomens genannt hat. Inwieweit war der Effekt auf Magnete und Leiter beschränkt? Um diese Frage zu beantworten, testete er eine große Anzahl von Kombinationen verschiedener Materialien. Z.B. wurde ein isolierter Kupferdraht in Spirallinie um einen Holzzylinder gewunden, ein weiterer darüber, der Vorgang wiederholt, bis zwölf übereinandergelagerte Spiralen erreicht waren. Die Drähte jeder zweiten Spirale wurden miteinander verbunden, um zuletzt zwei große Spiralen zu haben, deren Enden an eine Batterie, beziehungsweise an ein Galvanometer angeschlossen wurden: Aber es war kein Effekt festzustellen.[11] Kupfer wurde durch Eisen ersetzt, Holz wurde als Kern einer Spule benutzt, der Kontakt mit der Batterie zur Erzeugung von Strom in den Spiralen wurde mehrfach variiert und vieles mehr: Nichts brachte Erfolg.

Im Verlauf dieser «Fehlschläge» erkannte Faraday die «Regelmäßigkeit» *(habitude)*, und er wertete sie aus: Wenn der Eisenring durch einen Dauermagneten ersetzt und der Stabmagnet in die Spule hinein und aus ihr herausbewegt wurde, anstatt den Primärkreis zu schließen und zu unterbrechen, dann wurde Strom in der Spule induziert. Hier kam Faraday die Kraftlinie zu Hilfe. Die Drähte «schnitten» diese Linien, und das schien die notwendige und hinreichende Bedingung für die Induktion eines Stroms zu sein. Faraday mutmaßte, daß kontinuierlicher Strom durch differentielles Schneiden von Magnetlinien erzeugt werden könnte. So wurde der erste Dynamo geboren. Durch die Umkehrung der Aktion war ein Elektromotor zu erhalten. Nun konnte Faraday das Gesetz formulieren, das die Bedingungen angibt, die für die Induktion von elektrischen Strömen durch Permanent- oder Elektromagneten erforderlich sind. Von dieser Zeit an beschäftigte die Idee der Kraftlinie Faradays Gedanken.

Faraday begann mit der Auflistung von sechs Wirkungen, die in irgendeiner Form durch Elektrizität hervorgerufen werden: Anziehung und Abstoßung statischer Ladungen, Wärme, Magnetismus, chemische Zersetzung, physiologische Erscheinungen und Funkenschlag. Für Faraday war die chemische Zersetzung der wichtigste Test, doch genau dabei hatte er die größten Schwierigkeiten. Über die anderen Effekte war schon ausführlich in der Literatur berichtet worden.[12] Statische Elektrizität war zwar stark genug, um solche Zersetzung zu verursachen, aber bis dahin war sie noch nicht zuverlässig nachgewiesen worden. Also machte sich Faraday ans Werk. Er hatte schon herausgefunden, daß die statische Entladung verlangsamt werden kann, wenn sie über nasse Fäden oder durch Wasser geleitet wird. Das Problem war, daß es bei statischen Entladungen nichts gab, was einer elektrochemischen Zelle ähnelte. Faraday nahm ein Stück Löschpapier und tauchte es in eine Stärkelösung, der er Kaliumjodid beimischte. Wenn sich die Entladung durch das Papier in die Luft vollzog, färbte sich die Stärkelösung tiefblau, was die Zersetzung von Kaliumjodid anzeigte und bewies, daß statische Elektrizität – genauso wie alle anderen Arten von Elektrizität – wirkt.

Die Zersetzung von Kaliumjodid geschah bei dem bloßen Fluß der elektrischen Entladung vom Generator in die Luft. Sie unterschied sich also wesentlich von gewöhnlicher elektrochemischer Zersetzung, da es bei ihr keine «Pole» gibt. Die damals gängige Theorie verlangte Kraftzentren, die die chemischen Komponenten durch Fernwirkung «auseinanderzogen». Faraday jedoch bestand darauf, daß weder Pole noch Fernwirkung eine Rolle spielen. Das bloße Durchfließen von Elektrizität sei ausreichend. Wie war das möglich?

Faraday begann nun seine klassische Serie elektrochemischer Experimente. Das erste Problem war, eine Art experimenteller Brücke zwischen fließender und statischer Elektrizität herzustellen. Nach vielen Versuchen war er in der Lage, ein Instrument zu konstruieren, das die von einer voltaischen Batterie oder von einem Generator statischer Elektrizität erzeugte Elektrizitätsmenge messen konnte. Dies hing von den Wasserstoff- beziehungsweise Sauerstoffvolumina ab, die produziert wurden, wenn Ströme durch Wasser flossen und sich in ihm entluden. Wie Faraday notierte, war ein konstanter voltaischer Strom über «acht Schläge meiner Taschenuhr» äquivalent zu 30 Umdrehungen der elektrostatischen Maschine. Ausgerüstet mit seinem «Volta-Elektrometer» war Faraday in der Lage, zwei Gesetze der elektrochemischen Zersetzung aufzustellen. Das erste besagte, daß die Menge der Zersetzung einer beliebigen Substanz direkt proportional zur – vom Volta-Elektrometer gemessenen – Elektrizitätsmenge ist, die es durchflossen hat. Das zweite Gesetz bezieht das erste spezifisch auf die Chemie, indem es Elektrizität und chemische Affinität in Beziehung setzt: Dieselbe Elektrizitätsmenge produziert immer die Äquivalentgewichte der beteiligten Elemente.[13] Diese Gesetze werden als Faraday-Gesetze der Elektrolyse bezeichnet und bilden die Grundlage der Elektrochemie.

Nichts interessierte Faraday mehr als die grundlegenden Fragen nach der Natur der Elektrizität, nach ihrer Leitung und nach ihrer Induktion.

Er war immer skeptisch gegenüber den Fluidum-Theorien, lehnte sie aber nicht von vornherein ab. Doch während sich seine Experimente vermehrten, scheint er die Hypothese der Punktatome zunehmend bevorzugt zu haben; am Ende seiner Untersuchung entsteht der Eindruck, er habe sie zu einem zentralen Teil seiner theoretischen Ansichten gemacht. Zu dieser Zeit bezog er keine Stellung. Erst im Jahre 1844, in einer Freitagabenddiskussion an der *Royal Institution* bekannte er sich zu Boscovichs Theorie. Zu bemerken ist, daß er seit 1839 wenig neue Arbeiten mit Elektrizität durchgeführt hatte, so daß seine Ansichten den 1830er Jahren zuzuschreiben sind.

Ein Bericht über seinen Vortrag taucht in einem Brief an Faradays Freund Richard Taylor auf; der Vortrag trägt den Titel: *Eine Spekulation, die elektrische Leitung und die Natur der Materie berührend.* Dort schreibt Faraday:

> Mir ist nicht unbekannt, daß der Verstand am stärksten von den Phänomenen der Kristallisation, der Chemie und Physik allgemein zur Anerkennung von Kraftzentren gedrängt wird. Ich fühle mich genötigt, diese, vorläufig hypothetisch, zuzulassen, und kann nicht ohne sie auskommen, aber ich habe große Schwierigkeiten mit der Konzeption von Atomen, die in Festkörpern, Flüssigkeiten und Dämpfen als mehr oder minder getrennt von einander angenommen werden... Wenn wir überhaupt Annahmen machen müssen, wie wir in der Tat in einem Wissenszweig wie dem gegenwärtigen kaum umhin können, dann scheint der sicherste Weg, so wenig wie möglich anzunehmen, und in dieser Hinsicht erscheinen mir die Atome von Boscovich einen großen Vorteil gegenüber der verbreiteteren Vorstellung zu haben. Seine Atome sind, wenn ich richtig verstehe, bloße Zentren von Kräften oder Vermögen, nicht Materieteilchen, in denen die Vermögen selbst wohnen... Wenn von Atomen hypothetischer Gebrauch gemacht wird, wie in der Kristallographie, der Chemie, dem Magnetismus etc., so bewirken unterschiedliche Annahmen oft nur eine kleine oder keine Änderung der Ergebnisse; aber in anderen Fällen, wie der elektrischen Leitung, der Natur des Lichts, der Art, wie Körper Verbindungen eingehen, bei Wirkungen von Kräften, wie Hitze oder Elektrizität auf Materie, wird der Unterschied sehr groß sein.[14]

Wie alle großen Wissenschaftler konnte Faraday nicht ohne Hypothesen arbeiten: Sein Werk ist ohne seine Hypothesen auch nicht zu verstehen. Faradays extreme theoretische Vorsicht zeigt sich in seinem Bestehen auf Boscovichs Atomtheorie, die für ihn das einfachste verfügbare reale und metaphysische System war.

Die Entstehung der Feldtheorie

Im Jahre 1839 offenbarte sich, daß die Belastung während neun Jahren hochkonzentrierter geistiger Arbeit zuviel für Faraday war: Er erlitt einen gesundheitlichen Zusammenbruch. Seine wissenschaftliche Arbeit beruhte in den nächsten sechs Jahren fast ausschließlich auf seinen experimentellen Fähigkeiten und erforderte keine tiefen theoretischen Spekulationen. So zeigte er zum Beispiel, daß eine ganze Reihe von Gasen, die allgemein als unveränderlich angesehen wurden, unter geeigneten Temperatur- und Druckbedingungen verflüssigt werden konnten. Meist verbrachte Faraday lange Ferien im Ausland, um sich zu erholen. Seine wenigen theoretischen Arbeiten dienten in erster Linie dazu, seine Ideen zu klären. So waren die Diskussion über elektrische Leitung und seine Spekulationen von 1846 in *Gedanken über Strahlvibrationen*, Licht könne die Wellenbewegung von Gravitations-, magnetischen oder elektrischen Kraftlinien sein, im Grunde Meditationen über seine eigenen Hypothesen. Sie dienten dazu, seinen Vorstellungen Klarheit und Präzision zu geben.

Erst 1845 erlaubte es der Gesundheitszustand Faradays, zu aktiver Forschung im Bereich der Elektrizität und des Magnetismus zurückzukehren. Von neuem versuchte er, eine Schwierigkeit in seiner Elektrizitätstheorie zu beseitigen. Seine Theorie basierte auf dem Spannungszustand, den er 1831 den *elektrotonischen* Zustand genannt hatte. In all den darauffolgenden Jahren war er nicht in der Lage gewesen, ihn experimentell nachzuweisen. 1845 kehrte er mit dem Eifer, den Nachweis anzutreten, ins Labor zurück. Angeregt wurde er dazu von den Mutmaßungen Lord Kelvins, daß ein solcher Spannungszustand existieren müsse.

Bei diesen Experimenten entdeckte Faraday, daß offenbar alle Substanzen von starken magnetischen Kräften beeinflußt werden. Im Prinzip gab es zwei Effekte. Einige Substanzen, wie Eisen, Nickel und Kobalt, ordneten sich entlang der Kraftlinien an und wurden dorthin gezogen, wo diese Linien dichter waren. Andere taten dies sehr viel schwächer. Wieder andere aber wurden von den Linien abgestoßen und stellten sich quer zu ihnen. Die erste Gruppe nannte Faraday *Paramagnete,* die zweite *Diamagnete.*

Während Faradays Untersuchungen in den 40er und 50er Jahren voranschritten, änderten sich auch seine Vorstellungen. Das Schema der Kraftatome erwies sich für die Behandlung der neuen magnetischen Eigenschaften als unzureichend. So gab Faraday dieses Schema für den Magnetismus auf und behielt es nur für die elektrischen Phänomene bei.

Die letzten Jahre und die Bedeutung von Faradays Werk

Nach 1855 verschlechterte sich Faradays Gesundheitszustand ernsthaft. Seine Forschungstätigkeit wurde mehr und mehr sporadisch, obwohl er, als er sich schon der Senilität näherte, immer noch erstaunliche experimentelle Leistungen vollbrachte. Seine Untersuchungen von kolloidalem Gold begründeten die Wissenschaft der Kolloide. Faraday starb am 25. August 1867 ruhig in seinem Sessel.

Zu seinen Lebzeiten verweigerte er alle Ehren, außer die Aufnahme in gelehrte Gesellschaften. Er wünschte, einfach «bei Mr. Faraday» zu bleiben. Bei seinem Begräbnis wurden seine Wünsche respektiert. Obwohl er in der Westminster Abbey hätte zur Ruhe gelegt werden können, wurde er auf dem Friedhof von Highgate begraben, unter einem einfachen Grabstein mit der Inschrift:

MICHAEL FARADAY
Geboren 22. September 1791
Gestorben 25. August 1867

Eine der Sorgen in Faradays letzten Lebensjahren war, daß seine theoretischen Ideen weder in England noch auf dem Kontinent ernst genommen wurden. Seine Entdeckungen konnten nicht ignoriert werden. Aber die Ideen, die ihn zu diesen Entdeckungen geführt hatten, wichen so sehr von den orthodoxen Ansichten der meisten Physiker ab, daß sie ohne jegliche Sorgfalt untersucht wurden. Es gab Ausnahmen. William Thompson, der spätere Lord Kelvin, befand Faradays Untersuchungen inspirierend, wie ein Brief an Faraday beweist. Darin schrieb er, daß magnetische Kraft die Wirkung auf Licht zeigen könne, die bei elektrischer Kraft ausblieb. Dennoch verharrte Kelvin im Rahmen von Newton/Laplace und wußte die ganze Tragweite von Faradays Ideen nicht zu schätzen.

Der einzige echte Jünger Faradays war James Clerk Maxwell. Als junger Mann faszinierten ihn Faradays Experimentaluntersuchungen. Er war es, der Faradays nicht-mathematische Beschreibungen des elektromagnetischen Feldes wiederaufnahm und sie in mathematische Gleichungen übersetzte, welche die Physik revolutionierten. Maxwells Gleichungen[15] repräsentierten Faradays theoretische Vorstellungen nicht vollständig. Maxwell war nicht imstande, Faraday in die höheren Regionen des abstrakten Denkens zu folgen. Dies blieb Albert Einstein vorbehalten.

Die heutigen Physiker sprechen Maxwell das Verdienst zu, die Feldtheorie geschaffen zu haben. Maxwell war aber nur einer der wenigen, die Faradays Arbeit zu schätzen wußten. In den *Fragmenten vom Vorwort des Verfassers* sprach Maxwell seinem Meister Anerkennung aus:

«In der größeren Abhandlung habe ich manchmal Gebrauch von Methoden gemacht, die ich zwar an sich nicht für die besten halte, aber ohne die der Student den Untersuchungen des Begründers der mathematischen Theorie der Elektrizität nicht folgen kann. In mir wuchs seitdem die Überzeugung von der Überlegenheit der Methoden, die denen Faradays verwandt sind, und deshalb habe ich sie ... übernommen.»[16]

Kathryn M. Olesko

FRANZ ERNST NEUMANN
(1798–1895)

Franz Ernst Neumann machte die Universität Königsberg in der Mitte des 19. Jahrhunderts zu einem Zentrum der mathematischen Physik im deutschsprachigen Raum. Neumann selbst gehörte einer neuen Generation von Gelehrten an, die akademische Leistung und berufliche Identität mit intellektueller Kreativität und Schaffenskraft verbanden. Durch seinen beispielhaften und anziehenden Unterricht sowie seine umfassenden quantitativen Untersuchungen physikalischer Naturphänomene wurde er seinerseits zum Begründer einer neuen Disziplin: der mathematischen oder theoretischen Physik (im 19. Jahrhundert noch synonym gebrauchte Begriffe). In seinen Vorlesungen zur mathematischen Physik bildete er zwischen 1826 und 1877 Hunderte von Schülern aus, von denen die meisten aus Mittel- und Osteuropa stammten.

1834 gründete Neumann zusammen mit dem Mathematiker Carl Gustav Jacobi ein mathematisch-physikalisches Seminar, Preußens erste Einrichtung dieser Art, in der Mathematik und Physik als Fächerverbindung unterrichtet wurden. Neumann verwandelte das Seminar in ein Ausbildungszentrum für mathematische Physik, aus dem Dutzende von Mathematik- und Physiklehrern hervorgingen. Einige seiner Schüler nahmen später die ersten Lehrstühle der theoretischen Physik im deutschsprachigen Raum ein. Zu seinen Schülern zählten u. a. der Hersteller von Präzisionsinstrumenten Jakob Amsler-Laffon, der Geograph Karl Zöppritz, der Mathematiker Carl Gottfried Neumann, Neumanns Sohn sowie die Physiker Philipp Wilhelm Brix, Ernst Dorn, Oskar Frölich, Gustav Robert Kirchhoff, Oskar Emil Meyer, Carl Pape, Johann Pernet, Georg Hermann Quincke, Emil Schinz, Woldemar Voigt, Karl von der Mühll und Heinrich Wild. Viele seiner Schüler blieben Neumann ein Leben lang verbunden.[1]

Leben und zeitgenössischer Kontext

Franz Ernst Neumann wurde am 11. September 1798 als unehelicher Sohn der geschiedenen Gräfin Charlotte Friederike Wilhelmine von Mellin und ihres Gutsverwalters Franz Ernst Neumann in der Nähe von Joachimsthal in der Uckermark nördlich von Berlin geboren. Als Kind wurde er von seinen Großeltern väterlicherseits erzogen, doch sein Vater kümmerte sich in liebevoller Zuneigung um ihn, so daß ihm seine soziale

Franz Ernst Neumann (1798–1895)

Herkunft erst spät bewußt wurde. Erst als junger Mann erfuhr er, wer seine Mutter war, nutzte dieses Wissen jedoch nie zu seinem eigenen persönlichen oder beruflichen Vorteil aus. Trotz seiner adligen Abstammung und des Vermögens seiner Mutter waren seine frühen Jahre durch Armut und ein einfaches Leben gekennzeichnet, und er verdiente sich seinen Lebensunterhalt durch harte Arbeit, durch kleinere Zahlungen und durch Belohnung für erwiesene Gefälligkeiten.

Sein Leben wurde unauslöschlich geprägt durch seine Erfahrungen als junger Kriegsfreiwilliger im Kolberg-Regiment während der Freiheitskriege gegen Napoleon (1813–1815), aber auch durch die unkonventionellen Aspekte seiner Erziehung. Der Krieg und Neumanns Berührung mit den neuen Ideen Ludwig Jahns zur körperlichen Ertüchtigung erzeugten in ihm Kampfgeist, Leidensbereitschaft, Patriotismus (der durch seine Beschäftigung mit den Ideen Fichtes und Schleiermachers noch verstärkt wurde) und nicht zuletzt jenen Korpsgeist, der seine Generation kennzeichnete.

In der Schlacht von Ligny (1815) wurde er von einer Kugel getroffen, die in seine linke Gesichtshälfte eindrang und Teile seiner Zähne, Zunge,

Oberkiefer und Nase zerfetzte und ihn fast das Leben gekostet hätte. Obwohl ein Arzt die Verletzungen für unheilbar erklärt hatte, gelang es ihm, sich selbst gesund zu pflegen; aber er mußte die Armee verlassen, weil es ihm seine beeinträchtigte Atmung nicht erlaubte, für längere Dauer ein Marschgepäck zu tragen. Allmählich lernte er wieder zu sprechen, und zwar so vollkommen, daß seine Vorlesungen von Generationen von Studenten besucht wurden und sehr beliebt waren, weil seine Stimme sanft und beruhigend klang, wie einige seiner Zuhörer berichten.

Neumanns Erziehung steht in gewisser Weise im Widerspruch zu seiner bescheidenen Herkunft. Sein Vater schickte ihn auf das Werder-Gymnasium in Berlin, wo er im Jahre 1817 das Abgangszeugnis erhielt. Sein Vater ließ ihm zusätzliche außerschulische Lektionen in einigen Fächern (wie etwa der Musik) zukommen, von denen aber nur ein Teil auf fruchtbaren Boden fiel, und er brachte ihn in Kontakt mit der französischen Kolonie in Berlin, damit der Sohn Französisch lernte, was sich in seiner späteren wissenschaftlichen Karriere als entscheidender Vorteil erweisen sollte. Um 1812 sagte Neumann seinem Vater, daß er vorhabe, Mathematik zu studieren. Obwohl sein Vater ihm freie Hand bei der Wahl seiner Studienfächer ließ, begann er gemäß dem Wunsch des Vaters ein Studium der Theologie in Berlin, studierte anschließend in Jena, wo er nach eigenen Angaben nichts lernte, und war im Jahr 1819 gezwungen, in Folge der repressiven Karlsbader Beschlüsse nach Berlin zurückzukehren.

Während seiner Jahre am Gymnasium und an der Universität bezog er den wichtigeren Teil seiner mathematischen Kenntnisse von außerhalb des öffentlichen Erziehungswesens: durch Mechaniker, durch Stöbern in alten Büchern in den Berliner Buchläden oder durch privaten Unterricht. Auf diese Weise kam er in Kontakt mit den Arbeiten der französischen Mathematiker, insbesondere mit dem Werk Adrien-Marie Legendres. Seinen Lebensunterhalt während des Studiums bestritt Neumann mit einem Stipendium, das durch das Unterrichtsministerium und den prominenten Geologen Leopold von Buch finanziert wurde, der für seine Großzügigkeit gegenüber bedürftigen Studenten berühmt war; auch Alexander von Humboldt sorgte hinter den Kulissen für die Unterstützung des jungen Studenten. Neumann studierte und schrieb seine Dissertation bei dem bekannten Mineralogen Christian Samuel Weiß, ging auf verschiedene wissenschaftliche Exkursionen, um mineralogische Proben zu erforschen, hielt eine Reihe von gutbesuchten öffentlichen Vorlesungen über Mineralogie in Berlin und übernahm schließlich die Betreuung des Berliner Mineralien-Kabinetts, eine Tätigkeit, für die er einen Zuschuß erhielt. Aus seinem geistigen Umfeld in Berlin erfuhr Neumann von neueren Arbeiten in der französischen Mathematik, insbesondere von denen Jean-Joseph Fouriers.

Neumanns Erfolge in Berlin führten zu seiner Berufung an die Universität Königsberg gemeinsam mit Jacobi und Heinrich Wilhelm Dove. In

Königsberg freundete er sich mit dem Astronomen Friedrich Wilhelm Bessel und dem universal gebildeten Naturwissenschaftler Karl Gottfried Hagen an. Gemeinsam mit anderen jungen Naturwissenschaftlern wurde er freundlich «in dem echt patriarchalischen Familienkreise des ‹alten Hagen›» aufgenommen.[2] Nachdem Hagen im Jahre 1829 gestorben war, wurde Neumann zum ordentlichen Professor für Mineralogie und Physik ernannt und heiratete 1830 Hagens Tochter Florentine. Durch diese Heirat wurde er auch mit Bessel verwandt, der ebenfalls eine Tochter Hagens geheiratet hatte. Florentine starb im Jahre 1838 und ließ Neumann mit fünf Kindern zurück.

Neumann nahm nur insoweit am kulturellen Leben der Stadt Königsberg teil, als es aus Sicht seiner Familie erforderlich war. Innerhalb der Universität genoß er großen Respekt und wurde Mitte der 40er Jahre zum Rektor gewählt. Gleichzeitig freundete er sich mit einigen Lehrern an den Königsberger Gymnasien an, wo er vielen seiner Studenten Stellen verschaffte. Obwohl Neumann politisch konservativ dachte und den preußischen Tugenden großen Wert beimaß, unterstützte er schließlich den Gedanken der konstitutionellen Monarchie, verabscheute aber gleichzeitig zu heftige politische Veränderungen. Es ist nicht ohne Ironie, daß seine Bemühungen um die Ausbildung von Naturwissenschaftlern selbst die sozialen Grundlagen der preußischen Monarchie und der ständischen Gesellschaft herausforderten, indem sie eine neue Berufsgruppe hervorriefen, die vor allem auf Wissen und Kenntnissen beruhte.

Er gab seine Lehrtätigkeit an der Universität 1876/77 auf und starb fast 100jährig am 25. Mai 1895. Unter den Studenten wurde er «der Alte» genannt;[3] er war während seines langen Lebens in Königsberg eine stadtbekannte Figur. Er erhielt zahlreiche nationale und internationale Ehrungen.

Nach dem Ersten Weltkrieg nahm das Interesse an Neumann allmählich ab, obwohl nacheinander seine *Gesammelten Werke* und das zweite Buch von seiner Tochter erschienen.[4] Außer einem Beitrag über seine adlige Abstammung aus dem Jahr 1929[5] – eine wichtige Angelegenheit in der Zeit des sozialen Umbruchs während der Weimarer Republik – ist über Neumann bis nach dem Ende des Zweiten Weltkriegs nichts zu hören. In den späten 40er Jahren wurde er, wie andere Personen der deutschen Vergangenheit, zu einem kulturellen Symbol, und zwar nicht so sehr wegen der Wertvorstellungen des preußischen Militarismus, die seine Jugend so entscheidend geprägt hatten (diese Werte waren nach dem Zweiten Weltkrieg durch ein alliiertes Gesetz aus dem deutschen kulturellen Leben entfernt worden), sondern er wurde zum Sinnbild für die aufklärerischen Ideale der Rationalität und persönlicher Eigenschaften wie harter Arbeit, Großzügigkeit, Genügsamkeit und Selbstaufopferung: insgesamt Wertvorstellungen, die für den Wiederaufbau Deutschlands eine unmittelbare Bedeutung besaßen.[6] Die Beschäftigung mit Neumann nahm in den 80er und 90er Jahren einen erneuten Aufschwung, dadurch daß sich neue Zweige der Sozialgeschichte der Naturwissenschaften entwickelten, die die Entstehung von Disziplinen, die geschichtliche Bedeutung von Wissenschaftsunterricht, die Schaffung von wissenschaftlichen Schulen und die kontextuellen Bedingungen für die exakten Wissenschaften untersuchten, insbesondere aber die geschichtlichen und gesellschaftlichen Grundlagen der Meßtechnik.[7]

Ein breitgefächertes Werk

Neumanns Forschungen behandelten Probleme in der Kristallographie, die spezifische Wärme, die Wellentheorie des Lichts, Induktionsströme, die mathematischen Methoden der Physik sowie die Theorie der Instrumente. Viele seiner Forschungsergebnisse wurden nur in seinen Vorlesungen bekanntgemacht und später von seinen Studenten veröffentlicht. Seine frühesten Arbeiten zur Kristallographie stehen in der Tradition von Christian Weiß; aber Neumann ging im Gegensatz zu Weiß über die reine Geometrie der Kristalle hinaus und behandelte ihre physikalischen Eigenschaften. In seiner ersten Arbeit, *Beiträge zur Krystallonomie,* erweiterte er das Zonengesetz von Weiß, indem er eine Methode entwickelte, mit der die projektive Geometrie benutzt werden konnte, um kristalline Strukturen perspektivisch darstellen zu können. Bereits vor seiner Ankunft in Königsberg im Jahre 1826 hatte Neumann ein Interesse an Messungen und an der Physik im allgemeinen entwickelt; zu diesem Zeitpunkt waren ihm die Methode der kleinsten Quadrate und die Theorien von Fourier und Siméon Denis Poisson über Wärme schon geläufig.[8]

Aber erst nachdem Bessels Untersuchung über das Sekundenpendel im Jahre 1828 erscheinen war, richtete sich Neumanns Forschungsinteresse ganz entschieden auf die Physik der Kristalle und Mineralien, wobei er sich Bessels anspruchsvolle Untersuchungsmethoden zunutze machte.[9] Im Jahre 1830 behandelte Neumann den Goniometer nach der Art von Bessel als ein exaktes Meßinstrument.[10]

Seine bedeutendsten Untersuchungen über die Eigenschaften der Kristalle und Mineralien zwischen 1830 und 1834 betrafen die spezifische Wärme; hier benutzte er Fouriers Formeln für Wärmeleitfähigkeit und entwickelte eine genauere Fassung der Methode der Mischungen. Seine anspruchsvollen Methoden führten auch zur Erweiterung des Dulong-Petit-Gesetzes von einfachen zu zusammengesetzten Substanzen und zu der Entdeckung, daß sich die spezifische Wärme des Wassers mit der Temperatur erhöht.[11] Sein erster Doktorand, Philipp Wilhelm Brix, wandte einige von Neumanns Methoden und Ergebnissen an, um die relative Wärmemenge zu erforschen, die verschiedene Brennstoffe produzieren, und zwar zu der Zeit, als Mitte des 19. Jahrhunderts die Kohle das

Holz verdrängte.[12] Später benutzte Neumanns ehemaliger Student Carl Pape seine Methoden und Messungen, um Victor Regnaults Messungen der spezifischen Wärme anzufechten.[13]

Während der 30er Jahre des 19. Jahrhunderts untersuchte Neumann außerdem verschiedene Aspekte der Wellentheorie des Lichts. 1832 entwickelte er eine Theorie der Doppelbrechung, die auf den Gleichungen der Mechanik beruhte und für die er annahm, daß Äther ein elastisches Medium sei, das entsprechend Claude Naviers Elastizitätsgleichungen behandelt werden könnte. Dieses führte zu Veränderungen von Augustin Fresnels Theorie: Neumann glaubte, daß die Dichte des Äthers überall konstant, aber die Elastizität verschieden sei. Nach Neumann wäre die Schwingung des ordentlichen Strahles der Hauptebene parallel und die des außerordentlichen senkrecht. Das Licht manifestierte sich nach Thomas Young und Fresnel nur in transversen Wellen. Neumanns Theorie setzte sowohl transverse als auch Longitudinalwellen voraus, wobei letztere nie beobachtet werden konnten, und diese Frage erst durch James Clerk Maxwell entschieden wurde.

Neben der Polarisierung erforschte Neumann die metallische Reflexion, die Dispersionstheorie und das Verhalten der chemischen und optischen Achsen von Kristallen, indem er auch hier von der Voraussetzung ausging, daß Äther ein elastisches Medium sei. Er hatte besonders Interesse an dem Problem der optischen Intensität und an der Entwicklung von quantitativen photometrischen Experimenten. Als Neumann das schwierige Problem der Grenzbedingung für den Übertritt von Licht von einem kristallinen Medium in ein anderes untersuchte, führte dies wieder zu einer Modifikation von Fresnels Annahmen: Nach Neumann veränderte sich beim Übergang nicht die Dichte, sondern die Elastizität des Äthers.[14] Von seinen Studenten waren es besonders Wild, Anton Müttrich, Albert Wangerin, von der Mühll, Schinz, Leonhard Sohncke und nicht zuletzt Voigt, die Neumanns optische Forschungen mit Hilfe von Kristallen weiterführten.

Neumanns Arbeiten über den Elektromagnetismus, die er Mitte der 40er Jahre durchführte, bildeten gemeinsam mit Wilhelm Webers Untersuchungen ein Fundament der deutschen Forschungen auf diesem Gebiet, bevor sich gegen Ende des Jahrhunderts allmählich Maxwells Arbeiten in Deutschland durchsetzten. Im Jahre 1845 veröffentlichte Neumann eine allgemeine Theorie der Induktionsströme für geschlossene Stromkreise; dabei setzte er Michael Faradays Arbeiten zur Induktion mathematisch um und verallgemeinerte Carl Friedrich Gauß' Potentialfunktion.[15] Zwischen 1845 und 1849 erweiterte Neumanns Doktorand Kirchhoff diese Arbeiten, berechnete die Induktionskonstante im elektromagnetischen Sinne und analysierte die Verteilung von Elektrizität auf runden Schreiben.[16] 1847 verallgemeinerte Neumann seine Theorie der induzierten elektrischen Ströme auf diejenigen Fälle, bei denen sich die Art oder die

Intensität des Stroms veränderten.[17] Obwohl die Herausgeber der *Elektrotechnischen Zeitschrift* zur Zeit von Neumanns Tod 1895 behaupteten, daß Neumanns Elektrizitätslehre «zu den Fundamentalarbeiten unseres Faches gehört», hatten zu diesem Zeitpunkt die Formulierungen von Maxwell und Heinrich Hertz bereits die von Neumann und Weber abgelöst.[18]

Neumann als Lehrer der Physik

Neumanns langes Leben und seine jahrzehntelange Lehrtätigkeit – er überlebte viele seiner früheren und in manchen Fällen berühmteren Schüler, z.B. Kirchhoff – haben seine intellektuellen und besonders seine pädagogischen Leistungen noch größer erscheinen lassen, so daß sie teilweise bis ins Legendäre verklärt worden sind.[19] Obwohl diese Hervorhebung nicht ganz unverdient ist, wird Neumanns Bedeutung doch klarer, wenn seine Leistungen im historischen Zusammenhang gesehen werden.

Neumanns mathematische Formulierungen der Physik, seine Forschungsergebnisse, aber auch seine verbesserten Instrumente wurden oft nur deshalb bekannt, weil seine Studenten sie in ihren Publikationen erwähnten oder darauf aufbauten.[20] Neumann als Lehrer übte einen großen Einfluß sowohl auf seine Studenten als auch auf die intellektuellen Strukturen und die Forschungspraktiken in der theoretischen Physik aus. Von etwa 1830 bis 1850 legte sein umfassender, aktueller Vorlesungszyklus zur mathematischen Physik die Grundlagen für eine einheitliche Definition dieses neuen Fachgebietes; in späteren Jahren wurden diese pädagogischen Strukturen von seinen Studenten weiter verbreitet.

Den Anfang machte Neumann mit einer Vorlesung über theoretische Optik im Jahr 1830/31; bis 1846 folgten so unterschiedliche Themen wie die analytische Theorie des Lichts; Mechanik, Kapillarität und Elastizität; Elektrizität und Magnetismus sowie Kurse über speziellere Probleme der mathematischen Physik. Zwischen 1847 und 1862 bot er auch Kurse über Hydrodynamik, den elektrischen Strom und Potentialtheorie an. In diesen Lehrveranstaltungen präsentierte, analysierte und kritisierte er die führenden Forscher des Faches: André Marie Ampère, François Arago, Jean-Baptiste Biot, David Brewster, Faraday, Fourier, Fresnel, Gauß, Pierre Simon de Laplace, Georg Simon Ohm, Poisson, Young, Alessandro Volta, Weber und andere. Keine andere Vorlesungsreihe vor 1850, die den Anspruch erhob, mathematische Physik zu unterrichten, war so umfassend wie seine. In seinen Vorlesungen strebte Neumann unermüdlich ein Höchstmaß an Exaktheit und Allgemeinheit an, die er mit den folgenden Mitteln zu erreichen suchte: Er schloß hypothetische Vorstellungen aus, benutzte Analogie, um mathematische Methoden von einem Bereich der Physik auf einen anderen übertragen zu können, und unterwarf alle

Theorien den peinlich genauen Versuchen seiner exakten Experimentalphysik.

Neumanns Beitrag zur Begründung einer neuen Disziplin – der theoretischen Physik als festem Bestandteil des Universitätsstudiums – beruhte weniger auf eigenen theoretischen Beiträgen, sondern vielmehr auf seiner Pädagogik der Naturwissenschaft. Heute begreift man Neumanns historische Bedeutung vor allem darin, daß er

1. mit Erfolg in seinem Seminar die unterschiedlichen quantitativen Traditionen der damaligen Naturwissenschaft und Mathematik zusammenfügte;
2. der Mechanik nicht nur eine erkenntnistheoretische, sondern auch eine neue pädagogische Rolle zuwies; und daß
3. sein Seminarunterricht eine ethische Komponente besaß.

Die quantitativen Traditionen in Königsberg

Das Neumannsche Seminar, sein Bestreben, die Wissenschaften zu mathematisieren und Lehrer für höhere Schulen auszubilden, wurde von Zeitgenossen als Teil der staatlichen Reformbemühungen in Preußen empfunden. Eine lokale Besonderheit war jedoch, daß in Königsberg bestimmte quantitative Traditionen zusammentrafen, die der pädagogischen Formulierung von Neumanns mathematischer Physik Ausdruck verliehen. Diese Traditionen kamen aus den angewandten Naturwissenschaften, aus der exakten Experimentalphysik und aus der Mathematik selbst, die bis in die frühen 30er Jahre des 19. Jahrhunderts noch die Mechanik sowie die französische mathematische Physik (z. B. Fourier, Poisson, Laplace usw.) umfaßte.

Hauptsächlich als Folge der Verwaltungsreformen des späten 18. und frühen 19. Jahrhunderts in Preußen hatten quantitative Techniken in den angewandten Naturwissenschaften eine besondere strategische Bedeutung für den Staat. Die zunehmende öffentliche Bautätigkeit im späten 18. Jahrhundert führte zu verbesserten quantitativen Techniken in der Architektur, besonders bei der Prüfung der Stärke und Stabilität von Baumaterialien. Zur Kontrolle der Wasserströmung – gerade in einer Stadt wie Berlin, die von zahlreichen Flüssen und Kanälen durchzogen wird – wurden Techniker benötigt, die über hydraulische Kenntnisse verfügten. In Berlin war es nicht selten, daß die Mathematik-, Physik- oder Chemieprofessoren der Universität nebenberuflich in den technischen und Gewerbeschulen der Stadt unterrichteten, wo solche oder ähnliche Probleme erörtert wurden. In ihren Vorlesungen an der Universität, unter anderem denen, die Neumann selbst um 1820 bei dem Mineralogen Weiß als Student besuchte, beschäftigten sich die Professoren gelegentlich mit vergleichbaren technischen Fragen. Später konnte Neumann im provinziellen Königsberg für seine eigenen Physikvorlesungen auf theoretische und mathematische Techniken zurückgreifen, die eigentlich für die rationellen Lösungen praktischer Probleme – insbesondere in der Hydrostatik und Hydrodynamik – entwickelt worden waren.

Die quantitativen Techniken zur Lösung praktischer Probleme waren natürlich eng verwandt mit den Verfahren, die in der exakten experimentellen Physik angewandt wurden. Die Kontinentalsperren zu Beginn des 19. Jahrhunderts hatten zur Folge, daß sich deutsche Handwerker und Gerätebauer verstärkt mit der Entwicklung von Instrumenten und Apparaten beschäftigten, die bisher in Großbritannien hergestellt wurden. Seit 1810 etablierten sich in ganz Deutschland geschickte Instrumentenbauer, darunter Karl Philipp Heinrich Pistor, Thomas Baumann und Johann Georg Repsold im Norden, Georg Reichenbach und Joseph Fraunhofer im Süden. Sie entwickelten und verbesserten Instrumente für die Astronomie, die Triangulation und für die Standardisierung von Maßen und Gewichten.

Neumann lernte diese neuen Instrumente und ihren Gebrauch durch den Astronomen Bessel kennen, dessen grundlegende Forschungen über das Sekundenpendel zur Basis von Neumanns Vorlesung über Mechanik als Einleitung in die theoretische Physik wurden.[21] Als Neumann 1826 nach Königsberg kam, konnte er sich mit eigenen Augen von der äußersten Sorgfalt überzeugen, mit der Bessel dieses beispielhafte Experiment durchführte, welches sich nun im Endstadium befand, aber als Auftragsarbeit der *Berliner Akademie der Wissenschaften* begonnen hatte: Es war ein Beitrag zur Reform des Handels und des Steuerwesens in Preußen mittels verbesserter Maße und Gewichte.

Daß die Methoden der exakten Experimentalphysik im frühen 19. Jahrhundert den Verfahren zur Bestimmung von Maßen und Gewichten verblüffend ähnlich waren, hatte seine Ursachen weniger darin, daß nun wissenschaftliche Methoden im Handel Fuß faßten. Es war vielmehr umgekehrt: Die Forderung nach größerer Genauigkeit ging von den Kaufleuten aus and zwang die Experimentatoren, bisher ausgeübte Praktiken zu überwinden.[22] Das Besselsche Beispiel regte Neumann dazu an, Methoden der Präzisionsmeßtechnik in seinem Seminar über theoretische Physik zu behandeln, und zwar einschließlich der Fehlerrechnung mit Hilfe der Methode der kleinsten Quadrate. In diesem Sinn waren berufliche Wertvorstellungen – wie insbesondere das in Neumanns Seminarübungen gepflegte Streben nach Exaktheit – im Einklang mit den ökonomischen Bedürfnissen der preußischen Gesellschaft.

Eine weitere quantitative Tradition, auf die sich Neumann bezog, kam aus der Mathematik selber, oder besser, aus der Mathematik, wie sie damals definiert war. Indem er in seinem Seminar Physik mit der Mathematik verband, bewirkte er die Aufwertung der ersteren, da damals die Mathematik gesellschaftlich ein höheres Ansehen genoß als die Physik.

Zugleich rechtfertigte er das Physikstudium seiner Schüler, weil es ihnen die Möglichkeit gab, Mathematiklehrer zu werden, die dann gewöhnlich einige Wochenstunden Physik zu übernehmen hatten.

Um 1830 versuchte Neumann französische mathematische Physik, vor allem die Arbeiten von Fourier, Poisson und Fresnel, in seinen Vorlesungen zu behandeln. Die fast gleichzeitige Beschäftigung mit Bessel und den französischen Arbeiten hat die Entwicklung seiner Pädagogik geprägt. Die französische mathematische Physik war ebenso wie die Mechanik in Deutschland fast ausschließlich der Mathematik zugeordnet. Zudem war sie aus deutscher Sicht allzusehr durch eine Dominanz der mathematischen Technik bestimmt, wogegen inhaltliche Konzepte oder das Bemühen um eine empirische Bestätigung und experimentelle Prüfung eher im Hintergrund standen. Neumanns Kenntnis und mehr noch seine Bewunderung für die Besselsche Arbeit über das Sekundenpendel machten ihn für die Mängel in der französischen mathematischen Physik besonders sensibel. In dem Lehrplan, den Neumann Mitte bis Ende der 1830er Jahre entwickelte, wollte er diese französischen Arbeiten fester in der physikalischen Wirklichkeit verankern, indem er sie den rigorosen Methoden der exakten Experimentalphysik unterwarf.

Die pädagogische Funktion der Mechanik in Königsberg

Neumanns Vorlesung über Mechanik als Einleitung in die theoretische Physik wurde von praktischen Seminarübungen begleitet. Schon bei der Darstellung der Grundzüge der analytischen Mechanik war er bestrebt, die Prinzipien möglichst früh auch auf praktische Probleme wie die Konstruktion von Instrumenten anzuwenden. Neumanns pädagogische Technik wird am klarsten bei seiner Behandlung des Pendels, die ein Viertel seiner Vorlesung in Anspruch nahm und auf Bessels Bestimmung der Länge des einfachen Sekundenpendels in Königsberg aufbaute.[23] Jacobi und später Friedrich Julius Richelot behandelten in ihren Vorlesungen über analytische Mechanik hauptsächlich partielle Differentialgleichungen und ihre Anwendung auf dynamische Probleme. Demgegenüber betonte Neumann vor allem Reihenentwicklungen, Approximationstechniken, Gleichungssysteme und verschiedene Methoden einer exakten Experimentalphysik, besonders die Fehlerrechnung mit Hilfe der Methode der kleinsten Quadrate.

Bessels Arbeit über das Pendel war dermaßen prägend für die pädagogische Physik Neumanns, daß dieser seine Vorlesung nicht nur nach Begriffen ordnete, die auf Bessel zurückgingen und das Pendel überhaupt zum Modellfall für die Analyse von Bewegungsvorgängen oder von Kräften machte, sondern es auch zur theoretischen Analyse von Instrumenten, Fehlern und experimentellen Protokollen heranzog. Denn es war, wie Neumann betonte, das genaueste Meßinstrument seiner Zeit. Das Pendel verkörperte den Begriff der «astronomischen Genauigkeit» und beherrschte die Quantifizierung der theoretischen Physik Neumannscher Prägung.[24]

Das Handwerk der theoretischen Physik war bei Neumann untrennbar mit der Kunst des exakten Experiments verknüpft. Exaktes Experimentieren förderte Arbeitsgewohnheiten, die die Untersuchungen beeinflußten und gleichzeitig die erkenntnistheoretischen und anderen Wertvorstellungen leiteten, welche während des Experiments zu bewußten Entscheidungen beitrugen. Neumann wollte durch seinen Mechanikunterricht die Studenten zu kritischem Denken über die mathematische Formulierung von physikalischen Theorien anregen; sie sollten die Unsicherheiten aufspüren, die in idealen mathematischen Formulierungen physikalischer Phänomene enthalten sind; und schließlich sollten sie sich über die Unsicherheiten klar werden, die durch Daten- und Fehleranalyse bestimmt werden können, vor allem durch die Berechnung des wahrscheinlichsten Fehlers mit der Methode der kleinsten Quadrate.

Da Sicherheit und Genauigkeit im Unterricht eine so große Bedeutung einnahmen, ist es verständlich, daß Neumanns mathematische und theoretische Physik eher phänomenologisch wirkte und wenig Platz für hypothetische Konstruktionen ließ. Es ist außerdem verständlich, daß bei den Schülern Neumanns die Auffassung vom inhärent approximativen Charakter des theoretischen Wissens in der Physik dominierte. Den kritischen Blick, den sie auf das physikalische Wissen warfen, hatten sie in Neumanns Mechanik gelernt.[25]

Die ethischen Dimensionen der Neumannschen Physik

Aus der Erfahrung mit der stark ritualisierten Art, wie in Königsberg theoretische Physik gelehrt wurde, entwickelte sich eine Ethik des Wissenschaftsbetriebs. Die Schüler lernten nicht nur die Techniken der exakten Quantifizierung, sondern sie übten auch Denkweisen, Haltungen und Wertvorstellungen ein und schulten so ihre Urteilskraft. Nicht zuletzt entwickelten sie Verfahren, mit denen wissenschaftliche Ergebnisse auf geeignete Art und Weise aufgezeichnet werden. Durch den Unterricht im Seminar bekamen Neumanns Schüler Richtlinien für ihr eigenes wissenschaftliches Verhalten und nahmen ein Ethos in sich auf, aus dem sich später ihr Selbstverständnis für den Beruf des Physikers bestimmte. Für Neumann bestand kein Zweifel daran, daß jeder, der «Physiker von Beruf» werden wollte, Kurse zur theoretischen Physik absolviert haben mußte.[26]

Neumanns Schüler waren buchstäblich auf das System ausgerichtet, aus dem sie hervorgingen, und ihr späteres Verhalten war ein Zeugnis für die Wirksamkeit dieser Schulung durch Neumann. Seine Schüler empfanden die Zeit der Zugehörigkeit zum Seminar als einen Übergang zu beruflicher Identität. Johann Pernet war beispielsweise davon überzeugt, daß ein tüchtiger Physiklehrer unbedingt durch das Neumannsche Seminar der theoretischen Physik gehen müsse.[27] Häufig entstand eine enge emotionale Verbindung mit dem Lehrer, die dadurch zum Ausdruck kommen konnte, daß Neumanns Bild das Wohnzimmer des Gymnasiallehrers schmückte und seine Worte mit fast missionarischem Eifer an jene weitergegeben wurden, die sie noch nicht vernommen hatten.[28] In solchen Verhaltensweisen kommen die emotionalen Charakteristika wie Engagement, Verantwortung und harte Arbeit zum Ausdruck, durch die sich die Mitglieder des Seminars einander verbunden fühlten.[29]

Neumann war für seine Studenten nicht nur Lehrer und Mentor, in seinem Haus waren sie zugleich auch seine Söhne. Heinrich Martin Weber erinnert sich an die Gastfreundlichkeit im Neumannschen Haus, die Scherze, mit denen dieser den Studenten ihre Befangenheit nahm, und an die Warmherzigkeit seiner Frau.[30] Die Briefe seiner Schüler bezeugen aber auch die hohen Anforderungen, die er und die deutsche Gesellschaft im 19. Jahrhundert an sie stellten: den Zwang zur Anpassung, die Disziplin und die Angst vor Einsamkeit und Versagen. Durch ihre enge Bindung an Neumann und untereinander entwickelte sich ihre eigene Gruppenidentität, die ein starkes soziales Fundament schuf, auf dem die Tradition von wissenschaftlichem Arbeiten, wie sie es bei Neumann für die Physik gelernt hatten, fortgesetzt wurde.

Für Neumanns Schüler wurden aus Verhaltensnormen moralische Normen in Gestalt eines «Ethos der Exaktheit».[31] In diesem Sinne ist es kein Zufall, daß Neumann 1888 ein Stipendium ausschrieb, das nur an einen Königsberger Studenten der mathematischen Physik oder an einen jungen Wissenschaftler der neugegründeten *Physikalisch-Technischen Reichsanstalt* in Berlin-Charlottenburg verliehen werden durfte.[32] Das Ethos der Exaktheit verlangte die Überzeugung, daß theoretische oder mathematische Physik nur nach den Regeln des exakten Experiments praktiziert werden dürfte; die innere Überzeugung, daß auf diesem Weg nur größere Gewißheit, nicht aber absolute Wahrheit zu erreichen ist; schließlich auch das Eingeständnis, daß Präzision und Genauigkeit auf technischer Sachkenntnis beruhen, doch vor allem äußere Zeichen einer persönlichen und beruflichen Integrität sind. Berufliches Selbstverständnis und persönliche Eigenart waren auf diese Weise mit den Ritualen des Unterrichts in Neumanns physikalischem Seminar verknüpft.

Michael Heidelberger

HERMANN VON HELMHOLTZ
(1821–1894)

Helmholtz' wissenschaftlicher Werdegang

Hermann Ludwig Ferdinand Helmholtz wurde am 31. August 1821 in Potsdam als ältestes von vier Kindern geboren. Sein Vater Ferdinand, Professor der Philologie am Potsdamer Gymnasium, hatte eine starke Neigung für die Philosophie des deutschen Idealismus, aber auch für Kunst, Musik und Poesie. Während seiner Studienzeit hatte er Vorlesungen des Philosophen Johann Gottlieb Fichte gehört, der ihn lebenslang beeinflußte. Aus dieser Zeit stammte auch seine Freundschaft mit Fichtes Sohn Immanuel Hermann Fichte, der gleichfalls ein zu seiner Zeit einflußreicher Philosoph war und der Taufpate von Hermann Helmholtz wurde. Helmholtz' Mutter Karoline, geb. Penne, stammte von William Penn ab, dem Begründer des Staates Pennsylvanien in den USA.

Schon während seiner Schulzeit entwickelte Helmholtz ein Interesse für Physik und Geometrie. In der Bibliothek seines Vaters fand er physikalische und chemische Lehrbücher, die er mit großem Eifer studierte. Nach dem Abitur wollte Helmholtz dieser Neigung nachgehen und Physik studieren. Da aber die Mittel seiner Eltern für die Finanzierung eines solchen Studiums nicht ausreichten, schlug ihm sein Vater vor, sich am *Königlich medizinisch-chirurgischen Friedrich-Wilhelms-Institut* in Berlin einschreiben zu lassen. Die Zöglinge dieser militärärztlichen Anstalt erhielten eine kostenfreie medizinische Ausbildung, mußten sich aber für die Zeit nach dem Studium zu einem mehrjährigen Dienst an der Charité verpflichten. Helmholtz wurde dann 1838 in die Pépinière, wie man das Institut auch nannte, aufgenommen.

Helmholtz hörte vor allem bei dem Professor für Anatomie und Physiologie Johannes Müller, der in ihm das Interesse an den physikalisch-chemischen Ursachen des Lebens weckte und einen bleibenden Einfluß auf ihn ausübte. Im Schülerkreis von Müller schloß er auch eine folgenreiche Freundschaft mit Ernst Brücke und Emil Du Bois-Reymond, die später selbst angesehene Physiologen wurden und Helmholtz zeitlebens verbunden blieben. Seinen Studiengenossen eilte Helmholtz darin voraus, daß er die Werke von Leonhard Euler, Daniel Bernoulli, Jean le Rond d'Alembert und Joseph Louis de Lagrange las und sich dadurch selbständig mathematisch bildete.

1842 promovierte Helmholtz bei Müller mit einer Arbeit, in der er als erster den Ausgang der Nervenfasern von den Ganglienzellen nachwies.

Hermann von Helmholtz (1821–1894)

Im selben Jahr trat er seinen Dienst als Militärarzt an, zuerst an der Charité, dann in Potsdam, wo er bis 1848 blieb. Er pflegte aber weiterhin eifrig die Beziehungen zu seinen Freunden in Berlin, die im Jahre 1845, zusammen mit anderen aus dem Kreis um Müller und den Physikprofessor Gustav Magnus, die *Physikalische Gesellschaft* gründeten. In dieser Gesellschaft trug Helmholtz am 23. Juli 1847 seine Abhandlung *Ueber die Erhaltung der Kraft* vor, in der er den Energieerhaltungssatz formulierte.

Obwohl die jüngeren Physiker und Physiologen Helmholtz' Ideen begeistert aufnahmen, dauerte es noch einige Zeit, bis sie sich allgemein durchsetzten. Die älteren Physiker und Mathematiker Berlins befürchteten, wie Helmholtz' Biograph Leo Koenigsberger später schrieb, daß die in der Arbeit «niedergelegten Speculationen wieder die Phantasien der Hegel'schen Naturphilosophie aufleben lassen könnten, gegen die sie so lange und endlich siegreich den Kampf geführt».[1] Johann Christian Poggendorff, der Herausgeber der *Annalen der Physik*, lehnte die Arbeit als zu theoretisch und zu wenig experimentell für die Veröffentlichung in seiner Zeitschrift ab, so daß Helmholtz sie als eigene Broschüre erscheinen ließ. Die *Erhaltung der Kraft* und Emil Heinrich Du Bois-Reymonds Vorrede zu seinen *Untersuchungen über thierische Elektricität* von 1848 sind so etwas wie Gründungsdokumente der einflußreichen Biophysik des 19. Jahrhunderts, die alle Lebenserscheinungen auf mechanisch-physikalische und chemische Vorgänge reduzierbar hielt.

Nach einem kurzen Zwischenspiel als Lehrer der Anatomie an der Berliner Kunstakademie wurde Helmholtz 1849 als Nachfolger von Brücke zum Professor der Physiologie nach Königsberg berufen. Kurz vor seiner Umsiedlung dorthin heiratete er Olga von Velten. In Königsberg bestimmte Helmholtz die Fortpflanzungsgeschwindigkeit des Nervenimpulses, indem er den Zeitunterschied zwischen Reizung und Zukkung eines Froschmuskels maß. In der theoretischen Konzeption und praktischen Ausführung des die Messung kleinster Zeiten erfordernden Experiments zeigte er außerordentliches Geschick. Er begann sich nun verstärkt sinnesphysiologischen Untersuchungen zu widmen. Gewissermaßen als ein Abfallprodukt dieser Untersuchungen erfand er im Jahre 1850 den Augenspiegel, der ihn auch außerhalb von Fachkreisen berühmt machte und die Augenheilkunde in theoretischer wie praktischer Hinsicht revolutionierte. Mit dem Augenspiegel konnte man nämlich erstmals beim lebenden Menschen den Augenhintergrund durch die Pupille betrachten.

Seine sinnesphysiologischen Forschungen führten Helmholtz aber nicht nur zur Erfindung neuer Instrumente, sondern später auch zur «Zeichentheorie der Wahrnehmung», einem erkenntnistheoretischen Ansatz, der die philosophische Bewegung des Neukantianismus mitbegründete. Es ist überhaupt typisch für Helmholtz, daß er in seiner wissenschaftlichen Arbeit zwischen den Disziplinen hin und her wechselte. Die erfolgreiche Lösung eines Problems veranlaßte ihn häufig, einen der aufgetauchten Aspekte in einem anderen wissenschaftlichen Zusammenhang weiter zu behandeln: von der Physiologie zur Mathematik, zur experimentellen und theoretischen Physik, zur Psychologie, zur Erkenntnistheorie oder auch in anderer Kombination.

Sein steigendes Ansehen führte Helmholtz auch in die Wissenschaftspolitik. Während seiner Königsberger Zeit besuchte er eine große Zahl physiologischer Institute. Er reiste nach England, wo er die Bekanntschaft vieler englischer Physiker, darunter von Michael Faraday, George Stokes, George Bidell Airy und Charles Wheatstone machte. Besonders befreundete er sich mit Lord Kelvin. Auch danach reiste Helmholtz noch häufig nach Großbritannien und pflegte seine Beziehungen zu britischen Forschern.

1855 übernahm Helmholtz die Professur für Anatomie und Physiologie an der Universität Bonn und wurde schließlich 1858 von der badischen Regierung für den neubegründeten Physiologielehrstuhl an der Universität Heidelberg gewonnen, wo er bis 1871 blieb. Während dieser

Jahre baute Helmholtz seine sinnesphysiologischen Untersuchungen aus und faßte den damaligen Forschungsstand systematisch zusammen. Das monumentale *Handbuch der Physiologischen Optik* erschien 1856, 1860 und 1866 in drei Lieferungen. Wo immer man auch dieses Werk aufschlägt, atmet es den unverwechselbaren Helmholtzschen Geist, der den wesentlichen Punkt des Problems sicher erfaßt und in seine physikalisch-mathematischen, physiologisch-experimentellen und psychologischen Aspekte zerlegt. Diese «unbegreifliche Biegsamkeit des Talentes», wie es sein Freund du Bois-Reymond ausdrückte,[2] hat das Werk bis heute nur wenig veralten lassen. Wilhelm Wundt, der spätere Gründer des ersten psychologischen Laboratoriums in Leipzig, war übrigens sein Assistent in Heidelberg.

Noch während der Abfassung des *Handbuchs* faßte Helmholtz seine Arbeiten in der physiologischen Akustik zusammen. Sie erschienen 1863 als *Die Lehre von den Tonempfindungen als physiologische Grundlage für die Theorie der Musik* – ein Werk, das in experimenteller und theoretischer Hinsicht vielleicht noch origineller erscheint als das optische Gegenstück. Die akustischen Arbeiten hatten zur Folge, daß Helmholtz sich auch hydrodynamischen und aerodynamischen Problemen zuwandte. In einer mathematisch höchst anspruchsvollen Arbeit von 1858 über die Hydrodynamik von Wirbelbewegungen behandelte er Flüssigkeitswirbel in Analogie zu den elektromagnetischen Wirkungen elektrischer Ströme. Er fand heraus, daß sich Wirbel in einer reibungslosen Flüssigkeit erhalten. Lord Kelvin versuchte später, hierauf eine Theorie der Materie zu gründen, indem er Atome als kleinste Wirbelringe im Äther ansah, die sich fortwährend drehen. Auch Maxwell griff auf Helmholtz' Sätze über die Wirbelbewegung zurück, als er seine Elektrodynamik entwickelte.[3]

Während seiner Heidelberger Zeit widmete sich Helmholtz verstärkt den Grundlagen der Geometrie. Er ließ sich von der Frage leiten, wieviel an unserer Raumanschauung aus der Erfahrung stammt und wieviel an ihr jeder Erfahrung vorausgeht. Er kam zum Schluß, daß die Euklidschen Axiome nicht wie bei Immanuel Kant allgemeingültig und notwendig sind, sondern einen empirischen Gehalt besitzen. Bevor er seine ersten Untersuchungen veröffentlichte, lernte er Bernhard Riemanns Habilitationsvorlesung aus dem Jahre 1854 kennen, die erst 1868 gedruckt wurde. Er mußte feststellen, daß darin ein Teil seiner Ergebnisse schon vorweggenommen war.

Erst mit Riemanns und ganz besonders mit Helmholtz' Veröffentlichungen wurde die nichteuklidische Geometrie allgemein zur Kenntnis genommen und diskutiert. Das führte auch zu heftigen polemischen Angriffen gegen Helmholtz; besonders gegen seine Behauptung, die hyperbolische Geometrie sei anschaulich darstellbar. Im Fall des Philosophen und Nationalökonomen Eugen Dühring waren die Ausfälle gegen Helmholtz und andere so unsachlich und maßlos, daß die Berliner Universität diesem schließlich 1877 die Lehrbefugnis entzog. Dühring beschuldigte Helmholtz vor allem, er habe die Priorität und die Leistungen Julius Robert Mayers bei der Entdeckung des Energieerhaltungssatzes absichtlich totgeschwiegen.

Aber auch die Übereinstimmung mit Kollegen war der Sache von Helmholtz nicht immer dienlich. Der Leipziger Astrophysiker Karl Friedrich Zöllner, in anderen Fragen ein scharfer Gegner von Helmholtz und Kelvin, sah den Weltraum als vierdimensional und positiv gekrümmt an. Damit glaubte er zeigen zu können, daß sich das Gravitationsgesetz auf das elektrodynamische Grundgesetz von Wilhelm Weber reduzieren lasse. Den Beweis für die Vierdimensionalität sah er in spiritistischen Demonstrationen eines Amerikaners, die in den 70er Jahren viel Aufsehen erregten.

Helmholtz' Anfangszeit in Heidelberg war vom Tode seines Vaters und seiner ersten Frau überschattet. Aber schon bald darauf ging Helmholtz 1861 eine zweite Ehe mit Anna von Mohl ein, der Tochter eines Staatsrechtlers und Diplomaten. Durch ihren Unternehmungsgeist wurde das Helmholtzsche Haus zu einem wissenschaftlichen und künstlerischen Salon. 1862/63 übernahm Helmholtz das Amt des Prorektors, zu dessen Antritt er eine vielbeachtete Rede «Ueber das Verhältnis der Naturwissenschaften zur Gesammtheit der Wissenschaft» hielt. Neben Helmholtz waren es vor allem die Begründer der Spektralanalyse Robert Bunsen und Gustav Robert Kirchhoff, die an der Universität Heidelberg eine Glanzzeit für die Naturwissenschaften heraufführten und viele Studenten aus dem In- und Ausland anzogen.

Wissenschaft und Wissenschaftspolitik

Seinem großen Ruhm entsprechend hielt Helmholtz 1869 auf der Versammlung der deutschen Naturforscher und Ärzte in Innsbruck eine Rede «Über das Ziel und die Fortschritte der Naturwissenschaft», in der er stellvertretend für die Forschergemeinschaft stolze Rückschau auf die Entwicklung der Naturwissenschaften des 19. Jahrhunderts hielt. Im vollen Optimismus des liberalen Bürgertums seiner Zeit stellte er fest, daß Deutschland in der Physiologie und Medizin deswegen führend geworden sei, weil «bei uns eine grössere Furchtlosigkeit vor den Consequenzen der ganzen und vollen Wahrheit herrscht, als anderswo». Im Gegensatz zu ihren englischen Kollegen müßten die deutschen Forscher sich nicht vor gesellschaftlichen und kirchlichen Vorurteilen beugen, sondern konnten und könnten – ohne Rücksicht auf psychologische und ethische Zusammenhänge – sich mit der Frage nach der Natur des Lebens auseinandersetzen. «Ein arbeitsfrohes, mässiges, sittenstrenges Volk... geht nicht zu Grunde an der Aufstellung einiger voreiligen und einseitigen

Theorien, wenn diese auch die Grundlagen der Sittlichkeit und der Gesellschaft anzutasten scheinen.»[4] Helmholtz spricht hier das Programm der reduktionistischen und als materialistisch in Verruf geratenen Biophysik an.

Helmholtz war aber noch nicht auf dem Gipfel seines Ruhmes angekommen. 1871 trat er die Nachfolge von Gustav Magnus auf dem Lehrstuhl für Physik an der Berliner Universität an, nachdem ihm der Neubau eines physikalischen Instituts zugesagt worden war und Kirchhoff auf den Ruf verzichtet hatte. Als im Jahre 1878 das physikalische Institut in Sichtweite des später gebauten Reichstags vollendet wurde, war es das größte des Deutschen Reiches. In Helmholtz hat die Berliner Gründerzeit auch für die Physik ihren typischen Repräsentanten gefunden. Mit Recht nannte man Helmholtz daher auch den «Reichskanzler der Wissenschaft».

Auf dem neuen Lehrstuhl verfaßte Helmholtz eine Artikelserie, in der er sich mit den verschiedenen elektrodynamischen Theorien seiner Zeit auseinandersetzte (der erste Artikel war noch in Heidelberg entstanden). Erst durch diese Arbeit wurde die Maxwellsche Feldtheorie im deutschen Sprachbereich richtig bekannt und verbreitet. Helmholtz' eigener Ansatz vermittelt zwischen dem Standpunkt der reinen Fernwirkung und des Feldes, indem er den Äther als Übertragungsmedium zwischen miteinander wechselwirkenden Körpern einführte.

Auch die Anwendung der Thermodynamik auf galvanische und chemische Vorgänge fand sein Interesse. Helmholtz erkannte, daß die von einem chemischen Prozeß zu gewinnende äußere Arbeit – er schlug hierfür die Bezeichnung «freie chemische Energie» vor – ein Maß der Affinität der beteiligten chemischen Substanzen darstellt, und nicht, wie man bisher gedacht hatte, die damit verbundene Wärmeentwicklung («gebundene Energie»). Der Zusammenhang ist als «Gibbs-Helmholtz-Gleichung» bekannt. Helmholtz fand unter anderem heraus, daß alle chemischen Verbindungen unterhalb der Dissoziationstemperatur Wärme abgeben, wenn sie auf umkehrbarem Weg gebildet worden sind.

Obwohl Helmholtz auch Anfeindungen trafen, wuchs doch sein Ansehen stetig. 1877/78 war er Rektor der Berliner Universität und wurde 1883 in den preußischen Adelsstand erhoben. Durch Vorträge und Festreden, die für weitere Hörerkreise bestimmt waren, versuchte er seine Konzeption von Naturwissenschaft zu verbreiten und sie in der modernen Kultur und Gesellschaft führend zu machen. Am einflußreichsten wurden die Reden über «Das Denken in der Medizin» von 1877 und «Die Thatsachen in der Wahrnehmung» von 1878, in der er seine erkenntnistheoretischen und wissenschaftsphilosophischen Ideen in klarer, reifer und geschlossener Form präsentierte. Seine Vorlesungen hingegen galten meist als schlecht vorgetragen und schwer verständlich. Helmholtz'

Stärke lag in der Anleitung fortgeschrittener Studenten in kleinen Seminaren und im Labor.

Unter dem Eindruck einer allgemeinen Krisenstimmung, die sich damals nach zwei Attentaten auf den Kaiser breitmachte und den Liberalismus sehr viel konservativer werden ließ, nahm Helmholtz in seiner Rede von 1878 – im Vergleich zu der von 1869 – eine feine, aber folgenreiche Korrektur vor. Während er damals die Wissenschaft noch dafür lobte, daß sie ihre Theorien unbekümmert um eventuell schädliche metaphysische Konsequenzen entwickelt hatte, wird es ihr nun zur Pflicht gemacht, alle mit den Tatsachen verträglichen metaphysischen Hypothesen zu berücksichtigen. Um handeln zu können sei es oft notwendig, sich für eine wissenschaftlich nicht gesicherte metaphysische Hypothese zu entscheiden. Die Wahl wird letztlich «dem ästhetischen oder moralischen Gefühl» überlassen.[5]

Nach 15jährigen Vorbereitungen, an denen Helmholtz maßgeblich beteiligt war, wurde 1887 die *Physikalisch-Technische Reichsanstalt* in Charlottenburg gegründet und Helmholtz zu ihrem Präsidenten ernannt. Zur Realisierung dieses Instituts, das zum Vorbild für viele ähnliche Institute in der Welt wurde, hatte Werner von Siemens durch eine Schenkung entscheidend beigetragen. Helmholtz war schon lange mit dem Hause *Siemens* befreundet; seit 1884 war auch seine Tochter Ellen mit Siemens' ältestem Sohn verheiratet. Die in eine wissenschaftliche und eine technische Abteilung gegliederte *Physikalisch-Technische Reichsanstalt* widmete sich besonders Fragen der physikalischen Messung, Instrumentenherstellung und -kontrolle. Die Notwendigkeit eines solchen Instituts hatte sich vor allem auf internationalen Konferenzen der frühen 80er Jahre zur Festlegung elektrischer Maßeinheiten herausgestellt.

Während seiner Tätigkeit an der *Physikalisch-Technischen Reichsanstalt* war Helmholtz der Universität nicht ganz verloren. Er hielt eine mehrsemestrige Vorlesung über «Theoretische Physik», deren Mitschrift in sechs Bänden gesammelt vorliegt. In den letzten Jahren seines Lebens beschäftigte er sich hauptsächlich mit dem «Prinzip der kleinsten Wirkung». Er versuchte nachzuweisen, daß dieses Prinzip nicht nur für Bewegungsvorgänge gültig ist, sondern in allgemeinerer Form eine ebenso universale Bedeutung wie der Energieerhaltungssatz besitzt. Tatsächlich wollte er mit dem Prinzip der kleinsten Wirkung die physikalischen Vorgänge noch tiefer als mit dem Energieerhaltungssatz begründen. Der Energiesatz gibt nur den Energiebetrag an, der bei einem Naturprozeß konstant bleiben muß, während das Prinzip von der kleinsten Wirkung ein umfassenderes Gesetz ist, weil sich aus ihm *alle* diesem Prozeß zugrundeliegenden Bewegungsgleichungen herleiten lassen.

Am 12. Juni 1894 erlitt Helmholtz einen Schlaganfall, von dem er sich nicht mehr erholte. Er starb am 8. September desselben Jahres.

Werk

Helmholtz' Leistungen betreffen mindestens die folgenden Gebiete: Energieerhaltung, physiologische Optik, physiologische Akustik, Elektrodynamik, Erkenntnis- und Wissenschaftstheorie und Geometrie.

Energieerhaltung
Helmholtz' Überlegungen zum Energieerhaltungssatz entstanden im Zusammenhang mit der Frage nach der Existenz einer Lebenskraft zur Erklärung physiologischer Erscheinungen. Sein Lehrer Johannes Müller hing, wie die meisten Physiologen seiner Zeit, noch einem Vitalismus an, nach dem die Lebenskraft als übergeordnete Instanz die einzelnen Funktionen des Organismus vom Ganzen her regelt und ordnet. Im Anschluß an Justus Liebig stellte sich Helmholtz die Frage, ob die mechanische Kraft und Wärme, die bei der Muskelbewegung entstehen, vollständig vom Stoffwechsel des Muskels hergeleitet werden können. Sollte diese Vermutung zutreffen, so wäre gezeigt, daß die chemischen und physikalischen Gesetze zur Erklärung der Lebenserscheinungen ausreichen. Die Annahme einer unabhängig vom Stoffwechsel wirksamen Lebenskraft würde den lebenden Körper hingegen zu einem *perpetuum mobile* machen.

Diese Sichtweise führte Helmholtz zur allgemeineren Frage: Welche Beziehungen zwischen den verschiedenen Kräften müssen allgemein in der Natur bestehen, damit ein *perpetuum mobile* ausgeschlossen ist? In der *Erhaltung der Kraft* formulierte er die Einsicht, daß mechanische Energie nur auf Kosten anderer Energie erzeugt werden kann:

> So oft Naturkörper vermöge anziehender ober abstossender Kräfte, welche von der Zeit und Geschwindigkeit unabhängig sind, auf einander einwirken, muss die Summe ihrer lebendigen und Spannkräfte [d.h. der kinetischen und potentiellen Energie] eine constante sein; das Maximum der zu gewinnenden Arbeitsgrösse also ein bestimmtes, endliches.[6]

Anschließend behandelte Helmholtz die verschiedenen «Kraftäquivalente», d.h. die Äquivalenz der mechanischen mit anderen Energieformen: das Kraftäquivalent der Wärme, der verschiedenen elektrischen Vorgänge, des Magnetismus und des Elektromagnetismus. Helmholtz sagte noch «Kraft», wo heute «Energie» gebräuchlich ist – eine Sprechweise, die 1849 Kelvin und 1851 William Rankine einführten.

Das Zitat zeigt, daß Helmholtz seine Ableitung auf die Annahme von entfernungsabhängigen Zentralkräften stützt und alle Wirkungen in der Natur auf sie zurückführt.[7] Dies war der Standpunkt der damals vorherrschenden Laplaceschen Physik. Helmholtz glaubte ihn philosophisch in Anlehnung an Kants *Metaphysische Anfangsgründe der Naturwissen-*

schaften von 1786 begründen zu können, indem er ihn als notwendige Folge des Materie- und Kraftbegriffs hinstellte.

Mit der *Erhaltung der Kraft* wurde ein theoretischer Gesichtspunkt von enormer heuristischer Fruchtbarkeit gewonnen, der die verschiedensten Gebiete der Physik als Einheit erscheinen ließ. Obwohl Robert Mayer und James Joule den Energieerhaltungssatz schon vor Helmholtz aufgestellt hatten, so hat doch erst Helmholtz seinen allgemeinen Charakter für die verschiedenartigsten Phänomene exemplarisch gezeigt.

Physiologische Optik

Nach der Erfindung des Augenspiegels beschäftigte sich Helmholtz mit der Farbentheorie. Anfänglich glaubte er, Thomas Youngs Theorie des Farbensehens experimentell widerlegt zu haben. Dann aber wurde er zu ihrem größten Verfechter und Fortsetzer, so daß man heute von der Young-Helmholtz-Theorie der Farben spricht. Diese Theorie setzt voraus, daß es im Auge dreierlei auf die Grundfarben Rot, Grün und Violett ansprechende Arten von Nervenfasern gibt. Alle anderen Farben sind als Mischungen dieser drei Grundfarben anzusehen. Helmholtz fand heraus, daß man von einer größeren Sättigung der Grundfarben ausgehen muß, als sie uns in der Empfindung gegeben ist. Jedes Licht in den Grundfarben, und mag es noch so sehr gesättigt erscheinen, stimuliert wenigstens in einem geringen Ausmaß die beiden anderen Rezeptoren mit.

Helmholtz zeigte, wie das Auge akkommodiert, d. h. sich auf das Sehen verschiedener Entfernungen einstellt. Bisher wurden fast immer das Auge selbst bei der Akkommodation untersucht und verschiedene Hypothesen über Gestaltveränderungen oder Verschiebungen des Augapfels aufgestellt. Helmholtz ging indirekt vor und maß mit dem von ihm erfundenen Ophtalmometer, wie sich die von der Hornhaut und der Vorder- und Rückseite der Linse erzeugten Spiegelbilder des einfallenden Lichts während der Akkommodation des Auges verändern. Diese Messungen genügten, um nachzuweisen, daß sich die Linse bei Akkommodation durch einen (von Brücke kurz zuvor aufgefundenen) Muskel in ihrer Gestalt verändert: Die Konvexität der Linse nimmt durch Kontraktion des Muskels zu, je näher das betrachtete Objekt dem Auge ist.

Helmholtz nahm diese und viele andere Ergebnisse in sein *Handbuch der Physiologischen Optik* auf. Der erste Band (in der Zählung der zugänglichen dritten Auflage) behandelt die anatomische Beschreibung des Auges und seine Dioptrik, einschließlich der Akkommodation und des Augenspiegels. Im zweiten Band steht die Frage im Vordergrund, wie Gesichtsempfindungen von den physikalischen Reizen abhängen. Als «Gesichtsempfindungen» werden behandelt: Farben (besonders die Grassmannschen Gesetze der Lichtmischung), Nachbilder, Irradiation, Kontrasterscheinungen. Helmholtz vertrat eine psychologische Theorie der Kontrasterscheinungen: Sie gehen auf keine physikalischen oder physiologischen Gegebenheiten zurück, sondern beruhen auf unbewußten Urteilstäuschungen. Der dritte Band ist den «Gesichtswahrnehmungen» gewidmet, dem Erkennen räumlicher Verhältnisse durch die Augen. Nach Helmholtz' Auffassung werden räumliche Verhältnisse nicht – wie die Farben und die Helligkeit – direkt empfunden, sondern entstehen durch psychische Verarbeitung der Empfindungen. Weitere behandelte Themen umfassen Augenbewegungen, Augenmaß, Sehrichtung, das Horopterproblem, Tiefenwahrnehmung, das Doppeltsehen und das Stereoskop. Der am Anfang dieses Bandes stehende § 26 «Von den Wahrnehmungen im allgemeinen» stellt Helmholtz' philosophische Wahrnehmungstheorie dar.

Physiologische Akustik

Grundlegend für Helmholtz' physiologische Akustik ist seine Analyse der Klangfarben: Ihre Verschiedenheit konnte er – unter Rückgriff auf eine Theorie von Georg Simon Ohm – mit Hilfe der von ihm selbst konstruierten Resonatoren darauf zurückführen, daß in den verschiedenen Klängen verschiedene Obertöne in verschiedener Stärke vorhanden sind. Die Schwingungsphase der Töne spielt dabei keine Rolle.

Die Verbindung dieser physikalischen Theorie mit Einsichten in die Anatomie und Physiologie des inneren Ohres, die in den 50er Jahren gewonnen wurden, führte Helmholtz dann zur sogenannten Resonanztheorie des Hörens: Danach endigen die zahlreichen Fasern des Hörnervs in Rezeptoren, die auf die verschiedensten eintreffenden Schwingungen abgestimmt sind. Bei Reizung schwingen sie mit und rufen im Sensorium jeweils eine Empfindung von bestimmter Tonhöhe hervor. Das Ohr wirkt also wie ein Klavier mit gedrücktem Pedal, dessen einzelne Saiten je nach Beschaffenheit eines auf sie einwirkenden Tones in Mitschwingung geraten. Helmholtz hat es auch so ausgedrückt: Der Hörapparat führt in seinem physiologischen Teil eine Fourier-Zerlegung des Klanges in Grundton und Obertöne aus und setzt die durch die einzelnen Teile ausgelösten Hörempfindungen in der psychischen Verarbeitung anschließend wieder zusammen.

Mit der Theorie der Klangfarben versuchte Helmholtz das Problem der Konsonanz und Dissonanz zu lösen: die Frage nämlich, warum manche Tonkombinationen harmonisch klingen und andere wiederum nicht. Schon die Pythagoräer hatten herausgefunden, daß einfache Schwingungsverhältnisse, die sich in kleinen ganzen Zahlen ausdrücken lassen, zu ästhetisch befriedigenden Eindrücken führen. Es zeigt sich, daß zwei gleichzeitig gehörte Töne, deren Schwingungszahlen nur wenig verschieden sind, sogenannte Schwebungen erzeugen: ein schnell wechselndes Zu- und Abnehmen der Tonstärke, das zu unangenehmen Empfindungen führt, vergleichbar mit dem optischen Flimmern. Akustische Schwebungen entstehen aber auch dann, wenn die Obertöne zweier wesentlich verschiedener Grundtöne sich nur wenig voneinander unterscheiden. Die Schwebungen in den Obertönen fallen aber weg, wenn die Schwingungszahlen der Grundtöne in einem kleinen ganzzahligen Verhältnis zueinander stehen. Damit schien das alte pythagoräische Problem der ästhetischen Wirkung der Musik durch das Zusammenspiel von Physik und Physiologie gelöst worden zu sein.

Elektrodynamik

Beginnend 1870 versuchte Helmholtz in einer Artikelserie zwischen den verschiedenen, zu seiner Zeit vorliegenden Theorien der Elektrodynamik zu entscheiden; einerseits den beiden Fernwirkungstheorien von Wilhelm Weber und Franz E. Neumann und andererseits der Faraday-Maxwellschen Feldtheorie. Er zeigte, daß alle drei Theorien als (für offene Ströme sich gegenseitig ausschließende) Spezialfälle einer allgemeineren, sich auf Neumanns Potentialbegriff stützenden Rahmentheorie aufgefaßt werden können. Diese Rahmentheorie mußte demgemäß sowohl mit dem Fernwirkungsstandpunkt als auch mit der Feldvorstellung verträglich sein. Webers Theorie war damals im deutschen Sprachraum vorherrschend, während Maxwells Theorie sich hier erst mit Helmholtz' Artikeln – und den kurz darauf veröffentlichten Arbeiten des Wiener Physikers Josef Stefan – durchsetzte. Ihre allgemeine Anerkennung fand Maxwells Theorie erst mit Heinrich Hertz' Abhandlung aus dem Jahre 1890.

Gegen Webers Theorie mit ihrer Annahme geschwindigkeits- und beschleunigungsabhängiger Wechselwirkungen bewegter Ladungen wandte Helmholtz ein, daß sie – wenn man sie im vorgeschlagenen Theorierahmen interpretiert – gegen den Energieerhaltungssatz verstoße. Er griff damit auf ein Argument zurück, das er schon 25 Jahre zuvor in der *Erhaltung der Kraft* gegen geschwindigkeitsabhängige Kräfte vorgebracht hatte. Dieser Vorwurf löste eine längere und manchmal heftige Debatte mit den Anhängern der Weberschen Theorie aus. Die Auseinandersetzungen wurden schließlich so kompliziert, daß am Ende keine wirkliche Klärung erfolgte.

Um die Maxwellsche Theorie mit der Vorstellung von Fernwirkungen in Einklang zu bringen, nahm Helmholtz an, daß sich zwei Körper nicht nur direkt durch ihre Fernkräfte beeinflussen, sondern auch durch das Zwischenmedium, den Äther. Die Ätherpartikel werden durch die Wirkung der Körper polarisiert und üben ihrerseits eine Fernkraft aus. Durch die Annahme dieser dielektrischen Polarisation ergaben sich mit Lichtgeschwindigkeit ausbreitende elektrische Wirkungen im Äther. Helmholtz überzeugte sich von der Unhaltbarkeit der Fernwirkungstheorien à la Weber, weil sie zu unsinnigen Voraussagen für ungeschlossene Stromkreise führten. Er entschied sich für die Maxwellsche Theorie – allerdings in der Formulierung der von ihm vorgeschlagenen Neumannschen Rahmentheorie –, obwohl eine experimentelle Entscheidung über die

Existenz des retardierten Potentials noch ausstand. Die experimentellen Arbeiten seines Schülers Heinrich Hertz, die 1887/8 im Nachweis dieser elektromagnetischen Wellen ihren Höhepunkt erreichten, waren ursprünglich aus Versuchen erwachsen, die Helmholtz-Neumannsche Fassung der Maxwell-Theorie zu bestätigen und die Alternativen zu widerlegen.

Auch Hendrik A. Lorentz war mit seinen Versuchen ursprünglich von Helmholtz' Ansatz, speziell seiner Dispersionstheorie, ausgegangen. Um aus der elektromagnetischen Theorie des Lichts Folgerungen für die Optik zu ziehen, hat Helmholtz auch noch in anderer Hinsicht der Lorentzschen Elektronentheorie vorgearbeitet. In der Rede über «Die neuere Entwickelung von Faraday's Ideen über Elektricität» von 1881 vermutete Helmholtz, daß die positive und negative Elektrizität «in bestimmte elementare Quanta getheilt ist, die sich wie Atome der Elektricität verhalten».[8] An anderer Stelle hat er sich jedoch sehr zurückhaltend gegen den Atomismus gezeigt. Er stimmte der verbreiteten Auffassung seines Freundes Kelvin zu, «dass keine Eigenschaft der Körper, die nicht vorher den Atomen selbst beigelegt wurde, durch ihre Annahme erklärt werden kann».[9]

Erkenntnistheorie

Helmholtz' Interesse an erkenntnistheoretischen Fragen wurde, wie er schreibt, schon in seiner Jugend dadurch geweckt, «dass ich meinen Vater, der einen tiefen Eindruck von Fichte's Idealismus behalten hatte, mit Collegen, die Hegel oder Kant verehrten, oft habe streiten hören».[10] Auch später stand Helmholtz mit seinem Vater in dauerndem Gedankenaustausch über philosophische Probleme. Auch seinen Patenonkel bat er um Aufklärung über Fichtes Philosophie.[11]

Helmholtz' Erkenntnistheorie stand in sehr engem Zusammenhang mit seinen sinnesphysiologischen Bestrebungen, denn: «Der Punkt an dem sich Philosophie und Naturwissenschaften am nächsten berühren, ist die Lehre von den sinnlichen Wahrnehmungen des Menschen.»[12] Zur Klärung der damit verbundenen Probleme entwickelte Helmholtz seine Zeichentheorie der Wahrnehmung, die wohl mit seiner Kant-Rede *Ueber das Sehen des Menschen* von 1855 ihren Anfang genommen hatte.

Zum Verständnis dieser Theorie bedarf es zweier Begriffspaare: «Empfindung» und «Wahrnehmung» sowie «Zeichen» und «Abbild». Zwischen Empfindungen und Wahrnehmungen besteht ein tiefgreifender Unterschied. Empfindungen sind die durch Einwirkung äußerer Ursachen auf unsere Sinnesnerven in uns erzeugten subjektiven Erscheinungen. Wahrnehmungen hingegen sind Hypothesen über die Existenz, Form und Lage äußerer Objekte als Ursachen für die Empfindungen – Hypothesen, die wahr oder falsch sein können. Die Wahrnehmung eines Tisches ruft beispielsweise gewisse Farbempfindungen hervor, aus denen der Wahrnehmungsapparat die Hypothese eines äußeren Gegenstandes konstruiert. Aus der Empfindung wird also erst dann eine Wahrnehmung, wenn durch psychische Tätigkeit (Denken und Schließen) eine Vorstellung von einer äußeren Ursache gebildet wird, die die Empfindung bewirkt.

Zeichen oder Abbilder sind immer Zeichen oder Abbilder von einem konkreten oder abstrakten Gegenstand oder Sachverhalt. Ein Zeichen hat lediglich symbolischen Charakter; es vertritt das Bezeichnete, ohne eine Ähnlichkeit mit ihm besitzen zu müssen. Es informiert über die Existenz des Bezeichneten, gibt aber keine Information über seine tatsächliche Beschaffenheit. Damit ein Zeichen seine Funktion erfüllt, genügt es also, daß es bei seinem Gebrauch immer denselben Gegenstand bezeichnet. Ein Abbild hingegen muß zusätzlich noch eine Ähnlichkeit mit dem Abgebildeten besitzen, die über die rein symbolische Dimension hinausgeht.

Wie sind nun die Empfindungen einzustufen: als Abbilder oder nur als Zeichen der Wirklichkeit? Obwohl die Versuchung groß ist, sie als Abbilder zu betrachten, steht es für Helmholtz fest, daß sie nur als Zeichen für die Wirklichkeit der äußeren Objekte dienen können. So sind beispielsweise die wahrgenommenen Farben keine wirklichen Eigenschaften der Körper, sondern «durch unser Auge in sie hineingetragen».[13] Helmholtz sieht deshalb die Qualitäten der Empfindung und – unter Berufung auf Kant – auch Raum und Zeit als bloße Formen der Anschauung an.[14] (Freilich wendet er sich dann gegen Kant, wenn er alle Raumanschauung als auf Erfahrung beruhend betrachtet.)

Wenn aber die Empfindungen bloße Zeichen der Wirklichkeit sind, wie kann dann die Wissenschaft die Wirklichkeit verläßlich fassen? Sind wir Menschen nicht vielmehr für immer in das Gefängnis unserer Subjektivität eingeschlossen? Helmholtz glaubt, daß sich im Umgang mit einem Zeichensystem unter gewissen Voraussetzungen aus Erfahrungen auf die Beschaffenheit des Bezeichneten hypothetisch rückschließen läßt. Wir können die Bedeutung der Zeichen lesen lernen. Angenommen, die Empfindungen wären von den Gegenständen, für die sie Zeichen sind, verursacht. Dies würde uns instand setzen, «eine Sache von der allergrössesten (sic!) Tragweite» zu leisten, nämlich «die Abbildung der Gesetzmässigkeit in den Vorgängen der wirklichen Welt».[15] Der naturgesetzlichen Abfolge von Ereignissen in der wirklichen Welt entspräche dann eine regelmäßige Folge von Ereignissen in der Empfindungswelt. Obwohl unsere Empfindungen nur Zeichen der Wirklichkeit sind, würden dann die Wahrnehmungen in Hinsicht auf ihre gesetzliche Struktur die Wirklichkeit abbilden. Die Objektivität des Gegebenen kann also durch Bezug auf seine Struktureigenschaften gewährleistet werden. Hiermit wurde Helmholtz zum Vorläufer einer Tradition, die über Henri Poincaré zu Moritz Schlick und den frühen Rudolf Carnap reicht.[16]

Damit ist das Problem der Wahrhaftigkeit unserer Empfindungen auf ein anderes, lösbares Problem verschoben, nämlich, ob und in welchem Ausmaß die Empfindungen überhaupt als von einer äußeren Wirklichkeit verursacht anzusehen sind. Seine Lösung dieses Problems findet Helmholtz in der Tatsache, daß jeder Mensch mit seinem eigenen Willen zur Veränderung direkt vertraut ist und die gesetzlichen Folgen seiner Handlungen in bezug auf das, was er will, beurteilen kann. Er kann durch sein eigenes aktives Eingreifen lernen, die von außen verursachten Empfindungen von solchen zu unterscheiden, die keine äußere Ursache besitzen:

Bei solchem Experimentiren an den Objecten zeigt sich ein Theil der Veränderungen in den Sinneseindrücken abhängig vom eigenen Willen, ein anderer, nämlich alles, was von der Beschaffenheit der gerade vorliegenden Objecte abhängt, drängt sich uns auf mit einer Nothwendigkeit, die wir nicht willkührlich verändern können, und die uns am fühlbarsten wird, wenn sie unangenehme Empfindungen, Schmerz, erregt. So kommen wir zur Anerkennung einer unserem Wollen und Vorstellen unabhängigen, also äusserlichen Ursache unserer Empfindungen.[17]

Die Veränderungen der vom eigenen Willen unabhängigen Sinneseindrücke zeichnen sich dadurch aus, daß sie unter gleichen Bedingungen immer auf die gleiche gesetzliche Weise auftreten.

Helmholtz betrachtete nicht nur Locke, Kant und Fichte als Vorläufer und Gewährsmänner seiner Wahrnehmungstheorie, sondern auch seinen Lehrer Johannes Müller mit seinem sogenannten «Gesetz der spezifischen Sinnesenergien». Müller hatte in seinem *Handbuch der Physiologie des Menschen* den folgenden für die Sinnesphysiologie des 19. Jahrhunderts höchst einflußreichen Grundsatz aufgestellt:

Die Sinnesempfindung ist nicht die Leitung einer Qualität oder eines Zustandes der äusseren Körper zum Bewusstsein, sondern die Leitung einer Qualität, eines Zustandes eines Sinnensnerven zum Bewusstsein, veranlasst durch eine äussere Ursache, und diese Qualitäten sind in den verschiedenen Sinnesnerven verschieden, die Sinnesenergien.»[18]

Die Sinnesnerven einer Sinnesart (Modalität) verursachen also unabhängig von der Art ihrer Reizung immer dieselben Empfindungen. Eine Reizung des Sehnervs führt zu Lichtempfindung, ob nun diese Reizung durch Lichtstrahlen oder durch eine mechanische oder elektrische oder sonstige Reizung des Auges hervorgerufen wird. Die Empfindung bildet demgemäß nicht den äußeren Stimulus ab, sondern nur den internen Zustand des gereizten Nervs. In der Wahrnehmung werden also nicht irgendwelche äußeren Gegenstände, sondern nur die Zustände unseres Nervensystems bewußt.

Aus seiner Erkenntnis- und Wahrnehmungstheorie ergaben sich für Helmholtz verschiedene Folgerungen:

1. Die Fähigkeit zur Wahrnehmung wird erlernt und ist nicht angeboren. Wahrnehmen heißt also lernen, Empfindungen mit der Vorstellung

von Gegenständen zu verknüpfen. Helmholtz nennt deshalb auch seine Theorie «Empirismus» und stellt sie dem «Nativismus» gegenüber.[19]

2. Eine zweite Folgerung betrifft die Natur der psychischen Tätigkeiten, welche die gegebenen Empfindungen in Wahrnehmungen umsetzen. Helmholtz glaubt, daß es sich bei diesen Denkvorgängen nur um Schlüsse handeln kann. Aufgrund vorher gemachter Erfahrungen wird beim Vorliegen gewisser Empfindungen auf äußere Objekte geschlossen. Diese Schlüsse gehen im Lauf der Zeit so sehr in Fleisch und Blut über, daß sie nicht mehr bewußt werden; es sind die berühmten «unbewußten Schlüsse».

3. Eine weitere Folgerung bezieht sich auf die Sinnestäuschungen. Eine Täuschung ist keine Funktionsstörung des physiologischen oder psychischen Apparats, sondern beruht auf einem ungültigen Schluß. Sie ist eine unter speziellen Umständen entstehende Fehlinterpretation gegebener Empfindungen, die in anderen Fällen durchaus korrekt wäre. Daß sich Menschen gegen Sinnestäuschungen auch dann nicht wehren können, wenn sie ihr Zustandekommen durchschaut haben, erklärt Helmholtz durch die Kraft der unbewußten Schlüsse, die mit Bewußtsein nicht zu bezwingen sind.

Geometrie

Durch das erkenntnistheoretisch-physiologische Problem, aus der Welt der Empfindungen in die Außenwelt der räumlich bestimmten Gegenstände hinauszutreten und sie im Gesichtsfeld zu lokalisieren, gelangte Helmholtz zu seinen Untersuchungen über die Grundlagen der Geometrie. Wenn erst eine willentliche Bewegung die Vorstellung der Räumlichkeit entstehen läßt, dann ist der Raum vielleicht überhaupt nur als Inbegriff der Beweglichkeit von starren Körpern aufzufassen; genauer gesagt, als Inbegriff der freien, kontinuierlichen Beweglichkeit von Gegenständen ohne Formänderung nach allen Orten hin und in alle Richtungen. Diese Frage läßt sich auch übersetzen in folgende: Welche Eigenschaften muß eine mehrdimensionale Mannigfaltigkeit besitzen, damit Kongruenzbeziehungen zwischen Körpern bestehen. Da solche Bewegungen nicht nur im euklidischen Raum möglich sind, können die euklidischen Axiome der Geometrie keine notwendigen und allgemeingültigen synthetisch apriorischen Prinzipien des Raumes sein. Geometrische Axiome beziehen sich nicht nur auf mathematische Raumverhältnisse allein, sondern auch auf das mechanische Verhalten der festen Körper bei Bewegungen.

Ab 1884 behandelte Sophus Lie auf Anregung von Felix Klein das Helmholtz-Riemannsche Problem mit Hilfe von gruppentheoretischen Methoden. Er eliminierte einige Mängel der Helmholtzschen Voraussetzungen und begründete das Problem auf völlig neue Weise, so daß heute vom Helmholtz-Lieschen Raumproblem gesprochen wird. Das Problem beeinflußte auch das Schaffen von Henri Poincaré und Hermann Weyl.

Wissenschaftstheorie – Die Unterscheidung von Natur- und Geisteswissenschaft

Helmholtz faßte seine Erkenntnistheorie nicht nur als eine Theorie der menschlichen Wahrnehmung auf, sondern auch als eine Theorie der Wissenschaft. Das erkennende Subjekt unterscheidet zwischen eigenbestimmter, freier Innenwelt und fremdbestimmter Außenwelt – zwischen dem «Gedachten» und dem «Wirklichen». Ebenso teilt sich die Wissenschaft in die Geistes- und Naturwissenschaft. Die Naturwissenschaft ist die Wissenschaft von den sich uns als äußere aufdrängenden Vorstellungen, die also nicht durch die Spontaneität des Vorstellungsvermögens erzeugt sind. Wie der Sehende die Wahrnehmung des Wirklichen durch Schlüsse aus den subjektiven Empfindungen konstruiert, muß der Naturwissenschaftler das verborgene Gesetz der Wirklichkeit erst aus den Erscheinungen erschließen. «Das Gesetzmäßige ist daher die wesentliche Voraussetzung für den Charakter des Wirklichen.»[20] Naturwissenschaft ist deshalb Gesetzeswissenschaft.

Die Geisteswissenschaft hingegen beschäftigt sich mit solchen Empfindungen und Vorstellungen, die nicht auf äußere Ursachen, sondern auf die eigene innere Tätigkeit zurückgehen. Sie ist deshalb in letzter Hinsicht als Wissenschaft der «Seelentätigkeiten», also als Psychologie, aufzufassen. Weil Menschen einen freien Willen besitzen, ist der entscheidende Teil der psychischen Vorgänge nicht auf strenge Gesetze zurückführbar. Die Geisteswissenschaft muß sich also anderer Methoden bedienen als die Naturwissenschaft, etwa der «künstlerischen Induktion» oder des «psychologischen Taktgefühls», wie Helmholtz es ausdrückte.[21] Helmholtz trifft sich hier weitgehend mit dem Neukantianismus, der von einem unüberbrückbaren Gegensatz zwischen den nomothetischen Naturwissenschaften und den idiographischen, das einzelne beschreibenden, historischen Wissenschaften ausgeht.

Den schlimmsten Verstoß gegen Wissenschaftlichkeit, den Helmholtz sich vorstellen konnte, sah er in der Vermengung der Prinzipien beider Wissenschaftsbereiche. Eine solche Vermengung hat die von Friedrich Wilhelm Joseph Schelling und den Naturphilosophen vertretene «Identitätsphilosophie» zugelassen: die Gesetze des Geistes seien ihr zufolge auch die Gesetze der äußeren Wirklichkeit, und durch Untersuchung der eigenen inneren Tätigkeit könnten die Gedanken des Schöpfers auch ohne äußere empirische Erfahrung aufgefunden werden.[22] Die aus einer Identifizierung von Natur und Geist entstehende Verkehrung der Begriffe konnte nach Helmholtz' Meinung nur zu haltloser Spekulation und unbegründeter Metaphysik führen.

Wirkung auf Zeitgenossen und Nachwelt

Aus dieser Wissenschaftsauffassung wird ein großer Teil der Wirkung verständlich, die Helmholtz auf seine Zeitgenossen ausübte. Er geriet mit all jenen in Konflikt, die die Naturgesetze für ausreichend hielten, um auch die Welt des Geistigen zu erklären, waren es nun die Materialisten oder die Naturphilosophen der Schellingschule. Was auch nur von fern den Eindruck erweckte, Prinzipien der Geistes- und Naturwissenschaften miteinander zu vermengen, war Helmholtz suspekt.

Dies betrifft zuerst die Psychologie. Wenn nämlich die Psychologie in ihrem Wesenskern keine Gesetzeswissenschaft sein kann, dann ist auch keine Wissenschaft der Psychophysik als Lehre von den gesetzlichen Beziehungen zwischen physischer und psychischer Welt möglich. Gerade so hat sie aber der Begründer der Experimentalpsychologie Gustav Theodor Fechner 1860 in seinen *Elementen der Psychophysik* konzipiert. Fechner vertrat einen psychophysischen Parallelismus, nach dem Psychisches und Physisches verschiedene Erscheinungsweisen ein und derselben Substanz darstellen. Dementsprechend müssen sich die Gesetze, denen die Substanz unterworfen ist, gleichermaßen im Physischen und im Psychischen spiegeln. In Helmholtz' Augen mußte eine solche Lösung des Leib-Seele-Problems als unzulässige Vermengung der Gesetzlichkeit des physischen Bereichs mit Prinzipien des Psychischen erscheinen.[23]

Helmholtz kam auf diese Weise auch mit dem besonders von Ewald Hering vertretenen Nativismus in der Physiologie in Konflikt. Hering war der Überzeugung, daß jedes psychische Geschehen ein physiologisches Korrelat besitzen müsse, so daß man von psychischen Prozessen auf physische und umgekehrt schließen könne. Er vertrat die Theorie, daß die Raumwahrnehmung nicht, wie bei Helmholtz, durch psychische Akte des Lernens aus Erfahrung zustande kommt, sondern schon in spezifischen physiologischen Mechanismen begründet liegt. Jede stimulierte Netzhautstelle löst unabhängig von aller Erfahrung schon ein ursprüngliches Raumgefühl aus. Hering kritisierte Helmholtz' Annahme psychischer Prozesse zur Erklärung der Wahrnehmung als einen *deus ex machina*, mit dem man willkürliche *Ad-hoc*-Erklärungen einführen kann, wenn man physiologisch nicht mehr weiter weiß. Wenn Helmholtz von unbewußten Schlüssen spricht, so hat dies für Hering nur dann einen Sinn, wenn wenigstens ein Anhaltspunkt für einen physiologischen Prozeß besteht, der dieser psychischen Tätigkeit zugrunde liegt.

Herings Theorie bringt es mit sich, daß man aus den Empfindungen auf die zugrundeliegenden physiologischen Mechanismen rückschließen kann. So folgerte er in seiner ursprünglich gegen die Young-Helmholtzsche Theorie gerichteten Gegenfarbentheorie aus Veränderungen der Farbempfindungen auf die Veränderung einer zugrundeliegenden Sehsubstanz – eine Veränderung, die im 20. Jahrhundert tatsächlich nachgewiesen werden konnte.

Aus Helmholtz' Wissenschaftskonzeption ist auch seine implizite Ablehnung wahrscheinlichkeitstheoretischer Konzeptionen in der Physik zu verstehen. Helmholtz definierte die Naturwissenschaften als Inbegriff der Wissenschaften vom Gesetzlichen, wobei Gesetzlichkeit für ihn immer nur kausale Gesetzlichkeit hieß. Die Einführung wahrscheinlichkeitstheoretischer Methoden mußte also bedeuten, daß entweder die wahre Gesetzlichkeit noch nicht erkannt ist oder weit schlimmer, daß eine objektive Ungesetzlichkeit angenommen wird. Letzteres würde aber heißen, daß die Natur als unbegreiflich angesehen und damit der «Identitätsphilosophie» Vorschub geleistet wird, welche die eiserne Gesetzlichkeit der Naturwissenschaften mit der Unbestimmtheit und Spontaneität des Geistigen vermengt. Aus diesem Grunde hat Helmholtz die Wahrscheinlichkeit höchstens bei der Fehleranalyse nach der Methode der kleinsten Quadrate, jedoch nie in einem fundamentalen Sinne verwendet.

Als Ludwig Boltzmann in den 70er Jahren die Thermodynamik zu einer wahrscheinlichkeitstheoretisch begründeten Wissenschaft machte, hat ihr Helmholtz 1884 eine Theorie sogenannter monozyklischer Systeme entgegengestellt. Es handelte sich um Systeme, die sich einerseits völlig mechanisch verhalten, andererseits aber doch die Eigentümlichkeiten der Wärme zeigen und den zweiten Hauptsatz erfüllen. Wie bei einem von ferne gesehenen, schnell rotierenden Kreisel nur die langsameren Achsen- und Ortsveränderungen sichtbar sind, unterschied Helmholtz verborgene schnelle in sich selbst zurücklaufende und langsame sichtbare Bewegungen. In den monozyklischen Systemen wirken gewisse verborgene Bewegungen auf die sichtbaren ein, so daß Bewegungen hervorgerufen werden, die denen der Wärme ähneln. Helmholtz gab zu, daß es ihm nicht gelungen ist, die Wärmebewegung vollständig durch Mechanik zu begründen. Er hatte aber gezeigt, daß bei den monozyklischen Systemen «ähnliche Beschränkungen der Umwandlung von Arbeitsäquivalenten vorkommen, wie sie der zweite Hauptsatz für die Wärmebewegung ausspricht».[24] Er blieb überzeugt, daß die Irreversibilität gewisser Naturprozesse wie z. B. der Wärmeerzeugung und -leitung «nicht im Wesen der Sache, sondern nur auf der Beschränktheit unserer Hilfsmittel zu beruhen (scheint), die es uns nicht möglich machen, ungeordnete Atombewegungen wieder zu ordnen, oder die Bewegung aller in Wärmebewegung begriffenen Atome genau rückwärts gehen zu machen».[25] Im übrigen war Helmholtz' Versuch nicht ohne Einfluß auf Boltzmann.[26]

Schließlich betrifft Helmholtz' Wissenschaftsauffassung aber auch den Materialismus der damaligen Zeit. Obwohl die von ihm und seinen Freunden vertretene reduktionistische Biophysik als materialistisch bezeichnet wurde, ist diese Bewertung unzutreffend. Helmholtz vertrat zwar die Auffassung, alle *Lebenserscheinungen* seien auf physikalische und chemische Gesetze reduzierbar. Seine Philosophie machte es ihm jedoch unmöglich, ja widersinnig, dasselbe von den *psychischen* Tätigkeiten zu behaupten. Helmholtz wäre viel eher als «Spiritualist» einzustufen, wie Hering es tat, d. h. als jemand, der einen Leib-Seele-Dualismus vertritt und das Psychische als eigenständig wirksamen Faktor ansieht.

Helmholtz' Auffassungen sind letztlich wohl in der Philosophie von Johann Gottlieb Fichte begründet, wie sie sich besonders in der Schrift über *Die Bestimmung des Menschen* von 1800 ausdrückt.[27] Fichte versuchte eine Theorie des Selbstbewußtseins, des Ich, aufzustellen. «Ich» ist nach dieser Theorie etwas, das dadurch entsteht, daß es sich selbst setzt, indem es sich etwas, das «Nicht-Ich», eine ihm «fremde Kraft» ist, entgegensetzt. Selbstbewußtsein hat seinen Ursprung in der Handlung des Bewußtseins, sich etwas Fremdes, das es selbst nicht ist, im eigenen Bewußtsein gegenüberzustellen. Das Bewußtsein der äußeren Gegenstände ist also etwas, das ursprünglich vom eigenen Ich gesetzt ist, auch wenn sich das Ich als empirisches Wesen dieser Selbsttätigkeit nicht bewußt ist. Die äußere Natur als Inbegriff aller vom Ich als fremd gesetzten Gegenstände ist demzufolge das «System der notwendigen Vorstellungen».

Fichtes Auffassung stimmt sehr gut mit Helmholtz' Ansicht überein, daß die Naturwissenschaft sich mit demjenigen Vorstellungsinhalt beschäftigt, der «von uns als nicht durch die Selbstthätigkeit unseres Vorstellungsvermögens erzeugt angeschaut wird».[28] Der Fichtesche Geist läßt sich sogar bis in Helmholtz' naturwissenschaftlichen Experimentierstil hinein verfolgen: Naturwissenschaftliche Instrumente sind weniger dazu da, zuvor entwickelte Theorien zu überprüfen, sondern um neue Effekte aufzufinden, also die notwendigen Wirkungen der fremden Macht «Natur» überall sichtbar zu machen.

Aus der Wirkung, die Helmholtz' philosophische Auffassungen bei manchen Zeitgenossen auslösten, darf keinesfalls der Schluß gezogen werden, daß Helmholtz' Werk überwiegend negativ beurteilt wurde. Ganz im Gegenteil: Sowohl seine Forschungsergebnisse als auch seine allgemeine Auffassung von der Naturwissenschaft wurden begeistert aufgenommen und galten, besonders für den deutschen Sprachraum, als maßgebend. Helmholtz war *der* Repräsentant des mechanistischen Weltbildes, dem er mit seiner Aufstellung des Energieerhaltungssatzes eine einheitliche innere Struktur gegeben hat. Die von ihm und seinen Freunden Emil Du Bois-Reymond, Ernst Brücke und Karl Ludwig entwickelte physikalisch-mechanische Biophysik führte eine Revolution in der Physiologie herbei und machte sie zu einer «Leitwissenschaft» unter den Naturwissenschaften des 19. Jahrhunderts. Sein Wirken hat entscheidend dazu beigetragen, daß die deutsche Naturwissenschaft schließlich eine führende Stellung in der Welt einnahm.

Wilhelm Wien, der von 1890–1896 Assistent an der *Physikalisch-Technischen Reichsanstalt* war (bis 1894 von Helmholtz), beschrieb Helmholtz' Bedeutung so: «Es ist für die jetzt lebende jüngere Generation der Physiker nicht leicht, sich eine Vorstellung von der überragenden Stellung zu bilden, die Helmholtz in den letzten Jahrzehnten seines Lebens einnahm. Es gab damals wohl kein physikalisches Problem, das er nicht durchdacht und über dessen Behandlungsweise er sich nicht ein bestimmtes Urteil gebildet hätte. Der heutigen Physik sind die Helmholtzschen Leistungen so sehr zum wissenschaftlichen Rüstzeug geworden, daß sie sich ihrer Herkunft vielfach nicht mehr bewußt wird.»[29]

Die stürmische Entwicklung der Physik führte aber auch dazu, daß Helmholtz' Auffassung von der Physik und sein Ziel, alle Erscheinungen auf verborgene Mechanik zurückzuführen, nach seinem Tode schnell veralteten. Bald wurden die Röntgenstrahlen und die Radioaktivität, das Elektron und der Zeemaneffekt entdeckt – alles Entdeckungen, die den Rahmen der klassischen Physik schließlich sprengten. H. A. Lorentz' 1892 aufgestellte Elektronentheorie, die seinem Kompromißstreben zwischen englischer und kontinentaler Physik vielleicht noch am nächsten gekommen wäre, hat Helmholtz nicht mehr zur Kenntnis genommen. Auch in der Erkenntnistheorie stand jetzt eine andere Konzeption im Vordergrund: der Empiriokritizismus Ernst Machs, der die Aufgabe der Physik in der Erforschung der Abhängigkeit der äußeren Sinnesempfindungen voneinander ansah und einen Schluß auf eine hinter den Erscheinungen liegende Wirklichkeit als metaphysisch ablehnte.

«Mit Helmholtz hat die klassische Zeit der deutschen Physik ihren Abschluß gefunden»,[30] konstatierte Wilhelm Wien. Die innere Geschlossenheit und Folgerichtigkeit, die Anpassungsfähigkeit und Fruchtbarkeit in der Anwendung und die philosophische Durchdringung, die sie mit Helmholtz' Werk erfuhr, verkörpert aber ein unvergängliches, bis heute nicht mehr erreichtes Ideal.

Klaus Hentschel

GUSTAV ROBERT KIRCHHOFF (1824–1887) und ROBERT WILHELM BUNSEN (1811–1899)

Kirchhoff gilt als einer der Begründer der theoretischen Physik in Deutschland. Seine Untersuchungen über elektrische Ströme in Netzwerken (Kirchhoffsche Gesetze) machten ihn ebenso bekannt wie die Entdeckung des Zusammenhangs von Emissions- und Absorptionsvermögen der Strahlung sowie die damit in Verbindung stehende Einführung des Konzeptes des schwarzen Körpers, die beide für die spätere Entwicklung zur Quantentheorie richtungsweisend waren. Seine *Vorlesungen über mathematische Physik* besuchten viele der großen Physiker der nächsten Generation: Heinrich Hertz, Eilhart Wiedemann, Erich Bessel-Hagen, Max Planck, aber auch Ludwig Boltzmann und Viktor von Lang aus Österreich, Gabriel Lippmann aus Frankreich, Heike Kamerlingh-Onnes aus den Niederlanden und Arthur Schuster aus England.[1] Noch stärker wirkte Kirchhoff durch die von einigen seiner Schüler herausgegebene Fassung dieser Vorlesungen, von denen nur die Mechanik noch zu Kirchhoffs Lebzeiten erschien. Ebenso wie Kirchhoffs Forscherpersönlichkeit, die von vielen wegen seiner «äussersten Vorsicht und Gewissenhaftigkeit» gerühmt wurde, galten seine Publikationen in ihrer Genauigkeit und Gründlichkeit als mustergültig. Viele Zeitgenossen betrachteten ihn als den «größten heutigen Physiker».[2] Schließlich war Kirchhoffs Stil auch das Paradigma für eine damals weitverbreitete phänomenologische Methode, die die Aufgabe der theoretischen Physik in der möglichst klaren und vollständigen Beschreibung des direkt Beobachtbaren sah.

Die Zusammenarbeit von Kirchhoff mit Bunsen ist ein Beispiel für eine erfolgreiche interdisziplinäre Kooperation zwischen einem Physiker und einem Chemiker. Die Entwicklung der Spektroskopie geht wesentlich auf diese beiden Wissenschaftler zurück und war eines der wichtigsten Arbeitsfelder in der zweiten Hälfte des 19. Jahrhunderts. Bunsens Lebenslauf wird hier zusammen mit dem Kirchhoffs dargestellt, sein Werk hingegen wird nur in dem für die Physik relevanten Ausschnitt behandelt. Auf seine einflußreichen Beiträge zur chemischen Analytik, insbesondere zur Gasanalyse, zur Analytik von Arsenverbindungen und Mineralien, vor allem von Silikaten, zur Jodometrie, Kalorimetrie, Hochofenchemie und Elektrochemie kann hier nicht eingegangen werden.[3]

Als Bunsen auf Ostwalds Anregung hin 1901 zum Namenspatron der *Deutschen Bunsen-Gesellschaft für angewandte physikalische Chemie*

Gustav Robert Kirchhoff (1824–1887)

und Elektrochemie gewählt wurde, geschah das unter dem Motto: «Ein Chemiker, der kein Physiker ist, ist gar nichts.» Wie verschieden Bunsen und Kirchhoff trotz aller dieser gemeinsamen Interessen waren, beschrieb der mathematische Physiker Leo Koenigsberger: «Bunsen war kein mathematischer Kopf in dem Sinne, der durch die Beispiele von Maxwell und Kelvin so glänzend illustrirt wird. Er besaß indessen einen logischen Geist, fähig zur rationellen Analyse anerkannter Thatsachen, und so war er im Stande, dank der wunderbaren Intuition des großen Forschers und dank seiner ästhetischen Veranlagung, die Thatsachen nicht sowohl erklären als zu erfassen und zu verstehen. Diese wurden ihm daher evident nicht durch einen exakten intellektuellen Prozess, sondern durch die sinnliche Anschauung und durch die Befriedigung, welche ihm ihre Wahrnehmung gewährte. Mit Kirchhoff war dies ganz anders, denn dieser ging oft und mit Eifer auf fruchtlose mathematische und philosophische Speculationen ein. Es war immer interessant, diese beiden ausgezeichneten Männer über irgendwelche mathematische, naturwissenschaftliche oder philosophische Gegenstände discutiren zu hören.»[4]

Leben und gemeinsame Forschung

Gustav Robert Kirchhoff wurde am 12. März 1824 in Königsberg, Preußen, als Sohn eines Justizrates geboren.[5] Nach seinem Abitur am Kneiphöfschen Gymnasium im Jahr 1842 entschloß er sich zum Studium an der Königsberger Universität. Er hörte Mathematik bei Ludwig Otto Hesse und Friedrich Julius Richelot, Astronomie bei Friedrich Wilhelm Bessel, analytische Mechanik bei Carl Gustav Jacob Jacobi.[6] Doch schon nach einem Jahr betrachtete er Franz Ernst Neumann als seinen wichtigsten Lehrer, der dort eine Tradition von Präzisionsmessungen in vielen Gebieten der Physik begründet hatte.[7] In ihrem Kontext entstanden Kirchhoffs erste Arbeiten. 1847 promovierte er mit einer Arbeit über die Bestimmung der Dielektrizitätskonstanten ε, «von welcher die Intensität inducierter elektrischer Ströme abhängt». Sie war aus seinem Beitrag für die Preisaufgabe der philosophischen Fakultät aus dem Jahr 1846 hervorgegangen und in ihrer experimentellen und theoretischen Durchführung mustergültig.[8] Noch im selben Jahr heiratete er Clara Richelot, die Tochter eines seiner akademischen Lehrer, und schon ein Jahr darauf habilitierte er sich in Berlin. 1850 wurde der junge Privatdozent zum außerordentlichen Professor an der Universität Breslau ernannt, wo er Robert Wilhelm Bunsen begegnete.

Robert Wilhelm Bunsen wurde am 31. März 1811 in Göttingen als Sohn von Christian Bunsen, Oberbibliothekar an der Universitätsbibliothek und Professor für neue Sprachen, geboren. 1829 begann er, in seiner Vaterstadt Chemie, Physik, Mineralogie und Mathematik zu studieren. 1831 konnte er nach nur siebensemestrigem Studium als Schüler von Friedrich Stromeyer mit einer lateinisch verfaßten und prämierten Arbeit über die verschiedenen Arten von Hygrometern promovieren. Nach einer mehrjährigen Studienreise durch Deutschland, Frankreich und Österreich, während der er auch die Laboratorien von Justus Liebig in Gießen und Eilhart Mitscherlich in Berlin besuchte, wurde Bunsen Ende Januar 1834 habilitiert. Aufgrund einer präparativ-analytischen Arbeit «über einige eigentümliche Verbindungen der Doppelcyanüre mit Ammoniak» wurde er ab Januar 1834 in Göttingen als Privatdozent zugelassen. Ab April 1836 lehrte Bunsen als Nachfolger Friedrich Wöhlers Chemie und Technologie an der Höheren Gewerbeschule zu Kassel, ab 1839 als außerordentlicher und ab 1841 als ordentlicher Professor der Chemie an der Universität Marburg. Dort setzte er seine in Kassel begonnenen Untersuchungen über übelriechende und selbstentzündliche Kakodylverbindungen noch 6 Jahre fort.[9] Bei einer Explosion von Kakodylcyanid verlor Bunsen 1836 die Sehkraft seines rechten Auges. Dennoch brachte er seine Untersuchungen zu einem befriedigenden Abschluß. Bis zum Frühjahr 1851 blieb er in Marburg, um schließlich einem Ruf nach Breslau zu folgen, wo er mit Kirchhoff seine Freundschaft knüpfte.

1852 wurde Bunsen als Nachfolger Leopold Gmelins zum Direktor des chemischen Laboratoriums nach Heidelberg berufen. Als Dekan der Philosophischen Fakultät gelang es ihm, Kirchhoff 1854 als Nachfolger von Philipp von Jolly ebenfalls nach Heidelberg zu holen.[10] Wilhelm Weber hatte in seinem Gutachten Kirchhoff vor allem wegen der zu erwartenden fruchtbaren Zusammenarbeit mit Bunsen empfohlen. Wie berechtigt diese Einschätzung war, zeigt nicht nur das während der zwanzigjährigen Zusammenarbeit entstandene Werk, sondern auch die erfolgreiche Lehrtätigkeit. Die Zahl der Studienanfänger stieg auf mehr als 20 jährlich, in einem Jahr sogar auf über 50. Zu Bunsens Schülern zählen u. a. Adolf von Baeyer, Heinrich Debus, Hermann Kolbe, Dimitri Mendelejev, Lothar Meyer sowie die Engländer Edward Frankland und John Tyndall.[11] Der von Philipp von Jolly gegen die Widerstände des badischen Innenministeriums begonnene Ausbau des physikalischen Instituts zu einer Forschungsstätte wurde unter Kirchhoffs Ägide zügig weiterbetrieben. 1863 konnte der Neubau des physikalischen Instituts bezogen werden; und nach der Berufung von Leo Koenigsberger auf den neuen Lehrstuhl für mathematische Physik wurde 1869 auch das mathematisch-physikalische Seminar gegründet.

Ein anderer Einschnitt in Kirchhoffs Leben war 1869 der Tod seiner Frau Clara, mit der er zwei Töchter und zwei Söhne hatte. 1872 heiratete er die Medizinerin Luise Brömmel.

Obwohl er verschiedene Rufe an andere Universitäten abgelehnt hatte (was sein Salär in Heidelberg erhöhte), nahm er 1875 den Ruf nach Berlin an. Er war einer der ersten ordentlichen Professoren für theoretische Physik in Deutschland.[12] In Berlin lehrte er zwar an der Universität, doch seine Professur wurde von der *Preußischen Akademie der Wissenschaften* bezahlt, der er seit 1861 als korrespondierendes Mitglied angehörte. 1886 zwang ihn sein sich ständig verschlechternder Gesundheitszustand, der ihn schon in Heidelberg am Experimentieren gehindert hatte, zur Einstellung seiner Lehrtätigkeit. Ludwig Boltzmann beschreibt, wie Kirchhoff auch trotz Krücken und Rollstuhl, in den er aufgrund eines Sturzes seit 1868 gezwungen war, die für ihn so charakteristische Heiterkeit bewahrte. Am 17. Oktober 1887 starb er, vermutlich an einer Gefäßstauung im Gehirn.

Spätestens seit seiner Berliner Zeit war der mathematische Physiker Kirchhoff zum gewichtigen Gegenpol des Vaters der Berliner Experimentalphysik geworden: Gustav Magnus, der die Mathematik so weit wie möglich aus der Physik zu verbannen wünschte.

Im Gegensatz zu Kirchhoff war Bunsen Junggeselle geblieben.[13] 1864 schlug er einen Ruf als Nachfolger Mitscherlichs nach Berlin aus, weil er als «strammer Liberaler» nicht in Preußen unter dem «Regent des Herren von Bismarck» leben wollte. Mit Berlin verband ihn jedoch seit 1846 seine Mitgliedschaft in der *Preußischen Akademie der Wissenschaften.*[14]

Robert Wilhelm Bunsen (1811–1899)

Er lehrte noch bis 1889 und ließ sich mit 78 Jahren emeritieren. Am 16. August 1899 starb Bunsen an Altersschwäche.

Der Chemiker Bunsen

Bunsens erster wichtiger Forschungsbereich war die Analyse arsenhaltiger Verbindungen. 1834 entdeckte er das Eisen-III-Hydroxid als wirksames Gegengift gegen arsenige Säure. Bei der Analyse der Kakodylverbindungen stellt er fest, daß das «Kakodylradikal» als ein unveränderlicher Baustein bei chemischen Reaktionen erhalten bleibt. Dieser Befund stützte die von Justus Liebig und Jöns Jakob Berzelius aufgestellte Radikaltheorie organischer Verbindungen.[15]

Ab 1838 beschäftigte sich Bunsen zunehmend mit der Hochofenchemie. Er entwickelte gasometrische Methoden zur Analyse der bei Verbrennungsprozessen entstehenden Gase und zu ihrer Anwendung bei der Roheisenherstellung. Dabei erhielt er nicht nur Aufschluß über die Natur der dabei auftretenden Verbindungen, sondern auch über den niedrigen

Wirkungsgrad der damaligen Hochöfen. In Deutschland gingen etwa 50 %, in England sogar 80 % der Wärme durch die entweichenden Gase verloren. In Zusammenarbeit mit Lyon Playfair entwickelte Bunsen 1845 Vorschläge zur Verbesserung des Wirkungsgrades durch Rückführung der warmen Gase. Diese Vorschläge wurden bald darauf in die Praxis umgesetzt.[16]

1841 erfand Bunsen die nach ihm benannte Zinkkohleketten-Batterie; anstelle des bislang benutzten teuren Platins oder Kupfers wurde spezialbehandelter Kohlenstoff als negativer Pol benutzt. Mit Hilfe dieser Batterie führte er in der Folgezeit zahlreiche elektrochemische Studien zur Zersetzung von Salzen und zur Darstellung verschiedener Metalle durch. 1843 gelang ihm die Neubestimmung des elektrochemischen Äquivalentes von zersetztem Wasser. Solche Bunsenelemente waren noch lange Zeit in Gebrauch.

Untersuchungen an brennendem Magnesium führten Bunsen auf Fragen der Photochemie und Photometrie. 1844 konstruierte er das nach ihm benannte Fettfleck-Photometer, mit dem er die Intensität des von den Kohleelektroden der Zinkkohlenbatterie entwickelten Lichtes quantitativ bestimmen konnte. Um die spezifische Wärme einiger Erden zu messen, konstruierte Bunsen 1870 ein sehr empfindliches Eis-Kalorimeter; mit ihm ließen sich das Volumen des durch Wärmeeinwirkung geschmolzenen Eises ermitteln und auch kleine Proben der seltenen Metalle analysieren. 1878 fügte er dem ein Dampfkalorimeter hinzu.

Zusammen mit Henry Enfield Roscoe führte Bunsen 1852–1862 photochemische Untersuchungen mit Chlorknallgas durch, die ab 1855 in insgesamt sechs Folgen erschienen und in denen Wilhelm Ostwald später das «klassische Vorbild für alle späteren Arbeiten auf dem Gebiete der physikalischen Chemie» sah. Durch die Weiterentwicklung von John Drapers Aktinometer zu einem exakten Meßapparat stellten Bunsen und Roscoe die Grundgesetze der chemischen Lichtwirkung fest: Die «photochemische Extinktion» sorgt im Einklang mit dem Energieerhaltungssatz dafür, daß «im Akte der photochemischen Verbindung eine Arbeit geleistet werde, für welche eine äquivalente Menge Licht verschwindet»; und die «photochemische Induktion» erklärt, warum sich die Wirkung des Lichts auf Chlorknallgas nicht gleich von Anfang an, sondern erst nach Verlauf einer gewissen Zeit in ihrer vollen Stärke einstellt. Außerdem zeigten sie, daß die photochemische Wirkung nur durch die gesamte Quantität des einfallenden Lichtes bedingt ist, nicht aber durch die Zeit, in welcher es einfällt.

Wilhelm Ostwald würdigte die Untersuchung Bunsens und Roscoes anläßlich ihres Wiederabdruckes in der Reihe *Ostwalds Klassiker* wie folgt: «Eine gleiche Summe von chemischer, physikalischer und rechnerischer Geschicklichkeit, von Scharfsinn im Ersinnen der Versuche und von Geduld und Ausdauer in ihrer Durchführung, von eingehendster

Sorgfalt an jeder kleinsten Erscheinung und ausgiebigstem Weitblick den größten meteorologisch-kosmischen Verhältnissen gegenüber findet sich in keiner anderen wissenschaftlichen Arbeit auf diesen Gebieten wieder.»[17]

Eine Island-Reise 1846 begründete ein weiteres Forschungsinteresse Bunsens. Er entwickelte eine Theorie der isländischen Geysire und analysierte zahlreiche isländische Gesteine. Das führte zu einer verfeinerten Methode der Silikatanalyse, die er in den folgenden Jahren weiter ausarbeitete.[18] Hier zeigte sich das große analytische Geschick, das Bunsen in diesen oft mehrere Wochen dauernden Analyseketten an den Tag legte. Er galt als einer der versiertesten und besten Analytiker seiner Zeit, der seine in jahrelanger Praxis erworbenen Kenntnisse bereitwillig an seine Studenten weitergab. Bunsens Forschungsinteresse richtete sich weniger auf theoretische Erörterungen als vielmehr auf die praktische Verwendbarkeit wissenschaftlicher Einsichten; trotz des vielfältigen Nutzens seiner Arbeiten war Bunsen an keinen technischen Unternehmungen beteiligt.

Der Physiker Kirchhoff

Kirchhoffs frühe Arbeiten stehen noch ganz unter dem Einfluß seines akademischen Lehrers Franz Neumann. Das Streben nach Präzision wurde für ihn aber nie zum Selbstzweck. In seiner Erstlingsarbeit «Über den Durchgang elektrischen Stromes durch eine Ebene» zitierte er keinerlei experimentelle Fehlergrenzen, was für einen Neumann-Schüler höchst ungewöhnlich war.[19] Die Äquipotentialkurven auf einer scheibenförmigen Metallscheibe sollten mit den theoretischen Voraussagen verglichen werden. Um seine Aussage zu rechtfertigen, daß die geringen Abweichungen «wohl hinreichend aus der ungleichmäßigen Leitungsfähigkeit der Kupferscheibe und aus Beobachtungsfehlern erklärt werden können», mußte Kirchhoff den Widerstand in verschiedenen Bereichen durch verzweigte Stromkreise austesten.[20] Daraus ergaben sich die berühmten Kirchhoffschen Sätze für den Stromfluß in einer beliebigen Anzahl von linearen Netzwerken. Ganz am Ende der Arbeit (fast versteckt in einer Anmerkung) heißt es:

> Wird ein System von Drähten, die auf eine ganz beliebige Weise miteinander verbunden sind, von galvanischen Strömen durchflossen, so ist:
> 1. wenn die Drähte 1, 2,... μ in einem Punkte zusammenstoßen, $I_1 + I_2 + \ldots + I_\mu = 0, \ldots$
>
> 2. wenn die Drähte 1, 2 ... ν eine geschlossene Figur bilden, $I_1\omega_1 + I_2\omega_2 + \ldots I_\nu\omega_\nu =$ der Summe aller elektromotorischen Kräfte, die sich auf dem Wege: 1, 2 ... ν befinden; wo ω_1, ω_2 ... die Widerstände der Drähte, I_1, I_2 ... die Intensitäten der Ströme bezeichnen.[21]

Diese Arbeit des erst 21jährigen Studenten zeigt sein beachtliches Talent, durch mathematische Verallgemeinerungen zu theoretisch geschlossenen phänomenologischen Regeln vorzustoßen.

Gleiches gilt für seine bald vorgelegte Verallgemeinerung des Gesetzes von Georg Simon Ohm über den Zusammenhang von Stromstärke I, Spannung U und Außen- bzw. Innenwiderstand (R_a bzw. R_i): $I + U / (R_a + R_i)$ auf dreidimensionale Leiter. 1849 erzielte Kirchhoff die seit Ohms Arbeiten von 1826 und 1827 noch ausstehende mathematische Vereinheitlichung der Elektrostatik mit der Theorie der damals noch «galvanische Ketten» genannten elektrischen Ströme. Er zeigte, daß der Ohmsche Spannungsbegriff zumindest für stationäre Ströme mit dem des elektrostatischen Potentials identisch ist.[22] Die Bewegung elektrischer Ladungen in Leitern, die Kirchhoff noch auf der Grundlage eines Fluidum-Modells behandelte, führte er auf ein System partieller Differentialgleichungen mit Nebenbedingungen zurück. Daraus leitete er die Gesetze für die Fortpflanzung der Elektrizität in Drähten ab,[23] die in wichtigen Grenzfällen denen der Wärmeleitung beziehungsweise der Ausbreitung longitudinaler Schwingungen in einem Stab mathematisch analog waren. Dies war typisch für Kirchhoffs Zugang zu diesen scheinbar disparaten Phänomenen, die er vermöge ihrer Beschreibung durch dieselben Differentialgleichungen als zueinander formal analog erwies. Kirchhoffs «Theorie der Bewegung der Elektrizität in unterseeischen und unterirdischen Telegraphendrähten» von 1877, die Lord Kelvins Arbeiten verallgemeinerte, war zudem für den in dieser Zeit massiv betriebenen Ausbau telegraphischer Verbindungen äußerst nützlich.[24]

Die Entdeckung der Spektralanalyse

In Kirchhoffs Heidelberger Zeit fällt die Entdeckung der Spektralanalyse,[25] die aus der engen Zusammenarbeit mit Bunsen erwuchs und für die beide 1877 die erste Davy-Medaille erhielten. Bunsen bemühte sich seit Mitte der 1850er Jahre, die chemische Zusammensetzung verschiedener Salze aus den charakteristischen Färbungen zu entnehmen, die entstehen, wenn die Salze in der Flamme eines Gas-Luftgemisch-Brenners[26] verdampfen.[27] Gemeinsam mit seinem englischen Studenten Rowlandson Cartmell untersuchte Bunsen Flammenfärbungen mit Farbfilter, doch seine Hoffnung, so die oft ähnlichen Färbungen des Emissionslichtes einiger Elemente in der Flamme voneinander unterscheiden zu können, erfüllte sich nicht. Kirchhoff riet ihm zum Einsatz von Prismen beziehungsweise sogenannten Spektroskopen, mit denen das Licht durch Brechung an einer Folge von Prismen in seine spektralen Anteile zerlegt wird.[28] Bunsens Suche nach charakteristischen Färbungen wurde so zu einer Suche nach Spektrallinien, die jeweils für ein bestimmtes chemisches Element charakteristisch sind. Der in der anorganischen Analytik versierte Bunsen fand solche charakteristischen Spektrallinien für eine ganze Reihe chemischer Elemente. Bereits in ihrer ersten Publikation über die «Chemische Analyse durch Spektralbeobachtungen» war nicht nur eine detaillierte Beschreibung des 3-Rohr-Spektrometers mit Spalt-, Fern- und Skalenrohr enthalten. Einige Farbtafeln illustrierten die charakteristischen Spektrallinien für eine ganze Reihe von Alkalimetallen sowie einiger anderer chemischer Elemente. Die Bedeutung dieser neuen Methode führte Bunsen quantitativ am Beispiel einer verschwindend geringen Menge von 0,0000003 mg Natrium vor, die in der Bunsenflamme noch deutlich die charakteristischen gelben Linien zeigt. Als Bunsen in einigen Spektren auffällige blaue und rote Linien bemerkte, reicherte er die Substanz, die diese Linien hervorrief, in circa 44000 Litern Dürkheimer Mineralwasser an und entdeckte 1860 das neue chemische Element Caesium (so benannt nach dem lateinischen Wort *caesius* für himmelblau). Mit der gleichen Methode isolierte er 1861 aus rund 150 kg des Minerals Lepidolith das neue Element Rubidium (lateinisch *rubidus* für dunkelrot).[29]

Der Chemiker August Wilhelm Hofmann pries in seinem Nachruf auf Kirchhoff die Bedeutung dieser neuen Disziplin und die interdisziplinäre Konstellation, der sie ihre Entdeckung verdankte: «Durch die Spectralanalyse, wie sie Bunsen im Vereine mit Kirchhoff ausgebildet hat, ist die analytische Chemie um eine Methode bereichert worden, welche durch Leichtigkeit der Ausführung und Schärfe alle früher bekannten Verfahrungsweisen in den Schatten stellt. Es war eine Gunst des Schicksals, welche die Lebenspfade dieser beiden Forscher zusammenführte; denn nur durch die Verbrüderung des auf der Höhe des chemischen Wissens und Könnens Stehenden mit dem das Gesammtgebiet der physikalischen Erscheinungen Beherrschenden konnte ein Werk zu Stande kommen, welches die Ergebnisse früherer Forschung... zu einem neuen Systeme der chemischen Analyse gestaltete; nur durch solche Bundesgenossenschaft konnten wir in den Besitz eines Apparates gelangen, welcher, das stärkste Mikroskop weit überflügelnd, Spuren der Materie zur Anschauung zu bringen vermag, die sich vordem jeglicher Wahrnehmung entzogen hatten.»[30]

Der Beginn der Astrophysik

Neben der Entdeckung zuvor unbekannter chemischer Elemente gewannen Bunsen und Kirchhoff weitere Einsichten aus ihren spektroskopischen Untersuchungen. Bei der Verdampfung von Chemikalien in der Bunsenflamme beobachteten Bunsen und Kirchhoff helle Linien vor dunklem Grund. In welcher Beziehung standen diese Linien zu jenen dunklen Linien im sonst kontinuierlichen Sonnenspektrum, die erstmals 1802 von William Hyde Wollaston beobachtet und die 1814 von Joseph Fraunhofer systematisch untersucht worden waren? Kirchhoff beschreibt dazu folgende Beobachtung an der gelben Doppellinie des Natriums, die seit Fraunhofer mit dem Buchstaben D bezeichnet wurde:

> Ich entwarf ein Sonnenspektrum und ließ dabei die Sonnenstrahlen, bevor sie auf den Spalt fielen, durch eine kräftige Kochsalzflamme treten. War das Sonnenlicht hinreichend gedämpft, so erschienen an Stelle der beiden dunklen Linien D zwei helle Linien; überstieg die Intensität jenes aber eine gewisse Grenze, so zeigten sich die beiden dunklen Linien D in viel größerer Deutlichkeit, als ohne die Anwesenheit der Kochsalzflamme.[31]

Dieses Experiment zeigte die Konvertierbarkeit der hellen Natriumlinien in die dunklen Linien des Fraunhoferspektrums der Sonne. Kirchhoff interpretierte die dunklen Linien als Absorptionslinien und die hellen als Emissionslinien. Die übereinstimmende Lage von dunklen und hellen Linien bestätigte sich für eine rasch zunehmende Zahl von Elementen, insbesondere für mehr als 60 bekannte Linien des Eisenspektrums. Die Wahrscheinlichkeit, daß diese Koinzidenzen zufällig seien, berechnete Kirchhoff mit Eins zu einer Trillion. Kirchhoff erklärte auch die im Spektrum der Sonne auftretenden Linien: Tief im Innern der Sonne wird durch einen glühenden festen Kern zunächst ein kontinuierliches Spektrum erzeugt; die Gase in der äußeren Schicht der Sonne absorbieren aus ihm diejenigen Linien, die diese Gase, für sich genommen, auch emittieren könnten. Damit war nicht nur eine Erklärung für das Zustandekommen des bislang völlig unverstandenen Fraunhoferspektrums der Sonne, sondern gleichzeitig auch ein neues Modell der Sonne geliefert. Der Vergleich von bestimmten Spektrallinien im Sonnenspektrum mit den Emissionsspektren im Labor machte es möglich, die chemische Zusammensetzung der Sonne zu ermitteln. Das beflügelte Kirchhoff 1860–61, eine detaillierte Tafel des Sonnenspektrums zu erstellen, wobei er seine Augen so überbeanspruchte, daß deren zweiter Teil der Tafel 1861 von einem seiner Studenten fertiggestellt werden mußte.[32]

Daß jeder Körper genau die Spektrallinien absorbiert, die er auch emittiert, hatte Kirchhoff nicht als erster beobachtet. In den Prioritätsstreitigkeiten, die sich an Kirchhoffs und Bunsens Entdeckungen anschlossen, wurde u. a. darauf hingewiesen, daß George Gabriel Stokes etwa zehn Jahre zuvor in seinen Vorlesungen und auch gegenüber Lord Kelvin auf die Koinzidenz der gelben Natrium-Linien mit den hellen Linien der Natriumflamme hingewiesen hatte und sie als Resonanzphänomen gedeutet hatte. Jonas Anders Ångström, der ab 1855 die Entstehung der Spektrallinien zu erklären versuchte, hatte die Koinzidenz ebenfalls erkannt. Bald aber wurde anerkannt, daß Kirchhoff die Beobachtung als erster verallgemeinert und in ihrer gesamten Tiefe verstanden hatte.[33]

1860 entwickelte Kirchhoff gleichzeitig mit dem schottischen Physiker Balfour Stewart[34] allgemeinere Vorstellungen zur Umkehrung von Spektrallinien und zum Zusammenhang von Emission und Absorption. Diese Überlegungen gipfelten in dem Kirchhoffschen Gesetz: Für jede Wellenlänge λ und Temperatur T stehen das Emissions- und Absorptionsvermögen in einem konstanten Verhältnis J (λ, I), das unabhängig von den Materieeigenschaften des untersuchten Körpers ist.

> Die mit J bezeichnete Grösse ist... eine Function der Wellenlänge und der Temperatur. Es ist eine Aufgabe von hoher Wichtigkeit, diese Function zu finden. Der experimentellen Bestimmung derselben stehen grosse Schwierigkeiten im Wege; trotzdem scheint die Hoffnung begründet, sie durch Versuche ermitteln zu können, da sie unzweifelhaft von einfacher Form ist, wie alle Functionen es sind, die nicht von den Eigenschaften einzelner Körper abhängen, und die man bisher kennengelernt hat.[35]

Die Bestimmung dieser von Kirchhoff geforderten universellen Funktion J war in der Tat sowohl experimentell als auch theoretisch alles andere als trivial und erfolgte erst gegen Ende des 19. Jahrhunderts. Sie führte schließlich zur Aufstellung des Planckschen Strahlungsgesetzes.

Das methodische Ideal der Naturwissenschaft

Andere von seinen Zeitgenossen hochgeschätzte Arbeiten Kirchhoffs befassen sich mit dem induzierten Magnetismus, der Elektrostatik, der Hydrodynamik, Wärmeleitung, Schallfortpflanzung in engen Röhren sowie der Elastizitätstheorie. Besonders elegant hat er die Schwingungen elastischer Scheiben mit Mitteln der Variationsrechnung in geschlossener Form behandelt.[36] Boltzmann urteilte über die weitgestreuten Arbeiten Kirchhoffs:

> Gerade unter den zuletzt erwähnten Abhandlungen Kirchhoffs sind einige von ungewöhnlicher Schönheit. Schönheit höre ich Sie da fragen; entfliehen nicht die Grazien, wo Integrale ihre Hälse recken, kann etwas schön sein, wo dem Autor auch zur kleinsten äußeren Ausschmückung die Zeit fehlt? – Doch –; gerade durch diese Einfachheit, durch diese Unentbehrlichkeit jedes Wortes, jedes Buchstaben (s), jedes Strichelchens kommt der Mathematiker unter allen Künstlern dem Weltschöpfer am nächsten; sie begründet die Erhabenheit, die in keiner Kunst ein gleiches, – Ähnliches höchstens in der symphonischen Musik hat.[37]

Kirchhoffs Form der Darstellung bezeichnete Boltzmann in seiner Festrede – im Kontrast zu Maxwell – als den «Prototyp der deutschen Behandlungsweise mathematisch-physikalischer Probleme», die folgende Charakteristika aufweist:
– «schärfste Präzisierung der Hypothesen,
– feine Durchfeilung,
– ruhige, mehr epische Fortentwicklung mit eiserner Konsequenz

– ohne Verschweigung irgend einer Schwierigkeit,
– unter Aufhellung des leisesten Schattens.»[38]

Das Ideal der Naturwissenschaft ist nach Kirchhoff die Mechanik,[39] die er mit der Geometrie verglich, da beide Wissenschaften «Anwendungen der reinen Mathematik» seien, deren Sätze «in Bezug auf ihre Sicherheit auf genau gleicher Stufe» stünden: «Mit demselben Recht wie den geometrischen Sätzen ist auch den mechanisch absolute Gewißheit zuzusprechen.» Folgender, an Laplace erinnernder Textausschnitt zeigt, daß Kirchhoff noch ganz dem deterministischen Weltbild der klassischen Physik verhaftet war, das schon wenige Jahrzehnte später durch die auf seinem Werk aufbauenden Arbeiten Boltzmanns, Plancks und Einsteins in Frage gestellt wurde:

> Kennte man alle Kräfte der Natur und wüßte man, welches der Zustand der Materie in *einem* Zeitpunkte ist, so würde man ihren Zustand für jeden späteren Zeitpunkt durch die Mechanik ermitteln und ableiten können, wie die mannigfaltigen Naturerscheinungen einander folgen und begleiten. Das höchste Ziel, welches die Naturwissenschaften zu erstreben haben, ist die Verwirklichung der eben gemachten Voraussetzung..., also die Zurückführung aller Naturerscheinungen auf die Mechanik. Vollständig erreicht wird dieses Ziel der Naturwissenschaft niemals werden; aber schon die Thatsache, daß es als solches erkannt ist, bietet eine gewisse Befriedigung, und in der Annäherung an dasselbe liegt der höchste Genuß, den die Beschäftigung mit den Erscheinungen der Natur zu gewähren vermag.[40]

Die Mechanik diente Kirchhoff nicht nur als die Leitdisziplin, nach deren Vorbild die Wärmetheorie, Elektrodynamik und Optik entwickelt werden sollten, sondern sie war auch das methodische Ideal einer streng phänomenalistischen Wissenschaft. Das wird besonders in der Einleitung zu seiner *Mechanik* deutlich, die auf seinen Heidelberger, kurz vor seinem Wechsel nach Berlin gehaltenen Vorlesungen beruhte.

> Die Mechanik ist die Wissenschaft von der Bewegung; als ihre Aufgabe bezeichnen wir: die in der Natur vor sich gehenden Bewegungen *vollständig* und *auf die einfachste Weise* zu beschreiben.[41]

Statt einer Erklärung durch die Angabe von Realursachen zielt Kirchhoffs Mechanik lediglich auf die «vollständige» und «einfachste Beschreibung», die mit den Mitteln der Mathematik erreicht wird. Kirchhoff geht mit diesem Programm so weit, daß er sogar Kraft und Masse als «Hülfsbegriffe» einführt: Kraft wird als Beschleunigung definiert, die ein materielles Teilchen in der Zeiteinheit erfährt. Im Prinzip würde die Kenntnis all dieser «beschleunigenden Kräfte» zur Beschreibung der Welt ausreichen; nur bequemlichkeitshalber werden diese Beschleunigungen noch multipliziert mit «einer gewissen positiven Constante; diese Constante heißt die Masse des bewegten Teilchens».[42]

Auch die Theorie der Wärme versuchte Kirchhoff zunächst ausschließlich auf den Grundbegriffen Raum, Zeit und Materie aufzubauen; Materie wurde vorzugsweise im Sinne der Kontinuumsvorstellung behandelt. Erst bei der Behandlung der auf Bewegung der Materie zurückgeführten Wärme diskutierte Kirchhoff das atomare Modell der Materie und die von Clausius und anderen aufgestellte kinetische Theorie.

Analoge Tendenzen zu einem weitgehenden Verzicht auf Hypothesen über die Erkennbarkeit der Dinge an sich oder die Beschaffenheit der Objekte unabhängig von den Sinneswahrnehmungen sind auch in den zeitgenössischen Werken von Heinrich Hertz, Ernst Mach und Wilhelm Ostwald zu finden, um nur drei andere prominente Naturwissenschaftler zu nennen. Diese phänomenalistische – manchmal unscharf auch positivistisch genannte – Tendenz war eine Reaktion auf den Materialismus und Realismus der Jahrhundertmitte.[43] Obwohl sich herausstellte, daß der vermeintlich metaphysikfreie Hypothesenverzicht keineswegs die einfachste mögliche Beschreibung der Phänomene gewährleistet, hat Kirchhoffs Ansatz starken Einfluß auf einige philosophische Interpreten der Quantenmechanik im 20. Jahrhundert ausgeübt, die ihre Theorie ebenfalls nur als ein Instrument zur Beschreibung und Voraussage von beobachtbaren Größen beziehungsweise «Observablen» sehen wollten.

Wirkung: Vorbild für Planck und Einstein

Die Kirchhoffschen Regeln über die Stromverzweigung in geschlossenen Stromkreisen haben im Rahmen der modernen Elektrotechnik große Bedeutung erlangt. Damals aber dauerte es rund 20 Jahre, bis die praktische Relevanz dieser Regeln von dem französischen Telegrapheningenieur Jules Raynaud erkannt wurde.[44] Die an der *École Polytechnique,* der französischen Eliteschule für Ingenieure, benutzten Textbücher erwähnten erst ab circa 1870 die Kirchhoffschen Regeln, und erst dann wurden sie auch in der Praxis, z. B. beim Ausbau telegraphischer Verbindungen, routinemäßig angewandt. Das erste Unterwasserkabel zwischen Calais und Dover war schon 1851 gelegt worden, und seither wurde ein immer enger werdendes Netz von Telegraphenverbindungen über ganz Europa gespannt.

Spektakuläre und unverzögerte Erfolge zeitigte demgegenüber die von Kirchhoff und Bunsen kanonisierte Disziplin der Spektroskopie. Das Rezept, das Bunsen zur Entdeckung des Caesiums und Rubidiums geführt hatte, wurde bald auch von vielen anderen befolgt. Zahlreiche neue chemische Elemente wurden entdeckt. Es gab aber auch vermeintliche Elemententdeckungen, die später zurückgenommen werden mußten.[45] William Crookes entdeckte 1861 das Thallium, Indium wurde im Jahr 1863 durch Ferdinand Reich von der Freiberger Bergakademie entdeckt, Gallium 1874 durch Lecoq de Boisbaudran, Scandium 1878 durch Lars Fredrik Nilson, Germanium 1886 durch Clemens Winkler. Das Helium, das bereits 1868 von dem französischen Astronomen Jules Janssen und dem englischen Astrophysiker Joseph Norman Lockyer unabhängig voneinander im Spektrum der Sonne identifiziert worden war, konnte erst 1898 von William Ramsey aus dem Mineral Cleveit gewonnen werden. Dieses Mineral wurde von Crookes spektroskopisch analysiert; dabei wurde die Identität seiner Spektrallinien mit den dem Helium zugeschriebenen Fraunhoferlinien im Sonnenspektrum nachgewiesen.

Der systematische Vergleich der irdischen Emissionsspektren verschiedener chemischer Elemente und Verbindungen mit dem Spektrum der Sonne und anderer astrophysikalischer Objekte lieferte wichtige Erkenntnisse über ihre chemische Zusammensetzung. Informationen über geringfügige Abweichungen der Form und der Lage der extraterrestrischen Spektrallinien gaben Aufschlüsse über die physikalischen Bedingungen, die in diesen Gebilden herrschen. Mitte der 1860er Jahre konnte William Huggins aufgrund der Dopplerverschiebungen die radiale Bewegung von Sternen feststellen. George Ellery Hale entdeckte aufgrund des Zeemaneffektes 1908 die Magnetfelder in der Sonne. Aus diesem Grunde wurde Kirchhoff die erste Direktorenstelle des 1874 neugegründeten *Astrophysikalischen Observatoriums* in Potsdam angeboten, die er allerdings aus Altersgründen ablehnte. Dort wurde in den Folgejahren unter der Leitung von Hermann Carl Vogel systematisch nach Dopplerverschiebungen in Sternspektren gesucht. Auch am amerikanischen *Harvard College Observatory* in Cambridge, am *Mt. Wilson Observatory* bei Pasadena und am *Observatoire de Meudon* bei Paris wurde seither intensiv stellare Spektroskopie betrieben.

Die vielleicht wichtigste Wirkung von Kirchhoffs Arbeiten beruhte in seiner Theorie der Strahlung, die ihn 1860 zum Begriff des schwarzen Körpers führte: Alle Strahlung, die auf einen solchen Körper einfällt, wird von ihm vollständig absorbiert. Im direkten Anschluß an Kirchhoffs Arbeiten stehen die Untersuchungen von Wilhelm Wien und insbesondere das Strahlungsgesetz von Planck, der Kirchhoffs Nachfolger auf seinem Berliner Lehrstuhl für theoretische Physik wurde und die letzten beiden Bände seiner *Vorlesungen* herausgab.[46] Den ersten Versuch einer experimentellen Bestimmung der Kirchhoffschen Funktion $J[\lambda, T]$ unternahm 1894 Friedrich Paschen an glühenden Körpern, die eine noch sehr schlechte Annäherung an Kirchhoffs idealen «schwarzen Körper» darstellten. Später wurde diese Strahlung aus kleinen Öffnungen von Hohlräumen gewonnen, die mit Wänden konstanter Temperatur umgeben waren.[47] Eine solche experimentelle Realisierung des «schwarzen Körpers» hatte Kirchhoff bereits 1860 vorgeschlagen:

> Wenn ein Raum von Körpern gleicher Temperatur umschlossen ist, und durch diese Körper keine Strahlen hindurchdringen können, so ist ein jedes Strahlenbündel im Innern des Raumes seiner Qualität und Quantität nach gerade so beschaffen, als ob es

von einem vollkommen schwarzen Körper derselben Temperatur herkäme, ist also unabhängig von der Beschaffenheit und Gestalt der Körper und nur durch die Temperatur bedingt.[48]

Insbesondere die raffinierte Art, wie Kirchhoff aus der Betrachtung von Strahlungsaustauschvorgängen zwischen Körpern mit wohldefiniertem Emissions- und Absorptionsverhalten aufgrund thermodynamischer Gleichgewichtsforderungen den Kirchhoffschen Satz völlig unabhängig von weiteren Materieeigenschaften ableitete, war später das methodische Vorbild für die Untersuchungen Plancks und Einsteins.[49]

Xavier Roqué

WILLIAM THOMSON, LORD KELVIN (1824–1907)

Die Wissenschaftshistoriker Crosbie Smith und Norton Wise haben kürzlich mit ihrer umfassenden Biographie ein Musterbeispiel für die Verflechtung von Thomsons Naturwissenschaft mit der Industrie, Religion und Politik seiner Zeit gegeben. Die folgende Darstellung ist daher stark durch dieses Standardwerk geprägt. Smith' und Wise' Porträt stellt die praktische Ausrichtung der Wissenschaft in den Mittelpunkt, die während des Viktorianischen Zeitalters die Gesellschaft sichtbar zu verändern begann, und die Thomson mit den Worten beschreibt: «Leben und Seele der Wissenschaft ist ihre praktische Anwendung.»[1] Wie sie überzeugend dargestellt haben, bedingten sich Thomsons «wissenschaftliche und industrielle Ziele gegenseitig. Es handelte sich also nicht nur um die Beeinflussung der Industrie durch die Wissenschaft, sondern auch der Wissenschaft durch die Industrie: Thomsons industrielle Vision durchdrang vollständig sein Naturverständnis und seine theoretischen und experimentellen Forschungen».[2]

Thomsons wissenschaftliche Laufbahn

1824 in Belfast geboren, hatte William Thomson von seinem Vater, einem Mathematikprofessor und Autodidakten von fortschrittlicher und liberaler Gesinnung, die praktische Einstellung geerbt, die sein Werk, aber auch seine Haltung gegenüber Politik und Religion charakterisiert. Im Jahre 1830 wurde Thomsons Vater Witwer, und er zog mit seiner Familie nach Glasgow, wo William ab seinem zehnten Lebensjahr die Universität besuchte. Die schottische Universität bot damals eine für jedermann erschwingliche, pragmatische Ausbildung, ganz im Gegensatz zu dem teuren, elitären Studium in Cambridge und Oxford, wo den angewandten Wissenschaften eher Verachtung entgegengebracht wurde. Thomson wurde so von den Grundprinzipien der theoretischen Physik schottischer Tradition geprägt: vom theologischen Voluntarismus, von der Betonung der Einheitlichkeit der Naturphänomene, aber auch von der Aversion gegen Hypothesenbildungen; diese Prägung spiegelt sich in seinem Werk wider.[3]

Von 1841 bis 1845 studierte Thomson Mathematik und Physik in Cambridge, wo er sein Wissen über das Werk der französischen Analytiker Lagrange, Fourier, Laplace vertiefte und seine ersten Artikel veröffent-

William Thomson, Lord Kelvin (1824–1907)

lichte, die ihn als junges mathematisches Genie auswiesen. Nachdem er sein Examen an der Universität abgelegt hatte, reiste Thomson im Frühjahr 1845 nach Paris, um seine theoretische Ausbildung durch die Arbeit an einem der seinerzeit besten Forschungszentren, dem Labor von Victor Regnault im *Collège de France,* zu ergänzen. Schon wenig später erhielt Thomson im Alter von 22 Jahren den Lehrstuhl für theoretische Physik am Glasgow College, wo er bis zu seinem Lebensende blieb. In seiner Antrittsvorlesung bewies er, wie zuvor schon in seinen Artikeln, seine außergewöhnliche wissenschaftliche Reife.

In Glasgow entfaltete Thomson seine umfangreiche Forschungsarbeit, bei der er neben den Beiträgen zur Physik auch in die Kontroverse über das Alter der Sonne und der Erde eingriff, eine Kontroverse, die die Entwicklung der Geologie im 19. Jahrhundert entscheidend prägte. Über seinem Werk, in dem sich theoretische Erwägungen und praktische Aspekte gegenseitig ergänzen, steht seine eigenwillige Auffassung der angewandten Wissenschaft, die sich auch auf das Laboratorium auswirkte, das er in Glasgow einrichtete.

Kurz nachdem er seine Professur antrat, begann der junge Wissenschaftler aufgrund seiner Erfahrungen in Regnaults Labor, den völlig veralteten Versuchsraum des College in ein modernes physikalisches Labor umzugestalten, wo u. a. auch die Eigenschaften der Stoffe exakt gemessen werden konnten – die Grundlage für seine späteren wissenschaftlichen Erkenntnisse. Bei seinen Forschungen stützte er sich zwar auf die anerkannten Kriterien, doch sah er die Laborforschung nicht als Mittel des wissenschaftlichen, sondern vor allem auch des industriellen Fortschritts an; diese beiden Bereiche standen im Zentrum seiner Arbeit. Auch hier wurde die pragmatische Haltung Thomsons deutlich, die sich beim Entwurf, Bau und Vertrieb von Meßgeräten – Thermometern, Kompassen, Elektrometern, Telegraphieempfängern – wie auch bei seiner Teilnahme an einem der ehrgeizigsten Unternehmen des britischen Empires, der Verlegung der ersten transatlantischen Telegraphenleitung, äußerte. Wegen seiner maßgeblichen Mitwirkung bei diesem Projekt wurde er 1866 geadelt; damit legte Sir William Thomson den Grundstock für ein stattliches Vermögen, das sich durch seine zahlreichen Patente ständig vergrößerte.

Obwohl Thomsons Arbeit ihm rasch einen Platz in der wissenschaftlichen Elite verschafft hatte, wurde er in der viktorianischen Gesellschaft erst durch die Kabelverlegung im Atlantik bekannt. Den Höhepunkt seiner gesellschaftlichen Anerkennung bildete 1892 seine Ernennung zum Baron Kelvin of Largs, eine Ehrung, die er seinem politischen Einsatz für die Unionisten wie auch seinen wissenschaftlichen Leistungen im Dienste des Empires zu verdanken hatte. Doch schließlich begann er sein wissenschaftliches Prestige zu verlieren, vor allem wegen seines hartnäckigen Widerstands gegen die Theorien Maxwells. Das war jedoch kein Hindernis dafür, daß er wiederholt für den Nobelpreis nominiert wurde, und zwar von 1901, dem Jahr der ersten Vergabe, bis 1907, seinem Todesjahr.

Elektrizität und Magnetismus

Beim Studium der Elektrizität läßt sich Thomson zunächst von den mathematischen Analogien zwischen den Gesetzen der Wärmelehre und denen der Elektrostatik leiten. Seine Vorgangsweise weist auf den Einfluß der *Théorie analytique de la chaleur (Analitische Theorie der Wärme,* 1822) von Jean-Baptiste-Joseph Fourier hin, der die Möglichkeit einer makroskopischen Beschreibung mit Hilfe von phänomenologischen Begriffen, wie Temperatur und Wärmefluß, gezeigt hatte – und zwar unter Verzicht auf jegliche Hypothese über die Natur der Wärme und ihrer Wechselwirkung mit der Materie. Aufgrund physikalischer Überlegungen auf der Basis bekannter thermischer Phänomene stellte Thomson Thesen auf, die er später auf elektrostatische Phänomene übertrug. Dazu diente ihm die mathematische Äquivalenz zwischen der Temperaturverteilung einer isothermen (einheitlich warmen) Fläche und dem elektrostatischen Potential, das sich durch die elektrische Aufladung derselben Oberfläche einstellte. Diese Übereinstimmung reichte aus, um Aussagen über den Wärmefluß in entsprechende Aussagen über die elektrostatische Wirkung zu übertragen, denn Thomson wußte von Fourier und Siméon Denis Poisson, daß beide Größen jeweils proportional zum Temperatur- und Spannungsgradienten sind.[4]

Eine der Folgen dieser Analogie war, daß die elektrische Kraft an einem bestimmten Punkt einer gleichmäßig geladenen Oberfläche – ebenso wie der Wärmefluß durch eine Isolationsschicht – senkrecht zur Oberfläche verlaufen mußte. Diese geometrische Darstellung der Kräfteverteilung auf Äquipotentialflächen ließ erwarten, daß sich die elektrische Kraft, wie auch die Wärme, von gleichbleibender Fläche zu Fläche übertrug. Die formale Übereinstimmung der Gesetze der Wärmelehre und der Elektrizität betraf jedoch nicht die physikalische Natur dieser Phänomene. Für Thomson mußte eine mathematische Theorie direkt zugängliche, makroskopisch erfaßbare physikalische Eigenschaften in einen Zusammenhang bringen, und zwar durch das Verständnis des Wesens der Phänomene ohne Rücksicht auf ihre physikalische Interpretation. Die analoge Schlußweise hatte allerdings eindeutige Grenzen. Die physikalische Seite einer Analogie konnte durch mathematische Gleichungen geprüft werden. Aber Thomson würde, im Gegensatz zu Maxwell, nie auf eine mathematische Analogie zurückgreifen, um den Gültigkeitsbereich einer Theorie zu erweitern.[5]

Thomsons Verfahren wird noch deutlicher bei der Analyse zweier scheinbar nichtkompatibler Theorien für ein und dasselbe Phänomen: der elektrostatischen Wirkung. Im Frühjahr 1845 war Thomson in Paris, als die Ideen Faradays bei den französischen Physikern und Mathematikern große Beunruhigung hervorriefen, weil sie die Coulombsche Theorie der Elektrizität erschütterten. Für Faraday waren die induktive Wirkung an einer gekrümmten Feldlinie und der Einfluß des Mediums auf die Wechselwirkung zweier Leiter mit dem Begriff der unvermittelten Fernwirkung zwischen zwei punktförmigen Ladungen unverträglich. Nach Thomsons Meinung konnten Faradays Experimente die unabhängig von jeder Hypothese aufgestellten Gesetze Coulombs nicht widerlegen; die Widersprüche mußten verschwinden, wenn die physikalischen Erklärungen von den mathematischen Gesetzen getrennt würden:

> Da es unmöglich ist, daß die von Faraday beobachteten Phänomene nicht mit den experimentellen Ergebnissen der Coulomb-Theorie verträglich sind, so ist zu erwarten, daß seine von Coulomb abweichenden Ideen nur von der unterschiedlichen Formulie-

rungs- und physikalischen Deutungsweise der gleichen Gesetze herrühren; und weiter kann man, wie ich denke, zeigen, daß beide Vorgehensweisen, wenn sie genügend weit geführt werden, als Grundlage einer mathematischen Theorie dienen, aus der die Grundprinzipien der anderen folgen. Diese Theorie wird folglich der Ausdruck des dem Phänomen zugrundeliegenden Gesetzes sein, unabhängig von irgendeiner physikalischen Hypothese, die wir infolge anderer Umstände anzunehmen beschlossen haben.[6]

Die Analogie mit der Wärme versah Thomson mit der notwendigen Terminologie, um eine Induktionswirkungs- beziehungsweise elektrische Kraftlinie zu definieren: «eine Linie, in der die resultierende Kraft in jedem ihrer Punkte in Richtung der Tangente liegt, oder, was dasselbe ist, die eine Orthogonaltrajektorie zur Gleichgewichtsfläche des Systems bildet». Aus der Faradayschen Stromlinienverteilung wurde – in Analogie zur Wärme – eine Verteilung von Äquipotentialflächen mit orthogonalen Kräften. Die Kräftelinien krümmten sich wie die des Wärmeflusses, und die Induktionskapazität, eine von Faraday eingeführte Größe, die den Einfluß des Mediums bei der Kraftübertragung darstellen sollte, fand ihre Entsprechung in der Wärmeleitung. Die Analogie war weder vollkommen, noch war sie frei von Widersprüchen; aber so formuliert widersprachen Faradays Ideen der Theorie Coulombs nicht.[7]

Im Verlauf dieser Arbeit änderte sich Thomsons Haltung gegenüber Faraday; die anfängliche Herabwürdigung verwandelte sich in Respekt, und der Unwille gegenüber der eigenwilligen Ausdrucksweise Faradays wich mit der teilweisen Übernahme seiner Ideen. Thomson gab den Konzepten Faradays ihren mathematischen Ausdruck. In welchem Maße dieser Prozeß der Mathematisierung eine genaue Übertragung oder aber eine freie Neuschöpfung war, ist historisch nicht geklärt.[8]

Thomsons rigide Methodologie – der Ausdruck der Naturgesetze in mathematischen Termini mit direkten empirischen Bezügen, die Unterscheidung zwischen mathematischer Darstellung und physikalischer Erklärung – hatte es ihm ermöglicht, Faraday und Coulomb zu versöhnen, verhinderte aber die Betrachtung des Wesens der Elektrizität sowie der Art und Weise, wie sich elektrische Kräfte ausbreiten. Ende 1845 – Thomson hatte sich erneut dem Studium der magnetischen Kraftwirkungen auf Licht zugewandt – entdeckte Faraday, daß ein magnetisches Feld die Polarisationsebene von Licht zu drehen vermag. Da sich der «Lichtäther» in bezug auf die Lichtschwingungen wie ein elastischer Festkörper verhielt, erwog Thomson die Möglichkeit, die elektrischen und die magnetischen Kräfte als Spannungszustände in einem elastischen Medium darzustellen. Das Ergebnis war seine bekannte «mechanische Darstellung der elektrischen, magnetischen und galvanischen Kräfte». Sie beruht auf der formalen Analogie zwischen den Lösungen der Gleichungen eines unter Spannung stehenden elastischen Körpers und denen für elektrostatische, magnetische und elektromagnetische (galvanische) Kräfte, die durch eine punktförmige Ladung, einen Magnetkörper und ein Stromelement induziert wurden.[9] Thomson erklärte Faraday in der für ihn typischen Ausdrucksweise, diese sicher sehr eingängige mathematische Darstellung sei doch nur «ein Entwurf der mathematischen Analogie. Ich habe nicht einmal den Versuch unternommen, auf die Möglichkeit hinzuweisen, sie zur Grundlage einer physikalischen Theorie der elektrischen und magnetischen Kräfteausbreitung zu machen, welche, wenn sie sich bewährt, die Beziehung zwischen den elektrischen und magnetischen Kräften als notwendige Folge erweisen würden.»[10]

Für die Entwicklung des Feldkonzeptes sind die Gedanken Thomsons zum Begriff der mechanischen Wirkung – welche später Arbeit genannt wird – wichtig, der 1844 erstmals in seinem Tagebuch auftaucht. Die Tätigkeit seines Bruders James, eines Ingenieurs, hatte vielleicht etwas damit zu tun, denn der Terminus «mechanische Wirkung» stammt eher von einem Ingenieur als von einem Physiker; Thomson übernahm ihn von Lewis Gordon, dem ersten Professor für Ingenieurwissenschaft in Glasgow. Thomson begann, das Konzept Arbeit gedanklich auf das System elektrischer Ladungen zu übertragen, und fragte nach der Beziehung zwischen Arbeit und den bewegenden Kräften, die innerhalb dieses Systems wirken. Er erkannte, daß die in einem System enthaltene Energie ein Maß für die Arbeit darstellt, die für die Zusammenführung des Systems aus seinen Einzelteilen notwendig ist, und daß diese Energie im Gleichgewichtszustand minimal ist. Was aber noch wichtiger war: Die Kräfte, die den Übergang des Systems von einem Zustand zum anderen bewirken, können aus der für den Übergang notwendigen Arbeit oder – und das ist das gleiche – aus der Energieänderung innerhalb des Systems abgeleitet werden.

Aus diesen Überlegungen entstand eine neue Maßeinheit, die von der verrichteten Arbeit ausgeht und die Thomson auf die Idee einer absoluten Temperaturskala brachte: «eine Wärmemenge, welche von einem Körper A der gleichen Temperatur V° dieser Skala auf einen Körper B der Temperatur (V–1)° übergeht, würde die gleichen mechanischen Wirkungen erzeugen, unabhängig von der Zahl V». Diese Veränderung des Maßbegriffes implizierte, daß physikalische Systeme zu Maschinen wurden, deren wichtigste Eigenschaft es sei, Energie zu konsumieren oder zu erzeugen.[11]

Thomsons Überlegungen über mechanische Wirkungen führten zu der Einsicht, daß der Energiebegriff bedeutsamer ist als der der Kraft. Hier verhalf Thomson das Studium der Strömungslehre zur Klärung seiner Ideen. 1847 vermerkte Thomson in seinem Tagebuch das möglicherweise analoge Verhalten des Magnetismus und der Bewegung einer nichtzusammenpreßbaren Flüssigkeit. Diese Grundidee, die zu einem Leitgedanken Thomsons werden sollte, entwickelte er im Briefwechsel mit George Stokes, seinem Kollegen und Freund aus Cambridge; daraus entstand eine Reihe von *Notes on Hydrodynamics (Notizen zur Hydrodynamik).* Die letzte der Notizen bezog sich auf einen Lehrsatz, den Thomson gerade bewiesen hatte. Er stellte die Minimalbedingung für die Bewegung einer inkompressiblen Flüssigkeit auf, welche besagt, daß die Bewegung dieser Flüssigkeit dazu tendiert, ihre kinetische Energie möglichst gering zu halten. Die Anwendung dieses Lehrsatzes auf die Elektrostatik legte die Vermutung nahe, daß sich die Energie innerhalb eines Systems elektrischer Punktladungen nicht in den Ladungen selbst befindet, sondern über das gesamte Kräftefeld verteilt ist. Diese Erkenntnis wurde bald zu einer der wichtigsten Grundanschauungen der Feldtheorie.

In einer Zeit, in der Thomson einen einschneidenden Richtungswechsel seiner Ideen vollzog – er beschäftigte sich mit der dynamischen Theorie der Wärme –, veröffentlichte er seine «mathematische Theorie des Magnetismus» (1851), die letzte rigorose Anwendung der Methodologie, die seine ersten Arbeiten inspiriert hatte. Thomson stellte den Magnetismus in einer mathematischen Form dar, die auf «allgemein bekannten Tatsachen» *(«facts generally known»)* und auf empirischen und makroskopischen Konzepten beruhte. Ausgehend von einem imaginären magnetischen Stoff, der nur die Eigenschaft hatte, «Magnete, oder andere Portionen von ‹Materie seiner eigenen Art›, gemäß einem bestimmten Gesetz anzuziehen oder abzustoßen», und aus den einfachsten empirischen Gesetzen der Kraftwirkung zwischen zwei Magneten entwickelte Thomson eine vollständige Theorie der Wechselwirkungen zwischen verschiedenen Konfigurationen magnetischer Materie.[12] Nachdem Thomson jedoch die Ideen der Molekulardynamik übernommen hatte, betrachtete er die Ausarbeitung der Theorie der Elektrizität und des Magnetismus untrennbar mit der Erforschung der Struktur des Äthers verbunden, um die Ausbreitung dieser Kräfte und ihre Beziehung zur Materie zu erklären.

Thermodynamik

Die ersten Gedanken Thomsons zu Wärme und mechanischer Arbeit bewegen sich im Rahmen der Theorie der Dampfmaschinen von Sadi Carnot (1824), der die Wärme als eine Substanz (Wärmestoff) ansah, die erhalten blieb (der Wärmestoff), und die mechanische Arbeit als Ergebnis des Wärmeübergangs zwischen zwei unterschiedlich temperierten Körpern. Carnots Theorie taucht zuerst in Thomsons Briefwechsel mit seinem Bruder James auf, dem Ingenieur, der bei der Artikulierung seiner Ideen eine wichtige Rolle spielte. Die beiden Brüder teilten das Interesse für praktische Fragen wie zum Beispiel die optimale Ausnutzung der Dampfmaschine oder die Probleme des Leistungsverlustes, alles Faktoren, die bei der Entwicklung der Thomsonschen Thermodynamik von entscheidender Bedeutung waren. Die Konzepte Carnots inspirierten Thomsons anfängliche Beiträge zur Wärmelehre: Der spätere Lord Kelvin stützte sich auf Carnots Prinzipien, um 1848 die absolute Temperaturskala einzuführen, die bis heute mit seinem Namen verbunden ist; und ein Jahr später veröffentlicht er einen Carnots Theorie unterstützenden Beitrag: «Eine Darstellung von Carnots Theorie der bewegenden Kraft der Wärme».

Thomson vergaß trotz allem nicht, gewisse Experimente James Prescott Joules zu erwähnen, die der Grundhypothese Carnots, Wärme bleibe erhalten, zu widersprechen schienen. Thomson beschäftigte sich mit den Folgen dieser Experimente seit seinem ersten Treffen mit Joule im Juni 1847. Joule behauptete, daß Arbeit und Wärme äquivalent seien, daß also die Verrichtung von Arbeit den Verbrauch bzw. die Verflüchtigung der entsprechenden Wärmemenge bedeutet. Thomsons Thermodynamik resultiert aus den gegensätzlichen Konzeptionen von Joule und Carnot, die nirgendwo deutlicher wird als bei dem Phänomen der Wärmeübertragung. Obwohl Thomson in seinem Artikel zu Carnots Theorie oft den Begriff Wärmestoff benutzt, scheint er Wärme nicht als eine Stoffmenge anzusehen, sondern als den Zustand eines Körpers, der ausschließlich durch seine physikalischen Bedingungen determiniert ist.[13] Nach Thomson kann es zu keiner vollständigen Umwandlung von Wärme in Arbeit kommen. Damit Arbeit geleistet wird, bedarf es der Übertragung von Wärme von einem Körper auf einen anderen, weniger warmen Körper. Thomson teilte aber auch Joules Meinung, daß die arbeitsfähige Energie erhalten bleibt, da die Fähigkeit, sie zu schaffen oder zu vernichten, göttliches Privileg war. Wurde die Wärme jedoch von einem Körper auf einen weniger warmen übertragen, ohne daß Arbeit entstand, wie zum Beispiel beim Wärmefluß, was geschah dann mit der Arbeit, die bei dieser Wärmeübertragung hätte geleistet werden können?

> Wenn «thermische Wirkung» bei der Wärmeleitung durch einen festen Körper verbraucht wird, was geschieht dann mit dem dabei erzeugten mechanischen Effekt? Nichts kann bei Naturvorgängen verlorengehen, keine Energie kann zerstört werden. Welcher Effekt ist dann anstelle des verlorenen mechanischen Effektes entstanden?[14]

Die Lösung dieser Probleme führte Thomson 1851 zur Formulierung seiner thermodynamischen Gesetze und zur unwiderruflichen Überzeugung, daß «Wärme keine Substanz, sondern ein Zustand der Bewegung» ist. Entscheidend für die Hinwendung Thomsons zur dynamischen Theorie der Wärme war der Gedankenaustausch mit dem Physiker und Ingenieur William John Macquorn Rankine, einem begeisterten Verfechter dieser Theorie. Nach der Diskussion um einen kurz zuvor erschienenen Artikel Rankines zur «nicht-erhitzenden Eigenschaft» des Dampfes, welches durch ein kleines Loch aus einem Dampfkessel austritt, gab Thomson im Oktober 1850 in einem Brief an Joule zum ersten Mal zu, daß sich Wärme in Arbeit umwandeln könne. Thomson kannte zu diesem Zeitpunkt schon die Arbeit von Rudolph Clausius, der gerade seine beiden

Hauptsätze zur Thermodynamik dargelegt hatte; aber die Annäherung an Clausius schien seine Gedanken nicht entscheidend beeinflußt zu haben. Clausius' zweiter Hauptsatz war eine Generalisierung auf der Grundlage allgemeiner Erfahrungen, während Thomson eine globale Vision der Vorgänge in der Natur mit theologischen Aspekten miteinbezog.

1851 veröffentlicht Thomson seinen ersten Artikel der Reihe «Über die dynamische Theorie der Wärme». Die Äquivalenz von Wärme und Arbeit, die auf der Theorie der Wärme als Zustand einer Bewegung beruhte, wurde für ihn bald zu einem Grundsatz: «Wenn gleichgroße mechanische Wirkungen auf beliebige Weise aus rein thermischen Quellen erzeugt werden, oder durch rein thermische Wirkungen verlorengehen, dann verschwinden oder entstehen gleiche Wärmemengen.»[15] Daraufhin stellte Thomson das Axiom auf, das als seine Version des zweiten thermodynamischen Hauptsatzes bekannt werden sollte: «Es ist nicht möglich, mit unbelebten materiellen Hilfmitteln, mechanische Wirkungen in irgend einem Materieteil durch Kühlung unterhalb der Temperatur der der ihn umgebenden Gegenstände herzustellen.» Dieser Hauptsatz bedeutete die Lösung des Problems der Wärmedissipation und drückte Thomsons grundsätzliche Überzeugung aus, daß die bei der Wärmeleitung verlorene Arbeit «zwar für den Menschen unwiederbringlich verloren (ist), nicht aber in der materiellen Welt».[16] Der zweite Hauptsatz, der die Unumgänglichkeit der Dissipation bestätigt, beschrieb die Richtung und den irreversiblen Charakter der Naturphänomene: «Alles in der materiellen Welt ist fortschreitend. Die materielle Welt konnte nicht zu einem ihrer vorhergehenden Zustände zurückkehren, ohne die Gesetze zu verletzen, die sich dem Menschen offenbart haben, d. h., ohne einen Schöpfungsakt oder einen Akt ähnlicher Wirksamkeit.» Das Problem der Dissipation zog für Thomson unweigerlich die Betrachtung der molekularen Zusammensetzung der Materie nach sich, da sich die genutzte Energie in eine mechanische Bewegung der materiellen Moleküle und des Äthers verwandelte. Dabei legte Thomson großen Wert auf die kosmologische und theologische Begründung seiner Betrachtungen. Die Tatsache, daß er dem Prinzip der Energieerhaltung zustimmte, geht auf den ihm nahestehenden theologischen Voluntarismus zurück, wonach die Macht, natürliche Dinge zu schaffen oder zu zerstören, nur Gott allein zustand.

Das Energiekonzept bekam so für Thomson eine grundlegende Bedeutung und drängte den Kraftbegriff als Grundlage der Physik in den Hintergrund. Seine Konzeption der Physik auf der Basis der Energie legte Thomson, gemeinsam mit Peter Guthrie Tait, in seinem bahnbrechenden Werk *Treatise on Natural Philosophy (Handbuch der theoretischen Physik)* dar. Die Erhaltung der Energie, die Beziehung zwischen Arbeit und Energie und das Prinzip der kleinsten Wirkung wurden zu den Grundpfeilern der Dynamik. Das Werk trug entscheidend zur Begründung des mechanistischen Weltbildes bei, das die natürlichen Phänomene auf Bewegung und den Energieaustausch zwischen den wichtigsten Elementen der Materie und des Äthers zurückführte.

Es war nicht leicht für Thomson, die mechanische Wärmetheorie zu akzeptieren. Die Theorie behauptete nur, daß Wärme eine molekulare Bewegung sei, und beinhaltete keinerlei Hypothese über die Natur dieser Bewegung; sie stand jedoch im Widerspruch zu den methodologischen Prinzipien, nach denen er sich seit seinen Anfängen als *Natural Philosopher* oder theoretischer Physiker gerichtet hatte. Bis zu diesem Zeitpunkt hatte Thomson die mathematischen Relationen zwischen den makroskopischen Eigenschaften verschiedener Phänomene untersucht und dabei jede Aussage über ihr physikalisches Wesen vermieden. Die dynamische Theorie führte zu einem radikalen Wandel seiner Haltung; er begann die Möglichkeit zu erwägen, natürliche Phänomene auf der Grundlage ihrer Molekularstruktur auch physikalisch zu erklären. Das Jahr 1851 markiert den Beginn einer neuen Etappe in Thomsons Lebenswerk: die beständige Suche nach einer Struktur des Äthers, die es erlauben würde, die verschiedenen Naturkräfte zu vereinen.

Äther und Materie

Die Annahme der dynamischen Wärmetheorie eröffnete Thomson die Möglichkeit, über die Natur des Äthers und der Materie zu spekulieren. 1856 überdachte er den Faraday-Effekt aus der Perspektive der Thermodynamik und gelangte so zu neuen Einsichten über den Magnetismus. Faraday hatte die neuentdeckten magnetischen Eigenschaften der Materie beschrieben; Thomson entwickelte diese Beschreibung zu einer Theorie weiter, die erstmals als eine konkrete Darstellung des Magnetismus und seiner Natur gelten durfte. Laut dieser Theorie bestand der Magnetismus aus einer Kreisbewegung der Äther- beziehungsweise der Materiepartikel, und die magnetischen Kraftlinien ergaben sich aus den Rotationsachsen der molekularen Wirbelbewegung. Thomson versuchte, die elektromagnetischen Phänomene gänzlich durch Trägheit und Druck «derjenigen Materie, deren Bewegungen die Wärme ausmachen», zu erklären; er äußerte sich jedoch nicht zur Natur dieser Materie:

> Ob diese Materie aus Elektrizität besteht oder nicht besteht, ob sie eine kontinuierliche, den zwischenmolekularen Raum füllende Flüssigkeit ist, oder ob sie selbst molekular strukturiert ist; oder ob alle Materie kontinuierlich ist, so daß die molekulare Heterogeneität durch endliche Wirbel- oder andere Relativbewegungen benachbarter Körperteilchen besteht; läßt sich vom gegenwärtigen Stand der Wissenschaft unmöglich entscheiden und vielleicht ist es vergeblich darüber zu spekulieren.[17]

1858 neigte Thomson zur letzteren Hypothese und zog in Betracht, den Äther als feinste Flüssigkeit, die den Raum zwischen den Molekülen ausfüllte (Universal Plenum), und die Materie als Wirbel (*eddies*) in dieser Flüssigkeit zu beschreiben.[18] Die Probleme mit der Stabilität dieser Wirbel verhinderten damals die Weiterentwicklung des Modells; 1867, nachdem er den *Treatise* veröffentlicht hatte und nach der erfolgreichen Verlegung der Transatlantikkabel, widmete sich der neuernannte Sir William Thomson eingehend dem Versuch, den Äther und die Materie auf der Basis der Wirbelbewegungen zu beschreiben, die von Helmholtz in einem berühmten Beitrag im Jahre 1858 eingeführt worden waren.[19] Helmholtz hatte gezeigt, daß in einer nicht-viskosen und nicht-zusammenpreßbaren Flüssigkeit stabile Wirbelfäden entstehen konnten, die weder zu zerstören noch aufzulösen waren. Thomson reagierte begeistert auf die Möglichkeit, daß die dynamischen Eigenschaften dieser Wirbelbewegungen ausreichen könnten, um die Eigenschaften der Materie zu erklären – «Helmholtz' Wirbelringe sind die einzig wahren Atome»[20] –, und fast 20 Jahre lang untersuchte er Struktur und Stabilität der molekularen Wirbel in der Hoffnung, eines Tages zu einer hydrodynamischen Theorie der Materie und des Äthers zu gelangen; doch das blieb ohne Erfolg. Mitte der 80er Jahre des letzten Jahrhunderts gab Thomson das Wirbelatommodell auf und unterschied zwischen der molaren beziehungsweise kontinuierlichen Struktur des Äthers, die grundsätzlich der eines elastischen Festkörpers entsprach, und der molekularen Struktur des Äthers, die seine Wechselwirkung mit der Materie bestimmte.

Maxwell hatte mittlerweile seine elektromagnetische Theorie des Lichts entwickelt und dabei Methoden angewandt, die Thomson ablehnte. Methodologisch ungenügend schien ihm zum Beispiel der Begriff des elektrischen Verschiebungsstroms, für den es keine direkte empirische Erfahrung und keine dynamische Beschreibung gab, der aber in die Gesamttheorie einging. Thomson beanstandete besonders das Fehlen einer dynamischen Grundlegung, d. h. eines Modells der Ätherstruktur, das Zugang zu dem Problem der Wechselwirkung zwischen Licht und Materie erlaubte. Anhand der Unterscheidung molar – molekular erklärte Thomson in seinen *Vorlesungen über Molekulardynamik und über die Theorie der Lichtwellen* (Baltimore 1884) sein Modell des feststarren Äthers mit komplex strukturierten Molekülen. So stellte er der elektromagnetischen Theorie des Lichts seine Gesamttheorie zu Licht, Elektrizität und Magnetismus entgegen, die sich auf «einfache Dynamik und den wirklich elastischen Körper» stützte. In diesen Vorlesungen formulierte Thomson seine berühmte mechanistische These: «Ich habe mich so lange nicht zufriedengegeben, bis ich ein mechanisches Modell einer Sache machen konnte. Kann ich ein mechanisches Modell machen, so verstehe ich es. Solange es mir auf keine Weise gelingt, ein mechanisches Modell zu finden, kann ich nicht verstehen; und deshalb kann ich die electromagnetische Theorie nicht begreifen.» Zusammen mit weniger bekannten Aussagen – «Die Formeln befriedigen mich so lange nicht, bis ich ihre arithmetische Größe spüre»[21] – drückt sie seinen Drang aus, die theoretischen Konzepte zu «fühlen» und zu «sehen», um sie gänzlich verstehen zu können.[22]

Thomson gab den Versuch nie auf, eine Gesamttheorie des Äthers und der Materie zu entwickeln. Im Jahre 1896 jedoch, als er nach mehr als 50jähriger Lehrtätigkeit emeritiert wurde, faßte er sein Bemühen in einem Wort zusammen: «Gescheitert. Ich weiß nicht mehr über elektrische und magnetische Kräfte, oder über die Beziehungen zwischen Äther, Elektrizität und ponderabler Materie, oder chemische Affinität, als was ich vor fünfzig Jahren wußte und meine Studenten der Naturwissenschaft in meinen ersten Veranstaltungen als Professor zu lehren versuchte.»[23]

Der starke Widerstand Thomsons gegen die Theorien Maxwells ist nur nachzuvollziehen, wenn man seine Arbeit über die elektrischen Vorgänge in Telegraphenkabeln kennt. In Thomsons Theorie von 1854 setzte sich das Signal in einem Kabel longitudinal fort, ähnlich wie der Druck in einem Wasserrohr. Dabei sah er keine seitliche Wirkung vor, die für Faraday, Stokes und später Maxwell von größter Bedeutung war. Da die transatlantische Kabelverlegung ein voller Erfolg wurde, festigten sich Thomsons Gedanken über die Existenz von Längsbewegungen bei den Ätherwellen und damit über dessen feststarren Charakter. Thomson gab diese Vorstellung nie auf und zeigte oft seine Skepsis gegenüber den transversalen Wellen der elektromagnetischen Lichttheorie.

Wissenschaftliche Bedeutung

Thomson hat die Physik bis zum Ende des 19. Jahrhunderts entscheidend geprägt. Von seinem Lehrstuhl in Glasgow aus hat er dazu beigetragen, der klassischen Physik den letzten Schliff zu geben und das mechanistische Weltbild zu propagieren. Sein wissenschaftliches Prestige erreichte um 1870 seinen Höhepunkt, doch danach folgte er methodologisch und theoretisch immer weniger der Entwicklung seiner Disziplin; am Ende seines Lebens stand Lord Kelvin den neuen Tendenzen der mathematischen Physik skeptisch gegenüber:

> Es ist reiner Nihilismus, der in der Naturwissenschaft nichts verloren hat, wenn man sich mit zwei Formeln für Energie, die elektromagnetische und elektrostatische, zufrieden geben muß, und sich an einem Vektor und einer Seite voller symmetrischer Formeln erfreut. «Giebt nur ein Wort» (Mephisto) «Ein würdiges Pergament!» (Wagner).[24]

Seine Ablehnung war aber nicht nur das Ergebnis seines eigenwilligen Charakters; 20 Jahre später reagierten viele Physiker ähnlich auf die mathematische Darstellung und die physikalische Beschreibung der Quantentheorie. Thomsons Bild der Physik, das auf einer dynamischen Analyse der Elemente der Materie und des Äthers beruhte sowie auf der Überzeugung, ihre Eigenschaften mechanistisch darstellen zu können, setzte sich gegen die mathematischen und abstrakten Modelle nicht durch. Der Detailgenauigkeit, mit der Thomson die Struktur des Äthers zu reproduzieren suchte, setzten die Anhänger Maxwells einen mathematischen Formalismus entgegen, der den Vorteil brachte, nicht den inhärenten physikalischen Mechanismus erklären zu wollen. Der Forderung nach der direkten Meßbarkeit der wichtigsten Grundsätze einer Theorie wurde die Konzeption entgegengesetzt, daß Theorien Systeme seien, die nur in ihrer Gesamtheit Wirklichkeit beschreiben können. Wie seine Biographen in aller Kürze behauptet haben: «Kelvins Verfahren ist mit ihm gestorben.»[25]

Auch Thomsons Ansatz, Wissenschaft und Industrie miteinander zu verbinden, konnte sich in England nicht durchsetzen, denn im Rahmen der Spezialisierung wurde auf Wissenschaft um der Wissenschaft willen Wert gelegt, zum Nachteil ihrer Praxisrelevanz: «Die Einheit von Theorie und Praxis, die Thomson immer vertreten hat, und die sich in seiner gesamten Laufbahn offenbart, hat in den Werten der neu entstehenden Disziplin keinen Ausdruck gefunden.»[26]

In den Nachrufen auf Thomson wurde seine Rolle bei der Formulierung der thermodynamischen Gesetze und der Feldtheorie herausgestellt. Seine Pragmatik und sein Geschäftssinn wurden zwar anerkannt, doch es wurde ihnen wenig Bedeutung beigemessen, ebensowenig wie seinen Bemühungen, eine dynamische Struktur des Äthers zu finden – der durch die Relativitätstheorie überflüssig wurde. In *La théorie physique* (1906) stellte Pierre Duhem diese Bemühungen als Paradebeispiel für ein extrem mechanistisches Weltbild dar (und als Beispiel für den britischen Charakter), und diese Ansicht über Thomson hat sich über die Jahre hinweg gehalten. Neben der Bedeutung seiner Modelle für ihn selbst darf aber nicht vergessen werden, daß die Bildung von Analogien auch große Bedeutung bei Maxwell hatte, der ebenfalls die mechanistische Sichtweise berücksichtigte.

Aus diesen Gründen gibt es relativ wenig Literatur über Thomson, verglichen etwa mit der insbesondere zu Faraday oder Maxwell. Er wird oft im Zusammenhang mit dem Niedergang der klassischen Physik gesehen, der mit der Metapher «Wolken über der Mechanik» sehr treffend ausgedrückt wurde. Die Artikel, die in den letzten Jahren über Thomson erschienen, und besonders seine jüngst veröffentlichte Biographie stellen die Figur Thomsons in ihren viktorianischen Kontext. Aus der Durchsicht dieser Literatur geht hervor, daß die Bedeutung Thomsons längst nicht mehr der entspricht, die er für seine Zeitgenossen hatte. Einige seiner Begriffe fanden in der modernen Physik keinen Nachhall; andere dagegen, besonders die der Dissipation und der Irreversibilität, haben bis in unser Jahrhundert hinein ihre Bedeutung behalten.

Anhang

ANMERKUNGEN

Die Biographie in der Physikgeschichte

1 Der dadurch entstehende Eindruck, daß der Hauptanteil der wissenschaftlichen Produktion nur einigen wenigen herausragenden Forschern zu verdanken ist, wird durch den von Robert Merton [1968] als *Matthäus-Effekt* bezeichneten Umstand noch verstärkt: Ein angesehener Wissenschaftler gewinnt für eine bestimmte wissenschaftliche Leistung in der Regel größere Anerkennung als ein geringerer. Ähnliches drückt das französische Sprichwort «On ne prêt qu' aux riches» aus.

2 Zitiert nach A. von Humboldt [1870, Band 1, S. 18].

3 Einen Überblick über die internationale wissenschaftshistorische Produktion vermittelt die jährlich erscheinende *Current Bibliography* der Zeitschrift *Isis*. Über die Entwicklung der neueren Wissenschaftsgeschichte und die starke Verlagerung der Interessensgebiete zur Physikgeschichte des 20. Jahrhunderts berichtete T. S. Kuhn [1987] während des internationalen wissenschaftshistorischen Kongresses in Berkeley.

4 Nach ersten Vorarbeiten und Entwürfen des Begründers der *Annalen der Physik* Friedrich Albrecht Carl Gren [1799] war schon zu Beginn des 19. Jahrhunderts das bisher umfassendste physikgeschichtliche Werk von Johann Carl Fischer [1798/1804] entstanden. Um die gleiche Zeit erschien die erste Auflage von Johann Samuel Traugott Gehlers *Physikalischem Wörterbuch* [1787/95] in fünf Bänden, in dem ebenfalls historische Nachrichten aufgenommen wurden. Die kurz darauf folgende Neubearbeitung dieses umfangreichen Wörterbuches durch G. W. Muncke, G. L. von Littrow, E. G. Fischer, H. W. Brandes, L. Gmelin, J. C. Horner und C. H. Pfaff übertraf an Umfang und Reichhaltigkeit der dargestellten Themen alles Vorangegangene. Selbst die von dem Gymnasiallehrer Ferdinand Rosenberger verfaßte *Geschichte der Physik* [1882/90] ist in ihrer Vollständigkeit und Darstellungskunst bis heute noch unübertroffen. – Siehe hierzu auch den historiographischen Beitrag von José Maria López Piñero [1992].

5 Eine kritische Stellungnahme aus der Sicht des Allgemeinhistorikers vermittelt der Marburger Dozent B. vom Brocke [1993].

6 Wir beziehen uns insbesondere auf das ausgezeichnete Werk von Christa Jungnickel und Russell McCormmach [1986] sowie auf die Beiträge von David Cahan [1992] zur Institutionsgeschichte der Jahrhundertwende.

7 Die Quellen zur Geschichte der Quantentheorie wurden in den 60er Jahren unter der Leitung von Thomas S. Kuhn und seinen amerikanischen Mitarbeitern gesammelt und für die Forschung bereitgestellt. Neben den zahlreichen Untersuchungen, die anschließend auf der Grundlage dieser Quellen durchgeführt wurden, entstand auch das fünfbändige Werk über *The Historical Development of Quantum Theory* von Jagdish Mehra und Helmut Rechenberg. Kontroverse Stellungnahmen von Forman [1983], Heilbron (*Isis* 76, S. 388ff., 1985; *Annals of Science* 47, S. 99f., 1990), Schweber (*Physics Today*, September 1987, S. 83f.), Hendry (*British Journal for History of Science* 21, S. 371f., 1988) und Wessels (*Isis* 82, S. 404f., 1991) deuten auf die Spannungen und Gegensätze innerhalb der verschiedenen Schulen der werdenden Wissenschaft hin.

8 Die betreffenden Biographien von Albert Einstein, Walther Nernst, Werner Heisenberg, Erwin Schrödinger und Lise Meitner verfaßten A. Pais [1982], K. Mendelssohn [1973], D. Cassidy [1992], W. Moore [1989] und R. L. Sime [1996]. Von fast allen diesen Werken liegt eine deutsche Übersetzung vor.

9 Siehe hierzu auch Krafft [1978, 1982] sowie Hans Schimanks Aufsatz [1969] über den Wandel des Physik-Begriffs im 18. Jahrhundert.

10 Vgl. insbesondere Grant [1980].

11 Die komplexe Geschichte der mittelalterlichen Physik innerhalb der Naturwissenschaft und ihr Zusammenhang mit den antiken Auffassungen wird ausführlich bei Crombie [1959] und – aus der Sicht der neueren Geschichtsforschung – bei Lindberg [1992] behandelt.

12 Siehe hierzu Knight [1970] und Cunningham und Jardine [1990].

13 Siehe hierzu auch Glashow [1991] und Weinberg [1992].

14 Zitiert nach *Meyers Enzyklopädisches Lexikon*, Band 4, S. 230, Mannheim 1972.

15 Burckhardt [1969, S. 211].

16 Ebenda, S. 214.

17 Ostwald [1919, S. 14].

18 Ebenda, S. 16f.

19 Ostwald hat *diplomatische Genauigkeit* bei der Herausgabe der Dokumente für unwesentlich gehalten, weil dadurch nichts Wesentliches für die historische Forschung gewonnen wird.

20 Eine ähnliche Ansicht vertrat der britische Literat Samuel Johnson: «Wer das Leben eines vertrauten Freundes beschreibe, dürfe dessen Fehler nicht unterschlagen», heißt es in der von Boswell aufgezeichneten Lebensbeschreibung (vgl. Boswell [1791, S. 418]). Besonders problematisch erweist sich diese Empfehlung, wenn noch Angehörige oder andere nahestehende Freunde und Kollegen eines Forschers am Leben sind, die sich durch solche Enthüllungen bloßgestellt fühlen.

21 A. von Harnack [1957].

22 Nach Veröffentlichung von Newtons schriftlichem Nachlaß in den sechziger und siebziger Jahren durch H. W. Turnbull, A. R. Hall und D. T. Whiteside erschien 1980 die bisher umfassendste Newton-Biographie von R. S. Westfall. Zahlreiche weitere Newton-Studien, darunter eine von G. E. Christianson [1984], I. Schneider [1988], A. R. Hall [1992], B. J. T. Dobbs und M. Jacob [1995], S. Chandrasekhar [1995] und das *Newton Handbook* von Derek Gjertsen [1986], sind inzwischen dazugekommen, welche auf eine Unerschöpflichkeit des Themas hinweisen.

23 Siehe hierzu Stachel [1987] und von Meÿenn [1994].

24 Die ausführlichste wissenschaftliche Bohr-Biographie publizierte 1991 Abraham Pais nach dem großen Erfolg mit seiner Einstein-Biographie aus dem Jahre 1982. Außerdem gibt es noch die Biographien von Ruth Moore [1970], Peter Fischer [1987], Finn Aaserud [1990], Stefan Rozental [1991] und Ulrich Röseberg [1992], die sich jedoch z. T. nur mit Teilaspekten aus Bohrs Leben befassen.

25 Obwohl unter den genannten der älteste, wurde Planck bisher von der biographischen Forschung kaum erfaßt. Es existieren lediglich eine durch Peter Debye an Hans Hartmann abgetretene Planck-Biographie [1938], eine Bildmonographie von Armin Hermann [1973] und die ausgezeichnete Studie von John L. Heilbron [1986].

26 Ein interessantes Beispiel aus der jüngsten Physikgeschichte ist der Fall Wolfgang Paulis, dessen psychologischer Briefwechsel erst nach dem Tode der Witwe freigegeben wurde. Da Pauli eine innige Beziehung zwischen den äußeren physikalischen Phänomenen und den Vorgängen im Unbewußten voraussetzte, sind auch seine physikalischen Ideen von dieser Auffassung geprägt. Durch die Unzulänglichkeit

des relevanten Quellenmaterials war oft das Verständnis seiner wissenschaftlichen Auffassungen erschwert.

27 Galileis Schüler und Biograph Viviani modifizierte u.a. das Geburtsdatum seines Meisters, damit dieses mit Michelangelos Todestag übereinstimmte. Vgl. hierzu Segre [1991, S. 112ff.].

28 Als mögliche Motive für das Verfassen einer Selbstbiographie bezeichnete A. von Harnack [1955] insbesondere bei älteren Menschen das Bedürfnis zur Belehrung der Nachwelt, das Bestreben zur Selbstverteidigung und auch den Hang zur Selbstdarstellung. Diesen Beweggründen entsprechend werden als hervorstechende Schwächen solcher Darstellungen oft mangelnde Zuverlässigkeit, übermäßige Kritik anderer Zeitgenossen und ungebührliche Ausschmückung der eigenen Leistungen vermerkt.

29 Unter diesen erwähnen wir insbesondere die Autobiographien von Albert Einstein [1949], Max Born [1975], Otto Hahn [1975], Walter M. Elsasser [1978], Freeman Dyson [1979], Hendrik Casimir [1983], Rudolf Peierls [1985], Bruno Rossi [1990], Viktor Weisskopf [1991], Eugen P. Wigner [1992] und Emilio Segrè [1993].

30 Ein schönes Beispiel teilt Fritz Güttinger in seiner Einleitung zur deutschen Ausgabe von Boswell [1981, S. 22] mit.

31 Vgl. hierzu Rothman [1982] und Rigatelli [1996]. Weitere Beispiele für solche Mythenbildungen findet man bei Kragh [1987, S. 108–119].

32 Siehe hierzu auch Norbert Elias' aufschlußreiches Werk *Über den Prozeß der Zivilisation* [1969], in dem er den Wandel des allgemeinen gesellschaftlichen Verhaltens im Laufe der Geschichte untersucht. Solche Verhaltensänderungen sind besonders für den Historiker weiter zurückliegender Epochen von Bedeutung. Im Zeitalter der Renaissance war es beispielsweise üblich, daß Autoren häufig die sie zur Veröffentlichung ihrer Werke drängenden Freunde zitierten. Nichtbeachtung dieses Umstandes kann zu falschen Bewertungen solcher Aussagen führen.

33 Vgl. z.B. Ledermann [1993, S. 557f].

34 McCormmach [1982].

35 Über die Verwendung dieses Verfahrens in der Wissenschaftsgeschichte berichten die Aufsätze von Shapin [1974] und Pyenson [1977].

36 Merton [1957]. Zitiert nach Weingart [1972, S. 127f. und 130].

37 Siehe hierzu Fritz Güttingers Einleitung zur deutschen Ausgabe von Boswell [1791].

38 Zitiert nach Dilthey [1981, S. 304f.].

39 Grave [1882/89]. Vgl. hierzu auch die neuere Biographie von Hankins [1980], die ausgiebigen Gebrauch von diesem älteren Werke machte.

40 Jones [1870] und Koenigsberger [1902/03].

41 Pepys nicht für eine Veröffentlichung bestimmten Tagebücher wurden erst 1825 gefunden und entziffert. Sie enthalten intime Aufzeichnungen und andere Angaben über das Privatleben des hohen Regierungsbeamten, der in London die Pest und das Feuer des Jahres 1666 überlebt hatte und als Mitglied der Royal Society aufschlußreiche Einzelheiten berichten konnte.

42 J. Hertz [1927] und L. Neumann [1902].

43 Vgl. Dobbs [1982, S. 512] und Dobbs [1991].

44 Vgl. Heilbron [1987].

45 Vgl. hierzu Hoffmann [1993], Rechenberg [1994], Walker [1995] und Bernstein [1996].

46 Siehe hierzu Cohen [1982], der hier die Anfänge der Wissenschaftsgeschichte nach dem Kriege in Harvard schildert.

47 Vgl. Kuhn [1984, S. 30].

48 Siehe den von Kuhn und seinen Mitarbeitern 1967 veröffentlichten Katalog *Sources for History of Quantum Physics – An Inventory and Report*, der heute die Grundlage für jede ernsthafte Studie zur Geschichte der modernen Physik geworden ist.

49 Schalk [1966, S. 389]. Vgl. hierzu auch seinen Aufsatz über die Europäische Aufklärung [1964], in dem die Wirkung dieses Werkes behandelt wird.

50 H. von Helmholtz [1903, S. 14f.].

51 Dirac [1977, S. 109].

52 Diese Bezeichnung richtete sich besonders gegen die volkstümliche Art der Geschichtsschreibung, wie sie in Thomas Babington Macaulays fünfbändiger History of England [1849–1859] vorgeführt worden war. Vgl. Butterfield [1931] und Hall [1983].

53 Die auch heute immer noch mit Gewinn lesbaren physikhistorischen Werke von Whewell [1837/57], Poggendorff [1879], Heller [1882/84] und Rosenberger [1882/90] folgen diesem Vorbild.

54 Vgl. hierzu Fölsing [1983].

55 Vgl. Wohlwill [1909/26], Dessauer [1950] und Brandmüller [1982].

56 Vgl. hierzu Powers [1993], Walker [1995] und Bernstein [1996].

57 Vgl. hierzu Schimank [1969], Krafft [1978] und Stichweh [1984].

58 Humboldt [1870, Band **2**, S. 5–46].

59 Es ist in der neueren englischsprachigen historischen Literatur deshalb üblich geworden, zwischen einer *history of science* und einer *science-history* zu unterscheiden. Vgl. hierzu Brush [1995].

60 Williams [1966].

61 Ein oft kritisiertes Standardbeispiel für unzuverlässige und anekdotenhafte Biographik ist das bekannte Werk von Eric Temple Bell [1937].

62 Charakteristische Beispiele sind die *Éloges*, die von Fontenelle und von Arago als Sekretäre der *Académie des sciences* in Paris gehalten wurden. Unter diesen befindet sich auch die erste biographische Darstellung Newtons aus dem Jahre 1728.

63 Siehe hierzu u. a. die allgemeinen Betrachtungen von Williams [1966, 1991], Carson und Schweber [1994] und Söderqvist [1994].

64 Vgl. hierzu Hall [1983]. Über die damit zusammenhängenden Fragen der konfliktiven Beziehungen zwischen der Philosophie und der Geschichte der Wissenschaft siehe Williams [1975] und Nickles [1995].

65 Vgl. hierzu Golinski [1986].

66 Hankins [1979, S. 2].

67 Besonders krasse Beispiele dieser Art sind Lenards *Große Naturforscher* [1929] und ältere physikhistorische Werke, wie die *Geschichte der Physik* von Johann Christian Poggendorff [1879], Edmund Hoppe [1926] und Hans Schimank [1932].

68 Siehe hierzu auch L. P. Williams [1991].

69 Hankins [1979, S. 5].

70 Söderqvist [1995].

Die Vorsokratiker

1 Siehe etwa Graeser [1989].

2 In demselben Sinne sagen wir auch heute noch im Anschluß an die Griechen: Es liege etwas in der Natur der Sache begründet; was gleichzeitig besagt, daß man dieses nicht weiter begründen kann, daß die Suche nach den Ursachen beim letzten Prinzip (eben der eigentümlichen Natur) angelangt ist, das nicht weiter hinterfragbar ist.

3 Dem in die modernen Sprachen entlehnten Wort *Natur* haftet diese ursprüngliche Bedeutung nicht mehr an. Die Übernahme griechisch-römischer Naturwissenschaft ins mittelalterliche Abendland erfolgte durch christliche Völker, die an einen Schöpfergott glaubten und deshalb zwar die Vorstellung der von dem griechisch-römischen Naturbegriff erfaßten Sache, also der ‹Natur›, nachvollziehen konnten und als *Schöpfung* Gottes umdeuteten, die aber nicht die begriffliche Deutung nachzuvollziehen vermochten. Sie konnten deshalb den Begriff nicht in ihre im Entstehen begriffenen Sprachen übersetzen, sondern übernahmen ihn einfach als Fremd- oder Lehnwort. Der Begriff konnte daraufhin, weil er nicht mehr einem umgangssprachlichen Wortfeld entnommen wurde, inhaltlich jeweils den Bedürfnissen entsprechend (um-)definiert werden.

4 Die Berechtigung dieser Gleichsetzung ist Grundvoraussetzung jeglicher Naturwissenschaft, die heute wie von Anfang an mehr oder weniger bewußt als unbeweisbares Axiom vorausgesetzt wird.

5 Siehe hierzu Snell [[3]1955, S. 299–319]; Krafft [1971a, S. 35–62]. – Andere Sprachen wie etwa das Lateinische besaßen dieses Mittel nicht, dagegen das Arabische sowie die spätmittelalterlichen Umformungen der lateinischen Sprache und die daraus entstandenen Volkssprachen, analog aber auch das Deutsche. Sehr wahrscheinlich ist das einer der Gründe dafür, daß die Römer in den abstrakten Wissenschaften nur rezeptiv vorgingen, nur die griechischen Wissenschaften oder gar nur deren Ergebnisse übernahmen, ohne je kreativ gewesen zu sein und sie weitergebildet zu haben.

6 Auch *hai átomoi* (αἱ ἄτομοι, zu ergänzen *phýseis, idéai* [φύσεις, ἰδέαι] oder ähnliches), seltener dagegen im Singular: *to átomon, he átomos* [τὸ ἄτομον, ἡ ἄτομος]. Belege sind zu entnehmen dem 3. Band von Diels/Kranz [1964] sowie dem Index Aristotelicus von H. Bonitz (Aristotelis opera, hrsg. von der Academia Regia Borussica. Bd. 5, Berlin 1870). – In der Aristotelischen Philosophie bezeichnet *to átomon* dann auch die unteilbare Einheit eines Körpers, deren weitere Teilung diese Einheit als solche zerstörte, im Lateinischen mit *individuum* übersetzt (auch im Sinne von Person, im Neugriechischen weiterhin *átomon*), während für das Atom in der Regel das Fremdwort *atomum* verwendet wurde.

7 Siehe hierzu Krafft [1971a, S. 63–91]: Hesiodos und Thales von Milet.

8 Aristoteles: Metaphysik. Buch 1, Kap. 3 (983^b6–12, 18–24, 26f. = Anaximandros in Diels/Kranz [1964, Fragment A 12]).

9 Anaximandros in Diels/Kranz [1964, Fragment A 9], ein Text bei Simplikios aus Theophrastos' Physikgeschichte.

10 Vgl. insbesondere Herodotos: Historien. Buch 2, § 35 f.

11 Herodotos: Historien. Buch 2, § 4 f., 10–13.

12 Herodotos: Historien. Buch 2, § 13.

13 Aristoteles: Meteorologica. Buch 2, Kap. 1 (353^b6ff. = Anaximandros in Diels/Kranz [1964, Fragment A 27]).

14 Nur wenn Thales in diesem Zusammenhang kosmologisch gedacht hätte, wie Aristoteles ihm hier unterstellt, träfe der Vorwurf zu, nicht erklärt zu haben, worauf sich denn das Wasser stütze; vgl. Aristoteles: De caelo. Buch 2, Kap. 13 (294^a28 ff.), und den Kommentar des Simplikios, zusammengefaßt zu Thales in Diels/Kranz [1964, Fragment A 14]; daneben Diels/Kranz [1964, Fragment 15] (aus Seneca).

15 Hier wird also von gleichzeitig auftretenden gleichartigen Erscheinungen her auf die Gleichartigkeit des Vorganges und des Gegenstandes geschlossen. Das Nicht-Bekannte wird durch die Gleichsetzung mit vergleichbar erscheinendem Bekannten erschlossen. – Dieser Art des Analogiedenkens begegnet man bei Thales häufig.

16 Zur schwimmenden Insel bei Chemmis in Ägypten fuhr Herodotos (vgl. Historien. Buch 2, § 156) eigens, um Nachrichten zu überprüfen, welche die erwähnte Tradi-

tionskette ihm übermittelt hatte. Es ist also durchaus möglich, daß Thales von dieser Insel berichtete oder sie gar in seine Erklärung der schwimmenden Erde einbezog.

17 Zu Anaximandros siehe Krafft [1971b].

18 Von einer Evolutionstheorie mit sich verändernden Arten war also bei Anaximandros noch keine Rede, wenn die entsprechenden Fragmente auch gern zusammenhanglos für die Vorwegnahme einer solchen Idee herangezogen werden.

19 Aristoteles: De anima. Buch 1, Kap. 5 (411^{a}8), wieder mit einer eigenen, anachronistischen Ausdeutung: «Einige behaupten auch, die Seele sei in dem Ganzen vermischt, weshalb vielleicht auch Thales geglaubt hat, alle Dinge seien voll von Göttern» (*pánta plére theón einai* / πάντα πλήρη θεῶν εἶναι [=Thales in Diels-Kranz 1964, Fragment A 22]). Ähnlich Aëtios I 7, 11: *to de pan émpsychron háma kai daimónon pléres* / τὸ δὲ πᾶν ἔμψυχρον ἅμα καὶ δαιμόνων πλῆρες (= Thales in Diels/Kranz [1964, Fragment A 23]).

20 Vgl. hierzu Classen [1962] und Solmsen [1968].

21 Anaximandros in Diels/Kranz [1964, Fragmente B 2 und A 11].

22 Auch für den Aufbau des gegenwärtigen Zustandes des Kosmos lehnte er sich bis in Einzelheiten an die Beschreibung bei Hesiodos an. Siehe hierzu Krafft [1971a], bes. Kap. 4: Anaximandros von Milet und die Anfänge kosmogonischen Denkens, S. 92–120; sowie Krafft [1971c].

23 Das wörtliche Fragment B 1 (siehe unten zu Fußnote 24) widerlegt die Behauptung des Aëtios in Fragment A 14: *ek gar toútou* (hier: sc. *tou apeírou) pánta gígnesthai kai eis toúto* [sic!] *pánta phteíresthai* / ἐκ γὰρ τούτου (hier: sc. τοῦ ἀπείρου) πάντα γίγνεσθαι καὶ εἰς τοῦτο [sic!] πάντα φθείρεσθαι. Vgl. hierzu Kahn [1960, S. 167].

24 Anaximandros in Diels/Kranz [1964, Fragment B 1]: *katá ten tou chrónou taxin* (κατὰ τὴν τοῦ χρόνου τάζιν).

25 Anaximenes in Diels/Kranz [1964, Fragment A 5]. Siehe hierzu auch den Bericht des Hippolytos in Diels/Kranz [1964, Fragment A 7].

26 Anaximenes in Diels/Kranz [1964, Fragment A 7].

27 Anaximenes in Diels/Kranz [1964, Fragment A 7 (7)-(8)]. Vgl. zum Text Klowski [1972]. Dem von ihm gezogenen Schluß vermag ich nicht zu folgen. Hier (Hippolytos I, 7 [7]) ist nicht von der Verdünnungsreihe die Rede wie in I, 7 (3) (siehe oben), sondern nur von einzelnen meteorologischen Phänomenen.

28 Siehe Fußnote 19.

29 Aristoteles: De anima. Buch 1, Kap. 2 (402^{a}19–21) und Kap. 5 (siehe Fußnote 19); vgl. auch die bei Diels/Kranz unter Thales zusammengefaßten Stellen: Diels/Kranz [1964, Fragment A 22, 22a und 23], vor allem Platon: Leges. Buch 10 (899 BC).

30 Siehe auch Anaximenes in Diels/Kranz [1964, Fragment B 1]: «Die sich zusammenziehende und verdichtete Materie erklärt Anaximenes für kalt, dagegen die dünne und lockere [...] für warm.» Der Begriff Materie stammt natürlich wieder vom Berichterstatter, hier von Plutarchos.

31 Anaximenes in Diels/Kranz [1964, Fragment B 1] (aus Plutarchos). – Die Deutung dieser experimentellen Erfahrung ist natürlich falsch; denn in beiden Fällen hat die ausgeatmete Luft dieselbe Temperatur (wie wir sagen würden). Sie *erscheint* uns auf der Haut nur einmal als kalt und einmal als warm. Das Phänomen ist physiologisch bedingt und wird durch die Heftigkeit der Luftbewegung gegenüber der in unmittelbarer Nähe der Haut ruhenden wärmeisolierenden Luft verursacht, die dort verbleibt oder weggeblasen wird und dann als Wärmeschutz fehlt.

32 Anaxagoras in Diels/Kranz [1964, Fragment 21a] (aus Sextos Empirikos). Mag sein, daß Anaximenes dieses Verfahren einfach aus der zeitgenössischen Heilkunde übernommen hatte; schon die Ägypter des zweiten vorchristlichen Jahrtausends hatten nämlich eine entsprechende Symptomenlehre entwickelt, die davon ausging, daß

die Krankheit nicht dort ihren Sitz hat, wo sie sich im Körper äußert. Das beruhte ebenso auf Erfahrungen, ohne daß diese vor Hippokrates von Kos, also vor dem ausgehenden fünften vorchristlichen Jahrhundert, in irgendeiner Form begründet oder erklärt worden wären.

33 Anaximenes in Diels/Kranz [1964, Fragment A 5].

34 Siehe Aristoteles: De caelo. Buch 2, Kap. 13 (294^a28–35).

35 Anaximandros in Diels/Kranz [1964, Fragment 11] (Hippolytos I, 6,3).

36 Siehe hierzu Anaximenes in Diels/Kranz [1964, Fragment A 7] (Hippolytos I, 7,6) sowie Aristoteles: De caelo. Buch 2, Kap. 13 (294^b13–30 = Anaximenes in Diels/Kranz [1964, Fragment A 20]).

37 Anaximenes in Diels/Kranz [1964, Fragment A 21].

38 Siehe etwa bei Aëtios die Einleitung zu Anaximenes in Diels/Kranz [1964, Fragment B 2].

39 Anaximenes in Diels/Kranz [1964, Fragment A 22] und die Einleitung zu Diels/Kranz [1964, Fragment B 2].

40 In der Einleitung zu Anaximenes in Diels/Kranz [1964, Fragment B 2].

41 Anaximenes in Diels/Kranz [1964, Fragment A 7 (5)].

42 Anaximenes in Diels-Kranz [1964, Fragment A 16].

43 Vgl. insbesondere den Anfang des Berichtes von Hippolytos in Anaximenes in Diels/Kranz [1964, Fragment A 7 (1)], wo die an die Formulierungen Hesiodos' erinnernde Ausdrucksweise für das ‹ewig Seiende› wegen ihrer Altertümlichkeit durchaus auf Anaximenes zurückgehen könnte: *Anaximénes [...] aéra ápeiron éphe ten archén eínai, ex hou ta ginómena kai ta gegonóta kai ta esómena kai theoús kai theía gínesthai* / Ἀναξιμένες [...] ἀέρα ἄπειρον ἔφη τῆν ἀρχὴν εἶναι, ἐξ οὗ τὰ γινόμενα καὶ τὰ γεγονότα καὶ τὰ ἐσόμενα καὶ θεοὺς καὶ θεῖα γίνεσθαι.

44 Anaximenes in Diels/Kranz [1964, Fragment B 2].

45 Herakleitos in Diels/Kranz [1964, Fragment B 91].

46 Herakleitos in Diels/Kranz [1964, Fragment B 49a].

47 Dieses Nichtgegenwärtigsein in dieser Welt bedeutete aber noch nicht, daß das Sein damit auch in irgendeiner Weise unkörperlich sein muß oder sein soll; denn der Gegensatz von körperlich/unkörperlich oder stofflich/unstofflich war in dieser Zeit noch nicht denkbar. Ein Sein (‹Vorhandensein›) setzte auch für den Gott des Xenophanes, der denkt und empfindet, immer noch ein Körperlich-Sein voraus. Die strenge Scheidung in körperliches und unkörperliches Sein von Aussagesubjekten (Dingen konkreter oder abstrakter Natur) setzte erst mit Anaxagoras ein; und der Gegensatz von körperlich/unkörperlich beziehungsweise materiell/immateriell fand in der Folge dann bei Platon auch schon seine vorerst höchste Ausbildung.

48 Vgl. hierzu Müller [1963].

49 Parmenides in Diels/Kranz [1964, Fragment B 3].

50 Daß es ein Sein gibt, war für Parmenides vom xenophanischen Gottesbegriff her allerdings ein Postulat von so zwingender Evidenz, daß er gar nicht erst den Versuch unternahm, diese Behauptung direkt zu beweisen. Er bediente sich vielmehr einer negativen Wendung, zeigte die Nicht-Existenz des Gegenteiles, des Nicht-Seienden, auf und bewies damit nur indirekt die Existenz des Seienden: Das Nicht-Seiende oder das Nicht-Sein könnte nicht sein, das heißt: könnte nicht gedacht werden, weil alles Denken (*noeín* / νοεῖν) sich auf *Seiendes* beziehen müsse, das ja erst den Inhalt, den Gegenstand des Denkens ausmache. – Dieses sogenannte indirekte Beweisverfahren, das die Unmöglichkeit des kontradiktorischen Gegenteils von dem beweist, dessen Möglichkeit bewiesen werden soll, sollte später besonders für die Mathematik der Antike und der Neuzeit und für die formalisierten Naturwissenschaften wie Physik und Chemie eine große Bedeutung gewinnen. Grund-

lage hierfür ist der Satz vom ausgeschlossenen Dritten, der der gesamten zweiwertigen Logik zugrunde liegt, und damit allen logisch-deduktiv (mathematisch) vorgehenden wissenschaftlichen Disziplinen.

51 Diese Lösungen beherrschten dann das naturwissenschaftliche Denken bis in die moderne Zeit. Vgl. hierzu Schramm [1962]; dazu die Rezensionen von F. Solmsen in *Gnomon* 38/1966, S. 150–157 und F. Krafft in: *Sudhoffs Archiv* 51/1967, S. 275f.

52 Sobald dieses Kontinuum als Funktion der Zeit gesehen wurde, wie seit Galileo Galilei, war die Widerlegung noch eindeutiger; doch widerspräche die dazu vorgenommene Verknüpfung verschiedener Seinsformen oder Dimensionen griechischem Denken.

53 Empedokles vertrat eine Seelenwanderungslehre, gemäß der ein dem ‹Streit› verfallener Dämon als Seele in einen Körper verbannt werde, den sie je nach Grad der Läuterung bei dessen Tod mit einem höheren oder niedrigeren vertausche, bis sie über eine Einkerkerung in Pflanzen, Tieren und Menschen wieder ihre körperlose Göttlichkeit erlange. Hiermit ist zum einen die Vorstellung von einem stufenweise höhersteigenden Aufbau und einer entsprechenden Ordnung der Dinge in der Welt verbunden, wie sie später insbesondere als *scala naturae* oder Seinskette weiterwirkte, zum anderen die Rechtfertigung eines Wahrheitsanspruchs vor und außerhalb einer Logik; denn Empedokles stellte sich daraufhin natürlich als gottnahen und gottähnlichen Menschen, ja als Beinahe-Gott dar, der bereits den letzten Grad der Läuterung erhalten habe und als solcher um die Vorgänge in der Natur und im menschlichen Dasein wisse.

54 Es ist sogar sehr wahrscheinlich, daß Empedokles mit diesen beiden Versen direkt auf entsprechende Verse in dessen *Theogonie* (736–738) anspielen wollte, in denen von den ‹Quellen› aller Götter und Dinge die Rede ist: «Dort sind der schwarzen Erde und des nebeligen Tartaros, / des rastlos wogenden Meeres und des gestirnten Himmels, / von allen nacheinander Quellen und Grenzen.» Vgl. weiterhin Homeros: Ilias O 187–193. Siehe hierzu im einzelnen Krafft [1971a, Kap. 9] (S. 235–265: Parmenides von Elea und Empedokles von Akragas), bes. S. 250ff.

55 Empedokles in Diels/Kranz [1964, Fragment B 6].

56 Empedokles in Diels/Kranz [1964, Fragment B 12].

57 Aristoteles: De generatione et corruptione. Buch 2, Kap. 7 (334^a26ff. = Empedokles in Diels/Kranz [1964, Fragment A 43]).

58 Empedokles in Diels/Kranz [1964, Fragment A 34].

59 An diesen Versen wurde später innerhalb der Seins- und Kategorienlehre besonders durch Aristoteles Kritik geübt: Sie sind nicht «dasselbe», sondern haben nur «dieselbe Funktion».

60 Empedokles in Diels/Kranz [1964, Fragment B 82].

61 Empedokles in Diels/Kranz [1964, Fragment B 23].

62 Empedokles in Diels/Kranz [1964, Fragment B 76, 3].

63 Empedokles in Diels/Kranz [1964, Fragment B 96].

64 Theophrastos: De sensu et sensibilibus, § 12 (= Empedokles in Diels/Kranz [1964, Fragment A 86 [12]]).

65 Empedokles in Diels/Kranz [1964, Fragment A 87] (= Aristoteles: De generatione et corruptione. Buch 1, Kap. 8 [324^b26ff.]).

66 Empedokles in Diels/Kranz [1964, Fragment A 86].

67 Platon: Apologia. § 14 (26 D).

68 Anaxagoras in Diels/Kranz [1964, Fragment B 17].

69 Anaxagoras in Diels/Kranz [1964, Fragment B 5 und B 10].

70 Anaxagoras in Diels/Kranz [1964, Fragment B 12].

71 Anaxagoras in Diels/Kranz [1964, Fragment B 4 und B 6].

72 Anaxagoras in Diels/Kranz [1964, Fragment B 3].
73 Anaxagoras in Diels/Kranz [1964, Fragment B 1].
74 Anaxagoras in Diels/Kranz [1964, Fragment B 3 und B 13].
75 Anaxagoras in Diels/Kranz [1964, Fragment B 12].
76 Siehe hierzu etwa Demokritos in Diels/Kranz [1964, Fragment B 11].
77 Die Analogie zu den Buchstaben wurde von den frühen Atomisten selbst hergestellt und noch weiter ausgeführt; vgl. Aristoteles: Metaphysik. Buch 1, Kap. 4 (985^b17–19); De generatione et corruptione. Buch 1, Kap. 2 (325^b14ff.): Wie aus denselben Buchstaben des Alphabets die unterschiedlichsten Wörter gebildet werden könnten, der Text einer Tragödie wie der einer Komödie, so würden auch aus den unterschiedlichen Zusammenfügungen gleicher Atome die unterschiedlichsten Stoffe und Dinge entstehen. Das griechische Wort für Buchstabe lautet *stoicheíon* (στοιχεῖον, lateinisch: *elementum*); es hatte aber schon in klassischer Zeit, besonders aufgrund solcher Analogien, nach und nach die Bedeutung Element und Partikel erhalten. Die Atome und Elemente sind sozusagen die Buchstaben, in denen die materielle Welt geschrieben ist.
78 Vgl. hierzu Aristoteles: Physik. Buch 4, Kap. 6 (213^b18–22).
79 Demokritos in Diels/Kranz [1964, Fragment A 37].
80 Leukippos in Diels/Kranz [1964, Fragment A 14].
81 Genau dieses Moment veranlaßte das 17. Jahrhundert, sich wieder dieser antiken Atomlehre zu erinnern, weil eine Elementenlehre auf rein aristotelischer Grundlage entschiedene Schwierigkeiten gerade bei der Erklärung chemischer Prozesse enthielt, bei der Synthese und Analyse einer chemischen Verbindung, die als ein homogenes Gebilde aufzufassen war, obwohl dieses aus heterogenen Bestandteilen aufgebaut und in heterogene Bestandteile wieder zerlegt werden konnte. Dem 17. Jahrhundert fiel eine solche Wiederaufnahme deshalb nicht besonders schwer, weil man seit dieser Zeit nicht mehr unbedingt ein sämtliche Prozesse erklärendes naturphilosophisches System suchte, sondern sich im Rahmen einer sogenannten *Physica selectiva* damit begnügte, für einzelne Aspekte (wie hier die chemischen Verbindungen) gesonderte und besonders geeignete Prinzipien zu verwenden.
82 Demokritos in Diels/Kranz [1964, Fragment A 40].
83 Demokritos in Diels/Kranz [1964, Fragment B 164].
84 Die Übersetzung von *máten*/μάτην mit ‹planlos› durch H. Diels widerspricht der Kritik bei Platon und Aristoteles und ist deshalb sicherlich unzutreffend.
85 Leukippos in Diels/Kranz [1964, Fragment B 2].

Aristoteles

1 Vgl. hierzu insbesondere Wieland [1962].
2 Diese Deklinationsform der Nomina (und Verben) kommt in den modernen europäischen Sprachen nur noch rudimentär vor – im Deutschen ‹beide› ‹paar›: ich/wir beide/wir alle (d.h. mindestens drei). Die klassischen Sprachen Griechisch und Latein besaßen sie noch, wenn sie hier auch gegen Ende der Epoche der Antike immer mehr verlorengingen.
3 Aristoteles: De caelo. Buch 1, Kap. 1 (268^a15–19).
4 Aristoteles: De caelo. Buch 1, Kap. 3 (270^b23). – *Aithér* (αἰθήϱ) hängt etymologisch allerdings mit *aítho* (αἴθω = ich brenne) zusammen, die von Aristoteles angeführte Etymologie ist also falsch.
5 Vielmehr wohl der Anlaß für eine solche Klassifizierung; denn die Sophisten hatten ihre Beweisführungen ohne das logische Grundelement der Kategorien vorgenommen.

6 Auf diesem Gegensatz von Licht (weiß) und Schatten (schwarz) und deren Mischungen beruht noch die Farbenlehre Goethes.

7 Man vergleiche hierzu besonders die ersten beiden Bücher von Aristoteles' «Physikvorlesung»; dazu Wieland [1962].

8 Man nennt diese Auffassung nach dem griechischen Wort für Ziel/Zweck (*télos*/τέλος) Teleologie. Aristoteles dachte allerdings nur an ein jeweils individuelles Ziel – das Kind wächst, bis es erwachsen ist – als Vollkommenheit (griechisch *entelécheia*/ἐντελέχεια = Sich-am-Ziel-Befinden), während eine den gesamten Kosmos durchwaltende Zweckmäßigkeit, bei der sämtliche Individual-Ziele aufeinander abgestimmt sind, eine *planvolle* Schöpfung voraussetzt und deshalb nach Ansätzen bei Platon erst in der Stoa, im Neuplatonismus und vor allem im christlichen Aristotelismus des Mittelalters anzutreffen ist, dann aber auch die neuzeitliche Naturwissenschaft insgesamt bis ans Ende des 18. Jahrhunderts, innerhalb der Lebenswissenschaften bis tief ins 20. Jahrhundert beherrschte. In der Heuristik ist sie auch heute noch legitimes Erkenntnismittel. – Siehe hierzu Krafft [1982b], Schramm [1985].

9 Generell spricht Aristoteles bei den Veränderungen von ‹Bewegung› (*kínesis*/κίνησις). Ist nur das Entstehen/Vergehen gemeint, sagt er ‹Umschlag› (*metabolé*/μεταβολή), ist speziell Ortsbewegung gemeint, benutzt er den Terminus *phorá* (φορά), und für eine ausschließlich qualitative Veränderung *alloíosis* (ἀλλοίωσις).

10 Siehe hierzu Aristoteles: Metaphysik. Buch 8, Kap. 4 und Buch 9, Kap. 8; vgl. auch Physik. Buch 8, Kap. 7.

11 Eine Art Naturgesetz aller an der Aristotelischen orientierten Physiken blieb stets die Aussage: «omne quod movetur ab aliquo movetur.» («Alles, was sich bewegt, wird von etwas anderem bewegt.»)

12 So hatte auch Platon bereits die Gewichtsbestimmung begründet, nur strebten für ihn sämtliche Körper zu der Ansammlung der ihnen jeweils verwandten Körper (als teleologische Ursache), die für Aristoteles ihrerseits eine *Folge* der natürlichen Bewegung ist.

13 Noch die Phlogistontheorie des ausgehenden 18. Jahrhunderts verwendete diese Vorstellung von einer negativen Schwere (als Eigenschaft des Phlogistons/Brennstoffs), um die Gewichtszunahme des als elementar angesehenen Metallkalks gegenüber dem als Verbindung mit dem Phlogiston aufgefaßten Metall zu erklären.

14 Da die von der Fallrichtung abweichende Wurfbewegung naturwidrig und aufgezwungen sei, bedürfe sie eines ständigen Antriebs von außen. Aristoteles kannte das Trägheitsprinzip noch nicht beziehungsweise er lehnte es ab, nachdem er es als selbst gezogene Konsequenz aus atomistischen Vorstellungen im Rahmen seiner eigenen Vorstellungen (fehlendes Vakuum, Unterscheidung von natürlicher/spontaner und naturwidriger/aufgezwungener Bewegung) ad absurdum geführt hatte. Aristoteles nahm deshalb an, daß die Hand oder Schleuder des Werfers nicht nur den Stein bewege, sondern auch die Luft, die sie unmittelbar umgebe, und daß dieser Luft, die dann den Stein nach Verlassen der Hand weitertrage, gleichzeitig die Fähigkeit übertragen werde, die Fähigkeit, den Stein zu bewegen, an die nächste Luftschicht zu vermitteln, so daß der Stein sukzessive von Luftschicht zu Luftschicht weitergetragen werde, bis die sukzessiv übertragene (und sich dabei abschwächende) Bewegungsfähigkeit nur noch die Bewegungsfähigkeit selbst, nicht aber mehr deren Übermittlung übertrage – und die aufgezwungene Wurfbewegung damit antriebslos wird und aufhört und in die ‹natürliche› Fallbewegung umschlägt. Das Ganze mutet wie eine Ad-hoc-Erklärung eines nicht den Zentralbereich der Aristotelischen Physik als einer Erklärung natürlich-spontaner Prozesse betreffenden künstlichen Vorganges an. Nach Ansätzen bei Hipparchos wurde deshalb im christlichen Aristotelis-

mus, und zwar bereits durch Ioannes Philoponos im 6. Jahrhundert, für den Wurf die sogenannte Impetustheorie entwickelt, dergemäß bei einer erzwungenen Bewegung vom Menschen dem Körper eine sich deshalb abschwächende Bewegungstendenz eingeprägt wird, wie sie Gott bei der Schöpfung den Körpern für die ihnen naturgemäße Bewegung eingepflanzt hatte. Noch Newton sprach entsprechend von einer *vis impressa*. Siehe hierzu Krafft [1988], Wolff [1978].

15 Das 1:1-Verhältnis von Ursache und Wirkung (actio = reactio) der neuzeitlichen Klassischen Physik gilt bei Aristoteles nur für künstlich vom Menschen erzwungene Bewegungen, für die der Antrieb ja stets dem Körper von außen eingeprägt werde. Innerhalb der Mechanik als mathematisch-technischer Disziplin wird deshalb ein entsprechender Kraftbegriff auch schon von Aristoteles abgeleitet (insbesonder in seiner Schrift «Quaestiones mechanicae»; hierzu siehe Krafft [1970a] und [1970b]). Die weitgehend mathematisierte antike Mechanik konnte dann zu Beginn der Neuzeit dadurch zu einer für andere Bereiche beispielhaften, jetzt naturwissenschaftlichen Disziplin werden, daß Galilei und Kepler die ohne menschliches Zutun in der Natur ablaufenden Bewegungen von Körpern ebenfalls als von außen (wechselseitig) verursachte auffaßten, wobei dann die Ursachen-Größe aus der Bewegungs-Größe durch Gleichsetzung erschlossen wurde. Die Impetustheorie hatte den Weg zu dieser Betrachtungsweise geebnet (hierzu siehe Anm. 14); Galilei berief sich bei der Begründung der neuen Mechanik ausdrücklich auf Aristoteles und Archimedes.

16 Dieses ist die Form der aristotelischen Theorie des Falles, die Galileo Galilei im Vorfeld seines Auffindens des Fallgesetzes im Anschluß an Benedetti gedanklich ad absurdum führte.

17 Vgl. hierzu insbesondere Aristoteles: De generatione et corruptione. Buch 2, Kap. 4.

18 Siehe etwa Aristoteles: De caelo. Buch 1, Kap. 2ff.

19 Weil das zu einer Beschleunigung beziehungsweise Bremsung führen würde, sollte später Galilei argumentieren. Deshalb bewegten sich für ihn die kräftefrei bewegten Himmelskörper gleichförmig auf konzentrischen Kreisen um das Weltzentrum, die Sonne.

20 Aristoteles: De caelo. Buch 1, Kap. 4; in diesem Zusammenhang (271^a33) fällt auch das aristotelische Motto, das als Teil des Ökonomieprinzips Voraussetzung auch moderner Naturforschung geblieben ist: «Gott/Die Natur schafft/macht nichts umsonst» (*ho de theós kai he phýsis oudén máten poioúsin* / ὁ δὲ θεὸς καὶ ἡ φύσις οὐδὲν μάτην ποιοῦσιν).

21 Aristoteles: Metaphysik. Buch 12, Kap. 8. Die zugrundeliegende mathematische Theorie geht auf Eudoxos von Knidos zurück. Ptolemaios hatte dann dieses Prinzip der Gleichförmigkeit durch seine sog. Ausgleichsbewegung verletzt; und Copernicus ist zur Einführung der Heliozentrik durch den Versuch gezwungen worden, die ptolemaiische Ausgleichsbewegung endlich wieder im Sinne der genuin Aristotelischen Physik ausschließlich durch *gleichförmig* rotierende Himmelssphären wiederzugeben. Vgl. hierzu Krafft [1974] und [1994].

22 Hierin sieht Aristoteles einen Widerspruch in der Elementenlehre Platons, der ebenfalls die Leere geleugnet, den Elementen mit den regulären Polyedern aber feste Formen gegeben habe, die eine lückenlose Packung nicht ermöglichten. Siehe etwa Aristoteles: De generatione et corruptione. Buch 1, Kap. 8; vgl. hierzu Krafft [1971a, S. 333–346].

23 Siehe das Axiom zu Beginn von Archimedes: De corporibus fluitantibus, I (Bd. 2, S. 18/19 in der Edition Heiberg): «Es sei vorausgesetzt, daß Flüssigkeit eine derartige Natur hat (*hypokeístho to hygrón phýsin échon toiaúten, hóste* … / ὑποκείσθω

τὸ ὑγρὸν φύσιν ἔχον τοιαύτην, ὥστε ...), daß von gleich gelegenen und zusammenhängenden Teilen die stärker gedrückten die weniger gedrückten vor sich her treiben und daß jedes Teilchen der Flüssigkeit von der über ihm gelegenen Flüssigkeit in senkrechter Richtung gedrückt wird, wenn die Flüssigkeit nicht durch ein Gefäß oder etwas anderes gedrückt wird.» Es ist doch wohl bezeichnend, daß im Rahmen der vorangestellten Axiome der Schrift «De planorum aequilibris», in der das später so genannte Hebelgesetz abgeleitet wird, also ein ‹mechanisches› Problem, der Begriff Natur (*physis*/φύσις) nicht vorkommt. Vgl. insgesamt Krafft [1971 b].

24 Siehe zuletzt Krafft [1993].

Archimedes

1 Archimedes [1963, S. 77].
2 Archimedes [1963, S. 7].
3 Archimedes [1963, S. 371].
4 Zitiert nach Schneider [1979, S. 87].
5 Zitiert nach der Übersetzung von Schneider [1979, S. 159].

Das physikalische Weltbild im Mittelalter

1 Pl 176, Sp. 757f.
2 Blair, P. H. [1990]: The World of Bede. Cambridge 1990, S. 261.
3 Dazu besonders Forbes, R. I. [1966]: Studies in Ancient Technology. Vol. 7. Leiden 1966, S. 10–37.
4 Vgl. dazu besonders Lindberg, D. C. [1978]: The Science of Optics. In: D. C. Lindberg (Hrsg.): Science in the Middle Ages. Chicago/London 1978, S. 338–368 und Lindberg, D. C. [1987]: Auge und Licht im Mittelalter. Die Entwicklung der Optik von Alkindi bis Kepler. Frankfurt 1987.
5 Zur spezialisierten physikalischen Literatur, besonders der Mechanik, vgl. Grant [1980, S. 66–105].
6 Simek [1992, S. 32–36].
7 Also Umlaufbahnen mit der Sonne als Zentrum.
8 Sudhoff [1917, S. 1–40].
9 Vgl. Brévart [1983, S. 733], Brévart, F. B., Hrsg. [1979]: Das Puechlein von der Sphera, Abbildung der gesamten Überlieferung, kritische Edition, Glossar. Litterae, 68. Göppingen 1979, S. 9f.
10 Zu Konrad von Megenberg allgemein vgl. Ibach [1938], Hetzelein [1973], Steer [1985, S. 221–236]; zu seiner *Deutschen Sphaera* besonders Deschler [1977]; Brévart [1970, S. 189–214]. Der Text der *Deutschen Sphaera* ist zweimal ediert: Matthaei [1912]; Brévart [1980].
11 Nur ein Dutzend Handschriften und drei gedruckte Ausgaben zwischen 1508 und 1531; vgl. Baur, Hrsg. [1912, S. 10]; Marrone [1985, S. 1f.]; Southern [1986, S. 142–146].
12 Baur [1912, S. 10–32]. Vgl. dazu Baur [1912, S. 60*-64*]; Thorndike, L. [1923]: A History of Magic and Experimental Science. Vol. 2. New York 1923, S. 629; Thorndike [1949, S. 24f.].
13 Vgl. dazu Grant [1974, S. 820]; Greenfield, K. [1987]: Peckham, John. In: Dictionary of the Middle Ages, Bd. 9. New York 1987, S. 482.

14 Bartholomaeus (de Glanvilla) Anglicus [1601]; vgl. dazu erst unlängst ausführlich: Meyer, Heinz [1988]: Bartholomäus Anglicus *De proprietatibus rerum*. Selbstverständnis und Rezeption. In: *Zeitschrift für deutsches Altertum* 99/1988, S. 237–274.

15 [Thomas Cantimpratensis] Boese [1973]. Vgl. dazu u. a.: Hünemörder, C. [1968]: Die Bedeutung und Arbeitsweise des Thomas von Cantimpré und sein Beitrag zur Naturkunde des Mittelalters. In: *Medizinhistorisches Journal* 3/1968, S. 345–357; Boese, H. [1969]: Zur Textüberlieferung von Thomas Cantimpratensis' Liber de natura rerum. In: *Archivum Fratrum Praedicatorum* 39/1969, S. 53–68.

16 Vgl. Stahl [1987].

17 Pfeiffer [1861]. Vgl. Nischik, T. M. [1986]: Das volkssprachliche Naturbuch im späten Mittelalter. Hermea 48. Tübingen 1986.

18 Pfeiffer [1861, S. 107–113].

19 [Avicenna] Holmyard/Mandeville [1927]; vgl. Grant [1980, S. 124f.].

20 Vgl. Koch, R. A. [1966]: Die aktualistische Bedeutung der Vulkanexperimente des Albertus Magnus. In: *Abhandlungen des Staatlichen Museums für Mineralogie und Geologie zu Dresden* 11/1966, S. 307–314.

21 Vgl. die reiche Literatur bei Urvoy [1991, S. 134–148].

22 Flash, K. [1989]: Aufklärung im Mittelalter? Die Verurteilung von 1277. Mainz 1989.

23 Baur [1912, S. 1*-134*].

24 Hoßfeld [1985]; Hoßfeld, P. [1986, S. 1–42].

25 Neueste Literatur bei Hackett [1983, S. 35–42].

26 Schramm [1981, S. 197–209].

27 Vgl. Grant [1974, S. 237–243]; Clagett [1961, S. 199–269].

28 Vgl. dazu auch Maier, A.: Die naturphilosophische Bedeutung der scholastischen Impetustheorie. In: Maier [1964a, S. 353–379].

29 Clagett [1961, S. 331ff.]; Grant [1987, S. 270–272], mit neuerer Literatur.

30 Vgl. dazu Thompson, S. P. [1905–1906]: Petrus Peregrinus de Maricourt and his Epistola de Magnete. In: *Proceedings of the British Academy* 1905–1906, S. 377–408; Balmer, H. [1956]: Beiträge zur Geschichte der Erkenntnis des Erdmagnetismus. Aarau 1956, bes. S. 56ff. und 259ff.

31 Vgl. zuletzt Hunt/Gibson [1984].

32 Weisheipl, J. A. [1956]: The principle *Omne quod movetur ab alio movetur* in Medieval Physics. In: *Isis* 56/1956, S. 26–45; Grant [1974, S. 265–271].

33 Dijksterhuis [1956/1983, S. 130].

34 Vgl. bes. Crombie [1953, S. 213ff.], Baeumker, C. [1908]: Witelo, ein Philosoph und ein Naturforscher des XIII. Jahrhunderts. Beiträge zur Geschichte der Philosophie des Mittelalters 3,2, Münster 1908, und Unguru, Sabetai [1970]: Witelo as a Mathematician: A Study in XIIIth Century Mathematics, including a Critical Edition and English Translation of the Mathematical Book of Witelo's *Perspectiva*. Diss. Wisconsin 1970.

35 De iride et radialibus impressionibus. Vgl. Clagett [1948, S. 37].

36 Dijksterhuis [1956/1983, S. 144].

Nicolaus Copernicus

1 Alle Zitate aus dem Hauptwerk von Copernicus werden mit der Seitenzahl angeführt nach Hamel [1996].
Copernicus, Nicolaus: Erster Entwurf, S. 10–11.

2 Luther [1916, Nr. 4638]. Die in diesem Zusammenhang oft zitierte Wertung «Narr»

ist eine Zutat aus unsicherer Überlieferung (vgl. Luther [1912, Nr. 855]) und sollte als nicht authentisch besser vermieden werden.

3 Neodomus [o. J., Bl. A VIII].

Johannes Kepler

1 Kepler in einem Schreiben an Michael Mästlin vom 3. Oktober 1595. In: Kepler-Werke [1937ff., 13,40].

2 Keplers Elegie «In obitum Tychonis Brahe». Übertragung und Kommentar von Hans Wieland. Bayerische Akademie der Wissenschaft, Math.-nat. Klasse, Abhandlung Neue Folge Heft 168, München 1992, S. 19.

3 Selbstgeschriebene Grabinschrift von Kepler, aufgeklebt auf einen Brief an Johann Oberndorffer vom 27. Mai 1622. In: Gerlach/List [1971, S. 228].

4 Astronomiae pars optica, cap. IV. In: Kepler-Werke [1937ff., 2,92].

5 Kepler-Werke [1937ff., 15,172].

6 Mysterium cosmographicum, cap. 1. In: Kepler-Werke [1937ff., 1,16].

7 Harmonice Mundi, lib. V, Prooemium. In: Kepler-Werke [1937ff., 6,289f.].

8 Kepleri ad Epistolam Bartschii Responsio (1629). In: Kepler-Werke [1937ff., 11.1, S. 473].

9 Goethe, Johann Wolfgang von [1893]: Werke II, Naturwissenschaftliche Schriften, Bd. 3. Weimar 1893, S. 248f.

René Descartes

1 Discours II, 11.
2 Meditationes de prima philosophia. Responsio ad secundas objectiones VII.
3 Discours II, 7–10.
4 Discours II, 13.
5 Ebd.
6 Discours IV, 1.
7 Discours IV, 4.
8 Ebd.
9 Meditationes V, 18.
10 Principia philosophiae II, 13, 14, 25.
11 Ebd. II, 36.
12 Ebd. II, 37.
13 Ebd. II, 39.
14 Ebd. II, 40.
15 Ebd. II, 46–52.
16 Ebd. II, 52.
17 Ebd. II, 43.
18 Ebd. III, 46.
19 Ebd. III, 47.
20 Ebd. III, 49–52.
21 Ebd. III, 54.
22 Ebd. III, 94.
23 Ebd. III, 104.
24 Ebd. III, 111.
25 Ebd. III, 119.

26 Ebd. III, 146.
27 Ebd. III, 127.
28 Ebd. II, 16, 20.
29 Ebd. IV, 21.
30 Ebd. IV, 22.
31 Ebd. IV, 23.
32 Ebd. IV, 24.
33 Ebd. IV, 25.
34 Ebd. II, 64.

Isaac Newton

1 Zitiert nach der deutschen Übersetzung in Schneider [1988, S. 24].
2 Schneider [1988, S. 140].
3 Für K gilt nach dieser Überlegung $K \sim \frac{v}{T}$. Wegen $v = \frac{2\pi r}{T}$ ergibt sich daraus $K \sim \frac{v^2}{r} \sim \frac{r}{T^2}$. Nach dem dritten Keplerschen Gesetz ist für alle Planetenbahnen $\frac{T^2}{r^3} =$ *konstant*. Das gilt insbesondere auch für die hier betrachtete Kreisbahn. Durch Einssetzen ergibt sich dann der gesuchte Zusammenhang $K \sim \frac{1}{r^2}$.
4 Schneider [1988, S. 148].
5 Schneider [1988, S. 95].
6 Schneider [1988, S. 85].
7 Schneider [1988, S. 96f.].
8 Schneider [1988, S. 114].
9 Zitiert nach Einstein, Albert [1949]: Autobiographisches. In P. A. Schilpp, Hrsg.: Albert Einstein: Philosopher-Scientist. London 1949. Dort S. 30f.

Gottfried Wilhelm Leibniz

1 Doncel u. a. [1987], Mainzer [1988].
2 Zur Biographie von Leibniz vgl. Aiton [1985], Breger [1989], Mittelstraß [1984], Müller/Krönert [1969], Schepers [1985].
3 Knobloch [1980].
4 Bos [1986], Edwards [1979, S. 231–267].
5 Leibniz, Nova methodus pro maximis et minimis (1684). In: GM [Bd. V, S. 220–226].
6 Leibniz, Brief an Dangicourt, sur les monades et le calcul infinitésimal (1716). In: Dutens [1768, Bd. III, S. 499–502].
7 Ebbinghaus u. a. [[3]1992, Kap. 11].
8 Edwards [1979, S. 268–300].
9 Zu einem Vergleich von Newton und Leibniz z. B. Scriba [1962].
10 Als Beispiel sei die Kettenregel h'(x)=f'(g(x))g'(x) als Ableitung der Funktion h(x)=f(g(x)) angeführt, die sich in der Leibnizschen Differentialnotation mit z=f(y) und y=g(x) unmittelbar aus der Gleichung $\frac{dz}{dx} = \frac{dz}{dy} \cdot \frac{dy}{dx}$ ergibt.

Die Produktregel erkennt er durch Analogien zwischen Potenzen der Algebra und Differentialien der Infinitesimalrechnung.

11 Vgl. z. B. Leibniz, Nova calculi differentialis applicatio (1694), in: GM [Bd. V, S. 301–306].
12 Gemeint ist die partielle Integration von Produkten nach Leibnizens Transmutationssatz (1673), den er in seiner Antwort zu Newtons «Epistola prior» erläutert. Vgl. Turnbull u. a. [1959–1977, Bd. 2, S. 65–66].
13 Vgl. dazu Beispiel in GM [Bd. V].
14 Z. B. bei J. Tissot [1613]: Discours veritable de la vie, mort, et des os du Geant Theutobocus... Lyon 1613.
15 Leibniz, SD [Bd. II, § 4]: «Si casus ad casum continue accedat in datis tandemque in ipsum evanescat, necesse est, ut etiam eventus casuum sibi continue accedant in quaesitis tandemque in se invicem.»
16 Vgl. auch Leibniz, Über das Kontinuitätsprinzip (1687). In: HS [Bd. I, S. 84ff.].
17 Vgl. Leibniz, Brief an de Volder. In: HS [Bd. II, S. 336]; SD [Bd. II (Erläuterungen S. 145)].
18 Leibniz, Brief an Varigon (1702). In: HS [Bd. I, S. 100].
19 Leibniz, GP [Bd. IV, S. 482].
20 Leibniz, Dynamica de potentia de legibus naturae corporeae (1689). In: GM [Bd. VI, S. 298].
21 Vgl. auch Szabó [1977, Kap. V A].
22 Leibniz, Kurzer Beweis eines wichtigen Irrtums, den Descartes und andere in der Aufstellung eines Naturgesetzes, nach dem Gott stets dieselbe Bewegungsquantität erhalten soll, begangen haben. In: HS [Bd. I, S. 246–255], GM [Bd. VI, 117ff.].
23 Leibniz, SD [Bd. I, § 6]: «... vis est viva, ex infinitis vis mortuae impressionibus continuatis nata.»
24 Es ist $m \cdot dv$ proportional zu Newtons Kraft F in einem Zeitelement dt, d. h. $F\,dt = m \cdot dv$ nach Newtons ‹Lex II›. Für Leibniz haben solche infinitesimalen Größen keine physikalische Bedeutung, sondern erst die daraus resultierende Bewegungsenergie E als Integral $E = \int F\,ds$.
25 Galilei [1891, S. 56].
26 Galilei [1891, S. 58].
27 Es gilt nämlich

$$F\,ds = m\ \frac{dv}{dt}\ ds \text{ wegen } F\,dt = m\,dv$$

$$= mv\,dv \text{ wegen } v = \frac{ds}{dt}$$

$$= d\,(\tfrac{1}{2}\,m \cdot v^2) \text{ wegen Differentiationsregel.}$$

Also folgt $\int F\,ds = \tfrac{1}{2}\,m \cdot v^2$.

Der Faktor ½ taucht bei Leibniz nicht auf, da er die damals übliche Proportionaldarstellung benutzt.
28 Leibniz, DM [§ 17].
29 K. Mainzer, G. W. Leibniz: Principles of Symmetry and Conservation Law. In: Doncel u. a. [1987, S. 69–75].
30 Leibniz, DM [§ 22].
31 Leibniz, GM [Bd. V, S. 331–336].
32 Leibniz, Brief an J. Bernoulli. In: GM [Bd. III/1, S. 259].
33 Der Brief wird zitiert von Koenig [1751]. Er blieb bis heute verschollen.
34 Vgl. auch Kneser [1928], Mainzer [1985].
35 Leibniz, Testamen de motuum coelestium causis. In: Acta Eruditorum, Febr. 1698, S. 82–96; E. J. Aiton: Mathematical Basis of Leibniz's Theory of Planetary Motion. In: Heinekamp [1984, S. 209–225].

36 Vgl. Leibniz, NS [S. 10–37]; Breger, H.: Elastizität als Strukturprinzip der Materie bei Leibniz. In: Heinekamp [1984, S. 112–121].

37 Szabó [1977, Kap. IV].

38 Mariotte [1723, S. 388–419].

39 Szabó [1977, S. 362f.].

40 Leibniz, HS [Bd. I, S. 182].

41 Leibniz, HS [Bd. I, S. 135f.].

42 Mainzer, K.: Metaphysics of Nature and Mathematics in the Philosophy of Leibniz. In: Rescher [1989, S. 109f.]; Weyl [1918 § 20].

43 Die Transformationen, die diese Newtonsche Raum-Zeit-Struktur invariant lassen, bilden nach Hermann Weyl die elementare Gruppe G_e aus dem direkten Produkt der Rotationen und Translationen auf $\mathbf{R}^3$ und der affinen Gruppen der Zeit T. Demgegenüber ist die Leibnizsche Raum-Zeit ohne ausgezeichnete Bewegungen. Für die Raum-Zeit-Geometrie folgt daher, daß es keine bevorzugten Bewegungen oder Achsen und keinen Parallelismus – außer in der Schicht der Gleichzeitigkeit zu einem festen Zeitpunkt – gibt. Im Unterschied zur Newtonschen Raum-Zeit ist also die Leibnizsche nicht affin. Sie hat insgesamt weniger Struktur. Ihre Symmetrie ist durch eine Transformationsgruppe festgelegt, die nicht nur drei Parameter benötigt, sondern sechs beliebige reelle Zeitfunktionen für die Winkel- und Translationsgeschwindigkeit. Sie ist also keine endliche kontinuierliche Gruppe im Sinn von Sophus Lie. Da sie beliebige stetige Bewegungen invariant läßt, wird sie im Anschluß an Weyl die kinematische Gruppe G_k der Raum-Zeit genannt. G_k hat also eine schwächere Struktur als G_e (d. h. $G_e \subset G_k$), aber denselben Begriff der Gleichzeitigkeit. Wenn in der Leibnizschen Raum-Zeit keine Bewegungsform ausgezeichnet ist, dann kann es bei der Untersuchung konkreter Systeme, wie z. B. der Planeten, nur darum gehen, das Koordinatensystem so zu wählen, daß die Zeitfunktionen der Massenpunkte möglichst einfachen Gesetzen genügen.

44 Huygens [1920, S. 136].

45 Gruppentheoretisch sind diese Inertialsysteme im Sinne der Galilei-Transformationen äquivalent, d. h., die Mechanikgesetze gelten Galilei-invariant. Die Raum-Zeit der Galilei-Gruppe ist insofern spezieller als die Leibnizsche kinematische Gruppe, als sie die gleichförmigen Trägheitsbewegungen gegenüber Beschleunigungen auszeichnet. Andererseits kennt sie keine absolute Ruhe und ist daher allgemeiner als die Newtonsche Raum-Zeit.

46 Mainzer [1988, Kap. 3.3].

47 Leibniz, SD [Bd. II, § 6]: «Sed quoniam circulatio quoque non nisi ex rectilineorum motuum compositione nascitur, sequitur si salva est aequipollentia Hypothesium in motibus rectilineis suppositis utcumque etiam in curvilineis salvam fore.»

48 Mainzer [1992a, S. 246ff.].

49 Weyl, H. [1982]: Philosophie der Mathematik und Naturwissenschaften, München/Wien 1982, S. 317; Mainzer [1988, S. 420].

50 Boscovich [1987].

51 Mainzer [1992a, S. 248–252].

Leonhard Euler und Joseph Louis Lagrange

1 Vgl. Dugac [1985, S. 359].

2 Da die Analysis des Begriffs des Grenzübergangs bedarf, kommt man nicht – wie Lagrange es gehofft hatte – mit rein endlichen Reihen aus.

3 Vgl. Hund [1978, S. 191].

4 Planck [1958, S. 91].
5 Vgl. Breidert [1985].
6 Vgl. z. B. Euler [1986, 69., 75., 123. und 125. Brief].
7 Cantor [1924, S. 1091].
8 Vgl. Klein [1950, S. 225].
9 Arago [1855, S. 372]. – Entsprechend einem damals verbreiteten Sprachgebrauch heißt es hier «Geometer», wo man heute «Mathematiker» und «Mechaniker» sagen würde.
10 Vgl. z. B. Kant [1977a, S. 780; 1977b, S. 994]; siehe auch Wahsner [1981, S. 67–76, 115–130].
11 Vgl. Hegel [1986, insbes. S. 303–310, 329–357].
12 Vgl. Helmholtz [1895a; 1895b].

Charles-Augustin Coulomb

1 Siehe hierzu Gillmor [1971, S. 4f.].
2 Gillmor [1971, S. 6f.].
3 Das *Corps des ingénieurs du génie militaire* war 1675 gegründet worden.
4 Coulomb war stets bemüht, die Infinitesimalrechnung mit in die Ingenieursarbeit einzubeziehen. Dies galt nicht nur für Probleme der Statik in der Architektur, sondern auch für seine Arbeitsstudien. Siehe zum Beispiel Coulomb [1773, S. 343–382]. Siehe ebenfalls Heyman [1972].
5 Coulomb [1799, S. 382f.].
6 Siehe zum Beispiel Bélidor [1729].
7 Für eine ausführliche Darstellung dieser Arbeiten siehe Gillmor [1971, S. 80–117].
8 Zur Bedeutung dieser Auffassung von arbeitserzeugenden Maschinen und die Berücksichtigung von Verlusten bei der Arbeit durch Reibung sowie Ermüdung siehe insbesondere Wise/Smith [1989].
9 Zwei wesentliche und bereits sehr früh veröffentlichte Arbeiten sind Coulomb [1773] und [1781].
10 Coulomb [1773].
11 Coulomb [1776].
12 Lavoisier [1792], Gillispie [1980, S. 379ff.].
13 Foucault [1977, S. 186].
14 Gillmor [1971, S. 127f.].
15 Carnot [1783]. Sein Beitrag wurde 1781 zwar von dem Komitee als hervorragende Arbeit gewürdigt, erhielt aber nicht den ersten Preis. Dieser ging an Coulomb. Siehe Coulomb [1781].
16 Coulomb [1780, S. 166–264].
17 Coulomb [1784 (Paris 1787), S. 229–269].
18 Zu den unterschiedlichen Deutungen der Elektrizität im 18. Jahrhundert siehe Sibum [1990].
19 Nollet [1753].
20 Shapin [1980, S. 93–139 und 55–91].
21 Bachelard [1978].
22 Mesmer [1781 (1985)]. Darnton [1983].
23 Coulomb [1785a].
24 Coulomb [1785b, S. 17f.].
25 Heidelberger [1979, S. 57].
26 Coulomb [1785c, S. 66].

27 Vorherige Versuche zum Nachweis eines elektrischen Kraftgesetzes von Henry Cavendish und Joseph Priestley waren indirekte Bestimmungen. Priestley sagte voraus und demonstrierte, daß eine in ein rundes, elektrisch geladenes Gefäß eingeführte Holundermarkkugel wegen der geometrisch zu erklärenden Aufhebung der Kräfte im Innern des Gefäßes keine Auslenkung erfährt. Coulomb behauptete dagegen, die elektrische Kraft zwischen zwei Körpern direkt messen zu können. Damit wurde die Bedeutung des geometrischen Ideals der Newtonschen Himmelsmechanik erstmals auch für elektrische Phänomene im Experiment vorgeführt.

28 Die wohl ausführlichste Untersuchung zu Coulombs Experimenten siehe Heering [1994]. Zur historiographischen Methode der Wiederaufarbeitung von historischen Experimenten siehe Sibum [1994], Sibum [1995].

29 Eine kürzlich erschienene Untersuchung ist Blondel/Dörries [1994], deren Ergebnisse bei der Abfassung dieses Aufsatzes dem Autor zum großen Teil nicht bekannt waren, doch stützt sie die folgende Darstellung entscheidend.

30 Zur Laplaceschen Schule siehe Fox [1990, S. 278–294].

31 Golinski [1992, S. 145].

32 Laplace [1814]. Eine detaillierte Darstellung der Herausbildung einer Kultur der Präzisionsmessung kann hier nicht geleistet werden. Ganz entscheidend für eine solche Untersuchung wird aber die Arbeit von Licoppe [1996] sein, der u. a. im siebten Kapitel seines Buches die unterschiedlichen Praktiken der Präzisionsmessung in Frankreich und England vergleicht.

33 Über den Zusammenhang von Präzisionsinstrumenten und Arbeitsgesten siehe Sibum [1995].

34 F. L. Holmes zeigte, daß Lavoisiers Ausführungen der Experimente längst nicht den von ihm vorgegebenen Grad der Genauigkeit besitzen. Holmes [1985]. Die Kritik der Dezimalstellen ist erwähnt bei Golinski [1992, S. 144]. Das Spannungsverhältnis zwischen mathematischer Einfachheit und fehlerhafter praktischer Ausführung war sicherlich den Akteuren bewußt. Wie Norton Wise ausführt, hat Laplace stets das Gravitationsgesetz wegen seiner Einfachheit als generelle Erklärung der Kräfte in der Natur bevorzugt, obwohl er die Schwierigkeit kannte, das Gesetz empirisch exakt zu bestimmen. Wise [1993, S. 246].

35 Sibum [1990, S. 37–45 und S. 219ff.].

36 Roberts [1995].

37 Siehe dazu z. B. Bachelard [1978].

38 Dieser generelle Wandel in den Umgangsformen bei den Naturforschern, d. h. hier speziell die Disziplinierung der sinnlichen Wahrnehmung, spiegelt einen kulturellen Wandel der Epoche 1780 bis 1850 wider, dessen Bedeutung für die Naturwissenschaftsentwicklung nur unzureichend erfaßt ist. Siehe Sibum [1995], Schaffer [1992].

39 Von Golinski [1992] wissen wir, daß Lavoisier die Zahl der Dezimalstellen reduzierte, um nicht unnötige Kontroversen aufkommen zu lassen. Coulomb gibt nur eine Dezimalstelle an, was ihn aber auch nicht vor dem Vorwurf schützt, daß es reine Geometrie sei und nichts mit der Natur zu tun habe.

40 Siehe hierzu Wise [1993], der ausführlich auf diese vermittelnde Funktion der Waage hingewiesen hat.

41 Wise/Smith [1989, S. 268].

42 Heute wissen wir, daß der elektrische Strom nicht mit diesem Apparat als elektrische Kraft dargestellt werden konnte, obwohl Luigi Galvani und andere bereits das Studium der animalischen Elektrizität begonnen hatten. Siehe hierzu Sutton [1981].

43 Siehe dazu Sutton [1981], zu Problemen der experimentellen Überprüfbarkeit des Abstandsgesetzes in Deutschland siehe Heering [1994, S. 56–65].

44 Coulomb [1801, S. 246–305].
45 Für eine detaillierte Diskussion der möglichen Fehler siehe Gillmor [1971, S. 169].
46 Ohm [1892]; Weber [1893/1894]; Meya/Sibum [1987, S. 191–210].

Luigi Galvani, Alessandro Volta und Georg Simon Ohm

1 Ohms Gleichung $X = \frac{a}{b + x}$ lautete in modernen Begriffen:

$$I = \frac{U}{R_{const} + R_{var}}$$

Der konstante Widerstand (b) stellt dabei das Thermoelement (den eigentlichen Innenwiderstand) und dessen Zuleitungen dar, x den variablen Außenwiderstand. Zur Berechnung des konstanten Widerstandes b setzte Ohm jeweils zwei Produkte X mal (b+x) in einer Meßreihe der 1. Tabelle gleich, um a zu eliminieren. Den Wert der Spannung a wählte er dann so, daß die mit a und b berechneten Werte einer 2. Tabelle mit den gemessenen der 1. Tabelle möglichst gut übereinstimmten. Dabei wählte er aus seinen Meßreihen offenbar die für die Veröffentlichung aus, die den gefundenen Zusammenhang besonders gut erfüllten (!).

Pierre Simon Laplace

1 Laplace [1797, Bd. 2, S. 205]. Zu den «Schwarzen Löchern» siehe Gillispie [1978, S. 398 unter [1799d]].
2 Laplace [1797, Bd. 2, S. 322].
3 Sticker [1967, S. 71, 203 und 215].
4 Gillispie [1978, S. 312].
5 Biot/Fechner [1828–1829, Bd. 1, S. 228] und Gillispie [1978, S. 392] (Bibliographie Nr. 38).
6 Gillispie [1978, S. 393] (Bibliographie Nr. 45 und 46). Deutsch: Lavoisier/Laplace [1892] (deutsch: Ostwalds Klassiker, Nr. 40).
7 Rosenberger [1882–1890, Teil 3, S. 222].
8 Gillispie [1978, S. 301 ff.].
9 Gillispie [1978, S. 333 ff.].
10 Laplace [1797, Bd. 1, Kap. 14].
11 Rosenberger [1882–1890, Teil 3, S. 132].
12 Biot [1802].
13 Gillispie [1978, S. 395 und 399] (Bibliographie Nr. 109 und 110).
14 Gillispie [1978, S. 357] und Rosenberger [1882–1890, Teil 3, S. 225].
15 Rosenberger [1882–1890, Teil 2, S. 168].
16 Gillispie [1978, S. 358] (Short-range Forces).
17 Wiederkehr [1977 und 1978].
18 Laplace [1797, 2. Bd., S. 211].
19 Annalen der Physik, Bd. 25, 1807, S. 233.
20 Laplace [1809a].
21 Annalen der Physik, Bd. 25, 1807, S. 233.
22 Gillispie [1978, S. 400] (Bibliographie [1819 h]).
23 Gillispie [1978, S. 360]; auch Rosenberger [1882–1890, Teil 3, S. 250].
24 Laplace [1797, Bd. 2, S. 211].
25 Weinmann [1980, S. 83 ff.].

26 Gillispie [1978, S. 361] und Rosenberger [1882–1890, Teil 3, S. 147].
27 Gillispie [1978, S. 362] und Frankel [1974].
28 Gillispie [1978, S. 399] (Bibliographie [1809 a] und [1809 b]).
29 Rosenberger [1882–1890, Teil 3, S. 155].
30 Kipnis [1990, S. 208 und 218].
31 Laplace [1814, S. 2].
32 Gillispie [1978, S. 376] und Fox [1974, S. 123].
33 Notices et discours de l'Académie des Sciences [1957, S. 19].

Sir Benjamin Thompson Graf Rumford, Sadi Carnot und Rudolph Clausius

1 Rumford: An Inquiry concerning the Source of the Heat which is excited by Friction, gelesen vor der Royal Society am 25. 1. 1798. In: Brown [1968–1970, Bd. 1, 1968, S. 3–26].
2 Carnot [1909].
3 Carnot [1909, S. 52].
4 Carnot [1909, S. 14].
5 Wolff, S. L. [1995, S. 55].
6 Wolff [1995, S. 55].
7 Wolff [1995, S. 57].
8 Clausius [1850, S. 370].
9 Wolff [1995, S. 61 f.].
10 Clausius [1854, S. 481–506].
11 Clausius [1852, S. 343].
12 H. Helmholtz an C. Ludwig vom 2. 2. 1854, abgedruckt in: Koenigsberger, L. [1902]: Hermann von Helmholtz, Bd. 1. Braunschweig 1902, S. 204 f.
13 Wolff [1955, S. 65].
14 Jungnickel und McCormmach [1986, S. 189].
15 Krönig, A. [1856, S. 315–322].
16 Clausius [1857, S. 353–380].
17 Hoppe, R. [1858, S. 279–292].
18 Clausius [1858, S. 239–258].
19 Clausius [1865, S. 353–400].
20 Clausius [1865, S. 399].
21 Clausius [1865, S. 400].

Thomas Young, Augustin Jean Fresnel und Joseph von Fraunhofer

1 Arago [1854, Bd. 1, S. 194].
2 Peacock [1855 a].
3 Wood [1954, Appendix III, S. 346 ff.].
4 Wood [1954, S. 346].
5 Young [1802, S. 12–48].
6 Wood [1954, S. 347].
7 Peacock [1855 b, Bd. 1, S. 79–81].
8 Young [1801, S. 23–88].
9 Young [1802, S. 12–48].
10 Schmitz [1982, Bd. 2, S. 148].
11 Wood [1954, S. 346].

12 Einstein [1929, S. 363].
13 Arago [1854, Bd. 1, S. 231 f.].
14 Thomson in «The structure of light»; zitiert in Klaus [1977, S. 196].
15 Arago [1854, Bd. 1, S. 88].
16 Arago [1854, Bd. 1, S. 95].
17 Fresnel [1926, S. 1 ff.].
18 Fresnel [1926, S. 1 ff.].
19 Schwerd [1835, Bd. 1, S. 394].
20 Fresnel [1866–1870, Bd. 1, S. 394].
21 Peacock [1855b, Bd. 1, S. 383].
22 Fresnel [1819, S. 246 ff.].
23 Arago [1854–1860, Bd. 1, S. 133].
24 Schwerd [1835].
25 Roth [1976, S. 16].
26 Merz [1865].
27 Roth [1987, S. 130].
28 Fraunhofer [1826, Bd. 4, Col. 17 ff.].
29 Gilbert's Annalen der Physik [56/1817, S. 264 ff.].
30 Riekher [1990, S. 167].
31 Roth [1976, S. 74 ff.].
32 Französische Übersetzung in: *Schumachers astronomische Nachrichten* [1823, Bd. 2, S. 13 ff.]. Englische Übersetzung in: *Edinburg Philosophical Journal* [1823, Bd. 9 und 1824, Bd. 10].
33 Born [[3]1981, S. 6].
34 Roth [1976, S. 117].
35 Rollwagen [1976, S. 25].

Die romantischen Naturphilosophen

1 Schelling [1927, S. 6].
2 Nielsen [1989, S. 112].
3 Nielsen [1989, S. 112].
4 Schelling [1927, S. 56].
5 Schelling [1959, Bd. V, S. 377 f.].
6 Heilbron [1991, S. 74].
7 Heilbron [1991, S. 83].
8 Ritter [1798, S. 172].
9 Ritter [1798, S. 173].
10 Ritter [1798, S. 170 f.].
11 Wetzels [1973, S. 16 f.].
12 Ritter [1800, S. 124].
13 Ritter [1800, S. 147].
14 Ritter [1801, S. 444 f.].
15 Ritter [1810].
16 Ritter [1806b, S. 58].
17 Wetzels [1973, S. 69].
18 Wetzels [1971, S. 59].
19 Oersted [1870, S. 230].
20 Oersted [1822, S. 463–465, 475].
21 Oersted [1854, Bd. 1, S. 200].

22 Oersted: Thermoelectricity. In: Oersted [1920, Bd. 2, S. 356].
23 Williams [1980, S. 61 f.].
24 Williams [1980, S. 61 f.].
25 Faraday [1952, S. 595].
26 Faraday [1960, S. 103].
27 Faraday [1952, S. 670].
28 Faraday [1952, S. 673].

André Marie Ampère

1 Louis de Launay, der Autor der jüngsten Biographie Ampères (1925), gibt den 22. Januar an.
2 Diese Arbeiten sind alle im Ampère-Museum in Poleymieux ausgestellt.
3 Vor ein paar Jahren wurde die Korrespondenz zwischen Ampère und seinem Freund, dem Uhrmacher Couppier aus dem benachbarten Dorf Beaujeu-en-Beaujolais und dem in der Nähe gelegenen Clavaisolles entdeckt. Sie befindet sich jetzt in der *History of Science Library* der Cornell Universität. Diese 1795 und 1796 geschriebenen Briefe sind die frühesten, die wir von Ampère besitzen. Sie werden im folgenden mit Ampère-Couppier bezeichnet.
In einem mit 20. September datierten Brief schreibt Ampère hinsichtlich seiner sprachlichen Interessen: «Ich habe mich in diesen Tagen mit einer Sache beschäftigt, die noch viel lächerlicher ist als ein schlechtes Gedicht, da es sich um ein Projekt von nicht nur acht oder zehn Jahren, sondern vieler Generationen handelt; ich spreche von dem Projekt einer Sprache, wie sie am Ende des Artikels ‹Harmonie› (Supplément der *Encyclopédie*) vorgeschlagen wird. Ich lese diesen Artikel nie, ohne zu bedauern, daß ich dazu nicht mehr als einen schwachen Versuch unternehmen kann und keinen Gebrauch von den Ideen machen kann, die mir, seit ich mich damit beschäftige – d. h. seit zehn Jahren –, gekommen sind.» 1795 war Ampère 20 Jahre alt. Man sollte beachten, daß Ampère notorisch unzuverlässig war, wenn es um Datierungen ging.
4 Thomas, Antoine Laurent [1765]: Éloge de René Descartes, Paris 1765, S. 27: «Wenn alle geschaffenen Wesen eine Emanation des ungeschaffenen Wesens sind; wenn alle Gesetze, die die physikalische & die moralische Ordnung ausmachen, entweder notwendige von Gott gesehene Beziehungen oder frei von ihm hergestellte sind, dann wird man die ursprünglichen Gesetze der Natur erkennen.»
5 Thomas [1765], S. 27: «Descartes mußte sich über die Natur der einfachen Ideen täuschen; & dieser Irrtum war noch von größter Tragweite: denn, da der menschliche Geist bei seinen Operationen notwendigerweise immer vom Einfacheren zum mehr Zusammengesetzten schreitet, ist es sehr wichtig, zu wissen, welche diese einfachen Ideen sind, bei denen man beginnen muß.»
6 Ampère-Couppier, Brief vom 15. August (1795). Hier zitiert Ampère Lagrange, um zu *beweisen*, daß unaufhörliche Bewegung unmöglich ist, mit der Mahnung: «Es ist sehr unnütz, die Erfahrung zu Hilfe zu nehmen.»
7 Ampère-Couppier, Brief vom 8. Oktober 1795.
8 «Über die Rektifizierung eines beliebigen Kreisbogens kleiner als der halbe Umfang von André-Marie Ampère, im Alter von 13. Jahren» (8. Juli 1788). Dieses Manuskript wurde erst im 20. Jahrhundert entdeckt. Es wurde in den *Comptes Rendus* der Akademie der Wissenschaften, Band 203, S. 1194, Sitzung vom 7. Dezember 1936, veröffentlicht. Man kann es auch im *Bulletin de la Societé des amis d'André-Marie Ampère*, Bd. 18/1969 und in de Launay [1836–1843, Bd. 3, S. 827], finden.

9 De Launay [1836–1843, Bd. 1, S. 135], Brief an Julie (25. April 1802).

10 Ampère-Couppier, Brief vom 11. Dezember 1795.

11 De Launay [1925, S. 149]. In der *Correspondance* datiert de Launay diesen Brief mit «Ende Februar 1806». Ich habe ihn 1814 datiert, da dieses Datum mit Bleistift auf dem Manuskript notiert ist. Henri Gouhier datiert ihn 1813 in *Les conversions de Maine de Biran*, Paris 1947, S. 282, Fußnote 1.
Genau in den Jahren zwischen 1804 und diesem Brief – sofern meine Datierung korrekt ist – war er am intensivsten mit Maine de Biran mit Metaphysik beschäftigt, die seine Liebe zur Mathematik verdrängte.

12 A. Robinet und N. Bruyère, Hrsg. [1993]: Correspondance philosophique Maine de Biran – Ampère, Bd. XIII/1: Maine de Biran, Œuvres. Paris 1993.

13 Siehe Robinet/Bruyère [1993, S. 196ff.]. Brief Ampères an Maine de Biran aus Sisteron, 17. Juni 1810.

14 Robinet/Bruyère [1993, S. 198].

15 De Launay [1925, S. 455 und 436]. Das Werk, auf das sich Ampère bezieht, ist sein «Brief von M. Ampère an M. le compte Berthollet über die Bestimmung der Verhältnisse, in denen die Substanzen sich verbinden, gemäß der Anzahl der jeweiligen Disposition der Moleküle, aus denen ihre wesentlichen Teilchen zusammengesetzt sind», der in den *Annales de chimie* 90/1814, S. 43–86, erschienen ist. Eine deutsche Übersetzung ist in Ostwalds Klassiker der exakten Wissenschaften, Nr. 8, enthalten.

16 *Annales de chimie* [1814, S. 47].

17 *Annales de chimie et de la physique* 1/1816, S. 295 und 373; 2/1816, S. 5 und 105.

18 *Annales de chimie et de la physique* 2/1816, S. 116. Die einzigen Elemente, die ein der französischen Sprache nicht mächtiger Leser möglicherweise nicht entziffern kann, sind *Azote* = Stickstoff, *Photre* (Ampères Wortneubildung) = Fluor und *Or* = Gold.

19 Siehe die Artikel von L. P. Williams in der Bibliographie für eine detaillierte und dokumentierte Darstellung dieser Entdeckungen.

20 Ampères Gebrauch seiner elektrodynamischen Moleküle kann man in seinen Briefen an den holländischen Physiker Van Beck finden. Sie wurden im *Journal de Physique, de chimie, d'histoire naturelle et des arts* 93/1821, S. 312 und in Abbé Moigno [1839]: Traité de Télégraphie électrique, Paris 1839, S. 222–240, veröffentlicht.

21 Essai sur la philosophie des sciences, ou Exposition analytique d'une classification naturelle de toutes les connaissances humaines. Paris 1834. Ein zweiter Band erschien 1843, ist aber völlig unzuverlässig. Er wurde von Ampères Sohn zusammengestellt, der die Dokumente nicht genau wiedergab. Er sollte mit äußerster Vorsicht benutzt werden. Es ist besser, die in den Archiven der Pariser Akademie der Wissenschaften aufbewahrten Manuskripte einzusehen.

22 Die Kraft zwischen zwei Strömen war gegeben durch:

$$F = \frac{i\,ds \cdot i'\,ds'}{r^2}(\sin\theta \sin\theta' \cos\omega + k \cos\theta \cos\theta'),$$

wobei die Konstante k schließlich auf ½ gesetzt wurde. Der erste Teil der Formel ist einfach ein quadratisches Abstandsgesetz, ganz analog dem Newtonschen Gravitationsgesetz. i ds und i' ds' sind infinitesimale Stromelemente, und r ist der Abstand zwischen ihnen. Der zweite Teil behandelt die durch die Geometrie der Anordnung beschriebene Wechselwirkung, wobei alle Kurven und Drehungen auf parallele Linien reduziert werden. Siehe z. B. Tricker [1975, S. 69] oder Williams [1970, S. 146].

Carl Friedrich Gauß und Wilhelm Weber

1 Gauß [1870–1929, Bd. 1]; der «Princeps Mathematicorum», wie Gauß oft genannt wird, hat bei mehreren mathematischen Disziplinen maßgebend an der Legung ihrer Fundamente mitgewirkt. Die analytische Kraft seines Denkens und seine erfindungsreiche Phantasie wandten sich sowohl der reinen Mathematik als auch den Anwendungen zu. Als Schüler des Collegium Carolinum in Braunschweig fand er schon die Methode der kleinsten Quadrate zum Ausgleich von Beobachtungsfehlern. Diese Methode paßte er später der Wahrscheinlichkeitsrechnung an. Seine tiefgründigen Untersuchungen zur Flächentheorie behandelten die konformen Abbildungen (Ähnlichkeit in den kleinsten Teilen). Neben vielem anderem mögen hier noch die Untersuchungen zu den elliptischen Integralen und der Funktionentheorie genannt werden. Vieles, das Gauß noch nicht reif genug erschien, wurde von ihm nicht veröffentlicht und kam erst bei der Durchsicht seines Nachlasses zum Vorschein. Siehe dazu Strubecker [1955].

2 Gauß [1870–1929, Bd. 7].

3 Michling [1981].

4 Gauß [1870–1929, Bd. 4, 1877, S. 217–258] und Biermann [1990].

5 Riemann [1876, S. 254–269] und Hund [1975, S. 22].

6 Schaefer [1924–1929, Optik, S. 152–211].

7 Gresky [1971, S. 32].

8 Gauß [1870–1929, Bd. 5, S. 243–276]. Von den Hauptebenen aus werden die Brennweiten und der Ding- und Bildabstand gemessen. Die Gaußsche Dioptrik bildet mit den von August Ferdinand Möbius eingeführten Knotenpunkten (Ding- und Bildraum von verschiedenen Stoffen erfüllt) den Abschluß der Theorie einer punktweisen Abbildung. Es ist eine geometrische Beziehung, eine sogenannte kollineare Verwandtschaft. Möbius hat diese Betrachtungen 1855 in einen allgemeineren Rahmen eingeordnet.
Zwei kleinere theoretische Arbeiten von Gauß aus anderen Gebieten mögen hier noch erwähnt werden. 1. *Principia generalia theoriae figurae fluidorum in statu äquilibrii (Allgemeine Grundlagen einer Theorie der Gestalt von Flüssigkeiten im Gleichgewichtszustande)* [1829], in: Gauß [1870–1929, Bd. 5, S. 29–76] und Rosenberger [1882–1890, 3. Teil, S. 250]. Die Abhandlung ergänzt die Laplacesche Kapillaritätstheorie. 2. *Über ein neues allgemeines Grundgesetz der Mechanik* [1829], in: Gauß [1870–1929, Bd. 5, S. 23–28] und Schimank [1971, S. 26]. Das Prinzip des kleinsten Zwanges wird darin neu formuliert. In seinem Kern stimmt es mit Lagranges Prinzip der virtuellen Geschwindigkeiten und dem d'Alembertschen Prinzip der kleinsten Wirkung überein.
Vor seiner Zusammenarbeit mit W. Weber beschäftigte sich Gauß auch mit der Kristallographie. Die vielversprechenden Ansätze wurden von Gauß aber nicht weiterverfolgt. Siehe Wiederkehr [1973, S. 41].

9 Körber [1958] und Honigmann [1984].

10 Schaefer [1924–1929, hier S. 7].

11 Weber [1892–1894, Bd. 1, S. 257–275].

12 Wiederkehr [1967].

13 Weber [1892–1894, Bd. 5].

14 Weber [1892–1894, Bd. 1, S. 207ff. und 277ff.].

15 Wiederkehr [1967, S. 30].

16 Weber [1892–1894, Bd. 6].

17 Wiederkehr [1973].

18 Biermann [1990, S. 21].

19 Schaefer [1924–1929, S. 1 ff. und S. 97].
20 Gauß [1870–1929, Bd. 5, S. 80–118] (Deutsch in Ostwalds Klassiker, Nr. 53).
21 Weber [1892–1894, Bd. 2, S. 1–20]. Gauß [1870–1929, Bd. 5, S. 313–373].
22 Wiederkehr [1964].
23 Wiederkehr [1960, S. 51].
24 Wiederkehr [1982, S. 15].
25 Resultate im Jahre 1838 (erschienen 1839) und Gauß [1870–1929, Bd. 5, S. 119–193]. – Resultate im Jahre 1839 (1840), Gauß [1870–1929, Bd. 5, S. 195–242].
26 Schröder/Wiederkehr [1992, S. 376].
27 Schaefer [1924–1929, S. 94–103].
28 Feyerabend [1933].
29 Sartorius von Waltershausen [1856]. Reich [1977, S. 127], Biermann [1990, S. 204 ff.].
30 Küssner [1979].
31 Biermann [1991].
32 O'Hara [1983, S. 45].
33 Resultate im Jahre 1838 (1839) und Weber [1892–1894, Bd. 2, S. 89–104].
34 Resultate im Jahre 1840 (1841) und Weber [1892–1894, Bd. 3, S. 15].
35 Resultate im Jahre 1840 (1841) und Weber [1892–1894, Bd. 3, S. 6]. Siehe dazu auch Wiederkehr [1960, S. 79].
36 Wiederkehr [1964, S. 178].
37 Resultate im Jahre 1837 (1838) und Weber [1892–1894, Bd. 2, S. 75–89], Wiederkehr [1960, S. 32].
38 Weber [1892–1894, (1846) Bd. 3, S. 25–214]. Wiederkehr [1960, S. 117 ff. und 1967, S. 90 ff.].
39 Gauß [1870–1929, Bd. 5, S. 627–629].
40 Das Webersche Gesetz lautet:

$$F = k \cdot \frac{e_1 \cdot e_2}{r^2} \left(1 - \frac{1}{c^2} \cdot \frac{dr^2}{dt^2} + \frac{2r}{c^2} \cdot \frac{d^2r}{dt^2}\right);$$

e sind dabei die elektrischen Ladungen, *r* der Abstand der beiden sich bewegenden elektrischen Teilchen e_1 und e_2, und *c* die Webersche Konstante (≈ Lichtgeschwindigkeit · $\sqrt{2}$).
41 Neumann [1845 und 1847].
42 Weber, Wilhelm [1851]: Messung galvanischer Leitungswiderstände nach einem absoluten Maasse. In: *Annalen der Physik*, Bd. 82/1851 und Weber [1892–1894, Bd. 3, S. 276–300]. – Weber, Wilhelm [1852]: Elektrodynamische Maassbest. insbes. Widerstandsmessungen. Weber [1892–1894, Bd. 3, S. 301–451].
43 Wiederkehr [1960, S. 84 ff.]. Die Definition des Ampere im SI-System geht im Grunde genommen auf Webers elektrodynamische Stromstärkeeinheit zurück. Siehe dazu Wiederkehr [1994, S. 42].
44 Elektrodynamische Maassbestimmungen, insbes. Zurückführung der Stromintensitäts-Messungen auf mechanisches Maass [1857], Weber [1892–1894, Bd. 3, S. 609–676]. Zu der Lichtgeschwindigkeit siehe Wiederkehr [1994, S. 261].
45 Kirchhoff [1857, S. 210].
46 Maxwell/Jenkin [1864, S. 149].
47 Biot/Fechner [1828–1829] und Fechner [1855].
48 Weber [1892–1894, Bd. 3, S. 135 und 400], Wiederkehr [1960, S. 182].
49 Weber [1892–1894, Bd. 4, S. 95 und 281], Wiederkehr [1960, S. 195].
50 Weber [1892–1894, Bd. 3, S. 255, 473 und 555], Wiederkehr [1960, S. 198].
51 Lorentz [1895, bes. S. 5].
52 Zöllner [1876].
53 Hoffmann [1986].

Michael Faraday

1 Die ausführlichste Behandlung der Beziehungen Faradays zur Sandeman-Religion ist Cantor [1991].
2 Zitiert in Williams [1965]. Viele der hier verwendeten Zitate stammen aus diesem Band.
3 Williams [1965, S. 105].
4 Dieser Katalog befindet sich in der British Library.
5 Faraday [1827].
6 Twenney/Gooding [1991]. Inhaltliche Notizen deuten darauf hin, daß das Notizbuch schon 1821 begonnen wurde.
7 Siehe Institut de France, Académie des Sciences [1835]: Procès-Verbaux des Séances de l'académie tenues depuis la fondation de l'Institut jusqu'au mois d'août 1835, Bd. VII, S. 366: Séance du Septembre 1822. Eine Darstellung von Ampères Forschung, die zu diesem Schluß kommt, findet man in Williams [1986].
8 Faradays Weg zur Entdeckung der elektromagnetischen Induktion im Jahre 1831 ist detailliert dargestellt in Williams [1965, Kap. 4].
9 1831 verkündete Faraday seine Entdeckung der elektromagnetischen Induktion in den *Experimental-Untersuchungen, Erste Reihe*. Es wird auf Faraday [1839–1854] verwiesen. Diese Werke sind im Detail bei Williams [1965] diskutiert.
10 Diese Interpretation von Faradays Ringexperiment ist spekulativ, es gibt keine handfesten Beweise für das am 29. August 1831 Gedachte. Dieses Experiment erscheint zwar in seinem Labornotizbuch, kurz darauf aber folgen seine Experimente mit den Chladni-Figuren. Sicher ist, daß er eine «Welle» erwartete. Diese Rekonstruktion hat also ein sicheres Fundament und scheint bisher die einzige sinnvolle Erklärung zu sein. Siehe auch Williams [1965].
11 Es hätte derselbe momentane Ausschlag der Galvanometernadel stattfinden müssen wie beim Eisenring.
12 Die Situation ist etwas komplizierter als hier dargestellt. Eine detailliertere Ausführung findet man bei Williams [1965, S. 216].
13 Die Äquivalentgewichte geben die Gewichtsverhältnisse von Elementen in Verbindungen an. So verbindet sich zum Beispiel 1 g Wasserstoff stets mit 8 g Sauerstoff zu Wasser. Diese Konstanz war im frühen 19. Jahrhundert eine der Hauptgrundlagen für den Glauben an die Atomtheorie.
14 Faraday [1839–1854, Bd. 2, S. 289].
15 Die meisten heutigen Physiker glauben irrigerweise, sie würden Maxwells Gleichungen im Grundkurs über Elektrodynamik lehren. Es handelt sich dabei vielmehr um die von Oliver Heaviside lange nach Maxwells Tod aufgestellten Gleichungen. Heaviside übersetzte Maxwells Gleichungen aus der Sprache der Analysis in die von ihm geschaffene Sprache der Vektoranalysis. *Tradutore e traditore* hat für alle Sprachen Gültigkeit.
16 Maxwell [1881].

Franz Ernst Neumann

1 Olesko [1991b].
2 Neumann, L. [1929, S. 42].
3 Kistner [1913, S. 211].
4 Neumann [1906–1928]; Neumann, L. [1929].
5 Kekule von Stradonitz [1929].

6 Flügge [1946]; Kropatscheck [1947].
7 Olesko [1980 bis 1995]; Stichweh [1984]; Trunschke [1990 bis 1991].
8 Olesko [1991b, S. 61–64].
9 Bessel [1828].
10 Neumann [1830].
11 Neumann [1906–1928, Bd. 2, S. 1–117].
12 Brix [1842 und 1853].
13 Olesko [1991b, S. 297f., 378–382].
14 Neumann [1906–1928, Bd. 2, S. 159–190, 199–250, 341–550, 575–585, 591–618; Bd. 3, S. 1–256]; Olesko [1991b, S. 80f., 128–131].
15 Neumann [1846].
16 Kirchhoff [1845]; Kirchhoff [1849].
17 Neumann [1847].
18 Anon. [1895, S. 353].
19 Zum Beispiel: Wangerin [1907]; Volkmann [1896]; Neumann, L. [1904]; Neumann, L. [1929].
20 Zum Beispiel: Thiesen [1879].
21 Bessel [1828]; Neumann [1883].
22 Olesko [1995c].
23 Neumann [1883].
24 Neumann [1885a, S. 57].
25 Olesko [1991b, S. 172–204].
26 Olesko [1991b, S. 13f., 311–313].
27 Olesko [1991b, S. 322].
28 Olesko [1991b, S. 363]; Olesko [1993, S. 24].
29 Olesko [1991b, S. 317–450].
30 Lorey [1916, S. 98].
31 Olesko [1991b, S. 367f., 374, 386–393, 433f., 443–450].
32 Olesko [1995a].

Hermann von Helmholtz

1 Koenigsberger [1902–1903, Bd. I, S. 79].
2 Du Bois-Reymond [1912, Bd. II, S. 528].
3 Maxwell [1976, S. 53].
4 Helmholtz [[5]1903, Bd. I, S. 397]. Vgl. Helmholtz [[5]1903, Bd. II, S. 191ff.].
5 Helmholtz [[5]1903, Bd. II. S. 239]. Vgl. Köhnke [1986, S. 416].
6 Helmholtz [1902, S. 16].
7 Er hielt diese Annahme sogar für «identisch» mit dem Satz von der Unmöglichkeit des perpetuum mobile. Helmholtz war sich bewußt, daß für die elektrodynamischen Induktionserscheinungen noch nicht gezeigt war, daß sie auf konstante Zentralkräfte zurückgeführt werden können. Er hielt es wohl nur für eine Frage der Zeit, bis eine solche Zurückführung gefunden würde; siehe Helmholtz [1902, S. 46]. Tatsächlich war dies jedoch nie der Fall.
8 Helmholtz [[5]1903, Bd. II, S. 272].
9 Helmholtz [[5]1903, Bd. II, S. 45].
10 Helmholtz [[5]1903, Bd. I, S. 17].
11 Kremer [1990, S. 154] und Cahan [1993a, S. 86].
12 Helmholtz [[5]1903, Bd. I, S. 90].
13 Helmholtz [[5]1903, Bd. II, S. 223].

14 Helmholtz [[5]1903, Bd. II, S. 223].
15 Helmholtz [[5]1903, Bd. II, S. 222].
16 Siehe Heidelberger [1985, S. 153].
17 Helmholtz [1867, S. 452f.].
18 Müller [1840, S. 254].
19 Diese Wortwahl war ungeheuer geschickt. Nach Helmholtz' ausdrücklicher Definition bedeutet sein Begriff «Empirismus» die spezielle erfahrungswissenschaftliche Theorie, daß die Fähigkeit zur Wahrnehmung durch Lernen aus Erfahrung erworben ist. Man kann aber kaum der Versuchung widerstehen, den Begriff in seiner gewöhnlichen Bedeutung als Bezeichnung der allgemeinen erfahrungswissenschaftlichen Maxime zu nehmen, daß wissenschaftliche Tatsachenbehauptungen nur durch Erfahrung begründet werden können. Vgl. Heidelberger [1993]. Was Wunder, daß man dann Helmholtz' nativistische Gegenspieler fälschlicherweise als Antiempiristen ansah (und manchmal heute noch ansieht), die in verbohrtem Dogmatismus angeborene transzendentale Fähigkeiten postulieren, anstatt in der Erfahrung nachzuschauen.
20 Helmholtz [[5]1903, Bd. II, S. 242].
21 Helmholtz [[5]1903, Bd. I, S. 171f., S. 175].
22 Helmholtz [[5]1903, Bd. I, S. 99; vgl. auch S. 163].
23 Solange es nicht um das philosophische Leib-Seele-Problem ging, lehnte sich Helmholtz in seinen sinnesphysiologischen Arbeiten sonst stark an Fechner an (Erklärung der Nachbilder und Kontrasterscheinungen, Weber-Fechnersches Gesetz u. a.); vgl. Turner [1994, S. 108–111, 237].
24 Helmholtz [1882–1895, Bd. III, S. 176].
25 Helmholtz [1882–1895, Bd. III, S. 210].
26 Siehe Klein [1974].
27 Fichte [1986].
28 Koenigsberger [1902–1903, Bd. II, S. 126].
29 Wien [1921, S. 691].
30 Wien [1921, S. 699].

Gustav Robert Kirchhoff und Robert Wilhelm Bunsen

1 Kirchhoffs Vorlesungsstil wird bei Kußmaul [1902, S. 43f.] und Pockels [1903, S. 248] behandelt; für die gedruckte Fassung siehe Kirchhoff [1876–1894].
2 Siehe Helmholtz [1888]; Voigt [1888, S. 9f.].
3 Eine Darstellung dieser rein chemischen Arbeiten Bunsens gibt z. B. Lockemann [1949]; vgl. auch die Nachrufe, Grab- und Gedenkreden, die in Bunsen [1904, Bd. 1, S. XV–CXVII] zusammengestellt sind.
4 Koenigsberger in einem Brief an Roscoe, zitiert in Bunsen [1904, Bd. 1, S. LIX].
5 Der soziale und ökonomische Hintergrund sowie das Königsberg der Zeit wird bei Rosenfeld [1973, S. 379f.] beschrieben; zur Königsberger Universität und den preußischen Schul- und Universitätsreformen siehe insbesondere Olesko [1991, Kap. 1].
6 Vgl. z. B. Kirchhoffs handschriftlichen undatierten Lebenslauf, der in der Stiftung Preußischer Kulturbesitz, Berlin, Sammlung Darmstaedter, Sign. Flc 1859 (2) aufbewahrt wird, und Warburg [1925, S. 205f.].
7 Siehe Olesko [1991, Kap. 2ff.] sowie ihren Beitrag in diesem Band.
8 Siehe Olesko [1991, S. 183–186]. Zur publizierten Arbeit siehe Kirchhoff [1882, S. 118–130].
9 Zu Bunsen in Marburg siehe Debus [1906, S. 9ff.] sowie Meinel [1978, S. 26–47].

10 Für Schilderungen des blühenden akademischen Lebens in Heidelberg, wo ab 1858 bis 1878 auch Hermann Helmholtz (geadelt 1882) lehrte, siehe Kußmaul [1902] sowie Jungnickel/McCormmach [1986, Bd. 1, S. 286f.].

11 Bunsen als Lehrer wird z. B. von Roscoe in: Bunsen [1904], S. L (Laborausbildung), S. LV (Vorlesungen) sowie Debus [1901, S. 9ff.] beschrieben; eine Liste der bedeutendsten Schüler Bunsens findet sich in Danzer [1972, S. 83–87].

12 Zu Kirchhoff in Berlin siehe Warburg [1925] und Jungnickel/McCormmach [1986, Bd. 2, S. 20f., 30–32, 125–128].

13 Über Bunsens im Alter zunehmende Schwerhörigkeit gibt es zahlreiche Anekdoten, die in Mayer [1904] wiedergegeben werden. Ein handschriftlicher Lebenslauf sowie eine Sammlung von Briefen vorwiegend an Bunsen sind in der Handschriftenabteilung der Universitätsbibliothek Heidelberg, die Briefe von Bunsen an Roscoe in den Sondersammlungen des Deutschen Museums in München sind zusammen mit einigen anderen Dokumenten abgedruckt in: Boberlin [1993, S. 249ff.].

14 Siehe die Wahlvorschläge in: Greiner (Hrsg.) [1986, S. 81–83].

15 Vgl. Roscoe in: Bunsen [1904, Bd. 1, S. XVIII ff.], Debus [1901, S. 47–59] sowie Schacher [1970, S. 587].

16 Siehe dazu Roscoe in: Bunsen [1904, Bd. 1, S. XXI ff.], Debus [1901, S. 115ff.] sowie Schacher [1970, S. 588].

17 Ostwald, zitiert in: Bunsen [1904, Bd. 1, S. XXXII]; vgl. jedoch Boberlin [1993] für einen Vergleich mit vorausgegangenen Arbeiten von John William Draper und Constantin Wittwer, die mit weitaus geringerem Aufwand zu weitaus ‹moderneren› photochemischen Theorien gelangten.

18 Siehe insbes. Debus [1901, S. 62ff.], Lockemann [1949, Kap. 7] und Roscoe in: Bunsen [1904, Bd. 1, S. XL].

19 Siehe Kirchhoff [1845, S. 509 und Tafel V] bzw. Kirchhoff [1882, S. 12]; dort ist lediglich die «ungefähre Lage der [Meß]Punkte» auf idealisierten Kurven abgebildet; vgl. Olesko [1991, S. 180ff. und 187f.].

20 Kirchhoff [1845, S. 509] bzw. [1882, S. 12]. Die besten Resultate erhielt er durch Eintauchen der Drähte in eine Quecksilberscheibe, weil hier alle Kontaktpunkte sich «immer mit derselben Innigkeit berühren» (Kirchhoff [1845, S. 512] bzw. [1882, S. 15]).

21 Kirchhoff [1845, S. 513f.] bzw. [1882, S. 15f.]; vgl. auch Butrica [1990, S. 205]. Kirchhoff sprach später Ohm das Verdienst an der Entdeckung der 2. Kirchhoffschen Regel zu, der bereits festgestellt hatte, daß «die Grösse des Stromes in jedem Nebenleiter im umgekehrten Verhältnis zu seiner reduzierten Länge [=Widerstand] steht» (Ohm [1827, S. 107]).

22 Siehe dazu Archibald [1988].

23 Siehe Kirchhoff [1857]; vgl. auch Jungnickel/McCormmach [1986, Bd. 1, S. 296f.].

24 Siehe Kirchhoff [1882, S. 182–192]; vgl. hier Teil III sowie den Beitrag über Kelvin.

25 Siehe Danzer [1972, S. 42ff.], McGucken [1969] bzw. Jungnickel/McCormmach [1986, Bd. 1, S. 297–302].

26 Dieser unmittelbar nach dem Neubau des Heidelberger Laboratoriums 1854/55 entwickelte sogenannte ‹Bunsenbrenner› besaß trotz sehr hoher Verbrennungstemperatur eine sehr geringe Eigenleuchtstärke, so daß Flammenfärbungen durch eingebrachte Fremdsubstanzen gut zu sehen waren: siehe Bunsen [1904, Bd. 3, S. 53], Roscoe in: Bunsen [1904, Bd. 1, S. LII], Fuchs [1929, S. 87], Boberlin [1993, S. 148ff.], vgl. ferner Biltz [1928].

27 Schon Fraunhofer war aufgefallen, daß beim Verdampfen von Natriumsalzen stets eine starke gelbe Linie im Spektrum auftritt.

28 Der Stand der Chemie und Spektroskopie vor Kirchhoff und Bunsen wird z. B. in Pearson/Ihde [1951, insbes. S. 270] dargestellt.

29 Siehe dazu Bunsen [1860] bzw. [1861].
30 Hofmann [1887, S. 2774].
31 Kirchhoff [1859, S. 663].
32 Siehe Kirchhoff [1861].
33 Siehe Kirchhoffs Stellungnahme zu diesen Prioritätsstreitigkeiten in Kirchhoff [1863; vgl. auch Boltzmann [1905, S. 66–68] und McGucken [1969, Kap. 1].
34 Siehe Siegel [1972].
35 Kirchhoff [1860, S. 292]; zur Argumentation Kirchhoffs vgl. Agassi [1967], Siegel [1972], Jungnickel/McCormmach [1986, Bd. 1, S. 299–301].
36 Kirchhoff [1850]; vgl. auch Ernst Kummers und Wilhelm Borcharts Wahlvorschläge von Kirchhoff in Kirsten/Körber [1975, S. 75–79] sowie Jungnickel/McCormmach [1986, Bd. 1, S. 295 f.]. Die Verschiedenheit der Auswahl derjenigen Arbeiten, die einst für die Wahlvorschläge Kirchhoffs zum Mitglied der Preußischen Akademie der Wissenschaften gemacht wurden, von der hier und in anderen modernen biographischen Artikeln getroffenen Auswahl zeigt deutlich die Wandlung, der die Einschätzung der relativen Bedeutung einzelner Arbeiten im Werk eines Physikers innerhalb von 100 Jahren unterworfen ist.
37 Boltzmann [1905, S. 73].
38 Boltzmann [1905, S. 74]; die Aufgliederung in Punkte erfolgte durch den Autor.
39 Siehe dazu z. B. R. Helmholtz [1888, S. 243], Jungnickel/McCormmach [1986, Bd. 1, S. 303 f.].
40 Kirchhoff [1865].
41 Kirchhoff [1876, S. 1]; die Hervorhebungen sind vom Original übernommen. Vgl. ferner Helmholtz, R. [1888, S. 243], Jungnickel/McCormmach [1986, Bd. 2, S. 125 f.].
42 Siehe Kirchhoff [1876, S. 23].
43 Vgl. Kirchhoffs Korrespondenz mit Ernst Mach in: Thiele [1978, S. 32–35]. Andere Korrespondenz Kirchhoffs, die verstreut in verschiedenen deutschen Archiven liegt, ist gesammelt im Archiv der Max-Planck-Gesellschaft, Berlin, Slg. Planck, Abt. V, Rep. 13, Mappe 43–46. Auch Heinrich Hertz hörte im Sommersemester 1879 die Vorlesung Kirchhoffs über Mechanik und legte 1880 vor Helmholtz und Kirchhoff seine mündliche Doktorprüfung ab.
44 Die Gründe für diese verzögerte Rezeption Kirchhoffs bei den Ingenieuren wurden von Butrica [1990] untersucht.
45 Siehe dazu Karpenko [1980].
46 Siehe hierzu Mehra/Rechenberg [1982], Gerlach [1977, S. 651 f.] und den Beitrag von A. Hermann über Max Planck in: Die Großen Physiker, Band 2.
47 Vgl. hierzu Schäfer [1949] und Hauser [1987].
48 Kirchhoff [1860, S. 300].
49 Siehe dazu Agassi [1967, S. 34–36] sowie hier die Beiträge über Planck und Einstein.

William Thomson, Lord Kelvin

1 W. Thomson, «Electrical units of measurement», Vorlesung gehalten an der Institution of Civil Engineers, London, 3. Mai 1893. In: Thomson [1891–1894, S. 80–143].
2 Smith/Wise [1989, S. xx].
3 Smith/Wise [1989, Teil 1]. Thomson betrachtete sich selbst als «natural philosopher» und nicht als Physiker («die Worte ‹Physiker› und ‹Wissenschaftler› schätzte er nicht, besonders letzteres nicht», Thompson [1910, S. 1119]). Um zwischen den

Begriffen «natural philosophy» und «Naturphilosophie» zu unterscheiden, die im 19. Jahrhundert ganz unterschiedliche Bedeutungen besaßen, wurde hier die Helmholtzsche Übersetzung «theoretische Physik» gewählt. Ob nun Helmholtz' Übersetzung den Kern von der Thomsonschen «natural philosophy» erfaßt hat, erfordert weitere historischen Studien. Aber es kann schon als gesichert angesehen werden, daß Thomson eine Unterscheidung gewollt hat, weil er die «Naturphilosophie» als einen sinnlosen Denksport betrachtete.

4 Thomson, W. [1842]: On the uniform motion of heat in homogeneus solid bodies, and its connections with the mathematical theory of electricity. In: *Cambridge Mathematical Journal* 3/1842, S. 71–84. Wiederaufgelegt mit zusätzlichen Anmerkungen in *Philosophical Magazine* 7/1854, S. 502–515, und in Thomson [1872, S. 1–14].

5 Knudsen [1985, S. 150]; Smith/Wise [1989, S. 210ff.].

6 Thomson, W. [1846]: On the mathematical theory of electricity in equilibrium. In: *Cambridge and Dublin Mathematical Journal* 1/1846, S. 75–95. Wiederaufgelegt mit zusätzlichen Anmerkungen in: *Philosophical Magazine* 8/1854, S. 42–62 und in Thomson [1872, S. 15–37]. Smith/Wise sind der Meinung, daß Thomsons empiristische, mathematisierende und nicht-hypothetische Sichtweise auf die Tradition der «natural philosophy» zurückzuführen sei, die ihm sein Vater neben religiösen und politischen Wertvorstellungen mitgegeben hatte. Smith/Wise [1989, S. 227f.].

7 Wise [1981]; Smith/Wise [1989, S. 225].

8 Buchwald [1977], Gooding [1980], Wise [1981], Smith/Wise [1989, Kap. 7 und 8].

9 Thomson, W. [1847]: On a mechanical representation of electric, magnetic, and galvanic forces. In: *Cambridge and Dublin Mathematical Journal* 2/1847, S. 61–64. Reprint in Thomson [1882/1911, Bd. 1, S. 76–80].

10 Thomson in einem Brief an Faraday, 11. Juni 1847, zitiert in Thompson [1910, S. 203].

11 Für Smith und Wise ist diese Idee das klarste Beispiel für die Wechselbeziehung zwischen Wissenschaft, Industrie und Wirtschaft in Thomsons Werk. Smith/Wise [1989, S. 256]; vgl. Smith/Wise [1987].

12 Thomson, W. [1849a]: A mathematical theory of magnetism. In: *Proceedings of the Royal Society of London* 5/1849, S. 975–978. Reprint in: Thomson [1872, S. 340–405].

13 Thomson, W. [1849b]: An account of Carnot's theory of the motive power of heat, with numerical results deduced from Regnault's experiments on steam. In: *Transactions of the Royal Society of Edinburgh* 16/1849, S. 541–574; S. 543. Reprint in Thomson [1882–1911, Bd. 1, S. 113–155]. Vgl. Smith/Wise [1989, S. 314f.].

14 Thomson [1849b, S. 545].

15 Thomson, W. [1851]: On the dynamical theory of heat, with numerical results deduced from Mr Joule's equivalent of a thermal unit, and M. Regnault's observations on steam. In: *Transactions of the Royal Society of Edinburgh* 20/1851, S. 261–288; S. 264. Reprint in *Philosophical Magazine* 4/1852, S. 8–21, 105–117, 168–176, 424–434 und in Thomson [1882/1911, Bd. 1, S. 174–332]. (Dt. Thomson [1851/52]).

16 W. Thomson: Notizen zu «A dynamical theory of heat», zitiert in Smith/Wise [1989, S. 329].

17 Thomson, W. [1856]: Dynamical illustrations of the magnetic and the helicoidal rotatory effects of transparent bodies on polarized light. In: *Proceedings of the Royal Society of London* 8/1856, S. 150–158 und in *Philosophical Magazine* 13/1857, S. 198–204. Reprint in Thomson [1884, 2. Aufl. 1904, S. 569–577; S. 571].

18 Knudsen [1971].

19 Helmholtz, H. von [1858]: Über Integrale der hydrodynamischen Gleichungen,

welche den Wirbelbewegungen entsprechen. In: *Journal für reine und angewandte Mathematik* 55/1858, S. 25–55.

20 Thomson, W. [1867]: On vortex atoms. In: *Proceedings of the Royal Society of Edinburgh* 6/1867, S. 94–105; reprint in *Philosophical Magazine* 34/1877, S. 15–24, und in Thomson [1882–1911, Bd. 4, S. 1–11]; Thomson, W. [1869]: On vortex motions. In: *Transactions of the Royal Society of Edinburgh* 25/1869, S. 217–260; reprint in Thomson [1882–1911, Bd. 4, S. 12–66].

21 Thomson [1884, S. 6, 270f. und 72].

22 Smith/Wise [1989, S. 463].

23 Thompson [1910, S. 984].

24 Thomson in einem Brief an George F. Fitzgerald, 9. April 1896, zitiert nach Thompson [1910, S. 1065].

25 Smith/Wise [1989, S. 491].

26 Smith/Wise [1987, S. 325].

LITERATURVERZEICHNIS

Die Biographie in der Physikgeschichte

Andreas, W. und W. von Scholz, Hrsg. [1935/36]: Die großen Deutschen. Neue Deutsche Biographie. 4 Bände. Berlin 1934–1935.

Arago, F. [1854/62]: Œuvres complètes, publiées d'après son ordre sous la direction de M. J.-A. Barral. 17 Bände. Paris/Leipzig 1854–1862. Deutsche Ausgabe in 16 Bänden, herausgegeben von W. G. Hankel: Franz Arago's sämmtliche Werke, Leipzig 1854–1860. Band 1 enthält die Biographien von Fresnel, Volta, Young, Fourier, Watt und Lazare Carnot; Band 2 die von Ampère, Gaspard Monge, Siméon-Denis Poisson u. a.

Auerbach, F. [1923]: Entwicklungsgeschichte der modernen Physik. Berlin 1923.

Bayle, P. [1697]: Dictionaire historique et critique. Rotterdam 1697. Englische Übersetzung ausgewählter Artikel: Pierre Bayle, Historical and Critical Dictionary. Indianapolis, Cambridge 1991.

Bell, E. T. [1937]: Men of Mathematics. New York 1937. – Deutsche Übersetzung: Die großen Mathematiker. Düsseldorf/Wien 1967.

Bernstein, J. [1996]: Hitler's Uranium Club. The Secret Records at Farm Hall. New York 1996.

Born, M. [1975]: Mein Leben. Erinnerungen eines Nobelpreisträgers. München 1975.

Boswell, J. [1791]: The Life of Samuel Johnson, LL. D. Comprehending an Account of His Studies and numerous Works, in Chronological Order: a Series of His Epistolary Correspondence and Conversations With Many Eminent Persons; and Various Original Pieces of His Composition, Never Before Published. 2 Bände. London 1791. – Deutsche Übersetzung: Dr. Samuel Johnson. Leben und Meinungen. Mit dem Tagebuch einer Reise nach den Hebriden. Zürich 1981.

Brandmüller, W. [1982]: Galilei und die Kirche oder das Recht auf Irrtum. Regensburg 1982.

Brocke, B. vom [1993]: Das Elend der Wissenschaftsgeschichte in Deutschland. In: *Mitteilungen der Österreichischen Gesellschaft für Wissenschaftsgeschichte* 13/1993, S. 381.

Brush, S. G. [1987]: Resource Letter HP-1: History of Physics. In: *American Journal of Physics* 55/1987, S. 683–691.

Brush, S. G. [1995]: Scientists as Historians. In: *Osiris* 10/1995, S. 215–231.

Burtt, E. A. [1924]: The Metaphysical Foundations of Modern Science. London 1924.

Butterfield, H. [1931]: The Whig interpretation of History. London 1931.

Cahan, D. [1992]: Meister der Messung. Die Physikalisch-Technische Reichsanstalt im Deutschen Kaiserreich. Weinheim 1992.

Carlyle, Th. [1841]: On Heroes, Hero-Worship, and the Heroic in History. London 1841.

Carson, C. und S. S. Schweber [1994]: Recent Biographical Studies in the Physical Sciences. In: *Isis* 85/1994, S. 284–292.

Casimir, H. B. G. [1983]: Haphazard Reality. Half a Century of Science. New York 1983.

Chandrasekhar, S. [1995]: Newton's Principia for the Common Reader. Oxford 1995.

Christianson, G. E. [1984]: In the Presence of the Creator. Isaac Newton and His Times. New York/London 1984.

Clagett, M., Hrsg. [1959]: Critical Problems in the History of Science. Madison 1959.
Cohen, H. F. [1994]: The Scientific Revolution. A Historiographical Inquiry. Chicago/London 1994.
Cohen, I. B. [1984]: A Harvard Education. In: *Isis* 75/1984, S. 13–20.
Crombie, A. C., Hrsg. [1952/59]: Augustine to Galileo: The History of Science A. D. 400–1650. London 1952. Neuausgabe unter dem Titel: Medieval and Early Modern Science. 2 Bände. Garden City 1959. – Deutsche Übersetzung: Von Augustinus bis Galilei. Die Emanzipation der Naturwissenschaft. München 1977.
Crombie, A. C. [1963]: Scientific Change. New York 1963.
Cunningham, A. und N. Jardine, Hrsg. [1990]: Romanticism and the Sciences. Cambridge 1990.
Dessauer, F. [1950]: Der Fall Galileo und wir. Frankfurt a. M. 1950.
Diels, H. [1912]: Die Organisation der Wissenschaft. In: P. Hinneberg, Hrsg.: Die Kultur der Gegenwart, Teil 1, Abteilung 1, Berlin/Leipzig ²1912. Dort S. 632–691.
Dijksterhuis, E. J. [1956]: Die Mechanisierung des Weltbildes. Berlin/Göttingen/Heidelberg 1956.
Dilthey, W. [1867/70]: Leben Schleiermachers. Berlin 1867–1870.
Dilthey, W. [1910/81]: Der Aufbau der geschichtlichen Welt in den Geisteswissenschaften. Berlin 1910, Frankfurt a. M. 1981.
Dirac, P. [1977]: Recollections of an Exciting Era. In: Weiner [1977, S. 109–146].
Dobbs, B. J. T. [1982]: Newton's Alchemy and His Theory of Matter. In: *Isis* 73/1982, S. 511 ff.
Dobbs, B. J. T. [1991]: The Janus Faces of Genius: The Role of Alchemy in Newton's Thought. Cambridge/New York 1991.
Dobbs, B. J. T. und M. Jacob [1995]: Newton and the Culture of Newtonianism. Atlantic Highlands/New Jersey 1995.
Drake, S. [1980]: Newtons Apple and Galileo's Dialogue. In: *Scientific American*, August 1980, S. 123 ff.
Droysen, J. G. [1833]: Geschichte Alexander des Großen. Hamburg 1833, Leipzig 1941.
Droysen, J. G. [1868]: Grundzüge der Historik. Leipzig 1863, ³1883.
Dunsch, L. [1989]: Ein Fundament zum Gebäude der Wissenschaften. Einhundert Jahre Ostwalds Klassiker der exakten Wissenschaften (1889–1989). Leipzig 1989.
Dyson, F. [1979]: Disturbing the Universe. New York 1979.
Einstein, A. [1949]: Autobiographisches. In: P. A. Schilpp, Hrsg.: Albert Einstein: Philosopher-Scientist. La Salle, Ill. 1949. Dort S. 1–94.
Elkana, Y. [1972]: The Historical Roots of Modern Physics. In: Weiner [1977, S. 197–265].
Elsasser, W. [1978]: Memoirs of a Physicist in the Atomic Age. New York 1978.
Fassmann, K., Hrsg. [1971]: Die Großen der Weltgeschichte. 12 Bände. Zürich/München 1971.
Fischer, E. P. [1987]: Niels Bohr. Die Lektion der Atome. München/Zürich 1987.
Fischer, J. C. [1798/1804]: Physikalisches Wörterbuch, oder Erklärung der vornehmsten, zur Physik gehörigen Begriffe und Kunstwörter, sowohl nach atomistischer als auch nach dynamischer Lehrart betrachtet mit kurzen beygefügten Nachrichten von der Geschichte der Erfindungen und Beschreibungen der Werkzeuge in alphabetischer Ordnung. 5 Teile, Supplementband (Teil 6) und Registerband (Teil 7). Göttingen 1798–1804. 3 weitere Supplementbände (8.–10. Teil) erschienen 1823–1827.
Fischer, J. C. [1801/08]: Geschichte der Physik seit der Wiederherstellung der Künste und Wissenschaften bis auf die neuesten Zeiten. 8 Bände. Göttingen 1801–1808.

Fölsing, A. [1983]: Galileo Galilei. Prozeß ohne Ende. München/Zürich 1983.
Fontenelle, B. le Bovier de [1740]: Éloges des académiciens, avec l'histoire de l'Académie Royale des sciences en 1699. Avec un discours preliminaire sur l'utilité des mathématiques et de la physique. 2 Bände. La Haye 1740.
Forman, P. [1983]: A venture in Writing History. In: *Science* 220/1983, S. 824–827.
Forman, P. [1991]: Independence, not Transcendence, for the Historian of Science. In: *Isis* 82/1991, S. 71–86.
Gehler, J. S. T. [1787/95]: Physikalisches Wörterbuch oder Versuch einer Erklärung der vornehmsten Begriffe und Kunstwörter der Naturlehre mit kurzen Nachrichten von der Geschichte der Erfindungen und Beschreibungen der Werkzeuge. 5 Bände. Leipzig 1787–1795.
Gerland, E. [1908]: Über die Stetigkeit der Entwicklung der physikalischen Kenntnisse. In: *Physikalische Zeitschrift* 9/1908, S. 609–615.
Gerland, E. [1913]: Geschichte der Physik von den ältesten Zeiten bis zum Ausgange des achtzehnten Jahrhunderts. München/Berlin 1913.
Gillispie, C. C., Hrsg. [1970/80]: Dictionary of Scientific Biography. 14 Bände, zwei Supplementbände und Index-Band. New York 1970–1980; 1990.
Gjertsen, D. [1986]: The Newton Handbook. London/New York 1926.
Glashow, S. L. [1991]: The Charm of Physics. New York 1991.
Golinski, J. V. [1986]: Science in the Enlightment. In: *History of Science* 24/1986, S. 411–424.
Grant, E. [1971]: Physical Science in the Middle Ages. Cambridge 1971. – Deutsche Übersetzung: Das physikalische Weltbild des Mittelalters. Zürich/München 1980.
Grave, R. [1882/89]: Life of Sir Rowan Hamilton. 3 Bände. Dublin 1882–1889.
Gren, F. A. C. [1799]: Geschichte der Naturwissenschaft. Ein Fragment aus dessen nachgelassenen Papieren. In: *Annalen der Physik* 1/1799, S. 167–183.
Hahn, O. [1975]: Erlebnisse und Erkenntnisse. Düsseldorf/Wien 1975.
Hall, A. R. [1963]: Merton Revesited: Science and Society in the Seventienth Century. In: *History of Science* 2/1963, S. 1–16.
Hall, A. R. [1983]: On Whiggism. In: *History of Science* 21/1983, S. 45–89.
Hall, A. R. [1992]: Isaac Newton. Adventurer in Thought. Oxford 1992.
Hankins, Th. L. [1970]: Jean d'Alembert: Science and the Enlightment. Oxford 1970.
Hankins, Th. L. [1979]: In defence of biography: the use of biography in the history of science. In: *History of Science* 17/1979, S. 1–16.
Hankins, Th. L. [1980]: Sir William Rowan Hamilton. Baltimore/Maryland/London 1980.
Harnack, A. von [1952]: Was erwarten wir von einer guten Biographie? In: *Universitas* 7/1952, S. 1195–1202.
Harnack, A. von [1955]: Die Selbstbiographie – ihr Wesen und ihre Wirkung. In: *Universitas* 10/1955, S. 689–698.
Harnack, A. von [1957]: Wer soll eine Biographie erhalten? In: *Universitas* 12/1957, S. 181–186.
Hartmann, H. [1938]: Max Planck als Mensch und Denker. Berlin 1938.
Hartner, W. [1968]: Oriens-Occidens: Ausgewählte Schriften zur Wissenschafts- und Kulturgeschichte. Hildesheim 1968.
Heilbron, J. L. [1986]: The Dilemmas of an Upright Man. Max Planck as Spokesman for German Science. Berkeley/Los Angeles/London 1986.
Heilbron, J. L. [1987]: Aplied History of Science. In: *Isis* 78/1987, S. 552–563.
Heimpel, H., Th. Heuss und B. Reifenberg, Hrsg. [1983]: Die großen Deutschen. Deutsche Biographie. (Neubearbeitung von Andreas und von Scholz [1935/36]) 5 Bände. Frankfurt a. M. 1983.

Heller, A. [1882/84]: Geschichte der Physik von Aristoteles bis auf die neueste Zeit. 2 Bände. Stuttgart 1882 und 1884.

Helmholtz, H. von [1884]: Vorträge und Reden. 2 Bände. Braunschweig 1884.

Hermann, A. [1972]: Lexikon Geschichte der Physik A–Z. Köln 1972.

Hermann, A. [1978]: Theoretische Physik in Deutschland. In: *Berichte der Wissenschaftsgeschichte* 1/1978, S. 163–172.

Hertz, J. [1927]: Heinrich Hertz. Erinnerungen, Briefe, Tagebücher. Leipzig 1927.

Hoffmann, D., Hrsg. [1993]: Operation Epsilon. Die Farm-Hall-Protokolle oder Die Angst der Alliierten vor der deutschen Atombombe. Berlin 1993.

Holmes, F. L. [1981]: The Fine Structure of Scientific Creativity. In: *History of Science* 19/1981, S. 60–70.

Hoppe, E. [1926]: Geschichte der Physik. Braunschweig 1926.

Hoppe, E. [1926]: Geschichte der Physik. In: Hans Geiger und Karl Scheel, Hrsg.: Handbuch der Physik. Band I, Berlin 1926. Dort S. 1–179.

Hoyle, F. [1994]: Home Is Where the Wind Blows. Mill Valley, California 1994.

Humboldt, A. von [1870]: Kosmos. Entwurf einer physischen Weltbeschreibung. 4 Bände. Stuttgart 1870.

Humboldt W. von [1821]: Über die Aufgabe des Geschichtsschreibers. Werke, Band I, S. 585–606.

Jones, H. B. [1870]: The Life and Letters of Faraday. 2 Bände. London 1870.

Jungnickel, C. und R. McCormmach [1986]: Intellectual Mastery of Nature. Theoretical Physics from Ohm to Einstein. 2 Bände. Chicago/London 1986.

Klein, M. J. [1972]: The use and abuse of historical teaching in physics. In: S. G. Brush und A. L. King, Hrsg.: History in the Teaching of Physics. Hannover/New Hamshire 1972. Dort S. 12–18.

Knight, D. M. [1970]: The Physical Sciences and the Romantic Movement. In: *History of Science* 9/1980, S. 55–75.

Koenigsberger, L. [1902/03]: Hermann von Helmholtz. 3 Bände. Braunschweig 1902–1903.

Koyré, A. [1939]: Études Galiléennes. Paris 1939.

Koyré, A. [1968]: Metaphysics and Measurement. London 1968.

Krafft, F. [1978]: Der Weg von den Physiken zur Physik an den deutschen Hochschulen. In: *Berichte der Wissenschaftsgeschichte* 1/1978, S. 123–162.

Krafft, F. [1982]: Das Selbstverständnis der Physik im Wandel der Zeit. Weinheim 1982.

Kragh, H. [1987]: An Introduction to the historiography of science. Cambridge 1987.

Kuhn, Th. S. [1971]: The Relations between History and History of Science. In: *Daedalus* 100/1971, S. 271–304. Deutsche Übersetzung in Kuhn [1977, S. 194–236].

Kuhn, Th. S. [1977]: Die Entsteheung des Neuen. Studien zur Struktur der Wissenschaftsgeschichte. Frankfurt a. M. 1977.

Kuhn, Th. S. [1984]: Professionalization Recollected in Tranquility. In: *Isis* 75/1984, S. 29–32.

Kuhn, Th. S. [1987]: Las historias de la ciencia: Mundos diferentes para públicos distintos. In: Lafuente und Saldaña [1987, S. 5–11].

Lafuente, A. und J. J. Saldaña [1987]: Historia de la ciencas. Madrid 1987.

Ledermann, L. M. [1993]: Das schöpferische Teilchen. Der Grundbaustein des Universums. München 1993.

Lindberg, D. C. [1992]: The Beginnings of Western Science. The European Tradition in Philosophical, Religious and Institutional Context, 600 B. C. to A. D. 1450. Chicago 1992. – Deutsche Übersetzung: Von Babylon bis Bestiarium. Die Anfänge des abendländischen Wissens. Stuttgart/Weimar 1994.

Lindberg, D. C. [1995]: Medieval Science and Its Religious Context. In: *Osiris* 10/1995, S. 61–79.
Lodge, O. [1931]: Past Years. An Autobiography by Sir Oliver Lodge. London 1931.
Manuel, F. E. [1968]: A Portrait of Isaac Newton. Cambridge, Mass. 1968.
McGraw-Hill, Hrsg. [1966/68]: Modern Men of Science. 2 Bände. New York 1966 und 1968.
McCormmach, R. [1982]: Night Thoughts of a Classical Physicist. Cambridge, Mass. 1982. – Deutsche Übersetzung: Nachtgedanken eines klassischen Physikers. Frankfurt a. M. 1984.
McGuire, J. E. [1966]: Intellectual History or Scientific Biography? [*Essay Review* über L. P. Williams *Michael Faraday. A Biography*, London 1965.] In: *History of Science* 5/1966, S. 140–144.
Merton, R. K. [1938]: Science, Technology and Society in Seventienth Century England. In: *Osiris* 4/1938, S. 360–362.
Merton, R. K. [1957]: Die Priorität bei wissenschaftlichen Entdeckungen: Ein Kapitel der Wissenschaftssoziologie. In: *American Sociological Review* 22/1957, S. 635–659. – Deutsche Übersetzung in: Weingart [1972, S. 121–164].
Merton, R. K. [1968]: The Matthew Effect in Science. In: *Science* 159/1968, S. 56–63.
Meÿenn, K. von [1994]: Der neue Einstein. In: *Physikalische Blätter* 50/1994, S. 1163–1164.
Millikan, R. A. [1950]: The Autobiography of Robert A. Millikan. New York 1950.
Moore, R. [1970]: Niels Bohr. Ein Mann und sein Werk verändern die Welt. München 1970.
Moyer, A. [1985]: History of Physics. In: *Osiris* 1/1985, S. 163–182.
Neumann, L. [1904]: Franz Neumann. Erinnerungsblätter von seiner Tochter. Tübingen/Leipzig 1904.
Nickles, Th. [1995]: Philosophy of Science and History of Science. In: *Osiris* 10/1995, S. 139–163.
Oettingen, A. J. von [1919]: Brief vom 11. Dezember 1919 an Albert Einstein.
Ostwald, W. [1919]: Große Männer. Studien zur Biologie des Genies. Leipzig [1]1909, [5]1919.
Pais, A. [1982]: ‹Subtle is the Lord...› The Science and the Life of Albert Einstein. Oxford 1982.
Pais, A. [1991]: Niels Bohr's Times, in Physics, Philosophy, and Polity. Oxford 1991.
Peierls, R. [1985]: Bird of Passage. Recollections of a Physicist. Princeton, N. J. 1985.
Pepys, S. [1825]: Memoirs of Samuel Pepys, Comprising His Diary from 1659 to 1669. London 1825. – Deutsche Übersetzung, herausgegeben von Anselm Schlösser: Samuel Pepys, Das geheime Tagebuch. Leipzig 1980.
Piñero, J. M. L. [1992]: Las etapas iniciales de la historiografía de la ciencia. Invitación a recuperar su internacionalidad y su integración. In: *Arbor* 142/1992, S. 21–67.
Plutarch, [1954]: Große Griechen und Römer. Aus dem Griechischen übertragen und erläutert von Konrad Ziegler. Zürich/München 1954.
Poggendorff, J. Ch. [1879]: Geschichte der Physik. Vorlesungen, gehalten an der Universität Berlin. Leipzig 1879.
Powers, Th. [1993]: Heisenberg's War: The Secret History of the German Bomb. New York 1993.
Pyenson, L. [1977]: «Who the guys were»: Prosopography in the History of Science. In: *History of Science* 15/1977, S. 155–188.
Rechenberg, H. [1994]: Farm-Hall-Berichte. Die abgehörten Gespräche der 1945/46 in England internierten Atomwissenschaftler. Stuttgart 1994.
Rigatelli, L. T. [1996]: Evariste Galois (1811–1832). Via Mathematica 11. Basel 1996.

Romein, J. [1948]: Die Biographie. Einführung in ihre Geschichte und ihre Problematik. Bern 1948.
Röseberg, U. [1992]: Niels Bohr. Leben und Werk eines Atomphysikers 1885–1962. Heidelberg/Berlin/New York ³1992.
Rosenberger, J. K. F. [1882/90]: Die Geschichte der Physik in Grundzügen mit synchronistischen Tabellen der Mathematik, der Chemie und beschreibenden Naturwissenschaften sowie der allgemeinen Geschichte. 3 Teile. Braunschweig 1882 bis 1890.
Rossi, B. [1990]: Moments in the Life of a Scientist. Cambridge, Mass. 1990.
Rothmann, Th. [1982]: The short Life of Évariste Galois. In: *Scientific American*, April 1982, S. 112–120.
Rozental, S. [1991]: Schicksalsjahre mit Niels Bohr. Erinnerungen an den Begründer der modernen Atomtheorie. Stuttgart 1991.
Sarton, G. [1936]: The Study of the History of Science. Cambridge, Mass. 1936. – Deutsche Übersetzung: Das Studium der Geschichte der Naturwissenschaften. Frankfurt a. M. 1965.
Sarton, G. [1952]: A Guide to the History of Science. New York 1952.
Schaffer, S. [1990]: Genius in Romantic natural philosophy. In: Cunningham und Jardine [1990, S. 82–98].
Schalk, F. [1964]: Die Europäische Aufklärung. In: G. Mann und A. Nitschke, Hrsg.: Propyläen Weltgeschichte. Band 7, S. 469–512.
Schalk, F. [1966]: Eine neue Bayle-Deutung. In: *Romanische Forschungen* 78/1966, S. 383–398.
Schimank, H. [1932]: Geschichte der Physik. In: Wilhelm Westfahl, Hrsg.: Physikalisches Wörterbuch. Berlin 1952. Dort Anhang I, S. 739–769.
Schimank, H. [1954]: Grundsätzliches und Zusätzliches zu einem physikgeschichtlichen Buch. In: *Physikalische Blätter* 10/1954, S. 67–75.
Schimank, H. [1969]: Die Wandlung des Begriffs Physik während der ersten Hälfte des 18. Jahrhunderts. In: K. H. Manegold, Hrsg.: Wissenschaft, Wirtschaft und Technik. Studien zur Geschichte. München 1969.
Segrè, E. [1993]: A Mind always in Motion. Berkeley 1993.
Segre, M. [1980]: The Role of Experiment in Galileo's Physics. In: *Archiv for History of Exact Sciences* 23/1880, S. 227–248.
Segre, M. [1991]: In the Wake of Galileo. New Brunswick, N. J. 1991.
Seitz, F. [1994]: On the Frontier. My Life in Science. New York 1994.
Shapin, S. [1974]: Prosopography as a Research Tool in History of Science: The British Scientific Community 1700–1900. In: *History of Science* 12/1974. S. 1–28.
Shapin, S. [1994]: A Scoial History of Truth. Chicago/London 1994.
Söderqvist, Th. [1994]: The architecture of a biographical pathway. In: *Historical Studies in the Physical and Biological Sciences* 25/1994, S. 165–175.
Söderqvist, Th. [1995]: Existential projects and existential choice in science: Science biography as an editying genre. In: Yeo und Shortland [1995].
Stachel, J. [1987]: «A Man of My Type» – Editing the Einstein Papers. In: *British Journal of the History of Science* 20/1987, S. 57–66.
Stichweh, R. [1984]: Zur Entstehung des modernen Systems wissenschaftlicher Disziplinen. Physik in Deutschland 1740–1890. Frankfurt a. M. 1984.
Sykes, Ch. [1994]: No Ordinary Genius. The Illustrated Feynman. New York/London 1994.
Taton, R. [1987]: Las biografías científias y su importancia en la historia de la ciencia. In: Lafuente und Saldaña [1987, S. 73–85].
Thackray, A. und R. K. Merton [1972]: On Discipline Building: The Paradoxes of George Sarton. In: *Isis* 63/1972, S. 473–495.

Truesdell, C. [1984]: An Idiot's Fugitive Essays on Science. New York 1984.
Vasari, G. [1568]: Le vite de' più eccellenti pittori, scultori e architettoni. 3 Bände. Florenz 1568.
Waerden, B. L. van der [1979]: Die Pythagoreer: Religiöse Bruderschaft und Schule der Wissenschaft. Zürich/München 1979.
Walker, M. [1995]: Nazi Science: Myth, Truth and the German Atomic Bomb. New York 1995.
Warnow-Blewett, J. [1992]: Documenting Recent Science. In: *Osiris* 7/1992, S. 267–298.
Weinberg, S. [1992]: Dreams of a Final Theory. New York 1992.
Weiner, Ch., Hrsg. [1977]: History of Twentieth Century Physics. Proceedings of the International School of Physics «Enrico Fermi». Course LVII. Varenna on Lake Como, Villa Monasterio. 31th July–12th August 1972. New York/London 1977.
Weingart, P., Hrsg. [1972]: Wissenschaftssoziologie I. Wissenschaftliche Entwicklung als sozialer Prozeß. Frankfurt a. M. 1972.
Weisskopf, V. [1991]: The Joy of Insight. Passions of a Physicist. New York 1991.
Westfall, R. S. [1980]: Never at Rest. A Biography of Isaac Newton. Cambridge 1980.
Whewell, W. [1837/57]: History of the Inductive Sciences, from the earliest to the present time. 3 Bände. London 1837–1857. – Deutsche Übersetzung mit Anmerkungen von J. J. von Littrow: Geschichte der induktiven Wissenschaften, der Astronomie, Physik, Mechanik, Chemie, Geologie, etc. von der frühesten bis zu unserer Zeit. 3 Teile. Stuttgart 1840–1841.
Wigner, E. P. [1992]: The Recollections of Eugene P. Wigner, as told by Andrew Szanton. New York/London 1992.
Williams, L. P. [1966]: The historiography of Victorian science. In: *Victorian Studies* 1966.
Williams, L. P. [1975]: Should Philosophers Be Allowed to Write History? In: *British Journal for Philosophy of Science* 26/1975, S. 241–253.
Williams, L. P. [1991]: The Life of Science and the Scientific Lives. In: *Physis* 28/1991, S. 199–213.
Wohlwill, E. [1909/26]: Galilei und sein Kampf für die copernicanische Lehre. 2 Bände. Leipzig 1909 und 1926.
Wußing, H., Hrsg. [1983]: Geschichte der Naturwissenschaften. Leipzig 1983.
Yeo, R. und M. Shortland, Hrsg. [1995]: Telling Lives: Studies of scientific biography. Cambridge 1995.

Die Vorsokratiker

Quellen und Biographien

Aristoteles: Werkausgaben und Zitierweise siehe unter Aristoteles.
Capelle, W. [1936]: Die Vorsokratiker. Die Fragmente und Quellenberichte übersetzt und eingeleitet. Kröners Taschenbuchausgabe, Bd. 119. Stuttgart o. J. (1936), ²1938, ⁴1953 u. ö.
[Diels/Kranz] Diels, H. und W. Kranz [1964]: Die Fragmente der Vorsokratiker. Griechisch und Deutsch. Ab der 6. Aufl. hrsg. von W. Kranz, 3 Bde. Berlin ¹¹1964. (Alle späteren Ausgaben sind mit dieser identisch.) – Die Fragmente der Vorsokratiker werden nach dieser Sammlung zitiert, wobei mit B die wörtlich überlieferten Fragmente bezeichnet werden, mit A die Berichte bei späteren Autoren.
Howald, E. und M. Grünwald [1949]: Die Anfänge der abendländischen Philosophie. Fragmente und Lehrberichte der Vorsokratiker. Eingeleitet von E. Howald, übertragen von M. Grünwald. Zürich 1949.

Jürss, F. u. a., Hrsg. [1973]: Griechische Atomisten. Texte und Kommentare zum materialistischen Denken der Antike. Leipzig 1973, ²1976.
Kirk, G. S. und J. E. Raven [1957]: The Presocratic Philosophers. A Critical History with a Selection of Texts. Cambridge 1957. Second Edition by M. Schofield, ²1983. – Deutsch: Die vorsokratischen Philosophen. Einführung, Texte und Kommentare. Stuttgart/Weimar 1994.
[Demokritos] Luria, S. J. [1970]: Democritus: Texty, perevod, issledovanija – Democritea, collegit emendavit interpretatus est. Leningrad 1970.
[Hesiodos] Schirnding, A. von und E. G. Schmidt [1991]: Hesiod: Theogonie/Erga. Griechisch und Deutsch. Hrsg. und übers. von A. von Schirnding, mit einer Einführung, Erläuterungen und Literaturhinweisen von E. G. Schmidt. München/Zürich 1991.
[Anaxagoras] Sider, D. [1981]: The Fragments of Anaxagoras, with Introduction and Commentary. Königstein 1981.
Stückelberger, A. [1979]: Antike Atomphysik. Texte zur antiken Atomlehre und zu ihrer Wiederaufnahme in der Neuzeit. Griechisch/lateinisch/italienisch/deutsch. München 1979.
[Empedokles] Wright, M. R., Hrsg. [1981]: Empedocles: The Extant Fragments. Edited with Introduction, Apparatus, Translation, Commentary, and Concordance. New Haven/London 1981.

Sekundärliteratur

Baily, C. [1928]: The Greek Atomists and Epicurus. Oxford 1928. Neudruck 1964.
Classen, C. J. [1962]: Anaximander. In: *Hermes* 90/1962, S. 159–172.
Classen, C. J. [1977]: Anaximander and Anaximines: The Earliest Greek Theories of Change? In: *Phronesis* 22/1977, S. 89–102.
Fassmann, K., Hrsg. [1971]: Die Großen der Weltgeschichte. Bd. 1, Zürich 1971.
Fritz, K. von [1964]: Der ΝΟΥΣ des Anaxagoras. In: *Archiv für Begriffsgeschichte* 9/1964, S. 87–102.
Gadamer, H.-G. [1935]: Antike Atomtheorie. In: *Zeitschrift für die gesamten Naturwissenschaften* 1, 3/1935, S. 81–95. Wiederabgedruckt in: Ders. (Hrsg.): Um die Begriffswelt der Vorsokratiker. Wege der Forschung, Bd. 9. Darmstadt 1968, S. 512–533.
Gershenson, D. E. und D. A. Greenberg [1964]: Anaxagoras and the Birth of Physics. New York 1964. – Mit englischer Übersetzung der Fragmente und antiken Quellenberichte.
Gigon, O. [1945]: Der Ursprung der griechischen Philosophie von Hesiod bis Parmenides. Basel/Stuttgart 1945, ²1967.
Graeser, A. [1989]: Die Vorsokratiker. In: G. Böhme (Hrsg.): Klassiker der Naturphilosophie. München 1989, S. 13–28.
Guthrie, W. K. C. [1962–1982]: A History of Greek Philosophy. 6 Bde., Cambridge 1962–1982.
Hölscher, U. [1968]: Anfängliches Fragen. Studien zur frühen griechischen Philosophie. Göttingen 1968.
Jürss, F., Leiter des Autorenkollektivs [1982]: Geschichte des wissenschaftlichen Denkens im Altertum. Veröffentlichungen des Zentralinstituts für Alte Geschichte und Archäologie der Akademie der Wissenschaften der DDR, Bd. 13. Berlin/DDR 1982.
Kahn, Ch. H. [1969]: Anaximander and the Origin of Greek Cosmology. New York/London 1969.
Klowski, J. [1966]: Das Enstehen der Begriffe Substanz und Materie. In: *Archiv für Geschichte der Philosophie* 48/1966, S. 2–42. Siehe hierzu *Museum Helveticum* 28/1971, S. 70f.

Klowski, J. [1972]: Ist der *Aer* des Anaximines als eine Substanz konzipiert? In: *Hermes* 100/1972, S. 131–142.
Krafft, F. [1971a]: Die Begründung einer Wissenschaft von der Natur durch die Griechen. Freiburg i. Br. 1971.
Krafft, F. [1971b]: Anaximandros. In: Fassmann [1971, S. 285–305]. – Wiederabgedruckt in: Exempla historica – Epochen der Weltgeschichte in Biographien. Bd. 4, Frankfurt a. M. 1985, S. 9–39 und 209f.
Krafft, F. [1971c]: Anaximandros und Hesiodos. Die Ursprünge rationaler griechischer Naturbetrachtung. In: *Sudhoffs Archiv* 55/1971, S. 152–179.
Krafft, F. [1971d]: Anaxagoras und Empedokles. In: Fassmann [1971, S. 466–483]. – Wiederabgedruckt in: Exempla historica – Epochen der Weltgeschichte in Biographien. Bd. 4, Frankfurt a. M. 1985, S. 57–83 und 210f.
Löbl, R. [1987]: Demokrits Atomphysik. Erträge der Forschung, Bd. 252. Darmstadt 1987.
Lüth, J. C. [1970]: Über die Natur. Die Struktur des Wirklichen im empedokleischen System. Meisenheim am Glan 1970.
Mourelatos, A. P. D., Hrsg. [1974]: The Pre-Socratics. A Collection of Critical Essays. Moderns Studies in Philosophy. Doubleday 1974.
Müller, C: W. [1963]: Gleiches zu Gleichem. Klassisch-philologische Studien, Bd. 31. Wiesbaden 1963.
O'Brien, D. [1969]: Empedocles' Cosmic Circle. A Reconstruction from the Fragments and Secondary Sources. London 1969.
Patzig, G. [1969]: Die frühgriechische Philosophie und die moderne Naturwissenschaft. In: *Neue deutsche Hefte* 72/1969.
Röd, W. [1976]: Geschichte der Philosophie. Bd. 1: Die Philosophie der Antike 1: Von Thales bis Demokrit. München 1976, [2]1987.
Schofield, M. [1980]: An Essay on Anaxagoras. New York 1980.
Schramm, M. [1962]: Die Bedeutung der Bewegungslehre des Aristoteles für seine beiden Lösungen der zenonischen Paradoxien. Philosophische Abhandlungen, Bd. 19. Frankfurt a. M. 1962.
Seligmann, P. [1962]: The *Apeiron* of Anaximander. A Study in the Origin and Function of Metaphysics. London 1962.
Snell, B. [1955]: Die Entdeckung des Geistes. Studien zur Entstehung des europäischen Denkens bei den Griechen. Göttingen [3]1955, [5]1980.
Solmsen, F. [1968]: Chaos und ‹Apeiron›. In: Ders.: Kleine Schriften, Bd. 1. Hildesheim 1968, S. 68–81.

Aristoteles

Quellen

Die Schriften des Aristoteles werden nach Seiten, Spalten (a/b) und Zeilen der ersten modernen kritischen Text-Ausgabe zitiert, die von der Preußischen Akademie der Wissenschaften veranstaltet wurde:

[Aristoteles] Academia Regia Borussica, Hrsg. [1831]: Aristotelis opera. Aristoteles graece ex recognitione Immanuelis Bekkeri. 2 Bde., Berlin 1831. – Die Gesamtausgabe umfaßt 5 Bände: Bd. 1–2: Aristoteles graece. 1831. Bd. 3: Aristoteles Latine. 1831. Bd. 4: Scholia in Aristotelem. 1836. Bd. 5: Fragmenta von Valentinus Rose, Index Aristotelicus von H. Bonitz. 1870.

Unverändert ist der Text der ersten beiden Bände übernommen worden in den als «Editio altera» bezeichneten, von O. Gigon herausgegebenen Nachdruck:

[Aristoteles] Gigon, O., Hrsg. [1960–1987]: Editio altera. Addendis instruxit fragmentorum collectionem retractavit Olof Gigon. 5 Bde., Berlin/New York 1960–1987: Fragmentsammlung in völlig neuer Bearbeitung).
Für alle Schriften gibt es jedoch neuere, heute maßgebliche Ausgaben; die bis 1960 erschienenen sind in der Praefatio von O. Gigon zum Nachdruck verzeichnet.

[Aristoteles] Gigon, O. [1950]: Vom Himmel – Von der Seele – Von der Dichtkunst. Eingeleitet und neu übertragen von O. Gigon. Zürich 1950. Neudruck München 1983.
[Aristoteles] Grumach, E. und H. Flashar [1956ff.]: Werke in deutscher Übersetzung. Im Auftrage der Akademie der Wissenschaften zu Berlin hrsg. von E. Grumach (später: Begründet von E. Grumach, hrsg. von H. Flashar). Bd. 1ff., Berlin und Darmstadt 1956ff. – (Jeweils mit ausführlichem Kommentar; enthält bereits die «Physikvorlesung», allerdings in einer zu stark modernisierenden Übersetzung, was die philosophische Begrifflichkeit betrifft.)
[Aristoteles] Rolfes, E. [1920–1924]: Aristoteles, Philosophische Werke. Übersetzt von E. Rolfes. 13 Bde., Leipzig 1920–1924. Philosophische Bibliothek, Bde. 1–13. – Meist auch in Neuausgaben und Nachdrucken.
[Aristoteles] Zekl, H. G., Hrsg. [1987–1988]: Aristoteles' Physik. Vorlesung über Natur. Übersetzt, mit einer Einleitung und mit Anmerkungen hrsg. von H. G. Zekl. Griechisch-deutsch. Philosophische Bibliothek. Bde. 380 und 381, Hamburg 1987–1988. – Fortführung der von E. Rolfes übersetzten Reihe (Aristoteles [1920–1924]).

[Aristoteles] Academia litterarum Regiae Borussicae, Hrsg. [1882–1903]: Commentaria in Aristotelem Graeca. Editio consilio et auctoritate Academiae litterarum Regiae Borussicae. 23 Bde., Berlin 1882–1903. – Hierin sind die griechischen Kommentare der Spätantike zusammengefaßt.

Lexika und Bibliographien

Bonitz, H. [1870]: Index Aristotelicus. Berlin 1870. – Näheres siehe [Aristoteles] Academia Regia Borussica, Bd. 5 [1831–1870].
Kappes, M. [1894]: Aristoteles-Lexikon. Erklärungen der philosophischen termini technici des Aristoteles in alphabetischer Reihenfolge. Paderborn 1894.
[Aristoteles] Kiernan, Th. P. [1962]: Aristotle Dictionary. Edited by Th. P. Kiernan, Introduction by Th. E. James. New York 1962.
Lohr, C. H. [1988]: Latin Aristotle commentaries. Corpus Philosophorum Medii Aevi, 6. 4 Bde., Florenz 1988ff. (bisher Bd. 2: Renaissance Authors. 1988).
Sorabji, R. [1981]: Aristotle. A Bibliography. Oxford/London 1981.

Sekundärliteratur

Allan, D. J. [1952]: The Philosophy of Aristotle. London 1952, ²1970. – Deutsche Übersetzung: P. Wilpert, Hrsg. [1955]: Die Philosophie des Aristoteles. Übersetzt und hrsg. von P. Wilpert. Hamburg 1955.
Althoff, J. [1991]: Warm, kalt, flüssig und fest bei Aristoteles. Die Elementarqualitäten in den zoologischen Schriften. Hermes-Einzelschriften, Bd. 57. Stuttgart 1991.
Barnes, J., M. Schofield und R. Sorabji, Hrsg. [1975]: Articles on Aristotle. Vol. 1: Science. London 1975.
Couloubaritsis, L. [1980]: L'avènement de la science physique. Essai sur la Physique d'Aristote. Brüssel 1980.
Craemer-Ruegenberg, Ingrid [1980]: Die Naturphilosophie des Aristoteles. Alber Kolleg Philosophie. Freiburg i. Br./München 1980.

Düring, I. [1966]: Aristoteles. Darstellung und Interpretation seines Denkens. Bibliothek der klassischen Altertumswissenschaft, N. F., Bd. 1. Heidelberg 1966.

Düring, I. [1968]: Aristoteles, der Philosoph von Stagira. In: Paulys Realenzyclopädie der klassischen Altertumswissenschaft, Suppl.bd. 11. Stuttgart 1968, Sp. 159–336.

Elders, L. [1966]: Aristotle's Cosmology. A commentary on the De caelo. Philosophical Texts and Studies, Bd. 13. Assen 1966.

Flashar, H. [1983]: Aristoteles. In: Grundriß der Geschichte der Philosophie. Begründet von F. Ueberweg. Völlig neubearbeitete Ausgabe. Reihe 1: Die Philosophie der Antike, Bd. 3: H. Flashar (Hrsg.): Ältere Akademie – Aristoteles – Peripatos. Basel/Stuttgart 1983, S. 175–457.

Fritsche, J. [1986]: Methode und Beweisziel im ersten Buch der «Physikvorlesung» des Aristoteles. Monographien zur philosophischen Forschung, Bd. 239. Frankfurt a. M. 1986.

Guthrie, W. K. C. [1981]: A History of Greek Philosophy. Vol. 6: Aristotle: An Encounter. Cambridge 1981.

Happel, H. [1971]: Hyle. Studien zum aristotelischen Materie-Begriff. Berlin/New York 1971.

Jürß, F. und D. Ehlers [1982]: Aristoteles. Biographien hervorragender Naturwissenschaftler, Techniker und Mediziner, Bd. 60. Leipzig 1982.

Krafft, F. [1970a]: Dynamische und statische Betrachtungsweise in der antiken Mechanik. Boethius, Bd. 10. Wiesbaden 1970.

Krafft, F. [1970b]: Die Stellung der Technik zur Naturwissenschaft in Antike und Neuzeit. In: *Technikgeschichte* 37/1970, S. 189–209.

Krafft, F. [1971a]: Die Begründung einer Wissenschaft von der Natur durch die Griechen (Geschichte der Naturwissenschaft, I). Rombach hochschul paperback, Bd. 23. Freiburg i. Br. 1971.

Krafft, F. [1971b]: Archimedes. In: Fassmann, K., Hrsg.: Die Großen der Weltgeschichte. Bd. 1, Zürich 1971, S. 726–743. – Wiederabgedruckt in: Exempla historica – Epochen der Weltgeschichte in Biographien. Bd. 5, Frankfurt a. M. 1985, S. 173–197.

Krafft, F. [1974]: Die sogenannte Copernicanische Revolution. Das Entstehen einer neuen physikalischen Astronomie aus alter Astronomie und alter Physik. In: *Physik und Didaktik* 2/1974, S. 276–290.

Krafft, F. [1982a]: Das Selbstverständnis der Physik im Wandel der Zeit. Vorlesungen zum historischen Erfahrungsraum physikalischen Erkennens. Weinheim 1982.

Krafft, F. [1982b]: Zielgerichtetheit und Zielsetzung in Wissenschaft und Natur. Entstehen und Verdrängen teleologischer Denkweise in den exakten Naturwissenschaften. In: *Berichte zur Wissenschaftsgeschichte* 5/1982, S. 53–74.

Krafft, F. [1988]: Aristoteles aus christlicher Sicht: Umformungen aristotelischer Bewegungslehren durch Johannes Philoponos. In: J.-F. Bergier (Hrsg.): Zwischen Wahn, Glaube und Wissenschaft. Magie, Astrologie, Alchemie und Wissenschaftsgeschichte. Zürich 1988, S. 51–85.

Krafft, F. [1993]: Wissenschaft – Mathematik – Technik: Ihre Wechselwirkung in der Antike. In: *Berichte zur Wissenschaftsgeschichte* 16/1993, S. 129–149.

Krafft, F. [1994]: Die Copernicanische Revolution. In: *Antike und Abendland* 40/1994, S. 1–30.

Kullmann, W. [1974]: Wissenschaft und Methode. Interpretationen zur aristotelischen Theorie der Naturwissenschaft. Berlin/New York 1974. – Behandelt hauptsächlich die biologischen Wissenschaften.

Lloyd, G. E. R. [1982]: Aristotle. The Growth and Structure of his Thought. Cambridge 1968. Neuauflage 1982 u. ö.

Moreau, J. [1985]: Aristote et son école. Paris 1962; Neuausgabe: Theophaneia, 30/31. 2 Bde., Paris 1985.

Rolfes, R. [1923]: Die Philosophie des Aristoteles als Naturerklärung und Weltanschauung. Leipzig 1923.
Ross, W. D. [1923]: Aristotle. London 1923, [5]1949 u. ö.
Schmidt, W. [1974]: Theorie der Induktion. Die prinzipielle Bedeutung der Epagoge bei Aristoteles. Humanistische Bibliothek, Reihe I, Bd. 12. München 1974.
Schramm, M. [1962]: Die Bedeutung der Bewegungslehre des Aristoteles für seine beiden Lösungen der zenonischen Paradoxien. Philosophische Abhandlungen, Bd. 19. Frankfurt. a. M. 1962.
Schramm, M. [1985]: Natur ohne Sinn. Das Ende des teleologischen Weltbildes. Graz/ Wien/Köln 1985.
Solmsen, F. [1960]: Aristotle's System of the Physical World. A Comparison with his Predecessors. Ithaca, N. Y. 1960.
Stallmach, J. [1959]: Dynamis und Energeia. Untersuchungen am Werk des Aristoteles zur Problemgeschichte von Möglichkeit und Wirklichkeit. Monographien zur Philosophischen Forschung, Bd. 21. Meisenheim am Glan 1959.
Waschkies, H.-J. [1977]: Von Eudoxos zu Aristoteles. Das Fortwirken der Eudoxischen Proportionentheorie in der Aristotelischen Lehre vom Kontinuum. Studien zur antiken Philosophie, Bd. 8. Amsterdam 1977.
Wieland, W. [1962]: Die aristotelische Physik. Untersuchungen über die Grundlegung der Naturwissenschaft und die sprachlichen Bedingungen der Prinzipienforschung bei Aristoteles. Göttingen 1962, [2]1970.
Wolff, M. [1978]: Geschichte der Impetustheorie. Untersuchungen zum Ursprung der klassischen Mechanik. Frankfurt a. M. 1978.
Zemb, J.-M. [1961]: Aristoteles in Selbstzeugnissen und Bilddokumenten. Rowohlts monographien, Bd. 63. Reinbek bei Hamburg 1961 u. ö.

Archimedes

Quellen

[Archimedes] Czwalina, A. [1963]: Archimedes Werke. Übersetzt und mit Anmerkungen versehen von A. Czwalina, im Anhang: Kreismessung. Übersetzt von F. Rudio. Des Archimedes Methodenlehre von den mechanischen Lehrsätzen, übersetzt von J. L. Heiberg und kommentiert von H. G. Zeuthen. Darmstadt 1963.
[Archimedes] Heiberg, J. L., Hrsg. [1910–1915]: Archimedis opera omnia cum commentariis Eutocii. 2. Aufl. in 3 Bänden. Leipzig 1910–1915. Nachdruck Stuttgart 1972, dazu als Bd. 4: [Archimedes] Y. Dold-Samplonius, H. Hermelink und M. Schramm (Hrsg.): Über einander berührende Kreise. Stuttgart 1975.
Clagett, M. [1964–1984]: Archimedes in the Middle Ages: Bd. 1: The Arabo-Latin Tradition. Madison 1964. Bd. 2: The Translation from the Greek by William of Moerbeke (in drei Teilen). Philadelphia 1976. Bd. 3: The Fate of the Medieval Archimedes, 1300–1565 (in vier Teilen). Philadelphia 1978. Bd. 4: A Supplement on the Medieval Latin Traditions of Conic Sections (1150–1566). Philadelphia 1980. Bd. 5: Quasi-Archimedean Geometry in the 13th Century (in vierTeilen). Philadelphia 1984. – Diese Edition erfaßt die Textüberlieferung von Archimedes im Mittelalter.

Bibliographien und Biographien

Dijksterhuis, E.J. [1956]: Archimedes. Acta historica scientiarum naturalium et medicinalium, Bd. 12. Kopenhagen 1956. Nachdruck Princeton 1987.
Duarte, F.J. [1967]: Bibliografia: Euclides Arquímedes Newton. Biblioteca de la Academia de ciencias fisicas, matematicas y naturales, Bd. 2. Caracas 1967.
Schneider, I. [1979]: Archimedes – Ingenieur, Naturwissenschaftler und Mathematiker. Darmstadt 1979.

Sekundärliteratur

Für die Behandlung von Einzelaspekten in Archimedes' Werk gibt es kaum monographische Literatur, hingegen eine Fülle von Zeitschriftenartikeln.

Berggren, J.L. [1976]: Spurious Theorems in Archimedes' Equilibrium of Planes: Book I. In: *Archive for History of Exact Sciences* 16/1976, S. 87–103. – Rekonstruktion von Sätzen über den Schwerpunkt von Körpern.
Delsedime, P. [1970]: Uno strumento astronomico descritto nel corpus Archimedeo: La dioptra di Archimede. In: *Physis* 12/1970, S. 173–196. – Über das Vermessungsprogramm des Astronomen Archimedes für den Kosmos, die Dioptra von Archimedes.
Drachmann, A.G. [1963]: Fragments from Archimedes in Herons's Mechanics. In: *Centaurus* 8/1963, S. 91–146. – Über die Rekonstruktion verlorener Schriften, insbesondere der «Elemente der Mechanik» und der darin enthaltenen Sätze über den Schwerpunkt von Körpern.
Knorr, W.R. [1976]: Archimedes and the Measurement of the Circle: A New Interpretation. In: *Archive for History of Exact Sciences* 15/1976, S. 115–140. – Über die Frage, wie Archimedes zu den beiden Näherungswerten für $\sqrt{3}$ kam, die er in der «Kreismessung» bei der Abschätzung von π verwendet.
Knorr, W.R. [1978a]: Archimedes and the Spirals: the Heuristic Background. In: *Historia Mathematica* 5/1978, S. 43–75. – Über die Gewichtung verschiedener Archimedischer Konstruktions- und Beweismethoden durch Archimedes selbst, seine Zeitgenossen und nachfolgende Epochen.
Knorr, W.R. [1978b]: Archimedes' Neusis-Constructions in Spiral Lines. In: *Centaurus* 22/1978, S. 101–122. – Über Archimedische Konstruktionsmethoden, insbesondere Einschiebungsverfahren.
Knorr, W.R. [1978c]: Archimedes and the Elements: Proposal for a Revised Chronological Ordering of the Archimedean Corpus. In: *Archive for History of Exact Sciences* 19/1978, S. 211–290. – Über eine Chronologie der Archimedischen Schriften und deren Verhältnis zu den Euklidischen Elementen.
Knorr, W.R. [1978d]: Archimedes and the Pre-Euclidean Proportion Theory. In: *Archives Internationales d'Histoire des Sciences* 28/1978, S. 183–244. – Über den Einfluß der voreuklidischen Proportionentheorie auf Archimedes.
Schneider, I. [1969]: Die Entstehung der Legende um die kriegstechnische Anwendung von Brennspiegeln bei Archimedes. In: *Technikgeschichte* 36/1969, S. 1–11. – Nichts hat so viel öffentliches Interesse beansprucht, wie die in diesem Artikel als Legende entlarvte Verwendung von Brennspiegeln bei der Verteidigung von Syrakus.
Stein, W. [1965]: Der Begriff des Schwerpunkts bei Archimedes. In: O. Becker (Hrsg.): Zur Geschichte der griechischen Mathematik. Darmstadt 1965, S. 76–99. – Über die Rekonstruktion verlorener Schriften, insbesondere der «Elemente der Mechanik» und der darin enthaltenen Sätze über den Schwerpunkt von Körpern.

Das physikalische Weltbild im Mittelalter

Allgemeine Darstellungen

Clagett, M. [1948]: Some General Aspects of Physics in the Middle Ages. In: *Isis* 39/1948, S. 29–44.
Clagett, M. [1961]: The Science of Mechanics in the Middle Ages. Madison/London 1961.
Crombie, A. C. [1953]: Robert Grosseteste and the Origins of Experimental Science, 1100–1700. Oxford 1953.
Crombie, A. C. [1977]: Von Augustinus bis Galilei. München 1977.
Dijksterhuis, E. H. [1956/1983]: Die Mechanisierung des Weltbilds. Berlin/Göttingen/Heidelberg 1956. Reprint 1983.
Duhem, P. [1917]: Le Systeme du Monde, Br. 5. Paris 1917.
Grant, E. [1974]: A Source Book in Medieval Science. Cambridge/Mass. 1974.
Grant, E. [1980]: Das physikalische Weltbild des Mittelalters. Zürich/München 1980.
Lindberg, D. C. [1994]: Von Babylon bis Bestiarium. Die Anfänge des abendländischen Wissens. Aus dem Amerikanischen von Bettina Obrecht. Stuttgart/Weimar 1994.
Maier, A. [1949]: Die Vorläufer Galileis im 14. Jahrhundert. Studien zur Naturphilosophie der Spätscholastik. Rom 1949.
Maier, A. [1964a]: Ausgehendes Mittelalter. Gesammelte Aufsätze zur Geistesgeschichte des 14. Jahrhunderts, Bd. 1. Rom 1964.
Maier, A. [1964b]: Die Stellung der scholastischen Naturphilosophie in der Geschichte der Physik. In: Maier [1964a, S. 414–424].
Simek, R. [1992]: Erde und Kosmos im Mittelalter. München 1992.

Albertus Magnus

Hoßfeld, P. [1985]: Die Physik des Albertus Magnus (Teil 1, die Bücher 1–4), Quellen und Charakter. Bonn 1985.
Hoßfeld, P. [1986]: Studien zur Physik des Albertus Magnus. In: Albert Zimmermann (Hrsg.): Aristotelisches Erbe im arabisch-lateinischen Mittelalter. Berlin/New York 1986, S. 1–42.

Alexander Nequam

Hunt, R. W. und M. Gibson [1984]: The Schools and the Cloister. The Life and Writings of Alexander Nequam (1157–1217). Oxford 1984.

Avicenna

[Avicenna] Holmyard, E. J. und D. C. Mandeville, Hrsg. [1927]: Avicennae «De congelatione et conglutinatione lapidum»; being sections of the Kitāb al-schifā. The Latin and Arabic Texts. Ed. with an English translation by E. J. Holmyard and D. C. Mandeville. Paris 1927.

Roger Bacon

[Bacon, Roger] Delorme, F. M., Hrsg. [1935]: Opera hactenus inedita, Fasc. XIII: Questiones supra libros octo Physicorum Aristotelis. Oxford 1935.
Easton, S. [1952]: Roger Bacon and his Search for Universal Science. Oxford 1952.

Hackett, J. M. G. [1983]: Bacon, Roger. In: Dictionary of the Middle Ages, Bd. 2. New York 1983, S. 35–42.
Lindberg, D. C. [1966]: Roger Bacon's Theory of the Rainbow: Progress or Regress? In: *Isis* 57/1966, S. 235–248.
Lindberg, D. C. [1968]: The Cause of Refraction in Medieval Optics. In: *The British Journal for the History of Science* 4, 1, 13/Juni 1968, S. 23–38.
Schramm, M. [1981]: Roger Bacons Begriff vom Naturgesetz. In: P. Weimar (Hrsg.): Die Renaissance der Wissenschaften im 12. Jahrhundert. Zürich/München 1981, S. 197–209.

Bartholomaeus (de Glanvilla) Anglicus

Bartholomaeus (de Glanvilla) Anglicus [1601]: De Proprietatibus Rerum. Frankfurt 1601. Nachdruck Frankfurt 1964.

Thomas Bradwardine

Busard, H. L. L. [1983]: Bradwardine, Thomas. In: Lexikon des Mittelalters, Bd. 2. Zürich/München 1983, S. 538f.
[Bradwardine, Thomas] Crosby, H. L., Hrsg. [1955]: Thomas of Bradwardine: His Tractatus de Proportionibus; Its Significance for the Develoment of Mathematical Physics. Hrsg. und übersetzt von H. L. Crosby. Madison/Wisc. 1955.
Grant, E. [1965]: Bradwardine and Galileo: Equality of Velocities in the Void. In: *Archive for History of Exact Sciences* 2/1965, S. 344–364.
Harrison, A. [1983]: Blasius of Parma's Critique of Bradwardine's «Tractatus de proportionibus». In: A. Poppi (Hrsg.): Scientia e filosofia all'Università di Padova nel Quattrocento. Padua 1983, S. 16–69.
McVaugh, M. R. [1967]: Arnald of Villanova and Bradwardine's Law. In: *Isis* 58/1967, S. 56–64.
Molland, A. G. [1978]: An Examination of Bradwardine's Geometry. In: *Archive for History of Exact Sciences* 19/1978, S. 113–175.
Skabelund, D. und P. Thomas [1969]: Walter of Odington's Mathematical Treatment of the Primary Qualities. In: *Isis* 60/1969, S. 331–350.

Johannes Buridanus

Buridanus, Johannes [1509]: Johannis Buridani subtilissime questiones super octo phisicorum libros Aristotelis. Paris 1509. Reprint als: Johannes Buridanus: Kommentar zur Aristotelischen Physik. Frankfurt a. M. 1964.
Grant, E. [1983]: Buridan, Jean. In: Dictionary of the Middle Ages, Bd. 2. New York 1983, S. 430–432. – Enthält Literatur bis 1978.
Maier, A. [²1951]: Zwei Grundprobleme der scholastischen Naturphilosophie, Rom ²1951.
[Buridanus, Johannes] Moody, E. A., Hrsg. [1942]: Iohannes Buridani Quaestiones super libris quattuor De caelo et mundo. Cambridge/Mass. 1942.
Moody, E. A. [1970]: Buridan, Jean. In: Dictionary of Scientific Biography, Bd. 2. New York 1970. S. 608. – Enthält Literatur bis 1966.

Walter Burley

Burley, Walter [1501]: Burleus super octo libros Phisicorum. Venedig 1501. Reprint unter dem Titel: In Physicam Aristotelis Expositiones et Quaestiones. Hildesheim/New York 1972.
Kitchel, M. H. [1983]: Burley (Burleigh), Walter. In: Dictionary of the Middle Ages, Bd. 2, New York 1983, 432f.
Maier, A. [1964c]: Zu Walter Burleys Politik-Kommentar. In: Maier [1964a, Bd. 1, S. 93–99].
Maier, A. [1964d]: Ein unbeachteter «Averroist» des 14. Jahrhunderts: Walter Burley. In: Maier [1964a, Bd. 1, S. 101–122].
Maier, A. [1964e]: Handschriftliches zu Wilhelm Ockham und Walter Burley. In: Maier [1964a, Bd. 1, S. 209–236].

Thomas Cantimpratensis (Thomas von Chantimpré)

[Thomas Cantimpratensis] Boese, H., Hrsg. [1973]: Liber de Natura Rerum. Teil I: Text. Berlin/New York 1973.
Stahl, P. [1987]: Peter Königschlaher: Das Buoch von Naturen der Ding. Eine Übertragung des *Liber de natura rerum* des Thomas von Chantimpré. Diss. Würzburg 1987.

Robert Grosseteste

[Grosseteste, Robert] Baur, L., Hrsg. [1912]: Die philosophischen Werke des Robert Grosseteste, Bischofs von Lincoln. Münster 1912.
Crombie, A. C. [1953]: Robert Grosseteste and the Origins of Experimental Science, 1100–1700. Oxford 1953.
Eastwood, B. S. [1966]: Robert Grosseteste's Theory of the Rainbow. In: *Archives internationales d'histoire des sciences* 19/1966, S. 323f.
Eastwood, B. S. [1967]: Grosseteste's «Quantitative» Law of refraction: A Chapter in the History of Non-Experimental Science. In: *Journal of the History of Ideas* 28/1967, S. 403–414.
[Grosseteste, Robert] [1978]: Robert Grosseteste: On Light (De Luce). Übersetzt von C. C. Riedl. Milwaukee/Wisc. 1942. Reprint 1978.
Marrone, S. P. [1985]: Grosseteste, Robert. In: Dictionary of the Middle Ages, Bd. 6. New York 1985, S. 1f.
Southern, R. W. [1986]: Robert Grosseteste. The Growth of an English Mind in Medieval Europe. Oxford 1986.

Ibn Rushd (Averroes)

Urvoy, D. [1991]: Ibn Rushd (Averroes). London/New York 1991, S. 134–148.

Konrad von Megenberg

Brévart, F. B. [1970]: Zur Überlieferungsgeschichte der «Deutschen Sphaera» Konrads von Megenberg. In: *PBB* 102/1970, S. 189–214.
Brévart, F. B. [1980]: Konrad von Megenberg: Die Deutsche Sphaera. ATB 90. Tübingen 1980.
Deschler, J.-P. [1977]: Die astronomische Terminologie Konrads von Megenberg. Ein Beitrag zur mittelalterlichen Fachprosa. Bern/Frankfurt a. M. 1977.

Hetzelein, G. [1973]: Konrad von Megenberg, der erste deutsche Naturhistoriker. Nürnberg 1973.
Ibach, H. [1938]: Leben und Schriften des Konrad von Megenberg. Würzburg 1938.
Matthaei, O., Hrsg. [1912]: Konrads von Megenberg Deutsche Sphaera aus der Münchener Handschrift. DTM 23. Berlin 1912.
Pfeiffer, F., Hrsg. [1861]: Konrad von Megenberg: Das Buch von der Natur. Stuttgart 1861. Reprint Hildesheim 1962.
Steer, G. [1985]: Konrad von Megenberg. In: Die Deutsche Literatur des Mittelalters. Verfasserlexikon, Bd. 5. Berlin/New York [2]1985, S. 221–236.

Daniel von Morley

Sudhoff, K., Hrsg. [1917]: Daniels von Morley Liber de naturis inferiorum et superiorum, nach der Handschrift Cod. Arundel 377 des Britischen Museums zum Abdruck gebracht. In: *Archiv für die Geschichte der Naturwissenschaften und der Technik* 8/1917, S. 1–40.

Nicolaus Oresme

Borchert, E. [1934]: Die Lehre von der Bewegung bei Nicolaus Oresme. Münster 1934.
Breidert, W. [1989]: Spätscholastik. In: G. Böhme (Hrsg.): Klassiker der Naturphilosophie. München 1989. S. 86–98.
[Oresme, Nicolaus] Busard, H. L. L., Hrsg. [1961]: Nicole Oresme: Quaestiones super geometriam Euclidis. Leiden 1961.
Clagett, M. [1968]: Nicole Oresme and the Medieval Geometry of Qualities and Motions. Madison/Wisc. 1968.
[Oresme, Nicolaus] Grant, E., Hrsg. [1966]: Nicole Oresme: De proportionibus proportionum and Ad pauca respicientes. Hrsg. und übersetzt von E. Grant. Madison/Wisc./London 1966.
Grant, E. [1987]: Oresme, Nicole. In: Dictionary of the Middle Ages, Bd. 9. New York 1987, S. 270–272.
Grant, E. [1971]: Nicole Oresme and the Kinematics of Circular Motion. Tractatus de commensurabilitate vel incommensurabilitate motuum celi. Madison/Wisc. 1971.
[Oresme, Nicolaus] Menut, A. D., Hrsg. [1968]: Nicole Oresme: Le livre du ciel et du monde. Madison/Wisc. 1968.
Pedersen, O. [1956]: Nicole Oresme og hans naturfilosofiske system. Kopenhagen 1956.

Johannes de Sacrobosco

Brévart, F. B. [1983]: Johannes de Sacrobosco. In: Die deutsche Literatur des Mittelalters. Verfasserlexikon. Bd. 4, Berlin/New York 1983, S. 731–736.
Thorndike, L. [1949]: The Sphere of Sacrobosco. Chicago 1949, S. 24f.

Nicolaus Copernicus

Quellen

Nicolaus Copernicus Gesamtausgabe:
[Copernicus, Nicolaus] Nobis, H. M., Hrsg. [1974]: 1. De revolutionibus. Faksimile des Manuskripts. Hildesheim 1974.
[Copernicus, Nicolaus] [1984]: 2. De revolutionibus. Kritischer Text. Besorgt von H. M. Nobis und B. Sticker. Hildesheim 1984.
[Copernicus, Nicolaus] [1994]: 6, 1. Briefe. Bearb. von Andreas Kühne. Berlin 1994.
Nicholas Copernicus, Complete Works:
[Copernicus, Nicolaus] Czartoryski, P., Hrsg. [1985]: 3. Minor Works. Warschau/Krakau 1985. – Enthält u. a. die Übersetzung der griechischen Briefe des Theophilactus Simocattes, die astronomischen Kleinschriften, die Denkschriften zur Münzreform und die Dokumente zur administrativen Tätigkeit in englischer Übersetzung.
[Copernicus, Nicolaus] Czartoryski, P., Hrsg. [1992]: 4. Scripta minora. Fontium. Imagines Lucis ope depictae. Warschau/Krakau 1992.
[Copernicus, Nicolaus] Rossmann, F., Hrsg. [²1986]: Nikolaus Kopernikus, Erster Entwurf seines Weltsystems. Darmstadt ²1986. – Enthält u. a. den Commentariolus in lateinisch-deutscher Parallelübersetzung.
[Copernicus, Nicolaus] Sommerfeld, E., Hrsg. [1978]: Die Geldlehre des Nicolaus Copernicus. Texte, Übersetzungen, Kommentare. Berlin 1978.

Sekundärliteratur und Bibliographien

Baranowski, H. [1958]: Bibliografia Kopernikowska 1509–1955. Warschau 1958.
Baranowski, H. [1973]: Bibliografia Kopernikowska. 2: 1956–1971. Warschau 1973.
Baranowski, H. [1977]: Copernican Bibliography. Selected materials for the years 1972–1975. Studia Copernicana, Vol. XVIII, Krakau 1977, S. 179–201.
Blumenberg, H. [1985]: Die Genesis der kopernikanischen Welt. Frankfurt a. M. ²1985.
Hamel, J. [1994]: Nicolaus Copernicus. Leben, Werk und Wirkung. Heidelberg/Berlin/Oxford 1994.
Hamel, J. [1996]: Astronomie in Quellentexten. Von Hesiod bis Hubble. Heidelberg/Berlin/Oxford 1996.
Luther, M. [1912]: Kritische Gesamtausgabe. Tischreden, 1. Bd. Weimar 1912.
Luther, M. [1916]: Kritische Gesamtausgabe. Tischreden, 4. Bd. Weimar 1916.
Neodomus, N. [o. J.]: Prognosticon Auff das Jar ... M. D.LXXXVII. Königsberg i. P.: G. Osterburger o. J.
Rheticus, G. J. [1943]: Erster Bericht über die 6 Bücher des Kopernikus von den Kreisbewegungen der Himmelsbahnen. Übersetzt und eingeleitet von K. Zeller. München/Berlin 1943.
Zinner, E. [²1988]: Entstehung und Ausbreitung der copernicanischen Lehre. 2. Aufl, bearb. von H. M. Nobis und F. Schmeidler. München ²1988.

Galileo Galilei und seine Schüler

Quellen zu Galileo Galilei

Die größte Manuskriptquelle zum Werk Galileis und seiner Nachfolger ist die «Galileische Sammlung» in der Biblioteca Nazionale Centrale in Florenz (347 Bände). Nur das Galilei und Toricelli betreffende Material wurde systematisch veröffentlicht. Diese Sammlung wurde teilweise katalogisiert von A. Procissi [1959–1994].

[Galilei, Galileo] Drake, S. [1979]: Galileo's Notes on Motion. Supplemento agli Annali dell'Istituto e Museo di Storia della Scienza. Monografia N. 3. 1979. – Enthält Galileis Arbeitsmanuskripte, die nicht in der Edizione Nazionale (Galilei-Favaro [1890–1909]) enthalten sind.
[Galilei, Galileo] Favaro, A., Hrsg. [1890–1909]: Le opere di Galileo Galilei. Edizione Nazionale. 20 Bde., Florenz 1890–1909. Nachdrucke 1929–1939, 1964–1966, 1968. – Hierin sind Galileis Werke gesammelt.
[Galilei, Galileo] Procissi, A. [1959–1985]: La collezione galileiana della Biblioteca Nazionale di Firenze. 3 Bde., Rom 1959–1994.
[Galilei, Galileo] Blumenberg, H., Hrsg. [1980]: Sidereus Nuncius – Nachricht von neuen Sternen. Frankfurt 1980.
[Galilei, Galileo] [1891]: Dialog über die beiden hauptsächlichen Weltsysteme, das ptolemäische und das kopernikanische. Übersetzt von E. Strauss. Leipzig 1891. Neuausgabe Stuttgart 1982.
[Galilei, Galileo] Mudry, A., Hrsg. [1987]: Galileo Galilei, Schriften. Briefe. Dokumente. 2 Bde., Berlin 1987.
[Galilei, Galileo] Oettingen, A. von, Hrsg. [1964]: Unterredungen und mathematische Demonstrazionen über zwei neue Wissenszweige, die Mechanik und die Fallgesetze betreffend. Übersetzt und hrsg. von A. von Oettingen. Leipzig 1890–1891. Neuausgabe Darmstadt 1964.

Bibliographien und Biographien

Boffito, G. [1943]: Bibliografia Galileiana (1896–1940). Rom 1943.
Drake, S. [1978]: Galileo at Work: His Scientific Biography. Chicago 1978.
Favaro, A. und A. Carli [1896]: Bibliografia Galileiana (1568–1895). Rom 1896.
Fischer, K. [1983]: Galileo Galilei. München 1983.
Fölsing, A. [1989]: Galileo Galilei – Prozeß ohne Ende. München 1989.
Gentili, E. [1966]: Bibliografia Galileiana fra i due centenari (1942–1964). Venegono Inferiore 1966.
Hemleben, J. [1987]: Galilei. Hamburg 1987.
Krämer-Badoni, R. [1983]: Galileo Galilei. Berlin 1983.
McMullin, E. [1967]: Bibliografia Galileiana 1940–1962. In: McMullin [1967, Appendix A].
Schmutzer, E. und W. Schütz [1975]: Galileo Galilei. Leipzig 1985.
Viviani, V. [1717]: Racconto istorico. Florenz 1717. In: Galilei-Favaro [1890–1909, Bd. 19, S. 599–632]. – Deutsche Übersetzung in Mudry [1987].

Quellen zu Galileis Nachfolgern

Abetti, G. und P. Pagnini, Hrsg. [1942]: Le opere dei discepoli di Galileo Galilei. Edizione Nazionale, Vol. I: L'Accademia del Cimento. Parte Prima. Florenz 1942. – Dies ist eine mit Anmerkungen versehene Ausgabe der Saggi di naturali esperienze. Florenz 1667, der Accademia del Cimento.

Borelli, G. A. [1665]: Lettera del movimento della cometa apparsa il mese di dicembre 1664. Pisa 1665.
Borelli, G. A. [1666]: Theoricae mediceorum planetarum ex causis physicis deducta. Florenz 1666.
Castelli, B. [1628]: Della misura dell'acque correnti. Rom 1628.
[Castelli, B.] Bucciantini, M., Hrsg. [1988]: Carteggio. Florenz 1988.
Cavalieri, B. [1632]: Lo specchio ustorio. Bologna 1632.
Cavalieri, B. [1635]: Geometria indivisibilibus continuorum nova quadam ratione promota. Bologna 1635.
[Cavalieri, B.] Baroncelli, G., Hrsg. [1987]: Carteggio. Florenz 1987.
Galluzzi, P. und M. Torrini, Hrsg. [1974–1984]: Le opere dei discepoli di Galileo Galilei. Edizione Nazionale. Carteggio, 2. Bd. Florenz 1974–1984.
[Torricelli, E.] Loria, G. und G. Vassura, Hrsg. [1919–1944]: Opere. 4 Bde. Faenza 1919–1944.

Sekundärliteratur

Abetti, G. [1945]: Amici e nemici di Galileo. Mailand 1945.
Altieri Biagi, M. L. [1965]: Galileo e la terminologia tecnico-scientifica. Florenz 1965.
Andersen, K. [1985]: Cavalieri's Method of Indivisibles'. In: *Archive for History of Exact Sciences* 31/1985, S. 291–387.
Biagioli, M. [1993]: Galileo Courtier. Chicago 1993.
Butts, R. E. und J. C. Pitt, Hrsg. [1978]: New Perspective on Galileio. Dordrecht 1978.
Favaro, A. [1983]: Amici e corrispondenti di Galileo. 3 Bde. Nachdruck Florenz 1983.
Gebler, K. von [1876–1877]: Galileo Galilei und die römische Curie. 2 Bde. Stuttgart 1876–1877.
Koestler, A. [1959]: Die Nachtwandler. Die Entstehungsgeschichte unserer Welterkenntnis. Bern 1959.
Koyré, A. [1961]: La révolution astronomique: Copernic, Kepler, Borelli. Paris 1961.
Koyré, A. [1966]: Études galiléennes. Paris 1966.
Koyré, A. [1988]: Galilei. Die Anfänge der neuzeitlichen Wissenschaft. Berlin 1988.
Lattis, J. M. [1994]: Between Copernicus and Galileo. Christoph Clavius and the collapse of Ptolemaic Cosmology. Chicago/London 1994.
Maffioli, C. [1994]: Out of Galileo. The Science of Waters, 1628–1718. Rotterdam 1994.
McMullin, E., Hrsg. [1967]: Galileo: Man of Science. New York 1967.
Middleton, W. E. K. [1971]: The Experimenters: A Study of the Accademia del Cimento. Baltimore 1971.
Olschki, L. [1927]: Galilei und seine Zeit. Halle 1927. Nachdruck Vaduz 1965.
Redondi, P. [1989]: Galilei – der Ketzer. München 1989.
Santillana, G. di [1955]: The Crime of Galileo. Chicago 1955.
Segre, M. [1991]: In the Wake of Galileo. New Brunswick 1991.
Tragioni Tozzetti, G. [1780]: Notizie degli aggrandimenti delle scienze fisiche accaduti in Toscana nel corso di anni LX del secolo XVII. Florenz 1780. Nachdruck Bologna 1967.
Wisan, W. L. [1974]: The New Science of Motion: A Study of Galileo's De motu locali. In: *Archive for History of Exact Sciences* 13/1974, S. 103–306.
Wohlwill, E. [1909–1926]: Galilei und sein Kampf für die copernicanische Lehre. 2 Bde. Leipzig 1909–1926. Nachdruck Wiesbaden 1969.

Johannes Kepler

Quellen

Kepler, Johannes [1596]: Prodromus Dissertationum cosmographicarum, continens Mysterium Cosmographicum. Tübingen 1596.
Kepler, Johannes [1604]: Ad Vitellionem paralipomena, quibus Astronomiae pars optica traditur. Frankfurt 1604.
Kepler, Johannes [1606]: De Stella Nova. Prag/Frankfurt 1606.
Kepler, Johannes [1609]: Astronomia Nova aitiológetos, seu Physica Coelestis. Heidelberg 1609.
Kepler, Johannes [1610]: Dissertatio cum nuncio sidereo. Prag 1610.
Kepler, Johannes [1611a]: Strena seu de nive sexangula. Frankfurt 1611.
Kepler, Johannes [1611b]: Dioptrice. Augsburg 1611.
Kepler, Johannes [1613]: Bericht vom Geburtsjahr Christi. Straßburg 1613.
Kepler, Johannes [1615]: Nova Stereometria doliorum vinariorum. Linz 1615.
Kepler, Johannes [1617–1636]: Ephemerides Novae motuum coelestium 1617–1636. Linz 1617/1619 und Sagan 1630.
Kepler, Johannes [1618–1621]: Epitome Astronomiae Copernicanae. Linz 1618/1620 und Frankfurt 1621.
Kepler, Johannes [1619a]: De Cometis libelli tres. Augsburg 1619.
Kepler, Johannes [1619b]: Harmonices Mundi libri V. Linz 1619.
Kepler, Johannes [1623]: Glaubensbekandtnus und Ableinung allerhand desthalben entstandener ungütlichen Nachreden. Straßburg 1623.
Kepler, Johannes [1624]: Chilias Logarithmorum. Marburg 1624.
Kepler, Johannes [1625]: Tychonis Brahei Dani Hyperaspistes. Frankfurt 1625.
Kepler, Johannes [1627]: Tabulae Rudolphinae. Ulm 1627.
Kepler, Johannes [1634]: Somnium seu Opus posthumum de Astronomia Lunari. Sagan/Frankfurt 1634.
[Kepler, Johannes] Frisch, Ch., Hrsg. [1858–1871]: Ioannis Kepleri Astronomi Opera Omnia. 8 Bde. Frankfurt/Erlangen 1858–1871.
[Kepler, Johannes] Kepler-Kommission der Bayerischen Akademie der Wissenschaften, Hrsg. [1937ff.]: Johannes Kepler. Gesammelte Werke. München 1937ff. – Bisher 20 Bde. erschienen.

Bibliographien und Biographien

Caspar, M. [1948]: Johannes Kepler, Stuttgart 1948. – Neu bearbeitete amerikanische Übersetzung 1993.
Caspar, M. [1968]: Biliographia Kepleriana. München ²1968. – 3. Auflage in Vorbereitung.
Gerlach, W. und M. List [1971]: Johannes Kepler. Dokumente zu Leben und Werk. München 1971.
Hoppe, J. [1975]: Johannes Kepler. Leipzig 1975.
Keppler, G. [1930–1931]: Familiengeschichte Keppler. 2 Bde. Görlitz 1930–1931.
Koestler, A. [1960]: The Watershed. A Biography of Johannes Kepler. New York 1960.
Taton, R. [1972]: Tableau chronologique des principales œuvres de J. Kepler. In: *Astronomie* 86/1972, S. 288–303.

Sekundärliteratur

Beer, A. und P. Beer, Hrsg. [1974]: Kepler – Four Hundred Years. Vistas in Astronomy, Vol. 18, Oxford/New York 1974.
Bialas, V. [1971]: Die quantitative Beschreibung der Planetenbewegung von Johannes Kepler in seinem handschriftlichen Nachlaß. In: Kepler-Festschrift. Regensburg 1971, S. 99–140.
Bialas, V., Hrsg. [1992]: Naturgesetzlichkeit und Kosmologie in der Geschichte. Festschrift für Ulrich Grigull. Stuttgart 1992.
Cassirer, E. [1930]: Keplers Stellung in der europäischen Geistesgeschichte. In: Verhandlungen des naturwissenschaftlichen Vereins Hamburg. Hamburg 1930, S. 135–148.
Field, J. W. [1988]: Kepler's Geometrical Cosmology. London 1988.
Gerlach, W. [1973]: Johannes Kepler und die Copernicanische Wende. In: Nova Acta Leopoldina N. F., Bd. 37,2. Halle 1973.
Holton, G. [1961]: Johannes Kepler et les origines philosophiques de la physique moderne. Conférence le 7 janvier 1961. Paris 1961.
Hübner, J. [1975]: Die Theologie Johannes Keplers zwischen Orthodoxie und Naturwissenschaft. Tübingen 1975.
Krafft, F., K. Meyer und B. Sticker, Hrsg. [1971]: Internationales Kepler-Symposium. Weil der Stadt 1971. Hildesheim 1973.
Naturwissenschaftlicher Verein Regensburg, Hrsg. [1971]: Kepler-Festschrift Regensburg 1971. Regensburg 1971.
Oeser, E. [1971]: Kepler. Die Entstehung der neuzeitlichen Wissenschaft. Göttingen/Zürich/Frankfurt 1971.
Stöckl, K., Hrsg. [1930]: Kepler-Festschrift. I. Teil. Bericht des naturwissenschaftlichen Vereins zu Regensburg. Regensburg 1930.
Sutter, B. [1979]: Der Hexenprozeß gegen Katharina Kepler. Weil der Stadt 1979.
Wahsner, R. [1992]: Weltharmonie und Naturgesetz. Zur wissenschaftshistorischen und wissenschaftstheoretischen Bedeutung der Keplerschen Harmonienlehre. In: Bialas [1992, S. 91–100].

René Descartes

Quellen

[Descartes, René] Adam, Ch. und P. Tannery, Hrsg. [1897–1913]: Œuvres de Descartes. 3 Bde. Paris 1897–1913. Erweiterte Neuauflage 1964–1967.
[Descartes, René] Arndt, H. W., Hrsg. [1982]: Gespräche mit Burmann. Lateinisch-deutsch. Hamburg 1982.
[Descartes, René] Bense, M. und F. Baumgart [1949]: Briefe, 1629–1650. Deutsche Auswahl. Hrsg. von M. Bense und übersetzt von F. Baumgart. Köln/Krefeld 1949.
[Descartes, René] Bridoux, A., Hrsg. [1953]: Descartes. Œuvres et Lettres. Paris 1953.
[Descartes, René] Buchenau, A., Hrsg. [1641]: Meditationen über die Grundlagen der Philosophie mit den sämtlichen Einwänden und Erwiderungen. Übersetzt und hrsg. von A. Buchenau. Hamburg 1915. Neudruck 1972.
[Descartes, René] Buchenau, A., Hrsg. [1644–1647]: Die Prinzipien der Philosophie. Mit einem Anhang, enthaltend Bemerkungen René Descartes' über ein gewisses in den Niederlanden gegen Ende 1647 gedrucktes Programm. Hamburg 1908. Neudruck 1965.
[Descartes, René] [1637]: Dioptrik. Übersetzt von G. Leisegang. Meisenheim am Glan 1954.

[Descartes, René] [1664]: Le Monde ou Traité de la Lumière/Die Welt oder Abhandlung über das Licht. Übersetzt von G. M. Tripp. Weinheim 1989.
[Descartes, René] Gäbe, L., Hrsg. [1637–1644]: Discours de la méthode/Von der Methode des richtigen Verstandesgebrauches. Französisch-deutsche Ausgabe. Hamburg 1969.
[Descartes, René] Schlesinger, L., Hrsg. [1637]: Die Geometrie. Deutsch. Berlin 1894; Nachdruck Darmstadt 1969.
[Descartes, René] Schmidt, G., Hrsg. [1701]: La Recherche de la verité par la lumiere naturelle. Französisch-lateinisch-deutsch. Würzburg 1989.
[Descartes, René] Springmeyer, H., L. Gäbe und H. G. Zekl, Hrsg. [1701]: Regulae ad directionem ingenii/Regeln zur Ausrichtung der Erkenntniskraft. Lateinisch-deutsche Ausgabe. Hamburg 1973.

Bibliographien

Bibliography of Descartes Literature 1960–1970. In: H. Caton: The Origin of Subjectivity. New Haven/London 1973, S. 223–243. – Seit 1972 erscheint in den «Archives de Philosophie» (seit Jg. 35) jährlich ein «Bulletin cartésien» mit bibliographischen Angaben und Besprechungen.
Sebba, G. [1964]: Bibliographia Cartesiana: A Critical Guide to the Descartes Literature 1800–1960. Den Haag 1964.

Sekundärliteratur

Aiton, E. J. [1972]: The Vortex Theory of Planetary Motion. New York 1972.
Blackwell, R. S. [1966]: Descartes' Laws of motion. In: *Isis* 57/1966, S. 220–234.
Brockdorff, C. V. [1923]: Descartes und die Fortbildung der kartesianischen Lehre. München 1923.
Cottingham, J., Hrsg. [1992]: The Cambridge Compenion to Descartes. Cambridge 1992.
Crombie, A. C., M. S. Mahoney und Th. M. Brown: Descartes, René du Perron. In: Dictionary of Scientific Biography. Bd. 4, New York 1981, S. 51–65.
Gaukroger, S., Hrsg. [1980]: Descartes: Philosophy, Mathematics and Physics. Brighton 1980.
Gaukroger, S.: Descartes. An Intellectual Biography. Oxford 1995.
Iltis, C. [1973]: The Decline of Cartesianism in Mechanics: The Leibniz-Cartesian Debates. In: *Isis* 64/1973, S. 356–373.
Scott, J. F. [1952]: The Scientific Work of René Descartes (1596–1650). London 1952.
Shea, W. R.: The Magic of Numbers and Motion. The Scientific Career of René Descartes. Science History Publications. U.S.A. 1991.
Weizsäcker, C. F. von [1958]: Descartes und die neuzeitliche Naturwissenschaft. Hamburger Universitätsreden, Bd. 23. Hamburg 1958.

Christiaan Huygens

Quellen und Übersetzungen

[Huygens, Christiaan] Hausdorff, F., Hrsg. [1903]: Christiaan Huygen's nachgelassene Abhandlungen: Über die Bewegung der Körper durch den Stoß. Über die Zentrifugalkraft. Ostwalds Klassiker der exakten Wissenschaften, Nr. 138. Leipzig 1903.

[Huygens, Christiaan] Heckscher, A. und A.J. von Oettingen, Hrsg. [1889]: Die Pendeluhr. Horologium oscillatorium. Ostwalds Klassiker der exakten Wissenschaften, Nr. 192. Leipzig 1889.
[Huygens, Christiaan] Lommel, E., Hrsg. [1678]: Abhandlung über das Licht. In 2. Auflage durchgesehen und berichtigt von A.J. von Oettingen. Ostwalds Klassiker der exakten Wissenschaften, Nr. 20. Leipzig 1903. Nachdruck Darmstadt 1964.
[Huygens, Christiaan] Mewes, R., Hrsg. [1690]: Abhandlung über die Ursache der Schwere. Deutsch. Berlin 1896.
[Huygens, Christiaan] Société Hollandaise des Sciences, Hrsg. [1888–1950]: Œuvres complètes de Christiaan Huygens. 22 Bde. La Haye 1888–1950.

Sekundärliteratur

Bell, A.E. [1947]: Christiaan Huygens and the development to science in the 17th century. London 1947.
Bos, H.J.M. [1972]: Christiaan Huygens. In: Dictionary of Scientific Biography. Bd. 6, New York 1981, S. 597–613.
Bos, H.J.M. u.a., Hrsg. [1980]: Studies on Christiaan Huygens. Symposium Amsterdam 22–25 August 1979. Lisse 1980.
Centre national de la Recherche scientifique [1982]: Huygens et la France. Table ronde du Centre national de la Recherche scientifique, 27–28 mars 1979. Paris 1982.
d'Elia, A. [1987]: Christiaan Huygens. Una Biografia intellettuale. Mailand 1987.
Dijksterhuis, E.J. [1951]: Christiaan Huygens. Harlem 1951.
Dijksterhuis, E.J. [1953]: Christiaan Huygens. In: *Centaurus* 2/1953, S. 265–282.
Vollgraff, J.A. [1950]: Christiaan Huygens. In: Œuvres complêtes. Bd. 22, La Haye 1950.
Yoder, J.G. [1988]: Unrolling Time. Christiaan Huygens and the mathematization of nature. Cambridge 1988.

Isaac Newton

Quellen und Übersetzungen

[Newton, Isaac] [1687]: Philosophae naturalis principia Mathematica. London 1687. ^{2}1713. ^{3}1726. – Von der 3. Auflage erschien 1972 eine textkritische zweibändige Edition bei Harvard UP, hrsg. von A. Koyré und I.B. Cohen.
[Newton, Isaac] [1704]: Opticks or a Treatise of the Reflections, Refractions, Inflections and Colours of Light. London 1704. ^{2}1717. ^{3}1721. ^{4}1730. – Neudruck der 4. Auflage mit Einführungen von E. Whittaker und I.B. Cohen und einem Geleitwort von A. Einstein. New York 1952.
[Newton, Isaac] Cohen, I.B., Hrsg. [1958]: Isaac Newton's papers and letters on natural philosophy and related documents. Cambridge 1958.
[Newton, Isaac] Dellian, E., Hrsg. [1988]: Mathematische Grundlagen der Naturphilosophie. Hamburg 1988.
[Newton, Isaac] Shapiro, A., Hrsg. [1984]: The optical papers of Isaac Newton. Bd. 1. Cambridge 1984.
[Newton, Isaac] Turnbull, H.W. u.a., Hrsg. [1959–1977]: The correspondance of Isaac Newton. 7 Bde. Cambridge 1959–1977.
[Newton, Isaac] Whiteside, D.T., Hrsg. [1964/67]: The mathematical works of Isaac Newton. 2 Bde. New York/London 1964/67.

[Newton, Isaac] Whiteside, D. T., Hrsg. [1967–1984]: The mathematical papers of Isaac Newton. 8 Bde. Cambridge 1967–1984.
[Newton, Isaac] Wolfers, J. Ph. [1872]: Mathematische Principien der Naturlehre. Übersetzt und erläutert von J. Ph. Wolfers. Berlin 1872. Nachdruck Darmstadt 1963.

Bibliographien und Biographien

Schneider, I. [1988]: Isaac Newton. Beck'sche Reihe Große Denker, Bd. 514. München 1988.
Wallis, P. und R.: Newton and Newtoniana 1672–1975: a bibliography. Dawson Folkestone 1977.
Westfall, R. S. [1980]: Never at rest: a biography of Isaac Newton. Cambridge 1980.
Westfall, R. S. [1993]: The life of Isaac Newton. Cambridge 1993.

Sekundärliteratur

Bertoloni Meli, D. [1993]: Equivalence and priority: Newton versus Leibniz. Oxford 1993.
Cohen, I. B. [1971]: Introduction to Newton's ‹Principia›. Cambridge 1971.
Dobbs, B. J. [1975]: The foundations of Newton's alchemy. Cambridge 1975.
Fauvel, J. u. a., Hrsg. [1988]: Let Newton be! A new perspective on his life and works. Oxford 1988.
Gjertsen, D. [1986]: The Newton handbook. London 1986.
Herivel, J. [1965]: The background to Newton's Principia. Oxford 1965.
Manuel, F. E. [1974]: The religion of Isaac Newton. Oxford 1974.

Gottfried Wilhelm Leibniz

[Leibniz, Gottfried Wilhelm] Cassirer, E. und A. Buchenan [1904–1906]: Hauptschriften zur Grundlegung der Philosophie. 2 Bde. Übersetzt von A. Buchenan und hrsg. von E. Cassirer. Leipzig. 1904–1906. Hamburg [3]1966 (=HS).
[Leibniz, Gottfried Wilhelm] Couturat, L., Hrsg. [1903]: Opuscules et fragments inédits de Leibniz. Extraits des manuscrits... Paris 1903. Nachdruck Hildesheim 1961 (= OF).
[Leibniz, Gottfried Wilhelm] Dosch, H. G., G. M. Most und E. Rudolph, Hrsg. [1695]: Specimen dynamicum,... Acta eruditorum. April 1695, S. 145–157. Lateinisch-deutsche Ausgabe. Hamburg 1982 (= SD).
[Leibniz, Gottfried Wilhelm] Dutens, L., Hrsg. [1768]: Opera omnia, nunc primum collecta, in classes distributa, praefationibus & indicibus exornata. 6 Bde. Genf 1768. Nachdruck Hildesheim 1989 (= Dutens).
[Leibniz, Gottfried Wilhelm] Gerhardt, C. I., Hrsg. [1849–1863]: Leibnizens mathematische Schriften. 7 Bde. Berlin (später: Halle) 1849–1863. Nachdruck Hildesheim 1962 (= GM).
[Leibniz, Gottfried Wilhelm] Gerhardt, C. I., Hrsg. [1962]: Der Briefwechsel von G. W. Leibniz mit Mathematikern. Berlin 1899. Nachdruck Hildesheim 1962.
[Leibniz, Gottfried Wilhelm] Gerland, E., Hrsg. [1906]: Nachgelassene Schriften physikalischen, mechanischen und technischen Inhalts. Leipzig 1906. Nachdruck New York 1973 (= NS).
[Leibniz, Gottfried Wilhelm] Herring, H., Hrsg. [1958]: Discours de métaphysique. Französisch-deutsche Ausgabe. Hamburg 1958. [2]1985 (= DM).

[Leibniz, Gottfried Wilhelm] Leibniz-Archiv der Niedersächsischen Landesbibliothek Hannover, Hrsg. [1976ff.]: Mathematischer und naturwissenschaftlicher Briefwechsel. Berlin 1976ff.
[Leibniz, Gottfried Wilhelm] Preußische (Deutsche) Akademie der Wissenschaften zu Berlin, Hrsg. [1923ff.]: Sämtliche Schriften und Briefe. Darmstadt (später: Leipzig, zuletzt: Berlin) 1923ff. (= SB).

Bibliographien

Hofmann, J. E. [1977]: Register zu G. W. Leibniz. Mathematische Schriften und der Briefwechsel mit Mathematikern. Hildesheim/New York 1977.
Müller, K. [1967]: Leibniz-Bibliographie. Die Literatur über Leibniz. Frankfurt. 1967. [2]1984.
Ravier, E. [1937]: Bibliographie des œuvres de Leibniz. Paris 1937. Nachdruck Hildesheim 1966.
Rochot, B. [1958]: Nouveaux travaux sur Leibniz. In: *Rev. synth.* 79/1958, S. 146–149.

Biographien

Aiton, E. J. [1985]: Leibniz. A Biography. Bristol/Boston 1985.
Breger, H. [1989]: Gottfried Wilhelm Leibniz. In: G. Böhme (Hrsg.): Klassiker der Naturphilosophie. München 1989, S. 187–202.
Mittelstraß, J. [1984]: Leibniz. In: Ders. (Hrsg.): Enzyklopädie Philosophie und Wissenschaftstheorie Bd. II. Mannheim/Wien/Zürich 1984, S. 567–580.
Müller, K. und G. Krönert [1969]: Leben und Werk von Gottfried Wilhelm Leibniz. Eine Chronik. Frankfurt 1969.

Sekundärliteratur

Aiton, E. J. [1962]: The celestial mechanics of Leibniz in the light of Newtonian criticism. In: *Annals of Science* 18/1962, S. 31–41.
Aiton, E. J. [1972]: The Vortex Theory of Planetary Motions. London/New York 1972.
Aiton, E. J. [1972/1973]: Leibniz on motion in a resisting medium. In: *Archive of History of Exact Sciences* 9/1972/1973, S. 257–274.
Bos, H. J. M. [1986]: Fundamental concepts of the Leibnizian calculus. In: 300 Jahre ‹Nova Methodus› von G. W. Leibniz. Stuttgart 1986, S. 103–118.
Boscovich, R. [1987]: The Philosophy of Science of Ruđer Bošković. Proceedings of the Symposium of the Institute of Philosophy and Theology, S. J., Zagreb 1987.
Costabel, P. [1960]: Leibniz et la dynamique. Paris 1960.
Doncel, M. G. u. a., Hrsg. [1987]: Symmetries in Physics (1600–1980). Proceedings of an Intern. Meeting: Saint Feliu, Spain, 1983. Singapore/New Jersey/Hong Kong 1987.
Dugas, R. [1942]: Le principe de la moindre action dans l'œuvre de Maupertuis. In: *Revue Scientifique* 80/1942, S. 51–59.
Ebbinghaus, H.-D. u. a. [[3]1992]: Grundwissen Mathematik, Bd. 1. Berlin/Heidelberg/New York/Tokyo [3]1992.
Edwards, C. H. [1979]: The Historical Development of the Calculus. New York/Heidelberg/Berlin 1979.
Fellmann, E. A., Hrsg. [1973]: Leibniz: Marginalia ad Newtoni Principia. Paris 1973.
Fenton, N. E. [1969]: Leibniz' Doctrine on Space. Diss. Chicago 1969.
Fichant, M. [1974]: La ‹réforme› leibnizienne de la dynamique. In: Studia Leibnitiana Supplementa, Bd. XIII. Wiesbaden 1974, S. 195–214.

Fichant, M. [1978]: Les concepts fondamentaux de la mécanique selon Leibniz, en 1676. In: Leibniz à Paris (1672–1676), Bd. 1. Wiesbaden 1978, S. 219–232.

[Galilei, G.] Oettingen, A. von [1891]: Discorsi, dt. Unterredungen und mathematische Demonstrationen über zwei neue Wissenszweige, die Mechanik und die Fallgesetze betreffend. Übersetzt und hrsg. von A. von Oettingen. Leipzig 1891. Repr. Darmstadt 1973.

Garber, D. [1995]: Leibniz: Physics and philosophy. In: N. Jolley (Hrsg.): The Cambridge Companion to Leibniz. Cambridge 1995, S. 270–352.

Gueroult, M. [1934]: Dynamique et Métaphysique leibnizienne. Paris 1934.

Heinekamp, A., Hrsg. [1984]: Leibniz' Dynamica. Stuttgart 1984.

Heß, H.-J. [1978]: Die unveröffentlichten naturwissenschaftlichen und technischen Arbeiten von Leibniz aus der Zeit seines Paris-Aufenthaltes. In: Studia Leibnitiana Supplementa, Bd. XVII. Wiesbaden 1978, S. 183–218.

[Huygens, Christiaan] Korteweg, D. J. und J. A. Schouten, Hrsg. [1920]: Die relative und absolute Bewegung bei Huygens. In: *Jahresbericht der Deutschen Mathematiker-vereinigung* 29/1920, S. 136–144.

Iltis, C. [1971]: Leibniz and the Vis Viva Controversy. In: *Isis* 62/1971, S. 21–35.

Jammer, M. [1954]: Concepts of Space. The History of Theories of Space in Physics. Cambridge/Mass. 1954.

Kaulbach, F. [1960]: Die Metaphysik des Raumes bei Aristoteles, Leibniz und Kant. Köln 1960.

Kneser, A. [1928]: Das Prinzip der kleinsten Wirkung von Leibniz bis zur Gegenwart. Leipzig 1928.

Knobloch, E. [1980]: Der Beginn der Determinantentheorie, Leibnizens nachgelassene Studien zum Determinantenkalkül. Hildesheim 1980.

Koenig, S. [1751]: De universali principio aequilibrii et motus, in viva reperto, deque nexu inter vim vivam et actionem, utriusque minimo, dissertatio, auctore Sam. Koenigio, Profess. Franeq. In: Nova acta eruditorum, Lipsiae 1751, S. 125–135, 162–176.

Mainzer, K. [1988]: Symmetrien der Natur. Ein Handbuch zur Natur- und Wissenschaftsphilosophie. Berlin/New York 1988 (engl. New York 1995).

Mainzer, K. [1992a]: Raum, Zeit und Kausalität. Leibnizens Prinzipien und die modernen Naturwissenschaften. In: A. Heinekamp, W. Lenzen und M. Schneider (Hrsg.): Mathesis rationis. Festschrift für Heinrich Schepers. Münster 1992, S. 233–254.

Mainzer, K. [1992b]: Friedrich der Große und der Krieg der Philosophen. Zum Verhältnis von Physik, Philosophie und Religion bei Leibniz bis zur Aufklärung. In: Annali dell' Istituto storico italo-germanico in Trento XI 1985, S. 103–140; Wiederabdruck in: J. Audretsch (Hrsg.): Die andere Hälfte der Wahrheit. Naturwissenschaft, Philosophie, Religion. München 1992, S. 72–95.

Mariotte, E. [1723]: Traité du mouvement des eaux et des autres fluides. Paris 1686. Deutsche Übersetzung: Grundlehren der Hydrostatik und Hydraulik. Übers. von J. C. Meinig. Leipzig 1723.

Mittelstraß, J. und E. J. Aiton [1973]: Physics, Logic, Metaphysics. In: Dictionary of Scientific Biography, Bd. 8. New York 1973, S. 150–160, 166–168.

Rescher, N., Hrsg. [1989]: Leibnizian Inquiries: A Group of Essays. Lanham/New York/London 1989.

Schepers, H. [1985]: Leibniz. Neue Deutsche Biographie. Hrsg. von der Historischen Kommission bei der Bayerischen Akademie der Wissenschaften. Band 14, Berlin 1985, S. 121–131.

Scriba, C. H. [1962]: The inverse method of tangents: A dialogue between Leibniz and Newton. In: *Archive of History of Exact Sciences* 2/1962, S. 113–137.

Stammel, H. [1982]: Der Kraftbegriff in Leibniz' Physik. Diss. Mannheim 1982.

Stein, E. und A. Heinekamp, Hrsg. [1990]: Gottfried Wilhelm Leibniz. Das Wirken des großen Philosophen und Universalgelehrten als Mathematiker, Physiker und Techniker. Leibniz-Ausstellung. Hannover 1990.
Szabó, I. [1977]: Geschichte der mechanischen Prinzipien. Basel/Stuttgart 1977.
Turnbull, H. u.a., Hrsg. [1959–1977]: The Correspondance of Isaac Newton (1661–1727). 7 Bde. Cambridge 1959–1977.
Weizsäcker, C.F. von und E. Rudolph, Hrsg. [1989]: Zeit und Logik bei Leibniz. Stuttgart 1989.
Weyl, H. [1918]: Raum – Zeit – Materie. Vorlesungen über Allgemeine Relativitätstheorie, Berlin 1918, [5]1923. Wiederdruck Darmstadt 1961.

Leonhard Euler und Joseph Louis Lagrange

Allgemeine Literatur

Becker, O. und J.E. Hoffmann [1951]: Geschichte der Mathematik. Bonn 1951.
[Berkeley, George] Breidert, W., Hrsg. [1985]: Schriften über die Grundlagen der Mathematik und Physik. Frankfurt a.M. 1985.
Cantor, M. [1901]: Vorlesungen über Geschichte der Mathematik, Bd. 3. Leipzig 1901.
Cantor, M. [1924]: Vorlesungen über Geschichte der Mathematik, Bd. 4. Leipzig 1924, insbes. S. 1075–1096.
Dieudonné, J. [1985]: Geschichte der Mathematik 1700–1900. Ein Abriß. Berlin 1985.
Dühring, E. [1887]: Kritische Geschichte der allgemeinen Principien der Mechanik. Leipzig 1887. – Dritter Abschnitt.
Dugac, P. [1985]: Grundlagen der Analysis. In: Dieudonné [1985, S. 359–421].
Hegel, G.W.F. [1986]: Wissenschaft der Logik. Erster Teil. In: Georg Friedrich Wilhelm Hegel: Werke. Auf der Grundlage der Werke von 1832–1845 neu edierte Ausgabe unter der Redaktion von E. Moldenhauer und K.M. Michel, Bd. 5. Frankfurt a.M. 1986. – Abschnitt «Die Unendlichkeit des Quantums».
Helmholtz, H. von [1895a]: Wissenschaftliche Abhandlungen von Hermann von Helmholtz. 3. Bd. Leipzig 1895.
Helmholtz, H. von [1895b]: Ueber die physikalische Bedeutung des Princips der kleinsten Wirkung. In: Helmholtz [1895a, S. 203–248].
Helmholtz, H. von [1895c]: Zur Geschichte des Princips der kleinsten Wirkung. In: Helmholtz [1895a, S. 249–263].
Hund, F. [1978]: Geschichte der physikalischen Begriffe. Teil 1. Mannheim/Wien/Zürich 1978.
[Kant, Immanuel] Weischedel, W., Hrsg. [1977a]: Werkausgabe. Bd. 2, Frankfurt a.M. 1977.
Kant, I. [1977b]: Versuch den Begriff der negativen Größen in die Weltweisheit einzuführen. In: Kant [1977a, S. 779–819].
Kant, I. [1977c]: Von dem ersten Grunde des Unterschiedes der Gegenden im Raume. In: Kant [1977a, S. 992–1000].
Klein, F. [1950]: Vorlesungen über die Geschichte der Mathematik. Teil I. New York 1950.
[Mach, E.] Wahsner, R. und H.-H. von Borzeszkowski, Hrsg. [1988]: Die Mechanik in ihrer Entwicklung. Historisch-kritisch dargestellt. Hrsg. und mit einer Anlage versehen von R. Wahsner und H.-H. von Borzeszkowski. 4. Kap. Berlin 1988.
Planck, M. [1958]: Das Prinzip der kleinsten Wirkung. In: Verband Deutscher Physikalischer Gesellschaften und Max-Planck-Gesellschaft (Hrsg.): Max Planck. Physikalische Abhandlungen und Vorträge. Bd. 3, Braunschweig 1958, S. 91–101.

Struik, D. J. [1976]: Abriß der Geschichte der Mathematik. Berlin 1976.
Wahsner, R. [1981]: Das Aktive und das Passive. Zur erkenntnistheoretischen Begründung der Physik durch den Atomismus – dargestellt an Newton und Kant. Berlin 1981.

Leonhard Euler

Basel-Stadt, Hrsg. [1983]: Leonhard Euler 1707–1783. Beiträge zu Leben und Werk. Gedenkband des Kantons Basel-Stadt. Basel 1983.
Eneström, G. [1910]: Verzeichnis der Schriften Leonhard Eulers. Leipzig 1910.
Engel, W., Hrsg. [1985]: Festakt und Wissenschaftliche Konferenz aus Anlaß des 200. Todestages von Leonhard Euler. Abhandlungen der Akademie der Wissenschaften der DDR, Jg. 1985, Nr. 1N.
[Euler, L.] [1896/1928]. – Die deutsche Übersetzung einzelner Arbeiten ist erschienen in: Ostwalds Klassiker der exakten Wissenschaften, Nr. 46, 73, 93, 103, 175, 182, 226. Leipzig 1896–1928.
[Euler, L.] Rudio, F. u. a., Hrsg. [1911]: Opera omnia. Leipzig u. a. seit 1911.
[Euler, L.] Hofmann, J. E., Hrsg. [1959]: Vollständige Anleitung zur Algebra. Eingeleitet und hrsg. von J. E. Hofmann. Stuttgart 1959.
[Euler, L.] Jushkevich, A. P. und E. Winter, Hrsg. [1959–1976]: Die Berliner und die Petersburger Akademie der Wissenschaften im Briefwechsel Eulers. Berlin 1959–1976.
[Euler, L.] Jushkevich, A. P., Hrsg. [1983]: Zur Theorie komplexer Funktionen. Leipzig 1983.
[Euler, L.] [1986]: Briefe an eine deutsche Prinzessin über verschiedene Gegenstände aus der Physik und Philosophie. Übersetzt und eingeleitet von A. Speiser. Braunschweig 1986.
[Euler, L. und Ch. Goldbuch] Jushkevich, A. P. und E. Winter, Hrsg. [1729–1764]: Leonhard Euler und Christian Goldbuch. Briefwechsel 1729–1764. Berlin 1965.
Hoppe, E. [1904]: Die Philosophie Leonhard Eulers. Eine systematische Darstellung seiner Leistungen. Gotha 1904.
Schröder, K., Hrsg. [1959]: Sammelband zu Ehren des 250. Geburtstages Leonhard Eulers der Deutschen Akademie der Wissenschaften vorgelegten Abhandlungen. Berlin 1959.
Speiser, A. [1934]: Leonhard Euler und die deutsche Philosophie. Zürich 1934.
Spiess, O. [1929]: Leonhard Euler. Einleitung zur Geistesgeschichte des 18. Jahrhunderts. Frauenfeldt/Leipzig 1929.
Thiele, R. [1982]: Leonhard Euler. Leipzig 1982.

Joseph Louis Lagrange

[Arago, F.] Hankel, W. G., Hrsg. [1855]: Laplace. In: François Arago. Sämmtliche Werke, Bd. 3. Leipzig 1855.
Borgato, M. T. und L. Pepe [1990]: Lagrange. Appunti per una biografica scientifica. Turin 1990.
Burzio, F. [1942]: Lagrange. Turin 1942.
Delambre, J. B. [1816]: Notice sur la vie et les ouvrages de M. Le Compte J. L. Lagrange. Paris 1816. Auch in: Œuvres de Lagrange I, IX–LI.
Fraser, C. [1983]: J. L. Lagrange's Early Contributions to the Principles and Methods of Mechanics. In: *Archive for History of exact Sciences* 28/1983, S. 197–241.
Hamel, G. [1936]: Joseph Louis Lagrange. In: *Die Naturwissenschaften* 24/1936, S. 51–53.
Itard, J. [1973]: Joseph Louis Lagrange. Dictionary of Scientific Biography. Band 7, 1973, S. 559–573.

[Lagrange, J. L.] Serret, J. A. und G. Darboux, Hrsg. [1867–1892]: Œuvres, Band I–XIV. Paris 1867–1892. Repr. Hildesheim/New York 1973.
Lagrange, J. L. [1894–1908]. – Die deutschen Übersetzungen einzelner Arbeiten sind erschienen in: Ostwalds Klassiker der exakten Wissenschaften, Nr. 47, 55, 103, 113, 146, 167. Leipzig 1894–1908.
Lagrange, J. L. [1887]: Analytische Mechanik. Deutsch herausgegeben von H. Servus. Berlin 1887.
Sarton, G. [1944]: Lagrange's Personality (1736–1813). Proceedings of the American Philosophical Society 88, S. 457–496 (1944).
Taton, R. [1988]: Le départ de Lagrange de Berlin et son installation à Paris en 1787. In: *Rev. Hist. Sci.* 41/1988, S. 39–74.

Leonhard Euler und Joseph Louis Lagrange

Cantor, M. [1878]: Der Briefwechsel zwischen Lagrange und Euler. In: *Zeitschrift für Mathematik und Physik. Historisch-literarische Abteilung* 23/1878, S. 1–21.
Jushkevich, A. P. [1959]: Euler und Lagrange über die Grundlagen der Analysis. In: Schröder, K., Hrsg. [1959]: In: Sammelband der zu Ehren des 250. Geburtstages Leonhard Eulers der deutschen Akademie der Wissenschaften zu Berlin vorgelegten Abhandlungen. Berlin 1959, S. 224–243.
Pulte, H. [1989]: Das Prinzip der kleinsten Wirkung und die Kraftkonzeptionen der rationalen Mechanik: Eine Untersuchung zur Grundlegungsproblematik bei Leonhard Euler, Pierre Louis Moreau de Maupertuis und Joseph Louis Lagrange. Stuttgart 1989.

Charles-Augustin Coulomb

Quellen

Coulomb, Charles-Augustin [1773]: Essai sur une application des règles de *maximis* et *minimis* à quelques problemes de statique, relatifs à l'architecture. Memoires de mathematique et de physique, présentés à l'Academie Royale des Sciences par divers savans, VII. 1773. Paris 1776, S. 343–382.
Coulomb, Charles-Augustin [1776]: Mémoire sur le service des officiers du Corps du Génie. Unveröffentlichtes Manuskript, abgedruckt in: Gillmor [1971, S. 255–261].
Coulomb, Charles-Augustin [1780]: Recherches sur la meilleure manière de fabriquer les aiguilles aimantées. Mémoires de mathematique et de physique présentés à l'Academie Royale des Sciences par divers savans, IX. Paris 1780, S. 166–264.
Coulomb, Charles-Augustin [1784]: Recherches théoretiques et expérimentales sur la force de torsion et sur l'élasticité des fils de métal. Mémoires de l'Academie Royale des Sciences. Paris 1787, S. 229–269.
Coulomb, Charles-Augustin [1781]: Theorie des machines simples en ayant égard au frottement de leurs parties et à la roideur des cordages ... Mémoires de Mathematique et de Physique présentés à l'Academie Royale des Sciences par divers savans, X. Paris 1785, S. 161–332. – Wiederabgedruckt in: Coulombs gesammelte Schriften mit demselben Titel, Paris 1821.
Coulomb, Charles-Augustin [1785a]: Premier mémoire sur l'électricité et le magnétisme. Par M. Coulomb. Construction et usage d'une balance électrique, fondée sur la propriété qu'ont les fils de métal d'avoir une force de torsion proportionelle à l'angle de torsion. Mémoires de l'Academie Royale des Sciences, 1785. Paris 1788, S. 569–577. – Deutsche Übersetzung in: Ostwalds Klassiker der exakten Wissenschaften, Nr. 13. Leipzig 1890.

Coulomb, Charles-Augustin [1785b]: Second mémoire sur l'électricité et le magnétisme. Ou l'on détermine, suivant quelles loix le Fluide magnétique, ainsi que le Fluide électrique, agissent, soit par répulsion, soit par attraction. Mémoires de l'Academie Royale des Sciences, 1785. Paris 1788, S. 578–611. – Deutsche Übersetzung in: Ostwalds Klassiker der exakten Wissenschaften, Nr. 13. Leipzig 1890.

Coulomb, Charles-Augustin [1785c]: Troisième mémoire sur l'électricité et le magnétisme: de la quantité d'Electricité qu'un corps isolé perd dans un temps donné, soit par le contact de l'air plus ou moins humide, soit le long des soutiens plus ou moins idio-électriques. Mémoires de l'Academie Royale des Sciences, 1785. Paris 1788, S. 612–638. – Deutsche Übersetzung in: Ostwalds Klassiker der exakten Wissenschaften, Nr. 13. Leipzig 1890.

Coulomb, Charles-Augustin [1799]: Résultats de plusieurs expériences destinées à déterminer la quantité d'action que les hommes peuvent fournir par leur travail journalier, suivante les differentes manières dont ils emploiment leurs forces. Mémoires de l'Institut National des Sciences et Arts – sciences mathematiques et physiques, II. Paris 1799, S. 380–428.

Coulomb, Charles-Augustin [1801]: Expériences destinées à déterminer la coherence des fluides et les lois de leur résistance dans les mouvements très lents. Mémoires de l'Institut National des Sciences et Arts – sciences mathematiques et physiques, III. Paris 1801, S. 246–305.

[Coulomb, Charles-Augustin] Potier, A., Hrsg. [1884–1891]: Mémoires de Coulomb. Collection des mémoires relatifs à la physique, publiés par la Société française de Physique. Paris 1884–1891.

[Coulomb, Charles-Augustin] König, W., Hrsg. [1890]: «Vier Abhandlungen über die Elektrizität und den Magnetismus ...». Übersetzt und hrsg. von Walter König. In: Ostwalds Klassiker der exakten Wissenschaften Nr. 13. Leipzig 1890.

Grundlagenwerke

Bélidor, B. F. de [1729]: La science des ingénieurs. Paris 1729.

Carnot, L. [1783]: Essai sur les machines en général. Paris 1783.

Carnot, S. [1824]: Réflexion sur la puissance motrice du feu et sur les machines propres à développer cette puissance. Paris 1824.

Laplace, P.-S. [1814]: Essai philosophique sur les probabilités. Paris 1814.

Lavoisier, A. [1792]: Résultats de quelques expériences d'agriculture, et réflections sur leurs relations avec l'économie politique. In: *Annales de chimie*, Bd. 15/Dezember 1792, S. 267–285.

Mesmer, F. A. [1781]: Abhandlung über die Entdeckung des thierischen Magnetismus. Karlsruhe 1781. Nachdruck Tübingen 1985.

Nollet, J. A. [1753]: Rede von der nötigen Geschicklichkeit zur Erforschung der Natur, welche er den 15. Mai 1753 bei dem Antritte seines öffentlichen Lehramtes in dem Navarrischen Collegio gehalten. Aus dem Französischen übersetzt. Erfurt 1755.

[Ohm, G. S.] Lommel, E., Hrsg. [1892]: Gesammelte Abhandlungen. Hrsg. und eingeleitet von E. Lommel. Leipzig 1892.

[Weber, W. E.] Königliche Gesellschaft der Wissenschaften zu Göttingen, Hrsg. [1893/1894]: Werke. Bd. III (1893) und IV (1894). Berlin 1893/1894.

Sekundärliteratur

Bachelard, G. [1978]: Die Bildung des wissenschaftlichen Geistes. Frankfurt a. M. 1978.
Blondel, Ch. und M. Dörries, Hrsg. [1994]: Restaging Coulomb. Usages, Controverses et Réplications Autour de la Balance de Torsion. Florenz 1994.
Darnton, R. [1983]: Der Mesmerismus und das Ende der Aufklärung in Frankreich. München/Wien 1983.
Foucault, M. [1977]: Überwachen und Strafen. Die Geburt des Gefängnisses. Frankfurt a. M. 1977.
Fox, R. [1990]: Laplacian Physics. In: Olby u. a. [1990, S. 278–294].
Frängsmyr, T., J. L. Heilbron und R. Ryder, Hrsg. [1990]: The Quantifying Spirit in the Eighteenth Century. Berkeley 1990.
Gillispie, C. C. [1980]: Science and Polity in France at the End of the Old Regime. Princeton/New Jersey 1980.
Gillmor, C. St. [1971]: Coulomb and the Evolution of Physics and Engineering in Eighteenth-Century France. Princeton/New Jersey 1971.
Golinski, J. [1992]: Science as Public Culture. Chemistry and Enlightenment in Britain, 1760–1820. Cambridge 1992.
Golinski, J. [1994]: ‹The Nicety of Experiment›: Precision of Measurement and Precision of Reasoning in late Eighteenth-Century Chemistry. In: Wise [1994, S 72–91].
Heering, P. [1994]: The Replication of the Torsion Balance Experiment. The Inverse Square Law and its Refutation by Early 19th Century German Physicists. In: Blondel/Dörries [1994, S. 47–66].
Heidelberger, M. [1979]: Der Wandel der Elektrizitätslehre zu Ohms Zeit. Diss. München 1979.
Heyman, J. [1972]: Coulomb's Memoir on Statics. An Essay in the History of Civil Engineering. Cambridge 1972.
Holmes, F. L. [1985]: Lavoisier and the Chemistry of Life. An Exploration of Scientific Creativity. Madison 1985.
Horwich, P., Hrsg. [1993]: World Changes. Thomas Kuhn and the Nature of Science. Cambridge/Mass. 1993.
Licoppe, Ch. [1996]: La Naissance de la pratique scientifique: Le descours de l'experience en France et en Angleterre (1630–1800). Paris 1996.
Meya, J. und H. O. Sibum [1987]: Das fünfte Element. Wirkungen und Deutungen der Elektrizität. Reinbek bei Hamburg 1987.
Olby, R. C., G. N. Cantor, I. R. R. Christie und M. I. S. Hodge [1990]: Companion to the History of Modern Science. London 1990.
Roberts, L. [1995]: The Death of the Sensuous Chemist: The ‹New› Chemistry and the Transformation of Sensuous Technology. In: *Studies in History and Philosophy of Science* 26 (4)/1995, S. 503–529.
Rousseau, G. S. und R. Porter, Hrsg. [1980]: The Ferment of Knowledge. Studies in the Historiography of the Eighteenth Century Science. Cambridge 1980.
Schaffer, S. [1980]: Natural Philosophy. In: Rousseau/Porter [1980, S. 55–91].
Schaffer, S. [1992]: Self Evidence. In: *Critical Inquiry*, Winter 1992, S. 327–362.
Shapin, S. [1980]: Social Uses of Science. In: Rousseau/Porter [1980, S. 93–139].
Sibum, H. O. [1990]: Physik aus ihrer Geschichte verstehen. Entstehung und Entwicklung naturwissenschaftlicher Denk- und Arbeitsstile in der Elektrizitätsforschung des 18. Jahrhunderts. Wiesbaden 1990.
Sibum, H. O. [1994]: Working Experiments: A history of Gestural Knowledge. In: *The Cambridge Review*, Vol. 116, Nr. 2325/May 1995, S. 25–37.

Sibum, H. O. [1995]: Reworking the Mechanical Value of Heat: Instruments of Precision and Gestures of Accuracy in Early Victorian England. In: *Studies in History and Philosophy of Science* 26 (1)/1995, S. 73–106.
Sutton, G. [1981]: The Politics of Science in Early Napoleonic France: The Case of the Voltaic Pile. In: *Historical Studies of the Physical Sciences* 11/1981, S. 329–366.
Wise, M. N., with the collaboration of C. Smith [1989]: Work and Waste I: Political Economy and Natural Philosophy in Nineteenth Century Britain. In: *History of Science* 27/1989, S. 263–301.
Wise, M. N. [1993]: Mediations: Enlightenment Balancing Acts, or the Technologies of Rationalism. In: Horwich, P., Hrsg. [1993, S. 207–256].
Wise, M. N. [1994]: Values of Precision. Princeton 1994.

Luigi Galvani, Alessandro Volta, Georg Simon Ohm

Quellen

Galvani, Luigi [1791]: De viribus electricitatis in motu musculari commentarius. Bologna 1791. – Deutsche Übersetzung der lateinischen Erstausgabe: Abhandlung über die Kräfte der Elektrizität bei der Muskelbewegung. Leipzig 1894.
Galvani, Luigi [1841]: Opere edite ed inedite. Bologna 1841.
[Ohm, Georg Simon] Lommel, E., Hrsg. [1892]: Gesammelte Abhandlungen von Georg Simon Ohm. Leipzig 1892.
Ohm, Georg Simon [1927]: Aus Georg Simon Ohms handschriftlichem Nachlaß. München 1927.
Volta, Alessandro [1918–1929]: Le Opere di Alessandro Volta. 7 Bde, Mailand 1918–1929. Reprint New York/London 1968.
Volta, Alessandro [1900]: Untersuchungen über den Galvanismus 1796–1800 von Alessandro Volta. Ostwalds Klassiker der exakten Wissenschaften, Nr. 118. Leipzig 1900. – Deutsche Übersetzung verschiedener Schriften.
Volta, Alessandro [1949–1966]: Epistolario di Alessandro Volta. 5 Bde. und 1 Zusatzband (zu Opere und Epistolario). Bologna 1949–1966.

Biographien

Arago, F. [1854]: Alexander Volta. In: F. Arago: Sämmtliche Werke, Bd. 1. Leipzig 1854, S. 149–190.
Brown, Th. M. [1972]: Galvani, Luigi. Dictionary of Scientific Biography, Bd. 5. New York 1972, S. 267–271.
Caneva, K. L. [1974]: Ohm, Georg Simon. Dictionary of Scientific Biography, Bd. 10. New York 1974, S. 186–194.
Füchtbauer, H. von [1938]: Georg Simon Ohm. Ein Forscher wächst aus seiner Väter Art. Berlin 1938. Bonn [2]1947.
Messini, C. [1958]: Luigi Galvani. Bologna 1958.
Volpati, C. [1927]: Alessandro Volta nella storia e nell'intimità. Mailand 1927.

Sekundärliteratur

Gliozzi, M. [1937]: L'elletrologia fino al Volta. 2 Bde. Neapel 1937.
Hoff, H. E. [1936]: Galvani and the pre-galvanian electrophysiologists. In: *Annals of Science* 1/1936, S. 157–172.

Kipnis, N.: Luigi Galvani and the Debate on Animal Electricity, 1791–1800. In: *Annals of Science* 44/1987, S. 107–142.
Pera, M. [1986]: La rana ambigua. La controversia sull'elletricitá animale tra Galvani e Volta. Turin 1986.
Polvani, G. [1942]: Alessandro Volta. Pisa 1942.
Rothschuh, K. E. [1969]: Von der Idee bis zum Nachweis der tierischen Elektrizität. In: *Sudhoffs Archiv* 44/1969, S. 25–44.
Schagrin, L. [1963]: Resistance to Ohm's Law. In: *American Journal of Physics* 31/1963, S. 536–547.
Teichmann, J. [1976]: 150 Jahre Ohmsches Gesetz 1826–1976. In: *Elektrotechnische Zeitschrift, Ausgabe a,* 97/1976, S. 594–600. – Mit einem Verzeichnis der Apparate und Manuskripte Ohms im Deutschen Museum.
Teichmann, J. [1974]: Zur Entwicklung von Grundbegriffen der Elektrizitätslehre, insbesondere des elektrischen Stromes bis 1820. Hildesheim 1974.

Pierre Simon Laplace

Quellen

Laplace, Pierre Simon [1796]: Exposition du système du monde. 2 Bde. Paris 1796. Erweitert bis zur 5. Aufl. 1824. Laplace, Œeuvres [1878–1912, Bd. 6]. – Deutsch von J. K. F. Hauff: Darstellung des Weltsystems. 2 Teile. Weimar 1797.
Laplace, Pierre Simon [1799–1825]: Traité de Mécanique Céleste. 5 Bde. Paris 1799–1825. – Auch in Laplace, Œuvres [1878–1912, Bd. 1–5]. Deutsch, mit Anmerkungen von J. C. Burckhardt: Mechanik des Himmels. 1. und 2. Teil. Berlin 1800 und 1802.
Laplace, Pierre Simon [1804–1805]: Supplément au dixième livre du traité de mécanique céleste. Sur l'action capillaire. In: Laplace, Œuvres [1878–1912, Bd. 4, S. 349–417].
Laplace, Pierre Simon [1806–1807]: Supplément à la théorie de l'action capillaire. In: Laplace, Œuvres [1878–1912, Bd. 4, S. 419–498].
Laplace, Pierre Simon [1809a]: Theorie der Kraft, welche in den Haarröhrchen und bei ähnlichen Erscheinungen wirkt. Nach dem Supplement im 4. Bd. der Mécanique Céleste, frei übersetzt von L. W. Gilbert und H. W. Brandes. Vier Hauptteile. In: *Annalen der Physik*, Bd. 33/1809, S. 1–114, 117–182, 275–338 und 373–394.
Laplace, Pierre Simon [1809b]: Mémoire sur la double réfraction de la lumière dans les cristaux diaphanes. In: Laplace, Œuvres [1878–1912, Bd. 14, S. 278–287].
Laplace, Pierre Simon [1814]: Essai philosophique sur les probabilités. In: Laplace, Œuvres [1878–1912, Bd. 7]. – Deutsch von R. von Mises (Hrsg.): Philosophischer Versuch über die Wahrscheinlichkeit. Ostwalds Klassiker der exakten Wissenschaften, Nr. 233. Leipzig 1932.
[Laplace, Pierre Simon. Œuvres] [1878–1912]: Œuvres complètes de Laplace. 14 Bde. Hrsg. von L. Puiseux und J. Houel unter der Obhut der Académie des Sciences. Paris 1878–1912.
Lavoisier, A. L. und Pierre Simon Laplace [1892]: Mémoire sur la chaleur. Mémoire de l'Académie royale des sciences, année 1780, S. 355–408. Laplace, Œuvres [1878–1912, Bd. 10, S. 149–200]. Mémoire contenant les expériences faites sur la chaleur pendant l'hiver de 1783 à 1784. In: Œuvres de Lavoisier. Publiées par les soins de son excellence le ministre de l'instruction publique et des cultes. Tome II. Paris 1862, S. 724–738. – Deutsche Übersetzung: J. Rosenthal (Hrsg.): Zwei Abhandlungen über die Wärme. Ostwalds Klassiker der exakten Wissenschaften, Nr. 40. Leipzig 1892.

Bibliographie und Biographien

Eine umfangreiche Bibliographie der Arbeiten von Laplace mit einer Zusammenstellung von Sekundärliteratur ist zu finden in: Gillispie, C. C. [1978]: Laplace, Pierre Simon, Marquis de. In: Dictionary of Scientific Biography, Bd. 15, Supplement I. New York 1978, S. 387–403.

Becker, F. [1975]: P.S. Laplace. Die Großen der Weltgeschichte, Bd. 6. Zürich 1975, S. 944–955.

Gillispie, C. C. [1978]: Laplace, Pierre Simon, Marquis de. In: Dictionary of Scientific Biography, Bd. 15, Supplement I. New York 1978, S. 273–403.

Sekundärliteratur

Andoyer, H. [1922]: L'œuvre scientifique de Laplace. Paris 1922.

Arago, F. [1855]: Laplace. In: Aragos Sämtliche Werke. Deutsch hrsg. von W. G. Hankel, Bd. 3. Leipzig 1855, S. 366–415.

Bikerman, J.J. [1975]: Theories of Capillary Attraction. In: *Centaurus* 19/1975, S. 182–206.

Biot, J. B. [1802]: Sur la théorie du son. In: *Journal de physique* 55/1802, S. 173–182.

[Biot/Fechner] Biot, J.B. [1828–1829]: Précis élémentaire de physique expérimentale. Deutsche Ausgabe: Lehrbuch der Eperimentalphysik. Übersetzt und mit Zusätzen versehen von G. Th. Fechner. 5 Bde. Leipzig 1828–1829.

Crosland, M. [1967]: The Society of Arcueil. London 1967.

Danjon, A., Hrsg. [1957]: Laplace, Pierre Simon Marquis de, Cérémonies du deuxcentième anniversaire de la naissance. In: *Notices et discours de l-Académie des Sciences* 3/1957, S. 19ff.

Favre, A. [1931]: Les origines du système métrique. Paris 1931.

Fourier, J. [1829]: Eloge historique de M. le Marquis de Laplace, prononcé ... le 15 juin 1829. In: Mémoires de L'Académie royale des sciences de Paris, Bd. 10. Paris 1831, S. 81–102.

Fox, R. [1974]: The Rise and Fall of Laplacian Physics. In: *Historical Studies in the Physical Sciences* 4/1974, S. 89–136.

Frankel, E. [1974]: The Search for a Corpuscular Theory of Double Refraction. Malus, Laplace and the Prize Competition of 1808. In: *Centaurus* 18/1974, S. 223–245.

Gehler, J. S. T. [1845]: La Place, de. In: Physikalisches Wörterbuch, Bd. 11. Leipzig 1845, S. 936–938.

Gerlac, H. [1976]: Chemistry as a Branch of Physics. Laplace's Collaboration with Lavoisier. In: *Historical Studies in the Physical Sciences* 7/1976, S. 193–276.

Hahn, R. [1994]: The new Calendar of the Correspondence of Pierre Simon Laplace. Berkeley Papers in History of Science, Bd. 16, Berkeley 1994.

Kipnis, N. [1990]: History of the Principle of Interference of Light. Basel/Boston/Berlin 1990.

Merlau-Ponty, J. [1976]: Situation et rôle de l'hypothèse cosmogonique dans la pensée cosmologique de Laplace. In: *Revue d'histoire des sciences et de leurs applications* 29/1976, S. 21–49.

Muncke, G. W. [1826]: Capillarität. In: Joh. S. Tr. Gehler's Physikalisches Wörterbuch, Bd. 2. Leipzig 1826, S. 35–59.

Muncke, G.W. [1836]: Französische Maße. In: Joh. S. Tr. Gehler's Physikalisches Wörterbuch, Bd. 6. Leipzig 1836, S. 1261–1288.

Poisson, S.-D. [1831]: Nouvelle théorie de l'action capillaire. Paris 1831.

Rosenberger, F. [1882–1890]: Geschichte der Physik. 3 Teile. Braunschweig 1882–1890.
Sticker, B. [1967]: Bau und Bildung des Weltalls. Kosmologische Vorstellungen in Dokumenten aus zwei Jahrtausenden. Freiburg/Basel/Wien 1967.
Weinmann, K. F. [1980]: Die Natur des Lichts. Darmstadt 1980.
Wiederkehr, K. H. [1977]: René-Just Haüys Strukturtheorie der Kristalle. In: *Centaurus* 21/1977, S. 278–299.
Wiederkehr, K. H. [1978]: R.-J. Haüys Konzeption vom individuellen integrierenden Molekül etc. In: *Centaurus* 22/1978, S. 131–156.
Wilson, C. [1985]: The Great Inequality of Jupiter and Saturn from Kepler to Laplace. In: *Archive for History of exact Sciences* 33/1985, S. 15–290.

Sir Benjamin Thompson Graf Rumford, Sadi Carnot und Rudolph Clausius

Allgemeine Literatur

Brush, S. G. [1970]: Kinetische Energie. Bd. 1: Die Natur der Gase und der Wärme. Bd. 2: Irreversible Prozesse. Einführung und Originaltexte. Braunschweig 1970.
Brush, S. G. [1986]: The Kind of Motion We Call Heat. Amsterdam 1986.
Jungnickel, C. und R. McCormmach [1986]: Intellectual Mastery of Nature. Theoretical Physics from Ohm to Einstein. Vol. I: The Torch of Mathematics 1800–1870. Chicago/London 1986.
Mach, E. [1896]: Die Principien der Wärmelehre. Leipzig 1896.

Sir Benjamin Thompson Graf Rumford

Bauernfeind, C. M. von [1889]: Rumford. In: Allgemeine Deutsche Biographie. Bd. 29, Leipzig 1889, S. 643–655.
Brown, S. C., Hrsg. [1968–1970]: The Collected Works of Count Rumford. 5 Bde. Cambridge/Mass. 1968–1970.
Brown, S. C. [1976]: Thompson, Benjamin (Count Rumford). Dictionary of Scientific Biography, Bd. 13. New York 1976, S. 350–352.
Brown, S. C. [1979]: Benjamin Thompson, Count Rumford. Cambridge/Mass. 1979.
Goldfarb, S. J. [1977]: Rumford's theory of heat: A reassessment. In: *British Journal for the History of Science* 10/1977, S. 25–36.
Watanabe, M. [1959]: Count Rumford's First Exposition of the Dynamic Aspect of Heat. In: *Isis* 50/1959, S. 141–144.

Sadi Carnot

Carnot, S. [1909]: Réflexions sur la Puissance Motrice du Feu et sur les Machines Propres à développer cette Puissance. Paris 1824. – Deutsche Übersetzung: Carnot, S.: Betrachtungen über die bewegende Kraft des Feuers und die zur Entwickelung dieser Kraft geeigneten Maschinen. In: Ostwalds Klassiker der exakten Wissenschaften, Nr. 37. Leipzig 1892, 1909. Reprint Leipzig 1982. Édition critique Paris 1979.
Carnot, S. [1927]: Biographie et manuscrit. Paris 1927.
Chelley, J. F. [1971]: Nicolas Léonard Sadi Carnot. In: Dictionary of Scientific Biography. Band 3, S. 79–84. New York 1971.
Hoyer, U. [1974]: Über den Zusammenhang der Carnotschen Theorie mit der Thermodynamik. In: *Archive for the History of Exact Sciences* 13/1974, S 359–375.

Hoyer, U. [1975]: How did Carnot calculate the mechanical equivalent of heat? In: *Centaurus* 19/1975, S. 207–219.
Klein, M. J. [1974]: Carnot's contribution to thermodynamics. In: *Physics Today*, August 1974, S. 23–28.
Schöpf, H. G. [1984]: Das Carnotsche ‹Paradigma› und seine erkenntnistheoretischen Implikationen. In: *Annalen der Physik* 41/1984, S. 151–160.
Wilson, S. S. [1981]: Sadi Carnot. In: *Scientific American*, August 1981, S. 102–114.

Rudolph Clausius

Clausius, R. [1850]: Ueber die bewegende Kraft der Wärme und die Gesetze welche sich daraus für die Wärmelehre selbst ableiten lassen. In: *Annalen der Physik* 79/1850, S. 368–397 und 500–524; auch: Ostwalds Klassiker, Nr. 99. Leipzig 1898, 1921, Reprint 1982.
Clausius, R. [1852]: Ueber das mechanische Aequivalent einer electrischen Entladung und die dabei stattfindende Erwärmung des Leitungsdrahtes. In: *Annalen der Physik* 86/1852, S. 337–375.
Clausius, R. [1854]: Ueber eine veränderte Form des zweiten Hauptsatzes der mechanischen Wärmetheorie. In: *Annalen der Physik* 93/1854, S. 481–506.
Clausius, R. [1857]: Ueber die Art der Bewegung, welche wir Wärme nennen. In: *Annalen der Physik* 100/1857, S. 353–380.
Clausius, R. [1858]: Ueber die mittlere Länge der Wege, welche bei der Molecularbewegung gasförmiger Körper von den einzelnen Molecülen zurückgelegt werden, nebst einigen anderen Bemerkungen über die mechanische Wärmetheorie. In: *Annalen der Physik*, 105/1858, S. 239–258.
Clausius, R. [1864–1867]: Abhandlungen über die mechanische Wärmetheorie. In 2 Abteilungen. Braunschweig 1864–1867.
Clausius, R. [1876–1891]: Die mechanische Wärmetheorie. Bd. 1: Entwicklung der Theorie, soweit sie sich aus den beiden Hauptsätzen ableiten läßt, nebst Anwendungen. Braunschweig 1876, [2]1887; Bd. 2: Die mechanische Behandlung der Electricität. Anwendung der der mechanischen Wärmetheorie zu Grunde liegenden Principien auf die Electricität. Braunschweig 1879; Bd. 3: M. Planck und C. Pulfrich (Hrsg.): Die kinetische Theorie der Gase. Entwickelung der besonderen Vorstellungen von der Natur der Wärme als einer Art der Bewegung. Braunschweig 1889–1891.
Clausius, R. [1865]: Ueber verschiedene für die Anwendung bequeme Formen der Hauptgleichungen der mechanischen Wärmetheorie. In: *Annalen der Physik* 125/1865, S. 353–400.
Daub, E. [1970]: Entropy and dissipation. In: *Historical Studies in the Physical Sciences* 2/1970, S. 321–354.
Daub, E. [1971]: Clausius, Rudolf. In: Dictionary of Scientific Biography, Bd. 3. New York 1971, S. 303–311.
Folie, F. [1890]: R. Clausius. Sa vie, ses traveaux et leur portée métaphysique. In: *Revue des questions scientifiques* 27/1890, S. 419–487.
Garber, E. [1970]: Clausius and Maxwell's Kinetic Theory of Gases. In: *Historical Studies in the Physical Sciences* 2/1970, S. 299–319.
Garber, E. [1974]: Rudolph Clausius' Work in Meteorologic Optics. In: *RETE* 2/1974, S. 323–337.
Helmholtz, H. [1889]: Zur Erinnerung an Rudolph Clausius. In: *Verhandlungen der Physikalischen Gesellschaft* 8/1889, S. 1–7.
Hoppe, R. [1958]: Ueber Bewegung und Beschaffenheit der Atome. In: *Annalen der Physik* 104/1858, S. 279–292.

Krönig, A. [1956]: Grundzüge einer Theorie der Gase. In: *Annalen der Physik* 99/1856, S. 315–322.
Reinganum, M. [1910]: Clausius. In: Allgemeine Deutsche Biographie. Nachträge, 55. Leipzig 1910, S. 1–39.
Riecke, E. [1888]: Rudolf Clausius. In: *Abhandlungen der königlichen Gesellschaft der Wissenschaften* 35/1888, S. 1–39.
Ronge, G. [1955]: Die Züricher Jahre des Physikers Rudolf Clausius. In: *Gesnerus* 12/1955, S. 73–108.
Schneider, I. [1974]: Clausius' erste Anwendung der Wahrscheinlichkeitsrechnung im Rahmen der atmosphärischen Lichtstreuung. In: *Archive for History of Exact Sciences* 14/1974, S. 143–158.
Schneider, I. [1975]: Rudolph Clausius' Beitrag zur Einführung wahrscheinlichkeitstheoretischer Methoden in die Physik der Gase nach 1856. In: *Archive for History of Exact Sciences* 14/1975, S. 237–261.
Wolff, S. L. [1995]: Clausius' Weg zur kinetischen Gastheorie. In: *Sudhoffs Archiv* 79.1./1995, S. 54–72.

Thomas Young, Augustin Jean Fresnel und Joseph von Fraunhofer

Allgemeine Literatur

Arago, F. [1854–1860]: Sämmtliche Werke. 16 Bde. Leipzig 1854–1860.
Born, M. [[3]1981]: Optik. Berlin/Heidelberg/New York 1965, [3]1981.
Brachner, A. [1987]: Mit den Wellen des Lichts. München 1987.
Buchwald, J. Z. [1989]: The rise of the waves. Chicago 1989.
Cantor, G. [1975]: The Reception of the Wave Theory of Light in Britain: A Case Study Illustrating the Role of Methodology in Scientific Debate. In: *HSPS* 6/1975, S. 109–132.
Einstein, A. [1929]: In: *Die Naturwissenschaften* 17/1929, S. 363.
Hoppe, E. [1926]: Geschichte der Optik. Leipzig 1926. Nachdruck Wiesbaden 1967.
Klein, M. V., zusammen mit T. E. Furtak [1988]: Optik. Berlin/Heidelberg/New York 1988.
Klemm, F. [1932]: Die Geschichte der Emissionstheorie des Lichts. Weimar 1932.
Mach, E. [1921]: Die Prinzipien der physikalischen Optik, historisch und erkenntnispsychologisch entwickelt. Leipzig 1921.
Meyenn, K. von [1981]: Dispersion und mechanische Äthertheorien im 19. Jahrhundert. In: P. L. Butzer und F. Fehér (Hrsg.): E. B. Christoffel. Basel/Boston/Stuttgart 1981.
Riekher, R. [[2]1990]: Fernrohre und ihre Meister. Berlin [2]1990.
Roditschew, W. I., zusammen mit U. I. Frankfurt, Hrsg. [1977]: Die Schöpfer der physikalischen Optik. Berlin 1977.
Ronchi, V. [1970]: The Nature of Light. An historical survey. London 1970.
Schmitz, E. H. [1982]: Handbuch zur Geschichte der Optik. Bd. 2. Bonn 1982.
Schwerd, F. M. [1835]: Die Beugungserscheinungen. Mannheim 1835.
Weinmann, K. F. [1980]: Die Natur des Lichts. Darmstadt 1980.
Wilde, E. [1838–1843]: Geschichte der Optik vom Ursprunge dieser Wissenschaft bis auf die gegenwärtige Zeit. 2 Bde. 1838–1843. Nachdruck Wiesbaden 1968.

Thomas Young

Klaus, E. M. [1977]: Thomas Young. In: Roditschew/Frankfurt [1977].
Morse, E. W. [1976]: Thomas Young. In: Dictionary of Scientific Biography, Bd. 14. New York 1976, S. 562 ff.
Peacock, G. [1855a]: Life of Thomas Young. London 1855.
Peacock, G., Hrsg. [1855b]: Miscellaneous Works of the Late Thomas Young, 3 Vols. London 1855.
Wood, A. [1954]: Thomas Young. Cambridge 1954.
Young, Th. [1801]: On the mechanism of the eye. In: *Philosophical Transactions* 1801, S. 23–88.
Young, Th. [1802]: On the theory of light and colours. In: *Philosophical Transactions* 1802, S. 12–48.
Young, Th. [1807]: A Course of Lectures on Natural Philosophy and the Mechanical Arts. 2 Vols. London 1807.

Augustin Jean Fresnel

Fresnel, A. J. [1819]: Mémoire sur la diffraction de la lumière. In: *Annales de chimie et physique* 11/1819, S. 246 ff.
Fresnel, A. J. [1866–1870]: Œuvres complètes. 3 Bde. Paris 1866–1870. Nachdruck New York 1965.
Fresnel, A. J. [1926]: Abhandlungen über die Beugung des Lichtes. In: Ostwalds Klassiker der exakten Wissenschaften, Nr. 215. Leipzig 1926.
Silliman, R. H. [1968]: Augustin Fresnel (1788–1827) and the Establishment of the Wave Theory of Light. Princeton 1968.
Silliman, R. H. [1972]: Augustin Jean Fresnel. In: Dictionary of the Scientific Biography. Bd. 5, New York 1972, S. 165 ff.

Joseph von Fraunhofer

Fraunhofer, J. von [1817]: Über die Bestimmung des Brechungs- und Farbzerstreuungs-Vermögens verschiedener Glasarten in Bezug auf die Vervollkommnung achromatischer Fernröhre. In: Denkschriften der königlichen Akademie der Wissenschaften zu München. Bd. V. München 1817, S. 193–226.
Fraunhofer, J. von [1821/1822]: Neue Modifikation des Lichtes durch gegenseitige Einwirkung und Beugung der Strahlen, und Gesetze derselben. In: Denkschriften der königlichen Akademie der Wissenschaften zu München, Bd. VIII. München 1821 und 1822, S. 1–76.
Fraunhofer, J. von [1823]: Kurzer Bericht von den Resultaten neuerer Versuche über die Gesetze des Lichtes, und die Theorie derselben. In: *Gilberts Annalen der Physik*, Bd. 74/1823. S. 337–378.
Fraunhofer, J. von [1825]: Theorie der Höfe, Nebensonnen und verwandte Phänomene mit Versuchen zur Bestätigung derselben. In: *Schumachers Astronomische Nachrichten*, Heft 3/1825, S. 31–92.
Fraunhofer, J. von [1826]: Ueber die Construction eines großen, soeben vollendeten Refractors. In: *Schumachers Astronomische Nachrichten*, Bd. 4/1826. Col. 17 ff.
Jenkins, R. V. [1972]: Joseph Fraunhofer. In: Dictionary of Scientific Biography, Bd. 5. New York 1972, S. 142 ff.
Lommel, E. [1888]: Joseph von Fraunhofers gesammelte Schriften. München 1888.
Merz, S. [1865]: Leben und Wirken Fraunhofers. Landshut 1865.

Preyss, C. R. [1989]: Joseph von Fraunhofer. Weilheim 1989.
Rohr, M. von [1929]: Joseph Fraunhofers Leben, Leistungen und Wirksamkeit. Leipzig 1929.
Rollwagen, W. [1976]: Joseph von Fraunhofer 1787–1826, 150. Todesjahr. Reden und Ansprachen. München 1976.
Roth, G. D. [1976]: Joseph von Fraunhofer. Stuttgart 1976.
Roth, G. D. [1987]: Zum 200. Geburtstag von Joseph von Fraunhofer. In: *Sterne und Weltraum* 26/1987, S. 130ff.
Sang, H. P. [1987]: Joseph von Fraunhofer. München 1987.
Seitz, A. [1926]: Joseph Fraunhofer und sein optisches Institut. Berlin 1926.

Die romantischen Naturphilosophen

Quellen

Herder, Johann Gottfried: Gott. Einige Gespräche. Gotha 1787.
Kant, Immanuel: Metaphysische Anfangsgründe der Naturwissenschaft. Kant's gesammelte Schriften, Bd. IV. Berlin 1903.
Oersted, Hans Christian [1822]: Über das Studium der allgemeinen Naturlehre. In: *Journal für Chemie und Physik* 6/1822, S. 458–488.
Oersted, Hans Christian [1854]: Der Geist in der Natur. 2 Bde. Leipzig 1854.
Oersted, Hans Christian [1870]: Breve fra og til Hans Christian Oersted. Kopenhagen 1870.
[Oersted, Hans Christian] Harding, M. C., Hrsg. [1920a]: Correspondance de H. C. Oersted avec divers Savants. 2 Bde. Kopenhagen 1920.
Oersted, Hans Christian [1920b]: Scientific Papers. 3 Bde. Kopenhagen 1920.
Ritter, Johann Wilhelm [1798]: Beweis, daß ein beständiger Galvanismus den Lebensprocess in dem Thierreich begleite. Weimar 1798.
Ritter, Johann Wilhelm [1800]: Beyträge zur nähern Kenntniss des Galvanismus, Bd. 1. Jena 1800.
Ritter, Johann Wilhelm [1801]: Versuche und Bemerkungen über den Galvanismus der Voltaischen Batterie. In: *Annalen der Physik* 7/1801, S. 444f.
Ritter, Johann Wilhelm [1805]: Das Electrische System der Körper. Leipzig 1805.
Ritter, Johann Wilhelm [1806a]: Die Physik als Kunst. München 1806.
Ritter, Johann Wilhelm [1806b]: Physisch-Chemische Abhandlungen in chronologischer Folge. Teil 1. Leipzig 1806.
Ritter, Johann Wilhelm [1810]: Fragmente aus dem Nachlasse eines jungen Physikers. Heidelberg 1810. Reprint 1969.
Schelling, Friedrich Wilhelm, Hrsg. [1800–1801]: Zeitschrift für spekulative Physik. Jena/Leipzig 1800–1801.
Schelling, Friedrich Wilhelm [1927]: Ideen zu einer Philosophie der Natur. In: Schellings Sämtliche Werke, Bd. 2. München 1927.
[Schelling, Friedrich Wilhelm] Schröter, M., Hrsg. [1959]: Schellings Sämtliche Werke. 13 Bde. Nach der Originalausgabe in neuer Anordnung hrsg. von M. Schröter. München 1959.
Steffens, H. [1801]: Beyträge zur innern Naturgeschichte der Erde. Freyberg 1801.
Wagner J. J. [1803]: Von der Natur der Dinge. Leipzig 1803.

Sekundärliteratur

Abrams, M. H. [1971]: Natural Supernaturalism. New York 1971.
Cunningham, A. und N. Jardine, Hrsg. [1990]: Romanticism and the Sciences. Cambrigde 1990.
Faraday, M. [1952]: Experimental Researches in Electricity. Chicago 1952.
Faraday, M. [1960]: On the Various Forces of Nature. New York 1960.
Gower, B. [1973]: Speculation in Physics: the History and Practice of Naturphilosophie. In: *Studies in History and Philosophy of Science* 3/1973, S. 301–356.
Heilbron, J. L. [1991]: The Contributions of Bologna to Galvanism. In: *Historical Studies in the Physical Sciences* 22/1991, S. 74.
Huesmann, E. [1929]: Henrich Steffens in seinen Beziehungen zur deutschen Frühromantik. Kiel 1929.
Korff, H. A. [1957]: Geist der Goethezeit. 5 Bde. Leipzig 1957.
Nielsen, K. [1989/1991]: Another Kind of Light: the Work of T. J. Seebeck and his Collaboration with Goethe. In: *Historical Studies in the Physical Science* 20/1989, S. 107–178; 21/1991, S. 317–397.
Walzel, O. [1923]: Deutsche Romantik. Leipzig 1923.
Wetzels, W. D. [1971]: Aspects of Natural Science in German Romanticism. In: *Studies in Romanticism* 10/1971, S. 59.
Wetzels, W. D. [1973]: Johann Wilhelm Ritter: Physik im Wirkungsfeld der deutschen Romantik. Berlin 1973.
Williams, L. P. [1965]: Michael Faraday. New York 1965.
Williams, L. P. [1973]: Kant, Naturphilosophie and Scientific Method. In: R. Giere und R. Westfall (Hrsg.): Foundations of Scientific Method. Bloomington 1973.
Williams, L. P. [1980]: The Origins of Field Theory. Lanham 1980.
Wilson, A. D. [1993]: Romantic Cosmology. In: N. Hetherington (Hrsg.): Encyclopedia of Cosmology. New York 1993, S. 596–604.

André Marie Ampère

Quellen

Eine Anzahl von Ampères Artikeln und Büchern sind in den Fußnoten erwähnt. Eine bei weitem größere Zahl ist in zeitgenössischen Zeitschriften verstreut. Doch diese müssen mit Vorsicht verwendet werden – denn Ampère hatte die Angewohnheit, sogenannte «Nachdrucke» seiner Artikel herauszugeben, die sich wesentlich von dem unterschieden, was ursprünglich veröffentlicht worden war. Die Nachdrucke wurden an herausragende Kollegen in ganz Europa verschickt, die sie oft in dem Glauben zitierten, sie wären mit den in der Zeitschrift gedruckten Aufsätzen identisch. Diese «Nachdrucke» sind heute sehr selten, sollten aber, wenn möglich, eingehend mit den Originalen verglichen werden.

In den Jahren 1885 und 1887 veröffentlichte die *Société française de Physique* in ihrer *Collection de Mémoires relatifs à la physique* zwei Bände *Mémoires sur l'électrodynamique* als Bände 2 und 3. Der Großteil von Ampères elektrodynamischen Aufsätzen ist hier nachgedruckt; aber sie stammen aus einer von Ampère selbst zusammengestellten Sammlung, so daß viele von ihnen «überarbeitete» Versionen der veröffentlichten Artikel sind.

[Ampère, André-Marie] Société française de Physique [1885/1887]: Mémoires sur l'électrodynamique. In: Collection de Mémoires relatifs à la physique, Bd. 2 und 3. Paris 1885/1887.

Bibliographien

Grattan-Guiness, I. [1990]: Convolutions in French Mathematics, 1800–1840. 3 Bde. Basel/Boston/Berlin 1990.
Hofmann, J. R. [1995]: André-Marie Ampère. Oxford 1995.
Launay, L. de [1925]: Le grand Ampère. Paris 1925. – Dort Ende des 2. Bandes.
Tricker, R. A. R., Hrsg. [1975]: Frühe Elektrodynamik. Das erste Stromgesetz. Braunschweig 1975.

Sekundärliteratur

Blondel, Ch. [1982]: Ampère et la création de l'électrodynamique (1820–1827). Paris 1982.
Gooding, D. und F. James (Hrsg.): Faraday Rediscovered: Essays on the Life and Work of Michael Faraday, 1791–1867. New York 1985.
Hofmann, J. R. [1982]: The Great Turning point in André Marie Ampère's Research in Electrodynamics: A Truly «Crucial» Experiment, Diss. Pittsburgh, Ann Arbor/Michigan 1982.
Hofmann, J. R. [1987a]: Ampère, Electrodynamics, and Experimental Evidence. In: *Osiris* (2. Reihe) 3/1987, S. 45–76.
Hofmann, J. R. [1987b]: Ampère's Invention of Equilibrium Apparatus: A Response to Experimental Anomaly. In: *British Journal of the History of Science* 20/1987, S. 309–341.
Launay, L. de, Hrsg. [1836–1843]: Correspondance du Grand Ampère. 3 Bde. Paris 1836–1843.
Launay, L. de [1925]: Le grand Ampère. Paris 1925.
Valson, C. A. [1886]: La vie et les travaux d'André Marie Ampère. Lyon 1886.
Williams, L. P. [1962]: Ampère's Electrodynamic Molecular Model. In: *Contemporary Physics* 4/1962, S. 113–123.
Williams, L. P. [1970]: Ampère, André-Marie. In: Dictionary of Scientific Biography, Bd. 2. New York 1970, S. 138–147.
Williams, L. P. [1983]: What were Ampère's Earliest Discoveries in Electrodynamics? In: *Isis* 74/1983, S. 492–508.
Williams, L. P. [1985]: Faraday and Ampère. A Critical Dialogue. In: Gooding/James [1985, S. 83–104].
Williams, L. P. [1986]: Why Ampère Did not Discover Electromagnetic Induction. In: *American Journal of Physics* 54/1986, S. 306–311.
Williams, L. P. [1989]: André-Marie Ampère. Scientific American. Januar 1989, S. 72–79.

Die *Revue d'histoire des sciences et de leurs application* 31/1978 enthält verschiedene Aufsätze über Ampère.

Carl Friedrich Gauß und Wilhelm Weber

Quellen

[Gauß, Karl Friedrich] Gesellschaft der Wissenschaften zu Göttingen, Hrsg. [1870–1929]: Werke. 12 Bde. Göttingen 1870–1929.
[Gauß, Karl Friedrich] Dorn, E., Hrsg. [1893]: Die Intensität der erdmagnetischen Kraft auf absolutes Maass zurückgeführt. Deutsche Übersetzung. In: Ostwalds Klassiker der exakten Wissenschaften, Nr. 53. Leipzig 1893.
Gauß, Carl Friedrich und Wilhelm Weber, Hrsg. [1836–1841]: Resultate aus den Beobachtungen des Magnetischen Vereins. 6 Jahresbände, für 1836 (erschienen 1837), 1837 (1838), 1838 (1839), 1839 (1840), 1840 (1841), 1841 (1843), und Atlas des Erdmagnetismus, Leipzig 1840.
[Riemann, Bernhard] Weber, H., Hrsg. [1876]: Gesammelte mathematische Werke und wissenschaftlicher Nachlaß. Leipzig 1876.
[Weber, Wilhelm] Gesellschaft der Wissenschaften zu Göttingen, Hrsg. [1892–1894]: Werke. 6 Bde. Berlin 1892–1894.

Bibliographien

Merzbach, U. C. [1984]: Carl Friedrich Gauß. A Bibliography. Wilmington/Delaware 1984.
J. C. Poggendorffs Biographisch-Literarisches Handwörterbuch zur Geschichte der exacten Wissenschaften. Bd. I, Leipzig 1863, S. 854–857, Bd. III, Leipzig 1898, S. 498 und Bd. IV, Leipzig 1904, S. 481. Ergänzungsband VII a, Berlin 1971, S. 229–238.
Der Gauß-Nachlaß wurde von dem bekannten Gauß-Forscher Theo Gerardy neu geordnet. Siehe dazu: *Gauß-Gesellschaft, Mitteilungen* Nr. 17/1980, S. 6–12.

Sekundärliteratur

Beuermann, G. und R. Görke [1983/1984]: Der elektromagnetische Telegraph von Gauß und Weber aus dem Jahre 1833. In: *Gauß-Gesellschaft, Mitteilungen* Nr. 20, 21/1983/84, S. 44–53.
Biermann, K.-R. [1990]: Carl Friedrich Gauß. Der «Fürst der Mathematiker» in Briefen und Gesprächen. München 1990. – Die Briefwechsel von Gauß findet man bei Reich, K. [1977]; eine Ergänzung dazu bei Biermann [1990].
Biermann, K.-R. [1991]: Wandlungen unseres Gauß-Bildes. In: *Gauß-Gesellschaft, Mitteilungen* Nr. 28/1991, S. 3–13.
[Biot/Fechner] Biot, J. B. [1828–1829]: Lehrbuch der Experimentalphysik. Übers. von G. Th. Fechner. 5 Bde. Leipzig 1828–1829.
Fechner, G. Th. [1855]: Über die physikalische und philosophische Atomenlehre. Leipzig 1855, ²1864.
Feyerabend, E. [1933]: Der Telegraph von Gauß und Weber im Werden der elektrischen Telegraphie. Berlin 1933.
Gresky, W. [1971]: Gauß' Münchenreise von 1816. In: *Gauß-Gesellschaft, Mitteilungen* Nr. 8/1971, S. 32–41.
Hoffmann, D. [1986]: Ein Meister der messenden Physik – zum 75. Todestag von Friedrich Kohlrausch. In: *Feingerätetechnik*, Berlin 35/1986, S. 174–176.
Honigmann, P. [1984]: Entstehung und Schicksal von Humboldts Magnetischem «Verein» (1829–1834) im Zusammenhang mit seiner Rußlandreise. In: *Annals of Science* 41/1984, S. 57–86.

Hund, F. [1975]: Gauß als Physiker. In: *Gauß-Gesellschaft, Mitteilungen* 12/1975, S. 21–24.
Hund, F. [1981]: Aus der Frühzeit physikalischer Forschung in Göttingen. In: *Georgia Augusta Nachrichten*. Univ. Göttingen, Nov. 1981, S. 22–28.
Hund, F. [1987]: Die Geschichte der Göttinger Physik. In: *Göttinger Universitätsreden* 80/1987.
Kirchhoff, G. [1857]: Über die Bewegung der Elektrizität in Drähten. In: *Annalen der Physik*, Bd. 100/1857, S. 193–217.
Körber, H.-G. [1958]: Alexander von Humboldt und Carl Friedrich Gauß' organisatorisches Wirken auf geomagnetischem Gebiet. In: *Forschungen und Fortschritte* 32/1958, S. 1–8.
Küssner, M. [1979]: Carl Friedrich Gauß und seine Welt der Bücher. Göttingen/Frankfurt/Zürich 1979.
Lorentz, H. A. [1895]: Versuch einer Theorie der electrischen und optischen Erscheinungen in bewegten Körpern. Leiden 1895.
Mack, H. [1927]: C. F. Gauß und die Seinen. Braunschweig 1927.
Maxwell, J. Cl. und F. Jenkin [1864]: Report of the British Association for the Advancement of Science 33th Meeting. Newcastle 1863, London 1864, S. 111–176. Dort S. 149.
Michling, H. [1976]: Carl Friedrich Gauß. Aus dem Leben des Princeps Mathematicorum. Göttingen 1976.
Michling, H. [1981]: Joseph Gauß (1806–1873). In: *Gauß-Gesellschaft, Mitteilungen* 18/1981, S. 63–71.
Neumann, F. [1845/1889]: Die mathematischen Gesetze der inducirten elektrischen Ströme (1845). Hrsg. von C. Neumann. In: Ostwalds Klassiker der exakten Wissenschaften, Nr. 10. Leipzig 1889.
Neumann, F. [1847/1892]: Über ein allgemeines Princip der mathematischen Theorie inducirter elektrischer Ströme (1847). Hrsg. von C. Neumann. In: Ostwalds Klassiker der exakten Wissenschaften, Nr. 36. Leipzig 1892.
O'Hara, J. G. [1983]: Gauß and the Royal Society: The reception of his ideas on magnetism in Britain (1832–1842). In: *Notes and Records of the Royal Society of London* Vol. 38/1983, S. 17–78.
Pricha, W. [1983]: Von Ampère zu Maxwell. Wilhelm Webers Briefe an August von Steinheil und die Elektrodynamik seiner Zeit. Diss. Bremen 1983.
Reich, K. [1977]: Carl Friedrich Gauß 1777/1977. München 1977.
Rosenberger, F. [1882–1890]: Geschichte der Physik. 3 Teile. Braunschweig 1882–1890.
Sartorius von Waltershausen, W. [1856]: Gauß zum Gedächtnis. Leipzig 1856.
Schaefer, C. [1924–1929]: Über Gauß' physikalische Arbeiten (Magnetismus, Elektrodynamik, Optik). C. F. Gauß Werke 11,2. 1924–1929, S. 3–152.
Schimank, H. [1971]: Carl Friedrich Gauß. In: *Gauß-Gesellschaft, Mitteilungen* 8/1971, S. 6–32.
Schröder, W. und K. H. Wiederkehr [1992]: Georg von Neumayer (1826–1909) und die internationale Entwicklung der Geophysik. Teil 2: Erdmagnetismus. In: *Gesnerus* Vol. 49 Part 3/4, 1992, S. 371–383.
Strubecker, K. [1955]: Carl Friedrich Gauß. Zum 100. Todestag. In: *Physikalische Blätter* 11. Jg./1955, S. 241–250.
Weber, H. [1893]: Wilhelm Weber. Eine Lebensskizze. Breslau 1893.
Wiederkehr, K. H. [1960]: Wilhelm Webers Stellung in der Entwicklung der Elektrizitätslehre. Diss. Hamburg 1960.
Wiederkehr, K. H. [1964]: Aus der Geschichte des Göttinger Magnetischen Vereins und seiner Resultate. In: *Nachrichten der Akademie der Wissenschaften in Göttingen, II. Mathematisch-Physikalische Klasse* Nr. 14/1964, S. 165–205.

Wiederkehr, K. H. [1967]: Wilhelm Eduard Weber. Erforscher der Wellenbewegung und der Elektrizität (1804–1891). Große Naturforscher, Bd. 32. Stuttgart 1967.
Wiederkehr, K. H. [1973]: Das bisher unbekannte Gauß-Gutachten zur Wiederbesetzung des Göttinger Physiklehrstuhls 1831. In: *Gauß-Gesellschaft, Mitteilungen* Nr. 10/1973, S. 32–47.
Wiederkehr, K. H. [1982]: Über die Verleihung der Copley-Medaille an Gauß und die Mitarbeit Englands im Göttinger Magnetischen Verein. In: *Gauß-Gesellschaft, Mitteilungen* Nr. 19/1982, S. 15–35.
Wiederkehr, K. H. [1993]: W. Weber und die Entwicklung der Elektrodynamik. II. Weber-Symposium in Halle und Leipzig 1993. Hrsg. vom Fachbereich Physik, Martin-Luther-Universität Halle-Wittenberg und Bundesvorstand der Wilhelm-Weber-Gesellschaft e. V. 1994, S. 39–54.
Wiederkehr, K. H. [1994]: Wilhelm Weber und Maxwells elektromagnetische Lichttheorie. In: *Gesnerus* Part. 3/4, Vol. 51/1994, S. 256–267.
Zöllner, J. K. F. [1876]: Principien einer elektrodynamischen Theorie der Materie. Leipzig 1876.

Michael Faraday

Quellen und Bibliographien

Die wichtigsten Quellen für Faradays wissenschaftliche Arbeiten sind seine veröffentlichten Aufsätze. Die auf Elektrizität und Magnetismus bezogenen Aufsätze erschienen zum größten Teil in den *Philosophical Transactions of the Royal Society of London*. Später wurden sie von Faraday zusammen mit anderen relevanten Aufsätzen in drei Bänden *als Experimental Researches in Electricity* (Faraday [1839–1854]) zusammengefaßt. Faradays andere chemische und physikalische Arbeiten erschienen 1859. Seine Labortagebücher veröffentlichte Thomas Martin (Martin [1932–1936]) in 9 Bänden. In seinen von Twenney und Gooding [1991] publizierten chemischen Notizbüchern sind viele der ihn später beschäftigenden Themen skizziert. Von Faradays Briefen gibt es eine ausgewählte Edition von Williams [1971] und eine angeblich vollständige Ausgabe von James [1991], von der bisher nur der erste Band mit den Briefen aus den Jahren 1811–1831 vorliegt.
Viele Faraday-Manuskripte befinden sich in der *Royal Institution* und in *der Institution of Electrical and Electronic Engineers* in London. Schließlich sollte noch ein Werk Faradays [1827] erwähnt werden, das unter anderen nicht die verdiente Aufmerksamkeit empfangen hat, vor allem deshalb, weil es chemische Operationen enthält, die für den Praktiker des Handwerks interessant sind. Es beinhaltete aber nur wenige theoretische Ansichten.

Faraday, M. [1827]: Chemical Manipulation, Being Instructions to Students in Chemistry, on the Methods of Performing Experiments of Demonstration or of Research, with Accuracy and Success. 1827, ²1830, ³1842.
Faraday, M. [1839–1854]: Experimental Researches in Electricity. 3 Bde. London 1839–1854. Eine deutsche, auf den Übersetzungen von J. C. Poggendorff in den *Annalen der Physik*, Bd. 25–29 fußende Ausgabe erschien unter dem Titel *Experimental-Untersuchungen über Elektrizität*. Ostwalds Klassiker der exakten Wissenschaften, Nr. 81/¹1896, 86/¹1897, 87/¹1897, 126/¹1901, 128/¹1901, 131/¹1902, 134/¹1902, 136/¹1903, 140/¹1903.
Faraday, M. [1859]: Experimental Researches in Chemistry and Physics. London 1859.

James, F. A. J. L., Hrsg. [1991]: The Correspondence of Michael Faraday. Bd. 1: 1811–1831. London 1991.
Jeffreys, A. [1960]: Michael Faraday. A List of His Lectures and Published Writings. London 1960.
Martin, Th., Hrsg. [1932–1936]: Faradays Diary. 8 Bde., London 1932–1936.
Tricker, R. A. R., Hrsg. [1874]: Die Beiträge von Faraday und Maxwell zur Elektrodynamik. Braunschweig 1974.
Twenney, R. D. und D. Gooding, Hrsg. [1991]: Faraday's Chemical Notes, Hints, Suggestions and Objects of Pursuit of 1822. London 1991.
Williams, L. P. [1971]: The Selected Correspondence of Michael Faraday. 2 Bde. Cambridge 1971.

Sekundärliteratur

Cantor, G. [1991]: Michael Faraday, Sandemanian and Scientist: A Study of Science and Religion in the Nineteenth Century. New York 1991.
Gerlach, W. [1968]: Michael Faraday (1791–1867). Zum 100. Todestag. In: *Deutsches Museum, Abhandlungen und Berichte* 36/1968, S. 5–52.
Gladstone, J. H. [1872]: Michael Faraday. London 1872. – Eine deutsche Übersetzung erschien 1882 in Glogau.
Gooding, D. [1989]: The Uses of Experiment. Cambridge 1989.
Gooding, D. [1990]: Experiment and the Making of Meaning. Dordrecht 1990.
Gooding, D. und F. A. J. L. James, Hrsg. [1985]: Faraday Rediscovered: Essays on the Life and Work of Michael Faraday, 1791–1867. London 1985.
Jones, H. B. [1870]: Life and Letters of Faraday. 2 Bde. London 1870.
Lemmerich, J. [1991]: Michael Faraday. 1791–1867. Erforscher der Elektrizität. München 1991.
Maxwell, J. C. [1881]: An elementary treatise on electricity. Oxford 1881.
Meurig, J. [1991]: Michael Faraday and the Royal Institution. Bristol 1991.
Ostwald, W. [1994]: Michael Faraday. Eine psychographische Studie. Leipzig/Stuttgart 1924.
Thompson, S. P. [1898]: Michael Faraday. His Life and Work. London 1898. – Eine deutsche Übersetzung erschien unter dem Titel *Michael Faradays Leben und Wirken*. Halle a. d. Saale 1900.
Tyndall, J. [1870]: Faraday as a Discoverer. London 1870 und zahlreiche spätere Auflagen. – Eine deutsche, von H. Helmholtz herausgegebene Übersetzung erschien 1870 in Braunschweig unter dem Titel *Faraday und seine Entdeckungen, eine Gedenkschrift von John Tyndall.*
Williams, L. P. [1965]: Michael Faraday, a Biography. London 1965.
Williams, L. P. [1986]: Why Ampère didn't discover electromagnetic induction. In: *American Journal of Physics* 54/1986, S. 306–311.

Franz Ernst Neumann

Quellen

Neumann, Franz Ernst [1830]: Das Krystallsystem des Albites und der ihm verwandten Gattungen. Abhandlungen der Königlichen Akademie der Wissenschaften zu Berlin, 1830, S. 189–280. Auch in Neumann [1906–1928, Bd. 1, S. 377–418].
Neumann, Franz Ernst [1846]: Die mathematischen Gesetze der inducirten elektri-

schen Ströme. Berlin 1846. Auch Neumann [1906–1928, Bd. 3, S. 257–344] und Ostwalds Klassiker der exakten Wissenschaften, Nr. 10. Leipzig 1889.

Neumann, Franz Ernst [1847]: Über ein allgemeines Princip der mathematischen Theorie inducirter elektrischer Ströme. Abhandlungen der Berliner Akademie. Berlin 1847. Auch in Neumann [1906/28, Bd. 3, S. 345–409] und Ostwalds Klassiker der exakten Wissenschaften, Nr. 36. Leipzig 1892.

Neumann, Franz Ernst [1881]: Vorlesungen über die Theorie des Magnetismus. Vorlesungen über mathematische Physik. Bd. I. Hrsg. von C. Neumann. Leipzig 1881.

Neumann, Franz Ernst [1883]: Einleitung in die theoretische Physik. Vorlesungen über mathematische Physik. Bd. II. Hrsg. von C. Pape, Leipzig 1883.

Neumann, Franz Ernst [1884]: Vorlesungen über elektrische Ströme. Vorlesungen über mathematische Physik. Bd. III. Hrsg. von K. von der Mühll. Leipzig 1884.

Neumann, Franz Ernst [1885a]: Vorlesungen über theoretische Optik. Vorlesungen über mathematische Physik. Bd. IV. Hrsg. von E. Dorn. Leipzig 1885.

Neumann, Franz Ernst [1885b]: Vorlesungen über die Theorie der Elasticität der festen Körper und des Lichtäthers. Vorlesungen über mathematische Physik. Bd. V. Hrsg. von O. E. Meyer. Leipzig 1885.

Neumann, Franz Ernst [1887]: Vorlesungen über die Theorie des Potentials und der Kugelfunctionen. Vorlesungen über mathematische Physik. Bd. VI. Hrsg. von C. Neumann, Leipzig 1887.

Neumann, Franz Ernst [1894]: Vorlesungen über die Theorie der Capillarität. Vorlesungen über mathematische Physik. Bd. VII. Hrsg. von A. Wangerin. Leipzig 1894.

Neumann, Franz Ernst [1906–1928]: Franz Neumanns Gesammelte Werke. 3 Bde. Leipzig 1906–1928.

Neumann, Franz Ernst [1950]: Ein Kapitel aus der Vorlesung von Franz Neumann über mechanische Wärmetheorie. Königsberg, 1854/55. In: *Abhandlungen der Bayerischen Akademie der Wissenschaften* 59/1950, 7–27.

Zeitgenössische Literatur

Bessel, F. W. [1828]: Untersuchungen über die Länge des einfachen Sekundenpendels. Berlin 1828.

Brix, P. W. [1842]: Über die latente Wärme der Dämpfe verschiedener Flüssigkeiten bei deren Siedetemperatur. In: *Annalen der Physik und Chemie* 55/1842, S. 341–390.

Brix, P. W. [1853]: Untersuchungen über die Heizkraft der wichtigeren Brennstoffe des Preußischen Staates. Berlin 1853.

Kirchhoff, G. R. [1845]: Ueber den Durchgang eines elektrischen Stromes durch eine Ebene, insbesondere durch eine kreisförmige. In: *Annalen der Physik* 64/1845, S. 487–514. Auch in Kirchhoff [1882, S. 1–22].

Kirchhoff, G. R. [1849]: Bestimmung der Constanten, von welcher die Intensität inducirter elektrischer Ströme abhängt. In: *Annalen der Physik* 76/1849. Auch in Kirchhoff [1882, S. 118–131].

Kirchhoff, G. R. [1882]: Gesammelte Abhandlungen. Leipzig 1882.

Thiesen, M. F. [1879]: Eine Erweiterung der Neumann'schen Methode zur Kalibrierung von Thermometern. In: *Zeitschrift der österreichischen Gesellschaft für Meteorologie* 14/1879, S. 426–430.

Biographien und Sekundärliteratur

Anon. [1895]: Prof. Dr. Franz Neumann. In: *Elektrotechnische Zeitschrift* 16/1895, S. 353.

Biermann, K.-R. [1960]: Aus den Anfängen der wissenschaftlichen Laufbahn Franz Neumanns, des Begründers der mathematischen Physik in Deutschland. In: *Forschungen und Fortschritte* 34/1960, S. 97–101.

Flügge, S. [1946]: Zur fünfzigsten Wiederkehr des Todestages von Franz Neumann. In: *Zeitschrift für Naturforschung* 1/1946, S. 46–48.

Kekule von Stradonitz, S. [1929]: Die Mutter des berühmten Physikers Franz Neumann. In: *Der deutsche Herold* 60/1929, S. 109–112.

Kistner, A. [1913]: Aus dem Briefwechsel des Physikers Oskar Emil Meyer und des Chemikers Lothar Meyer. In: *Archiv für die Geschichte der Naturwissenschaften und der Technik* 6/1913, S. 207–215.

Kropatscheck, G. [1947]: Johannes Kepler. Der König unter den Sternforschern. Franz Neumann. Ein Altmeister mathematischer Physik. Stuttgart 1940, ²1947.

Lorey, W. [1916]: Das Studium der Mathematik an den deutschen Universitäten seit Anfang des 19. Jahrhunderts. Leipzig 1916.

Neumann, L. [1904]: Franz Neumann. Erinnerungsblätter von seiner Tochter. Tübingen 1904.

Neumann, L. [1929]: Franz Neumann. Aus den Jugendjahren eines Forschers und Veteranten der Freiheitskriege vom 1813–1815. Nach mündlicher Überlieferung erzählt von Luise Neumann. Leipzig 1929.

Olesko, K. M. [1980]: The Emergence of Theoretical Physics in Germany. Franz Neumann and the Königsberg School of Physics, 1830–1890. Diss., Cornell University 1980.

Olesko, K. M. [1991a]: The Humboldtian Reforms, Economic Factors, and Discipline Shaping. The Case of the Königsberg Physics Seminar. In: Schubring [1991, S. 92–109].

Olesko, K. M. [1991b]: Physics as a Calling. Discipline and Practice in the Königsberg Seminar for Physics. Ithaca/N. Y. 1991.

Olesko, K. M. [1993]: Tacit Knowledge and School Formation. In: *Osiris* 9/1993, S. 116–129.

Olesko, K. M. [1995a]: Der Physiker als Lehrer. Zur hundertsten Wiederkehr des Todestags von Franz Ernst Neumann (1798–1895). In: *Physikalische Blätter* 51/1995, S. 522–524.

Olesko, K. M. [1995b]: Franz Ernst Neumann. In: Jahrbuch der Königsberger Universität 1995.

Olesko, K. M.[1995c]: The Meaning of Precision. The Exact Sensibility in Early Nineteenth-Century Germany. In: Wise [1995, S. 103–134].

Schubring, G., Hrsg. [1991]: ‹Einsamkeit und Freiheit› neu besichtigt. Universitätsreformen und Disciplinenbildung in Preussen als Modell für Wissenschaftspolitik im Europa des 19. Jahrhunderts. Stuttgart 1991.

Stichweh, R. [1984]: Zur Entstehung des modernen Systems wissenschaftlicher Disziplinen. Physik in Deutschland. Frankfurt a. M. 1984.

Stolz, R., Hrsg. [1991]: Wissenschaft und Schulbildung. Jena 1991.

Trunschke, A. [1990]: Franz Neumann und die Königsberger Schule der theoretischen Physik. Diss. Leipzig 1990.

Trunschke, A. [1990b]: Die Königsberger Physiker Franz Ernst Neumann (1798–1895) und die Preußische Akademie der Wissenschaften zu Berlin. In: *NTM: Internationale Zeitschrift für Geschichte und Ethik der Naturwissenschaft, Technik und Medizin* 27/1990, S. 1–11.

Trunschke, A. [1990c]: Talentförderung um 1850 – das mathematisch-physikalische Seminar an der Königsberger Universität. In: *Wissenschaftliche Zeitschrift der Pädagogischen Hochschule* Potsdam 34/1990, S. 165–173.
Trunschke, A. [1991]: Die Königsberger Schule der theoretischen Physik um Franz Neumann (1798–1895). In: Stolz [1991].
Volkmann, P. [1896]: Franz Neumann. Ein Beitrag zur Geschichte deutscher Wissenschaft. Leipzig 1896.
Wangerin, A. [1907]: Franz Neumann und sein Wirken als Forscher und Lehrer. Braunschweig 1907.
Wise, M. N., Hrsg. [1995]: The Values of Precision. Princeton 1995.

Hermann von Helmholtz

Quellen und Bibliographien

Helmholtz, Hermann von [1867]: Handbuch der Physiologischen Optik. Leipzig 1867; 2. umgearb. Aufl. Hamburg 1896; 3. Aufl. (= Text der 1. Aufl.), 3 Bde., ergänzt und hrsg. von A. Gullstrand, J. von Kries und W. Nagel. Hamburg 1909–1910.
Helmholtz, Hermann von [1882–1895]: Wissenschaftliche Abhandlungen. 3 Bde. Bd. 1: Leipzig 1882; Bd. 2: 1883; Bd. 3: 1895.
Helmholtz, Hermann von [1895]: Titelverzeichniss sämmtlicher Veröffentlichungen von Hermann von Helmholtz. Zusammengestellt von A. König. In: Helmholtz [1882–1895, Bd. 3, S. 605–636].
[Helmholtz, Hermann von] König, A. u. a., Hrsg. [1897–1907]: Vorlesungen über theoretische Physik. 6 Bde. Leipzig 1897–1907.
Helmholtz, Hermann von [1902]: Über die Erhaltung der Kraft. In: Ostwalds Klassiker der exakten Wissenschaften, Nr. 1. Leipzig 1902 (1. Aufl. Berlin 1847).
Helmholtz, Hermann von [51903]: Vorträge und Reden. Braunschweig 31884 (= 3. Aufl. der Populären wissenschaftlichen Vorträge, die ab 1865 in drei Heften erschienen waren), 41896, 51903.
Helmholtz, Hermann von [61913]: Die Lehre von den Tonempfindungen als physiologische Grundlage für die Theorie der Musik. Braunschweig 1863, 61913. Repr. Hildesheim 1968.
[Helmholtz, Hermann von] Hertz, P. und M. Schlick, Hrsg. [1921]: Schriften zur Erkenntnistheorie. Hrsg. u. erl. von P. Hertz und M. Schlick. Berlin 1921.
[Helmholtz, Hermann von] Hörz, H. und S. Wollgast, Hrsg. [1971]: Philosophische Vorträge und Aufsätze. Berlin 1971.

Zur Bibliographie der wissenschaftlichen Veröffentlichungen von Helmholtz siehe auch die folgenden Werke:

J. C. Poggendorff's Biographisch-literarisches Handwörterbuch zur Geschichte der exacten Wissenschaften. Bd. I, Leipzig 1863, S. 1059; Bd. III, Leipzig 1898, S. 611 f.; Bd. IV, Leipzig 1904, S. 612; Bd. V, Leipzig/Berlin 1925, S. 517; Bd. VI, Berlin 1937, S. 1076; Bd. VIIa, Supplement, Berlin 1971, S. 267–277.
Royal Society of London, Hrsg. [1867–1925]: Catalogue of Scientific Papers. 19 Bde. London 1867–1925, Bd. 3, S. 270 f.; Bd. 7, S. 946 f.; Bd. 10, S. 188 f.; Bd. 12, S. 324; Bd. 15, S. 747 f.

Biographien und Briefausgaben

Cahan, D., Hrsg. [1993a]: Letters of Hermann von Helmholtz to his Parents: The Medical Education of a German Scientist 1837–1846. Stuttgart 1993.
Du Bois-Reymond, E. [[4]1912]: Gedächtnisrede auf Hermann von Helmholtz (1895). Reden von Emil du Bois-Reymond, in zwei Bänden, Bd. II. Leipzig [4]1912, S. 516–570.
[Helmholtz, A. von] Siemens-Helmholtz, E. von, Hrsg. [1929]: Ein Lebensbild in Briefen. 2 Bde. Berlin 1929.
Helmholtz, Hermann von [1891]: Erinnerungen. Tischrede gehalten bei der Feier des 70. Geburtstages Berlin 1891. In: Helmholtz [1903, Bd. I, S. 1–21].
Hörz, H. [1994]: Physiologie und Kultur in der zweiten Hälfte des 19. Jahrhunderts. Briefe an Hermann von Helmholtz. Marburg 1994.
Koenigsberger, L. [1902–1903]: Hermann von Helmholtz. 3 Bde. Braunschweig 1902–1903. – 1911 erschien davon auch eine gekürzte Volksausgabe.
Kremer, R. L. [1990]: Letters of Hermann von Helmholtz to his Wife 1847–1859. Stuttgart 1990.
Kirsten, Ch., Hrsg. [1986]: Dokumente einer Freundschaft. Briefwechsel zwischen Hermann von Helmholtz und Emil du Bois-Reymond 1846–1894. Berlin 1986.

Sekundärliteratur

Barnouw, J. [1987]: Goethe and Helmholtz. Science and Sensation. In: F. Amrine u. a. (Hrsg.): Goethe and the Sciences. A Reappraisal. Dordrecht/Boston 1987, S. 45–82.
Buchwald, J. Z. [1985]: From Maxwell to Microphysics: Aspects of Electromagnetic Theory in the Last Quarter of the Nineteenth Century. Chicago/London 1985.
Cahan, D. [1992]: Meister der Messung. Die Physikalisch-Technische Reichsanstalt im Deutschen Kaiserreich. Weinheim u. a. 1992. – 1. engl. Ausgabe 1989.
Cahan, D., Hrsg. [1993b]: Hermann von Helmholtz and the Foundations of Nineteenth-Century Science. Berkeley/Los Angeles/London 1993.
Cassirer, E. [1973]: Das Erkenntnisproblem in der Philosophie und Wissenschaft der neueren Zeit. Bd. 4: Von Hegels Tod bis zur Gegenwart (1832–1932). Darmstadt 1973. – 1. engl. Ausgabe New Haven 1950.
Coleman, W. [1971]: Biology in the Nineteenth Century. New York 1971.
Cranefield, P. F. [1957]: The Organic Physics of 1847 and the Biophysics of Today. In: *Journal of the History of Medicine and Allied Sciences* 12/1957, 407–423.
Crombie, A. C. [1958]: Helmholtz. In: *Scientific American* 198/1958, S. 94–102.
Darrigol, O. [1992]: The Electrodynamic Revolution in Germany as Documented by Early German Expositions of ‹Maxwell's Theory›. In: *Archive for History of Exact Sciences* 45/1992, S. 189–280.
Ebert, H. [1949]: Hermann von Helmholtz. Stuttgart 1949.
Fichte, J. G. [1986]: Die Bestimmung des Menschen. Stuttgart 1986.
Gerlach, W. [1956]: Hermann von Helmholtz 1821–1894. In: H. Heimpel u. a. (Hrsg.): Die großen Deutschen. Deutsche Biographie, Bd. III. Berlin 1956, S. 456–465.
Hall, S. [1914]: Die Begründer der Modernen Psychologie. Leipzig 1914. – 1. engl. Auflage 1912.
Harmann, P. M. [1987]: The Foundations of Mechanical Physics in the Nineteenth Century: Helmholtz and Maxwell. In: C. Burrichter u. a. (Hrsg.): Zum Wandel des Naturverständnisses. Paderborn 1987, S. 35–46.
Hatfield, G. [1990]: The Natural and the Normative: Theories of Spatial Perception from Kant to Helmholtz. Cambridge/Mass. 1990.
Heidelberger, M. [1985]: Zerspaltung und Einheit: Vom logischen Aufbau der Welt

zum Physikalismus. In: H. J. Dahms (Hrsg.): Philosophie, Wissenschaft, Aufklärung. Berlin 1985, S. 144–189.

Heidelberger, M. [1993]: Räumliches Sehen bei Helmholtz und Hering. In: *Philosophia naturalis* 30/1993, S. 1–28.

Heidelberger, M. [1995a]: Philosophische Argumente in empirischer Wissenschaft. Das Beispiel Helmholtz. In: H. J. Sandkühler (Hrsg.): Interaktionen zwischen Philosophie und empirischen Wissenschaften. Frankfurt a. M. 1995, S. 211–224.

Heidelberger, M. [1995b]: Helmholtz als Philosoph. In: *Deutsche Zeitschrift für Philosophie* 43(5)/1995, S. 835–844.

Heidelberger, M. [1996]: From Helmholtz's Philosophy of Science to Hertz's Picture-Theory. In: D. Baird, R. I. G. Hughes und A. Nordmann (Hrsg.): Heinrich Hertz (1857–1894): Classical Physicist, Modern Philosopher. Dordrecht (im Druck).

Heimann, P. M. [1974]: Helmholtz and Kant: The Metaphysical Foundations of ‹Über die Erhaltung der Kraft›. In: *Studies in History and Philosophy of Science* 5/1974, S. 205–238.

Hertz, H. [²1894]: Einleitende Übersicht. B. Zur Theorie. In: Ph. Lenard (Hrsg.): Gesammelte Werke. Bd. 2: Untersuchungen über die Ausbreitung der elektrischen Kraft. Leipzig ²1894, S. 21–31.

Hörz, H. und S. Wolgast [1971]: Einleitung zu: Helmholtz [1971, S. V–LXXIV].

Hörz, H. und S. Wolgast [1986]: Hermann von Helmholtz und Emil du Bois-Reymond. In: Kirsten [1986, S. 11–64].

Kaiser, W. [1982]: Einleitung. In: L. Boltzmann: Vorlesungen über Maxwells Theorie der Elektricität und des Lichtes. Ludwig Boltzmann Gesamtausgabe, Bd. 2. Leipzig 1891–1893. Repr. Graz/Braunschweig 1982, S. 5*-48*.

Klein, M. J. [1974]: Boltzmann, Monocycles, and Mechanical Explanation. In: R. F. Seeger und R. S. Cohen (Hrsg.): Philosophical Foundations of Science. Boston Studies in the Philosophy of Science, Vol. 11. Dordrecht/Boston 1974, S. 155–175.

Klix, F. [1979]: Hermann von Helmholtz' Beitrag zur Theorie der Wahrnehmung. In: G. Eckhardt (Hrsg.): Zur Geschichte der Psychologie. Berlin 1979, S. 45–59.

Köhnke, K. Ch. [1986]: Entstehung und Aufstieg des Neukantianismus. Frankfurt a. M. 1986.

König, G. [1968]: Der Wissenschaftsbegriff bei Helmholtz und Mach. In: A. Diemer (Hrsg.): Beiträge zur Entwicklung der Wissenschaftstheorie im 19. Jahrhundert. Meisenheim am Glan 1968, S. 90–114.

Kries, J. von [1921]: Helmholtz als Physiologe. In: *Die Naturwissenschaften* 9/1921, S. 673–693.

Krüger, L., Hrsg. [1994]: Universalgenie Helmholtz. Rückblick nach 100 Jahren. Berlin 1994.

Lange, Fr. A. [1974]: Geschichte des Materialismus und Kritik seiner Bedeutung in der Gegenwart. 2. Buch. Iserlohn ²1874/1875, Frankfurt a. M. 1974.

Lenoir, Th. [1982]: The Strategy of Life: Teleology and Mechanics in Nineteenth Century Germany. Chicago 1982, 1989.

Lenoir, Th. [1993]: Farbensehen, Tonempfindung und der Telegraph. Helmholtz und die Materialität der Kommunikation. In: H.-J. Rheinberger und M. Hagner (Hrsg.): Die Experimentalisierung des Lebens. Experimentalsysteme in den biologischen Wissenschaften 1850/1950. Berlin 1993, S. 50–73.

Lessing, H.-U. [1995]: Helmholtz und Dilthey: Aspekte einer Wirkung. In: *Deutsche Zeitschrift für Philosophie* 43(5)/1995, S. 819–833.

Lübbig, H., Hrsg. [1995]: The Inverse Problem. Symposium ad memoriam Hermann von Helmholtz. Berlin 1995.

Markl, H. [1995]: Physik des Lebendigen. In: *Alexander von Humboldt-Magazin* 65/1995, S. 13–24.

Mausfeld, R. [1994]: Hermann v. Helmholtz. Die Untersuchung der Funktionsweise des Geistes als Gegenstand einer wissenschaftlichen Psychologie. In: *Psychologische Rundschau* 45/1994, S. 133–147.
Maxwell, J. C. [1976]: Über physikalische Kraftlinien. Darmstadt 1976, S. 53. – 1. engl. Ausgabe 1861/62.
Meinel, Ch. [1991]: Karl Friedrich Zöllner und die Wissenschaftskultur der Gründerzeit. Berlin 1991.
Müller, J. [1840]: Handbuch der Physiologie des Menschen, Bd. 2. Koblenz 1840.
Nernst, W. [1921]: Die elektrochemischen Arbeiten von Helmholtz. In: *Die Naturwissenschaften* 9/1921, S. 699–702.
Planck, M. [1906]: Helmholtz' Leistungen auf dem Gebiete der theoretischen Physik. In: Allgemeine Deutsche Biographie, Bd. 51. Leipzig 1906, S. 470–472.
Ramser, H. [1977]: Hermann von Helmholtz. In: K. Fasmann u. a. (Hrsg.): Die Großen der Weltgeschichte, Bd. VIII. Zürich 1977, S. 344–367.
Rechenberg, H. [1994]: Hermann von Helmholtz. Bilder seines Lebens und Wirkens. Weinheim/New York 1994.
Richards, J. L. [1977]: The Evolution of Empiricism: Hermann von Helmholtz and the Foundations of Geometry. In: *British Journal for the Philosophy of Science* 28/1977, S. 235–253.
Richards, J. L. [1988]: Mathematical Visions: The Pursuit of Geometry in Victorian England. Boston u. a. 1988. – Kap. 2.
Rosenberger, F. [1887–1890]: Die Geschichte der Physik. 3 Bde., Braunschweig 1887–1890, 3. Bd.
Schiemann, G. [1995]: Zwischen klassischer und moderner Wissenschaftstheorie: Hermann von Helmholtz und Karl R. Popper, erkenntnistheoretisch verglichen. In: *Deutsche Zeitschrift für Philosophie* 43(5)/1995, S. 845–859.
Schiemann, G. [1997]: Wahrheitsgewißheitsverlust. Hermann von Helmholtz' Mechanismus im Anbruch der Moderne. Eine Studie zum Übergang von klassischer zu moderner Naturphilosophie. Darmstadt 1997.
Schnädelbach, H. [1983]: Philosophie in Deutschland 1831–1933. Frankfurt a. M. 1983.
Stumpf, C. [1895]: Hermann von Helmholtz und die neuere Psychologie. In: *Archiv für Geschichte der Philosophie* 8/1895, S. 303–314.
Torretti, R. [1978]: Philosophy of Geometry from Riemann to Poincaré. Dordrecht/Boston 1978.
Turner, R. S. [1972]: Helmholtz, Hermann von. In: Dictionary of Scientific Biography, Bd. 6. New York 1972, S. 241–253.
Turner, R. S. [1977]: Hermann von Helmholtz and the Empiricist Vision. In: *Journal of the History of the Behavorial Sciences* 13/1977, S. 48–58.
Turner, R. S. [1994]: In the Eye's Mind: Vision and the Helmholtz-Hering Controversy. Princeton 1994.
Warburg, A., M. Rubner und M. Schlick [1922]: Helmholtz als Physiker, Physiologe und Philosoph. Drei Vorträge. Karlsruhe 1922.
Wien, W. [1919]: Hermann von Helmholtz. Zu seinem 25-jährigen Todestage. In: *Die Naturwissenschaften* 7/1919, S. 645–648.
Wien, W. [1921]: Helmholtz als Physiker. In: *Die Naturwissenschaften* 9/1921, S. 694–699.
Wise, N. M. [1990]: Electromagnetic Theory in the Nineteenth Century. In: R. C. Olby u. a. (Hrsg.): Companion to the History of Modern Science. London 1990, S. 342–356.

Gustav Robert Kirchhoff und Robert Wilhelm Bunsen

Allgemeine Literatur

Danzer, Klaus [1972]: Robert W. Bunsen und Gustav R. Kirchhoff. Die Begründer der Spektralanalyse. Leipzig 1972.
Greiner, A., Hrsg. [1986]: Chemiker über Chemiker. Berlin 1986.
Hauser, W. [1987]: Strahlungsphysiker ebnen in Berlin den Weg zur Quantentheorie. – Wien, Paschen, Lummer, Rubens. In: W. Treue (Hrsg.): Berlinische Lebensbilder. Naturwissenschaftler. Berlin 1987, S. 91–114.
Jungnickel, C. und R. McCormmach [1986]: Intellectual Mastery of Nature: Theoretical Physics from Ohm to Einstein. 2 Bde. Chicago 1986.
Karpenko, V. [1980]: The discovery of supposed new elements: two centuries of errors. In: *Ambix* 27/1980, S. 77–102.
Kirsten, C. und H. G. Körber, Hrsg. [1975]: Physiker über Physiker. Berlin 1975.
Kußmaul, A. [1902]: Ein Dreigestirn großer Naturforscher an der Heidelberger Universität im 19. Jahrhundert. In: *Deutsche Revue* 27/1902, S. 35–45, 173–187.
McGucken, W. [1969]: Nineteenth-Century Spectroscopy. Development of the Understanding of Spectra. Baltimore 1969.
Mehra, J. und H. Rechenberg [1982]: The Historical Development of Quantum Mechanics, Bd. 1. Berlin 1982.
Meinel, C. [1978]: Die Chemie an der Universität Marburg. Marburg 1978.
Olesko, K. [1991]: Physics as a Calling. Discipline and Practice in the Königsberg Seminar for Physics. Ithaca/N. Y./London 1991.
Pearson, T. H. und A. J. Ihde [1951]: Chemistry and the spectrum before Bunsen and Kirchhoff. In: *Journal of Chemical Education* 28/1951, S. 267–271.
Roscoe, H. E. [1906]: The Life & Experiences of Sir Henry Enfield Roscoe, D. C. L., LL. D., F. R. S., Written by Himself. London 1906.
Thiele, J. [1978]: Wissenschaftliche Kommunikation. Die Korrespondenz Ernst Machs. Kastellaun/Henn 1978.

Robert Wilhelm Bunsen

Biltz, H. [1928]: Zur Geschichte des Bunsenbrenners. In: *Zeitschrift für angewandte Chemie* 41/1928, S. 112.
Boberlin, U. [1993]: Photochemische Untersuchungen von R. Bunsen und H. Roscoe im Vergleich mit den Arbeiten J. W. Drapers und W. C. Wittwers. Berlin 1993.
Bunsen, Robert Wilhelm [1859]: Lötrohrversuche. In: *Annalen der Chemie und Pharmacie* 111/1859, S. 257–276 und Tafel I.
Bunsen, Robert Wilhelm [1860]: Ueber ein neues dem Kalium nahestehendes Metall. In: *Monatsberichte der kgl. Akademie der Wissenschaften zu Berlin*. 1860, S. 221–223.
Bunsen, Robert Wilhelm [1861]: Ueber ein fünftes der Alkaligruppe angehörendes Metall. In: *Monatsberichte der kgl. Akademie der Wissenschaften zu Berlin.* 1861, S. 273–275.
[Bunsen, Robert Wilhelm] Ostwald, W. und M. Bodenstein, Hrsg. [1904]: Gesammelte Abhandlungen. 3 Bde. Leipzig 1904. – Bd. 3 enthält die spektroskopischen Beiträge.
Debus, H. [1901]: Erinnerungen an Robert Wilhelm Bunsen und seine wissenschaftlichen Leistungen. Kassel 1901.
Fuchs, O. [1929]: Bunsen. In: G. Bugge (Hrsg.): Das Buch der Großen Chemiker, Bd. 2. Weinheim [2]1984, S. 78–91.
Kayser, H. u. a. [1911]: Bunsen-Sonderheft. In: *Zeitschrift für Elektrochemie* 17/1911, S. 205–211.

Lockemann, G. [1949]: Robert Wilhelm Bunsen. Lebensbild eines deutschen Naturforschers. Stuttgart 1979.
Lockemann, G. [1957]: Bunsen, Robert Wilhelm. In: Neue Deutsche Biographie, Bd. 3. 1957, S. 18–20.
Mayer, A., Hrsg. [1904]: Bunseniana. Heidelberg 1904.
Schacher, S. G. [1970]: Bunsen, Robert Wilhelm Eberhard. In: Dictionary of Scientific Biography, Bd. 2. New York 1970, S. 586–590.
Schimank, H. [1939]: Robert Wilhelm Bunsen und Gustav Robert Kirchhoff. Die Großen Deutschen, Bd. 5. Berlin 1939, S. 248–264.
Schimank, H. [1956]: Robert Wilhelm Bunsen. Die Großen Deutschen, Bd. 3. Berlin 1956. Repr. 1978, S. 421–432.

Gustav Robert Kirchhoff

Agassi, J. [1967]: The Kirchhoff-Planck radiation law. In: *Science* 156/1967, S. 30–37.
Archibald, Th. [1988]: Tension and potential from Ohm to Kirchhoff. In: *Centaurus* 31/1988, S. 141–163.
Boltzmann, L. [1905]: Gustav Robert Kirchhoff (Festrede 1888). In: L. Boltzmann: Populäre Schriften. Leipzig 1905, S. 53–75.
Butrica, A. J. [1990]: The ‹rediscovery› of Kirchhoff's circuitry laws. In: E. Garber (Hrsg.): Beyond History of Science. Betlehem u. a. 1990.
Gerlach, W. [1977]: Kirchhoff, Gustav Robert. In: Neue Deutsche Biographie, Bd. 11, 1977, S. 649–653.
Helmholtz, R. von [1888]: Gustav Robert Kirchhoff. In: *Deutsche Rundschau*, Jg. 14, Bd. 54/1888, S. 232–245.
Hofmann, A. W. [1887]: Gustav Kirchhoff. In: *Berichte der Deutschen Chemischen Gesellschaft* 20/1887, S. 2271–2277.
Kirchhoff, Gustav Robert [1845]: Ueber den Durchgang eines elektrischen Stromes durch eine Ebene, insbesondere durch eine kreisförmige. In: *Annalen der Physik* 64/1845, S. 478–514 und Tafel V. – Vgl. auch *Annalen der Physik* 67/1846, S. 344–349; 72/1847, S. 497–508, 75/1848, S. 189–205. – Auch enthalten in Kirchhoff [1882, S. 1–48].
Kirchhoff, Gustav Robert [1850]: Ueber das Gleichgewicht und die Bewegung einer elastischen Scheibe. In: *Journal für die reine und angewandte Mathematik* 40/1850, S. 51–88. – Auch enthalten in Kirchhoff [1882, S. 237–279].
Kirchhoff, Gustav Robert [1857a]: Ueber die Bewegung der Elektricität in Drähten. In: *Annalen der Physik* (2) 100/1857, S. 193–217.
Kirchhoff, Gustav Robert [1857b]: Ueber die Bewegung der Elektricität in Leitern. In: *Annalen der Physik* (2) 102/1857, S. 529–544 bzw. in Kirchhoff [1882, S. 131–168].
Kirchhoff, Gustav Robert [1859]: Ueber die Fraunhofer'schen Linien. In: *Monatsberichte der kgl. Akademie der Wissenschaften zu Berlin* 1859, S. 662–665. – Auch enthalten in Kirchhoff [1898a] und Kirchhoff [1882, S. 564–566].
Kirchhoff, Gustav Robert [1860]: Ueber das Verhältnis zwischen dem Emissionsvermögen und dem Absorptionsvermögen der Körper für Wärme und Licht. In: *Annalen der Physik* (2) 109/1860, S. 275–301. – Auch in Kirchhoff [1898a] und Schöpf (Hrsg.) [1978] enthalten.
Kirchhoff, Gustav Robert [1861]: Untersuchungen über das Sonnenspektrum und die Spectren der chemischen Elemente. In: *Abhandlungen der kgl. Akademie der Wissenschaften zu Berlin* 1861, S. 63–95 und Tafeln I–III, sowie 1862, S. 227–239 und Tafel I («enthaltend Beobachtungen von Hrn. K. Hoffmann»), kommentierter Reprint, hrsg. von H. Kangro. Milliaria, Bd. 17. Osnabrück 1972.
Kirchhoff, Gustav Robert [1863]: Zur Geschichte der Spectral-Analyse und der Ana-

lyse der Sonnenatmosphäre. In: *Annalen der Physik* (2) 118/1863, S. 94–111. – Auch enthalten in Kirchhoff [1882, S. 625–641].
Kirchhoff, Gustav Robert [1865]: Über das Ziel der Naturwissenschaften (Heidelberger Rektoratsrede). Heidelberg 1865.
Kirchhoff, Gustav Robert [1876–1894]: Vorlesungen über mathematische Physik. Bd. 1: Mechanik. Leipzig 1876; Bd. 2: K. Hensel (Hrsg.): Mathematische Optik. 1891; Bd. 3: M. Planck (Hrsg.): Elektrizität und Magnetismus. 1891; Bd. 4: M. Planck (Hrsg.): Theorie der Wärme. 1894.
Kirchhoff, Gustav Robert [1882/1891]: Gesammelte Abhandlungen. Leipzig 1882, sowie Nachtrag dazu hrsg. von L. Boltzmann. Leipzig 1891.
[Kirchhoff, Gustav Robert] Planck, M., Hrsg. [1898a]: Abhandlungen über Emission und Absorption I. Ostwalds Klassiker der exakten Wissenschaften, Nr. 100. Leipzig 1898.
[Kirchhoff, Gustav Robert] Planck, M., Hrsg. [1898b]: Abhandlungen über mechanische Wärmetheorie I. Ostwalds Klassiker der exakten Wissenschaften, Nr. 101. Leipzig 1898.
Kirchhoff, Gustav Robert und Robert Wilhelm Bunsen [1860/1861]: Chemische Analyse durch Spektralbeobachtungen. In: *Annalen der Physik* (2) 110/1860, S. 161–189 und Tafel V–VI, sowie *Annalen der Physik* (2) 113/1861, S. 337–381. Nachdruck in: Ostwalds Klassiker der exakten Wissenschaften, Nr. 72. Leipzig 1895.
Ohm, G. S. [1827]: Die Galvanische Kette mathematisch bearbeitet. Berlin 1827.
Pockels, F. [1903]: Gustav Robert Kirchhoff. In: Heidelberger Professoren aus dem 19. Jahrhundert, Bd. 2. Heidelberg 1903, S. 243–263.
Rosenfeld, L. [1973]: Kirchhoff, Gustav Robert. In: Dictionary of Scientific Biography, Bd. 7. New York 1973, S. 379–383.
Schäfer, C. [1949]: Die Enwicklung der Strahlungsgesetze seit Kirchhoff. In: *Angewandte Chemie* 61/1949, S. 119–123.
Schöpf, H.-G., Hrsg. [1978]: Von Kirchhoff bis Planck. Theorie der Wärmestrahlung in historisch-kritischer Darstellung. Berlin 1978.
Siegel, D. M. [1976]: Balfour Stewart and Gustav Robert Kirchhoff: two independent approaches to ‹Kirchhoff's radiation law›. In: *Isis* 67/1976, S. 565–600.
Voigt, W. [1888]: Zum Gedächtnis von G. Kirchhoff. In: *Abhandlungen der kgl. Gesellschaft der Wissenschaften zu Göttingen* 35/1888, S. 1–10.
Warburg, E. [1925]: Zur Erinnerung an Gustav Kirchhoff. In: *Die Naturwissenschaften* 13/1925, S. 205–212.

William Thomson, Lord Kelvin

Quellen

[Thomson, William (Lord Kelvin)] Block, W., Hrsg. [1851–1852]: Über die dynamische Theorie der Wärme. Ins Deutsche übertragen und hrsg. von W. Block. Ostwalds Klassiker der exakten Wissenschaften, Nr. 193. Leipzig/Berlin 1914.
Thomson, William (Lord Kelvin) [1867–1883]: Treatise on Natural Philosophy (in Zusammenarbeit mit P. G. Tait). Vol. I. Oxford 1867. 2. Aufl. Vol. I, part I. Cambridge 1879; Vol. I, part II. Cambridge 1883. – Deutsche Übersetzung vom H. von Helmholtz und G. Wertheim in: Handbuch der theoretischen Physik. Bd. I, Teile 1 und 2. Braunschweig 1871–1874.
Thomson, William (Lord Kelvin) [1872]: Reprints of papers on electrostatics and magnetism. London 1872.

Thomson, William (Lord Kelvin) [1882–1911]: Mathematical and physical papers. 6 Bde. Cambridge 1882–1911.
Thomson, William (Lord Kelvin) [1884]: Notes of lectures on molecular dynamics and the wave theory of light. Baltimore 1884. – Unter Miteinbeziehung einiger Artikel von Thomson als *Baltimore lectures on molecular dynamics and the wave theory of light.* London 1904 wieder herausgegeben. Deutsche Fassung von B. Weinstein: Vorlesungen über Molekulardynamik und die Theorie des Lichts. Leipzig 1909. Neuveröffentlichung des Originaltextes in Kargon/Achinstein [1987, S. 7–263].
Thomson, William (Lord Kelvin) [1891–1894]: Popular lectures and adresses. 3 Bde. London 1891–1894. Deutsch: Populäre Vorträge und Reden. Berlin 1891.

Die beiden wichtigsten Sammlungen von Thomsons Manuskripten wurden katalogisiert:

Catalogue of the manuscript collections of Sir George Gabriel Stokes and Sir William Thomson, Baron Kelvin of Largs, in Cambridge University Library. Cambridge 1976.
Index to the manuscript collection of William Thomson, Baron Kelvin, in Glasgow University Library. Glasgow 1977.

Thompson [1910] enthält einige Briefe von Thomson. Die einzige neue Veröffentlichung von Teilen seines Briefwechsels in:

Wilson, D. B. [1990]: The correspondence between Sir George Gabriel Stokes and Sir William Thomson, Baron Kelvin of Largs. Vol. I: 1846–1869. Vol. II: 1870–1901. Cambridge 1990.

Bibliographien und Biographien

Gray, A. [1908]: Lord Kelvin. An account of his scientific life and work. London 1908.
Smith, C. und M. N. Wise [1989]: Energy and empire. A biographical study of Lord Kelvin. Cambridge 1989.
Thompson, S. P. [1910]: The life of William Thomson, Baron Kelvin of Largs. 2 Bde. London 1910. – Dieser Band enthält eine Bibliographie von Thomsons Schriften und Werken, S. 1225–1274.

Sekundärliteratur

Buchwald, J. Z. [1976]: Thomson, Sir William (Baron Kelvin of Largs). In: Dictionary of Scientific Biography, Bd. 13. New York 1976, S. 374–388.
Buchwald, J. Z. [1977]: William Thomson and the mathematization of Faraday's electrostatics. In: *Historical Studies in the Physical Sciences* 8/1977, S. 101–136.
Burchfield, J. D. [1975]: Lord Kelvin and the age of the Earth. London 1975, Chicago [2]1990.
Gooding, D. [1980]: Faraday, Thomson, and the magnetic field. In: *British Journal for the History of Science* 13/1980, S. 91–120.
Kargon, R. und P. Achinstein, Hrsg. [1987]: Kelvin's Baltimore Lectures and Modern Theoretical Physics. Cambridge/Mass. 1987. – Siehe Thomson [1884].
Knudsen, O. [1971]: From Lord Kelvin's notebook: ether speculations. In: *Centaurus* 16/1971, S. 41–53.
Knudsen, O. [1985]: Mathematics and physical reality in William Thomson's electromagnetic theory. In: P. M. Harman (Hrsg.): Wranglers and physicists. Studies on Cambridge physics in the nineteenth century. Manchester 1985.
Mach, E. [1896]: Die Prinzipien der Wärmelehre. Leipzig 1896.

Moyer, D.F. [1977]: Energy, dynamis, hidden machinery: Rankine, Thomson and Tait, Maxwell. In: *Studies in History and Philosophy of Science* 8/1977, S. 251–268.

Silliman, R.H. [1963]: William Thomson: Smoke rings and nineteenth-century atomism. In: *Isis* 54/1963, S. 461–474.

Smith, C. [1976a]: Natural philosophy and thermodynamics: William Thomson and ‹the dynamical theory of heat›. In: *British Journal for the History of Science* 9/1976, S. 298–304.

Smith, C. [1976b]: William Thomson and the creation of thermodynamics: 1840–1855. In: *Archive for History of Exact Sciences* 16/1976, S. 231–288.

Smith, C. und M.N. Wise [1986]: Measurement, work, and industry in Lord Kelvin's Britain. In: *Historical Studies in the Physical Sciences* 17/1986, S. 147–173.

Smith, C. und M.N. Wise [1987]: The practical imperative: Kelvin challenges the Maxwellians. In: Kargon/Achinstein [1987, S. 323–348].

Wise, M.N. [1979]: William Thomson's mathematical route to energy conservation: a case study of the role of mathematics in concept formation. In: *Historical Studies in the Physical Sciences* 10/1979, S. 49–83.

Wise, M.N. [1981]: The flow analogy to electricity and magnetism. Part I: William Thomson's reformulation of action at a distance. In: *Archive for History of Exact Sciences* 25/1981, S. 19–70.

Wilson, D.B. [1987]: Kelvin and Stokes. A comparative study in Victorian physics. Bristol 1987.

PERSONENREGISTER

SACHREGISTER

ABBILDUNGSVERZEICHNIS

DIE AUTORINNEN UND AUTOREN

VOLKER BIALAS hat sich nach geodätischen, astronomiegeschichtlichen und philosophischen Studien für die Geschichte der Wissenschaften habilitiert. Seit 1981 ist er Professor für Wissenschaftsgeschichte an der Technischen Universität München, seit 1985 Wissenschaftlicher Leiter der Kepler-Edition an der Bayerischen Akademie der Wissenschaften in München. Seine wichtigsten Veröffentlichungen erfolgten auf den Gebieten Kepler-Forschung, Geschichte der Erdmessung, Philosophiegeschichte und Theorie der Wissenschaftsgeschichte. (*Johannes Kepler*)

HORST-HEINO V. BORZESZKOWSKI, geb. 1940, Dr. rer. nat., habilitierte sich an der Akademie der Wissenschaften in Berlin mit Arbeiten zur Allgemeinen Relativitätstheorie und ist seit 1986 Professor für Theoretische Physik. Bevor er zur Technischen Universität Berlin wechselte, war er von 1963–1966 Wissenschaftlicher Mitarbeiter am Institut für Reine Mathematik der Akademie der Wissenschaften der DDR, von 1967–1982 an der Sternwarte Babelsberg bzw. dem späteren Zentralinstitut für Astrophysik, von 1982–1991 am Einstein-Laboratorium für Theoretische Physik. (Zusammen mit Renate Wahsner: *Leonhard Euler und Joseph Louis Lagrange*)

JÜRGEN HAMEL, geb. 1951, Dr. phil., studierte Philosophie in Leizig und war danach von 1972–1978 an der Universität Rostock tätig, von 1978–1991 an der Archenhold-Sternwarte Berlin-Treptow. Seit 1991 ist er Mitarbeiter an der Nicolaus-Copernicus-Gesamtausgabe in München. Seine Fachgebiete, zu denen er wissenschaftliche Beiträge und Bücher veröffentlichte, sind Geschichte der Astronomie im Mittelalter, in der Renaissance und im 19. Jahrhundert. (*Nicolaus Copernicus*)

MICHAEL HEIDELBERGER, geb. 1947, Dr. phil., lehrt Philosophie an der Humboldt-Universität in Berlin. Schwerpunkte seiner Arbeit sind Wissenschaftstheorie und ihre Geschichte, vor allem in den Naturwissenschaften. Neben zahlreichen wissenschaftlichen Beiträgen schrieb er *Natur und Erfahrung. Von der mittelalterlichen zur neuzeitlichen Naturwissenschaft* ([2]1985) und *Die innere Seite der Natur. Gustav Theodor Fechners wissenschaftlich-philosophische Weltauffassung* (1993). (*Hermann von Helmholtz*)

KLAUS HENTSCHEL wurde nach dem Diplom in Hochenergiephysik und dem Magister in Philosophie mit einer Arbeit über die Einstein-Rezeption als Wissenschaftshistoriker promoviert. Seine Habilitationsschrift ist eine Studie über das Zusammenspiel von Instrumentenbau, Experiment und Theorie in der Spektroskopie und Astrophysik zwischen 1890 und 1960. Hentschel ist Autor des Buches *Der Einstein-Turm* (1992) und Herausgeber von *Physics and National Socialism* (1996). (*Gustav Robert Kirchhoff und Robert Wilhelm Bunsen*)

FRITZ KRAFFT, geb. 1935, Dr. phil., ist Professor für Geschichte der Pharmazie und Direktor des Instituts für Geschichte der Pharmazie an der Philipps-Universität Marburg. Er studierte Klassische Philologie, Philosophie und Physik und habilitierte sich für Geschichte der Naturwissenschaft. Er ist Mitglied der *Deutschen Akademie der*

Naturforscher Leopoldina und der *Académie Internationale d'Histoire des Sciences*; 1976–1983 war er Präsident der *Gesellschaft für Wissenschaftsgeschichte*, 1983–1989 des Nationalkomitees der Bundesrepublik Deutschland in der *International Union of the History and Philosophy of Science (Division of History of Science)*. Krafft ist Gründer und Herausgeber der Fachzeitschrift *Berichte zur Wissenschaftsgeschichte* sowie Herausgeber der Reihe *Quellen und Studien zur Geschichte der Pharmazie*. (*Die Vorsokratiker I und II; Aristoteles*)

Klaus Mainzer, geb. 1947, Dr. phil., habilitierte sich 1979 an der Universität Münster in Philosophie und war 1981–1988 an der Universität Konstanz Professor für Grundlagen und Geschichte der exakten Wissenschaften, von 1985–1988 Prorektor der Universität. Seit 1988 ist er Ordinarius für Philosophie und Wissenschaftstheorie und Direktor des Instituts für Philosophie an der Universität Augsburg. Im Verlag C. H. Beck hat er zusammen mit Jürgen Audretsch den Band *Vom Anfang der Welt. Wissenschaft, Philosophie, Religion, Mythos* herausgegeben ([2]1990) und für die Reihe C. H. Beck Wissen die Bände *Materie* und *Zeit* geschrieben. (*Gottfried Wilhelm Leibniz*)

Karl von Meÿenn, geb. 1937 in Potsdam, studierte Physik in Santiago de Chile. Nach der Promotion in Freiburg i. Br. (1971) war er Dozent für theoretische Physik an der Universidad Católica de Chile und ab 1975 Mitarbeiter am Lehrstuhl für Geschichte der Naturwissenschaften der Universität Stuttgart; Herausgabe des wissenschaftlichen Briefwechsels von Wolfgang Pauli. 1985–1990 Gastprofessor für Wissenschaftsgeschichte an der Universidad Autónoma de Barcelona, seit 1991 Mitarbeiter am Max-Planck-Institut für Physik in München. Von 1985–1990 Mitglied des Editorial Board des *Archive for History of Exact Sciences*, seit 1990 der *Rivista di Storia della Szienza*. Herausgeber zahlreicher Schriften und Werke zur neueren Physikgeschichte. (*Die Biographie in der Physikgeschichte*)

Kathryn M. Olesko, geboren 1951, Dr. phil., ist nach dem Studium von Physik, Mathematik, Deutscher Geschichte und Wissenschaftsgeschichte an der Cornell University seit 1981 Geschichtsprofessorin an der Georgetown University in Washington, D. C. Seit 1993 ist die Amerikanerin Direktorin des *Program in Science, Technology and International Affairs*, seit 1995 Mitglied des *Center for German and European Studies* an der Georgetown University. In Büchern und Zeitschriftenbeiträgen hat sie sich immer wieder mit den deutschen Naturwissenschaften im 19. Jahrhundert befaßt. (*Franz Ernst Neumann*)

Xavier Roqué, geboren 1965, Dr. rer. nat., studierte Physik und Wissenschaftsgeschichte an der Universidad Autónoma de Barcelona. Sein Spezialgebiet ist Quantenphysik. Von 1993–95 war er Gastwissenschaftler an der Fakultät für Geschichte und Wissenschaftsphilosophie der Universität von Cambridge, UK. Gegenwärtig arbeitet er als Forscher am *Centre de la Recherche en Histoire des Sciences et des Techniques, La Villette*, in Paris über Marie Curie und die Geschichte der Radioaktivität. (*William Thomson, Lord Kelvin*)

Günter D. Roth, geboren 1931, studierte Wirtschaftswissenschaften, Geschichte, Astronomie und Meteorolgie und wählte den Beruf eines Diplom-Kaufmanns. Neben vielen Beiträgen in Sammelwerken und Zeitschriften zur Geschichte der Astronomie und der Optik hat er vielbeachtete Bücher zur Wirtschaftsgeschichte Mitteleuropas, zu Fraunhofer sowie zur Astronomie und Astronomie-Geschichte veröffentlicht. Sein zweibändiges Werk *Handbuch für Sternfreunde* liegt in der vierten Auflage vor. Seit

1964 ist Roth Mitherausgeber der *Zeitschrift für Astronomie, Sterne und Weltraum.* (*Thomas Young, Augustin Jean Fresnel und Joseph von Fraunhofer*)

Ivo Schneider, geboren 1938, Dr. rer. nat, war Professor am Institut für Geschichte der Naturwissenschaften der Universität München und hatte Gastprofessuren an den Universitäten Princeton, Bielefeld und Minnesota. Seit 1995 lehrt er als Professor für Wissenschaftsgeschichte an der Universität der Bundeswehr in München. Wichtige Veröffentlichungen des Autors: *Archimedes: Ingenieur. Naturwissenschaftler und Mathematiker* (1979), *Carl Friedrich Gauß* (1981), *Die Entwicklung der Wahrscheinlichkeitstheorie* (1988); für«Große Denker» in der Beck'schen Reihe schrieb er den Band *Isaac Newton* (1988). (*Archimedes; Isaac Newton*)

Volkmar Schüller, geb. 1947, Dr. rer. nat., promovierte zur Theoretischen Plasmaphysik an der Universität Greifswald, arbeitete dort bis 1975 und war von 1979–1991 wissenschaftlicher Mitarbeiter an der Akademie der Wissenschaften der DDR. Heute ist er Mitarbeiter am Max-Planck-Institut für Wissenschaftsgeschichte in Berlin. Neben Arbeiten zur Plasmaphysik ist er Übersetzer und Herausgeber einer deutschsprachigen Ausgabe des Leibniz-Clarke-Briefwechsels, und er bereitet eine neue Übersetzung von Newtons *Principia* vor. (*René Descartes; Christiaan Huygens*)

Michael Segre, geb. 1950 in Rom, wurde nach dem Studium von Mathematik und Physik in Jerusalem sowie von Philosophie in Pisa an der Universität Jerusalem in Geschichte der Naturwissenschaften promoviert. Nach seiner Habilitation in diesem Fach ist er Privatdozent am Institut für Geschichte der Naturwissenschaften der Universität München; er hatte Gastprofessuren an Universitäten in Mailand und Rom. Neben zahlreichen Artikeln erschien 1991 sein Buch *In the Wake of Galilei* (In der Nachfolge Galileis). (*Galileo Galilei und seine Schüler*)

H. Otto Sibum, geboren 1956, Dr. rer. nat., studierte Physik, Arbeitslehre und Technik an der Universität Oldenburg und war 1991–1995 Senior Research Associate im Fach Wissenschaftsgeschichte und -philosophie an der Universität Cambridge, UK. Seit Oktober 1995 ist er wissenschaftlicher Mitarbeiter am Max-Planck-Institut für Wissenschaftsgeschichte in Berlin und Affiliated Research Scholar der Universität Cambridge. Er schrieb u. a. *Das fünfte Element. Wirkungen und Deutungen der Elektrizität* (1987, zusammen mit J. Meya) und *Physik aus ihrer Geschichte verstehen* (1990). (*Charles-Augustin Coulomb*)

Rudolf Simek, geb. 1954, Dr. phil., Mag. theol., habilitierte sich im Fach Ältere Skandinavistik mit einer Arbeit über altnordische Kosmographie. Seit 1980 lehrte er an der Universität Wien ältere deutsche Literatur und skandinavische Philologie, seit 1995 ist er Ordinarius für ältere deutsche und skandinavische Literatur der Universität Bonn. Er veröffentlichte u. a. *Altnordische Kosmographie* (1990) und im Verlag C. H. Beck *Erde und Kosmos im Mittelalter* (1992). (*Das physikalische Weltbild im Mittelalter*)

Jürgen Teichmann, geb. 1941, Dr. rer. nat., wurde nach dem Studium der Physik in Münster und München 1972 in Geschichte der Physik promoviert. Er habilitierte sich 1987 und ist seit 1993 Professor an der Universität München. Im Deutschen Museum München war er seit 1970 Mitarbeiter am Forschungsinstitut des Museums; seit 1995 ist er dort Direktor der Hauptabteilung Programme. Arbeitsgebiete sind u. a. Geschichte der Elektrizität, Festkörperphysik, Astronomie und Rekonstruktionen historischer Experimente. (*Luigi Galvani, Alessandro Volta und Georg Simon Ohm*)

Renate Wahsner, geb. 1938, Dr. phil., habilitierte sich an der Akademie der Wissenschaften in Berlin mit einer Arbeit zum systematischen Verhältnis von Naturwissenschaften und Philosophie; seit 1987 ist sie Professorin für Wissenschaftsgeschichte. In den Jahren 1966–1977 war sie wissenschaftliche Oberassistentin am Institut für Philosophie der Humboldt-Universität, von 1974–1982 wissenschaftliche Mitarbeiterin am Zentralinstitut für Astrophysik, von 1982–1991 am Einstein-Laboratorium für Theoretische Physik. Seit 1995 arbeitet sie als Senior Scientist am Max-Planck-Institut für Wissenschaftsgeschichte in Berlin. Sie veröffentlichte zahlreiche Beiträge zur Philosophie und Geschichte der Naturwissenschaften. (Zusammen mit H.-H. v. Borzeszkowski: *Leonhard Euler und Joseph Louis Lagrange*)

Karl Heinrich Wiederkehr, geboren 1922, ist habilitierter Dr. rer. nat. Nach seiner Ausbildung und Tätigkeit als Ingenieuroffizier bei der Kriegsmarine studierte er Physik, Mathematik, Chemie und Philosophie in Hamburg. Er ist Studiendirektor im Ruhestand und Privatdozent für Geschichte der Naturwissenschaften an der Universität Hamburg. Hauptarbeitsgebiete sind Elektrodynamik, Kristallographie und Geophysik. (*Pierre Simon Laplace; Carl Friedrich Gauß und Wilhelm Weber*)

L. Pearce Williams war vor seiner Emeritierung John Stambaugh-Professor für Wissenschaftsgeschichte an der Cornell University in Ithaca, New York, USA. Er hatte an dieser Universität studiert und wurde dort 1952 promoviert. Er lehrte danach an der Yale University und an der Universität von Delaware, bevor er als Mitglied der Fakultät nach Cornell zurückkehrte. 1965 wurde seine preisgekrönte Biographie über Faraday veröffentlicht. Weitere wissenschaftshistorische und Werke zur neueren Physik- und Chemiegeschichte folgten. Eine Biographie Ampères ist in Arbeit. (*André Marie Ampère; Michael Faraday*).

Andrew D. Wilson, geb. 1966, wurde von der Cornell University, USA, 1989 mit seiner Arbeit über Ludwig Boltzmann promoviert. Er veröffentlichte weitere Artikel über Boltzmann, Artikel über das Naturwissenschaftsverständnis der Romantiker und über Hans Christian Oersted. Seit 1991 ist er Mitglied der Fakultät für Geschichte und Philosophie am Keene State College in New Hampshire. Gegenwärtig arbeitet er über die metaphysischen Grundlagen von Oersteds Entdeckung des Elektromagnetismus. (*Die romantischen Naturphilosophen*)

Stefan L. Wolff, geb. 1952, wurde nach seinem Physik-Diplom in Berlin an der Ludwig-Maximilians-Universität in München in Geschichte der Naturwissenschaften promoviert und ist seit 1987 Mitarbeiter am Münchner Institut für die Geschichte der Naturwissenschaften. Der Schwerpunkt seiner Tätigkeit gilt Projekten zur Physikgeschichte des 19. und 20. Jahrhunderts. (*Sir Benjamin Thompson Graf Rumford, Sadi Carnot und Rudolph Clausius*)

Anzeigen

NATURWISSENSCHAFTEN BEI C.H. BECK

Johannes Kepler
Gesammelte Werke

[illegible]